Herausgegeben von
Stavros Kromidas

Der HPLC-Experte II

Beachten Sie bitte auch weitere interessante Titel zu diesem Thema

Röpke, W.

Der HPLC-Schrauber

2012

Print ISBN: 978-3-527-31817-9; auch erhältlich in elektronischen Formaten

Kaltenböck, K.

Chromatographie für Einsteiger

2008

Print ISBN: 978-3-527-32119-3; auch erhältlich in elektronischen Formaten

Mascher, H.

Klinische Analytik mit HPLC
Ein Ratgeber für die Praxis

2010

Print ISBN: 978-3-527-32751-5; auch erhältlich in elektronischen Formaten

Kromidas, S. (Hrsg.)

Der HPLC-Experte
Möglichkeiten und Grenzen der modernen HPLC

2014

Print ISBN: 978-3-527-33306-6; auch erhältlich in elektronischen Formaten

Herausgegeben von
Stavros Kromidas

Der HPLC-Experte II

So nutze ich meine HPLC/UHPLC optimal!

Verlag GmbH & Co. KGaA

Herausgegeben von

Stavros Kromidas
Consultant, Blieskastel
Breslauer Str. 3
66440 Blieskastel
Deutschland

Bibliografische Information der Deutschen Nationalbibliothek
Die Deutsche Nationalbibliothek verzeichnet diese Publikation in der Deutschen Nationalbibliografie; detaillierte bibliografische Daten sind im Internet über http://dnb.d-nb.de abrufbar.

Satz le-tex publishing services GmbH, Leipzig, Deutschland **Umschlaggestaltung** Formgeber, Mannheim
Druck und Bindung CPI Group (UK) Ltd, Croydon, CR0 4YY

Print ISBN 978-3-527-33838-2
ePDF ISBN 978-3-527-68776-3
ePub ISBN 978-3-527-68778-7
Mobi ISBN 978-3-527-68777-0
oBook ISBN 978-3-527-68779-4

Gedruckt auf säurefreiem Papier

C9783527338382_130624

Inhaltsverzeichnis

Vorwort

In „Der HPLC-Experte" haben wir verschiedene Themen der modernen HPLC diskutiert und aktuelle Entwicklungen aufgezeigt. Im vorliegenden Buch „Der HPLC-Experte 2" steht die moderne HPLC/UHPLC-Anlage im Fokus.

Unser Ziel ist es, HPLC-Kollegen möglichst detaillierte Informationen zu geben, damit sie ihre Anlage abhängig von der Fragenstellung optimal nutzen können. So haben wir in 12 Kapiteln versucht darzustellen, wie einerseits unterschiedliche Geräte bzw. einzelne Module für maximale Auflösung und Peakkapazität betrieben werden sollten und wie andererseits vorzugehen ist, wenn eher die Robustheit im Vordergrund steht.

Beim Verfassen des Textes hatten wir die Praxis im Blick, theoretische Hintergründe wurden nur in dem Maße behandelt, wie es unbedingt erforderlich erschien. Ich hoffe, dass der praxisorientierte Laborleiter und der erfahrene Anwender Anregungen und Tipps über Möglichkeiten und Grenzen von modernen HPLC/UHPLC-Anlagen finden werden.

Mein besonderer Dank gilt Klaus Illig für seine kritischen Hinweise zum Manuskript, meinen Autoren-Kollegen dafür, dass sie ihre Erfahrung und ihr Wissen zur Verfügung gestellt haben. WILEY-VCH und speziell Reinhold Weber danke ich für die gute und enge Zusammenarbeit.

Blieskastel, Februar 2015 *Stavros Kromidas*

Zum Aufbau des Buches

Das Buch enthält 12 Kapitel, die wie folgt aufgeteilt sind:

- Teil 1: Hardware-/Software-Spezifika, Trennmodi, Materialien
- Teil 2: Erfahrungsberichte, Trends

Im einführenden Kapitel 1 (*Wann sollte ich meine UHPLC als UHPLC betreiben?*) bespricht Stavros Kromidas die Möglichkeiten und die Grenzen der UHPLC und zeigt auf, in welcher Laborsituation und unter welchen analytischen Gegebenheiten eher HPLC oder eher UHPLC angebracht ist.

Das Thema in Kapitel 2 lautet: *Die moderne HPLC/UHPLC-Anlage.* Im Unterkapitel 2.1 (*Die Anforderungen heute an die einzelnen Module*) geht Steffen Wiese systematisch auf die einzelnen Module einer HPLC-Anlage ein und erläutert wichtige Anforderungen an sie aus Anwendersicht. Im Unterkapitel 2.2 (*Der Säulenthermostat – eine einfache Angelegenheit?*) weisen Michael Heidorn und Frank Steiner die Wichtigkeit der korrekten Thermostatisierung auf und belegen mithilfe von Beispielen, dass dazu mehr gehört als lediglich die Temperatur einzustellen.

Kapitel 3 widmet sich dem häufig intensiv diskutierten Thema „Bandenverbreiterung" (*Das Problem der externen Bandenverbreiterung in einer HPLC/UHPLC-Anlage*); Monika Dittmann zeigt anhand von Zahlenbeispielen, in welchen Fällen eine Bandenverbreiterung eminent oder aber nicht einmal relevant ist.

In Kapitel 4 (*Der Gradient; Anforderungen, optimaler Einsatz, Tricks und Fallstricke*) behandeln Frank Steiner und Michael Heidorn die Gradientelution. Es wird dargelegt, wie die einzelnen (Pumpen)Systeme Qualität und Zuverlässigkeit der Ergebnisse beeinflussen und welche Verbesserungsmöglichkeiten Anwender bei bestehenden Anlagen haben.

Das Autorenteam um Thorsten Teutenberg macht in Kapitel 5 (*Anforderungen an LC-Hardware bei der Kopplung mit unterschiedlichen Massenspektrometern*) eine Reihe von Vorschlägen, um eine LC/MS-Kopplung möglichst optimal zu gestalten, komplexe Proben und Miniaturisierung spielen dabei u. A. eine wichtige Rolle.

In Kapitel 6 (*2D-Chromatographie – Möglichkeiten und Grenzen*) bespricht Thorsten Teutenberg, wie die unterschiedlichen Modi der 2D-Chromatographie die Peakkapazität beeinflussen und welche Punkte für einen erfolgreichen Einsatz in der Praxis zu beachten sind.

Der erste Teil wird mit Kapitel 7 (*Materialien in HPLC und UHPLC – was für welchen Zweck*) beendet. Tobias Fehrenbach und Steffen Wiese beschäftigen sich mit einem weniger beachteten aber wichtigen Thema: Es wird auf die Vielfalt der eingesetzten Materialien in einem HPLC/UHPLC-Gerät eingegangen, ferner wird vorgestellt, wie stark diese das analytische Ergebnis beeinträchtigen können.

Der zweite Teil des Buches beginnt mit Kapitel 8 von Arno Simon (*Was muss die Software können, damit die Hardware optimal genutzt werden kann?*). Der Autor legt die Entwicklung von Auswertesoftware dar, zeigt unterschiedliche Philosophien auf und wagt einen Ausblick in die Zukunft der Datensysteme für die Chromatographie.

In Kapitel 9 (*Aspekte der modernen HPLC – Erfahrungsbericht eines Anwenders*) geht Steffen Wiese auf Spezialanwendungen ein, die im Alltag immer wieder von Bedeutung sind und gibt Tipps, wie diese Anforderungen zu meistern sind, z. B. hohe Temperaturen, große Injektionsvolumina, Methodentransfer.

Siegfried Chroustovsky ermöglicht in Kapitel 10 (*Erfahrungsbericht eines unabhängiges Serviceingenieurs – Tipps und Empfehlungen für einen optimalen Betrieb von Agilent- und Waters-Anlagen*) einen Blick auf die Apparatur aus der Sicht eines Serviceingenieurs und offeriert eine Reihe von Tipps zur Fehlersuche und -behebung.

In Kapitel 11 (*Der Analyt, die Fragenstellung und die UHPLC – der Einsatz von UHPLC in der Praxis*) greift Stefan Lamotte erneut das Kernthema des Einführungskapitels auf und arbeitet heraus, wann und wie UHPLC optimal einzusetzen ist.

In Kapitel 12 schließlich (*Geräte-Hersteller berichten – Beiträge von Agilent, Shimadzu und ThermoScientific*) sind drei Hersteller eingeladen, ihre neuesten Produkte kurz vorzustellen und ihre Einschätzung zur Zukunft der HPLC kundzutun.

Wir denken, dass Stil und Aufbau, wie in „Der HPLC-Experte" verwendet, sich bewährt haben, so wurden diese auch im Nachfolgebuch beibehalten: Das Buch muss nicht linear gelesen werden. Die einzelnen Kapitel wurden so verfasst, dass sie abgeschlossene Module darstellen – ein „Springen" ist jederzeit möglich. Damit haben wir versucht, dem Charakter des Buches als Nachschlagewerk gerecht zu werden. Der Leser möge davon profitieren.

Beitragsautoren

Siegfried Chroustovsky
Lichtenklinger Str. 13
69483 Wald-Michelbach, Siedelsbrunn
Techno_Trade_and_Service@t-online.de

Dr. Monika Dittmann
Agilent Technologies
Hewlett-Packard-Str. 8
76337 Waldbronn
monika.dittmann@agilent.com

Dr. Björn-Thoralf Erxleben
Shimadzu Europa GmbH
Albert-Hahn-Str. 6–10
47269 Duisburg
bjthe@shimadzu.eu

Dr. Tobias Fehrenbach
Thermo Fischer Scientific
Dornierstr. 4
82110 Germering
tobias.fehrenbach@thermofisher.com

Michael Heidorn
Thermo Fischer Scientific
Dornierstr. 4
82110 Germering
michael.heidorn@thermofisher.com

Dr. Stavoros Kromidas
Breslauer Str. 3
66440 Blieskastel
info@kromidas.de

Dr. Stefan Lamotte
BASF SE
Global Comp. Center Analysis
GMC/C-E210
67056 Ludwigshafen
stefan.lamotte@basf.com

Dr. Christoph Portner
Institut für Energie- und Umwelttechnik e.V.
IUTA
Bliersheimer Str. 58–60
47229 Duisburg
portner@iuta.dei

Arno Simon
beyontics GmbH
Altonaer Str. 79–81
13581 Berlin
arno.simon@beyontics.com

Dr. Frank Steiner
Thermo Fischer Scientific
Dornierstr. 4
82110 Germering
frank.steiner@thermofisher.com

Dr. Thorsten Teutenberg
Institut für Energie- und
Umwelttechnik e.V.
IUTA
Bliersheimer Str. 58–60
47229 Duisburg
teutenberg@iuta.de

Dr. Jens Trafkowski
Agilent Technologies
Hewlett-Packard-Str. 8
76337 Waldbronn
jens_trafkowski@agilent.com

Dr. Jochen Türk
Institut für Energie- und
Umwelttechnik e.V.
IUTA
Bliersheimer Str. 58–60
47229 Duisburg
tuerk@iuta.de

Dr. Steffen Wiese
Institut für Energie- und
Umwelttechnik e.V.
IUTA
Bliersheimer Str. 58–60
47229 Duisburg
wiese@iuta.de

1
Wann sollte ich meine UHPLC als UHPLC betreiben?

S. Kromidas

Moderne analytische LC-Anlagen sind ausnahmslos als UHPLC-Anlagen konzipiert. Allerdings werden außerhalb von reinen Forschungslabors höchstens ca. 30–40 % der Trennungen an UHPLC-Anlagen unter UHPLC-Bedingungen durchgeführt. Damit sind Drücke oberhalb ca. 800 bar gemeint. In welchen Fällen ist es nun sinnvoll oder sogar notwendig, die vorhandene UHPLC-Anlage tatsächlich unter UHPLC-Bedingungen zu betreiben? Und in welchen Fällen sollte man dagegen die UHPLC-Anlage möglicherweise eher im „klassischen" HPLC-Modus oder lediglich für schnelle HPLC-Trennungen einsetzen? Und: Sollte die nächste LC-Anlage vielleicht doch wieder eine HPLC werden? Genau um solche Entscheidungen geht es in diesem Kapitel. Dazu hilft die Beantwortung zweier Fragen, mit denen wir uns beschäftigen werden. Die erste lautet: „Was benötige ich eigentlich?" Dabei gilt es zu definieren, welche Charakteristika einer HPLC-Methode in genau *dieser* Situation im Vordergrund stehen, z. B.: kurze Retentionszeiten, zuverlässige Methode, maximale Auflösung/Peakkapazität, niedrige Nachweisgrenze u. Ä. Die zweite Frage ist wesentlich einfacher: „Was vermag die UHPLC mehr als die HPLC?" Anschließend werden wir die Kernfrage diskutieren: „Wie bringe ich meine Anforderungen an die Methode unter Berücksichtigung der realen Laborsituation mit dem Potenzial der UHPLC sinnvoll zusammen?" *Bemerkung:* Theoretische Hintergründe werden vorausgesetzt, die Prinzipien der HPLC-Optimierung lediglich genannt, jedoch nicht hergeleitet. Hier wird auf die entsprechende Literatur verwiesen (z. B. [1–5]).

1.1
Was möchte ich erreichen und was „kann" die UHPLC?

Was möchte ich erreichen?

Für eine HPLC-Methode wünscht man sich oft mehr als nur ein Attribut, z. B.: „gute" *und* „schnelle" Trennung. Es sind jedoch vor der Entscheidung für das Methodendesign – die ja auch die Frage nach der Notwendigkeit von UHPLC-Bedingungen beinhaltet – dringend zwei Punkte zu klären. *Erstens*: Welche sind die Eigenarten der Methode, ferner wie ist das Umfeld? Es geht demnach u. a.

Der HPLC-Experte II, 1. Auflage. Stavros Kromidas (Hrsg).

um folgende entscheidenden Merkmale: mögliche Belastung der Probe mit Matrix, notwendige Zeit für die Probenvorbereitung oder die manuelle Integration, Erfahrung der Anwender, wechselnde oder gleichbleibende chromatographische Bedingungen, Forschungs- oder Routinelabor etc.? *Zweitens*: Was ist im konkreten Fall die primäre Anforderung an *diese* Methode? Das Hauptziel sollte klar identifiziert, ein zweites ggf. ein drittes lediglich als Wunsch angesehen werden, z. B.: „In diesem Fall brauchen wir aus diesem Grund unbedingt maximal mögliche Empfindlichkeit – wenn die Methode dabei auch robust ist, wäre es schön ..." Nachfolgend sind vier typische Anforderungen an eine HPLC-Methode aufgeführt, die wir anschließend genauer betrachten werden:

- Gut trennen; das kann zum einen ausreichende Auflösung bedeuten – d. h. Trennung zwischen zwei Peaks, evtl. Trennung von 2–3 relevanten/kritischen Peakpaaren. Oder zum anderen ausreichende Peakkapazität, d. h. Trennung von vielen – allen(?) – evtl. chemisch ähnlichen Komponenten, also möglichst viele Peaks pro Zeiteinheit, s. Abschnitt 1.2.1
- Schnell trennen; kurze Retentionszeiten, damit geht häufig auch ein geringer Lösemittelverbrauch einher, s. Abschnitt 1.2.2
- Empfindlich messen; Abnahme der Nachweisgrenze, d. h. Verbesserung der relativen Massenempfindlichkeit, s. Abschnitt 1.2.3
- Robuste Bedingungen; zuverlässige Methoden, welche zu einer Vermeidung von Wiederholmessungen und zur Minimierung von Geräteausfallzeiten führen, s. Abschnitt 1.2.4.

Was „kann" die UHPLC?

Vereinfacht gesagt ist eine UHPLC-Anlage ein Gerät, welches erstens im Vergleich zu einem HPLC-Gerät ein ca. 10-mal geringeres Totvolumen (Dispersionsvolumen, „Extra Column Volume": Volumen vom Autosampler bis zum Detektor ohne Säule) bzw. Verweilvolumen (Verzögerungsvolumen, „Dwell oder „Delay Volume": Volumen von Mischventil/Mischkammer bis zum Säulenkopf) aufweist. Das Totvolumen einer modernen UHPLC-Anlage beträgt heute $\leq$ ca. 7–10 μL – mithilfe spezieller Kits sogar $\leq$ ca. 4 μL –, die Verweilvolumina betragen ca. 100–200 μL bei Niederdruck- (NDG) und ca. 35–50 μL bei Hochdruckgradienten (HDG).

Bemerkung: Statt von „Extra Column Volume" ist immer häufiger die Rede von „Extra Column Dispersion". Damit wird dem Umstand Rechnung getragen, dass die Geometrie z. B. von Verbindungen/Mischventilen und somit das Strömungsprofil für die Peakverbreiterung wichtiger als das absolute Totvolumen ist, s. dazu detaillierte Ausführungen in Abschnitt 2.1 und Kapitel 3.
Zweitens erlaubt eine moderne UHPLC-Anlage Arbeitsdrücke bis ca. 1500 bar.

1.2 Anforderungen an eine HPLC-Methode

1.2.1 Gut trennen

Zunächst soll in Kürze dargelegt werden, wie die Trennung in der HPLC prinzipiell verbessert werden kann, anschließend werden wir schauen, welchen Beitrag die UHPLC hinsichtlich einer besseren Trennung leisten kann.

In der HPLC unterscheiden wir bezüglich der Güte einer Trennung zwei Fälle:

1. Mich interessieren im Wesentlichen nur eine oder einige Komponenten. Es geht somit um die nach meinen individuellen Kriterien ausreichende Trennung zwischen der besagten Komponente und einer „Störkomponente" – also letzten Endes um die Trennung zweier Peaks. Im Fokus kann das kritische Paar sein (z. B. Haupt-/Nebenkomponente), möglicherweise auch 2–3 weitere Peakpaare. Das Kriterium hier ist die Auflösung, sie stellt vereinfacht den Abstand zwischen den Peaks an der Basislinie dar.

   $$R_S = \frac{1}{4} \cdot \sqrt{N} \cdot \frac{k_2}{1+k_2} \cdot \frac{\alpha - 1}{\alpha} \tag{1.1}$$

   Mit: R: Auflösung, N: Bodenzahl, grundsätzlich für isokratische Bedingungen definiert, α: Trennfaktor (früher: Selektivitätsfaktor), k: Retentionsfaktor (früher: Kapazitätsfaktor, k').
2. Ich will/muss „alle" vorhandenen Peaks genügend gut trennen, d. h. möglichst basisliniengetrennt. In diesem Fall kommt die Peakkapazität ins Spiel: Dies ist die Gesamtanzahl der Peaks, die ich mit einer genügend guten Auflösung (z. B. $R = 1$) in einer bestimmten Zeit trennen kann. Oft wird als Maß für die Peakkapazität die Summe aller Auflösungen angegeben. In der Literatur finden sich mehrere Formeln für die Peakkapazität, betrachten wir hier die zwei einfachsten:

   $$n_c = \frac{t_{Rl} - t_{Re}}{w} \quad \text{oder} \tag{1.2a}$$

   $$n_c = \frac{t_G}{w} \,. \tag{1.2b}$$

   Mit: n_c: Peakkapazität, t_{Rl}: Retentionszeit des letzten Peaks, t_{Re}: Retentionszeit des ersten Peaks, t_G: Gradientendauer, w: Peakbreite an der Peakbasis.
   Bemerkung: Circa 70–80 % der Trennungen sind heute Gradiententrennungen; somit ist die HPLC/UHPLC-Anlage von heute ein Hochdruck- oder ein Niederdruckgradient mit DAD und/oder MS/MS, ferner werden immer häufiger Aerosoldetektoren verwendet. Die hier vorgestellten Überlegungen gelten prinzipiell sowohl für isokratische als auch für Gradiententrennungen, dennoch werde ich aus eben dargelegtem Grund den Fokus etwas mehr auf Gradiententrennungen legen.

Betrachten wir zunächst die Auflösung:

Gleichung 1.1 kann man entnehmen, dass die Auflösung durch Zunahme des Effizienz-, Retentions- und des Selektivitätsterms verbessert werden kann. Bezüglich des Retentionsterms lautet die Forderung: stärkere Wechselwirkungen, wobei der optimale Wert bei ca. $k \approx 3$–5 liegt, d. h. die interessierenden Peaks sollten bei/nach ca. der 3 bis 5-fachen Tot- oder Mobilzeit eluieren. Aus Gl. (1.1) ist ersichtlich, dass der Selektivitätsterm und damit der Trennfaktor α mit Abstand die empfindlichste Funktion für die Auflösung darstellt: $(\alpha - 1)/\alpha$! Die Bodenzahl dagegen steht unter der Wurzel, eine Verdoppelung von N führte zu einer Verbesserung der Auflösung „nur" um Faktor ca. 1,4. Zwei Zahlenbeispiele sollen dies veranschaulichen, für eine detaillierte Diskussion, s. [6]:

1. Gesetzt den Fall, zwei Peaks eluieren mit einem α-Wert von 1,01. Um diese zwei Peaks basisliniengetrennt zu trennen, benötigte man ca. 160 000 Böden. Gelingt es den α-Wert von 1,01 auf 1,10 zu erhöhen, benötigte man für die gleiche Auflösung lediglich knapp 2000 Böden. Auch eine gering anmutende Verbesserung des α-Wertes von 1,01 auf 1,05 führte dazu, dass man statt 160 000 Böden nun ca. 6000 Böden benötigte.
2. Gesetzt ferner den Fall, es liegt eine Trennung mit folgenden Werten vor: $k = 2$, $\alpha = 1{,}05$ und $N = 9000$. Es ergibt sich eine Auflösung von $R = 0{,}75$. Das ist ungenügend, die Auflösung sollte auf $R \geq 1{,}00$ verbessert werden (bei $R = 1$, Überlappung der beiden Peaks von ca. 5 %). Zunächst kann die Wechselwirkung erhöht werden, z. B. durch eine hydrophobere stationäre Phase oder eine wasserreichere mobile Phase. Gehen wir davon aus, dass die stärkeren Wechselwirkungen sich auf beide Komponenten gleich auswirken, so bleibt die Selektivität konstant. Der k-Wert erhöhte sich von $k = 2$ auf beispielsweise $k = 6$, die Auflösung verbesserte sich in diesem Fall auf $R = 0{,}97$. Alternativ könnte man eine Säule mit 15 000 Böden verwenden, die Auflösung verbesserte sich ebenso auf $R = 0{,}97$. Beide Maßnahmen – stärkere Wechselwirkungen oder höhere Bodenzahl – sind somit zwar richtige, jedoch keine besonders effektiven Maßnahmen, wenn es darum geht, die Auflösung merklich zu verbessern. Wäre man dagegen in der Lage, den α-Wert von 1,05 auf beispielsweise 1,10 zu erhöhen, ergäbe sich eine Auflösung von $R = 1{,}44$. Beenden wir das zweite Beispiel mit folgender Betrachtung: Wenn zwei Peaks unterschiedlich groß sind (z. B. Wirkstoff-Verunreinigung) und/oder tailen, müsste die Auflösung ca. $R \geq 2$ betragen, wenn der Integrationsfehler unterhalb von ca. 1 % bleiben soll [7]. Im vorliegenden Fall stehen zwei Alternativen zur Verfügung, um die Auflösung auf $R = 2$ zu verbessern: Den α-Wert von 1,10 lediglich auf 1,15 zu erhöhen oder die Bodenzahl – bei konstant gehaltenem α-Wert von 1,10 – von 9000 auf 18 000 Böden zu verdoppeln. Letzteres wäre beispielsweise mit einer 150 mm, 2,5 µm-Säule möglich.

Als Faustregeln könnte man sich für eine Basislinientrennung wie folgt merken:

- Wenn in einer realen Probe der α-Wert des kritischen Paars etwa 1,05 beträgt, wären für eine Basislinientrennung ca. 20 000 Böden notwendig.

- Beträgt der α-Wert ca. 1,02, benötigte man ca. 100 000 Böden.
- Bei einem α-Wert von 1,01 wird man wohl ohne 2D-Chromatographie kaum zum Erfolg kommen können (s. Kapitel 6).

Diese Zahlenbeispiele gelten sowohl für isokratische als auch für Gradiententrennungen.

Bemerkung
Die Bodenzahl ist für isokratische Trennungen definiert. Es gibt mehrere Formeln, die wohl einfachste lautet:

$$N = \frac{L}{H} = \frac{16 \cdot t_R^2}{w^2} \quad (1.3)$$

mit: N: Bodenzahl, L: Länge der Säule, H: Bodenhöhe, t_R: Retentionszeit, w: Peakbreite an der Peakbasis.

Wenden wir uns zunächst der Frage zu, „Welche Bedeutung hat die Bodenzahl bei isokratischen und bei Gradiententrennungen?" Wenn ein Peak bei isokratischen Läufen später eluiert, wird er breiter, der Quotient t_R/w bleibt jedoch konstant, somit auch die Bodenzahl. Halten wir fest: Für eine Komponente im isokratischen Modus ist die Bodenzahl – zumindest theoretisch – eine Konstante. Das heißt sie ist unabhängig von der Retentionszeit, wenn diese sich durch eine Änderung der stationären, der mobilen Phase oder der Temperatur – aber nicht durch den Fluss! – ändert. Denn noch einmal: Die Peaks eluieren später/früher und sie werden dadurch breiter/schmaler – der Quotient Retentionszeit/Peakbreite bleibt konstant und damit auch die Bodenzahl. Hierbei wird unterstellt, dass der Mechanismus bei der Wechselwirkung mit der stationären Phase konstant bleibt. Wie sind nun die Verhältnisse im Gradientenmodus? In der Literatur wird vielfach darauf hingewiesen, dass die Bodenzahl nur für isokratische Trennungen bestimmt werden kann. So wird im Zusammenhang mit dem Gradienten statt Bodenzahl häufig der Terminus „Trennschärfe" verwendet. Dennoch gibt es prinzipiell keinen Grund nicht auch beim Gradienten von einer „Bodenzahl" N_{Gr} zu sprechen – geringstenfalls als Gedankenspiel. Betrachten wir einen Peak, der bei einer Gradientenmethode nach der gleichen Retentionszeit eluiert wie bei einer isokratischen Methode. Gleichung 1.3 zugrunde gelegt, ergibt sich eine größere „Bodenzahl" N_{Gr}, denn t_R bleibt gleich, aber w ist nun kleiner – und bleibt weitgehend auch konstant. Somit gilt für einen gegebenen Peak, der später eluiert, vereinfacht wie folgt. Isokrat: Der Quotient t_R/w bleibt konstant, die Bodenzahl bleibt ebenso konstant. Gradient: t_R nimmt zu, w bleibt konstant, die „Bodenzahl" N_{Gr} nimmt zu. Was bedeutet dies für die Trennung?

Bei isokratischen Trennungen lässt sich das kritische Paar gezielt in den optimalen Retentionsbereich „schieben" und durch die dann herrschende optimale Selektivität ergibt sich die maximale Auflösung – jedoch nur für *dieses* kritische Paar, andere Peakpaare werden eventuell nicht so gut getrennt. Bei einem Gradientenlauf ergibt sich zwar dadurch, dass die Peaks zusammenrücken, womöglich eine geringere Selektivität, aber wie wir gesehen haben eben eine höhere „Bodenzahl" N_{Gr}, die Peaks sind schmal. Die Selektivität beeinflusst, wie weiter oben dargelegt, die Auflösung wesentlich stärker als die Bodenzahl und dadurch haben wir für das kritische Paar unter isokratischen Bedingungen eine bessere Auflösung im Vergleich zu einem Gradientenlauf. Es sei denn, es ergibt sich in einem bestimmten Fall eine sehr langsame Kinetik bei der Desorption einer – oder mehrerer – Komponenten von der stationären Phase z. B. große Adsorptionsenthalpie (sehr starke Wechselwirkung), multipler Mechanismus, große Moleküle. In diesem Fall überwiegt der Vorteil der höheren Bodenzahl beim Gradienten und wir haben unter Gradientenbedingungen aufgrund von schmalen Peaks die bessere Auflösung. Beim Gradienten existieren darüber hinaus im Vergleich zu isokratischen Trennungen mehr Möglichkeiten, die Selektivität „vorne" und „hinten" im Chromatogramm zu verändern, man ist einfach flexibler. Die im Vergleich zu isokratischen Trennungen erhöhte „Bodenzahl" N_{Gr} ist die Ursache für eine bessere mittlere Auflösung (oft als Summe der Auflösungen angegeben), was letzten Endes eine bessere Peakkapazität bedeutet, s. weiter unten im gleichen Abschnitt. Aus praktischer Sicht heißt dies, dass gerade für Gradiententrennungen die hohe Bodenzahl einer Säule – also eine „gute" Packungsqualität – nicht die Wichtigkeit hat, wie es oft in Broschüren von Säulenherstellern suggeriert wird. Beispiel: „Unsere neue Säule *XYZ* weist 450 000 Böden/m auf". Häufige chromatographische Bedingungen bei solchen Läufen lauten: Acetonitril/Wasser, kleiner Fluss, einfache, neutrale Aromaten, 1 µL Injektionsvolumen. Die Angabe „450 000 Böden/m" kann von Anwendern nun so verstanden werden, dass beim Einsatz jener Säule diese Bodenzahl (bei einer 100 mm-Säule ca. 40 000–45 000 Böden) tatsächlich zur Verfügung stünde.

Merke jedoch

Die Bodenzahl wird nicht nur von der Packungsqualität und der Teilchengröße beeinflusst. Weit mehr als 15 Faktoren spielen eine Rolle, z. B. Eluentenzusammensetzung und Temperatur (Viskosität), Totvolumen der Apparatur (genauer: Dispersion der Substanzbande), Korngrößenverteilung, Fluss, Injektionsvolumen und Probenkonzentration, Konstitution und pH-Wert der Probenlösung, chemische Struktur/Diffusionskoeffizient des Analyten – und nicht zuletzt beeinflussen die Einstellparameter das Aussehen der Peaks. So deuten beispielsweise breite, tailende Peaks auf eine langsame Kinetik (z. B. zusätzliche ionische Wechselwirkungen, große Moleküle) oder ein beträchtliches Totvolumen *dieser* Apparatur für *diese* Säule hin – trotz „guter" Bodenzahl der Säule.

Halten wir abschließend fest: Die Erhöhung der Selektivität „bringt" grundsätzlich das meiste, wenn es um eine Verbesserung der Auflösung geht, eine Erhöhung der Bodenzahl ist zweitrangig, Van-Deemter-Kurven werden durch das Marketing der Hersteller viel zu stark überbewertet.

Wie kann ich die Selektivität nun verbessern? Änderung des pH-Wertes, Zugabe von Modifier sowie die Verwendung anderer stationärer Phasen sind wichtige Faktoren und unabhängig von der Hardware. Kommen wir jetzt zur UHPLC, was kann sie hier konkret leisten? Von den zwei Vorteilen der UHPLC – kleines Tot-/Verweilvolumen und die Möglichkeit, bei höheren Drücken arbeiten zu können – kann hier der zweitgenannte genutzt werden. In folgenden Fällen geht mit den Bemühungen um eine Verbesserung der Selektivität auch eine Erhöhung des Druckes einher, eine Situation, für die eine UHPLC-Anlage zweifelsohne konzipiert ist:

- Methanol als organisches Lösemittel; bei der Trennung polarer Moleküle ergibt sich häufig eine bessere Selektivität im Vergleich zu Acetonitril.
- Erniedrigung der Temperatur; bei der Trennung bestimmter Substanzen (Enantiomere, α-β-/Doppelbindungsisomere) zeigt sich bei niedrigen Temperaturen oft eine Verbesserung der Selektivität.
- Druck; bei Drücken ab ca. 600–700 bar kann sich die Polarisierbarkeit bestimmter Moleküle (z. B. Prednison/Prednisolon, Konformationsisomere, Tocopherole etc.) verändern. Die Selektivität verändert sich ebenso (Verbesserung?) und in Kombination mit bestimmten stationären Phasen wie C_{30}, „Mixed Mode Phases“ sowie weiteren „Shape Selectivity Phases“ ergeben sich interessante Möglichkeiten. Man baue dazu beispielsweise direkt nach der Säule einen Restriktor mit einem möglichst geringen Volumen ein. Die Robustheit ist allerdings bei kleinen Druckschwankungen in diesem Bereich kritisch zu sehen.
- Fluss; Erhöhung des Flusses führt zu einer Erhöhung des Gradientenvolumens (Gradientenvolumen: Gradientendauer × Fluss).

Man kann natürlich zwei Faktoren gleichzeitig verändern und die Möglichkeit der UHPLC, bei höheren Drücken arbeiten zu können, „optimal“ nutzen: z. B. bei Gradientenläufen die Temperatur auf 10 °C erniedrigen und zeitgleich den Fluss erhöhen. In einem Fall wurde dadurch die Anzahl der erschienenen Peaks gegenüber der ursprünglichen, validierten Methode um knapp 30 % erhöht.

Kommen wir jetzt zur Peakkapazität.

Es gibt Fälle, in denen eine Verbesserung der Selektivität kaum möglich ist, z. B.:

- Sehr viele, vielleicht sogar ähnliche Komponenten, evtl. noch dazu in einer komplexen Matrix.
- Herrschen hydrophobe Wechselwirkungen vor, sind diese nicht besonders spezifisch und es ergeben sich kaum merklich unterschiedliche Selektivitäten. Wenn beispielsweise basische Verbindungen über den pH-Wert neutralisiert werden, liegen diese als neutrale Moleküle vor, die Wechselwirkungen mit der stationären Phase sind hydrophober Natur und somit recht unspezifisch. Bei Optimierungsexperimenten und der Verwendung unterschiedlicher stationärer Phasen ergeben sich in solchen Fällen zwar unterschiedlich starke Wechselwirkungen und somit unterschiedliche Retentionszeiten/k-Werte an den einzelnen Säulen, allerdings oft vergleichbare Selektivitäten, s. Abb. 1.1. Unterschiedliche k-Werte (s. Balken) jedoch ergeben bis auf die fluorierten Phasen sehr ähnliche α-Werte (s. Linie).

In solchen Situationen ist eine merkliche Verbesserung der Selektivität kaum realisierbar. Auch wenn es gelänge, die Selektivität an einer bestimmten Stelle des Chromatogramms zu verbessern, wird diese an anderer Stelle womöglich ver-

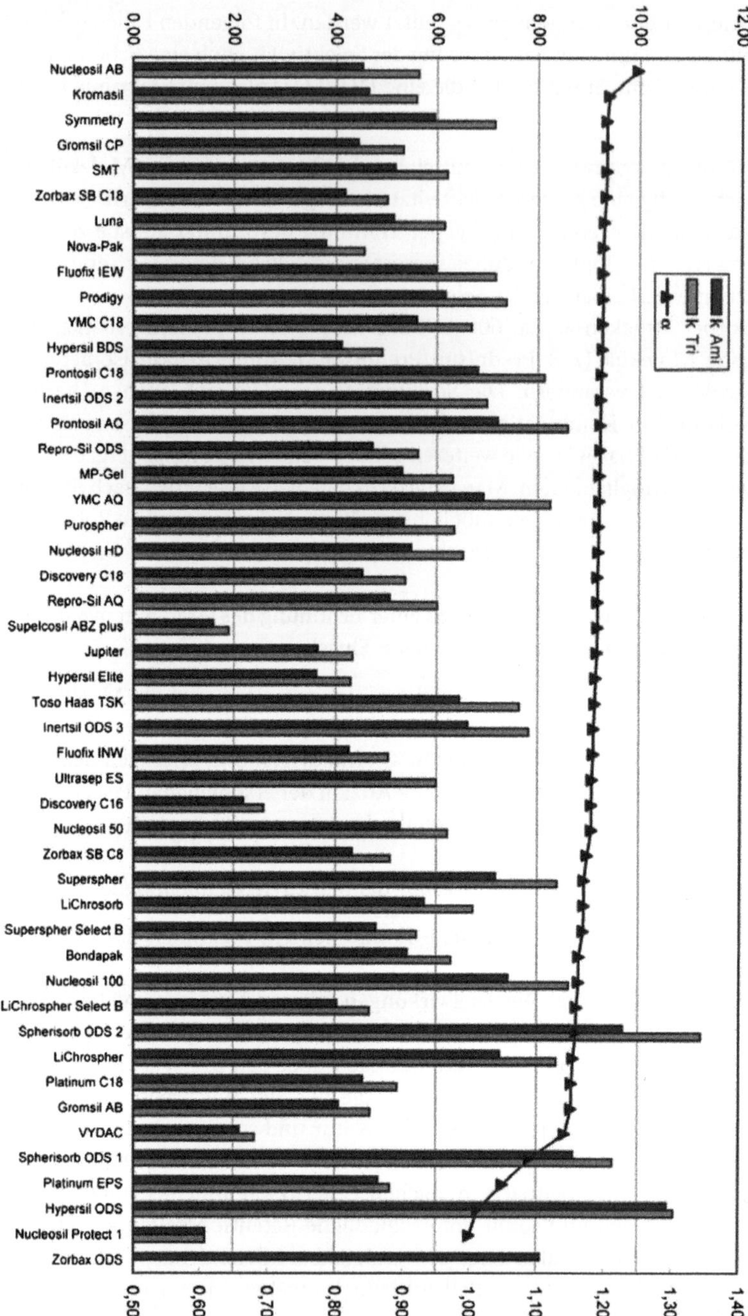

Abb. 1.1 Retentions- (Balken) und Trennfaktoren (Linie) von trizyklischen Antidepressiva im sauren Acetonitril/Phosphatpuffer an unterschiedlichen RP-Phasen, Details s. Text.

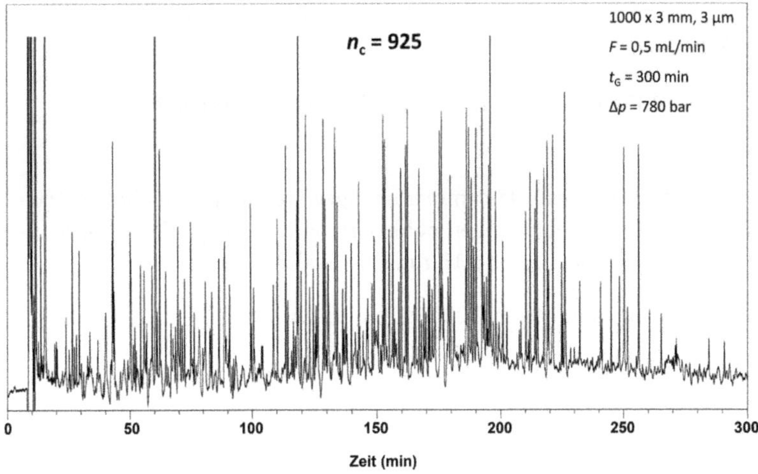

Abb. 1.2 Hochauflösende 1D-UHPLC-Trennung eines tryptischen Verdaus von fünf Proteinen. Eine Kette von vier 250 mm langen Säulen wurde mit totvolumenfreien Kopplungsstücken basierend auf Viper-Verschraubungen (ThermoScientific) aufgebaut. Stationäre Phase: Acclaim 120 C18 (ThermoScientific), Temperatur: 30 °C, theoretische Peakkapazität berechnet aus der Peakbreite einzelner gut aufgelöster Peaks.

schlechtert. In einem Fall wie diesem rückt die Peakkapazität in den Fokus: möglichst schmale Peaks (d. h. maximal erzielbare „Bodenzahl" N_{Gr}), am besten über das gesamte Chromatogramm gleichmäßig verteilt, s. als Beispiel Abb. 1.2, entnommen aus [6]. Hier wird eine Trennung mit einer (theoretischen) Peakkapazität von 925 Peaks bei einer Kopplung von vier Säulen à 250 mm gezeigt.

Bevor wir schauen, wie die UHPLC nutzbringend eingesetzt werden kann, halten wir anhand der Gl. (1.2) fest, wie die Peakkapazität prinzipiell erhöht werden kann:

1. Ich brauche einen langen Gradienten bzw. eine große Retentionszeitdifferenz zwischen dem letzten und dem ersten Peak. Das bedingt ein großes Gradientenvolumen, eventuell auch eine lange Säule.
2. Ich benötige eine kleine Peakbreite, d. h. ich strebe schmale Peaks an. Das erreiche ich durch einen steilen Gradienten, einen hohen Start- und auch einen hohen End% B, kleine Teilchen, geringe Viskosität, hohe Temperatur.

Die UHPLC beschert uns bekanntlich kleine Totvolumina und ermöglicht hohe Drücke, Folgendes wäre also bezogen auf letztgenannten Vorteil möglich: lange Säule oder serielle Kopplung mehrerer Säulen plus evtl. kleine Teilchen.

Merke

Wenn Säulen in Serie gekoppelt werden, minimiert sich der negative Einfluss des Totvolumens (Extra Column Effects). Dies macht sich erfahrungsgemäß trotz modernstem UHPLC-Design im Falle von isokratischen Trennungen und sehr kleinen Säulenvolumina durchaus bemerkbar, s. weiter unten im gleichen Abschnitt sowie Kapitel 3 und 4. Da ja bei Gradiententrennungen die Teilchengröße nicht so entscheidend ist, sähe eine Möglichkeit wie folgt aus:

3 Säulen à 150 mm × 3 mm, 2,5–3,5 µm-Teilchen in Serie plus 40–50 °C.

Eine Literaturrecherche ergab, dass immer häufiger Trennungen mit hoher Peakkapazität unter UHPLC-Bedingungen publiziert werden. Folgende Beispiele erscheinen für ein „Real Life“-Labor u. U. zunächst realisierbar:

2 Säulen à 150 mm, 1,9 µm, 1200 bar bei 45 °C:
480 Peaks in 40 min (12 Peaks/min),
3 Säulen à 150 mm, 2,6 µm Fused Core, 1200 bar bei 45 °C:
600 Peaks in 50 min (12 Peaks/min),
4 × 250 mm, 3,0 µm, 1200 bar bei 30 °C:
1000 Peaks in 300 min (3–4 Peaks/min).

Wenn die Zeit keinen wesentlichen limitierenden Faktor darstellt und die Matrix nicht außerordentlich schwierig ist (Polymere, Lebensmittel, Fermenterbrühe), sind ca. 600–1000 Peaks mittels UHPLC theoretisch trennbar, s. auch Kapitel 11. Für solche Fälle dürften mittelfristig lange Säulen mit einem 2,1 mm Innendurchmesser bei Verwendung von 1,5–2,6 µm Fused Core Material eine der interessantesten Möglichkeiten darstellen. Unter optimalen Bedingungen und mit modernster UHPLC-Hardware lautet das – sicherlich recht anspruchsvoll – avisierte Ziel, „100/100“: 100 Peaks/100 s, siehe dazu auch Abschnitt 12.3. Und: Je höher die Peakkapazität – möglich durch eine optimale Kombination „UHPLC-Anlage/Säule“ –, umso „überflüssiger“ wird eine gute Selektivität, deren Verbesserung insbesondere unter Zeitdruck nicht gerade ein triviales Unterfangen darstellt. Betrachten wir jetzt den Alltag: In einem realen Chromatogramm sind – bis vielleicht im Falle einer Probe, die ausschließlich Homologe enthält – die Peaks selten gleichmäßig verteilt. In diesem Fall – insbesondere wenn die Peaks noch quantifiziert werden sollten, d. h. eine Auflösung von 1,5 oder mindestens von 1,0 notwendig ist – kann in der Praxis nur eine wesentlich kleinere Peakkapazität erreicht werden. Laut statistischer Berechnungen wären bei einer theoretischen Peakkapazität von 1000 tatsächlich 184 Peaks zu trennen. Unter Berücksichtigung einer schwierigen Matrix und/oder einer evtl. suboptimalen Apparatur gilt als gute Faustregel für die Anzahl der zu trennenden Peaks ca. 1/10 der theoretischen Peakkapazität. Bezogen auf das zuletzt angegebene Zahlenbeispiel wären dies real ca. 100 Peaks. Halten wir vereinfacht fest: Für recht anspruchsvolle Fragestellungen (Multikomponentenproben und/oder komplexe Matrix) ist das bestmögliche Mittel die 2D-Chromatographie mit orthogonalen Trennmechanismen (s. Kapitel 6), das nächstbeste ist die moderne UHPLC, welche eindimensional für quantitative Zwecke eine tatsächliche Peakkapazität von ca. 100 ermöglichen kann.

Auch hier könnte man versuchen, sich möglichst viele Parameter, die einen Beitrag für eine gute Peakkapazität leisten können, gleichzeitig zunutze zu machen. Folgende Variante entspräche einer „optimalen“ Kombination:

Lange Säule (oder mehrere Säulen in Serie), 2–3 µm-Teilchen (porös oder Fused Core), hoher Fluss, 50–60 °C, Acetonitril als organisches Lösemittel, Gradient bei ca. 40 % B beginnend. Bei ionischen Komponenten kann ferner versucht werden, über den pH-Wert eine gute Peaksymmetrie zu erreichen. Je nach Mechanismus kann ein steiler Gradient, bisweilen aber auch ein flacher von Vorteil sein.

Säulenlänge und Gradientendauer haben eines gemeinsam: Beide beeinflussen bei gegebenem Fluss die Peakkapazität nicht so stark wie allgemein angenommen wird. So sind beispielsweise Gradienten länger als ca. 20–25 min nur im Falle von sehr komplexen Gemischen sinnvoll.

Merke

Merke bezüglich Säulenlänge und Gradientendauer folgende vereinfachte Faustregeln für eine optimale Peakkapazität:

- 50 mm $\leq$ 5 min
- 100 mm $\approx$ 10–20 min
- 150 mm $\geq$ 20 min.

Es sei in diesem Zusammenhang an die Ausführungen weiter oben erinnert: Erstens stellt die Erhöhung der Bodenzahl nicht gerade den effektivsten Weg dar, die Auflösung zu verbessern. Zweitens ergeben sich bei Gradiententrennungen ohnehin schmale Peaks, eine hohe „Bodenzahl“ N_{Gr} hat nur in schwierigen Fällen – wenn es z. B. auf eine hohe Peakkapazität kommt – eine Relevanz. Und: Eine Abnahme der Teilchengröße um Faktor 2 führte bei einem um Faktor 4 erhöhten Druck zu einer Verbesserung der Auflösung um Faktor ca. 1,4. Eine Verlängerung der Säule um Faktor 2 führte ebenso zu einer Verbesserung der Auflösung um Faktor ca. 1,4 – bei einem allerdings nur um Faktor 2 erhöhten Druck (und einer längeren Analysendauer). Denn: Die Säulenlänge verhält sich zum Druck linear, die Teilchengröße dagegen quadratisch. Verlängere ich also weiterhin die Säule (oder verwende eine Säulenkopplung), erreiche ich bis zu einem gegebenen/kritischen Druck eine wesentlich größere Anzahl an Böden. Wenn also das ultimative Ziel „maximale Bodenzahl“ lautet (kritisch hinterfragen!), dann sollte ich mehrere Säulen, gefüllt mit 2,5–3,5 µm-Teilchen in Serie schalten – die lange Retentionszeit müsste ich in diesem Fall in Kauf nehmen. Das heißt den Druck, den mir die UHPLC ermöglicht, sollte ich eher für lange Säulen als für kleine Teilchen nutzen, s. auch Kapitel 11. Zur Veranschaulichung folgen nun einige Zahlenbeispiele:

- Eine 150 mm, 5 µm-Säule liefert 9000 Böden, der Druckabfall beträgt 150 bar. Als Auflösung ergibt sich $R = 1{,}20$, die Retentionszeit beträgt 12 min. Die Auflösung soll durch Erhöhung der Bodenzahl auf beispielsweise $R = 2{,}16$ verbessert werden. Um diesen Wert zu erreichen, sind 36 000 Böden nötig. Bei dieser Säulenlänge wären dafür 1,3 µm-Teilchen notwendig, der sich ergebende Druck betrüge ca. 2400 bar (8 × 150 bar) – und dies ist in absehbarer Zeit unter realen Bedingungen nicht machbar. Vier Säulen à 150 mm, 5 µm, in Serie liefern ebenso 36 000 Böden – und dies bei einer Retentionszeit von 48 min und einem Druck von 600 bar (4 × 150 bar). Die gewünschte Auflösung wird somit erreicht. Alternativ könnte man in einem Schritt die Säulenlänge „etwas" erhöhen und die Teilchengröße „etwas" erniedrigen: Man koppelt zwei Säulen à 150 mm, gefüllt mit 2,5 µm-Teilchen, in Serie, Ergebnis: gewünschte Auflösung von $R = 2{,}16$ in 24 min bei einem Druck von 1200 bar. Kurzum: Ohne eine wie auch immer zu realisierende „lange" Säule (längere Säule, Säulenkopplung) ist eine merkliche Verbesserung der Auflösung über die Bodenzahl nicht möglich. Vereinfacht: Eine längere Säule ist effektiver als kleinere Teilchen (in diesem Zusammenhang kommen den Fused Core-Teilchen eine gewichtige Bedeutung zu), dies sollte man sich bei den Bemühungen um eine Verbesserung der Peakkapazität merken.

- Eine übliche UHPLC-Säule, 100 mm × 2,1 mm, 1,7 µm, liefert bei einem Druck von ca. 1000 bar ca. 20 000–25 000 Böden. Wenn der Druck von ca. 1000 bar als Limit für Dauerbelastung in der Routine angesehen werden sollte, erkennt man schnell – trotz UHPLC – die Grenzen der kleinen Teilchen als Lieferant maximaler Effizienz. Somit wird auch ersichtlich, dass die UHPLC unter üblichen Bedingungen nicht die Auflösung liefern kann, die für schwierige Trennungen notwendig wäre.
- Vier Säulen à 250 mm × 4,6 mm, 5 µm, in Serie liefern ca. 100 000 Böden – bei einem Druck von ca. 600 bar (eine interessante Variante wäre, zusätzlich die Temperatur auf 80 °C zu setzen: hervorragende Peakkapazität bei moderatem Druck). *Bemerkung*: Bei Trennungen unter „Ultra High Resolution Separation"-Bedingungen (Bodenzahl > 150 000 Böden) sollte die Temperatur nicht erhöht werden – dies würde sich negativ auf den B-Term der Van-Deemter-Gleichung auswirken und das Ergebnis wäre eine erhöhte Diffusion.
- Eine 250 mm × 2,1 mm 1,9 µm-Säule liefert ca. 55 000 Böden – bei einem Druckabfall von ca. 960 bar. Diese Bodenzahl dürfte heute in etwa die maximale Bodenzahl sein, die unter realen Bedingungen mit einer Säule erreicht werden kann – und das ist in einer annehmbaren Retentionszeit nur unter UHPLC-Bedingungen möglich.

Zusammenfassend lautet das Fazit bezüglich Säulenlänge, Bodenzahl und Druck:

Doppelte Säulenlänge führt zu doppeltem Druck und zu einer Verbesserung der Auflösung/Peakkapazität um Faktor ca. 1,4. Halb so große Teilchen führen zu vierfachem Druck und ebenfalls zu einer Verbesserung der Auflösung/Peakkapazität um Faktor ca. 1,4. Daraus folgt, dass ich bei einem gegebenen Druck die Bodenzahl durch eine längere Säule (oder eine serielle Kopplung) stärker erhöhe als durch kleinere Teilchen. Noch einmal: Bei Gradiententrennungen stellen beide – sowohl die längere(n) Säule(n) als auch die kleinen Teilchen – bis auf folgende Fälle keine zwingenden Notwendigkeiten dar: sehr viele, sehr ähnliche Komponenten (lange Säule), sehr langsame Kinetik, geringe Massenempfindlichkeit (kleine Teilchen).

Es sei in diesem Zusammenhang auch an die Erfahrung erinnert, die nach 50 Jahren HPLC immer noch Gültigkeit hat: Eine 250 × 4,6 mm-Säule lässt sich besser und reproduzierbarer als eine kurze und vor allem eine dünne Säule packen. Weiterer Vorteil der langen Säule: die lange Lebensdauer. Nachteile: lange Läufe, hoher Lösemittelverbrauch – beides auf Dauer nicht zu unterschätzen.

Bemerkung 1

Wie wir weiter oben gesehen haben, sind weder eine gute Packungsqualität noch kleine Teilchen ein Garant für eine gute Peakform, u. a. kann das Totvolumen eine gewichtige Rolle spielen: Bei ≤ 1,7 µm-Teilchen nimmt die Bodenzahl bei den später eluierenden Peaks oft zu, ebenso die Peaksymmetrie. Das ist ein Beleg dafür, dass die heutigen UHPLC-Geräte ein viel zu großes Totvolumen aufweisen, um die Effizienz kleiner Teilchen ausnutzen zu können. Weiterer Hinweis für diesen Sachverhalt: Die Auflösung von früh eluierenden Peaks an 5 µm-Säulen ist oft besser als an ≤ 2 µm-Säulen.

Bemerkung 2

Wie weiter oben angemerkt, sind bei Gradiententrennungen weder die Länge der Säule noch die Gradientendauer oder die Teilchengröße von entscheidender Bedeutung – eher das Gradientenvolumen, Start- und End% B sowie die Steilheit. Gerade bei Gradiententrennungen sind „echte" UHPLC-Bedingungen nur für recht anspruchsvolle Trennprobleme (z. B. komplexes Gemisch, hohe Peakkapazität gewünscht) und/oder für Fälle gefragt, in denen mehrere Parameter gleichzeitig verändert werden sollen, dabei aber der Druck erhöht wird. Sind beispielsweise im Falle von polaren Komponenten sowohl die Selektivität als auch die Peakkapazität zu verbessern, könnte man wie folgt vorgehen: lange Säule (oder mehrere Säulen in Serie) mit 2–3 µm-Teilchen verwenden, hohen Fluss, 40–50 °C, plus Methanol und alternativ zu einer Temperaturerhöhung auch einen Lauf bei 10–15 °C testen. Gerade für solche in kurzer Zeit ausgeführte Experimente kann die UHPLC ihre Stärke ausspielen.

1.2.2 Schnell trennen

Gleich vorweg: Ist die Selektivität sehr gut, könnte man einfach HPLC „machen" und eine 3 mm, 5 µm-Säule bei recht hohem Fluss betreiben; man erreicht so in jedem Fall eine schnellere Trennung als unter UHPLC-Bedingungen.

Merke

Die wegen des hohen Flusses „niedrige" Bodenzahl fällt hier aufgrund der guten Selektivität kaum ins Gewicht, Letztere beschert uns in der Regel eine ausreichende Auflösung.

Die Stärke „par excellence" der UHPLC liegt eher in folgender Situation: Ist die verwendete Säule annähernd optimal selektiv, erhält man eine genügend gute

Auflösung in kurzer Zeit oder anders formuliert: Ich bekomme unter UHPLC-Bedingungen das beste Bodenzahl/Zeit-Verhältnis – d. h. die geringste Retentionszeit bei einer gegebenen Effizienz und erziele zusätzlich einen geringen Lösemittelverbrauch. Eine Abnahme der Säulenlänge bei gleichzeitiger Abnahme der Teilchengröße führt bei einem geringeren Lösemittelverbrauch zur „identischen" Trennung in einer kürzeren Zeit. Voraussetzungen für eine „identische" Trennung: gleich gut gepackte Säule, keine merkliche Abnahme der Bodenzahl aufgrund der breiteren Korngrößenverteilung bei Teilchen $\leq$ ca. 1,7 μm, keine Verschlechterung der Peakform (sprich: Tailing) – vor allem bei den früh eluierenden Peaks aufgrund von Totvolumina im isokratischen Modus. Anders formuliert: Bei konstant gehaltener Säulenlänge und kleineren Teilchen erziele ich durch die Erhöhung der Bodenzahl in gleicher Retentionszeit eine Verbesserung der Auflösung. Hier könnte ich sogar gleichzeitig die Retentionszeit verkürzen, da ich gemäß H/u-Kurve bei den nun kleineren Teilchen den Fluss ohne merklichen Verlust an Effizienz erhöhen kann.

Merke jedoch

Die Fläche nimmt bei konzentrationsempfindlichen Detektoren ab, was im Spurenbereich als kritisch anzusehen ist. Eine Erhöhung des Flusses ist selbstverständlich nur dann sinnvoll, wenn bei der Wechselwirkung des Analyten mit der stationären Phase sich eine schnelle Kinetik und somit ein kleiner C-Term der Van-Deemter-Gleichung ergibt. Zu diesen Zusammenhängen folgende Bemerkung: Sie stellen weder neue Erkenntnisse dar noch wird dafür unbedingt eine UHPLC benötigt, denn solche Verbesserungen sind – zumindest teilweise – bis zu einem Druck von 400 bar an einer klassischen HPLC-Anlage durchaus umsetzbar. Allerdings wagt man sich erst seit Markteinführung der UHPLC-Technologie Mitte der 2000er Jahre bei höheren Drücken zu arbeiten.

Für „schnelles Trennen" und UHPLC lässt sich folgendes Fazit ziehen:

1. Lautet das Ziel „schnell trennen", eignet sich die UHPLC hervorragend, wenn erstens das Trennproblem nicht sehr anspruchsvoll ist ($\leq$ ca. 15–20 Peaks), zweitens gleichbleibende, einfache, robuste chromatographische Bedingungen vorhanden sind und drittens ein automatisierter und konstanter Ablauf herrscht. Als typisches Anwendungsgebiet wäre hier die IPC (In Process Control) zu nennen.
2. Ebenso eignet sich die UHPLC, wenn ich in kurzer Zeit Methoden entwickeln/Trends erkennen bzw. bestehende Methoden unter Veränderung diverser Parameter optimieren möchte. Die UHPLC erlaubt möglichst viele Parameter schnell zu testen, da kurze Gradientenläufe mit kurzen Säulen bei genügend guter Auflösung/Peakkapazität möglich sind: Die UHPLC ist für Entwicklungsabteilungen prädestiniert, welche unter Zeitdruck Methoden mit wechselnden Parametern oder auch mithilfe von generischen Läufen entwickeln bzw. optimieren müssen.

1.2.3
Massenempfindlichkeit verbessern (konstantes Injektionsvolumen)

Dies dürfte der einfachste Fall sein, denn das Ziel ist klar definiert: Die Quantifizierung von kleinen Peaks bei gegebener, limitierter Probenmenge – also, wenn ich nicht mehr injizieren kann/darf. Ebenso klar ist auch, was die UHPLC mit ihren Charakteristika beitragen kann. Folgendes ist recht einfach umzusetzen:

- Die Verringerung des Innendurchmessers in Kombination mit kleinen Teilchen führt zu einer Verbesserung der Massenempfindlichkeit.
- Eine kürzere Säule mit kleineren Teilchen führt ebenso zu einem kleineren Peakvolumen.

In diesem Zusammenhang sollte man jedoch an folgende praktischen Aspekte denken:

Eine Verringerung des Säuleninnendurchmessers von z. B. 2 mm auf 1 mm würde zwar bei einem um Faktor 4 erhöhten Druck zu einer Verbesserung der relativen Massenempfindlichkeit um ca. einen Faktor 20 führen. Es ist allerdings nicht gerade trivial, eine 1 mm Kapillare „gut" und reproduzierbar zu packen – sowohl mit porösen als auch – im Besonderen! – mit Fused Core Materialien, s. auch Ausführungen in Abschnitt 9.7. Ferner besteht bei der Nebenkomponentenanalyse an dünnen Säulen/Kapillaren die Gefahr der Säulenüberladung durch den Hauptpeak/die Matrix. Und schließlich: Auch die modernsten UHPLC-Anlagen müssen hier bezüglich Totvolumina nachträglich optimiert werden – möchte man in diese Regionen vordringen. Das bedeutet: Wenn bezüglich Massenempfindlichkeit nicht unbedingt alles gewonnen werden muss, wäre folgende Säule unter Alltagsbedingungen gut geeignet: 2,1 mm, 1,5–1,7 µm-Teilchen; bei matrixfreien Probenlösungen und optimaler Hardware unter Umständen 1,3 µm-Teilchen. Sollte die Massenempfindlichkeit weiterhin verbessert werden, stößt die UHPLC an ihre Grenze, hier schlägt die Stunde der Nano- bzw. Kapillar-LC, s. Kapitel 6. Folgende Punkte sind zwar nicht UHPLC-spezifisch, jedoch wichtig für eine gute Empfindlichkeit (sprich: schmale Peaks), daher findet hier eine kurze Erwähnung statt:

- Die Probenlösung sollte schwächer – d. h. in der RP-HPLC polarer – als der Anfangseluent sein, das bedeutet: Probenlösung mit Wasser verdünnen, evtl. mit Neutralsalz versetzen, woraufhin eine Anreicherung am Säulenkopf erfolgt (On Column Concentration).
- Bei sehr früh eluierenden, chemisch ähnlichen Peaks: Gradienten mit reichlich Wasser/Puffer starten, evtl. eine kurze isokratische Stufe einbauen. Auch hier ist eine Anreicherung möglich.
- Bei einfachen Trennungen und nicht allzu polaren Komponenten mit 50–70 % B starten und einen steilen Gradienten fahren, s. Abb. 1.3.

Wir beenden diesen Abschnitt mit folgendem Hinweis: Optimale Einstellparameter wie Datenrateaufnahme (Sample Rate), Zeitkonstante (Time Constant/Response Time) etc. sind bei hohen Flüssen und bei früh eluierenden, schmalen,

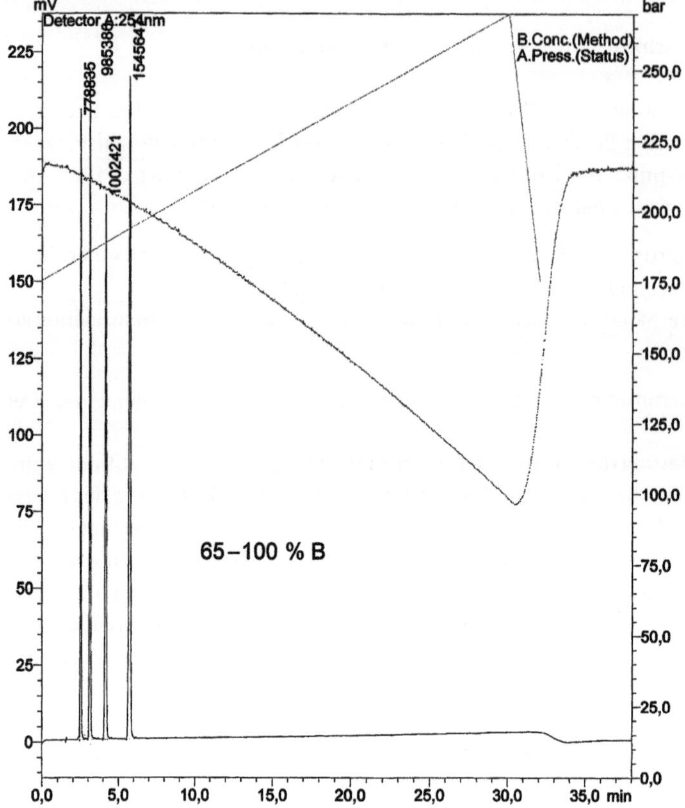

Abb. 1.3 Startbedingungen beim Gradienten mit dem Ziel: Verbesserung der Peakform; Säule, GeminiNX, 50 × 4 mm, 3 µm, 65–100 % B (Acetonitril/Wasser).

kleinen Peaks überaus wichtig; umso mehr unter UHPLC-Bedingungen *und* dem Bestreben nach guter Massenempfindlichkeit. Zu geeigneten Zahlenwerten, s. Abschnitt 1.3

Bemerkung

Im Zusammenhang mit den Vorteilen der UHPLC ist immer wieder davon die Rede, dass die „Empfindlichkeit" in der UHPLC im Vergleich zur HPLC besser sei. Ist allerdings die Nachweisempfindlichkeit gemeint, ist das Gegenteil der Fall! Erläuterung: Verwendet man eine konventionelle Säule, kann bei einem DAD als konzentrationsempfindlichem Detektor eine Detektorzelle mit einer langen Wegstrecke verwendet werden. Denn: Lambert-Beer „verlangt" nach einem langen Lichtweg. Die Gefahr, dass die Empfindlichkeit durch Totvolumina zunichte gemacht wird, besteht aufgrund des im Vergleich zu dem Zellvolumen großen Säulenvolumens kaum. Bekanntlich sollte ferner das Injektionsvolumen höchstens 10 % des Säulenvolumens betragen, bei niedrigen Retentionsfaktoren macht sich eine Bandenverbreiterung bereits ab 1 % Injektionsvolumen bemerkbar. Bei einer konventionellen Säule ist es somit unproblematisch, größere Injektionsvolumina zu verwenden. Bei den in der UHPLC verwendeten kleinvolumigen Säulen dagegen, sollte das Injektionsvolumen 1–2 µL nicht übersteigen. Aus dem gleichen Grunde (kleines Säulenvolumen) muss in der UHPLC das Totvolumen und folglich das Detektorzellvolumen klein sein. Trotz in jüngster Zeit merklichen Fortschritten des Zelldesigns (Abschnitt 2.1, Kapitel 12), kann der Lichtweg in einer Detektorzelle mit einem in der UHPLC weit unter 1 µL notwendigen Zellvolumen nicht signifikant verlängert werden. Aus diesen Gründen ist die UHPLC *per se* unempfindlicher als die HPLC, gemeint ist hier die Nachweisempfindlichkeit. Wenn allerdings das Injektionsvolumen von vorneherein klein ist bzw. nicht erhöht werden kann/darf, ist die UHPLC zweifelsohne im Vorteil: Die Massenempfindlichkeit ist in einer (optimierten) UHPLC-Anlage wegen des kleinen Peakvolumens um Größen besser als in der HPLC.

1.2.4 Robuste Trennungen gewährleisten

In einem Routinelabor steht die Robustheit der Methode an erster Stelle und die Ausfallzeiten sollten auf ein Minimum reduziert werden. Im Falle von einfachen chromatographischen Methoden, großer Probenanzahl, robusten Bedingungen, klaren Probenlösungen, keiner/minimaler Probenvorbereitung, automatischer Integration usw. – s. weiter oben im gleichen Abschnitt – käme die UHPLC zweifelsohne in Frage. In folgenden Fällen sollte der Einsatz einer UHPLC-Anlage jedoch kritisch hinterfragt werden:

- Schwierige Matrix; die Probenvorbereitung führt nicht zu homogenen, klaren, Probenlösungen, jene sind womöglich matrixbelastet (Pflanzenextrakte, kontaminierte Böden, Dragees, Salben, Polymere, biologische Matrix wie Gewebe, Vollblut usw.).
  Bevor wir zu weiteren kritischen Punkten bezüglich eines sinnvollen Einsatzes der UHPLC kommen, folgt ein Beispiel für die Nichteignung der UHPLC: Nehmen wir an, dass die interessierende(n) Komponente(n) nur in Acetonitril, Alkoholen oder Tetrahydrofuran aufzulösen bzw. damit zu extrahieren ist/sind. Somit ist die Probenlösung stärker (sprich: organischer) als der Eluent/Anfangsgradient. Dies ist in bestimmten Bereichen – wie Pharma und Umweltanalytik – nicht zu vermeiden. Ein typisches Beispiel wäre das Herausextrahieren/Aufnehmen des Wirkstoffs mit ethanolischen Lösungen (Salbenanalytik). In diesem Falle haben wir mit Fronting zu kämpfen, im „worst case" entstehen sogar Doppelpeaks. Aufgrund der kleinen Säulenvolumina in der UHPLC (z. B. für eine 5 mm × 2,1 mm-Säule ca. 200 µL) bleibt die schlechte Peakform bestehen: Die „verlorene" Bodenzahl bleibt in der UHPLC endgültig verloren! Etwas vereinfacht kann man wie folgt festhalten: Eine matrixbelastete Probe und/oder ein starkes Lösemittel lassen jede UHPLC scheitern. Bei konventionellen Säulen (Säule länger/dicker und somit größeres Säulenvolumen) besteht das Problem in der Regel lediglich bei den früh eluierenden Peaks und bei Injektionsvolumina ab ca. 15–20 µL.

- Variierende chromatographische Bedingungen im Alltag, mangelnde Robustheit der Methode(n).
- Die Probenvorbereitung, die manuelle Integration und weitere notwendige Schritte wie Dokumentation, Ablage etc. machen ein Vielfaches der Trennzeit aus.
- Die Probenanzahl ist überschaubar.
- Häufige Methodentransfers mit mehreren Labors und erwarteten Unterschieden im Ablauf, im „Know-how" und in der „Kultur". Dazu ein paar Beispiele: Ein weniger erfahrener HPLC-Anwender nimmt einfach eine „andere" Kapillare, schneidet sie unsachgemäß ab, verbindet einen PEEK-Fitting mit einer Stahlkapillare, verwendet einen Säulenwechsler oder benutzt ein Verbindungsstück zwischen Säule und Detektor, um Säulen von unterschiedlichen Anbietern direkt einbauen zu können usw. Solche Dinge „verzeiht" die UHPLC nicht, die HPLC schon eher.

Betrachten wir ein fiktives Labor in der Qualitätskontrolle eines Pharmaunternehmens/Generikaherstellers, in dem Tabletten, Kapseln oder Salben analysiert werden. Zugegeben simplifiziert, sieht die Situation oft in etwa wie folgt aus: Ein Anwender betreut womöglich 2–3 HPLC-Anlagen und/oder hat nebenbei weitere Aufgaben zu erledigen (Dokumentation u. Ä.). Die Methoden sind alt: LiChrospher/Nucleosil 100/Hypersil ODS/Select B etc., Phosphatpuffer, evtl. Triethylamin oder Ionenpaarreagenzien usw., es verläuft nicht immer reibungslos. Oft herrscht Zeitdruck, nach einem Geräteausfall – aus welchen Gründen auch immer – muss das Gerät requalifiziert werden oder es ist wenigstens mithilfe von Systemeignungstests eventuell inklusive Wiederholinjektionen der einwandfreie Zustand des Gerätes nachzuweisen. Und vor dem anstehenden Methodentransfer hat man jetzt schon ein ungutes Gefühl, da ein solcher erfahrungsgemäß selten ohne Komplikationen vonstattengeht.

Die Einwände bei den Überlegungen zur eventuellen Einführung einer UHPLC könnten in etwa lauten: „Bringt es wirklich viel, wenn wir die Retentionszeit von 20 min auf ca. 6 min reduzieren, wenn die Probenvorbereitung eine halbe Stunde dauert und die oft notwendige manuelle Integration mindestens ebenso lange, vom Sichten der einzelnen Chromatogramme ganz zu schweigen? Und was hilft es uns, wenn die Analysenserie einerseits statt um 5:00 Uhr morgens bereits um 23:00 Uhr nachts beendet ist, das Gerät aber andererseits öfters aussteigt und wir noch mehr Zeit wegen der Reparatur und der nachfolgenden Requalifizierung verlieren? Und was den Lösemittelverbrauch anbetrifft: Im Labor geht es um Liter, in der Produktion um Hunderte von Litern. Und mit der Lebensdauer von UHPLC-Säulen waren wir während der Testphase mit der UHPLC sowieso unzufrieden." Diese Argumentation lässt sich sicherlich mehr oder weniger nachvollziehen – bis vielleicht auf den letzten Punkt. Nicht die Lebensdauer absolut ist relevant, sondern die Anzahl der Injektionen pro Zeiteinheit bzw. die Anzahl der Säulenvolumina, bis die Säule unbrauchbar wird. Letzteres Kriterium zugrunde gelegt (Matrixproblematik usw. ausgenommen), zeigt, dass kein signifikanter Unterschied zwischen HPLC- und UHPLC-Säulen festgestellt wird. Sollte nun in diesem Umfeld ohne Änderung der Arbeits- und Denkweise sowie der Erwartungen eine UHPLC eingesetzt werden, könnte manch Unangenehmes passieren, nachfolgend nur drei Beispiele:

- Ein Salzkriställchen aus dem nicht filtrierten Puffer oder ein Bestandteil der Matrix kann die in der UHPLC verwendeten dünnen Kapillaren verstopfen, Ergebnis: Undichtigkeiten oder das Gerät steigt im „worst case“ sogar aus.
- Ebenso leicht kann der – bei den in der UHPLC verwendeten ca. ≤ 1,9 µm-Teilchen sehr kleine – Zwischenkornbereich (Bereich in der Säule zwischen den einzelnen Teilchen) verstopfen.
- Man findet keine UHPLC-Säule mit vergleichbaren Eigenschaften, wie die in der Methode angegebene Säule.
- Methodentransfer: Wenn als SST-Kriterien neben Auflösung beispielsweise auch Asymmetriefaktor und relative Retentionszeit, statt relative Retention [8] festgelegt wurden, ist es oft recht schwierig diese zu erreichen – trotz vorhandener Softwaretools aus der Literatur bzw. der Gerätehersteller zur Skalierung von Methodenparametern. Auf die Problematik von Methodentransfers wird hier nicht näher eingegangen, vielmehr wird auf Kapitel 4 verwiesen, hier lediglich folgender Hinweis:

Beim Übertragen einer HPLC-Methode in eine UHPLC ist oft eine gründlichere Probenvorbereitung vonnöten, s. weiter oben im gleichen Abschnitt. Dazu als Denkanstoß folgendes, stark vereinfachtes Schema:

HPLC: 3 min Probenvorbereitung + 15 min Analysenzeit = 18 min gesamt
UHPLC: 15 min Probenvorbereitung (wegen erhöhten Aufwandes und erhöhter Gründlichkeit) + 3 min Analysenzeit =18 min gesamt.

Was ist „besser“?

Abhängig vom individuellen Fall kann die Präzision, aber auch der Kostenaspekt im ersten oder im zweiten Fall günstiger sein, Entscheidungen können nur von Fall zu Fall getroffen werden.

Mit jedem funktionierenden, klassischen HPLC-Gerät sind Verbesserungen in jeglicher Richtung möglich. Die nachfolgenden Abb. 1.4 und 1.5 verdeutlichen, dass an alten HPLC-Gradientenanlagen ohne merklichen Verlust an Auflösung und unter Einhaltung der SST-Kriterien beispielsweise eine merkliche Zeitersparnis erreicht werden kann.

1.3 Die UHPLC im Alltag

Es folgt eine kurze, vereinfacht dargestellte Beschreibung des UHPLC-Einsatzes im Alltag. Wie eingangs erwähnt, werden seit Mitte der 2000er Jahre immer mehr UHPLC-Anlagen eingesetzt – sowohl mit zufriedenen als auch mit weniger zufriedenen Anwendern. Zufriedene Anwender in Routinelabors sind solche, die erstens unter UHPLC-Bedingungen eine chromatographisch relativ einfache Fragestellung (≤ ca. 20–25 Komponenten mit recht unterschiedlichen Eigen-

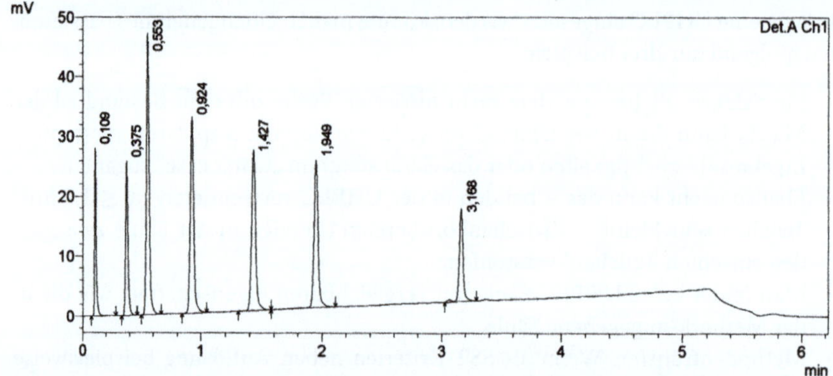

Abb. 1.4 Trennung von 7 Komponenten an einer Synergi MAX RP 20 × 4 mm, 2 µm-Säule, in etwas mehr als 3 min an einem Hochdruckgradient aus Anfang der 1990er Jahre; das Gerät wies ein beträchtliches Totvolumen aus.

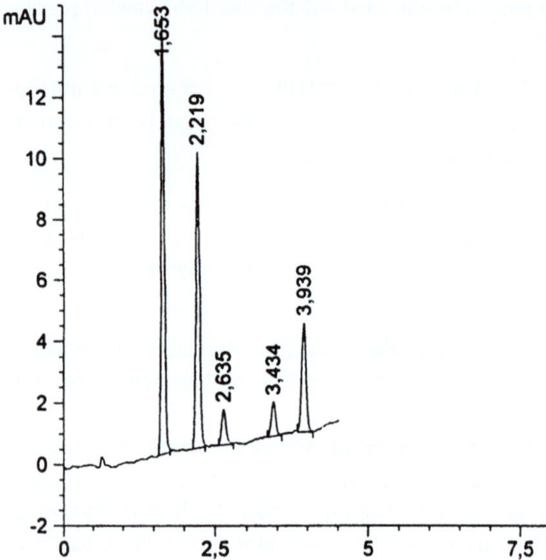

Abb. 1.5 Trennung von 5 Komponenten an einer 10 × 20 mm, 3 µm-Vorsäule, an einem Hochdruckgradient aus Anfang der 1990er Jahre; das Gerät wies ein beträchtliches Totvolumen aus.

schaften) bei gleichbleibenden, stabilen Bedingungen bearbeiten. Oder zweitens solche, die ihre UHPLC-Anlage lediglich als schnelle HPLC betreiben, weil sie – aus welchen Gründen auch immer – die Möglichkeiten ihrer HPLC für schnelle(re) Trennungen in der Vergangenheit nicht genutzt hatten. Letztere UHPLC-Besitzer sind zwar keine UHPLC-Anwender im eigentlichen Sinne, aber sie sind zufrieden – „so what"? Beide Anwendergruppen sind zu Recht erfreut über die schnellen Trennungen, die schmalen Peaks und den reduzierten Lösemittelverbrauch. Die Zufriedenheit der Anwender in Entwicklungslabors rührt daher, dass

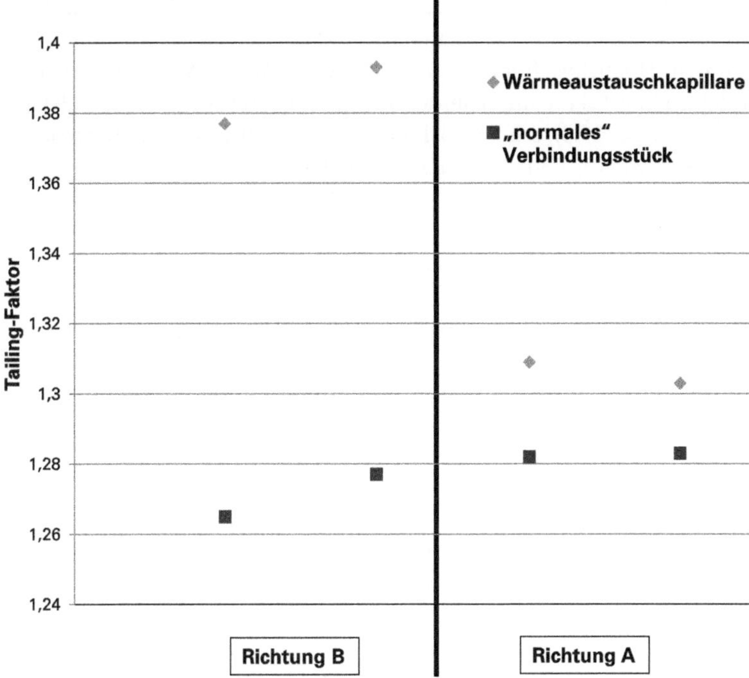

Abb. 1.6 Tailing-Faktor, abhängig von der Richtung der eingebauten Kapillare, für Details s. Text.

man in kurzer Zeit viele Optimierungsexperimente durchführen kann – und das macht in der Tat richtig Spaß! Unzufriedene UHPLC-Anwender sind in erster Linie solche, die mit ihrer HPLC-Anlage jahrelang ob der relativ geringen Probleme verwöhnt waren und mit einem UHPLC-Gerät jetzt mit solchen im Alltag massiv konfrontiert sind. Lösungen und Chemikalien müssen besonders rein sein bzw. eventuell extra filtriert werden, die Undichtigkeiten am Probengeber sind ein Ärgernis, „gute“ Säulen zeigen auf einmal in der UHPLC Doppelpeaks. Im Falle von früh eluierenden Peaks müssen die Einstellparameter (Datenrateaufnahme, Zeitkonstante etc.) angepasst werden usw. Kurzum: Man trauert der „alten“, guten Zeit mit den robusten HPLC-Geräten nach. Auch eine nur andersherum eingebaute Kapillare kann die Peaksymmetrie beeinflussen – und dies nicht nur für ≤ 2 µm-Teilchen und 2,1 mm Innendurchmesser. Um das zu verifizieren, haben wir in einem Experiment neben UHPLC-Säulen auch eine 50 mm × 4,6 mm, 3 µm-Säule verwendet, s. Abb. 1.6. Es wurde in einer UHPLC-Anlage einmal die vorhandene 0,10 mm ID-Kapillare als Verbindungsstück zwischen der Säule und dem Detektor und alternativ eine Wärmeaustauschkapillare, ca. 20 cm, 0,10 mm ID verwendet. Durch das etwas größere Volumen der Wärmeaustauschkapillare ergab sich ein nur minimal größerer Tailing-Faktor, s. Abb. 1.6 (Richtung A): statt ca. 1,28 nun ca. 1,30–1,31 – also nicht nennenswert.

Anschließend wurden sowohl das Verbindungsstück als auch die Wärmeaustauschkapillare „andersherum" angeschlossen und die sich ergebenden Tailing-Faktoren durch Doppelbestimmung verglichen, s. Abb. 1.6, (Richtung B): Während der Tailing-Faktor im Falle des Verbindungsstückes praktisch gleich geblieben ist (ca. 1,26–1,28), erhöhte sich im Falle der Wärmeaustauschkapillare der Tailing-Faktor von ca. 1,30–1,31 auf ca. 1,38–1,40.

Ergebnis

Auch bei einem konstant gebliebenen Volumen einer Kapillare kann ein etwas „schlechterer" Anschluss an einem Ende der Kapillare die Peaksymmetrie beeinträchtigen. Ein derartiger Effekt ist bei den üblichen, längeren HPLC-Säulen in HPLC-Anlagen kaum feststellbar.

Kurzum: Wenn ich meine UHPLC im realen Umfeld tatsächlich als UHPLC betreiben möchte, müsste ich gegenüber meinen früheren HPLC-Gewohnheiten Aufwand und Sorgfalt erhöhen – oder ich bleibe doch bei einem Druck unter ca. 600–650 bar und habe sicherlich geringere Probleme im Alltag.

Halten wir wie folgt fest: In einem stark regulierten Umfeld steht an erster Stelle zweifelsohne die Bestätigung der erwarteten/erhofften Ergebnisse bei einer Minimierung von Problemen, Wiederholmessungen und Geräteausfallzeiten. Zeit- und Lösemittelersparnis wären schon erfreulich, *de facto* sind diese jedoch zweit- oder gar drittrangige Ziele. Die Anforderungen an eine Routinemethode lauten somit in erster Linie Zuverlässigkeit, Robustheit und dann erst Zeit- und Kostenersparnis. Dies alles kann weitgehend ohne UHPLC realisiert werden: So erlaubt die US-Pharmakopöe eine ganze Menge an Anpassungen, ohne dabei die Methode revalidieren zu müssen. Danach könnte ich beispielsweise eine andere „C_{18}" verwenden oder eine um 70 % kürzere, eine um 25 % dünnere, eine mit um 50 % kleineren Teilchen gefüllte Säule einsetzen. Ferner darf laut USP und ebenso laut europäischer Pharmakopöe der Gradient verändert werden, lediglich End% B muss beibehalten werden (zu Details s. [8–10]). Bleiben nach einer Anpassung die von mir im Vorfeld gut durchdachten(!) und dem Analysenziel dienend festgelegten Systemeignungskriterien bestehen, ist eine Revalidierung nicht notwendig – notfalls reicht eine „Mini-Revalidierung" aus. Das Thema ist komplex und könnte für sich ein Buch füllen. Wir beenden diesen kleinen Ausflug mit folgender persönlichen Einschätzung: Es ist sicherlich nicht einfach, jedoch könnte man zumindest versuchen, die eigene Ängstlichkeit ein wenig zu überwinden und die von Behörden/Organisationen gegebenen Spielräume zu nutzen. Dabei ließe sich möglicherweise die Robustheit und Schnelligkeit meiner Methode bei Einhaltung der Anforderungen erhöhen. Dabei spare ich für meinen Arbeitgeber Geld, ich schone meine Nerven, ich tue etwas Sinnvolles für die Umwelt (Lösemittelverbrauch) – und die durchgeführten Anpassungen sind formal in Ordnung. Wenn Derartiges in einem stark regulierten Umfeld wie der Pharma unter Umständen möglich ist, könnte dies analog umso mehr auch in anderen Bereichen realisiert werden.

Das Fazit für ein Routinelabor lautet aus meiner Sicht: Nutze zunächst regulatorische Spielräume und die technischen Möglichkeiten deiner aktuellen HPLC-Anlage aus. Bereits dies kann ein wichtiger Schritt sein, welcher zu einer merklichen Verbesserung in deinem Sinne führt. Wenn du möchtest/darfst, kannst du mit einem vertretbaren Aufwand und kleinen Investitionen an deiner HPLC-Anlage „UHPLC-like"-Trennungen erzielen:

- Verdünne die Probenlösung mit Wasser/Puffer, somit wird eine Anreicherung am Säulenkopf möglich, daraus folgt eine Verbesserung der Peakform, insbesondere bei den früh eluierenden Peaks.
- Verwende eine kleinere Schleife für den Probengeber und im Falle eines Hochdruckgradienten einen kleineren Gradientenmischer (s. Kapitel 4).
- Denke an die Einstellparameter (Sample Rate, Time Constant/Response Time, Dwell Time, Bandwidth, Slit, s. Abschnitt 1.4).
- Verwende eine kleinere UV-Zelle für deinen DAD: 2–4 µL Volumen OK, optimal wäre natürlich: 0,25–1,00 µL, Länge: 60–85 mm; bei einigen Anbietern sind solche bereits erhältlich, bald sogar 100 mm).

Wenn anschließend die Methode eine gewisse Zeit zuverlässig funktioniert und du diese weiterhin verbessern möchtest (wollen dies tatsächlich alle Beteiligten?), solltest du selbstverständlich bei entsprechendem Budget jetzt an UHPLC denken.

1.4 Wie kann das Potenzial der UHPLC tatsächlich ausgeschöpft werden?[1)]

Ein Blick auf die Besonderheiten der UHPLC ist auch zur Beantwortung dieser Frage hilfreich: Es sind kleine Tot- und Verweilvolumina und hohe Drücke möglich. Ferner sollte stets die aktuelle Fragestellung im Vordergrund stehen. Folgendes können wir festhalten: Für nicht allzu schwierige analytische Fragestellungen – insbesondere im Gradientenmodus – sind alle kommerziellen UHPLC-Anlagen gut genug. Je anspruchsvoller das Trennproblem ist, umso wichtiger werden die Einstellparameter und umso eher besteht u. U. Handlungsbedarf bezüglich einer Hardwareoptimierung. Dazu sollen nachfolgende Ausführungen einige Hinweise liefern. Am Beispiel des Totvolumens wird zunächst verdeutlicht, dass je nach aktueller Situation, welche nur individuell beurteilt werden kann, die gesamte Bandbreite denkbar ist: von „kein Handlungsbedarf" bis „dringender Handlungsbedarf".

Totvolumen

Fakt ist: Das Totvolumen einer jeden UHPLC-Anlage auf dem Markt ist für eine 50 mm × 2,1 mm, ≤ 2 µm-Säule oder kleiner viel zu groß. Je nach Hersteller beträgt der Verlust an Effizienz ca. 20–40 % und wird von den meisten Herstellern

1) Siehe auch Abschnitt 2.1, Kapitel 3 und 9.

offen eingeräumt. Wenn Sie bei frühen Peaks unter isokratischen Bedingungen ein auffallendes Tailing beobachten, wissen Sie, dass dies aktuell der Fall ist. Wir haben folgendes Experiment durchgeführt:

Der Tailing-Faktor eines Analyten wurde bei vier Temperaturen (30, 40, 50 und 60 °C) und einem konstanten Fluss von 0,7 mL min^{-1} bestimmt, s. Tab. 1.1.

Tab. 1.1 Zum Einfluss von Totvolumina auf die Peaksymmetrie von früh eluierenden Peaks, Details s. Text.

Fluss (mL min^{-1})	Temperatur (°C)	Retentionszeit (min)	Tailing (interner Faktor)
0,7	60	0,57	595
0,7	50	0,64	330
0,7	40	0,73	280
0,7	30	0,85	250

Ergebnis

Eine schnelle Kinetik aufgrund einer Erhöhung der Temperatur von 30 auf 60 °C und der damit verbundenen Erhöhung der Bodenzahl kann die Verschlechterung der Peakform im Falle von sehr früh eluierenden Peaks durch das Totvolumen nicht ausgleichen. Auch bei Verwendung von UHPLC-Geräten sollte man sich genau überlegen, wie „schnell“ schnelle Trennungen im isokratischen Modus sein sollten.

Die Frage lautet nun: Stört es mich, dass durch das Totvolumen die Peakbreite meiner Peaks statt beispielsweise den möglichen 4 jetzt 6 s beträgt und/oder der Peak asymmetrisch eluiert? Oder eigentlich eher nicht, da ich ein relativ einfaches Trennproblem habe und der geforderte Asymmetriefaktor von 1,3 erfreulicherweise nicht überschritten wird? Bei Gradiententrennungen ist das Totvolumen (nicht das Verweilvolumen!) noch weniger relevant, denn dort sind schmale Peaks nahezu „garantiert“. Wenn andererseits dieser Effizienzverlust bei isokratischen Methoden die Trennung meiner früh eluierenden Peaks beeinträchtigt, besteht Handlungsbedarf. Hier helfen Optimierungskits mit besonders dünnen Kapillaren, „totvolumenfreie“ Fittings, speziell designte UV-Zellen etc., die in der Zwischenzeit nahezu alle Hersteller anbieten (Kapitel 9 und 12).

Fazit: Sollen UHPLC-Geräte an den Grenzen der Spezifikationen genutzt werden, muss man ziemlich umdenken, sonst bleibt manches hinter den Erwartungen zurück. Oder aber man ist bereit, bescheidener zu werden. Also: Je nach Situation, entweder „weiter so“ oder eben dringender Handlungsbedarf.

Zahlenwerte für Einstell- und chromatographische Parameter sowie Anforderungen an die Hardware, die für UHPLC-Trennungen notwendig/sinnvoll sind:

- Datenrateaufnahme (Sample Rate): üblicherweise 20–40 Hz; bei Läufen ca. ≤ 1–2 min und Peakbreite von ca. ≤ 1–2 s wären schon 80–90 Datenpunkte pro Peak notwendig, möchte man sich keinen Verlust an Auflösung einhandeln.
- Zeitkonstante (Time Constant): ≤ 50 ms; bei einigen Softwareprogrammen ist die Zeitkonstante allerdings an die Datenrateaufnahme gekoppelt.
- Bandbreite (Bandwidth) und Spalt (Slit) beim DAD: für eine gute Nachweisempfindlichkeit 16 nm, für eine gute spektrale Auflösung (z. B. für „Peak Purity" Tests) 1–4 nm.
- Injektion: Möglichst kurze Injektionszyklen; hier sind Injektoren mit festen Schleifen (Fixed Loop Injectors) von Vorteil, allerdings sollte die Verschleppungsproblematik nicht aus den Augen gelassen werden. Injektionsvolumen: ca. 1–2 µL (bei einer 50 mm × 2,1 mm-Säule mit einem Säulenvolumen von ca. 200 µL), in jedem Fall < 5 µL. Es gilt wie wir weiter oben gesehen haben die 1 %-Regel: Das Injektionsvolumen darf maximal 1 % des Säulenvolumens betragen, sonst macht sich die Volumenüberladung bemerkbar. Zur Möglichkeit der Injektion von größeren Volumina, s. Kapitel 9.
- Zellvolumen: 1–2 µL, 0,25 µL überlegenswert (zur UHPLC/MS-Kopplung, s. Kapitel 5).
- Tot- und Verweilvolumina; hier herrscht zzt. ein quasi sportlicher Wettbewerb unter den Herstellern, wer zuerst, wie viele Mikroliter einsparen kann.

Merke

10, notfalls auch 15 µL Totvolumen wären für eine Säule mit 100–300 µL Säulenvolumen akzeptabel. Hier gilt die 10 % Regel: Das Volumen außerhalb der Trennsäule darf 10 % des Säulenvolumens nicht überschreiten, sonst bricht die Bodenzahl deutlich ein, zu Details s. Abschnitt 2.1 und Kapitel 3. Bezüglich Verweilvolumina werden zwar bereits Niederdruck-UHPLC-Geräte angeboten, die ein Verweilvolumen von ca. ≤ 100 µL aufweisen, aber auch 150–200 µL sind sicherlich kein „schlechter" Wert. Denn das Verweilvolumen beeinflusst zwar bekanntlich die Trennung, jedoch ist eine allgemeingültige Aussage, ob ein großes/kleines Verweilvolumen prinzipiell „gut" oder „schlecht" für die Trennung ist, nicht möglich.

- Generelles: Bei hohen Drücken und gleichzeitig hohen Flussraten wird durch die Reibungskräfte Wärme erzeugt (Frictional Heating). Dieser Effekt kann die Trennung merklich beeinflussen und sollte stets im Auge behalten werden (s. Abschnitt 2.2). Ferner ist ein Vorheizer mit einem Volumen von 1–3 µL (z. B. ca. 300 mm, 100 µm-Kapillare vor dem Säulenofen) Teil einer jeden modernen UHPLC. UHPLC-Eluenten werden üblicherweise über 0,22 µm-Filter filtriert. Gibt es dennoch Probleme mit verstopften Kapillaren, Fritten und vor allem Säulen, wäre ein zusätzliches Filtrieren der Probenlösungen sowie sonstigen Chemikalien über ein 0,1 µm-Filter sicherlich überlegenswert.

1.5 Zusammenfassung und Ausblick

Vorteile der UHPLC:

- Erhöhte Flexibilität im Vergleich zur HPLC sowie erweiterte Möglichkeiten, um die Selektivität/Auflösung zu verbessern: Methanol als organisches Lösemittel, Temperaturerniedrigung, Flusserhöhung und somit Vergrößerung des Gradientenvolumens – auch beim Einsatz von dünnen/langen Säulen. Mit diesen interessanten Möglichkeiten geht eine Druckerhöhung einher.
- Die Bodenzahl/Peakkapazität kann merklich erhöht werden: Säulenkopplungen mit 2,5–3,5 μm porösem bzw. 1,5–5 μm Fused Core Material.
- Für ≤ 2 μm-Material sehr gutes Bodenzahl/Retentionszeit-Verhältnis, somit ausreichend gute Auflösung in kurzer Zeit für nicht allzu anspruchsvolle Trennungen. Dadurch werden eine Erhöhung des Throughputs und eine Abnahme des Lösemittelverbrauchs erreicht. Der Hauptvorteil in der Praxis liegt jedoch weniger im schnellen Analysieren von Sequenzen, welches häufig durch Autosampler auch nachts möglich ist, sondern in der schnellen Kontrolle: Mögliche Probleme der Sequenz werden schnell erkannt und nicht erst morgens, wenn alles zu spät ist und ich – und evtl. auch die Produktion – viel Zeit verloren habe (hat), s. auch Kapitel 11.
- Durch das kleine Totvolumen und in Kombination mit dünnen Säulen und kleinen Teilchen ergibt sich ein kleines Peakvolumen und dadurch eine Verbesserung der Massenempfindlichkeit.

Als Nachteile können genannt werden:

- Größerer Aufwand bei der Probenvorbereitung; ferner stellen matrixbelastete Proben und starke Probenlösemittel echte Herausforderungen dar: Die kleinen Teilchen können vor allem im letztgenannten Fall die Verschlechterung der Peakform nicht kompensieren.
- Nicht immer zufriedenstellende Reproduzierbarkeit bei wechselnden Bedingungen.
- Ab ca. 800 bar merkliche Reibungswärme, ab ca. 600–700 bar Selektivitätsänderung möglich; die beiden genannten Punkte sind ein Grund dafür, dass man eine Methode, wie oft dargestellt wird, nicht so einfach von HPLC nach UHPLC und umgekehrt übertragen kann.
- Schwierigkeiten beim Methodentransfer; wegen der kleinen Säulenvolumina bereiten kleine Unterschiede in den Verweilvolumina bei Gradientenanlagen wesentlich mehr Probleme als in der HPLC.
- Rundum: Es ist erhöhte Sorgfalt beim gesamten Handling notwendig.

Wie bei nahezu jeder Technik erweisen sich typische Charakteristika einer Technik je nachdem sowohl als Vor- wie auch als Nachteile. Beenden wir diese Diskussion mit einem Beispiel, welches dies untermauert. Betrachten wir hierzu das in der UHPLC typisch kleine Säulenvolumen: Durch die geringen Säulen- und Dispersionsvolumina ergibt sich in der UHPLC ein geringes Peakvolumen. Ein solches ist der Grund für die exzellente Massenempfindlichkeit in der UHPLC. Aber das geringe Säulenvolumen ist gleichzeitig auch die Ursache für das starke Fronting im Falle eines starken Probenlösemittels. Ferner ist dieses vor allem bei den früh eluierenden Peaks auch der Anlass für das Tailing, da das Totvolumen der marktüblichen UHPLC-Geräte für kleine Säulenvolumina im isokratischen Modus noch immer viel zu groß ist. Und schließlich bringt das geringe Säulenvolumen mit sich, dass man das Injektionsvolumen nicht erhöhen kann und dies führt zu der schlechten Nachweisempfindlichkeit der UHPLC.

Nachfolgend wird versucht, die Möglichkeiten der UHPLC in der Praxis für einige typische, vereinfacht dargestellte Situationen zu skizzieren:

1. *Bestehende HPLC-Methode, Sie dürfen nur kleine Änderungen vornehmen.* Sie können die Methode mit Ihrer klassischen HPLC-Säule ohne Bedenken an der UHPLC-Anlage fahren, lediglich das Injektionsvolumen und auch der Gradient müssen angepasst werden. Voraussetzung ist natürlich, dass durch die Miniaturisierung keine Verstopfung wegen der dünnen Kapillaren etc. erfolgt, (Näheres s. weiter oben). Ergebnis: Durch das kleinere Totvolumen ergeben sich nun schmale Peaks und vermutlich dadurch eine bessere Auflösung bei einem höheren Druck.
2. *Bestehende HPLC-Methode, Sie dürfen Säulenlänge, Innendurchmesser und Teilchengröße variieren und den Fluss entsprechend anpassen.* Sie verwenden bei gleicher stationärer Phase eine um Faktor 2 kürzere Säule mit ebenso um Faktor 2 kleineren Teilchen. Ergebnis: „gleiche" Trennung in der Hälfte der Zeit bei einem um Faktor 2 höheren Druck und einer ebenso um Faktor 2 niedrigeren Nachweisgrenze. Interessanter Nebeneffekt: ein um Faktor 2 geringerer Lösemittelverbrauch. Setzen Sie dagegen statt einer 4 mm- nun eine 3 mm-Säule ein (dies entspricht einer Abnahme um 25 %, also gemäß USP und EP erlaubt, da dies eine „Anpassung" und keine „Änderung" wäre), ergibt sich ein um ca. 45 % (!) geringerer Lösemittelverbrauch bei einem um den gleichen Prozentsatz erhöhten Druck.
3. *Die Methode soll in puncto Auflösung optimiert werden, Sie genießen jegliche Freiheiten.* Wie weiter oben erläutert, können Sie mit Methanol als organischem Lösemittel, bei niedrigen Temperaturen sowie mit langen Säulen/Säulenkopplungen experimentieren. Ergebnis: Dies kann bei erhöhtem Druck zu einer Verbesserung der Selektivität (erste zwei Maßnahmen) bzw. Erhöhung der Bodenzahl/Peakkapazität (längere Säule/Säulenkopplungen) führen.
4. *Die Methode ist so weit in Ordnung, in puncto Auflösung könnte sie jedoch ruhig ein wenig besser werden.* Sie haben eventuell wenig Zeit, um über die mobile Phase, den pH-Wert, andere stationäre Phasen, Modifier etc. die Selektivität zu verbessern und wenden sich daher der zweitbesten Möglichkeit, der Bodenzahl, zu. Sie verwenden lediglich eine Säule mit halb so großen Teilchen. Ergebnis: Es kommt bei einem um Faktor 4 höheren Druck zu einer Erhöhung der Bodenzahl um Faktor 2 und somit einer Verbesserung der Auflösung um Faktor 1,4. Dies könnte möglicherweise ausreichend sein, es ergibt sich dar-

über hinaus ein interessanter Nebeneffekt: Die Nachweisegrenze wird ebenfalls um den Faktor 1,4 erniedrigt.

5. *Die Methode soll in puncto Auflösung optimiert werden. Sie haben wie eben angenommen, auch jetzt wenig Zeit, um die chromatographischen Bedingungen zu variieren.* Sie verwenden eine um Faktor 2 längere Säule mit ebenso um Faktor 2 kleineren Teilchen. Ergebnis: Bei einer um Faktor 2 längeren Retentionszeit ergibt sich eine ebenso um Faktor 2 bessere Auflösung. Das Problem lautet hier: ein um Faktor 8 höherer Druck. Sollte der ursprüngliche Druck z. B. bei ca. 150 bar gelegen haben, ergäbe sich nun ein Druck von ca. 1200 bar, den eine moderne UHPLC-Anlage auch in der Routine bewältigen sollte – oder aber Sie denken an Fused Core-Materialien.
6. *Die Nachweisgrenze der Methode soll verbessert werden*, genauer: die Massenempfindlichkeit, nicht die Nachweisempfindlichkeit. Das heißt Sie können/dürfen das Injektionsvolumen nicht erhöhen. Sie verwenden eine Säule mit einem kleineren Innendurchmesser und kleineren Teilchen – evtl. verringern Sie auch die Säulenlänge. Ergebnis: Die relative Massenempfindlichkeit kann je nach Maßnahme um einen Faktor zwischen 5–20 verbessert werden.

Bemerkung
Die soeben in der Beschreibung der Beispielsituationen angegebenen Zahlen beziehen sich auf isokratische Trennungen. So ergeben sich beispielsweise bei Gradiententrennungen je nach Gradientenverlauf andere Drücke und die Retentionszeiten in den Fällen 2 und 5 ändern sich nicht um Faktor 2, sondern abhängig von gradientenspezifischen Parametern nur um ca. 10–30 % [11].

Ausblick
Moderne UHPLC-Anlagen weisen in etwa folgende Spezifikationen aus: ca. 80–100 µL Verweilvolumen bei Niederdruck- bzw. 35–50 µL bei Hochdruckgradienten, $\leq$ 3–5 µL Totvolumen, ca. 1500 bar Rückdruck, Fluss bis 5 mL min^{-1} möglich. Was kann in der Zukunft erwartet werden? Der Druck auf die Hersteller, mit immer neuen Produkten auf den Markt zu kommen, wird vermutlich dazu führen, dass die UHPLC-Hardware weiterentwickelt wird. Es ist gut möglich, dass bei der nächsten UHPLC-Generation die Tot- und Verweilvolumina weiter minimiert werden. Der Schwerpunkt liegt hier eindeutig beim Verweilvolumen als solches und bei der Geometrie der Gradientenmischkammer im Besonderen, denn die Mischungsqualität sollte durch die Miniaturisierung nicht leiden. Der zweite kritische Punkt ist sicherlich der Probengeber: schnelle Injektionszyklen und Vermeidung/Minimierung von Verschleppungen. So bleiben die 1–2 µL Injektionslösung bis zur Injektion an der Spitze der (keramischen) Nadel, die Schleife wird nicht für den Injektionsvorgang verwendet und dient lediglich als „Puffer", um sich eine Flexibilität bezüglich des Verweilvolumens bei unterschiedlichen Anlagen im Falle von Methodentransfer zu gewähren. Schließlich widmet man sich der Problematik der enormen Druckstöße, die die Säule bei jeder Injektion zu erleiden hat. Zu deren Minimierung stellt eine weitere Herausforderung bezüg-

lich des Probengeberdesigns dar. Ferner sollten u. U. Drücke von ca. 2000 bar auch bei Flüssen von 1–3 mL min^{-1} technisch zu realisieren sein. Die Herausforderung liegt hier weniger auf der Seite des zu erzielenden Drucks, vielmehr geht es um die Ermüdung der Materialien bei hohen Drücken (s. Kapitel 7). Was wäre an einem derartig designten Gerät chromatographisch möglich? An einer zukünftigen UHPLC-Anlage könnten 10–20 mm × 2,1-Säulen, gefüllt mit 1–1,1 μm porösem bzw. 0,7–0,8 μm Fused Core Material, eingesetzt werden. Mithilfe der theoretisch resultierenden 20 000–25 000 Böden wären auch anspruchsvolle Trennungen innerhalb von wenigen Sekunden möglich – vorausgesetzt die drei modernen Detektoren, DAD, Corona und MS/Ionenmobilisation, können die Signale ohne Informationsverlust verarbeiten (s. auch Kapitel 5 und 6). Diese Säulenoptionen werden mutmaßlich aufgrund folgender limitierenden Faktoren nicht realisiert: Eine breite Korngrößenverteilung bei den kleinen Teilchen und eine 10–20 mm-Säule mit 0,7–1,0 μm-Material wären nur unter erheblichem Aufwand effizient und reproduzierbar zu packen, von der Inhomogenität der Packung an der Säulenwand und der erhöhten Löslichkeit von kleinen Teilchen ganz zu schweigen. Weitere Schwierigkeiten wären das für eine derartige Säule voraussichtlich beträchtliche vorhandene Totvolumen von 2–3 μL und die enorme Reibungswärme, welche dann entstünde. Auch der zukünftige Anwender wird voraussichtlich bereit sein, „lange" Läufe von ein paar Minuten, aber unter robusten Bedingungen, in Kauf zu nehmen. Das wahrscheinlichere Szenario für die UHPLC auch in der Zukunft: Statt mit extrem kurzen Säulen und extrem kleinen Teilchen extrem kurze Retentionszeiten anzustreben, wird ihre Stärke eher für den Einsatz von langen bzw. gekoppelten Säulen mit ca. 1,3–3 μm-Material genutzt, die stetige Verbesserung der Peakkapazität dürfte im Vordergrund stehen. Neben technologischer Weiterentwicklung wenden sich die Hersteller verstärkt der Robustheit und Zuverlässigkeit der Geräte zu, um möglichst große Kundenkreise für die UHPLC zu gewinnen. Bezüglich der Matrix der stationären Phase haben poröse und Fused Core Materialien beide ihre Vorteile und Schwächen. Vermutlich wird es weiterhin – ähnlich der HPLC/UHPLC – eine Koexistenz geben.

Literatur

1 Snyder, L.R., Kirkland J.J. und Dolan, J.W. (2009) *Introduction to Modern Liquid Chromatography*, John Wiley & Sons.

2 Meyer, V.R. (2009) *Praxis der Hochleistungsflüssigkeits-Chromatographie*, Wiley-VCH Verlag.

3 Snyder, L.R. und Dolan, J.W. (2007) *High-Performance Gradient Elution*, John Wiley & Sons.

4 Kromidas, S. (Hrsg.) (2006) *HPLC richtig optimiert*, Wiley-VCH Verlag.

5 Zuo, Y. (2014) *High-Performance Liquid Chromatography (HPLC): Principles, Practices and Procedures*, Nova Science.

6 Steiner, F. *et al.* (2014) Optimierungsstrategien in der RP-HPLC, in *Der HPLC-Experte – Möglichkeiten und Grenzen der modernen HPLC* (Hrsg. S. Kromidas), Wiley-VCH Verlag, S. 101.

7 Kromidas, S. und Kuss, H.-J. (Hrsg.) (2008) *Chromatogramme richtig integrieren und bewerten: Ein Praxishandbuch für die HPLC und GC*, Wiley-VCH Verlag.

8 USP 34 Physical Tests (621) Chromatography.

9 *Europäische Pharmakopöe*, Kapitel 2.2.46 Chromatographische Trennmethoden.

10 Kursunterlagen NOVIA GmbH, HPLC in der Pharma, Frankfurt/Main.

11 Kromidas, S. *et al.* (2014) Aspekte der Gradienten-Optimierung, in *Der HPLC-Experte – Möglichkeiten und Grenzen der modernen HPLC*, (Hrsg. S. Kromidas), Wiley-VCH Verlag, S. 183

Teil 1
Hardware/Software Spezifika, Trennmodi, Materialien

2
Die moderne HPLC-/UHPLC-Anlage

2.1
Heutige Anforderungen an die einzelnen Module

Steffen Wiese

2.1.1
Überblick

Eine der grundlegendsten Neuerungen im Bereich der Flüssigchromatographie war die Einführung der Ultra Performance Liquid Chromatography (UPLC™) im Jahre 2004 durch Waters. Erstmals war es möglich, chromatographische Trennungen bei hohem Druck (1000 bar) und mit kleinen Partikeln durchzuführen. Dadurch konnten sehr schnelle, hoch effiziente und sensitive Trennungen realisiert werden. Dies gelingt zum einen durch die Verwendung von Säulen, welche mit sub 2 µm Partikeln gepackt sind und zum anderen dadurch, dass die einzelnen Baugruppen dieser Systeme neu entwickelt und überarbeitet wurden, um die Peakdispersion außerhalb der Trennsäule deutlich zu reduzieren. Im Laufe der vergangenen zehn Jahre sind alle Gerätehersteller diesem Beispiel gefolgt und haben flüssigchromatographische Systeme vorgestellt, mit denen es möglich ist, bei Drücken über 400 bar zu arbeiten. Gleichzeitig hat sich die eher allgemeinere Bezeichnung Ultra High Performance Liquid Chromatography UHPLC durchgesetzt. Im Rahmen der Entwicklung waren die Gerätehersteller mit verschiedenen Herausforderungen konfrontiert. So kommt es bei der Verwendung von Trennsäulen, die mit sub 2 µm Partikeln gepackt sind, zu einem deutlichen Anstieg des Systemgegendrucks. Wird bei gleichbleibender linearer Fließgeschwindigkeit der Partikeldurchmesser halbiert, resultiert ein biquadratisch höherer Systemdruck. Weiterhin verschiebt sich das Minimum der Van-Deemter-Kurve zu höheren linearen Fließgeschwindigkeiten, wenn der Partikeldurchmesser reduziert wird. Vor diesem Hintergrund müssen moderne UHPLC-Systeme in der Lage sein, die mobile Phase sehr präzise bei erhöhtem Druck zu fördern. Darüber hinaus waren die Autosampler zu überarbeiten, um auch kleinste Probenvolumina bei hohem Druck reproduzierbar zu injizieren. Dabei musste ebenfalls die

Der HPLC-Experte II, 1. Auflage. Stavros Kromidas (Hrsg).

Stabilität der Trennsäule berücksichtigt werden, denn bei der Injektion der Probe sind Druckstöße von mehreren 100 bar möglich. Durch die hoch effizienten Trennungen mit den sub 2 µm Partikeln können Peakbreiten im unteren Sekundenbereich erzielt werden, sodass Detektoren mit einer ausreichenden Aufnahmerate sowie schnellem Ansprechverhalten zu entwickeln waren. Darüber hinaus musste die zuvor beschriebene Entwicklung vor dem Hintergrund der Reduzierung des Extrasäulenvolumens (Extra Column Volume), welches ausführlich in Kapitel 3 dargestellt wird, erfolgen.

In den nachfolgenden Abschnitten werden die unterschiedlichen Baugruppen moderner UHPLC-Systeme detaillierter beschrieben und es wird erläutert, welchen Anforderungen diese für den Routinebetrieb gerecht werden müssen.

2.1.2
UHPLC-Pumpentechnik

2.1.2.1 Hoch- und Niederdruckpumpen

Die Pumpen moderner UHPLC-Systeme wurden vor dem Hintergrund der Verwendung von sub 2 µm Partikeln neu entwickelt bzw. optimiert, um der Anforderung gerecht zu werden, die mobile Phase mit der korrekten Flussrate bei hohen Drücken zu fördern. Ähnlich wie bei konventionellen HPLC-Systemen wird auch bei UHPLC-Systemen zwischen Nieder- und Hochdruckmischsystemen unterschieden. Der Aufbau dieser beiden Mischsysteme ist schematisch in Abb. 2.1 dargestellt (s. auch Kapitel 4).

Bei der Hochdruckmischung, welche überwiegend für binäre mobile Phasen verwendet wird, werden in der Regel zwei Pumpen genutzt. Im Vergleich dazu erfordert ein Niederdruckmischsystem lediglich eine einzelne Pumpe und wird häufig für quaternäre mobile Phasen verwendet. Der entscheidende Unterschied der beiden Systeme liegt im Punkt der Mischung der mobilen Phase. In einem binären Hochdruckmischsystem (Abb. 2.1a) erfolgt die Mischung der beiden Lösemittel nach den Pumpen. Aufgrund der Mischung der Lösemittel im Hochdruckbereich des UHPLC-Systems kann es zu einer nicht zu vernachlässigenden Volumenänderung kommen. So kommt es beispielsweise bei einer mobilen Phase von ca. 60–65/40–35 Methanol/Wasser (v/v) zu einer Reduzierung des Volumens um ca. 4 %, wohingegen für eine mobile Phase aus Acetonitril/Wasser eine maximale Volumenänderung von ca. 2 % zwischen 50–55/50–55 (v/v) beobachtet wird [1]. Dadurch ist es möglich, dass sich die tatsächliche Flussrate von der programmierten Flussrate unterscheidet. In Kapitel 4 wird diese Thematik weiterführend behandelt.

Zur Optimierung der Mischung der mobilen Phase (Volumenänderung, Kompressibilität und Viskosität der einzelnen Lösemittel) haben die Gerätehersteller Softwarealgorithmen zur Steuerung der Pumpen entwickelt bzw. weiterentwickelt.

Im Vergleich dazu erfolgt die Mischung der einzelnen Lösemittel bei einem Niederdruckmischsystem (Abb. 2.1b) vor der Pumpe. Die unterschiedlichen Lösemit-

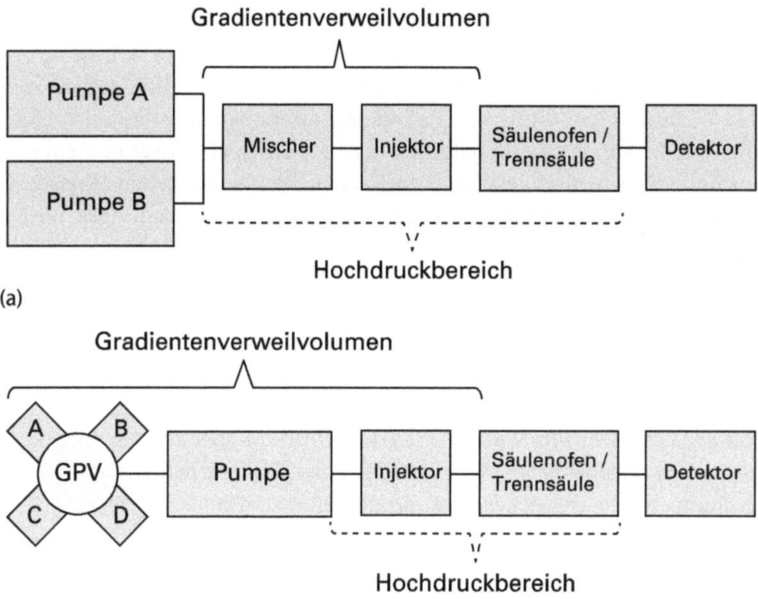

Abb. 2.1 Schematische Darstellung von (a) Hoch- und (b) Niederdruckmischsystem mit Gradientenportionierungsventil (GPV).

tel werden mithilfe eines Gradientenportionierungsventils (GPV) portioniert und gemischt. Bei diesen Systemen definiert die Präzision der Pumpe die Präzision der Flussrate und nicht die Kompressibilität der unterschiedlichen Lösemittel.

Die unterschiedlichen Mischsysteme besitzen ihre individuellen Vor- und Nachteile. Hochdruckmischsysteme zeichnen sich durch ein kleines Gradientenverweilvolumen aus (s. Abb. 2.1). Dieses beschreibt das Volumen vom Punkt der Mischung der mobilen Phase bis zum Kopf der Trennsäule. Ein kleines Gradientenverweilvolumen ist eine wichtige Voraussetzung für die Anwendung schneller Lösemittelgradienten ($\leq$ 5 min) mit 2,1 mm ID Säulen und relativ kleinen Flussraten, wie beispielsweise bei der Kopplung mit der Massenspektrometrie (s. Kapitel 5). Im Vergleich dazu tragen die Volumina des Gradientenportionierungsventils, der Pumpe und der erforderlichen Verbindungskapillaren bei Niederdruckmischsystemen zum Gradientenverweilvolumen bei, sodass diese Systeme in der Regel ein zwei- bis vierfach größeres Gradientenverweilvolumen als Hochdruckmischsysteme besitzen [2]. In diesem Zusammenhang sollte berücksichtigt werden, dass das größere Gradientenverweilvolumen der Niederdruckmischsysteme bei höheren Flussraten (z. B. 1 mL min^{-1}) vernachlässigt werden kann und die Gesamtanalysedauer in der Regel nicht negativ beeinflusst.

Von Vorteil bei Niederdruckmischsystemen ist jedoch, dass bis zu vier unterschiedliche Lösemittel gleichzeitig gemischt und gefördert werden können – eine nützliche Funktion, wenn ein chromatographisches Trennproblem nicht mit einer binären mobilen Phase gelöst werden kann. Darüber hinaus eignen sich diese

Pumpen für Method Scouting Systeme, bei denen im Rahmen von Methodenentwicklungen mehrere organische Lösemittel auf ihre Eignung zur Lösung eines Trennproblems hin untersucht werden. Weiterhin bieten diese Systeme die Möglichkeit, konstante Additiv- oder Pufferkonzentrationen in der mobilen Phase einzustellen. So können die Kanäle A und B zum Beispiel Wasser und ein organisches Lösemittel fördern, wohingegen Kanal C kontinuierlich eine konstante Konzentration eines Additivs der mobilen Phase beimischt. Auf diese Weise können stets konstante Additivkonzentrationen (z. B. Puffer, Ionenpaarreagenzien, Ionisierungshilfsmittel für die Kopplung mit dem Massenspektrometer usw.) gewährleistet werden. Darüber hinaus sind Niederdruckmischsysteme in der Anschaffung günstiger, da im Gegensatz zu Hochdruckmischsystemen lediglich eine Pumpe erforderlich ist. Ein kurzer Vergleich der individuellen Eigenschaften von Nieder- und Hochdruckmischsystemen ist in Tab. 2.1 aufgeführt.

Unabhängig davon, ob ein Nieder- oder Hochdruckmischsystem für UHPLC-Anwendungen verwendet wird: Die Hersteller dieser Systeme haben die entsprechenden Pumpen neu entwickelt bzw. überarbeitet, um hoch effiziente Trennungen mittels sub 2 µm Trennsäulen zu gewährleisten. Dies beinhaltete die Überarbeitung von Kolbendesign, Dichtung, Drucksensoren, Ein- und Auslassventilen, Pulsationsdämpfer, Verbindungskapillaren sowie deren Anschlusstechnik (Schrauben und Schneidkegel). Dabei stand die Entwicklung einer ähnlich robusten und verlässlichen Pumpe wie eine konventionelle HPLC-Pumpe im Vordergrund, welche jedoch in der Lage ist, bei hohen Drücken zu arbeiten. Bei

Tab. 2.1 Vergleich der individuellen Eigenschaften von Nieder- und Hochdruckmischsystemen, in Anlehnung an [3].

Eigenschaft	Niederdruckmischsystem	Hochdruckmischsystem
Gradientenverweilvolumen	meist größer	meist kleiner
Volumenanpassung Mischer	oftmals aufwendig	meist einfach möglich
Entgasung mobile Phase	essenziell	ist empfehlenswert
Präzision Flussrate (Kompressibilität)	wenig beeinflusst	wird stärker beeinflusst
Komplexe mobile Phasen	meist 3–4 Lösemittel	eine Pumpe pro Lösemittel
Anwendung kleiner Flussraten	schwieriger	in der Regel einfach
Kleine Änderungen des org. Anteils der mobilen Phase	gutes Ansprechverhalten	meist besseres Ansprechverhalten als Niederdruckmischsysteme
Unabhängige Pumpennutzung	nicht möglich, da nur eine Pumpe	Pumpen A und B können unabhängig voneinander gesteuert und genutzt werden

Abb. 2.2 Aufbau des mikrofluidisch optimierten Jet Weaver Mischers. Wiedergabe mit freundlicher Genehmigung der Rechtsinhaberin Agilent Technologies.

der Überarbeitung der Pumpe wurde ebenfalls das Gradientenverweilvolumen drastisch reduziert. Im Vergleich zu klassischen HPLC-Systemen, welche in der Regel großvolumige Pulsationsdämpfer und Mischer besitzen, werden zum Beispiel bei modernen UHPLC-Systemen mikrofluidisch optimierte Mischer, wie in Abb. 2.2 dargestellt, eingesetzt.

Dadurch kann die mobile Phase in einem möglichst kleinen Volumen gemischt werden, sodass moderne UHPLC-Systeme in der Regel ein Gradientenverweilvolumen zwischen 50 und 400 µL (je nach Mischsystem, Autosamplerkonfiguration und verwendetem Mischer) besitzen [2]. Im Vergleich dazu weisen konventionelle HPLC-Systeme in der Regel ein Gradientenverweilvolumen zwischen 500 und 1500 µL auf. Durch die Reduzierung des Gradientenverweilvolumens der UHPLC-Systeme war die Einführung softwaregesteuerter Algorithmen erforderlich, um die unterschiedlichen Eigenschaften der Lösemittel beim Mischen der mobilen Phase, wie zum Beispiel Volumenänderung, Kompressibilität und Viskosität, zu jedem Zeitpunkt zu kompensieren. Erfolgt diese Anpassung nicht, kommt es zu Druckschwankungen (Ripple), welche besonders bei spektroskopischen Detektoren zu einer verrauschten Basislinie führen. Diese Druckschwankungen beeinflussen das Signal-zu-Rausch-Verhältnis negativ, was zu einer deutlichen Verschlechterung der Nachweis- und Bestimmungsgrenze führt. Ein Beispiel für eine unzureichende Kompensation der unterschiedlichen Lösemitteleigenschaften eines UHPLC-Systems (Hochdruckmischung) ist in Abb. 2.3 dargestellt. Hier ist deutlich zu erkennen, dass bei Verwendung von Aceton als organischem Lösemittel die Druckschwankungen zu einer stark verrauschten Basislinie führen. Dies ist besonders stark während der ersten 10 min des Chromatogramms ausgeprägt. Hier enthält die mobile Phase einen organischen Anteil

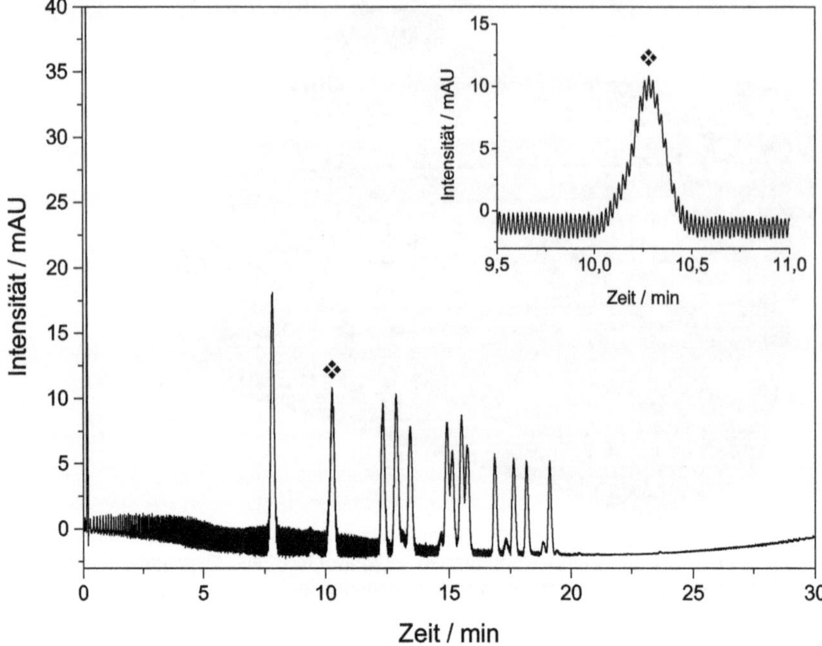

Abb. 2.3 Trennung von 13 Aldehyd- und Keton-2,4-dinitrophenylhydrazonen. Chromatographische Bedingungen: mobile Phase: A) Wasser, B) Aceton; stationäre Phase: C_{18}-Umkehrphase (50 × 2,1 mm, sub 2 µm); Flussrate: 1 mL min^{-1}; Gradienten: 5–95 % Aceton in 30 min; Injektionsvolumen: 1 µL; Temperatur: 30 °C; UV-Detektion: bei 360 nm.

zwischen 5 und 35 %. Bei Erhöhung des Acetonanteils in der mobilen Phase auf 95 % wird eine kontinuierliche Abnahme des Rauschens auf ein akzeptables Maß beobachtet (20–30 min).

Der Vollständigkeit halber sei an dieser Stelle erwähnt, dass bei Verwendung von anderen organischen Lösemitteln wie Acetonitril oder Methanol keine verrauschte Basislinie beobachtet werden konnte.

Weitere Untersuchungen haben gezeigt, dass die im UV-Detektor beobachteten systematischen Druckschwankungen mit der Flussrate, dem Kolbenhub sowie dem Volumen und der Effizienz des verwendeten Mischers korreliert werden können. Allgemein scheint das optimale Mischvolumen eine vom UHPLC-Hersteller und Mischertyp abhängige Größe zu sein, was bereits von Dong im Zusammenhang mit der Verwendung von Trifluoressigsäure (TFA) als Additiv der mobilen Phase beschrieben wurde [4, 5]. Zur Reduzierung des Rauschens wäre es möglich, das Volumen zwischen Pumpe und Säule zu vergrößern, z. B. über das Volumen des verwendeten Mischers oder durch Verwendung von dynamischen Mischern. Dies ist jedoch mit einer Erhöhung des Gradientenverweilvolumens verbunden und in Bezug auf schnelle UHPLC-Trennungen bei kleinen Flussraten eher von Nachteil, obgleich es Applikationen gibt, die ein größeres Volumen zur optimalen Mischung der mobilen Phase erfordern. Als Beispiel ist hier, wie bereits oben erwähnt, die Verwendung von TFA als Additiv in der mobilen Phase zu nennen.

Bei UV-Detektion im niedrigen Wellenlängenbereich (≤ 220 nm) führt eine unzureichende Mischung der mobilen Phase zu einem erhöhten Rauschen. Diese Thematik wird ausführlich in Kapitel 4 beschrieben.

Zusammenfassend ist festzuhalten, dass moderne UHPLC-Pumpen unabhängig davon, ob es sich um ein Nieder- oder Hochdruckmischsystem handelt, in der Lage sein sollten, Flussraten mit einer Richtigkeit von ±1 % und einer Präzision von ≤ 0,1 %, unabhängig vom jeweiligen Systemdruck, zu fördern [3, 6, 7].

2.1.2.2 **Gradientenverweilvolumen**

Das Gradientenverweilvolumen, welches bisweilen auch als „Dwell Volume" oder „Delay Volume" bezeichnet wird und nicht mit dem Extrasäulenvolumen (Extra Column Volume, Dispersionsvolumen, s. Kapitel 3) verwechselt werden sollte, beschreibt das Volumen vom Punkt der Mischung der Lösemittel bis zum Erreichen des Kopfes der Trennsäule. Einen Beitrag zu diesem Volumen leisten Pumpe (bei Niederdruckmischsystemen), Mischer, Autosampler (inklusive der Probenschleife) sowie alle Verbindungskapillaren zwischen den einzelnen Baugruppen und der Trennsäule (siehe Abb. 2.1). Daher unterscheiden sich die Gradientenverweilvolumina verschiedener UHPLC-Systeme häufig. Ein entscheidender Vorteil moderner UHPLC-Systeme im Vergleich zu konventionellen HPLC-Systemen ist die deutliche Reduzierung des Gradientenverweilvolumens. Denn dieses Volumen ist für die unerwünschte isokratische Stufe zu Beginn jeder Lösemittelgradientenmethode verantwortlich und ein wichtiger Parameter bei der Übertragung von UHPLC- sowie HPLC-Methoden. Zur Kompensation der isokratischen Stufe bei Gradientenelutionen ermöglichen die meisten Softwarepakete der Gerätehersteller eine zeitverzögerte Injektion (Delayed Injection), um die Aufgabe der Probe und den tatsächlichen Beginn des Lösemittelgradienten zu synchronisieren. Auf diese Weise kann zwar die isokratische Stufe am Anfang kompensiert werden, jedoch verlängert sich die Methodenlaufzeit um die Dauer der Zeitverzögerung. Daher ist ein kleines Gradientenverweilvolumen wünschenswert. Zur Veranschaulichung des Einflusses des Gradientenverweilvolumens soll Abb. 2.4 dienen. In diesem doppellogarithmischen Diagramm ist die Zeit der isokratischen Stufe in Abhängigkeit der Flussrate für sechs unterschiedliche Gradientenverweilvolumina aufgetragen.

Bei einer Flussrate von beispielsweise 0,3 mL min^{-1} und einem Gradientenverweilvolumen von 300 µL ergibt sich eine isokratische Stufe von 1 min (Abb. 2.4❶). Ein Gradientenverweilvolumen von 500 µL resultiert in einer ca. 1,7 min (siehe Abb. 2.4❷) langen isokratischen Stufe. Wird im Vergleich dazu ein klassisches HPLC-System mit einem Gradientenverweilvolumen von 1000 µL bei einer Flussrate von 0,3 mL min^{-1} betrachtet, erstreckt sich die isokratische Stufe am Anfang einer Gradiententrennung sogar über mehr als 3 min (Abb. 2.4❸). Diese isokratische Stufe zu Beginn einer Trennung hat besonders großen Einfluss auf früh eluierende Analyten. Denn der Anwender ist nicht in der Lage, die Retention eines Analyten, welcher während dieser Zeit eluiert, mithilfe des Lösemittelgradienten zu beeinflussen. Ein großes Gradientenverweilvolumen ist besonders kritisch bei

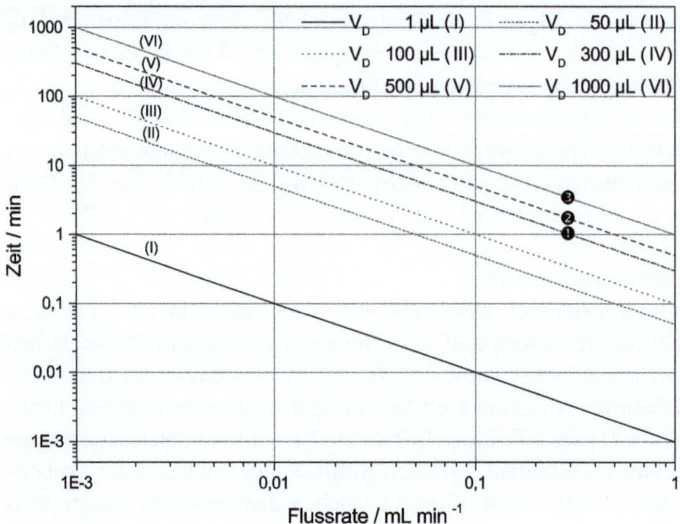

Abb. 2.4 Darstellung der Gradientenverweilzeit in Abhängigkeit der Flussrate für sechs unterschiedliche Gradientenverweilvolumina.

Trennung mit kleinen Flussraten, wie dies häufig der Fall bei der Kopplung mit der Massenspektrometrie ist (s. Kapitel 5).

Daher sollte der Anwender das Gradientenverweilvolumen seines flüssigchromatographischen Systems kennen, um zu wissen, wann der reale Lösemittelgradient die Trennsäule erreicht. Dies ist auch wichtig für die Equilibrierung der Trennsäule nach einer Gradiententrennung sowie für die Programmierung der Gradiententabelle. Hier gilt, das Volumen des Gradienten sollte mindestens so groß sein wie das Totvolumen der Trennsäule plus das Gradientenverweilvolumen.

Weiterführende praktische Details in Bezug auf das Gradientenverweilvolumen werden in Abschnitt 9.1 erläutert. Zum Beispiel, wie das Gradientenverweilvolumen experimentell bestimmt werden kann sowie der Einfluss des Gradientenverweilvolumens auf eine reale Trennung.

Zusammenfassend ist festzuhalten, dass ein modernes UHPLC-System ein kleines Gradientenverweilvolumen aufweisen sollte. Dies ist besonders wichtig bei der Verwendung von Säulen mit Innendurchmessern $\leq$ 2,1 mm und kleinen Flussraten $\leq$ 500 µL min^{-1}, wie beispielsweise bei der Kopplung mit der Massenspektrometrie (s. Kapitel 5). Wünschenswert ist ein Gradientenverweilvolumen $\leq$ 200 µL. Für Anwendungen bei höheren Flussraten ($\geq$ 500 µL) ist der Einfluss eines größeren Gradientenverweilvolumens gering, denn bedingt durch die höheren Flussraten ist die zeitliche Differenz zwischen programmiertem und effektivem Gradienten marginal und kann oftmals vernachlässigt werden. Der Vollständigkeit halber sei darauf hingewiesen, dass bei isokratischen Anwendungen das Gradientenverweilvolumen keinen Einfluss auf die Trennung hat.

2.1.3 Autosampler

Eine weitere Herausforderung für die Hersteller von UHPLC-Systemen war die Entwicklung bzw. Überarbeitung des Autosamplers, um sehr kleine Probenvolumina (z. B. 100 nL) bei hohem Druck reproduzierbar in das System zu überführen. In diesem Zusammenhang musste ebenfalls die mechanische Stabilität der Trennphase berücksichtigt werden, da es in Abhängigkeit des Injektordesigns bei der Injektion zu Druckstößen von mehreren Hundert bar kommen kann. Weiterhin galt es zu berücksichtigen, dass bei der Anwendung von Lösemittelgradienten Druckunterschiede von mehreren Hundert bar in einem chromatographischen Lauf möglich sind.

Generell haben sich bei modernen UHPLC-Systemen zwei Haupttypen von Autosamplerdesigns durchgesetzt. Zum einen ein Fixed Loop, zum anderen ein variables Flow-Through Konzept, welche im Folgenden näher beschrieben werden.

2.1.3.1 Fixed Loop Autosampler

Bei einem Fixed Loop Sampler ist die Injektionsnadel nicht Bestandteil des Hochdruckflussweges. Hier wird die Nadel genutzt, um die Probe aus dem Probenvial aufzuziehen und in die Probenschleife zu überführen. Bei der eigentlichen Injektion der Probe wird nur die Probenschleife in den Hochdruckflussweg geschaltet, sodass lediglich die Probenschleife und nicht die Nadel während der chromatographischen Trennung von der mobilen Phase durchspült wird. Dies ist schematisch in Abb. 2.5 für die Befüllung und die anschließende Injektion dargestellt.

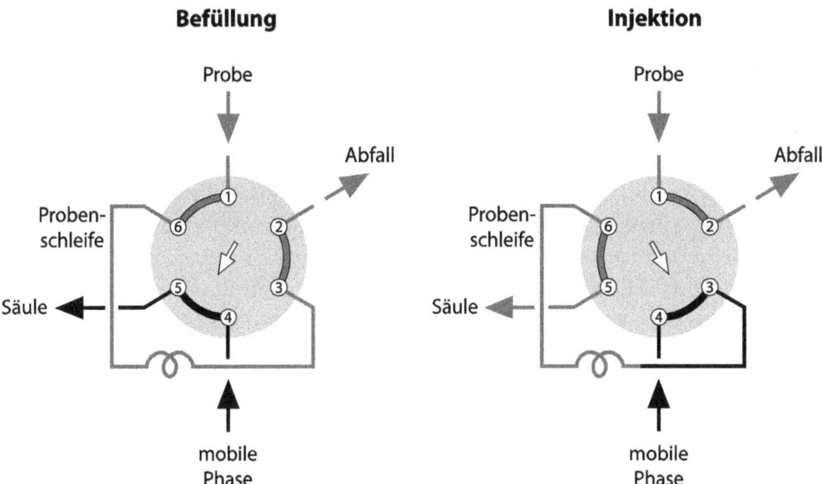

Abb. 2.5 Flussweg der mobilen Phase eines Fixed Loop Samplers (Pushed Loop Design) bei der Befüllung der Probenschleife und der Injektion. Wiedergabe mit freundlicher Genehmigung der VICI AG International, www.vici.com.

Zur Befüllung der Probenschleife werden zwei Konzepte genutzt, welche in Abb. 2.6 schematisch dargestellt sind. Zum einen das Pulled Loop Design, zum anderen das Pushed Loop Design. Bei einem Pulled Loop Autosampler (Abb. 2.6a) wird die Nadel in dem gewünschten Probenvial positioniert und mithilfe einer Spritze oder einer peristaltischen Pumpe direkt in die Probenschleife gezogen. Das Design des Pulled Loop Samplers ist im Vergleich zum Aufbau eines Pushed Loop Samplers (Abb. 2.6b) einfacher, da hier kein Niederdrucknadelsitz erforderlich ist. In diesem Zusammenhang muss jedoch darauf hingewiesen werden, dass der Verbrauch an Probenlösung bisweilen sehr hoch ist und für die Injektion von 20 μL ein Probenvolumen von beispielsweise 100 μL erforderlich sein kann. Abbildung 2.6a verdeutlicht gut, dass sowohl die Nadel als auch alle erforderlichen Verbindungskapillaren zwischen Nadel und Ventil mit der Probe gefüllt werden müssen, bevor die Probenschleife befüllt wird. Dieses Probenvolumen geht in der Regel im Standardinjektionsmodus verloren.

Im Vergleich dazu wird bei einem Fixed Loop Sampler, welcher nach dem Pushed Loop Design (Abb. 2.6b) arbeitet, die Probe zunächst in eine Spritze aufgezogen. Anschließend wird die Spritze in einem Niederdrucknadelsitz positioniert und die zuvor aufgenommene Probe in die Probenschleife gedrückt. Durch das Pushed Loop Design wird in der Regel weniger Probenvolumen benötigt als bei einem Pulled Loop Sampler. Jedoch stellt der Niederdrucknadelsitz eine Quelle für Probenverschleppung dar und muss zwischen den Injektionen ausreichend gespült werden. Dennoch kann festgehalten werden, dass sich das Pushed Loop Konzept bei Fixed Loop Autosamplern durchgesetzt hat.

Weiterhin wird bei Fixed Loop Samplern unterschieden, mit welchem Volumen die Probenschleife gefüllt wird. Fixed Loop Sampler unterstützen zum einen die vollständige Befüllung der Probenschleife (Full Loop Injection) als auch eine teilweise Befüllung (Partial Loop Injection) der Schleife. Bei einer Full Loop Injection definiert das Volumen der Probenschleife das maximal mögliche Injektionsvolumen. Wird die Probenschleife lediglich teilweise befüllt, sollte der Anwender nur ein bestimmtes Aliquot des zur Verfügung stehenden Schleifenvolumens als Injektionsvolumen wählen. Bei der Überführung der Probe in die Probenschleife kann es bei Fixed Loop Samplern, bedingt durch das parabolische Flussprofil in der Schleife, zu Problemen kommen. Dies soll anhand von Abb. 2.7 verdeutlicht werden. Beim Durchströmen einer Flüssigkeit durch eine Kapillare ist die Fließgeschwindigkeit der Flüssigkeit nahe der Kapillarwand aufgrund von Reibung etwa um die Hälfte geringer als die Fließgeschwindigkeit in der Mitte der Kapillare. Als Beispiel wird die Befüllung einer 5 μL Probenschleife mit einem Probevolumen von 5 μL (dargestellt durch die gestrichelten Linien in Abb. 2.7) betrachtet. Bedingt durch das parabolische Flussprofil verlassen Bestandteile am Anfang des Probenplugs bereits die Probenschleife in Richtung Abfall, wohingegen einige Bestandteile am Ende des Probenplugs die Probenschleife noch nicht erreicht haben. Darüber hinaus wird die Probe bei der eigentlichen Injektion in umgekehrter Flussrichtung (Backflush) zur Trennsäule transportiert, sodass es zusätzlich zu einer Vermischung von Probe und mobiler Phase kommt.

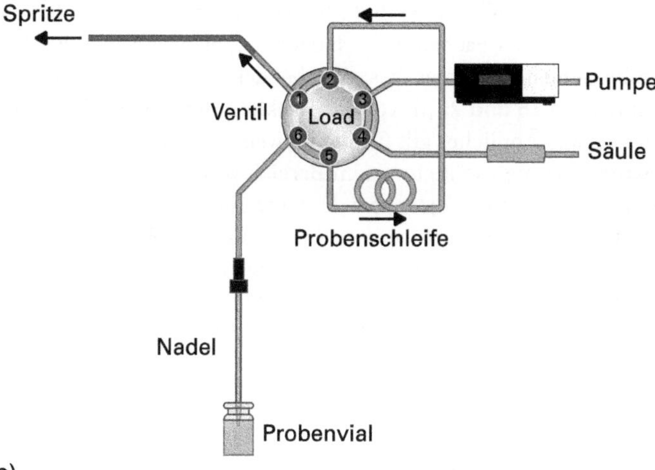

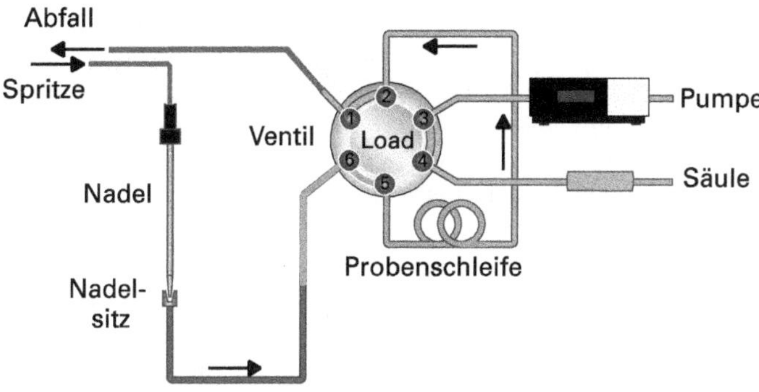

Abb. 2.6 Schematische Darstellung des (a) Pulled Loop Designs und (b) Pushed Loop Designs bei der Befüllung der Probenschleife. Die Pfeile zeigen den Flussweg der Probe. Wiedergabe mit freundlicher Genehmigung der ThermoScientific Germany BV & Co KG, www.thermofisher.com.

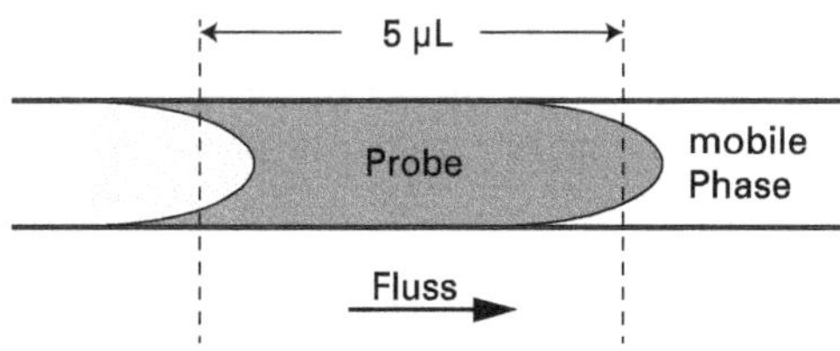

Abb. 2.7 Vereinfachte Darstellung des laminaren Flussprofils eines Probenplugs in einer Probenschleife. Wiedergabe mit freundlicher Genehmigung der CTC Analytics AG, www.palsystem.com.

Als Faustregel gilt: Für die vollständige Befüllung der Probenschleife sollte die Probenschleife mit dem 3 bis 5-Fachen des Schleifenvolumens überfüllt werden. Bei einer 5 µL Probenschleife bedeutet dies, dass bei der Full Loop Injektion ein Probenvolumen zwischen 15 und 25 µL vor der Injektion durch die Schleife gespült werden sollte. Etwas Ähnliches gilt für die teilweise Befüllung der Probenschleife, das Injektionsvolumen sollte in einem Bereich von 20–60 % des Schleifenvolumens liegen. Mit anderen Worten, bei der teilweisen Befüllung einer 5 µL Probenschleife sollten 1–3 µL injiziert werden. Sind größere Injektionsvolumina (≥ 200 µL) erforderlich, wie zum Beispiel bei der „Large Volume Injection" (LVI), welche in Abschnitt 9.6 besprochen wird, können 20–80 % des zur Verfügung stehenden Schleifenvolumens genutzt werden. Bei einer Probenschleife mit einem Volumen von 200 µL bedeutet dies, dass ein Volumen zwischen 40 und 160 µL injiziert werden sollte [8]. Liegt das Injektionsvolumen nicht innerhalb dieses Bereiches, werden in der Regel größere Standardabweichungen für die Peakflächen und die Peakhöhen der Analyten beobachtet und die Reproduzierbarkeit der Methode sinkt. Einige Hersteller von UHPLC-Systemen sind sich dieser Problematik bewusst und gestatten bei der Eingabe des Injektionsvolumens der Methode lediglich ein Volumen in diesem vertrauenswürdigen Bereich. In jedem Fall ist es sinnvoll, sich als Anwender beim Gerätehersteller zu informieren, ob die Eingabe des Injektionsvolumens in Abhängigkeit der verwendeten Probenschleife erfolgt. Ist dies nicht der Fall, sollte der Anwender die oben besprochenen Anmerkungen bei der Auswahl des Injektionsvolumens berücksichtigen.

2.1.3.2 Flow-Through Autosampler

Im Gegensatz zu Fixed Loop Autosamplern ist bei Flow-Through Samplern die Nadel Bestandteil des Hochdruckflussweges. Dieses Autosamplerdesign erfordert darüber hinaus, dass der Nadelsitz und eine Nadelsitzkapillare (Verbindung zwischen Nadelsitz und Injektionsventil) Bestandteile des Hochdruckflussweges sind. Die Nadel muss daher mit dem Nadelsitz gegen den Systemdruck abdichten. Nähere Informationen zu den dafür verwendeten Materialen werden in Kapitel 7 ausführlich diskutiert. Auch bei diesem Autosamplertyp können bisweilen Probenschleifen mit unterschiedlichen Volumina verbaut sein, dann werden bei der Injektion jedoch Schleife als auch Nadel in den Flussweg geschaltet, sodass die Nadel und die Probenschleife während des gesamten chromatographischen Laufs von der mobilen Phase durchspült werden. Der Flussweg der mobilen Phase für einen Flow-Through Autosampler ist schematisch in Abb. 2.8a für das Aufziehen der Probe und in Abb. 2.8b für die Injektion dargestellt.

2.1.3.3 Bewertung der Vor- und Nachteile von Fixed Loop und Flow-Through Autosamplern

Die einzelnen Autosamplertypen besitzen individuelle Vor- und Nachteile. Zu den Vorteilen von Fixed Loop Autosamplern zählt, dass diese bei Verwendung von kleinen Probenschleifen (≤ 5 µL) weniger zur Peakdispersion beitragen und ein kleineres Gradientenverweilvolumen aufweisen als Flow-Through Injekto-

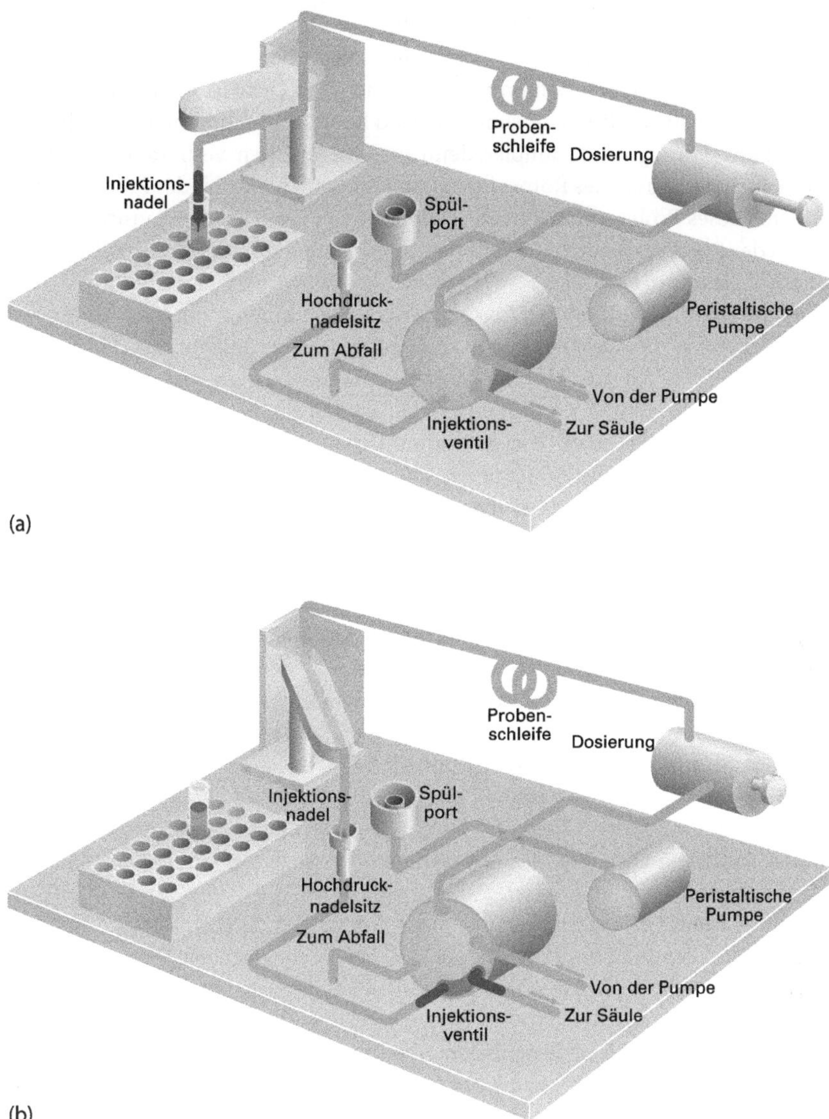

Abb. 2.8 Flussweg der mobilen Phase eines Flow-Through Samplers beim Aufziehen (a) und bei der Injektion (b) der Probe. Wiedergabe mit freundlicher Genehmigung der Rechtsinhaberin Agilent Technologies.

ren. Daher sind sie bei kleinen Injektionsvolumina ideal für die Verwendung von 2,1 mm ID sowie 1 mm ID Säulen geeignet. Dadurch, dass die Nadel und weitere Teile des Injektionsweges für die Dauer der chromatographischen Trennung nicht von der mobilen Phase durchströmt werden, sind bei Fixed Loop Autosamplern mehrere Waschlösungen erforderlich, um eine Probenverschleppung

(Carry-over) zu vermeiden. Weiterhin sollte erwähnt werden, dass bei diesen Autosamplern eine Zunahme der Peakdispersion zu beobachten ist, wenn Probenschleifen mit größeren Volumina erforderlich sind (≥ 20 µL). Darüber hinaus ist der Verbrauch von Probenlösung bei Fixed Loop Autosamplern größer als bei einem Flow-Through Autosampler, denn auch hier müssen Verbindungskapillaren als auch die Gravur des Rotors beim Befüllen der Schleife mit der Probe gefüllt werden. Dieses Probenvolumen geht verloren. Bei Flow-Through Autosamplern wird in der Regel das komplette Volumen, welches aufgezogen wurde, vollständig auf die Säule transferiert.

Ein weiterer und oftmals vernachlässigter Punkt eines modernen UHPLC-Autosamplers ist die Zykluszeit zwischen den einzelnen Injektionen. Hier sind besonders die Arbeitsschritte von Interesse, die unabhängig von der chromatographischen Trennung stattfinden [9]. Dazu zählen z. B. den $x/y/z$-Arm des Autosamples bzw. das Probenvial zu positionieren, die Probe in die Probenschleife aufzuziehen, die Probe zu injizieren sowie die Zeit für die unterschiedlichen Spülschritte. Während bei klassischen HPLC-Trennungen mit Methodenlaufzeiten von mehr als 20 min eine Vorbereitungszeit von 1–2 min keinen negativen Einfluss auf den Probendurchsatz hat, ist dies bei UHPLC-Trennungen mit Methodenlaufzeiten ≤ 5 min problematisch. Bei einem variablen Flow-Through Autosampler, bei dem die Nadel in der Regel für die Gesamtanalysezeit in den Flussweg geschaltet ist, kann eine Vorbereitungszeit von 1 min dazu führen, dass der Probendurchsatz um 20 % reduziert ist. Zur weiteren Minimierung der Zykluszeit von Flow-Through als auch Fixed Loop Autosamplern bieten die Gerätehersteller die Möglichkeit einer überlappenden Probenvorbereitung an. Bei dieser Technik wird während der chromatographischen Trennung bereits die Injektion der nächsten Probe vorbereitet. Hier ist der Anwender aufgefordert, sich über die unterschiedlichen Optionen der Autosampler der einzelnen Gerätehersteller zu informieren.

Darüber hinaus erfordern Zykluszeiten ≤ 5 min, dass die Autosampler ausreichend Probenkapazität besitzen. Für eine Nachtsequenz mit einer Dauer von 16 h und einer Zykluszeit von 5 min muss der Autosampler Platz für ca. 190 Probenvials bieten.

Zusammenzufassend ist festzuhalten, dass moderne UHPLC-Autosampler in der Lage sein sollten, das kleinstmöglich spezifizierte Probevolumen (oftmals 100 nL) mit einer Richtigkeit von 1–2 % und einer relativen Standardabweichung ≤ 2 % zu injizieren. Etwas Vergleichbares gilt für die Reproduzierbarkeit der Injektionspräzision. Die relative Standardabweichung der Injektionspräzision sollte bei dem kleinstmöglich spezifizierten Probevolumen ≤ 2 % sein. Die hier genannten Werte sind als Richtwerte zu verstehen, welche von jedem UHPLC-Autosampler erreicht werden sollten. Die Richtigkeit und Präzision des Injektionsvolumens und die damit verbundene Präzision der Peakfläche der Analyten ist vom jeweiligen Injektortyp (Fixed Loop, Flow-Through Design), der Injektionstechnik (Full Loop, Partial Loop) und dem Druck, aber auch vom Volumen der Probenspritze bzw. der Dosiervorrichtung abhängig. Abschließend ist ein Vergleich der individuellen Vor- und Nachteile der Fixed Loop und Flow-Through Autosampler in Tab. 2.2 zusammengefasst.

Tab. 2.2 Vergleich der Vor- und Nachteile von Fixed Loop und Flow-Through Autosamplern, in Anlehnung an [10, 11].

Eigenschaft	Fixed Loop Sampler	Flow-Through Sampler
Einfluss auf das Gradienten-verweilvolumen	weniger stark ausgeprägt bei Verwendung kleiner Probenschleifen	erheblicher Einfluss
Beitrag Bandenverbreiterung	weniger stark ausgeprägt bei Verwendung kleiner Probenschleifen	größerer Einfluss
Variables Injektionsvolumen	auf die Größe der Schleife eingeschränkt, Schleifenwechsel häufig erforderlich	unterstützt meist größeren Bereich von Injektionsvolumina
Probenverschleppung	anfällig, erfordert meist mehrere Waschlösungen	weniger anfällig
Verbrauch Probe	Teile der Probe gehen verloren	Probe wird i. d. R. vollständig aufgegeben
Hochdrucknadeldichtung	–	kann anfällig für Leckagen sein

2.1.4 Säulenofen

Auch in Bezug auf die Temperierung der mobilen und stationären Phase wurden moderne UHPLC-Systeme im Vergleich zu den konventionellen HPLCs weiterentwickelt und überarbeitet. So können bei modernen UHPLC-Systemen höhere Temperaturen (bis 150 °C) angewendet werden. Im Vergleich dazu waren gerätebedingte Maximaltemperaturen ≤ 100 °C bei klassischen HPLC-Systemen üblich. Warum es sinnvoll ist in der Flüssigchromatographie höhere Temperaturen anzuwenden, wurde von Teutenberg [12] ausführlich beschrieben. Als wichtige Stichpunkte seien an dieser Stelle genannt: Änderung der Selektivität, Verbesserung der Peakform, Reduzierung der Retentionszeit, Reduzierung des Verbrauchs organischer Lösemittel, Reduzierung des Systemdrucks, effizientere Trennungen, Anwendung spezieller Kopplungstechniken (z. B. Isotopenverhältnis-Massenspektrometrie) etc.

Unabhängig davon, welcher Temperaturbereich vom Anwender gewählt wird, sollte die Trennsäule temperiert werden, um eine reproduzierbare Chromatographie zu gewährleisten. Hier sollte als Faustregel berücksichtigt werden, dass die Erhöhung der Temperatur um 1 °C zu einer Reduzierung der Retentionsfaktoren der Analyten in der RP-HPLC um etwa 2 % führt. Dies soll anhand von Abb. 2.9 verdeutlicht werden. Bei den in Abb. 2.9 dargestellten Trennungen verschiedener polycyclischer aromatischer Kohlenwasserstoffe (PAKs) wurde die Temperatur der Trennung geringfügig zwischen 23,6 und 30 °C geändert. An dieser Stelle sei darauf hingewiesen, dass die Trennungen bei einem Systemdruck ≤ 400 bar durchgeführt wurden, sodass davon ausgegangen werden kann, dass es hier keinen Einfluss einer reibungsbedingten Wärmeentwicklung (Frictional Heating) gibt. Hierbei ist deutlich zu erkennen, dass mit steigender Temperatur kürzere Retentionszeiten beobachtet werden. Damit einhergehend kommt es zur Änderung der Auflösung zwischen den Peaks. Als Beispiel hierfür reduziert sich die kritische Auflösung zwischen dem Peakpaar 15/16 kontinuierlich mit steigender Temperatur von 1,51 bei 23,6 °C auf 0,99 bei 30 °C. Bei Arbeiten in einem nicht klimatisierten Labor sind Temperaturänderungen, wie in Abb. 2.9 dargestellt, durchaus üblich. Mit anderen Worten, eine Basislinientrennung, welche am Morgen bei einer Temperatur von 23,6 °C erzielt wurde, kann unter Umständen am Nachmittag bei einer Temperatur von 30 °C im Labor nicht mehr reproduziert werden. Dies gilt nicht nur für UHPLC-, sondern auch für HPLC-Anwendungen. Weiterhin ist ein Methodentransfer zwischen unterschiedlichen UHPLC-/HPLC-Systemen nur möglich, wenn die Temperatur der Trennung kontrolliert und gesteuert wird.

Bei UHPLC-Anwendungen mit einem Gegendruck ≥ 400 bar kommt es darüber hinaus zu einer wahrnehmbaren Wärmeentwicklung aufgrund der Reibung zwischen der mobilen und stationären Phase. Diese Problematik wird detailliert in Abschnitt 2.2 diskutiert. An dieser Stelle sei darauf hingewiesen, dass vor diesem Hintergrund ebenfalls eine Temperierung der mobilen und stationären Phase erforderlich ist, um auch bei hohen Drücken (≥ 400 bar) reproduzierbare UHPLC-Trennungen zu gewährleisten. Denn aufgrund der entstehenden Reibungswärme kommt es zur Ausbildung radialer und axialer Temperaturgradienten, sodass Temperaturunterschiede von bis zu 20 °C zwischen Säulenkopf und Säulenauslass möglich sind [13, 14].

Vor diesem Hintergrund ist ebenfalls die Vorheizung der mobilen Phase vor dem Eintritt in die Trennsäule wichtig. Eine unzureichende Vorheizung führt oftmals zu weniger effizienten Trennungen, da die Peakform negativ beeinflusst wird [15]. Diese Thematik wird in Abschnitt 9.4 wieder aufgegriffen. Um eine ausreichende Vorheizung der mobilen Phase zu gewährleisten, kann diese passiv oder aktiv temperiert werden. Bei einer passiven Vorheizung wird zum Beispiel die mobile Phase im Säulenofen durch eine längere Kapillare geleitet, sodass sich die Temperatur der mobilen Phase und des Ofens angleichen. Eine aktive Vorheizung erfordert die direkte Heizung/Kühlung der mobilen Phase innerhalb des Säulenofens. Dabei sollte nach Möglichkeit die Temperatur des Ofens nicht beeinflusst werden. Eine interessante Option bietet hier der Säulenofen von Shimadzu (Nexera UHPLC), dessen aktive Vorheizung auch genutzt werden kann, um die mobile Phase vor dem Eintritt in die Trennsäule zu kühlen. Dadurch ist es möglich, eventuelle negative Einflüsse durch die reibungsbedingte Wärmeentwicklung zu kompensieren. Unabhängig davon, wie die mobile Phase temperiert wird, gilt: Jedes zusätzliche Volumen vor der Trennsäule vergrößert das Gradientenverweilvolumen und kann zusätzlich zu einer ungewollten Bandenverbreiterung beitragen, welches sich besonders bei isokratischen Trennungen bemerkbar macht.

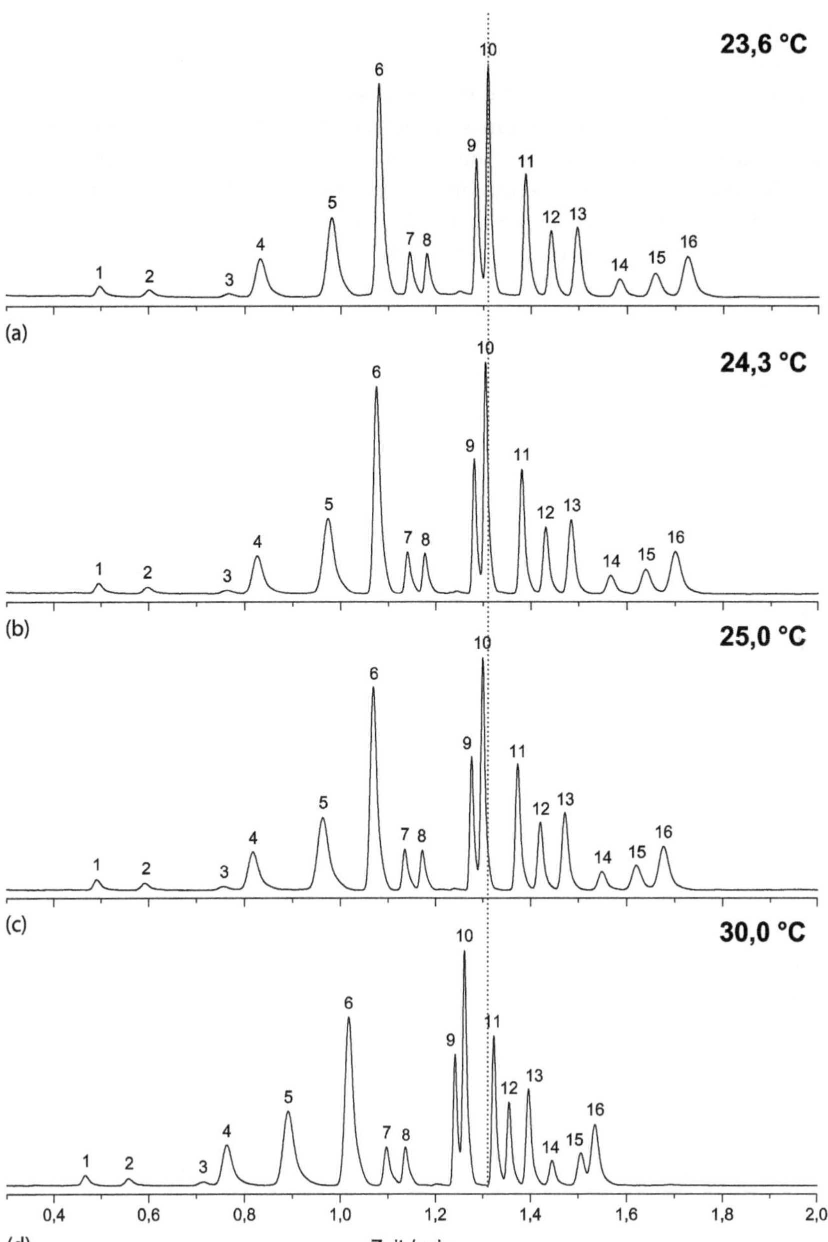

Abb. 2.9 Trennung von 16 PAKs bei unterschiedlichen Temperaturen. Chromatographische Bedingungen: mobile Phase: A) Wasser, B) Acetonitril; stationäre Phase YMC-PAH (50 × 2,1 mm, 3,0 μm); Flussrate: 1,3 mL min^{-1}; Gradient: 0–0,8 min 58 % B, 0,8–1,13 min, 58–100 % B, 1,13–2,0 min, 100 % B; Injektionsvolumen: 0,5 μL; Temperatur: siehe Abb.; UV-Detektion bei 254 nm. Analyten: (1) Naphthalin, (2) Acenaphthylen, (3) Acenaphthen, (4) Fluoren, (5) Phenanthren, (6) Anthracen, (7) Fluoranthen, (8) Pyren, (9) Benzo[*a*]anthracen, (10) Chrysen, (11) Benzo[*b*]fluoranthen, (12) Benzo[*k*]fluoranthen, (13) Benzo[*a*]pyren, (14) Dibenzo[*a,h*]anthracen, (15) Benzo[*g,h,i*]perylen, (16) Indeno[1,2,3-*cd*]pyren.

Ein weiteres nützliches Tool moderner Säulenöfen ist die Integration von Säulenschaltventilen, welche von jedem UHPLC-Hersteller angeboten werden, auch wenn dies kritisch in Hinblick auf die Vergrößerung des Gradientenverweilvolumens und des Extrasäulenvolumens angesehen werden muss, da in der Regel zwei zusätzliche Schaltventile vor und nach den Säulen verbaut sind. Vorteil dieser Schaltung ist, dass zum Beispiel in Sequenzen unterschiedliche Trennsäulen verwendet werden können, ohne dass der Anwender die Säulen manuell wechseln muss. Auch hier gibt es verschiedene Konzepte, zum Beispiel wie viele Säulen eingebaut werden können und wie die Steuerung erfolgt. Einige Anbieter verwenden zwei Ventile innerhalb oder außerhalb des Säulenofens (z. B. Waters, Thermo-Scientific), andere lediglich eins direkt im Säulenofen (z. B Agilent). Hierbei muss die Temperaturstabilität des Rotors des Schaltventils beachtet werden. Nicht jeder Gerätehersteller stimmt die Maximaltemperatur des Rotors des Säulenschaltventils auf die Maximaltemperatur des Ofens ab. Oftmals ist die Maximaltemperatur des Ofens deutlich höher als die maximal zulässige Temperatur des Rotors in dem Schaltventil. Mit der Konsequenz, dass der Verschleiß des Rotors deutlich höher ist und dieser gegebenenfalls nach nur einigen 100 Schaltvorgängen erneuert werden muss. Weiterhin führt der erhöhte Abrieb des Rotors zu Verstopfungen der Trennsäulen und Verbindungskapillaren. Dies ist besonders problematisch bei Trennsäulen, welche mit sub 2 μm Partikeln gepackt sind. Bei diesen Phasen werden in der Regel Säuleneinlassfritten mit Porengrößen von 0,5 μm verwendet, die besonders schnell verstopfen. Im Vergleich dazu werden Einlassfritten mit einer Porengröße von etwa 2 μm für Säulen mit 3–5 μm Partikeln verwendet. Dadurch sind die klassischen Trennsäulen weniger anfällig für das Verstopfen.

Zusammenfassend ist festzuhalten, dass ein modernes UHPLC-System die Möglichkeit bieten muss, die mobile und stationäre Phase zu temperieren ($\geq$ 100 °C). Weiterhin sollte die Temperierung, unabhängig davon ob passiv oder aktiv, nicht zu einer unverhältnismäßig großen Bandenverbreiterung beitragen. Zur Vorheizung der mobilen Phase sollten kurze Kapillaren mit kleinen Innendurchmessern (z. B. $\leq$ 130 μm) verwendet werden. Dies gilt auch bei Verwendung von Säulenschaltventilen und ist besonders wichtig für die Verbindungskapillare zum Detektor.

Abschließend noch ein Hinweis zu spektroskopischen Detektoren, welche sehr sensibel auf kleinste Temperaturänderungen reagieren. Bei Anwendung höherer Temperaturen ($\geq$ 80 °C) ist es sinnvoll, die mobile Phase nach Verlassen der Trennsäule ebenfalls auf eine definierte Temperatur zu temperieren, z. B. auf die Temperatur der Detektorzelle. Anderenfalls ist mit Schwankungen der Peakfläche bzw. Peakhöhe der Analyten zu rechnen.

2.1.5
Detektoren

Neben der Trennsäule ist der Detektor die zweitwichtigste Komponente einer modernen UHPLC-Anlage und bedarf besonderer Aufmerksamkeit. Im folgenden Abschnitt wurde gezielt darauf verzichtet, die physikochemischen Grundlagen oder die schematischen Aufbauten der UHPLC-Detektoren zu erläutern. Diese wurden bereits hinreichend in der wissenschaftlichen Literatur beschrieben [6, 7, 9, 16–20]. Weiterhin wird in diesem Abschnitt darauf verzichtet, die Kopplung mit der Massenspektrometrie zu erläutern. Diese Thematik wird ausführlich in Kapitel 5 diskutiert.

Nachfolgend ist in Tab. 2.3 eine kurze Übersicht der häufig in der UHPLC eingesetzten Detektoren dargestellt.

Die einzelnen in Tab. 2.3 aufgeführten Detektoren besitzen individuelle Vor- und Nachteile, dennoch müssen alle den allgemeinen Anforderungen der UHPLC gerecht werden. Durch die Anwendung von 2,1 mm ID Trennsäulen und sub 2 μm Partikeln sind Peakbreiten von 1 s oder weniger möglich, daher müssen moderne Detektoren eine ausreichende Datenaufnahmerate und ein schnelles Ansprechverhalten gewährleisten. Als Faustregel gilt, dass mindestens 15–20 Datenpunkte pro Peak verfügbar sein sollten, um die Peakform mit einer ausreichenden Genauigkeit abzubilden und den Peak richtig integrieren zu können [16, 17]. Bei einem chromatographischen Peak mit einer Breite von 1 s ist eine Aufnahmerate von mindestens 15–20 Hz erforderlich. In der Regel ist eine Aufnahmerate von 40 Hz ausreichend, höhere Aufnahmeraten sowie sehr kleine Zeitkonstanten für das Ansprechverhalten des Detektors führen zu großen Datensätzen und erhöhtem Rauschen. Vor diesem Hintergrund sollten die Aufnahmerate und die Zeitkonstante des Detektors in Abhängigkeit der erwarteten Peakbreite ausgewählt werden.

Schmale Peaks erfordern nicht nur eine höhere Aufnahmerate und kleine Zeitkonstanten für das Ansprechverhalten, sondern auch ein kleineres Volumen der Detektorzelle als konventionelle Zellen [16]. In diesem Zusammenhang soll darauf hingewiesen werden, dass die Hersteller ihre Detektoren sowohl für die klassische HPLC als auch die UHPLC verkaufen. Die Zellvolumina vieler Detektoren sind jedoch für UHPLC-Anwendungen, bei denen kurze Säulen mit kleinen Innendurchmessern (z. B. 50 mm × 2,1 mm) verwendet werden, oftmals zu groß. Wird beispielsweise eine klassische UV-Zelle mit einem Volumen von 10 μL zur Detektion von Trennungen mit Säulen mit $\leq$ 2,1 mm Innendurchmesser und sub 2 μm Partikeln verwendet, kommt es durch das zusätzliche Extrasäulenvolumen der Detektorzelle zu einer nicht akzeptablen Bandenverbreiterung. Eine einfache Reduzierung des Zellvolumens und somit des durchstrahlten Lichtwegs reduziert zwar das Extrasäulenvolumen, aber gleichzeitig auch die Signalintensität. Diese Herausforderung wurde für UV/Vis-Detektoren durch die Einführung der Flüssigkernlichtwellenleiter-Technologie durch die Firma Waters im Jahre 2004 gelöst. In Abb. 2.10 ist die Funktionsweise dieser Zelltechnologie abgebildet.

Ähnlich wie bei einem optischen Lichtwellenleiter, wird UV/Vis-Licht in den Flüssigkernlichtwellenleiter eingekoppelt und durch Totalreflexion an der Innenwand der Teflon AF-Kapillaren durch die Detektionskapillare geleitet. Dadurch treten weniger Streulichtverluste auf, was sich in einem geringeren Basislinienrauschen äußert. Darüber hinaus kann durch die Totalreflexion der Lichtweg verlängert und gleichzeitig das Volumen der Detektionskapillare auf 500 nL reduziert werden. Auf diese Weise wird das Extrasäulenvolumen reduziert und die

Tab. 2.3 Übersicht der gebräuchlichen HPLC-/UHPLC-Detektoren.

Detektor	Selektivität	Nachweis-bereich	Linearer Bereich	Gradi-enten-tauglich	Vorteile	Einschränkungen
Brechungs-index	universell	μg	10^3	nein	universell, breites Anwendungsfeld, zerstörungsfrei, günstig, einfache Handhabung	schlechte Sensitivität, reagiert auf kleinste Temperatur und Flussschwankungen
Leitfähigkeit	selektiv	ng–μg	10^4	ja	ideal für Ionenchromatographie, Erfassung anorganischer Ionen und organischer Säuren, hoch selektiv, geringe Anschaffungskosten, zerstörungsfrei	erfordert Unterdrückung der Leitfähigkeit der mobilen Phase für optimale Nachweisgrenze, erfordert spezielle HPLC-Systeme und Trennsäulen, nicht alle Substanzen erfassbar
Licht-streuung	nahezu universell	pg–ng	10^3	ja	Detektion vieler nicht flüchtiger Substanzen	erfordert flüchtige mobile Phase (auch Puffer), Optimierung ggf. schwierig, Probleme Reproduzierbarkeit der Methoden
CAD	universell	pg–ng	10^4	ja	höchste Sensitivität der universellen Detektoren, detektiert alle nicht und mittelflüchtigen Substanzen, einfache Handhabung	erfordert flüchtige mobile Phase (auch Puffer)
UV-Vis	selektiv	pg–ng	10^5	ja	„nahezu“ universell im unteren UV-Wellenlängenbereich (z. B. 200 nm), qualitativ und quantitativ einsetzbar, DAD ermöglicht oftmals Ermittlung der Peakreinheit/ Spektrenhomogenität, Spektrenbibliotheken, zerstörungsfrei, vertrauenswürdig, geringe Anschaffungskosten, einfache Handhabung	Chromophor erforderlich, Lösemittel müssen UV/Vis transparent sein
Fluoreszenz	hoch selektiv	fg–pg	10^3–10^4	ja	hoch selektiv und sensitiv	nicht alle Analyten besitzen native Fluoreszenz, oft Derivatisierung erforderlich, Verlust Leistungsfähigkeit durch Quenching
Elektro-chemischer Detektor	hoch selektiv	fg–pg	10^5	ja (limitiert)	hoch selektiv und sensitiv	mobile Phase muss leitfähig sein, anfällig für Basislinienrauschen, Verunreinigung der Elektroden, Substanzen müssen oxidier- bzw. reduzierbar sein, Gradientenbetrieb kann Sensitivität herabsetzen

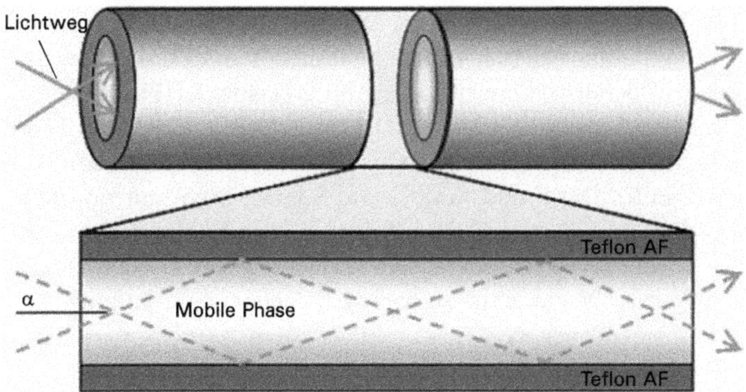

Abb. 2.10 Schematische Abbildung einer UV-Zelle basierend auf der Flüssigkernlichtwellenleiter-Technologie. Wiedergabe mit freundlicher Genehmigung der Waters GmbH.

Signalintensität erhöht. Dadurch ist diese Zelltechnologie ideal zur Detektion für Trennungen an Säulen mit kleinen Innendurchmessern sowie sub 2 µm Partikeln geeignet. Die Technologie der Totalreflexion in einem Flüssigkernlichtwellenleiter wurde auch von anderen Geräteherstellern aufgegriffen. So hat Agilent Technologies die MaxLigth Durchflusszelle vorgestellt, auch Shimadzu hat einen neuen Diodenarray-Detektor eingeführt, welcher die Flüssigkernlichtwellenleiter-Technologie nutzt.

Zusammenfassend ist festzuhalten, dass moderne UHPLC-Detektoren in der Lage sein sollten, mit einer schnellen Aufnahmerate von mindestens 40 Hz sowie kleinen Zeitkonstanten (≤ 50 ms) für das Ansprechverhalten die chromatographischen Daten aufzunehmen. Weiterhin sollte das geometrische Volumen der Detektorzelle nicht zu einer übermäßigen Verbreiterung der Peakbanden beitragen. Generell gilt, je kleiner das Volumen der Detektorzelle, desto geringer ist der Beitrag zur Peakdispersion. Dieser Punkt ist bisweilen kritisch, denn hier muss oftmals ein Kompromiss zwischen einer für den Anwender noch akzeptablen Bandenverbreiterung und einer mindestens erforderlichen Signalintensität gefunden werden. Dies ist besonders bei Verwendung von Trennsäulen mit kleinen Innendurchmessern (≤ 2,1 mm) schwierig und wird aus einer praktischen Perspektive etwas ausführlicher in Abschnitt 9.7 diskutiert.

2.1.6 Kapillaren/Verschraubungen

Kapillaren und deren Fittings werden in der HPLC/UHPLC genutzt, um den Transport der Probe und der mobilen Phase durch das flüssigchromatographische System zu gewährleisten. Leider sind sie oftmals der Grund für Trennungen mit reduzierter Effizienz oder auch Leckagen.

Die einzelnen Kapillaren in einem HPLC-/UHPLC-System werden in Niederdruck- und Hochdruckkapillaren unterschieden. Kunststoffbasierte Niederdruckkapillaren (≤ 7 bar) werden in der Regel für den Transport der Lösemittel zur Pumpe oder als Verbindung zwischen Detektor und Lösemittelabfall genutzt. Für Verbindungen im Hochdruckbereich (siehe Abb. 2.1) eines UHPLC-Systems sind Kapillaren mit einer deutlich höheren Druckstabilität erforderlich. Hier eignen sich bis zu einem Druck von ca. 400 bar Kunststoffkapillaren aus Polyetheretherketon (PEEK). Diese sind flexibel und können leicht individuellen Bedürfnissen angepasst und zugeschnitten werden. In Herstellerkatalogen wird für PEEK-Kapillaren eine Druckstabilität bis 400 bar angegeben. Diesem Druck halten die PEEK-Kapillaren stand, ohne zu bersten. Problematisch sind hier die Verschraubungen im Hochdruckbereich des HPLC-Systems (Autosampler, Säulenkopf). Diese können auch bei Drücken ≤ 400 bar aus dem Sitz rutschen und zu Leckagen führen.

Bei Applikationen mit einem Druck ≥ 400 bar haben sich Edelstahlkapillaren bewährt. Im Vergleich zu PEEK-Kapillaren können Edelstahlkapillaren vom Anwender nur sehr schwer in hoher Qualität zugeschnitten und individuell angepasst werden. Hier ist es empfehlenswert, elektrolytisch vorgeschnittene und gereinigte Kapillaren käuflich zu erwerben. Sowohl PEEK- als auch Edelstahlkapillaren mit unterschiedlichen Außen- und Innendurchmessern sind in einer großen Auswahl kommerziell verfügbar [21, 22]. Weiterführende Informationen zu den unterschiedlichen Materialeigenschaften der einzelnen Kapillaren werden in Kapitel 7 gegeben.

Im Vergleich zur klassischen HPLC, hat die Auswahl geeigneter Kapillaren in der UHPLC eine deutlich größere Bedeutung. Während bei HPLC-Anwendungen mit gängigen Trennsäulen (150 mm × 4,6 mm) der Einfluss der Bandenverbreiterung in den Kapillaren (Autosampler zur Säule, Säule zum Detektor) in der Regel vernachlässigt werden kann, hat bei UHPLC-Anwendungen mit 50 mm langen und 2,1 mm ID Trennsäulen die Bandenverbreiterung in diesen Verbindungskapillaren einen großen Einfluss auf die Trennleistung [6, 23–25].

Für UHPLC-Systeme in Verbindung mit kurzen Säulen (≤ 50 mm) mit kleinen Innendurchmessern (≤ 2,1 mm) ist es daher empfehlenswert zwischen Autosampler und Trennsäule sowie Trennsäule und Detektor, kurze Kapillaren mit kleinen Innendurchmessern (≤ 130 µm) zu verwenden. Anderenfalls wird eine starke Peakverbreiterung beobachtet.

Darüber hinaus sollte bei Applikationen mit kleinen Flussraten (≤ 0,5 mL min^{-1}), wie beispielsweise bei der Kopplung mit der Massenspektrometrie mit Elektrospray-Ionisation (ESI-MS), der Innendurchmesser als auch die Länge der Transferkapillaren reduziert werden [26]. Häufig müssen bei der LC/MS-Kopplung lange Wege (oftmals 50 cm und mehr) zwischen Säulenauslass und MS-Interface überbrückt werden. Um die Peakdispersion in diesen Verbindungskapillaren zu reduzieren, ist die Verwendung von Kapillaren mit einem Innendurchmesser von 100, 63 oder 50 µm vorteilhaft [26]. Dabei gilt jedoch zu beachten, dass die Reduzierung des Innendurchmessers von Kapillaren nicht nur zu einer reduzierten Bandenverbreiterung führt, sondern auch zu einem erhöhten Systemdruck. Eine Verringerung des Innendurchmessers einer Kapillare um den Faktor 2 führt zu einem um den Faktor 16 höheren Druck. Darüber hinaus sind Kapillaren mit kleinen Innendurchmessern für Verstopfungen anfälliger z. B. durch Pumpenabrieb, Rotorabrieb aus dem Autosampler, Bestandteile aus der Probe oder Lösemittel.

Zur Verbindung der Kapillaren mit den einzelnen Baugruppen des UHPLC-Systems und der Trennsäule sind Verschraubungen (Fittings) erforderlich. Diese bestehen in der Regel aus einer Schraube (Nut) und einem Schneidkegel (Ferrule). Ähnlich wie bei Verbindungskapillaren werden die Verschraubungen in Nieder- und Hochdruckfittings unterschieden und sind aus Kunststoff oder Edelstahl. Das Augenmerk sei im weiteren Verlauf auf die edelstahlbasierten Hochdruckfittings gelegt, da diese bei falscher Handhabung einen erheblichen Beitrag zur Bandenverbreiterung in einem UHPLC-System leisten können [27]. Der Umgang mit PEEK-Kapillaren und Peakverschraubungen gestaltet sich in der Regel einfacher. Das Funktionsprinzip einer edelstahlbasierten Verschraubung ist in Abb. 2.11a dargestellt.

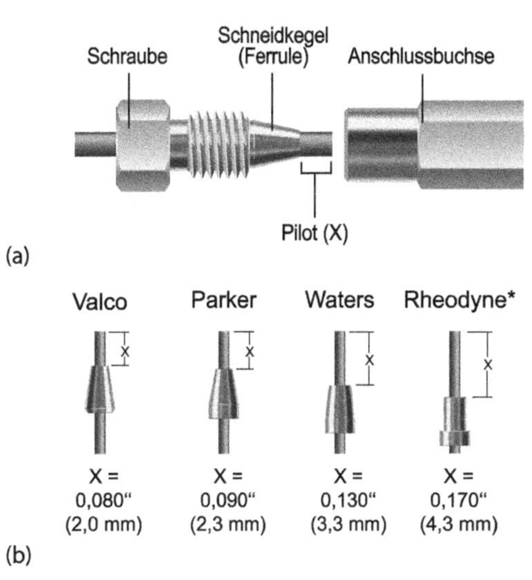

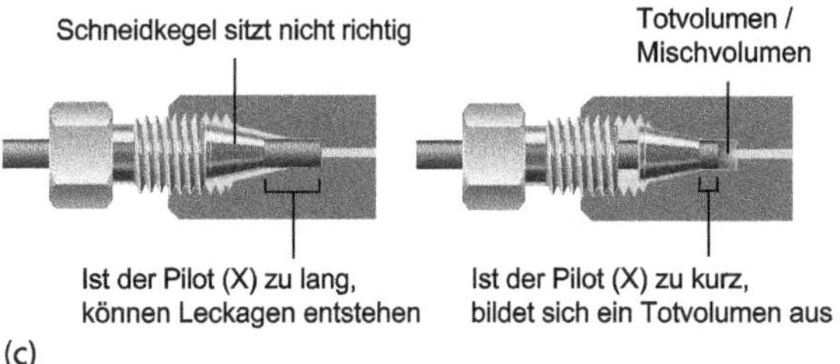

Abb. 2.11 Übersicht und Funktionsweise edelstahlbasierter Verschraubungen. Dargestellt ist lediglich eine Auswahl, welche keinen Anspruch auf Vollständigkeit erhebt. * Für Ventile. Wiedergabe mit freundlicher Genehmigung der IDEX Health & Science GmbH, www.idex-hs.com.

Die Schraube sowie der Schneidkegel werden zunächst über die Edelstahlkapillare geschoben, anschließend wird die Kapillare bis zum Erreichen des Anschlags in die konische Anschlussbuchse geführt und mit einem Schraubenschlüssel fest angezogen. Beim Festziehen verformt sich der Schneidkegel und schmiegt sich an die konische Anschlussbuchse an und sorgt so für einen festen Sitz der Kapillare in der Anschlussbuchse. Auf diese Weise können hochdruckfeste und totvolumenfreie Verbindungen hergestellt werden. In Abhängigkeit vom Hersteller der Verschraubung besitzen die Schneidkegel sowie die korrespondierenden Anschlussbuchsen unterschiedliche Designs und variieren zusätzlich in der Einbautiefe (Pilot) der Kapillare in die Anschlussbuchse, wie in Abb. 2.11b veranschaulicht. Vor diesem Hintergrund sollten Verschraubungen unterschiedlicher Hersteller nicht miteinander gemischt werden. Mit anderen Worten, Schraube und Schneidkegel von Hersteller A sollten nicht in Verbindung mit einer Anschlussbuchse von Hersteller B verwendet werden. Sonst können Totvolumina entstehen, welche zu einer unerwünschten Peakverbreiterung führen (siehe Abb. 2.11c). Besonders problematisch sind hier alle Kapillaren und Verschraubungen, welche von der Probenbande durchströmt werden, z. B. zwischen Autosampler und Säulenkopf sowie zwischen Säulenauslass und Detektor. Diese Verbindungen müssen bei einem Säulenwechsel geöffnet und wieder verschlossen werden. Auch hier gibt es herstellerabhängige Unterschiede in der Säulenhardware, wie die Form der Schneidkegel oder die Einbautiefe der Kapillare (Pilot) in die Trennsäule. Der Anwender sollte diese Unterschiede und ihre Abhängigkeit von den Säulenherstellern kennen. Da vor der Trennsäule häufig Edelstahlkapillaren verwendet werden und wie zuvor beschrieben die Einbautiefe der Kapillare in die Trennsäule bei erstmaligem Festschrauben des Schneidkegels festgelegt wurde, kann es zur Ausbildung eines Totvolumens am Säulenkopf kommen, wenn sich die Einbautiefe der Kapillare von der Einbautiefe der Trennsäule unterscheidet. Diese Problematik ist in Abb. 2.11c veranschaulicht. Ist die Einbautiefe zu kurz und die Kapillare erreicht den Boden der Buchse nicht, entsteht ein Mischvolumen. Ist die Einbautiefe der Kapillare zu lang und der konische Schneidkegel erreicht die Anschlussbuchse nicht, kann es ebenfalls zur Ausbildung eines Totvolumens oder auch zu Leckagen kommen (siehe Abb. 2.11c). In Abb. 2.12 sind zwei Chromatogramme mit einem korrekt sowie einem schlecht installierten Fitting am Säulenkopf dargestellt.

Dabei wird deutlich, dass die schlechte Verschraubung eine Zunahme des Tailings verursacht und alle Peaks als breitere Banden eluieren. Dies wird ebenfalls bei Betrachtung der Peakkapazität (P_C) deutlich. Diese wird um ca. 45 % von 42 auf 23 reduziert. Die zuvor beschriebene Problematik gilt analog zur Verschraubung zwischen Säulenauslass und Detektor. Ein Totvolumen nach der Trennsäule führt ebenfalls zu einer Peakdispersion. Unabhängig davon, ob ein Totvolumen am Kopf oder Auslass einer Trennsäule existiert, unter isokratischen Bedingungen kommt es stets zu einer Verbreiterung der Peakbande. Etwas anders ist dies bei der Anwendung von Lösemittelgradienten. Vorausgesetzt die Analyten besitzen ausreichend Retention, kommt es im Idealfall zu einer Anreicherung der Komponenten am Säulenkopf und diese eluieren erst ab einem bestimm-

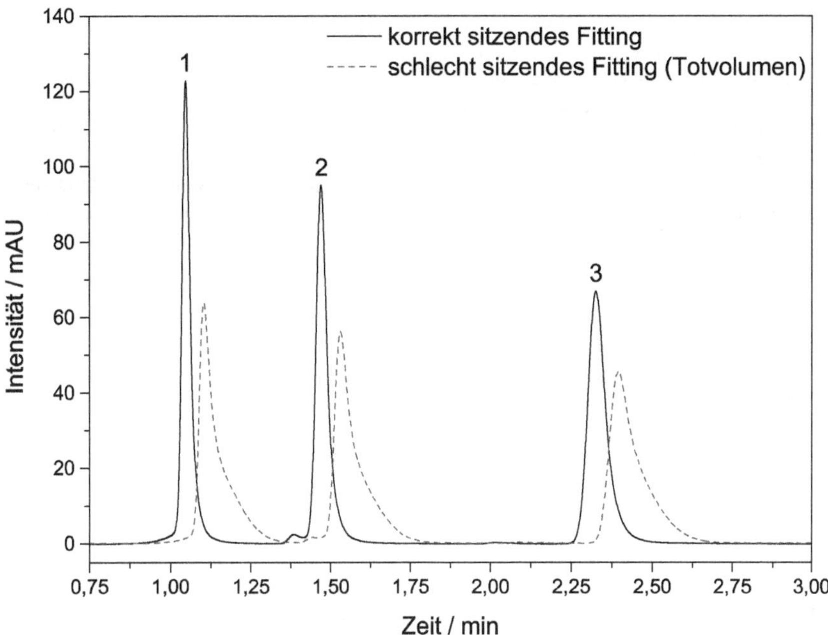

Abb. 2.12 Vergleich zweier isokratischer Trennungen bei einer korrekten (–) und einer nicht korrekten (- - -) Installation eines Fittings am Säulenkopf. Chromatographische Bedingungen: mobile Phase: 50/50 (v/v) Aceton/Wasser, stationäre Phase: Agilent Zorbax SB C_{18} (50 × 2,1 mm, 1,8 µm), Flussrate: 0,5 mL min^{-1}, Injektionsvolumen: 0,2 µL; Temperatur: 30 °C; Detektion: UV bei 360 nm; Analyten: (1) Formaldehyd-2,4-dinitrophenylhydrazone, (2) Acetaldehyd-2,4-dinitrophenylhydrazone, (3) Acrolein-2,4-dinitrophenylhydrazone.

ten organischen Anteil in der mobilen Phase von der Trennsäule. Die dadurch entstehende Kompression der Peakbanden kann gegebenenfalls eine vorherige Peakdispersion, bedingt durch ein Totvolumen am Säulenkopf, kompensieren. Ein Totvolumen zwischen Säulenauslass und Detektor kann mithilfe eines Lösemittelgradienten nicht kompensiert werden und ist bei Trennsäulen mit einem Innendurchmesser ≤ 2,1 mm, im Vergleich zu 4,6 mm ID Trennsäulen, besonders problematisch. Die zuvor beschriebene Problematik wurde von einigen UHPLC-Herstellern sowie Zulieferern erkannt, welche universelle und wiederverwendbare Verschraubungen entwickelt haben. Einige Beispiele sind Viper™ [28], OPTI-LOK [29] und VHP 320 [21], s. dazu auch Abschnitt 12.1.

Literatur

1 Foley, J.P., Crow, J.A., Thomas, B.A. und Zamora, M. (1989) *J. Chromatogr.*, **478**, 287.

2 Fekete, S., Kohler, I., Rudaz, S. und Guillarme, D. (2014) *J. Pharm. Biomed. Anal.*, **87**, 105.

3 Snyder, L.R. und Dolan, J.W. (2007) *High-performance gradient elution : the practical application of the linear-solvent-strength model*, John Wiley & Sons, Inc., Hoboken.

4 Dong, M.W. (2013) *LC GC N. Am.*, **31**, 868.

5 Noland, P., Hopper, T.N., Dong, M.W., Guo, Y., Maloney, T.D. und Xu, R.N. (2010) in *Chromatography – A Science of Discovery* (Hrsg. R.L. Wixom und C.W. Gehrke), John Wiley & Sons, Inc., Hoboken.

6 Snyder, L.R., Kirkland, J.J. und Dolan, J.W. (2010) *Introduction to Modern Liquid Chromatography*, John Wiley & Sons, Inc., Hoboken.

7 Shackman, J.G. (2013) in *Liquid Chromatography – Fundamentals and Instrumentation* (Hrsg. S. Fanali, P.R. Haddad, C.F. Poole, P.J. Schoenmakers und D. Lloyd), Elsevier, Amsterdam.

8 CTC Analytics AG, www.palsystem.com/fileadmin/docs/Helpful_information/Tips_Hints_web_booklet_2012_sept.pdf.

9 Swartz, M. (2009) *LC GC N. Am.*, **27**, 1052.

10 Dolan, J.W. (2001) *LC GC N. Am.*, **19**, 386.

11 Dolan, J.W. (2001) *LC GC N. Am.*, **19**, 478.

12 Teutenberg, T. (2010) *High-Temperature Liquid Chromatography: A User's Guide for Method Development*, RSC Pub., Cambridge.

13 Novakova, L., Veuthey, J.L. und Guillarme, D. (2011) *J. Chromatogr. A*, **1218**, 7971.

14 Gritti, F. und Guiochon, G. (2008) *Anal. Chem.*, **80**, 5009.

15 Wolcott, R.G., Dolan, J.W., Snyder, L.R., Bakalyar, S.R., Arnold, M.A. und Nichols, J.A. (2000) *J. Chromatogr. A*, **869**, 211.

16 Swartz, M. (2010) *J. Liquid Chromatogr. Rel. Technol.*, **33**, 1130.

17 Swartz, M. (2010) *LC GC N. Am.*, **28**, 880.

18 Morgan, N.Y. und Smith, P.D. (2011) in *Handbook of HPLC* (Hrsg. D. Corradini und T.M. Phillips), CRC Press/Taylor & Francis, Boca Raton, p. XIX.

19 Poole, C.F. (2003) *The Essence of Chromatography*, Elsevier, Amsterdam, Boston.

20 Meyer, V.R. (2010) *Practical High-Performance Liquid Chromatography*, John Wiley & Sons, Inc., Hoboken.

21 IDEX Health & Science http://www.idex-hs.com, letzter Zugriff: 04.02.2014.

22 VICI AG International http://www.vici.com/, letzter Zugriff: 04.02.2014.

23 Wu, N.J. und Bradley, A.C. (2012) *J. Chromatogr. A*, **1261**, 113.

24 Wu, N.J., Bradley, A.C., Welch, C.J. und Zhang, L. (2012) *J. Sep. Sci.*, **35**, 2018.

25 Fekete, S. und Fekete, J. (2011) *J. Chromatogr. A*, **1218**, 5286.

26 Spaggiari, D., Fekete, S., Eugster, P.J., Veuthey, J.L., Geiser, L., Rudaz, S. und Guillarme, D. (2013) *J. Chromatogr. A*, **1310**, 45.

27 Stankovich, J.J., Gritti, F., Stevenson, P.G. und Guiochon, G. (2013) *J. Sep. Sci.*, **36**, 2709.

28 Thermo Fisher Scientific Inc. http://www.dionex.com/en-us/products/accessories/reagents-accessories/viper-fingertight/lp-81335.html, letzter Zugriff: 04.02.2014.

29 Optimize Technologies www.optimizetech.com, letzter Zugriff: 04.02.2014.

2.2 Der Säulenofen – eine einfache Angelegenheit?

Michael Heidorn und Frank Steiner

In diesem Kapitel soll weniger auf die Notwendigkeit der Nutzung eines Säulenofens in einer HPLC-Anlage eingegangen werden, um etwa reproduzierbare Ergebnisse von Analyse zu Analyse zu erhalten. Diese Thematik sollte dem erfahrenen HPLC-Anwender bereits bekannt sein. Hier werden vielmehr thermische Betriebsweisen von Säulenöfen beschrieben, die auf die tatsächliche Trenntemperatur innerhalb einer LC-Säule wesentlichen Einfluss haben. Die an einem Säulenofen eingestellte Temperatur wird generell mit der Säulentemperatur und damit der Trenntemperatur innerhalb dieser LC-Säule gleichgesetzt. Oft wird in einer LC-Methode ein bestimmter Zeitraum hinterlegt, innerhalb dessen die Säulenofentemperatur nicht außerhalb eines definierten Temperaturbereichs liegen darf, damit eine Injektion und damit eine Analyse starten kann. Dass dabei der LC-Säule genügend Zeit gegeben sein muss, die Säulenofentemperatur wirklich annehmen zu können, ist bei dieser Vorgehensweise nicht berücksichtigt. So lange abzuwarten, bis sich ein konstanter Systemrückdruck eingestellt hat, ist die elegantere Herangehensweise. Bei konstantem Systemrückdruck kann davon ausgegangen werden, dass die Trenntemperatur innerhalb der LC-Säule einen konstanten Wert angenommen hat.

Die tatsächliche Trenntemperatur innerhalb jener LC-Säule bleibt jedoch immer noch unbekannt, da der Systemrückdruck keine genaue Aussage über die Trenntemperatur in der LC-Säule erlaubt. Sie hängt neben der Säulenofentemperatur auch von der Temperatur der mobilen Phase ab, da diese kontinuierlich in die LC-Säule einströmt. Stimmt die Temperatur der mobilen Phase nicht mit der Säulenofentemperatur überein, weicht die resultierende Trenntemperatur innerhalb der LC-Säule von der Säulenofentemperatur ab. Zusätzlich kann aufgrund von Reibung zwischen mobiler Phase und Säulenpackung Reibungswärme in einer LC-Säule entstehen. Die resultierende Trenntemperatur innerhalb der LC-Säule ist dann zumindest stellenweise höher als die eingestellte Säulenofentemperatur. Zu guter Letzt bewirkt der Säulenofentyp, ob und in welchem Maße Temperaturgradienten innerhalb einer LC-Säule entstehen, was wiederum zu einem ungleichmäßigen Temperaturgefüge innerhalb dieser LC-Säule führt.

Die kinetischen und thermodynamischen Retentionsmechanismen sind in der HPLC-Theorie allesamt temperaturabhängig. Eine Änderung der Trenntemperatur wirkt sich sowohl auf die Retentionszeit (vgl. Van't-Hoff-Gleichung) als auch die Trennleistung (vgl. Van-Deemter-Gleichung) aus. Wie sich eine Änderung der Trenntemperatur genau auswirkt, hängt weiterhin von den chemisch-physikalischen Eigenschaften der zu trennenden Substanzen ab. Bereits eine geringe Trenntemperaturänderung kann zu einem veränderten Ionisationsverhalten einer Substanz führen, wenn der pK_a-Wert dieser Substanz dem pH-Wert der mobilen Phase sehr ähnlich ist. Die Folgen können dann eine sprungartige oder atypische Veränderung ihrer Retentionszeit und damit auch der Selektivität

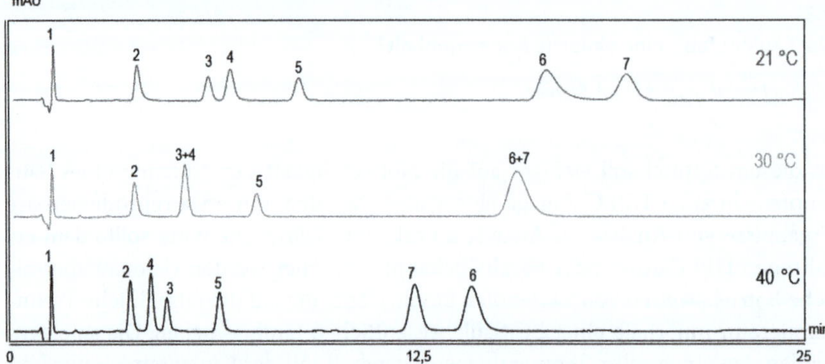

Abb. 2.13 HPLC-Trennung bei unterschiedlichen Temperaturen, aber sonst gleichen Bedingungen.

dieser Substanz in der LC-Säule sein. In der Regel nimmt die Retentionszeit mit steigender Temperatur ab, allerdings kann jene Abnahme für Substanzen eines Probengemisches unterschiedlich stark sein. In dem Fall können sich deren Selektivitäten ändern, bis hin zur Umkehr der Elutionsreihenfolge. Die Trennleistung nimmt in den meisten Fällen mit steigender Temperatur zu, da oft bei einer höheren Lineargeschwindigkeit als dem Van-Deemter-Minimum gearbeitet wird. Dies ist auch für das Beispiel in Abb. 2.13 gegeben. Dieselben Substanzpeaks sind bei einer höheren Temperatur schmaler und es werden bessere Trennleistungen erzielt. Bei 21 °C sind alle Substanzen voneinander basisliniengetrennt, bei 30 °C koeluieren einige der Substanzen und bei 40 °C findet eine Umkehr der Elutionsreihenfolge statt. Eine genaue Temperaturkontrolle ist bei dieser Applikation sehr wichtig, da hier bei 25 oder 35 °C voneinander nur angetrennte Peaks für jene Substanzen zu erwarten sind, die bei 30 °C koeluieren.

Die genaue Temperaturführung hängt auch von der Wahl des Säulenofens ab. Damit ist nicht dessen Temperaturgenauigkeit gemeint, sondern dessen thermische Betriebsweise. Denn Säulenöfen werden in einem mannigfaltigen Variantenreichtum angeboten – von rudimentär anmutenden Heiztaschen bis hin zu Hightech-Systemmodulen mit Heiz- und Kühlfunktion. Zwischen der Heizvorrichtung des Ofens und der Säulenwand wird ein Medium wie Luft oder Metall zur Wärmeübertragung eingesetzt. Je größer die Wärmeleitzahl des Wärmeübertragungsmediums, desto effizienter die Wärmeleitung und somit die Wärmeübertragung. Welche Unterscheidungen bei den thermischen Betriebsweisen von Säulenöfen wichtig sind und wie sich diese auf die thermische Kopplung zwischen eingestellter Ofen- und tatsächlicher Säulenwandtemperatur auswirken, wird in Abschnitt 2.2.1 beschrieben.

Sollte die mobile Phase beim Einströmen in eine LC-Säule eine andere Temperatur als die Säulenwand besitzen, führt dies zu einem Wärmetausch zwischen

Säulenwand und Säuleninnerem. Bei einem Säulenofen mit hoher Wärmeübertragungseffizienz ist dieser Wärmetausch kontinuierlich, da die Säulenwand effektiv auf der Temperatur des Säulenofens gehalten wird. Dadurch entstehen radiale Temperaturgradienten innerhalb der LC-Säule. Ist dagegen die Wärmeübertragungseffizienz des Säulenofens vernachlässigbar gering und die Flussrate der mobilen Phase entsprechend hoch, nimmt die Packung der LC-Säule nach einer gewissen Zeit die Temperatur der mobilen Phase annähernd an. Dieses Thema wird in Abschnitt 2.2.2 ausführlicher behandelt.

Ab einem Säulenrückdruck von 400 bar entsteht innerhalb einer LC-Säule messbare Reibungswärme. Bei einer hohen Wärmeübertragungseffizienz des Säulenofens wird ein gewisser Teil dieser Reibungswärme über die Säulenwand abgeführt. Durch diesen kontinuierlichen Wärmestrom vom Säuleninneren zur Säulenwand bilden sich radiale Temperaturgradienten innerhalb der LC-Säule aus: In der Säulenmitte herrscht eine höhere Temperatur als im Bereich der Säulenwand. Der nicht abgeführte Teil der Reibungswärme verbleibt in der LC-Säule und wird durch den Volumenstrom mit der mobilen Phase in Fließrichtung transportiert. Dadurch bildet sich ein axialer Temperaturgradient innerhalb der LC-Säule, der von radialen Temperaturgradienten überlagert ist. Ist die Wärmeübertragungseffizienz des Säulenofens dagegen vernachlässigbar gering, wird wenig Reibungswärme über die Säulenwand abgeführt. Während in der LC-Säule radiale Temperaturgradienten jetzt größtenteils ausbleiben und sich nur im Bereich der Säulenwand ausbilden, formt sich ein ausgeprägter, axialer Temperaturgradient. Abschnitt 2.2.3 geht auf dieses Thema genauer ein.

Radiale Temperaturgradienten, ob aufgrund eines Temperaturunterschieds zwischen Säulenwand und mobiler Phase oder aufgrund von abgeführter Reibungswärme über die Säulenwand, führen generell zu einem Trennleistungsverlust. Ein axialer Temperaturgradient kann die durchschnittliche Temperatur innerhalb der LC-Säule dermaßen ändern, dass es zu Verschiebungen der Retentionszeiten kommt. Dies würde unter Umständen zu einer Koelution eines kritischen Peakpaares führen, welches bei einer um nur wenige Grad niedrigeren Trenntemperatur noch ausreichend aufgelöst wurde (vgl. Abb. 2.13).

Bei einer Methodenübertragung zwischen zwei HPLC-Systemen mit verschiedenen Säulenofentypen können ohne ein Vortemperieren der mobilen Phase Trennleistungsunterschiede und Verschiebungen der Retentionszeiten auftreten. Und dies, auch wenn sowohl dieselbe LC-Säule und nominal dieselbe Ofentemperatur verwendet als auch alle relevanten Methodenparameter aufeinander abgestimmt werden. Bei einer Methodenbeschleunigung von einer HPLC-Säule auf eine UHPLC-Säule oder beim Methodentransfer zwischen UHPLC-Systemen mit verschiedenen Säulenofentypen sind unterschiedliche Resultate sogar noch wahrscheinlicher. Im Abschnitt 2.2.4 werden Möglichkeiten aufgezeigt, um sowohl einen Methodentransfer im Hinblick auf die Temperaturführung erfolgreich umsetzen als auch bei einer Methodenentwicklung zielgerichtet unerwünschten Thermostatisierungseffekten entgegenwirken zu können.

2.2.1 Thermische Betriebsweisen von Säulenöfen

Die in der HPLC am häufigsten verwendeten Säulenöfen sind Luftbäder, gefolgt von Metallkontaktöfen. Flüssigkeitsbäder sind in der HPLC nur bedingt geeignet und finden daher nur selten Anwendung.

Ein Metallkontaktofen zeichnet sich im Idealfall durch einen direkten Wärmekontakt mit der Säulenwand aus. Oft werden hierfür zwei Aluminiumelemente verwendet, die aufeinander gelegt einen Hohlraum mit dem Durchmesser und der Länge einer LC-Säule bilden. Diese Aluminiumelemente umschließen die LC-Säule aber unter gewissen Umständen nicht vollständig, zum Beispiel wenn deren Radien mit dem Durchmesser der LC-Säule nicht passgenau abgestimmt sind. Ein durchgängiger Kontakt zwischen Ofenmetall und Säulenwand wäre dadurch nicht mehr gegeben. Metallgewebe, das sich der LC-Säule anpasst, ist gerade bei den Heiztaschen weit verbreitet und kann diesen Mangel ausgleichen.

Flüssigkeitsbäder weisen den großen Nachteil auf, dass eine LC-Säule direkt in die Flüssigkeit eingetaucht werden muss. Undichtigkeiten der LC-Säule können so optisch nur sehr schlecht erkannt werden. Zusätzlich kann es lange dauern, bis sich das Flüssigkeitsbad konstant auf die gewünschte Temperatur eingestellt hat. Ein Rührer kann hier Abhilfe schaffen.

Luftbäder gibt es in zwei Hauptvarianten. Beim Ruhluftofen wird stehende Luft aufgeheizt. Der Umluftofen erzwingt die Luftumwälzung durch einen Ventilator im Ofenraum. Säulenofentypen lassen sich aufgrund ihrer unterschiedlichen Wärmeübertragungseffizienzen in sogenannte thermische Betriebsweisen einordnen, also die Art und Weise, wie sie eine Säulenwand temperieren (Abb. 2.14). Je effektiver eine Säulenwand gegenüber inneren und äußeren Einflüssen auf einer vorgegebenen Temperatur gehalten wird, desto isothermer ist die Betriebsweise.

Der Metallkontaktofen zwingt die Säulenwand aufgrund der sehr guten Wärmeleitung von Metall schnell und effektiv auf eine vorgegebene Temperatur. Ein Flüssigkeitsbad zeigt aufgrund der guten Wärmeleitung von Flüssigkeiten eine ähnlich gute Wärmeübertragungseffizienz wie ein Metallkontaktofen. Die Wärmeübertragungseffizienz kann durch das Umrühren der Flüssigkeit, also aufgrund erzwungener Konvektion, weiter verbessert werden. Demzufolge betreiben Metallkontaktöfen und Flüssigkeitsbäder eine Säulenwand quasi-isotherm.

Luft weist hingegen nur eine sehr schlechte Wärmeleitung auf und wird in der Technik oft auch als Isolator verwendet. Bei einem Umluftofen wird die Wärmeübertragung aufgrund erzwungener Konvektion und gezielter Luftströme durch

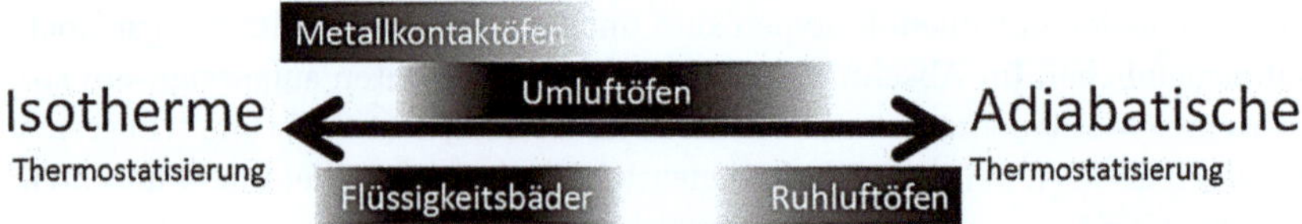

Abb. 2.14 Einteilung der Säulenofentypen in thermische Betriebsweisen.

Ventilation erzielt. Wie isotherm eine Säulenwand betrieben werden kann, hängt von der Luftstromgeschwindigkeit ab. Allerdings dient deren Regelung nur zur Feinabstimmung, da ab einer gewissen Luftstromgeschwindigkeit der maximal erreichbare Wärmetausch gegeben ist und nicht mehr gesteigert werden kann, womit nicht unbedingt eine echte isotherme Arbeitsweise erreicht wird. Eine sehr geringe Luftstromgeschwindigkeit bewirkt dagegen, dass der Umluftofen weiter an quasi-isothermem Charakter verliert. Der Wärmetransfer zwischen Metall und Säulenwand ist generell bis zu fünfmal größer als zwischen Umluft und Säulenwand. Dadurch weisen Umluftöfen sowohl Eigenschaften der isothermen als auch der adiabatischen Betriebsweise auf.

Eine Säulenwand wird adiabatisch betrieben, wenn sie mit ihrer Umgebung keine Wärme austauscht. Der Ruhluftofen bietet von allen gängigen Säulenofentypen die geringste Wärmeübertragungseffizienz. Weil sowohl die Wärmeleitung von Luft als auch die natürliche Konvektion sehr ineffizient sind, übernimmt bei einem Ruhluftofen sogar die bei den anderen Säulenofentypen vernachlässigbare Wärmestrahlung des Heizelements eine gewisse Rolle bei der Wärmeübertragung. Ein Ruhluftofen stellt die Starttemperatur der Säulenwand zwar nach einer gewissen Zeit ein, lässt aber eine Änderung der Säulenwandtemperatur aus Prozessen innerhalb der Säule weitestgehend zu. Ruhluftöfen betreiben eine Säulenwand daher quasi-adiabatisch.

Wichtig bleibt die Tatsache, dass kein Säulenofen eine Säulenwand ideal-isotherm oder ideal-adiabatisch betreibt. Beide Betriebsweisen sind stets zu einem gewissen Teil miteinander vermischt und ihre Anteile können selbst für zwei verschiedene Bauarten desselben Säulenofentyps eklatant unterschiedlich sein. Umluftöfen sind hierbei das beste Beispiel (vgl. Abb. 2.14).

Säulenöfen unterscheiden sich in ihrer Wärmeübertragungseffizienz:

- Bei einer ideal-isothermen Betriebsweise nimmt die Säulenwand schnell und effektiv die vom Säulenofen vorgegebene Temperatur an, da diese direkt mit dem Heizelement des Ofens gekoppelt ist. Änderungen der Säulenwandtemperatur aus Prozessen innerhalb der Säule werden so unterdrückt.
- Bei einer ideal-adiabatischen Betriebsweise tauscht die Säulenwand keine Wärme mit dem Säulenofen aus, d. h. jegliche Änderungen der Säulenwandtemperatur aus Prozessen innerhalb der Säule werden nicht unterdrückt. Davon bleibt unberührt, dass die Starttemperatur der Säulenwand durch die Säulenofentemperatur bzw. Umgebungstemperatur vorgegeben ist.
- Kein Säulenofen betreibt eine Säulenwand ideal-isotherm oder ideal-adiabatisch.
- Metallkontaktöfen und Flüssigkeitsbäder betreiben eine Säulenwand quasi-isotherm.
- Die Luftstromgeschwindigkeit des Umluftofens bestimmt, wie isotherm eine Säulenwand betrieben wird. In der Regel hat ein Metallkontaktofen einen fünffach stärkeren isothermen Einfluss auf die Säulenwand als ein Umluftofen.
- Ruhluftöfen betreiben eine Säulenwand quasi-adiabatisch.
- Säulenöfen gleicher Bauweise können sich in ihren thermischen Betriebsweisen unterscheiden.

2.2.2 Temperaturunterschiede zwischen mobiler Phase und LC-Säule

Einige Säulenöfen besitzen einen passiven Eluentvorwärmer zum Vorheizen der mobilen Phase. Dieser besteht aus einer Kapillare einer bestimmten Länge, die entweder in den Heizblock des Ofens oder in eine Wärmetauscherplatte eingelassen ist. Diese Wärmetauscherplatten werden mit verschiedenen Volumina angeboten und direkt auf der Heizfläche des Ofens angebracht. Die effektive Heizleistung eines passiven Eluentvorwärmers ist durch die Flussrate der mobilen Phase und der Wärmeaustauschoberfläche der Kapillare bestimmt. Je höher der Fluss, desto höher muss bei gleicher Heizleistung des Wärmeaustauschers die Oberfläche der integrierten Kapillare sein.

Dies führt bei hohen Flüssen zu langen Kapillaren – und zu einem größeren Außersäulenvolumen. Daher wird in der Praxis oft derselbe passive Vorwärmer für alle Flussraten verwendet. Dies hat zur Folge, dass die mobile Phase bei höheren Flussraten nicht mehr auf die vorgesehene Temperatur aufgewärmt wird. Aktive Eluentvorheizer heizen die mobile Phase durch ein eigenes Heizsystem auf. Dabei passen sie die benötigte Heizleistung der Flussrate an, um die Zieltemperatur zu erreichen. Die Länge der beheizten Kapillare ist konstant und das Außersäulenvolumen bleibt auf ein Minimum beschränkt. Die Notwendigkeit eines Vorheizens der mobilen Phase wird in der einschlägigen Literatur stets hervorgehoben, gerade bei HPLC-Trennungen mit erhöhter Trenntemperatur.

Wird kein Vorheizer für die mobile Phase verwendet, strömt diese mit einer niedrigeren Temperatur in die höher temperierte Säule. Dadurch wird zumindest der Säulenkopf abgekühlt, in der Regel aber die gesamte Trenntemperatur in der Säule herabgesetzt. Dadurch ändern sich die Retentionszeiten, in der Regel nehmen diese zu (s. Abb. 2.15). Aber auch die Selektivitäten der Substanzen in einer Probe können sich dadurch merklich ändern (vgl. Abb. 2.13). Des Weiteren tritt eine Verbreiterung oder gar eine Verzerrung gerade der später eluierenden Substanzpeaks auf. Solch eine Verzerrung sieht oft sogar wie ein Doppelpeak aus, der bei einer unbekannten Probe auch als zwei angetrennte Substanzen missinterpretiert werden könnte, obwohl es sich hierbei um eine homogene Substanzzone handelt.

Generell gilt, dass die Temperatur der mobilen Phase nicht mehr als 6 °C von der des Säulenofens abweichen sollte. Daraus folgt, dass in klimatisierten Labors spätestens bei Trenntemperaturen ab 30 °C thermische Ungleichgewichte in der LC-Säule auftreten können, sollte die mobile Phase mit einer Temperatur von 24 °C in die LC-Säule hineinfließen. Welches Temperaturgefüge sich in der Folge in einer LC-Säule ausbildet, ist vom verwendeten Säulenofentyp abhängig. Abbildung 2.16 zeigt rein hypothetische Beispiele für einen ideal-isothermen (Abb. 2.16a) und einen ideal-adiabatischen (Abb. 2.16b) Säulenofen. Es existiert kein Säulenofen, der eine rein isotherme oder adiabatische Betriebsweise bietet. Jeder Säulenofen weist vielmehr eine Mischform der beiden Betriebsweisen auf (vgl. Abb. 2.14).

Unterschiede zwischen adiabatischen und isothermen Säulenöfen sind dann relevant, wenn die mobile Phase und der Säulenofen nicht dieselbe Tempera-

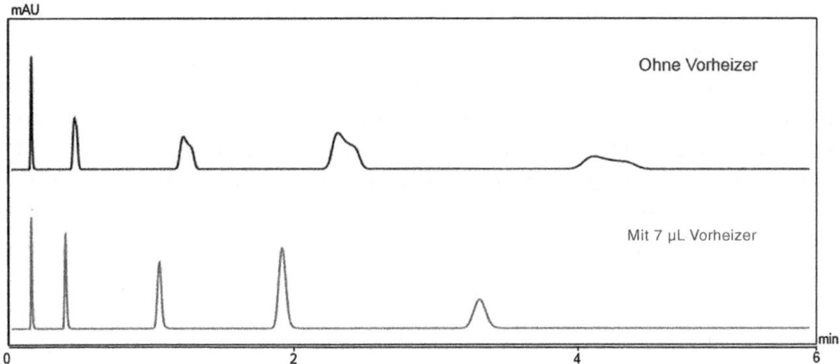

Abb. 2.15 Dieselbe HPLC-Trennung in einem Umluftofen bei 70 °C mit passivem und ohne Vorheizer.

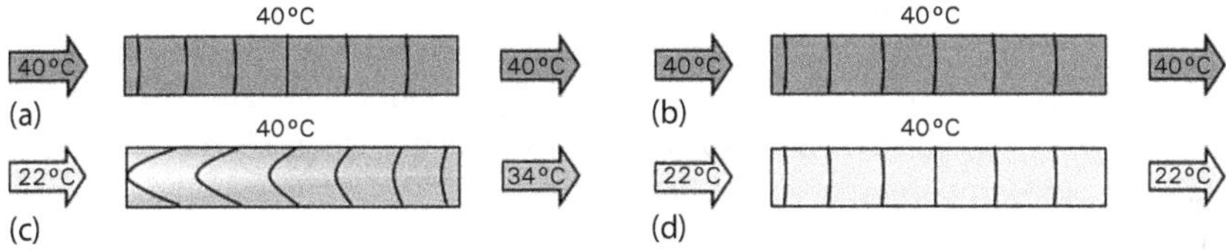

Abb. 2.16 Temperaturprofile innerhalb einer HPLC-Säule in einem ideal-isothermen (a, c) und einem ideal-adiabatischen (b, d) Säulenofen in Abhängigkeit von der Temperatur der mobilen Phase.

tur aufweisen (Abb. 2.16c,d). Wird ein isothermer Säulenofen verwendet, ist die Temperatur der Säulenwand durchgehend dieselbe wie die des Säulenofens. Hat nun die mobile Phase beim Einfließen eine andere Temperatur, entsteht ein Wärmestrom zwischen Säulenwand und Säuleninnerem. Dieser radiale Wärmestrom driftet durch den Fluss der mobilen Phase axial ab, da der Fluss die jeweils nahe der Säulenwand neu temperierte mobile Phase weiter in Richtung Säulenausgang transportiert.

In der Folge entstehen Temperaturgradienten von der Säulenwand zum Säuleninneren, die für jeden einzelnen Säulenquerschnitt in axialer z-Position, also vom Säuleneingang bis zum Säulenausgang, unterschiedlich stark ausgeprägt sind. Ein thermisches Ungleichgewicht (Abb. 2.16c) entsteht. Ein radialer Temperaturgradient aufgrund eines Temperaturunterschieds zwischen isothermer Säulenwand und anders temperierter mobiler Phase kann mit folgender Formel berechnet werden:

$$T_{\text{radial, thermisches Ungleichgewicht}} = \frac{u \cdot \rho \cdot c_{\mathrm{P}} \cdot \Delta T_z \cdot r^2}{4 \cdot \lambda \cdot \varepsilon} \,. \tag{2.1}$$

Dabei ist u die lineare Flussrate, ρ die Dichte der mobilen Phase, c_{P} die spezifische Wärmekapazität der mobilen Phase, ΔT_z der maximale Temperaturunterschied zwischen mobiler Phase und Säulenwand innerhalb des jeweiligen Säulenquerschnitts in axialer z-Position, r der Säulenradius, λ die spezifische Wärmeleitfähigkeit der mobilen Phase und ε die Porosität der Säulenfüllung.

Die radialen Temperaturgradienten sind in Abb. 2.16 durch schwarze Kennlinien dargestellt. Ist solch eine Kennlinie gerade, herrscht in dem jeweiligen Säulenquerschnitt dieselbe Temperatur. Ist die Kennlinie parabolisch geformt und zeigt wie in Abb. 2.16c in Richtung Säuleneingang, herrscht in der Säulenmitte eine geringere Temperatur als an der Säulenwand. Dieselben Kennlinien stellen gleichzeitig auch Bereiche mit gleicher linearer Flussrate dar. Die lineare Flussrate in einer gepackten LC-Säule ist von der Viskosität der mobilen Phase abhängig, wobei die Viskosität wiederum stark temperaturabhängig ist. Wie in Abb. 2.16c erkennbar, führt der radiale Temperaturgradient zu parabolischen Kennlinien mit gleicher Temperatur innerhalb der LC-Säule. Durch diese Temperaturunterschiede entsteht in der Säulenmitte dieses betrachteten Säulenquerschnitts eine andere Strömungsgeschwindigkeit als in seinem Säulenrandbereich. Fließt also mobile Phase mit einer kühleren Temperatur in eine wärmere LC-Säule, gleicht die Verteilung der Strömungsgeschwindigkeiten im Querschnitt der LC-Säule einem invers-laminaren Strömungsprofil. Die Verteilung gleicht einem laminaren Strömungsprofil, wenn die mobile Phase beim Einströmen wärmer als die LC-Säule ist. Solch eine temperaturbedingte Verteilung der Strömungsgeschwindigkeiten im Säulenquerschnitt überlagert das generelle Strömungsprofil, das durch die Förderung der mobilen Phase durch die LC-Säule hervorgerufen wird. Eine Bandenverbreiterung in der HPLC Säule ist die Folge, die im Detektor als Peakverbreiterung wahrgenommen wird.

Stimmen die Temperaturen der mobilen Phase und des Säulenofens nicht überein, dann sind die radialen Temperaturgradienten umso stärker ausgeprägt, je größer der isotherme Betriebsanteil des jeweiligen Säulenofens ist (vgl. Abb. 2.16c als Extrembeispiel). Gleichzeitig ändert sich aber auch die mittlere Temperatur innerhalb der LC-Säule, da kontinuierlich Wärme von der Säulenwand in die Säulenmitte (Fall kühlere mobile Phase) oder, seltener, von der Säulenmitte zur Säulenwand (Fall wärmere mobile Phase) geleitet wird. Die somit radial unterschiedlich temperierte mobile Phase wird darüber hinaus stetig durch den Volumenstrom in Fließrichtung transportiert, womit eine im Säulenquerschnitt inhomogene, axiale Temperaturänderung einhergeht. Wie groß die radialen Temperaturgradienten und die mittlere, axiale Temperaturänderung vom Säuleneingang bis zum Säulenende sind, hängt vom Durchmesser der HPLC-Säule, der Flussrate und den Wärmeleiteigenschaften der mobilen Phase ab (vgl. Gl. (2.1)).

In einem Säulenofen mit adiabatischer Betriebsweise nimmt die LC-Säule die Temperatur der mobilen Phase an, weil die Säulenwand nicht auf Ofentemperatur gehalten wird, sondern im Idealfall isoliert ist (Abb. 2.16d). In der Realität wird dieser Fall nicht eintreten, da eine LC-Säule in einem Säulenofen nicht isoliert sein, sondern temperiert werden soll. Ein Ruhluftofen kommt der adiabatischen Betriebsweise am nächsten, da hier die Säulenwand quasi-adiabatisch betrieben wird. Der Wärmefluss in die LC-Säule ist nicht komplett unterdrückt, weil eine Edelstahlsäule immer als eine Art Wärmetauscher fungiert. Der Temperaturunterschied zwischen mobiler Phase und Säulenwand ist allerdings sehr viel kleiner

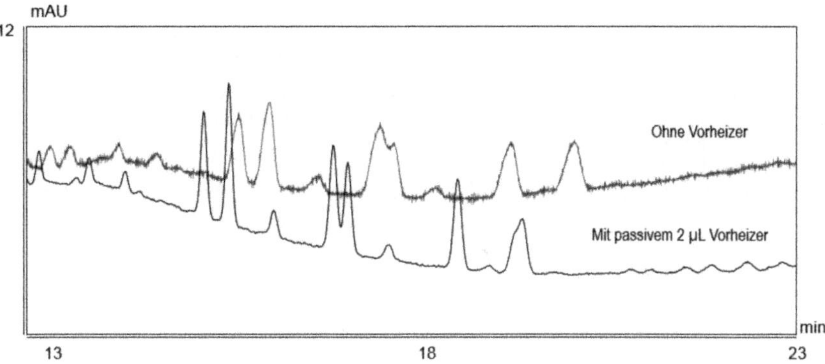

Abb. 2.17 Dieselbe UHPLC-Trennung in einem Umluftofen bei 40 °C mit passivem und ohne Vorheizer.

als in einem quasi-isothermen Säulenofen. Die Säulenwand steht bei einer quasi-adiabatischen Betriebsweise in einem sehr verzögerten, indirekten Wärmekontakt mit dem Säulenofen. Die mobile Phase strömt dagegen kontinuierlich durch die LC-Säule und dominiert somit den Wärmefluss innerhalb dieser LC-Säule. Dadurch bilden sich in der Regel nur sehr schwach ausgeprägte, radiale Temperaturgradienten im Bereich der Säulenwand aus. Beim Temperieren der mobilen Phase auf die Ofentemperatur wird bei jedem Säulenthermostattyp dieselbe Temperatur innerhalb der LC-Säule erzielt (Abb. 2.16a, b). Dies gilt allerdings nur, solange keine Reibungswärme in Einfluss nehmender Menge entsteht.

Auswirkungen von Temperaturunterschieden zwischen mobiler Phase und LC-Säule auf das Resultat einer UHPLC-Trennung sind in den Abb. 2.17 und 2.18 dargestellt. Ist die mobile Phase nicht auf Säulentemperatur vorgeheizt, nimmt die Trennleistung in einem Umluftofen (Abb. 2.17) merklich ab. Bei diesem Beispiel tritt dadurch ein kritisches Peakpaar als Peak mit Schulter auf. Mit dem passiven Vorheizer werden die Peaks schmaler, eine bessere Trennleistung und eine viel höhere Auflösung werden erzielt. Der Doppelpeak des kritischen Peakpaares wird in zwei integrierbare Peaks aufgelöst. In einem Ruhluftofen (Abb. 2.18) ändern sich die Retentionszeiten, wenn die mobile Phase nicht auf Säulentemperatur erwärmt wird. In diesem Beispiel ist ein kritisches Peakpaar mit Vorheizen der mobilen Phase nicht aufgelöst, ohne Vorheizen der mobilen Phase ist das kritische Peakpaar jedoch basisliniengetrennt. Dieser Effekt beruht auf temperaturabhängiger Selektivität (vgl. Abb. 2.13), die hier aufgrund der Temperaturunterschiede innerhalb der LC-Säule jeweils zu unterschiedlichen Ergebnissen führt.

Die Temperatur der mobilen Phase wurde beim Durchfließen des Vorheizers gemessen, ohne dass dieser aktiv heizte. Die gemessenen 37 °C entstanden allein durch passives Vorheizen der mobilen Phase in dem Teil der Kapillare, der vom Autosampler zum Säuleneingang innerhalb des Ofens lag. Dies entspricht einem passiven Vorheizen der mobilen Phase um immerhin 15 °C, was auf die geringe Flussrate von 300 µL/min zurückzuführen ist, wie sie hier angewandt wurde. Die Temperatur der mobilen Phase beim Ausströmen aus der LC-Säule wurde

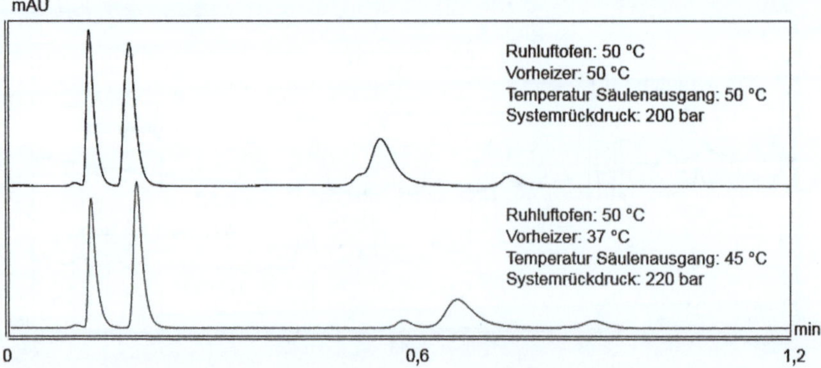

Abb. 2.18 Dieselbe isokratische UHPLC-Trennung in einem Ruhluftofen mit aktivem Vorheizer ein- und ausgeschaltet (aber Einlasstemperatur damit gemessen).

für beide Beispiele (Abb. 2.17 und 2.18) gemessen. Beim Beispiel mit dem Umluftofen (Abb. 2.17) entsprach diese der Temperatur des Säulenofens, egal ob der passive Vorheizer verwendet wurde oder nicht. Beim Beispiel mit dem Ruhluftofen (Abb. 2.18) entsprach diese ohne aktiv genutzten Vorheizer nicht der des Säulenofens, sondern lag mit 45 °C genau 5 °C darunter. Es kann in guter Näherung angenommen werden, dass die Trenntemperatur innerhalb der LC-Säule bei 40,5 °C lag, also dem Mittelwert zwischen 37 °C (Eingangstemperatur) und 45 °C (Ausgangstemperatur). Dies erklärt auch die Selektivitätsunterschiede zwischen beiden Trennungen in Abb. 2.18. Und dies, obwohl lediglich in einem Fall der Vorheizer an- und im anderen ausgeschaltet wurde!

Unterschiedliche Temperaturen zwischen mobiler Phase und Säulenwand führen zu einem thermischen Ungleichgewicht in einer LC-Säule:

- In einer adiabatisch belassenen LC-Säule nimmt die Säulenpackung die Temperatur der mobilen Phase an.
- In einer isotherm gehaltenen LC-Säule bilden sich ausgeprägte, radiale Temperaturgradienten.
- In der Realität fungiert eine Edelstahlsäule als eine Art Wärmeaustauscher und führt zu radialen Temperaturgradienten im Bereich einer Säulenwand, unabhängig von der thermischen Betriebsweise des Säulenofens.
- In quasi-adiabatisch betriebenen LC-Säulen sind radiale Temperaturgradienten vernachlässigbar klein gegenüber jenen in quasi-isotherm gehaltenen LC-Säulen.
- Je höher die lineare Flussrate, desto kleiner die radialen Temperaturgradienten.
- Je kleiner der Säulendurchmesser, desto kleiner die radialen Temperaturgradienten.

2.2.3 Reibungswärme – nur ein Phänomen der UHPLC?

Wird bei einem Säulenrückdruck von 1000 bar der Säulenausgang berührt, ist dieser im Vergleich zum Säuleneingang geradezu heiß. Dieser spürbare Unterschied ist das Resultat der Reibungswärme, die bei diesem Säulenrückdruck entsteht. Soll mobile Phase durch eine LC-Säule gepresst werden, muss dafür der Widerstand der Säulenpackung überwunden werden. Je kleiner die Partikeldurchmesser in der Säulenpackung sind, desto größer ist der entsprechende Säulenwiderstand. Die Pumpe baut schließlich so viel Arbeitsdruck auf, bis der dem Säulenwiderstand entsprechende Säulenrückdruck ausgeglichen ist und die mobile Phase mit der gewünschten Geschwindigkeit durch die Säulenpackung fließen kann. Die dafür aufzubringende hydraulische Leistung entspricht dem zeitlichen Produkt aus dem zu fördernden Volumenstrom und dem Pumpendruck. Der generelle Systemrückdruck ohne LC-Säule muss ebenfalls durch den Pumpendruck überwunden werden, lässt aber keine Reibungswärme in der LC-Säule entstehen. Der Systemrückdruck kann bei UHPLC-Systemen allerdings bis zu 10 % vom Pumpendruck ausmachen und sollte daher berücksichtigt werden, wenn die entstehende Reibungswärme abgeschätzt werden soll.

Die hydraulische Teilleistung, die nur zur Überwindung des Säulenrückdrucks benötigt wird, ist proportional zum Kehrwert der Kubikzahl des Partikeldurchmessers. Wird mobile Phase auf Systemdruck gebracht, wird dabei deren Volumen komprimiert. Bei diesem Vorgang wird Kompressionswärme frei, die an die Umgebung abgegeben wird, bevor die mobile Phase die LC-Säule erreicht. Strömt nun die komprimierte mobile Phase durch die LC-Säule, entspricht der dafür überwundene Säulenrückdruck auch der Reibungskraft zwischen der mobilen Phase und der Säulenpackung. Die hydraulische Teilleistung, die die Pumpe nur zum Ausgleichen des Säulenrückdrucks aufwenden musste, wurde folglich beim Überwinden dieser Reibungskräfte verbraucht und dabei in Reibungswärme umgesetzt.

Beim Durchströmen der LC-Säule dekomprimiert das Volumen der mobilen Phase wieder und Dekompressionskälte kommt auf. Als Richtwert gilt, dass etwa 30 % der frei gewordenen Reibungswärme direkt durch die aufkommende Dekompressionskälte aufgebraucht wird. Die restliche Reibungswärme wird durch Wärmeleitung innerhalb der LC-Säule in alle Richtungen verteilt. Durch den Volumenstrom der mobilen Phase wird die Reibungswärme gleichzeitig in Richtung Säulenausgang transportiert. Dadurch können radiale Temperaturgradienten in der Quer- und axiale Temperaturgradienten in der Längsachse der LC-Säule entstehen, je nachdem wie diese Wärmeverteilung durch den Säulenofen beeinflusst wird. Die Menge an Reibungswärme, die insgesamt entstehen kann, ist von der spezifischen Wärmekapazität c_P der mobilen Phase und des Säulenrückdrucks ΔP abhängig und kann mit der Gl. (2.2) abgeschätzt werden. Es sei hier noch einmal erwähnt, dass ein vom System angezeigter Pumpendruck der Summe aus dem Säulenrückdruck und dem zusätzlichen Systemrückdruck (ohne LC-Säule) entspricht. Da Gl. (2.2) aber nur zum Abschätzen der maximalen Reibungswärme dient, ist ein Einsetzen des vom System angezeigten Pumpendrucks genügend:

$$\Delta T_{\text{axial}} = \frac{\Delta P}{C_{\text{p}}} \, . \tag{2.2}$$

Ein nach Gl. (2.2) berechneter Wert entspricht der Reibungswärme, die über die gesamte LC-Säule hinweg erzeugt wird. Dieser theoretische Wert wird generell über einem experimentell ermittelten Wert liegen, da beim Durchströmen der LC-Säule das Volumen der mobilen Phase dekomprimiert. Bei diesem Vorgang tritt sogenannte Kompressionskälte auf, die – wie bereits erwähnt – bis zu 30 % der Reibungswärme verbraucht. Mit Gl. (2.2) kann ebenfalls für jeden axialen Teilabschnitt der Säule die bis zu diesem Teilabschnitt entstandene Reibungswärme abgeschätzt werden, solange ein linearer Druckabfall über die Säule hinweg angenommen wird. So wird zum Beispiel der nach Gl. (2.2) berechnete Wert halbiert, um die Reibungswärme nach halber Säulenlänge abzuschätzen. Zur Berechnung der Reibungswärme sind nur der Säulenrückdruck und die spezifische Wärmekapazität der mobilen Phase entscheidend. Die Reibungswärme wird aufgrund des Volumenstroms kontinuierlich in axialer Richtung transportiert. Da fortlaufend von einem zum nächsten axialen Abschnitt Reibungswärme entsteht, summiert sich diese bis zum Säulenausgang auf, sofern sie nicht über die Säulenwand abgeführt wird.

In einem Ofen mit quasi-adiabatischem Verhalten wird die Säulenwand nicht auf Ofentemperatur gehalten. Reibungswärme wird somit nicht über die Säulenwand abgeführt und äußert sich zur Gänze in einem axialen Temperaturgradienten. Ein nach Gl. (2.2) berechneter Wert entspricht dem Temperaturanstieg am Säulenausgang. Wird dieser Wert halbiert, entspricht er dem axialen Temperaturanstieg nach halber Säulenlänge und der durchschnittlichen Trenntemperatur innerhalb einer adiabatisch belassenen LC-Säule. Bei einer quasi-isotherm gehaltenen LC-Säule wird die Reibungswärme im Bereich der Säulenwand abgeführt, aus der Säulenmitte hingegen weniger. Aufgrund des Temperaturunterschieds zwischen Säulenmitte und Säulenwand stellt sich ein Wärmestrom in der Querachse der LC-Säule ein, der radiale Temperaturgradienten hervorruft. Die Säulenmitte ist folglich wärmer als der Säulenrand. Ein radialer Temperaturgradient lässt sich mittels der linearen Flussrate u, des Säulenrückdrucks ΔP_z am axialen Säulenabschnitt Z, dem Quadrat des Säulenradius r^2, der Wärmeleitfähigkeit λ und der Säulenpermeabilität ε nach Gl. (2.3) abschätzen:

$$\Delta T_{\text{radial}} = \frac{u \cdot \Delta P_z \cdot r^2}{Z \cdot 4 \cdot \lambda \cdot \varepsilon} \, . \tag{2.3}$$

Durch den kontinuierlichen Fluss der mobilen Phase in Längsrichtung der LC-Säule kann die radiale Ableitung der Reibungswärme innerhalb eines Säulenquerschnitts nicht vollständig erfolgen. Die Reibungswärme, die in der Säulenmitte eines Säulenquerschnitts entsteht, wird die Säulenwand dieses Säulenquerschnitts nicht erreichen, sondern erst mit einem von der Fließgeschwindigkeit abhängigen zeitlichen Versatz die Säulenwand eines in Fließrichtung darauffolgenden Säulenquerschnitts. Je höher die Flussrate, umso größer auch der radiale Temperatur-

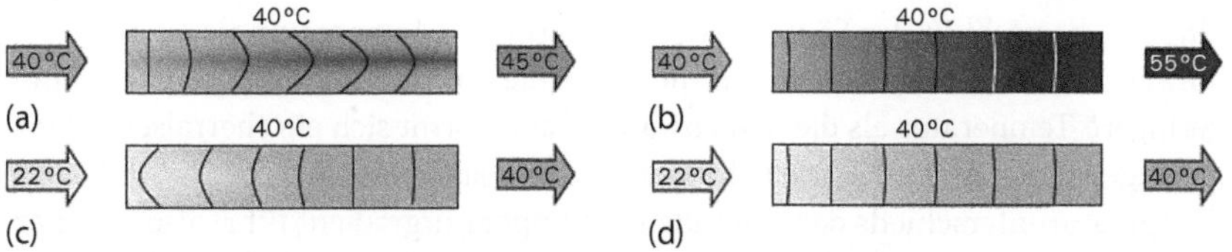

Abb. 2.19 Temperaturprofile innerhalb einer LC-Säule in einem ideal-isothermen (a) und einem ideal-adiabatischen Säulenofen (b) in Abhängigkeit von der Temperatur der einströmenden mobilen Phase und bei aufkommender Reibungswärme.

gradient eines Säulenquerschnitts. Folglich verbleibt ein Teil der Reibungswärme in der LC-Säule, der in Richtung Säulenausgang transportiert wird. Diese Restreibungswärme summiert sich vom Säuleneingang bis zum Säulenausgang. Dabei entstehen in der Querachse mehrere axiale Temperaturgradienten, da durch den radialen Temperaturunterschied der axiale Temperaturanstieg in mehrere radiale Teilbereiche aufgefächert wird. Die Temperaturunterschiede zwischen Säulenmitte und Säulenwand und somit auch die jeweiligen radialen Temperaturgradienten nehmen vom Säuleneingang in Richtung Säulenausgang immer weiter zu. Abbildung 2.19 zeigt hypothetische Beispiele für einen ideal-isothermen (Abb 2.19a) und einen ideal-adiabatischen (Abb 2.19b) Säulenofen.

Bei einer isotherm geführten LC-Säule wird also ein Großteil der Reibungswärme über die Säulenwand abgeführt, wodurch radiale Temperaturgradienten entstehen. In Richtung Säulenausgang nimmt die Temperatur in der Säulenmitte zu, weil ein Teil der Reibungswärme nicht über die Säulenwand an den Ofen abgegeben werden kann und durch den Volumenstrom der mobilen Phase stetig weitertransportiert wird (Abb. 2.19a). In Abb. 2.19c fließt mobile Phase mit einer geringeren Temperatur als die der Säulenwand in eine LC-Säule. Dabei formt sich zuerst ein thermisches Ungleichgewicht in der isotherm geführten LC-Säule (siehe Abschnitt 2.2.2), bei dem die mobile Phase in der Säulenmitte eine niedrigere Temperatur als am Säulenrand besitzt. Diesem thermischen Ungleichgewicht wirkt die Reibungswärme entgegen. Reibungswärme wird bei einer isotherm geführten LC-Säule am Säulenrand schnell abgeführt, in der Säulenmitte dagegen nicht, wodurch dort eine Aufheizung stattfindet (wie in Abb. 2.19a). In Abb. 2.19c wird die kühlere mobile Phase in der Säulenmitte also durch die Reibungswärme aufgeheizt, sodass sich in diesem Beispiel beide Effekte am Säulenausgang gerade ausgleichen. Wäre die LC-Säule in diesem Beispiel doppelt so lang und dadurch der Säulenrückdruck bei gleichbleibendem Fluss doppelt so groß, ergäbe sich ein Temperaturprofil, bei dem Abb. 2.19a an das Ende von Abb. 2.19c gefügt werden müsste.

Die radialen Temperaturgradienten sind in Abb. 2.19 durch schwarze, teilweise weiße Kennlinien dargestellt. Ist solch eine Kennlinie gerade, herrscht in dem gesamten Säulenquerschnitt dieselbe Temperatur. Sollte die mobile Phase in der Säulenmitte eine höhere Temperatur als die Säulenwand besitzen, zeigt der Parabelbogen der Kennlinie, wie in Abb. 2.19a, in Richtung Säulenausgang. Ist die Kennlinie parabolisch geformt und zeigt wie in Abb. 2.19c in Richtung Säuleneingang, herrscht in der Säulenmitte eine geringere Temperatur als an der Säulenwand. In Abb. 2.19a hat die in die LC-Säule einfließende mobile Phase eine geringere Temperatur als die Säulenwand. Dabei formt sich ein thermisches Ungleichgewicht. Die Amplitude des Parabelbogens stellt das Maß für die Stärke des Temperaturunterschieds dar. Ein radialer Temperaturgradient führt also zu einer parabolischen Kennlinie gleicher Temperatur. Dadurch formt sich ein durch den Temperaturunterschied bedingtes, laminares Strömungsprofil innerhalb der LC-Säule aus. Dieses überlagert das generelle Strömungsprofil, das durch das bloße Fördern der mobilen Phase durch die LC-Säule hervorgerufen wird. Eine Bandenverbreiterung in der LC-Säule ist die Folge, die im Detektor als Peakverbreiterung wahrgenommen wird.

Je größer der isotherme Betriebsanteil des jeweiligen Säulenofens, desto ausgeprägter sind die radialen Temperaturgradienten. Gleichzeitig steigt auch die mittlere Temperatur innerhalb der LC-Säule für jeden Säulenquerschnitt vom Säuleneingang bis zum Säulenausgang. Bei einer adiabatisch belassenen LC-Säule bildet sich ein starker axialer Temperaturgradient aus, da keinerlei Reibungswärme über die Säulenwand abgeführt wird. Am Säulenende kommt demnach die Summe der Reibungswärme eines jeden Säulenabschnitts an. Sollte die mobile Phase eine niedrigere Temperatur als die Ofentemperatur aufweisen, nimmt eine adiabatisch belassene LC-Säule vorerst die Temperatur der mobilen Phase an. Es bildet sich aber in Folge ein axialer Temperaturgradient aus, da keinerlei Reibungswärme über die Säulenwand abgeführt wird. Aufgrund der niedrigeren Temperatur der mobilen Phase beim Einströmen in die LC-Säule entsteht ein höherer Temperaturanstieg. Die Viskosität der mobilen Phase ist bei einer niedrigeren Temperatur höher und damit auch der Säulenrückdruck, der in Reibungswärme übergeht.

In der konventionellen HPLC sind Drücke über 400 bar selten, da die Hardware für diese höheren Drücke nicht ausgelegt ist. Reibungswärme entsteht hier meist nur in zu vernachlässigender Menge. Dennoch kann es einen Unterschied machen, ob die Trennung in einem Ruhluftofen oder in einem Umluftofen (Abb. 2.20) vollzogen wurde. Obwohl in beiden Fällen die mobile Phase mit einem Vorheizer auf die Säulenofentemperatur gebracht wurde, gibt es deutliche Unterschiede in beiden Chromatogrammen. Die Teilbereiche, in denen die Verwendung eines Umluftofens eine bessere Auflösung der Substanzpeaks erbrachte, sind dunkelgrau unterlegt. Jene, in denen mit einem Ruhluftofen eine bessere Auflösung erzielt wurde, sind hellgrau unterlegt. Dass auch bei 400 bar Reibungswärme entsteht, ist in dem Beispiel der Abb. 2.20 gut erkennbar. Die Retentionszeiten der markanten Peaks im direkten Vergleich zeigen, dass diese mit dem Ruhluftofen kürzer waren, was für eine höhere Trenntemperatur spricht. Da sowohl die Temperatur des Säulenofens als auch die des Vorheizers in beiden Fällen auf 80 °C eingestellt wurden, deutet dies auf Reibungswärme hin. Durch den Umluftofen wurde diese abgeführt, während der Ruhluftofen diese in der LC-Säule beließ. In modernen UHPLC-Apparaturen werden bei Drücken von bis zu 1500 bar größere Mengen Reibungswärme in einer LC-Säule freigesetzt. Die Wechselwirkung zwischen Reibungswärme und dem verwendeten Säulenthermostattyp gewinnt dadurch noch mehr an Bedeutung 2.21.

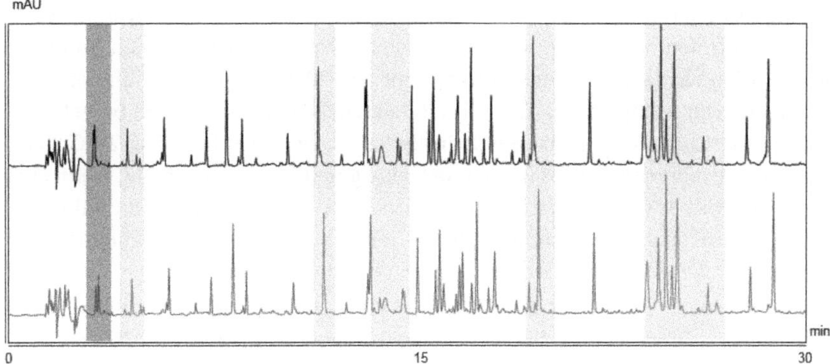

Abb. 2.20 Dieselbe HPLC Trennung in einem Ruhluftofen (oben) und Umluftofen (unten).

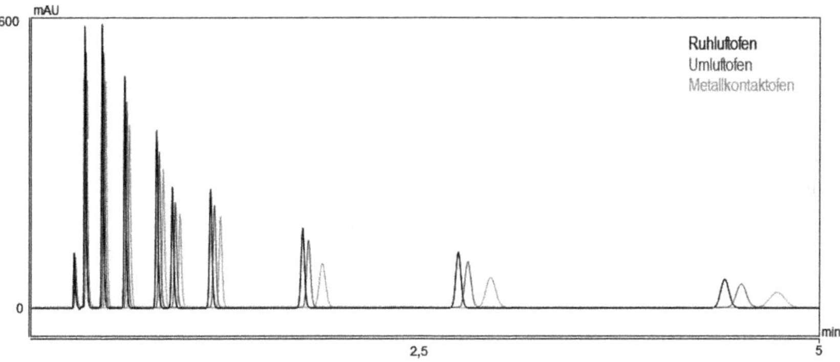

Abb. 2.21 Dieselbe isokratische UHPLC-Trennung bei 1000 bar in verschiedenen Säulenöfen.

Bereits im Jahr 1980 wurde mit einem vereinfachten Rechenmodell gezeigt, dass abhängig von der thermischen Betriebsweise des Säulenofens in einer LC-Säule radiale oder axiale Temperaturgradienten bei 400 bar Säulenrückdruck entstehen können. Nach Gl. (2.2), die aus diesem einfachen Rechenmodell abgeleitet ist, entsteht bei einem Säulenrückdruck von 1000 bar ein axialer Temperaturanstieg von 34 °C mit Acetonitril, von 30 °C mit Methanol und 21 °C mit Wasser. In aktuelleren, komplexeren Rechenmodellen werden erweiterte Gleichungen für den Wärmetransport mit Gleichungen für den Volumenstrom kombiniert. Temperatur- und Druckabhängigkeiten der Viskosität, Dichte, Wärmekapazität und Fließgeschwindigkeit der mobilen Phase werden dabei berücksichtigt und schrittweise berechnet. Dieses Vorgehen erlaubt eine sehr gute Vorhersage des Temperaturprofils in einer LC-Säule.

In der UHPLC-Anlage finden häufig 50 mm lange LC-Säulen mit einem inneren Durchmesser von 2,1 mm Verwendung. Die typische Säulenpackung sind Partikel mit einem Durchmesser von 1,7–2,2 μm. Für solch eine typische UHPLC-Säule wurde die entstehende Reibungswärme bei 1000 bar Säulenrückdruck und bei einer bestimmten Zusammensetzung der mobilen Phase berechnet. Im Anschluss wurden radiale und axiale Temperaturgradienten berechnet, wie sie in einem Ruhluftofen oder in einem Wasserbad entstehen würden. Für den Ruhluftofen wurden ein axialer Temperaturgradient von 20 °C und radiale Temperaturgradienten von weniger als 3 °C nur im Bereich nahe der Säulenwand berechnet. Mit der Gl. (2.2) werden für dieselben Bedingungen jenes Beispiels 28 °C Reibungswärme berechnet. Dies ist dennoch eine gute Übereinstimmung, wenn ein Verbrauch von etwa 30 % der Reibungswärme durch die Kompressionskälte sowie ein Wärmeaustrag durch die radialen Temperaturgradienten berücksichtigt werden. Für dieselben Bedingungen wurden ein ausgeprägter, radialer Temperaturgradient von 6 °C und ein axialer Temperaturgradient im Bereich der Säulenmitte von 5 °C berechnet, wenn ein Wasserbad simuliert wurde. Die berechneten axialen Temperaturanstiege wurden für beide Ofentypen experimentell bestätigt. Es ergaben sich hierbei gute Übereinstimmungen zwischen berechneten und experimentell bestimmten Ergebnissen in einem Druckbereich von 40–1000 bar.

Dieses Rechenmodell wurde ebenfalls genutzt, um das Konzentrationsprofil eines Analytenbandes beim Durchströmen einer gepackten LC-Säule zu berechnen. Dazu wurden erweiterte Gleichungen für den Wärmetransport, Massentransport, Volumenstrom und für die Adsorptionsisotherme einer gelösten Substanz in einem porösen Medium kombiniert. Die Temperatur- und Druckabhängigkeiten der Viskosität, Dichte, Wärmekapazität und Fließgeschwindigkeit der mobilen Phase wurden dabei berücksichtigt, schrittweise berechnet und eingesetzt. Dieses Vorgehen erlaubt eine sehr gute Vorhersage des Konzentrationsprofils eines Substanzbandes in einer LC-Säule. Für eine isotherm gehaltene LC-Säule wurde eine Verbreiterung des Substanzbandes aufgrund der radialen Temperaturgradienten errechnet. Dieses wird letztlich als eine Peakverbreiterung detektiert, die zu einem Trennleistungsverlust führt.

Für eine adiabatisch belassene LC-Säule wurde keine zusätzliche Verbreiterung des Peaks ermittelt, da nur minimal radiale Temperaturgradienten auftreten. Allerdings wird durch Reibungswärme ein starker axialer Temperaturgradient gebildet. Damit nimmt sowohl die Viskosität der mobilen Phase über die Säulenlänge stetig ab als auch folglich die Fließgeschwindigkeit zu. Durch den axialen Temperaturanstieg werden dementsprechend die Retentionsprozesse beeinflusst. Sowohl der thermodynamische als auch kinetische Einfluss ändert sich in axialer Richtung, es kommt aber zu keiner radialen Störung und ein Substanzband erfährt in jedem Säulenquerschnitt dieselben Trennbedingungen. Aufgrund des axialen Temperaturgradienten ändern sich aber sowohl die Retentionsfaktoren als auch die Flussraten für jeden Säulenabschnitt vom Säuleneingang bis Säulenausgang.

Diese Berechnungen wurden experimentell überprüft. In einem Chromatogramm waren die Peaks einer LC-Analyse symmetrisch, wenn ein Ruhluftofen genutzt wurde. Dieselbe LC-Analyse ergab dagegen bei der Nutzung eines Wasserbades verbreiterte, unsymmetrische Peaks. Dies äußerte sich zusätzlich in einem Trennleistungsverlust. Generell wirken sich isotherme und adiabatische Betriebsweisen unterschiedlich auf die Chromatographie aus. Bei einer isotherm gehaltenen Säulenwand steigt die Temperatur innerhalb der Säule nur wenig an,

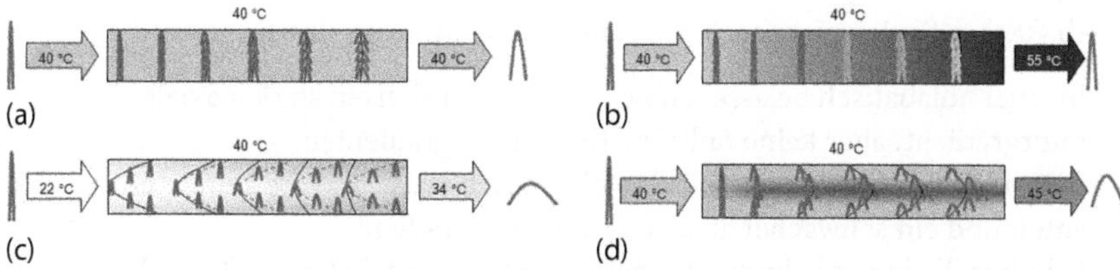

Abb. 2.22 Konzentrationsprofil in einem Ruhluftofen (a,b) und Umluftofen (c,d).

da die Reibungswärme über die Säulenwand abgeführt wird. Je kleiner der Säulendurchmesser und je geringer die Flussrate der mobilen Phase, umso effektiver wird die Reibungswärme abgeführt und desto kleiner sind folglich die radialen Temperaturgradienten innerhalb der LC-Säule. Dadurch entsprechen sich Säulenofentemperatur und mittlere Temperatur in der LC-Säule umso mehr. Die Retentionsfaktoren bleiben dadurch annähernd konstant.

In Abb. 2.22 werden die Temperaturprofile (schwarze Kennlinien) in einer LC-Säule von resultierenden Flussraten (gestrichelte, graue Kennlinien) und den Konzentrationsprofilen (in Form von Peaks bestimmter Breite und Höhe) überlagert, um die Unterschiede darstellen zu können. Ist die Temperaturverteilung in der LC-Säule homogen, liegt in jedem Säulenquerschnitt dieselbe Flussrate an. Das Konzentrationsprofil verbreitert sich allein aufgrund chromatographischer Prozesse, also dem allgemeinen Trennprozess, in der LC-Säule. Nimmt die Temperatur in axialer Richtung zu, steigt dadurch die Flussrate von einem Säulenquerschnitt zum nächsten an. Die Verbreiterung des Konzentrationsprofils nimmt ab, da alle chromatographischen Prozesse sowohl von der Trenntemperatur als auch der Flussrate der mobilen Phase abhängig sind. Die Retentionszeit ist kleiner als bei einer homogenen Trenntemperatur in der LC-Säule, da sowohl die mittlere Trenntemperatur als auch die mittlere Flussrate höher sind. Die Retentionsfaktoren sind bei Erhöhung der Flussrate nicht mehr konstant. Steigende Säulenrückdrücke von 70–750 bar führen zu einer Zunahme der Reibungswärme und zu einer Abnahme der Retentionsfaktoren um 12–15 %.

Fließt mobile Phase mit einer niedrigeren Temperatur in eine höher temperierte LC-Säule, führt dies zu radialen Temperaturgradienten. Während die mobile Phase am Säulenrand schnell aufgewärmt wird, bleibt sie in der Säulenmitte kühler. Daraus ergibt sich am Säulenrand eine immer schneller werdende Flussrate, während jene in der Säulenmitte nur langsam zunimmt. Die unterschiedlichen Flussraten in dem Säulenquerschnitt führen dazu, dass das Konzentrationsprofil auseinander gezogen wird. Der detektierte Substanzpeak wird dadurch viel breiter und flacher und seine Retentionszeit ist länger als bei einer homogenen Trenntemperatur in der LC-Säule. Ähnliches findet auch statt, wenn Reibungswärme aus der LC-Säule abgeführt wird. Hier nimmt die Flussrate in der Säulenmitte zu, während die Flussrate am Säulenrand konstant bleibt. Der detektierte Substanzpeak wird dadurch viel breiter und flacher und seine Retentionszeit ist kürzer als bei einer homogenen Trenntemperatur in der LC-Säule, da die mittlere Trenntemperatur durch die nicht vollständig abgeführte Reibungswärme höher ist.

Ab 400 bar Säulenrückdruck wird die Reibungswärme eine messbare Größe:

- In einer adiabatisch belassenen LC-Säule bildet sich ein starker axialer Temperaturgradient, aber keine radialen Temperaturgradienten.
- In isotherm gehaltenen LC-Säulen bilden sich starke radiale Temperaturgradienten und ein schwacher axialer Temperaturgradient.
- Je höher die lineare Flussrate innerhalb isotherm gehaltener LC-Säulen, desto größer die radialen Temperaturgradienten als auch der axiale Temperaturgradient in der Säulenmitte.
- Je kleiner der Säulendurchmesser einer isotherm gehaltenen LC-Säule, desto kleiner sowohl die radialen Temperaturgradienten als auch der axiale Temperaturgradient in der Säulenmitte.
- Radiale Temperaturgradienten führen zu einem Trennleistungsverlust.
- Durch radiale Temperaturgradienten wird Reibungswärme aus der LC-Säule abgeführt, wodurch die Trenntemperatur nur wenig ansteigt. Sowohl der Retentionsfaktor als auch die Selektivität einer Substanz sind zwischen HPLC- und UHPLC-Bedingungen gut skalierbar.
- Axiale Temperaturgradienten führen zu keinem nennenswerten Trennleistungsverlust.
- Durch axiale Temperaturgradienten steigt die Trenntemperatur in einer LC-Säule bis zu deren Säulenausgang stetig an. Sowohl der Retentionsfaktor als auch die Selektivität einer Substanz sind nicht mehr in jedem Fall zwischen HPLC- und UHPLC-Bedingungen skalierbar.

2.2.4 Thermostatisierung in der Methodenübertragung

Bei der Methodenübertragung von einer HPLC-Anlage zu einer anderen treten oft temperaturbezogene Probleme auf, ohne dass dies jedem Anwender bewusst ist. Meistens werden andere Gründe gesucht, wenn sich die Chromatogramme nicht genügend gleichen. So werden unterschiedliche Außersäulenvolumina dafür verantwortlich gemacht, wenn sich die Trennleistung auf dem anderen HPLC-System unterscheidet. Dabei müssen bei HPLC-Systemen die Außersäulenvolumina schon enorm unterschiedlich sein, um wesentliche Änderungen in der Trennleistung einer typischen HPLC-Säule (4,6 × 100 mm, 5 µm) hervorzurufen. Unterschiede in den Gradientenverzögerungsvolumina werden schnell ins Spiel gebracht, wenn sich die Retentionszeiten ändern. Allerdings erklärt dies nicht den Fall, bei dem sich die Retentionszeiten der Substanzen unterschiedlich stark zueinander ändern. Soll eine Methode von einem HPLC-System auf das eines anderen Geräteanbieters übertragen werden, können die thermischen Betriebsweisen der jeweiligen Säulenthermostate sehr verschieden sein. Dies bewirkt unterschiedliche Ergebnisse, besonders wenn bei Trenntemperaturen über 30 °C gearbeitet wird.

Zwischen mobiler Phase und Säulenofen sollte ein Temperaturunterschied von höchstens 6 °C gegeben sein. Dies verhindert Trennleistungsverluste durch radiale Temperaturgradienten. Beim Methodentransfer zwischen HPLC-Geräten sollte daher unbedingt eine effektive Eluentenvorheizung gewährleistet werden. Am besten geeignet sind aktive Vorheizer, es kann aber auch ein passiver Vorheizer mit einem für die Flussrate ausreichenden Durchflussvolumen verwendet werden. In dem Fall sollte bedacht werden, dass sich das dadurch entstehende Außersäulenvolumen ebenfalls nachteilig auf die Chromatographie auswirken kann. Bei einem passiven Vorheizer sollte geprüft werden, ob sich der Effekt seines Außersäulenvolumens oder der des radialen Temperaturgradienten stärker negativ auf die Trennleistung auswirkt und dementsprechend muss abgewogen werden. Reibungswärme tritt bei HPLC-Trennungen unter 400 bar weniger auf, sodass die Verwendung eines Metallkontaktofens oder eines Umluftofens im Rahmen der Temperaturführung vorteilhaft ist. Diese erwärmen die LC-Säule schneller auf die Wunschtemperatur und sind im Falle einer passiven Eluentenvorheizung effektiver als ein Ruhluftofen.

In der Theorie ist die Übertragung einer HPLC-Methode auf UHPLC-Bedingungen leicht und wird durch Rechenprogramme oder die Chromatographiesoftware unterstützt. Auf Basis der Säulengeometrie werden das Injektionsvolumen, die Flussrate und ggf. der Lösemittelgradient berechnet. Das generelle Ziel ist hierbei, dass durch Verwendung kleinerer Partikel in der LC-Säule mit einer identischen Säulenchemie in kürzerer Zeit dieselben Retentionsfaktoren, Selektivitätsfaktoren und ähnliche Trennleistungen erreicht werden wie zuvor mit der länger dauernden HPLC-Methode. In der praktischen Umsetzung werden jedoch nicht selten Änderungen bezüglich der Retentionsfaktoren und teilweise der Selektivitätsfaktoren beobachtet. Auch ist die Trennleistung nicht immer so hoch wie theoretisch berechnet.

Spätestens beim Transfer von einer HPLC-Methode auf UHPLC-Bedingungen kann die Nichtnutzung eines Eluentenvorheizers die Ergebnisse erheblich verändern. Die Flussrate von 1 mL/min ist eine gängige Größe bei der HPLC-Methode. Bei der Umstellung auf eine UHPLC-Methode wird daraus oft eine Flussrate von 0,3 mL/min berechnet. Das passive Vorheizen der mobilen Phase in dem Teil der Kapillare, der sich im Säulenofen und vor der LC-Säule befindet (Systemkapillare), ist aufgrund der verschiedenen Flussraten unterschiedlich effektiv. Die mobile Phase wird so bei der UHPLC-Methode stärker erwärmt und nimmt womöglich auch die Säulenofentemperatur an. Bei der HPLC-Methode ist die Flussrate dagegen so hoch, dass die mobile Phase sehr wahrscheinlich nicht die Säulenofentemperatur annehmen kann. Während in der HPLC-Säule somit radiale Temperaturgradienten auftreten, sind diese in der UHPLC-Säule zumindest minimiert. Daraus ergibt sich beim Umstellen auf die UHPLC-Methode eine noch höhere Trennleistung als erwartet, allerdings können sich die Retentionsfaktoren und Selektivitäten dadurch ändern.

Diese Effekte sind aber auch von den verwendeten Säulenöfen abhängig. Ist der Säulenofen des HPLC-Systems ein Umluftofen, wird die mobile Phase durch die Kapillare stärker passiv erwärmt als in einem Ruhluftofen. Bei dem UHPLC-System führt ein Umluftofen auch zu einer besseren passiven Erwärmung der mobilen Phase über die Systemkapillare als in einem Ruhluftofen. Allerdings tritt in der UHPLC Reibungswärme auf, die mit der jeweiligen Betriebsweise des Säulenofens mehr oder eben weniger abgeführt wird. Die dabei entstehenden radialen Temperaturgradienten führen zu einem Verlust an Trennleistung. Um Reibungswärmeeffekte zu minimieren, gibt es einige Herangehensweisen.

Sind bei einer Methodenübertragung von einer HPLC auf eine UHPLC gleichbleibende Retentionsfaktoren und Selektivitäten in kürzerer Analysenzeit das Wunschziel, dann empfiehlt sich die Verwendung eines Umluftofens mit aktivem Vorheizen der mobilen Phase. Dabei sollte der Durchmesser der UHPLC-Säule so klein wie möglich gewählt werden, wobei hier das Außersäulenvolumen des UHPLC-Systems bedacht werden sollte. Ist die höchstmögliche Trennleistung das Ziel des Methodentransfers und kann eine eventuelle Änderung der Retentionszeiten und Selektivitäten in Kauf genommen werden, dann empfiehlt sich die Verwendung eines Ruhluftofens mit aktivem Vorheizer. Diese Herangehensweisen beschränken den Anwender in der Hinsicht, dass er sich entweder für höchstmögliche Trennleistungen oder aber gleichbleibende Retentionsfaktoren entscheiden muss.

Es gibt auch Herangehensweisen, die sowohl höchstmögliche Trennleistungen als auch gleichbleibende Retentionsfaktoren versprechen. So können statt einer UHPLC-Säule in voller Länge kürzere UHPLC-Säulen mit zwischengeschalteten Wärmetauschern verwendet werden. Diese können dann zu der gewünschten Säulenlänge verbunden werden. Mögliche Totvolumina durch zusätzliche Kapillarverbindungen sollten dabei aber bedacht werden. Dieser Ansatz wirkt sich auf isotherm gehaltene und adiabatisch belassene UHPLC-Säulen gleichermaßen aus, da die Reibungswärme „schonend“ entzogen wird und sich weder starke radiale noch starke axiale Temperaturgradienten ausbilden können. Dieser Ansatz zur Methodenübertragung ist sehr einfach, da nur die Säulenhardware geändert wird. Reibungswärmeeffekte müssen nicht beachtet und die Wahl des Säulenofens nicht bedacht werden. Die Verwendung mehrerer Säulen in Reihe ist allerdings gerade für das Routineanalysenlabor weniger praktikabel.

Über den Säulenrückdruck bei der UHPLC-Methode, der zumindest im Vorfeld der Methodenübertragung abgeschätzt werden kann oder vom entsprechenden Methodenübertragungsassistenten berechnet wird, kann die entstehende Reibungswärme abgeschätzt werden. Dieser berechnete Wert entspricht dem theoretischen Temperaturanstieg am Säulenausgang, also dem axialen Temperaturgradienten in einer adiabatisch belassenen LC-Säule. Durch Halbierung des Wertes ist der mittlere Temperaturanstieg in der LC-Säule berechnet. Die Durchschnittstemperatur innerhalb der LC-Säule bestimmt die Retentions- und Selektivitätsfaktoren, nicht der axiale Temperaturgradient als solcher. Um die Durchschnittstemperatur zwischen der HPLC- und UHPLC-Methode beizubehalten, kann bei der UHPLC-Methode nun der mittlere Temperaturanstieg durch die Reibungswärme von der Säulenofentemperatur abgezogen werden. Daraus ergeben sich sowohl höchstmögliche Trennleistungen als auch gleichbleibende Retentionsfaktoren bezüglich der HPLC-Methode. Ausgehend von 100 bar bei 30 °C, wurden mit derselben Säule dieselben Retentionsfaktoren bei 300 bar und 26 °C sowie 600 bar und 22 °C als auch 1000 bar und 14 °C ermittelt.

Diese Herangehensweise funktioniert sowohl in einem Ruhluftofen als auch im Umluftofen, wobei in einem Ruhluftofen höhere Trennleistungen erzielt werden. In einem Umluftofen gleichen sich die radialen Temperaturgradienten aufgrund der Reibungswärme mit den Temperaturgradienten durch in die UHPLC-Säule einströmende, kühlere mobile Phase teilweise, aber nicht vollständig, aus.

Allerdings bleibt bei einer Methode mit einem Lösemittelgradienten die in der UHPLC-Säule entstehende Reibungswärme nicht konstant. Bei einem Säulenrückdruck von 1000 bar entsteht – wie weiter oben bereits erwähnt – bei der Verwendung von Acetonitril theoretisch ein axialer Temperaturanstieg von 34 °C, bei der Verwendung von Methanol 30 °C und mit Wasser 21 °C. Bei Mischungen können zwar Zwischenwerte angenommen werden, dennoch kann die Reibungswärme um bis zu 10 °C fluktuieren. Temperaturfluktuationen beeinflussen sowohl die Präzision der Retentionszeitmessungen als auch die gemessene Trennleistung. Es kommt auch oft zu erhöhtem Rauschen der Basislinie, weil sich während der Analyse die Temperatur in der Detektorzelle ändert. Bei einem steilen Lösemittelgradienten reicht die Equilibrierzeit, die der UHPLC-Säule gegeben wird, um die Lösemittelzusammensetzung der Startbedingung annehmen zu können, oft nicht aus, um auch eine konstante Starttemperatur anzunehmen. Daher empfiehlt es sich, die Equilibrierzeit bei der UHPLC-Methode zu verlängern, bis sich ein konstanter Systemrückdruck eingestellt hat. Denn der von der Viskosität bestimmte Druck lässt einen direkten Rückschluss auf die Temperatur zu.

Literatur

Auszüge folgender Literaturquellen flossen in die Ausführungen dieses Kapitels ein und sind zur Vertiefung der Thematik zu empfehlen.

Gritti, F. und Guiochon, G. (2007) *J. Chromatogr. A*, **1166**, 47–60.

Gritti, F. und Guiochon, G. (2008) *Anal. Chem.*, **80**, 6488–6499.

Gritti, F. und Guiochon, G. (2010) *Chem. Eng. Sci.*, **65**, 6310–6319.

Gritti, F. und Guiochon, G. (2013) *J. Chromatogr. A*, **1289**, 1–12.

Gritti, F. und Guiochon, G. (2013) *J. Chromatogr. A*, **1291**, 104–113.

Nováková, L., Veuthey, J.-L. und Guillarme, D. (2011) *J. Chromatogr. A*, **1218**, 7971–7981.

Wolcott, R.G., Dolan, J.W., Snyder, L.R., Bakalyar, Stephen R., Arnold, M.A. und Nichols, J.A. (2000) *J. Chromatogr. A*, **869**, 211–230.

Broeckhoven, K., Billen, J., Verstraeten, M., Choikhet, K., Dittmann, M., Rozing, G. und Desmet G. (2010) *J. Chromatogr. A*, **1217**, 2022–2031.

Kaczmarski, K., Gritti, F., Kostka, J. und Guiochon, G. (2009) *J. Chromatogr. A*, **1216**, 6560–6574.

Kaczmarski, K., Gritti, F., Kostka, J. und Guiochon, G. (2009) *J. Chromatogr. A*, **1216**, 6575–6586.

Kostka, J., Gritti, F., Guiochon, G. und Kaczmarski, K. (2010) *J. Chromatogr. A*, **1217**, 4704–4712.

Stankovich, J.J., Gritti, F., Stevenson, P.G., Beaver, L.A. und Guiochon, G. (2014) *J. Chromatogr. A*, **1325**, 99–108.

Fallas, M.M., Hadley, M.R. und McCalley, D.V. (2009) *J. Chromatogr. A*, **1216**, 3961–3969.

Poppe, H., Kraak, J.C., Huber, J.F.K. und van den Berg, J.H.M. (1981) *Chromatographia*, **14**, 515–523.

Wu, N., Welch, C.J., Natishan, T.K., Gao, H., Chandrasekaran, T. und Zhang, L. (2013) Practical aspects of ultrahigh performance liquid chromatography, in *Ultra-High Performance Liquid Chromatography and Its Applications*, John Wiley & Sons, Inc., Hoboken.

Debrus, B., Rozet, E., Hubert, P., Veuthy, J.-L., Rudaz, S. und Guillarme, D. (2012) Method transfer between conventional HPLC and UHPLC, in *UHPLC in Life Sciences* (RSC Chromatography Monographs, No. 16), Royal Society of Chemistry.

Neue, U.D., Kele, M., Bunner, B., Kromidas, A., Dourdeville, T., Mazzeo, J. R., Grumbach, E.S., Serpa, S., Wheat, T.E., Hong, P. und Gilar, M. (2009), Ultra-performance liquid chromatography technology and applications, in *Advances in Chromatography*, Bd. 48, CRC Press.

Colon, L.A., Cintron, J.M., Anspach, J.A., Fermier, A.M. und Swinney, K.A. (2004) *Analyst*, **129**, 503–504.

3
Das Problem der externen Bandenverbreiterung in einer HPLC-/UHPLC-Anlage

M. Dittmann

In den letzten Jahren hat sich die Trennleistung moderner UHPLC-Systeme dramatisch erhöht, wodurch die Trennung hoch komplexer Proben ermöglicht wird. Diese Entwicklung wurde von zwei Hauptfaktoren vorangetrieben:

1. Neuentwicklungen in der Säulentechnologie, die höhere Bodenzahlen in kürzerer Zeit ermöglichen
2. Einführung von UHPLC-Anlagen, welche den Anforderungen hoch effizienter Säulen gerecht werden.

Die Entwicklungen in der Säulentechnologie umfassen vollporöse Partikel mit einem Durchmesser ≤ 2 µm und teilporöse Partikel mit Durchmessern von 1–5 µm. Mit solchen Partikeln gepackte Säulen von 50 mm Länge können in wenigen Minuten 10 000–15 000 Böden generieren [1–3]. HPLC-Instrumente, die für den effizienten Betrieb solcher Säulen geeignet sind, müssen die Eluenten gegen sehr hohe Drücke (> 1000 bar) fördern können, während die Effizienz der Säule durch Minimierung der externen Bandenverbreiterung erhalten bleibt. Der Begriff UHPLC wird im Allgemeinen für Säulen und Instrumente verwendet, die unter Verwendung kleiner Partikel und hoher Betriebsdrücke schnelle, hochauflösende Trennungen liefern. Gleichzeitig mit den Entwicklungen der UHPLC-Säulentechnologie gibt es einen Trend, den inneren Durchmesser der UHPLC-Säulen von 4,6 mm auf 2,1 oder sogar 1 mm zu reduzieren. Die wichtigsten Gründe für die Verkleinerung des internen Säulendurchmessers können wie folgt zusammengefasst werden:

Verminderter Einfluss der Reibungswärme

Es konnte gezeigt werden, dass die Erwärmung durch Reibung bei hohem Arbeitsdruck zu Temperaturgradienten innerhalb der Säule führt. Diese resultieren in einer heterogenen Verteilung der Eluentengeschwindigkeit [4–6] und können im Fall des nicht adiabatischen Säulenbetriebs die Säuleneffizienz wesentlich beeinträchtigen. Der resultierende Verlust der Trennleistung kann durch Reduktion des Säulendurchmessers minimiert werden (s. auch Abschnitt 2.2).

Der HPLC-Experte II, 1. Auflage. Stavros Kromidas (Hrsg).

Verminderte Probenverdünnung

Wenn nur eine begrenzte Probenmenge vorhanden ist, kann die Empfindlichkeit durch Verringerung des Säulendurchmessers (für konzentrationsempfindliche Detektoren, insbesondere UV) gesteigert werden, weil das kleinere Säulenvolumen zu einer geringeren Verdünnung der Probenkomponenten führt.

Massenspektrometrische Detektion

Bei der Kopplung von UHPLC mit einem Massenspektrometer ist die maximal praktikable Flussrate oft begrenzt, weil höhere Flussraten bei Ionenquellen wie Electrospray eine Verminderung der Empfindlichkeit ergeben. Die Flussratenabhängigkeit des MS-Einlasssystems hängt vom Design der Ionenquellen ab [7–11].

Reduzierter Lösemittelverbrauch

Da Säulen mit kleinen Partikeln im Vergleich zu Standard HPLC-Säulen typischerweise bei höheren Lineargeschwindigkeiten betrieben werden, kann der Lösemittelverbrauch bei Verwendung von 4,6 mm-Säulen problematisch werden.

Die Zunahme der Säuleneffizienz mit kleineren Partikeln in Verbindung mit einer Verringerung der Säulendimensionen resultiert in einer generellen Abnahme des Peakvolumens. Wenn die Peakvolumina sehr klein werden, ist es wichtig, die externe Bandenverbreiterung durch Totvolumina vor und nach der Säule zu minimieren, um eine Beeinträchtigung der Trenneffizienz zu verhindern. Deshalb ist ein solides Verständnis der Faktoren, welche die externe Bandenverbreiterung verursachen, evident, um den Erhalt der Trenneigenschaften der UHPLC-Säulen zu gewährleisten.

Ein weitverbreitetes Maß für die Verbreiterung (Dispersion) eines chromatographischen Peaks ist die Standardabweichung (σ) bzw. die Varianz (σ^2).

Für den Fall, dass die Beiträge zur Dispersion unabhängig voneinander und unkorreliert sind, ergibt sich die Gesamtvarianz eines chromatographischen Systems zu:

$$\sigma^2_{\text{v,gesamt}} = \sigma^2_{\text{v,Säule}} + \sigma^2_{\text{v,Instrument}} \,. \tag{3.1}$$

In Gl. (3.1) ist die Varianz der verbreiterten Zone in Volumeneinheiten gegeben.

Mit der zunehmenden Nutzung von UHPLC-Säulen mit geringem Innendurchmesser gewinnt die externe Bandenverbreiterung an Bedeutung, insbesondere in Verbindung mit Trennungen im isokratischen Modus [12–18, 20, 21].

In den folgenden Abschnitten wird dargestellt, wie die Peakbreite einer Säule durch gerätebedingte Dispersionsbeiträge beeinflusst wird.

3.1 Theoretischer Hintergrund

3.1.1 Effizienz und Peakauflösung moderner UHPLC-Säulen

Die Auflösung R_s zweier Peaks in einem Chromatogramm ist gegeben durch:

$$R_s = \frac{V_{r,2} - V_{r,1}}{2 \cdot (\sigma_{v,1} + \sigma_{v,2})}, \tag{3.2}$$

wobei $V_{r,i}$ das Retentionsvolumen eines Peaks und $\sigma_{v,i}$ die entsprechende Standardabweichung ist. Die Auflösungsgleichung kann genauso in Zeiteinheiten geschrieben werden, aber um den Einfluss der externen Anteile zur Peakverbreiterung zu untersuchen, ist die Verwendung von Volumeneinheiten zweckmäßiger.

Mit

$$\sigma_{v,1} \cong \sigma_{v,2} \quad \text{und} \quad \sigma_v = \frac{V_r}{\sqrt{N}}$$

kann Gl. (3.2) in die allgemein bekannte Purnell-Gleichung umgewandelt werden [22, 23]:

$$R_s = \frac{\sqrt{N}}{4} \cdot \left[\frac{\alpha - 1}{\alpha}\right] \cdot \left[\frac{k_2}{k_2 + 1}\right] \tag{3.3}$$

N – Bodenzahl, k – Retentionsfaktor, α – Selektivitätsfaktor k_2/k_1.

Die Differenz der Retentionsvolumina zweier benachbarter Peaks ist eine thermodynamische Größe, die von der stationären Phase, dem Eluenten und der Temperatur abhängt. In diesem Kapitel wollen wir uns mit der Peakbreite bei Verwendung moderner UHPLC-Säulen befassen und uns anschauen, wie sie von der Dispersion im Gesamtsystem beeinflusst wird.

Da die Standardabweichung eines Peaks σ mit der Bodenzahl N der Säule zusammenhängt, wollen wir zuerst einen Blick auf die Grundlagen bezüglich der Effizienz von Säulen werfen. Moderne analytische UHPLC-Säulen sind mit sphärischen Partikeln mit einem Durchmesser von 1,3–5 µm gepackt. Die überwiegende Mehrheit kommerziell erhältlicher Säulenpackungen besteht aus vollporösen Partikeln, aber auch teilporöse Partikel (Fused Core) sind bereits seit Längerem auf dem Markt. Die verwendeten Säulendimensionen variieren üblicherweise von 1–4,6 mm im Durchmesser und 30–250 mm in der Länge.

Die Bandenverbreiterung in der Chromatographie ist im Wesentlichen eine Überlagerung von drei Prozessen: (1) die Molekulardiffusion in der mobilen Phase und entlang der Oberfläche des Trägermaterials, (2) die Kinetik des Massentransfers zwischen der mobilen und der stationären Phase und (3) die Dispersion, die von der irregulären Geschwindigkeitsverteilung in dem Flüssigkeitsraum zwischen den Partikeln herrührt [24–26].

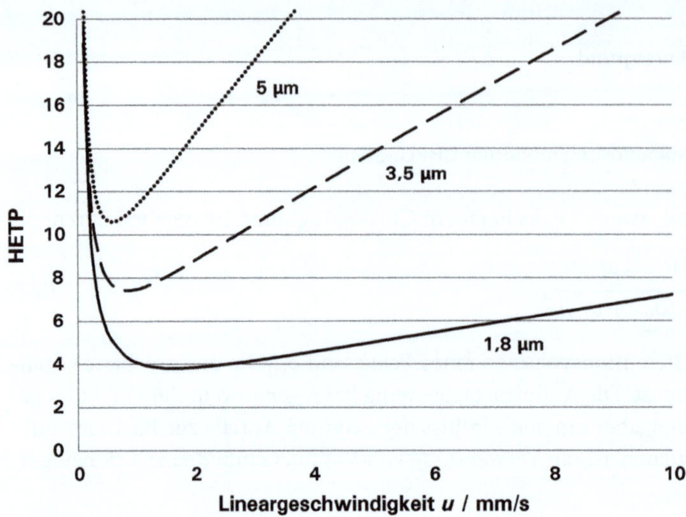

Abb. 3.1 HETP-Werte gegen Lineargeschwindigkeit; Partikeldurchmesser: 1,8; 3,5 und 5 µm.

Wir wollen in hiesigem Zusammenhang die Van-Deemter-Gleichung benutzen, weil die meisten experimentellen Daten durch diese Gleichung dargestellt werden können.

$$H = A \cdot d_{\text{p}} + \frac{B \cdot D_m}{u} + C \cdot \frac{d_{\text{p}}^2}{D_m} u \tag{3.4}$$

Giddings [26] befürwortet, die Gl. (3.4) in ihrer reduzierten Form zu verwenden.

$$h = A + \frac{B}{\nu} + C \cdot \nu \tag{3.5}$$

mit $\nu = u \cdot d_{\text{p}}/D_m$ und $h = H/d_{\text{p}}$, u – Lineargeschwindigkeit des Eluenten, d_{p} – Durchmesser der Partikel, D_m – Diffusionskoeffizient des Analyten, H – theoretische Bodenhöhe, auch: Höhenäquivalent eines theoretischen Bodens (HETP), A, B, C – empirische Parameter, h – reduzierte Bodenhöhe (H/d_{p}), ν – reduzierte Geschwindigkeit.

Die Parameter A, B und C sind empirisch und werden durch Anpassung der Gl. (3.5) an die experimentellen Daten ermittelt. Typische Werte für die Van-Deemter-Parameter sind $A = 1$, $B = 2$ und $C = 0{,}1$.

Die Abb. 3.1 zeigt typische HETP-Kurven für vollporöse Partikel mit 1,8, 3,5 und 5 µm Durchmesser. Bei optimaler Lineargeschwindigkeit ergeben sich Bodenzahlen von etwa 25 000, 14 000 und 9000 Böden für eine Säule von 100 mm Länge.

3.1.2 Bestimmung der Peakvolumina

Um die Anforderungen an moderne UHPLC-Systeme zu verstehen, benötigen wir eine Abschätzung des Peakvolumens bzw. der Peakvarianz nach der Elution der Substanzbande aus der Säule in Abhängigkeit von der Partikelgröße und den Säulendimensionen.

In Abwesenheit von externen Beiträgen ist die Peakvarianz, die nur durch die Säule erzeugt wird, bei isokratischen Trennungen gegeben als:

$$\sigma^2_{\text{v,Säule}} = \frac{V_0^2}{N} \cdot (1+k)^2 \tag{3.6}$$

mit V_0 – Totvolumen der Säule.

Das Säulentotvolumen V_0 berechnet sich aus den Säulendimensionen (Radius r und Länge L) und der Gesamtporosität ε_T

$$V_0 = r^2 \cdot \pi \cdot L \cdot \varepsilon_\text{T} \,. \tag{3.7}$$

Bei isokratischer Elution ist der Retentionsfaktor k der Peaks gegeben durch:

$$k = \frac{V_\text{r} - V_0}{V_0} \,. \tag{3.8}$$

Für Gradiententrennungen wird die Peakvarianz von dem Retentionsfaktor zum Zeitpunkt der Elution von der Säule k_elution bestimmt.

$$\sigma_{\text{v,Säule}} = \frac{V_0^2}{\sqrt{N}} \cdot (1 + k_\text{elution})^2 \tag{3.9}$$

k_elution hängt von der Gradientensteigung b ab [27]:

$$k_\text{elution} = \frac{k_\text{start}}{b \cdot (k_\text{start} - (V_\text{d}/V_0)) + 1} \tag{3.10}$$

mit k_start – Retentionsfaktor bei Gradientenstartbedingungen und b gegeben als

$$b = S \cdot \Delta\phi \cdot \frac{V_0}{V_\text{g}} \tag{3.11}$$

V_g – Gradientenvolumen, V_d – Gradientenverzögerungsvolumen, φ – Eluentenzusammensetzung in Volumenanteilen des Lösemittels, S – Steigung der LSSR (linear solvent strength relationship ($\ln k = \ln k_0 - S\phi$, k_0 – Retentionsfaktor bei $\phi = 0$)).

Für $k_\text{start} \gg 1$ und $V_\text{d} = 0$ reduziert sich die Gl. (3.10) zu:

$$k_\text{elution} = \frac{1}{b} \tag{3.12}$$

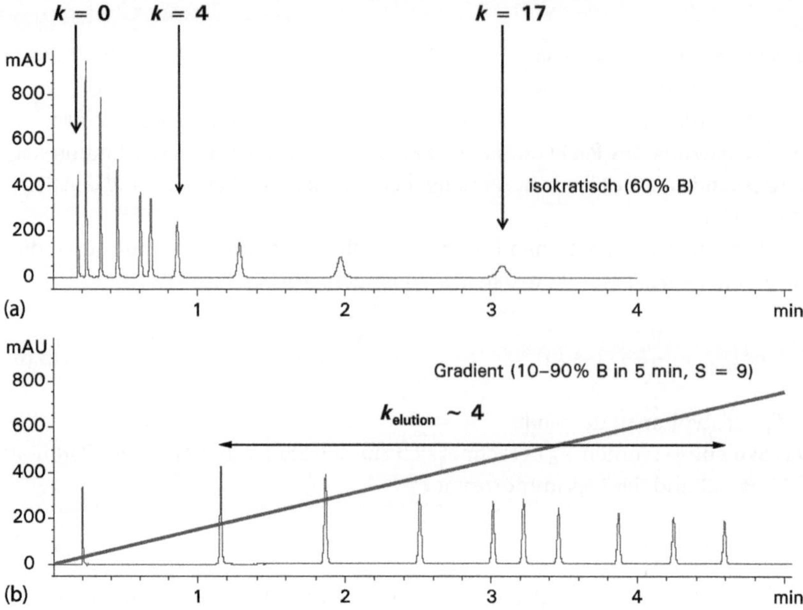

Abb. 3.2 Retentionsfaktoren k für isokratische (a) und k_{elution} für Gradiententrennungen (b). Während im isokratischen Modus jeder Analyt einen anderen k-Wert hat, sind im Gradientenmodus die k_{elution}-Werte für alle Analyten ähnlich.

In diesem Fall kann die Gleichung für die Standardabweichung des Peakvolumens wie folgt geschrieben werden:

$$\sigma_{\text{v,Säule}} = \frac{V_0}{\sqrt{N}} \cdot \left(1 + \frac{1}{\Delta\phi \cdot S} \cdot \frac{V_g}{V_0}\right) . \tag{3.13}$$

Es ist wichtig zu beachten, dass bei isokratischen Trennungen der Retentionsfaktor mit wachsender Retentionszeit steigt, während die k_{elution}-Werte bei Gradiententrennungen von der Steigung b des Gradienten (und deshalb von dem Verhältnis V_g/V_0), dem Bereich der Eluentenzusammensetzung und dem Wert von S abhängen. Die Abb. 3.2 zeigt eine isokratische und eine Gradiententrennung, die beide etwa 5 min dauern. Während die k-Werte im isokratischen Modus zwischen 0–13 variieren, sind die k_{elution}-Werte aller Komponenten (außer dem t_0-Marker) ~ 4, basierend auf den Gradientenbedingungen.

Die Tab. 3.1 zeigt typische Werte für Peakvolumina für verschiedene Säulendimensionen für k bzw. $k_{\text{elution}} = 5$. Wie in Tab. 3.1 ersichtlich, liegen die Werte der Peakvolumina für moderne UHPLC-Säulen der Dimension 2,1 × 50 mm, gepackt mit 1,8 μm Partikeln, im Bereich weniger μL.

Tab. 3.1 Typische Werte der Standardabweichungen eines Peaks in verschiedenen Säulendimensionen.

Säulendurchmesser (mm)	Säulenlänge (mm)	Partikelgröße (µm)	Bodenzahl	V_0 (µL)	k oder $k_{elution}$	Peak Standardabweichung (σ_v) (µL)
4,6	100	5	10 000	800	5	48
3	100	3,5	15 000	350	5	17
2,1	100	1,8	25 000	170	5	6
1	100	1,8	25 000	40	5	2

3.2 Externe Bandenverbreiterung in UHPLC-Systemen

3.2.1 Die Ursachen externer Bandenverbreiterung in HPLC-/UHPLC-Systemen

Der Beitrag einer UHPLC-Anlage zur Gesamtdispersion kann als Summe der individuellen Beiträge der einzelnen Komponenten zwischen Probengeber und Detektor angegeben werden:

$$\sigma^2_{\mathrm{v,Instrument}} = \sigma^2_{\mathrm{v,Injektor}} + \sigma^2_{\mathrm{v,Kapillare\ vor\ Säule}} + \sigma^2_{\mathrm{v,Kapillare\ nach\ Säule}} + \sigma^2_{\mathrm{v,Detektor}} + \tau^2_{\mathrm{Detektor}} \cdot F^2 \,. \tag{3.14}$$

In den folgenden Abschnitten wollen wir uns mit den Beiträgen der einzelnen Systemkomponenten zur Gesamtdispersion des Systems befassen.

3.2.1.1 Injektionssysteme

Im idealen Fall, wenn die injizierte Probe ein perfekter rechteckiger Pfropfen ist, ist der Dispersionsanteil der Injektion gegeben als:

$$\sigma^2_{\mathrm{v,Injektion}} = \frac{V^2_{\mathrm{inj}}}{12} \,. \tag{3.15}$$

Abhängig von der Injektorcharakteristik kann die tatsächlich gemessene Varianz signifikant von dem Wert in Gl. (3.15) abweichen. Insbesondere bei kleinen Injektionsvolumina können die zusätzlichen Einflüsse der Injektorkomponenten, wie Ventile, Nadelsitze und Verbindungskapillaren, dominant werden und signifikant zur Gesamtdispersion beitragen.

In den meisten modernen UHPLC-Systemen findet man einen von zwei Injektionstypen, einerseits Fixed Loop (FL), andererseits Flow-Through Needle (FTN) Injektoren (Abb. 3.3), s. dazu auch die Ausführungen in Abschnitt 2.1.

In dem Fixed Loop Design ist eine Probenschleife mit einem definierten Volumen an ein Ventil mit zwei Stellungen angeschlossen. Die Schleife wird mit der

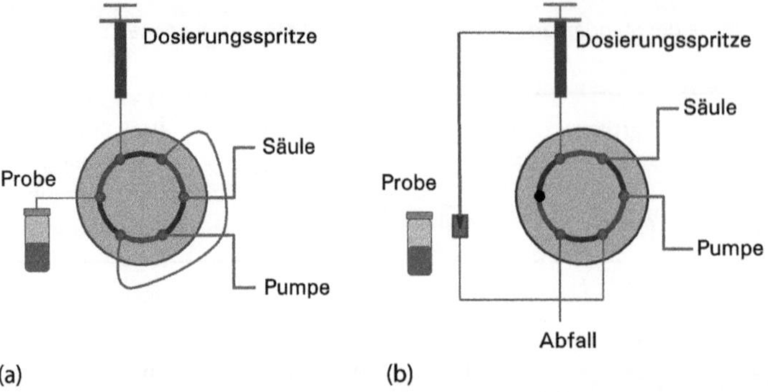

Abb. 3.3 Schema eines Fixed Loop (FL) Injektors (a) und eines Flow-Through Needle Injektors (b).

Probe über eine Spritze gefüllt und der Inhalt der Schleife wird auf die Säule aufgebracht. Einige Instrumente erlauben es, nur einen Teil der Schleife zu füllen. Unter dem Aspekt der Dispersion hat das FL-Design den Vorteil, dass die Probe weniger Bauteile passieren muss. Wenn sehr kleine Probenschleifen und kleine Injektionsvolumina benutzt werden, zeigt ein FL-Injektor sehr geringe Dispersionswerte.

In dem Flow-Through Needle Design wird die Probe in die Nadel gezogen und muss bei der Injektion den Nadelsitz, die nachfolgende Kapillare und das Ventil passieren. Das FTN-Design erlaubt eine größere Flexibilität in Bezug auf das Probenvolumen, die Spülprozeduren, die Probenvorbereitung und die Reinigung. Normalerweise erreicht man hier hervorragende Carry-Over Spezifikationen. Dadurch, dass die Probe den Nadelsitz, die Kapillare und das Injektionsventil passieren muss, ist die Dispersion typischerweise größer als mit einem FL-Injektor. Mit einem sorgfältigen Design des Nadelsitzes und der Sitzkapillare ist es aber möglich, Dispersionswerte ähnlich wie mit einem FL-Injektor zu erreichen.

In der Abb. 3.4 werden die experimentellen Varianzen eines FL-Injektors (a), eines FTN-Injektors mit optimiertem Nadelsitz/Kapillaren Design (b) und eines FTN-Injektors mit konventionellem Nadelsitz/Kapillaren Design (c) verglichen. In dem optimierten FTN-Design beträgt das interne Volumen des Nadelsitzes 0,13 µL und der Kapillardurchmesser 75 µm im Vergleich zum konventionellen Design mit einem Nadelsitzvolumen von 0,36 µL und einem Kapillardurchmesser von 120 µm.

Um die Varianz des restlichen Systems zu minimieren, wurde für diese Messungen der Injektor über eine 0,05 × 340 mm Kapillare an den Prototypen einer Detektorzelle mit 250 nL angeschlossen und ein Injektionsvolumen von 0,2 µL eingespritzt. Unter den beschriebenen experimentellen Bedingungen konnten der Dispersionsanteil der Kapillarverbindung und der Detektorzelle zu $< 0{,}2\,\mu L^2$ abgeschätzt werden. Die Gesamtvarianz für diese Konfigurationen war $0{,}4\,\mu L^2$ für den FL-Injektor, $0{,}8\,\mu L^2$ für den optimierten FTN-Injektor und $2{,}5\,\mu L^2$ für den nicht optimierten FTN-Injektor.

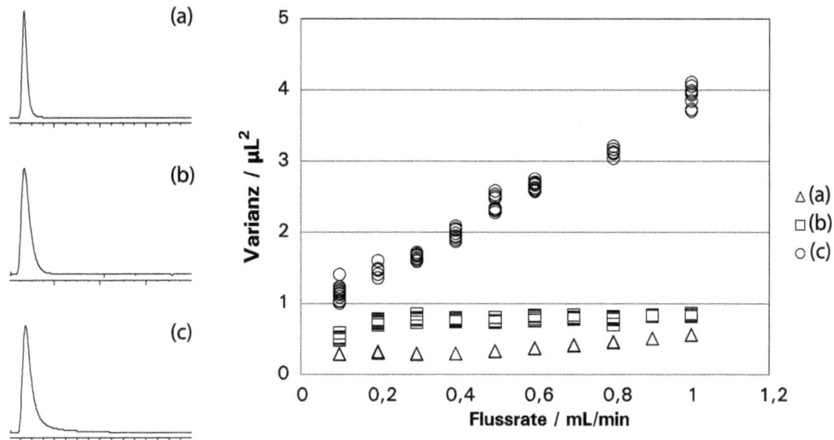

Abb. 3.4 Systemvarianzen (ermittelt aus der 5σ-Breite) für verschiedene Injektorkonfigurationen. Fixed Loop (a), optimierter Flow-Through Needle (b), Standard Flow-Through Needle (c). Die Injektoren waren jeweils mit einer 0,05 × 340 mm SST-Kapillare an einer 250 nL Zelle angeschlossen. Das Injektionsvolumen betrug in allen Fällen 0,2 µL.

Wenn das injizierte Volumen größer wird, dominiert es die Dispersion der Injektion. Abbildung 3.5 zeigt experimentelle Varianzwerte für verschiedene Injektionsvolumina (0,1–20 µL), verglichen mit den theoretischen Werten aus Gl. (3.15) für drei verschiedene Flussraten. Es wurde dabei ein optimierter FTN-Injektor über eine 0,050 × 340 mm Stahlkapillare mit einer 250 nL Flusszelle verbunden. Der Beitrag der Kapillare und der Detektorzelle wurde als $< 0{,}2\,\mu L^2$ unter den experimentellen Bedingungen abgeschätzt.

3.2.1.2 **Verbindungskapillaren**

Der Varianzbeitrag offener Kapillaren unter laminaren Flussbedingungen (parabolisches Flussprofil) wird durch die Golay-Gleichung beschrieben:

$$\sigma^2_{\mathrm{V,Kap}} = \frac{V^2_{\mathrm{Kap}}}{L} \cdot \left(\frac{2 \cdot D_m}{u} + \frac{r^2}{24 \cdot D_m} \cdot u \right) \tag{3.16}$$

L – Länge der Kapillare, r – Radius der Kapillare.

Wie Atwood und Golay gezeigt haben [28], gilt Gl. (3.16) nur für relative lange Kapillaren, weil sich in kurzen Kapillaren das parabolische Flussprofil nicht voll ausbilden kann. Es wurde von verschiedenen Autoren gezeigt, dass Gl. (3.16) im Allgemeinen die Dispersion bei Flussraten von $> 0{,}1–0{,}2\,\mathrm{mL\,min^{-1}}$ überschätzt [20, 29].

In der Abb. 3.6 werden experimentelle Varianzen von Kapillaren mit unterschiedlichen nominalen Durchmessern mit den theoretischen Werten nach der Golay-Gleichung verglichen. Ein optimierter FTN-Injektor und eine 250 nL Detektorzelle wurden für diesen Vergleich benutzt. Für die 50 µm Kapillare wird die Gesamtvarianz dominiert durch die Beiträge des Injektors und der Detektorzelle, sodass die experimentellen Werte größer sind als von der Golay-Gleichung vor-

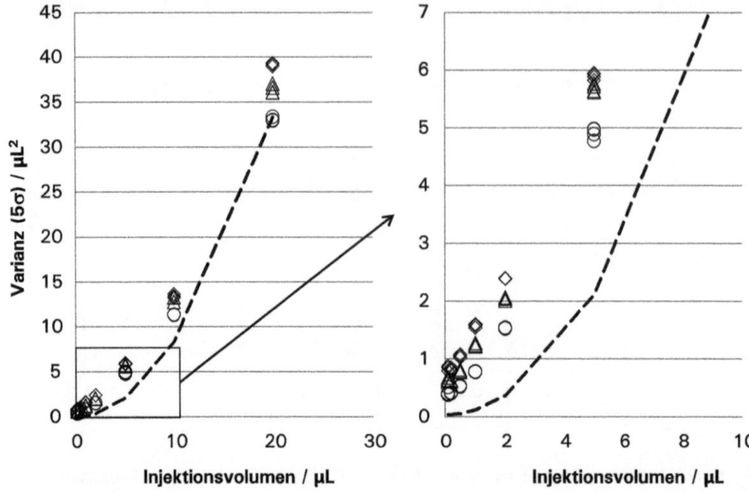

Abb. 3.5 Systemvarianzen (ermittelt aus der 5σ-Breite) für verschiedene Injektorkonfigurationen. Fixed-loop (a), optimierter flow-through-needle (b), Standard flow-through-needle (c).

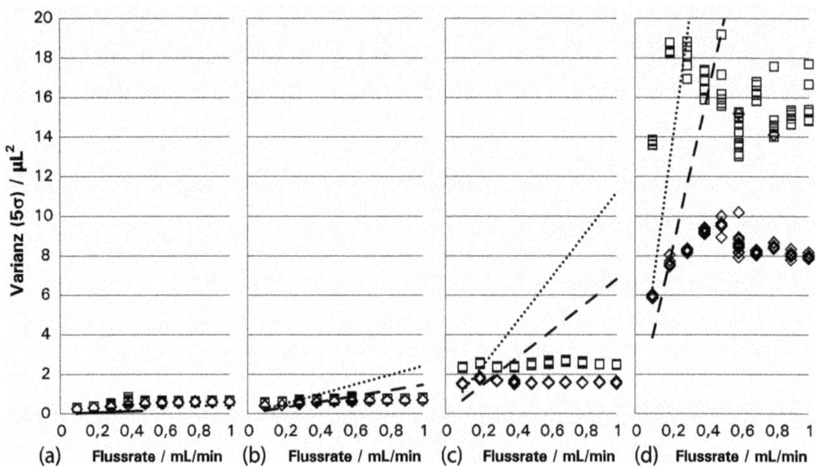

Abb. 3.6 Systemvarianzen für Konfigurationen mit Stahlkapillaren verschiedener Durchmesser, 0,05 mm (a), 0,075 mm (b), 0,110 mm (c) and 0,17 mm (d) mit Längen von 340 mm (Raute) and 560 mm (Quadrat).

hergesagt. Ein 340 mm Kapillarstück und zwei über ein totvolumenarmes Verbindungsstück verbundene Kapillaren mit 340 und 220 mm ergaben dieselben Varianzen. Die lineare Zunahme der Varianz, beschrieben durch Gl. (3.15), wird für Kapillardurchmesser von 75 µm und größer nicht beobachtet. Dies ist höchstwahrscheinlich dadurch zu erklären, dass diese Kapillaren zu kurz sind, um ein vollständiges parabolisches Flussprofil auszubilden.

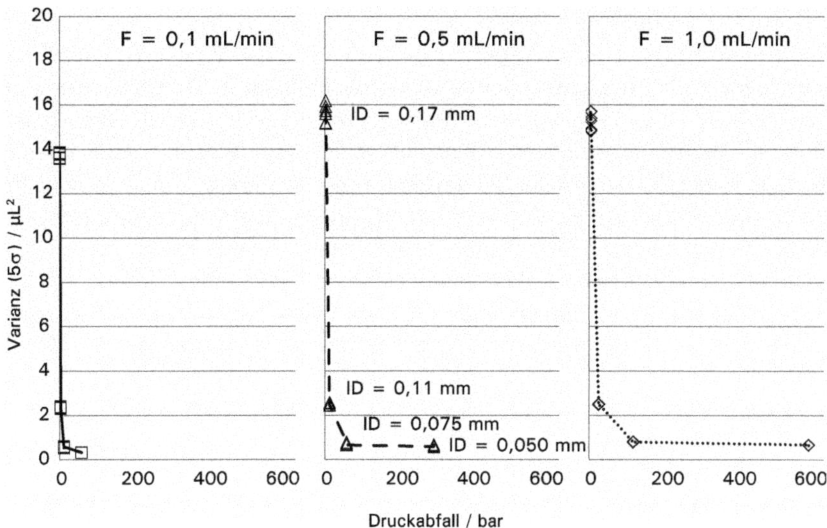

Abb. 3.7 Systemvarianz gegen Druckabfall für Kapillaren mit unterschiedlichen nominalen Durchmessern und einer Länge von 560 mm bei Flussraten von 0,1; 0,5 und 1 mL min^{-1} (Viskosität = 1 cP).

Die Verringerung der Dispersion von Kapillarverbindungen ist jedoch mit einem Anstieg des Druckes verbunden. Der Gegendruck bedingt durch eine Kapillare gegebener Länge und gegebenen Durchmessers wird durch die Hagen-Poiseuille-Gleichung wiedergegeben:

$$\Delta P = \frac{8 \cdot \eta \cdot L}{r^2} \cdot u \,, \tag{3.17}$$

η – Viskosität des Eluenten.

Die Abb. 3.7 zeigt experimentelle Varianzen für Kapillaren mit einem Nominaldurchmesser von 0,050, 0,075, 0,110 und 0,170 mm, aufgetragen gegen den entstehenden Rückdruck bei verschiedenen Flussraten. Für die Flussraten von 0,5 und 1 mL min^{-1} wird nur ein geringer Unterschied in den Varianzwerten zwischen 50 und 75 µm Kapillaren beobachtet, während der Rückdruck etwa um den Faktor 3 ansteigt.

Aus Abb. 3.7 kann der Schluss gezogen werden, dass der optimale Innendurchmesser der Kapillaren für eine Flussrate zwischen 0,3 und 1 mL min^{-1} zwischen 75 und 110 µm liegt. Eine weitere Verringerung des Kapillardurchmessers resultiert nur in einem höheren Rückdruck ohne signifikante Verringerung der Dispersion. Für Flussraten von 0,1 mL oder kleiner (bei Benutzung von 1 mm-Säulen) kann es sinnvoll sein, Kapillaren mit einem Innendurchmesser zwischen 0,05–0,06 mm einzusetzen.

3.2.1.3 **Kapillarverbindungen**

Wenn alle Komponenten eines chromatographischen Systems auf möglichst geringe externe Bandenverbreiterung optimiert sind, muss sorgfältig auf eine saubere Verbindung der Kapillaren zu den Injektoren, Säulen und Detektorzellen geachtet werden. Da die Kapillaren an Säulen von verschiedenen Herstellern verschiedene Einschubtiefen erfordern, kann man sehr leicht Totvolumina erzeugen [18] (Abb. 3.8). Da diese Verbindungen durchaus leckdicht sein können, ist das resultierende Totvolumen nicht immer für den Anwender erkennbar. Bis vor Kurzem waren die Standardverbindungen jene vom Swagelok-Typ; diese können nicht mehr verschoben werden, wenn sie einmal angezogen sind. Kapillaren mit diesen Verbindungen sollten nicht zwischen verschiedenen Säulen oder Komponenten getauscht werden, da immer die Gefahr eines Lecks (Kapillare ragt zu weit heraus) oder eines Totvolumens (Kapillare zu kurz) besteht, siehe Abb. 3.8.

In den letzten Jahren wurden von mehreren Herstellern Fittings entwickelt, die eine genaue Positionierung der Kapillare erlauben, ferner variabel sind und für verschiedene Säulentypen verwendet werden können [19]. Aber auch mit diesen neuen Fittings muss sehr darauf geachtet werden keine Totvolumina zu erzeugen.

Ein Beispiel dafür, wie eine schlecht angeschlossene Kapillare die Säuleneffizienz zerstören kann, ist in der Abb. 3.9 für eine 1 × 150 mm 1,7 μm Säule gezeigt. In diesem Fall hatte die Kapillare zwischen Injektor und Säule ein Totvolumen an der Verbindung zum Injektor. Die isokratische Trennung (Abb. 3.9a) zeigt sehr breite, verzerrte Peaks, während die Gradiententrennung (Abb. 3.9b) praktisch nicht betroffen war, weil die Probe am Säuleneingang fokussiert wurde. Nach dem Austausch der schlechten Kapillarverbindung zeigt die Säule auch im isokratischen Modus eine gute Effizienz, siehe Abb. 3.9c.

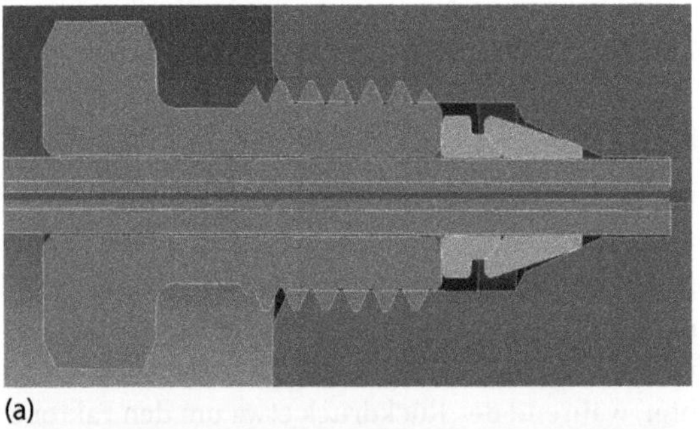
(a)

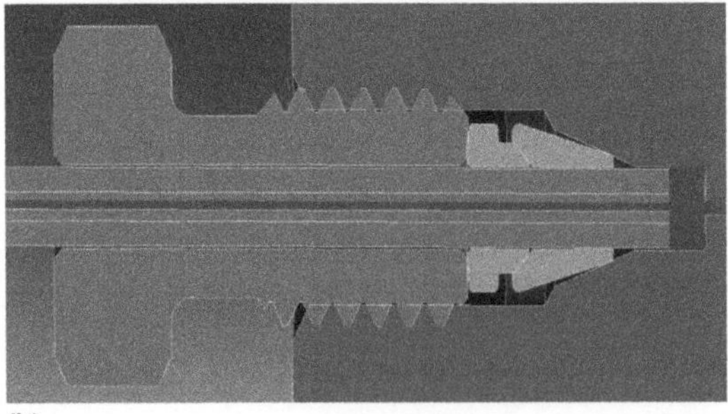
(b)

Abb. 3.8 Totvolumina bei fehlerhaftem/falschem Anschluss der Kapillare an die Säulenhardware.

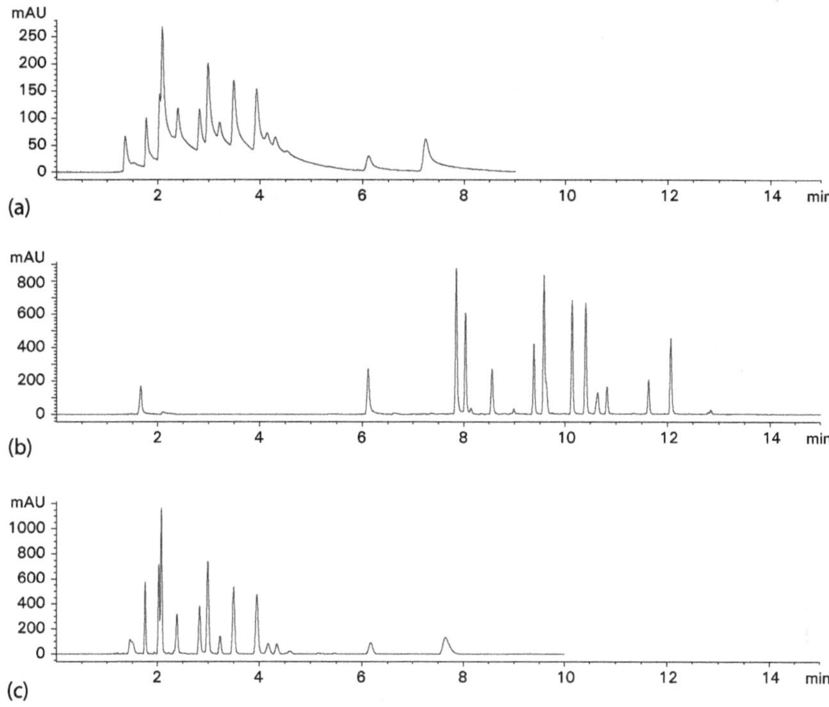

Abb. 3.9 Beeinträchtigung der Trennung auf einer 1 mm-Säule durch falsch angeschlossene Kapillare. (a) Isokratische Trennung mit *schlechter Kapillarverbindung*, (b) Gradiententrennung mit *schlechter Kapillarverbindung*, (c) isokratische Trennung mit *korrekter Kapillarverbindung*.

3.2.1.4 **Wärmeaustauscher**

Viele UHPLC-Systeme sind mit einem Säulenofen ausgestattet und benutzen häufig einen Wärmetauscher (WT), um den Eluenten vor der Säule auf die richtige Temperatur zu bringen (s. auch Abschnitt 2.2). Diese Wärmetauscher sind entweder in den Säulenofen integriert oder es gibt einen separaten Wärmeaustauscher, der an den Säuleneingang angeschlossen ist. In einigen Geräten ist der Wärmeaustauscher in die Kapillare integriert, die den Autosampler mit der Säule verbindet. Abhängig vom verwendeten Säulentyp und den Flussraten, kann das Volumen des Wärmetauschers zwischen ca. 6 μL (für Flussraten > 1 mL min^{-1}) und ca. 0,5 μL variieren. Es ist nicht einfach, die Dispersion abzuschätzen, die durch einen Wärmetauscher erzeugt wird, weil sie nicht nur vom Volumen, sondern auch von der individuellen Geometrie des Bauteils abhängt. Um den Anteil des Wärmetauschers an der Systemdispersion zu bestimmen, ist es am besten die Systemvarianz mit und ohne Wärmetauscher zu messen.

Abbildung 3.10 vergleicht die Varianz eines Systems ohne WT, mit einem 0,6 μL WT und einem 1,6 μL WT. Die zusätzliche Peakverbreiterung des 0,6 μL WT ist ca. 0,2 μL^2, während der 1,6 μL WT – abhängig von der Flussrate – zwischen 0,6 und 1 μL^2 beiträgt. Das ist weit mehr, als der Unterschied im Volumen erwarten lässt.

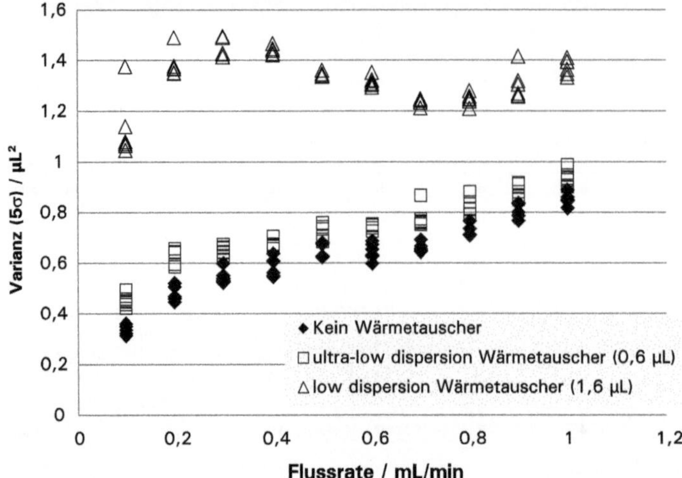

Abb. 3.10 Systemvarianzen für Konfigurationen mit unterschiedlichen Wärmetauschern.

3.2.1.5 Detektion

Der Anteil des Detektors an der externen Bandenverbreiterung kann entweder von volumetrischen Beiträgen (Volumen der Detektorzelle, Volumen der internen Kapillaren usw.) oder von zeitabhängigen Effekten wie der Akquisitionsrate oder Datenfiltern in der Software herrühren.

Optische Detektoren

Die theoretische Varianz (perfekter rechteckiger Pfropfen) ist für ein definiertes Detektorvolumen gegeben durch:

$$\sigma^2_{\text{v,Detektion}} = \frac{V^2_{\text{Detektion}}}{12} \,. \tag{3.18}$$

Die Gl. (3.18) unterschätzt aber in den meisten Fällen die reale Varianz der Detektorzelle – insbesondere für kleine Zellvolumina –, weil die interne Zellgeometrie und die internen Verbindungskapillaren einen Einfluss haben. Daher kann das nominale Zellvolumen nur eine grobe Richtlinie sein, der tatsächliche Dispersionsbeitrag der Zelle muss im Einzelfall experimentell bestimmt werden.

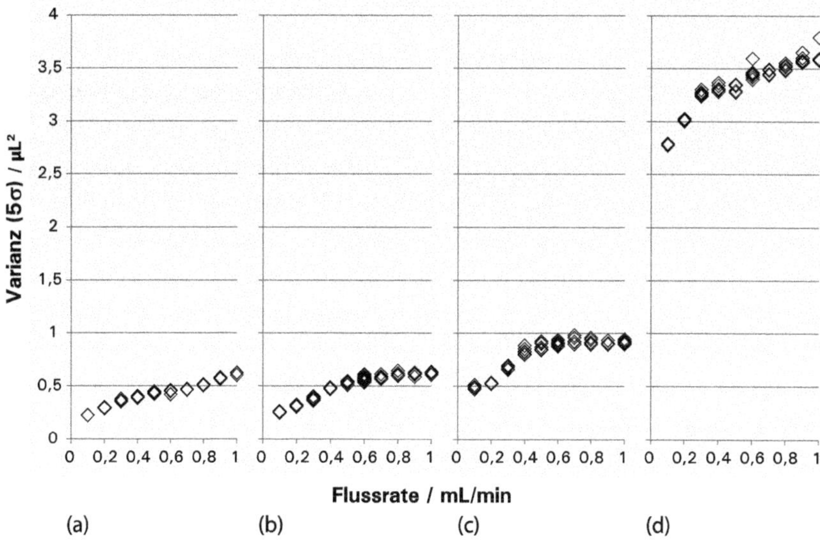

Abb. 3.11 Systemvarianzen gemessen mit verschiedenen Detektorzellen. (a) 80 nL Zellvolumen, (b) 250 nL Zellvolumen, (c) 800 nL Zellvolumen, (d) 2400 nL Zellvolumen.

Wir haben für Zellen mit verschiedenen nominalen Zellvolumina die Varianz in Abhängigkeit der Flussrate aus den Peakbreiten in 4,4 % der Peakhöhe bestimmt (vgl. Abb. 3.11). Ein optimierter FTN-Injektor mit einer 0,05 × 340 mm Kapillare war mit dem Detektor verbunden. Der Beitrag des Injektors und der Kapillare lag zwischen 0,25 und 0,8 μL^2. Die Abb. 3.11 zeigt nur einen unwesentlichen Unterschied zwischen der 80 nL Zelle und der 250 nL Zelle. Das bedeutet, dass die Varianz dieser beiden Zellen sehr gering ist, verglichen mit dem Beitrag des Injektors. Wenn das Zellvolumen von 250 auf 800 und 2400 nL vergrößert wird, werden die Beiträge der Zelle dominant.

Da eine Reduktion des Zellvolumens gewöhnlich mit einem Anstieg des Detektorrauschens einhergeht (reduzierte Lichtintensität mit abnehmendem Volumen), ergibt sich eine Verminderung der Empfindlichkeit [30]. Die Detektorzelle sollte deshalb sorgfältig ausgewählt werden, je nachdem ob die Bandenverbreiterung oder die Empfindlichkeit im Vordergrund steht.

Neben den volumetrischen Einflüssen können auch zeitabhängige Beiträge wichtig sein, wie die Akquisitionsrate (Datenrateaufnahme, Sample Rate) und die Signalfilterung (Zeitkonstante, Filterkonstante), die beide zur Peakverbreiterung beitragen können [31]. Die Abb. 3.12 zeigt die Änderungen der Peakform und des Basislinienrauschens für einen Peak mit 0,005 min Halbwertsbreite in Abhängigkeit von der Akquisitionsrate und der Filterkonstanten. Mit abnehmender Datenrate wird der Peak nicht nur breiter, er verändert auch seine Form, indem der steile Anstieg der Front stärker verbreitert wird als das Ende des Peaks.

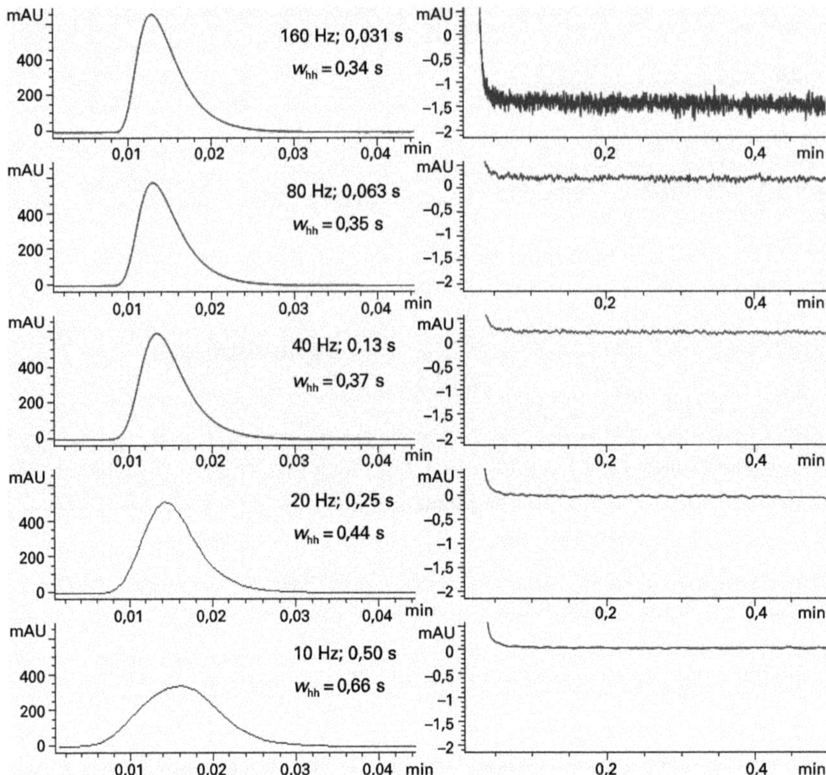

Abb. 3.12 Einfluss der Datenakquisitionsrate und der Peakfiltereinstellungen auf die Peakbreite und das Rauschen.

Massenspektrometer

Bisher gibt es wenige Berichte über die Peakverbreiterung durch Massenspektrometer (MS) [11, 32, 34, 35]. In der Publikation [32] wurden verschiedene MS-Systeme verglichen und die Differenz in der Peakverbreiterung im Wesentlichen auf Unterschiede in den Dimensionen der Verbindungskapillaren zum MS zurückgeführt, während das MS selbst keinen besonderen Einfluss hatte.

Wir haben im Gradientenbetrieb die Varianz eines höchst optimierten HPLC-Systems mit einem UV-Detektor (Varianz nach der Säule = 0,2 μL^2) mit der Varianz des gleichen Systems, gekoppelt an ein ESI-MS-System [33], verglichen und haben keinen signifikanten Unterschied in der Breite von Peaks mit einer Breite von > 0,05 min gefunden. Abbildung 3.13 zeigt Peakbreiten gemessen mit UV- und ESI-MS-Detektion für Säulen mit verschiedenem Durchmesser (alle Zorbax C18, 3,5 μm, 150 mm). Bei Peaks mit einer kleineren Breite als 0,05 min war ein signifikanter Einfluss der Datenaufnahmerate und der Peakbreitenfilter zu erkennen.

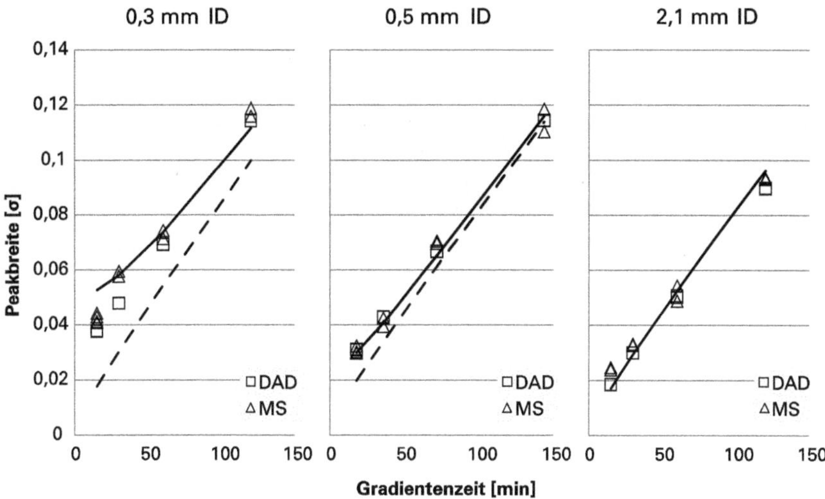

Abb. 3.13 Peakbreiten auf 150 mm Säulen mit unterschiedlichen Innendurchmessern mit DAD-UV Detektor (Rechtecke) und einem QQQ-MS (Dreiecke). Die Linien repräsentieren die berechneten Peakbreiten ohne externe Beiträge (- - -) und $\sigma^2_{\text{Instrument}}$0,2 μL² (—).

3.2.2 Experimentelle Bestimmung der externen Bandenverbreiterung

3.2.2.1 Bestimmung der externen Bandenverbreiterung ohne Säule

Die verbreitetste Methode zur Messung der externen Dispersion in einem UHPLC-System besteht darin, die Säule durch eine Verbindung ohne Totvolumen zu ersetzen und ein sehr kleines Volumen einer Testlösung zu injizieren. Die Systemvarianz kann dann aus der Breite des resultierenden Peaks berechnet werden. Die meisten chromatographischen Systeme berechnen Werte für die Peakbreite mit verschiedenen Methoden: z. B. Breite bei 4,4 % der Peakhöhe, 5σ-Breite, Breite auf halber Peakhöhe oder die 4σ-Breite bestimmt mit der Tangentenmethode (vgl. Abb. 3.14). Diese Peakbreiten können in Varianzen umgerechnet werden nach:

$$\sigma_{\text{v}}^2 = \sigma_t^2 \cdot F^2 = \left(\frac{w_{\text{hh}}}{2{,}355}\right)^2 \cdot F^2 = \left(\frac{w_{5\sigma}}{5}\right)^2 \cdot F^2 = \left(\frac{w_{\tan}}{4}\right)^2 \cdot F^2 \,. \tag{3.19}$$

Gleichung (3.19) ist nur für gaußförmige Peaks gültig. Wenn die Peakform beträchtlich von der Gaußform abweicht (Tailing oder Fronting), erhält man unterschiedliche Varianzwerte, abhängig davon, an welcher Stelle die Peakbreite gemessen wird. Insbesondere kann die mit der Halbwertsbreite bestimmte Varianz signifikant von der mittels 5σ-Methode bestimmte Varianz abweichen.

Der genaueste Weg, um die Varianz eines Peaks zu beschreiben, ist die statistische Momentenmethode [36]. Da die durch diese Methode bestimmte Varianz sehr stark von den gesetzten Peakintegrationsgrenzen abhängt [37], wird sie in der Praxis selten benutzt und soll hier nicht näher beschrieben werden.

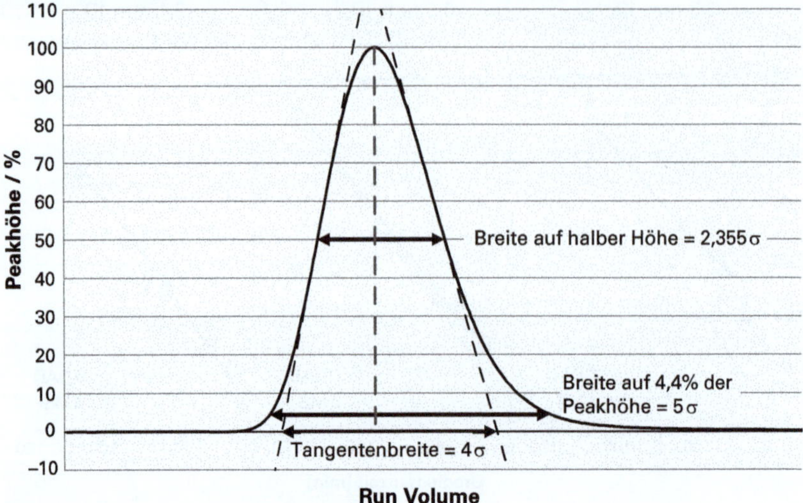

Abb. 3.14 Zusammenhang zwischen Peakbreite (auf verschiedenen Peakhöhen) und Standardabweichung eines gaußförmigen Peaks.

Da die Bandenverbreiterung durch die Diffusion des Analyten beeinflusst wird, ist es wichtig, immer dieselben experimentellen Bedingungen (Analyt, Eluentenzusammensetzung, Injektionsvolumen usw.) zu verwenden, wenn man die Varianzen verschiedener Systeme vergleicht. Es ist außerdem wichtig, die Analytkonzentration so zu wählen, dass der lineare Bereich des Detektors nicht überschritten wird und auch passende Einstellungen für die Datenaufnahmerate und den Peakbreitenfilter in der Software zu wählen.

3.2.2.2 Bestimmung der externen Bandenverbreiterung mit Säule

Als alternative Methode wurde die Bestimmung der Systemvarianz inklusive einer Säule von Rozing und Lauer [38] vorgeschlagen. Sie injizierten eine Mischung von Komponenten mit ähnlichem Diffusionskoeffizienten und trugen die gemessene Varianz gegen das Quadrat der Retentionszeit (t_r^2) auf. Die Steigung dieses Diagramms ergibt $1/N_{\text{Säule}}$ und der Achsenabschnitt ist gleich $\sigma^2_{\text{Instrument}}$. Diese Methode setzt voraus, dass die Bodenhöhe (oder Bodenzahl) unabhängig vom Analyten ist, daher sollten die k-Werte der verwendeten Substanzen nicht zu weit auseinander liegen.

Die Abb. 3.15 vergleicht die beiden Methoden zur Bestimmung der Systemvarianz für zwei UHPLC-Systeme mit unterschiedlicher Konfiguration.

1. *UHPLC-System 1 (Standard)* versehen mit einem FTN-Injektor, einer 0,110 × 340 mm Kapillare zwischen FTN und dem Wärmeaustauscher, einem 1,6 µL Wärmetauscher, einer 0,110 × 220 mm Kapillare zwischen Säule und Detektor und einer 2,4 µL Detektorzelle.

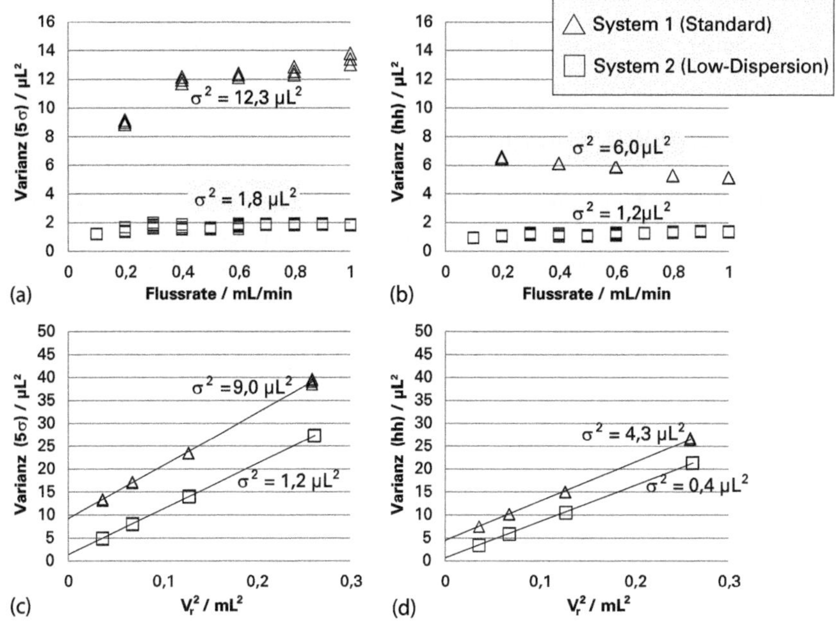

Abb. 3.15 Bestimmung der Systemvarianz mit und ohne Säule. (a) Ohne Säule (5σ-Breite), (b) ohne Säule (Breite auf halber Höhe), (c) mit Säule (5σ-Breite) und (d) mit Säule (Breite auf halber Höhe). Die Konfiguration der Systeme 1 und 2 ist im Text beschrieben.

2. *UHPLC-System 2 (Low Dispersion)* versehen mit einem optimierten FTN-Injektor, einer 0,075 × 340 mm Kapillare zwischen FTN und dem Wärmeaustauscher, einem 0,6 µL Wärmetauscher, einer 0,075 × 220 mm Kapillare zwischen Säule und Detektor und einer 0,8 µL Detektorzelle.

Die Abb. 3.15a und b zeigen die Systemvarianz, ermittelt ohne Säule aus der 5σ-Breite (a) und der Halbwertsbreite (b) für verschiedene Flussraten (Zorbax Eclipse Plus C18 1,8 µm, 2,1 × 50 mm, 0,6 mL min^{-1}, 60 % ACN/40 % H_2O, 30 °C). In den Abb. 3.15b und c sieht man die Varianzen aus der 5σ-Breite (c) und die Halbwertsbreite (d) von verschiedenen Komponenten (Acetophenon, Propiophenon, Butyrophenon and Valerophenon), aufgetragen gegen das Quadrat des Retentionsvolumens V_r im isokratischen Modus mit einer 2,1 × 50 mm-Säule. Der Achsenabschnitt der Ausgleichsgeraden ist gleich der Varianz des Systems. Wie man in der Abb. 3.15 leicht erkennt, ergeben die zwei Methoden annähernd das gleiche Resultat. Man kann beide Methoden verwenden, um Systeme mit verschiedener Konfiguration zu vergleichen.

3.3 Auswirkung externer Bandenverbreiterung in verschiedenen Applikationsbereichen

3.3.1 Einfluss auf isokratische Trennungen

Bei isokratischen Trennungen, bei denen jede Substanz im Chromatogramm einen anderen Retentionsfaktor k hat, ist die Varianz der früh eluierenden Substanzen viel kleiner als die Varianz der spät eluierenden Substanzen (siehe Gl. (3.6)). Peaks mit kleinen k-Werten werden daher viel stärker von externer Dispersion beeinflusst als spät eluierende Peaks mit hohen k-Werten. Während sich die wahre Bodenzahl einer Säule aus der Varianz ergibt, die ausschließlich von der Säule herrührt (Gl. (3.20)), ist die beobachtete Bodenzahl in einem spezifischen HPLC-System gegeben durch:

$$N_{\text{beobachtet}} = \frac{V_0^2}{\sigma^2_{\text{v,gesamt}}} \cdot (1 + k)^2 \,. \tag{3.20}$$

Wobei $\sigma^2_{\text{v,gesamt}}$ durch die Gl. (3.1) erklärt wird.

Die Abb. 3.16 zeigt eine Abschätzung der scheinbaren Bodenzahl (Werte basieren auf HETP-Messungen für 1,8 µm totalporöse Partikel in einer 4,6 mm-Säule) als Funktion von k für verschiedene Säulendurchmesser ($L = 50$ mm) und verschiedene Werte der externen Varianz. Für Substanzen, die mit $k < 4$ eluieren, wird ein signifikanter Verlust der scheinbaren Bodenzahlen sogar für Säulen mit größerem Durchmesser beobachtet. Während die Bodenzahlen für 3,0 und 4,6 mm-Säulen nur wenig abnehmen, wird deutlich, dass bei k-Werten unter 4 sogar für sehr kleine Werte der externen Varianz die scheinbare Säuleneffizienz bei 2,1 und 1 mm-Säulen signifikant beeinflusst wird.

Die Abb. 3.17 zeigt experimentelle Bodenzahlen, gemessen an einer 2,1 × 50 mm, Säule (Zorbax Eclipse Plus C18 1,8 µm, 0,6 mL min^{-1}, 60 % ACN/40 % H_2O, 30 °C) mit zwei verschiedenen Systemkonfigurationen: UHPLC-System 1 ($\sigma^2 \sim 2{,}2\,\mu L^2$) und UHPLC-System 2 ($\sigma^2 \sim 10\,\mu L^2$) wie in der Abb. 3.15. Die Bodenzahlen wurden nach der 5σ-Methode und mit der Halbwertsbreite berechnet. Bei geringen k-Werten haben wir einen signifikanten Verlust in der beobachteten Bodenzahl registriert. Selbst mit System 1 (geringe Systemdispersion) ist es nicht möglich (besonders bei Säulen mit kleinen Durchmessern) die „wahre“ Bodenzahl zu ermitteln. Die Abb. 3.18 zeigt Beispielchromatogramme mit den o. g. beiden Systemen im isokratischen Modus bei 0,6 mL min^{-1}.

3.3.2 Auswirkungen auf Gradiententrennungen

Bei Gradiententrennungen haben wir eine andere Situation – solange die Analyte mit dem Gradienten (und nicht isokratisch vor dem Eintreffen des Gradienten am Anfang der Säule) eluieren:

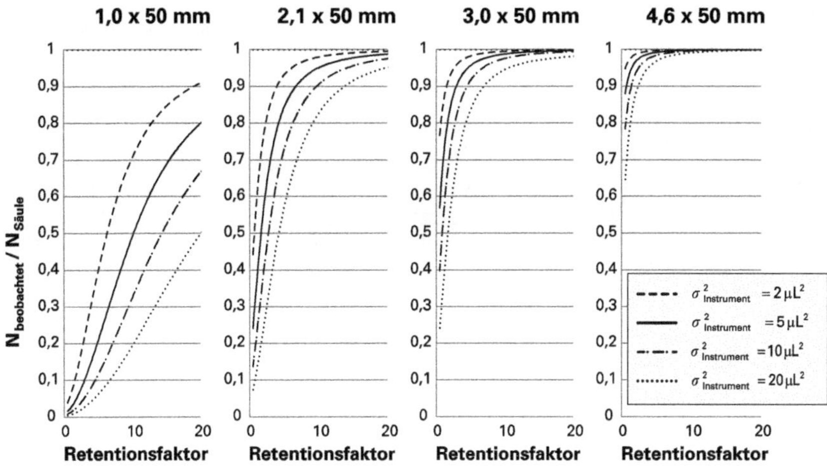

Abb. 3.16 Geschätztes Verhältnis der beobachteten Bodenzahl zur tatsächlichen Bodenzahl im isokratischen Modus für 50 mm-Säulen mit verschiedenen Durchmessern (Partikelgröße = 1,8 µm) unter Berücksichtigung verschiedener Systemvarianzen.

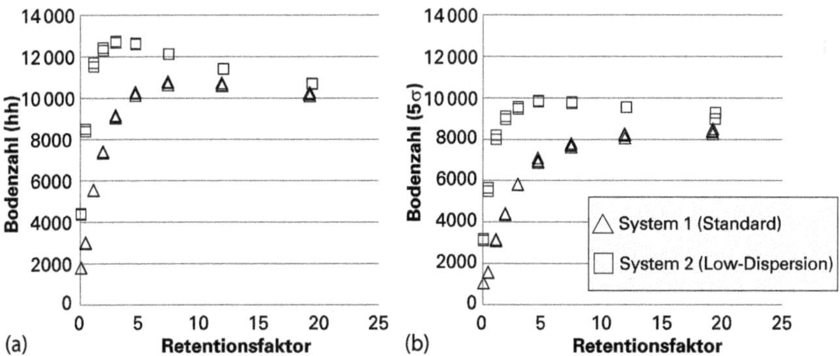

Abb. 3.17 Im isokratischen Modus gemessene Bodenzahlen auf einer 2,1 × 50 mm Säule basierend auf der 5σ-Breite (a) und der Halbwertsbreite (b) mit unterschiedlichen Systemkonfigurationen (Konfiguration der Systeme 1 und 2 im Text).

1. Bei den meisten Gradiententrennungen wird die Probe am Kopf der Säule fokussiert. Dadurch wird die Dispersion von der Injektion bis zum Säulenanfang eliminiert. Das ist besonders wichtig für die Injektion großer Volumina.
2. Die Varianz des Retentionsvolumens eines Peaks wird von dem Retentionsfaktor bei der Elution bestimmt (k_{elution}), wie Gl. (3.9) zeigt. Da k_{elution} von der Gradientensteigung abhängt (Gl. (3.10)–(3.12)) ist er für alle Komponenten in einer Probe ähnlich, vorausgesetzt, dass sie ähnliche S-Werte haben. Für kleine Moleküle ist S ungefähr 10 (oder kleiner), für Peptide kann $S = 40$ sein oder größer. Für einen Analyten mit einem S-Wert von 10 beträgt $k_{\text{elution}} \sim 5$ für $t_g = 5$ und $k_{\text{elution}} \sim 30$ für $t_g = 30$ (50 mm-Säule mit einer Lineargeschwindigkeit von 6 mm s^{-1} und einem Gradienten von 10–90 % B).

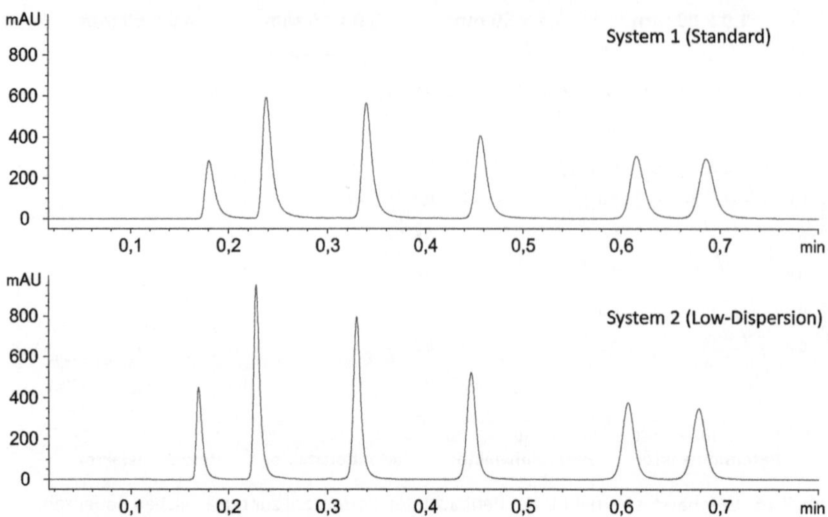

Abb. 3.18 Vergleich der isokratischen Trennung mit den Systemkonfigurationen 1 und 2 (Details siehe Text). Bedingungen: Zorbax Eclipse Plus C_{18} 1,8 µm, 2,1 × 50 mm, 0,6 mL min^{-1}, 60 % ACN/40 % H_2O, 30 °C.

Ein häufig benutztes Maß der Säuleneffizienz bei Gradiententrennungen ist die Peakkapazität PC, beschrieben in [39, 40]. Die Peakkapazität einer Säule ohne Berücksichtigung der externen Beiträge ist gegeben durch:

$$\mathrm{PC}_{\text{Säule}} = 1 + \frac{V_\mathrm{g}}{4 \cdot \sum_{i=1}^{n} \sigma_{\mathrm{v,Säule}}} . \tag{3.21}$$

Die tatsächlich beobachtete Peakkapazität (inklusive der externen Beiträge) ist gegeben durch:

$$\mathrm{PC}_{\text{beobachtet}} = 1 + \frac{V_\mathrm{g}}{4 \cdot \sum_{i=1}^{n} \sigma_{\mathrm{v,gesamt}}} . \tag{3.22}$$

Die Abb. 3.19 zeigt das abgeschätzte Verhältnis der Peakkapazitäten ($\mathrm{PC}_{\text{beobachtet}}/\mathrm{PC}_{\text{Säule}}$) für Säulen verschiedenen Durchmessers ($L = 50$ mm) im Gradientenmodus gegen die Gradientenzeit bei einer Lineargeschwindigkeit von 6 mm/s. Die Linien in Abb. 3.19 stehen für verschiedene Werte der externen Varianz nach der Säule (2, 5, 10 und 20 μL^2). Es sollte hier beachtet werden, dass im Gradientenmodus nur die Systemvarianz nach der Säule relevant ist (unter der Bedingung, dass die Analyte am Säulenkopf fokussiert wurden).

Während 4,6 × 50 mm-Säulen selbst bei sehr kurzen Gradientenzeiten kaum von der Dispersion nach der Säule beeinflusst werden, verändert sich die Situation bei Verwendung kleinerer Säulendurchmesser. Für diese sollte bei Gradientenzeiten unter 5 min die Systemvarianz nach der Säule nicht größer sein als 2 μL^2, um mindestens 90 % der originären Peakkapazität zu erhalten.

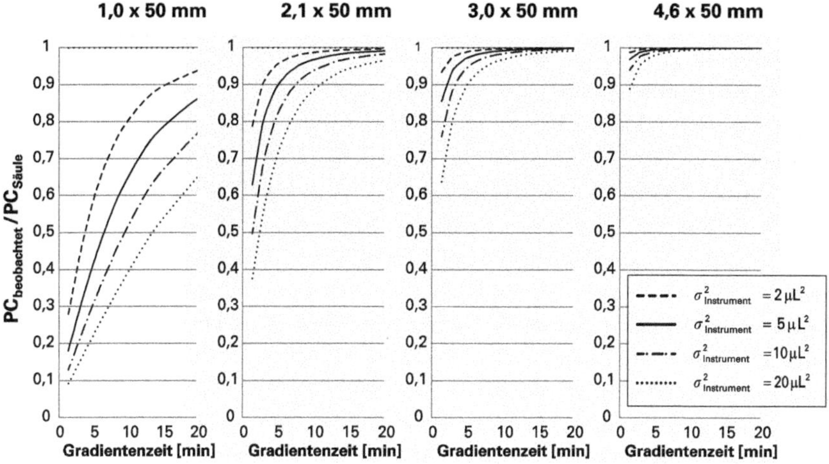

Abb. 3.19 Geschätztes Verhältnis der beobachteten zur tatsächlichen Peakkapazität ($PC_{beobachtet}/PC_{Säule}$) im Gradientenmodus für Säulen von 50 mm Länge mit unterschiedlichen Durchmessern unter Berücksichtigung verschiedener Systemvarianzen.

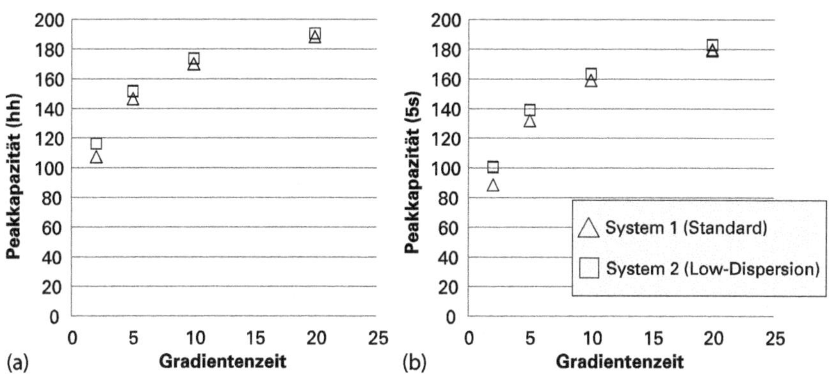

Abb. 3.20 Im Gradientenmodus gemessene Peakkapazitäten auf einer 2,1 × 50 mm, 1.8 µm Säule, basierend auf der 5σ-Breite (a) und der Halbwertsbreite (b) mit unterschiedlichen Systemkonfigurationen. (Konfiguration der Systeme im Text).

Die Abb. 3.20 zeigt experimentell ermittelte Peakkapazitäten für Gradienten mit verschiedenen Gradientenzeiten ($F = 0{,}6\,\text{mL min}^{-1}$), die an einer 2,1 × 50 mm-Säule mit 1,8 µm Partikeln gemessen wurden. Zwei verschiedene Geräte wurden benutzt: UHPLC-System 1 ($\sigma^2 \sim 2{,}2\,\mu\text{L}^2$) und UHPLC-System 2 ($\sigma^2 \sim 10\,\mu\text{L}^2$) (s. Abb. 3.15). Die Peakkapazitäten wurden gemäß Gl. (3.21) aus der 5σ-Breite und der Halbwertsbreite berechnet. Mit relativ flachen Gradienten (großes t_g) ist die beobachtete Differenz sehr klein (< 3 %), aber mit steilen Gradienten ($t_g = 2$ min) kann die Differenz der Peakkapazitäten etwa 10 % betragen.

Die Abb. 3.21 zeigt Gradiententrennungen mit den o. g. beiden UHPLC-Systemen mit $F = 0{,}6$ mL/min und einer Gradientenzeit von 2 min.

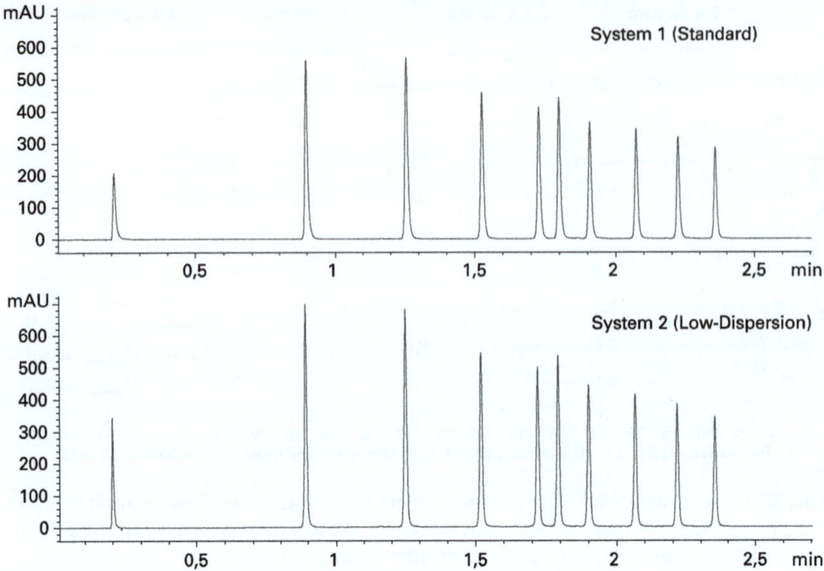

Abb. 3.21 Vergleich der Gradiententrennung mit den Systemkonfigurationen 1 und 2 (Details siehe Text). Säule: Zorbax Eclipse Plus C_{18} 1,8 µm, 2,1 × 50 mm, Flussrate: 0,6 mL min^{-1}, Gradient: 10–90 % ACN in 120 s, 30 °C.

3.4
Optimierung des HPLC-/UHPLC-Systems

Die Systemvarianz eines UHPLC-Systems ist nicht unbedingt eine Eigenschaft des Systems selbst, sondern der Systemkonfiguration, die aus den Einzelteilen des Injektors, den Verbindungskapillaren und der Detektorzelle besteht. Viele Hersteller geben den Kunden die Möglichkeit, zwischen verschiedenen Injektionsschleifen, Anschluss- und Verbindungskapillaren, Wärmeaustauschern und Detektorzellen zu wählen. Dadurch kann das UHPLC-System angepasst werden, um die Bandenverbreiterung möglichst zu reduzieren. Einige Autoren haben den Einfluss verschiedener Systemkonfigurationen auf die Gesamteffizienz [14–16, 41] untersucht sowie Möglichkeiten, die Systemvarianz zu minimieren [12, 13, 21, 42].

Die Wahl der Konfiguration eines HPLC-Systems muss sorgfältig getroffen werden, je nachdem welche Anwendung geplant ist. Das Injektionssystem, die Verbindungskapillaren und die Detektorzelle müssen an die Erfordernisse bezüglich Flexibilität, Empfindlichkeit und Bereich der Flussrate angepasst werden. Der Nachteil einer Minimierung der Systemdispersion ist ein höherer Rückdruck und zunehmendes Detektorrauschen.

Im folgenden Abschnitt wollen wir einige Anwendungsbeispiele mit 2,1 und 1 mm-Säulen diskutieren.

3.4.1 Test der Säuleneffizienz

Die Trennleistung einer Säule wird üblicherweise im isokratischen Modus getestet, möglichst für Komponenten mit kleinen k-Werten, weil diese die höchsten Bodenzahlen ergeben. Dabei sind die Erfordernisse an Injektorflexibilität, Carry-Over und Detektorempfindlichkeit relativ gering. Ein höherer Rückdruck, der von Verbindungskapillaren mit kleinen Durchmessern generiert wird, kann toleriert werden.

Für 2,1 mm × 50 mm-Säulen mit einer Bodenzahl von 15 000 (gepackt mit 1,8 µm oder kleineren Partikeln) ist – für eine Substanz mit einem k-Wert von 2 – die Varianz ~ 5 µL^2. Um die wahre Bodenzahl dieser Säule zu messen, ist es nötig, die externe Varianz auf einen Wert von ≤ 1 µL^2 zu reduzieren, wie in der Abb. 3.16 zu sehen ist. Dies kann mit einem FL-Injektor mit einem Schleifenvolumen (Injektionsvolumen) von ≤ 1 µL oder einem hoch optimierten FTN-Injektor geschehen. Der Durchmesser der Verbindungskapillaren sollte ~ 75 µm sein, wobei eine weitere Reduktion des Innendurchmessers nur den Rückdruck erhöht, aber keine signifikante Verringerung der Bandenverbreiterung bewirkt. Die Detektorzelle sollte ein Volumen zwischen 250 und 800 nL haben. Es wurde schon erwähnt, dass mit der Angabe lediglich des nominalen Volumens der Zelle nur eine bedingte Aussage über die tatsächliche Dispersion gegeben ist.

Für eine 1,0 × 50 mm-Säule mit einer Bodenzahl von 15 000 ist die Säulenvarianz (bei $k = 2$) ~ 1,5 µL, sodass selbst die Verminderung der Systemvarianz bis auf < 1 µL^2 40 % Verlust für die gemessene Bodenzahl bedeutet und es äußerst schwierig wird, die wahre Trennleistung einer solchen Säule bei kleinen k-Werten zu messen. Bei $k = 15$ werden mit einer Systemvarianz von 1 µL^2 90 % der wahren Bodenzahl gemessen.

3.4.2 Andere isokratische Trennungen

Wenn es bei isokratischen Trennungen bestimmte Erfordernisse an Flexibilität, Carry-Over und Detektorempfindlichkeit gibt, können die Systemkomponenten nicht immer frei gewählt werden. Bei Trennungen mit einem kritischen Peakpaar ist manchmal die absolute Bodenzahl weniger wichtig, weil man beachten muss, dass die Auflösung proportional zur Wurzel der Bodenzahl ist (Gl. (3.3)). Ein Verlust der Bodenzahl um 25 % führt zu einer Verringerung der Auflösung um 13,5 %. Falls die Trennungsbedingungen nicht so gewählt werden können, dass die kritischen Peaks mit einem Retentionsfaktor > 5 eluieren, ist eine Reduktion der Systemvarianz auf einen Wert von etwa 2 µL^2 anzuraten, um einen Verlust an Auflösung zu vermeiden. Dies kann durch Verwendung eines optimierten FTN-Injektors sowie 0,075 mm Verbindungskapillaren und einer 800 nL Flusszelle erreicht werden (vgl. Abb. 3.15). Eine kleinere Flusszelle ergibt nur eine marginale Verbesserung (vgl. Abb. 3.15) um den Preis erhöhten Rauschens.

3.4.3 Hochauflösende Gradiententrennungen

Für die meisten Gradiententrennungen eluiert das kritische Peakpaar während des Gradientenanstiegs und wird im Säulenkopf fokussiert. Deshalb tragen nur die Systemkomponenten nach der Säule (Verbindungskapillaren und Detektorzelle) zur Peakverbreiterung bei. Im Unterschied zu isokratischen Trennungen zeigen die Analyte bei einer Gradiententrennung ähnliche Varianzen, weil diese durch den Retentionsfaktor bei der Elution k_{elution} bestimmt werden.

Bei Anwendungen, in denen besonders hohe Peakkapazitäten angestrebt werden, kann ein Verhältnis von V_g/V_0 im Bereich von 100 oder höher verwendet werden, das in Werten von k'_{elution} von 10 oder größer ($S = 10$, $\Delta\phi = 0{,}8$) und Säulenvarianzen von $> 60\,\mu\text{L}^2$ resultiert.

Bei diesen Bedingungen ergeben verschiedene Systemkonfigurationen sogar für 2,1 × 50 mm-Säulen nur eine kleine Differenz der Peakkapazitäten (vgl. Abb. 3.20). Für diesen Anwendungsbereich ist die Dispersion des Injektors von geringerer Bedeutung (oft werden sogar Injektionen mit großen Volumina verwendet, um die Empfindlichkeit zu erhöhen). Hierbei ist es auch sinnvoll, weitere Verbindungskapillaren zu verwenden (0,110 mm Innendurchmesser) und Detektorzellen von 2–3 µL Volumen, um die Robustheit und Detektorempfindlichkeit zu verbessern.

3.4.4 Schnelle Gradiententrennungen

In schnellen Gradienten (Hochdurchsatz, 2D-LC) beträgt das Verhältnis von V_g/V_0 zwischen 10 und 100 mit entsprechenden k_{elution} Werten zwischen 1 und 10. Für diese Applikationen sollte der Durchmesser der Verbindungskapillaren auf 75 µm und das Volumen der Flusszelle auf 800 nL reduziert werden.

Die Abb. 3.22 zeigt Beispiele von Gradiententrennungen auf einer 2,1 × 50 mm-Säule mit 1,1 mL min^{-1} und einer Gradientenzeit von 30 s. Der k_{elution} Wert bei diesen Bedingungen war ~ 2 und die resultierende Säulenvarianz ~ 12 µL^2. Die Trennung wurde mit 3 verschiedenen Systemkonfigurationen nach der Säule durchgeführt:

a) 0,075 × 220 mm Verbindungskapillare + 250 nL Zelle
b) 0,075 × 220 mm Verbindungskapillare + 800 nL Zelle
c) 0,110 × 220 mm Verbindungskapillare + 2400 nL Zelle.

Die Differenz in der Peakkapazität zwischen Konfiguration (a) und (b) ist sehr klein. Nur die Konfiguration (c) ergab einen Verlust der Peakkapazität von ~ 15 %.

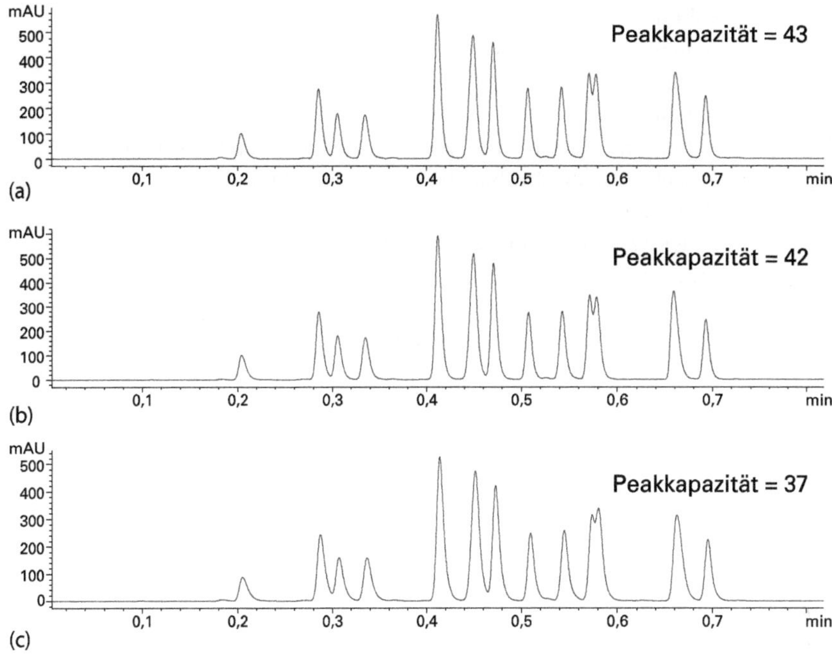

Abb. 3.22 Vergleich sehr schneller Gradiententrennungen mit unterschiedlichen Systemkonfigurationen nach der Säule: (a, b und c siehe Text). Bedingungen: PoroShell Eclipse-Plus C18, 2,7 µm, 2,1 × 50 mm, 1,1 mL min^{-1}, 30–60 % ACN in 30 s, 60 °C.

3.5 Zusammenfassung

Während der letzten Jahre ist ein großer Aufwand betrieben worden, um die externe Bandenverbreiterung moderner UHPLC-Systeme mit der Entwicklung der Säuleneffizienz in Einklang zu bringen und den Betrieb kurzer Säulen mit kleinem Innendurchmesser zu gewährleisten. Wie wir oben gesehen haben, müssen die Einzelkomponenten eines Systems (Injektorteile, Verbindungskapillaren, Wärmetauscher und Detektorzellen) sorgfältig nach den Erfordernissen der avisierten Trennung ausgewählt werden. Es ist nicht unbedingt anzuraten, in jedem Fall die Konfiguration mit den geringsten Volumina auszuwählen, da dies die Empfindlichkeit, Flexibilität und den für die Trennung zur Verfügung stehenden Druckbereich beeinträchtigen kann.

Symbolliste

b	intrinsische Gradientensteigung
D_m	Diffusionskoeffizient
d_p	Partikelgröße

F	volumetrische Flussrate
h	reduzierte Bodenhöhe
H	Bodenhöhe
k	Retentionsfaktor
k_{elution}	Retentionsfaktor beim Gradienten zum Zeitpunkt der Elution
k_{start}	Retentionsfaktor bei Startbedingungen des Gradienten
N	Bodenzahl
S	Steigung nach der Linear Solvent Strength Theorie (LSS)
u	Lineargeschwindigkeit
V_0	Säulentotvolumen
V_{d}	Gradientenverzögerungsvolumen
V_{g}	Gradientenvolumen
V_{r}	Retentionsvolumen

Griechische Symbole

ε_{T}	totale Porosität
ϕ	Volumenanteil des organischen Lösemittels
η	Viskosität
σ_{v}	Standardabweichung in Volumeneinheiten
σ_{t}	Standardabweichung in Zeiteinheiten
τ	Zeitkonstante des Detektors
ν	reduzierte Geschwindigkeit

Literatur

1 Fekete, S., Oláh, E. und Fekete, J. (2012) *J. Chromatogr. A*, **1228**, 57–71.

2 Gritti, F. und Guiochon, G. (2012) *J. Chromatogr. A*, **1228**, 2–19.

3 Nguyen, D.T.-T., Guillarme, D., Rudaz, S. und Veuthey, J.-L. (2006) *J. Sep. Sci.*, **29**, 1836–1848.

4 Desmet, G. (2006) *J. Chromatogr. A*, **1116**, 89–96.

5 Gritti, F. und Guiochon, G. (2008) *Anal. Chem.*, **80**, 5009–5020.

6 Gritti, F., Martin, M. und Guiochon, G. (2009) *Anal. Chem.*, **81**, 3365–3384.

7 Abian, J., Oosterkamp, A.J. und Gelpi, E., (1999) *J. Mass Spectrom.*, **34**, 244–254.

8 Hopfgartner, G., Wachs, T., Bean, K. und Henion, J. (1993) *Anal. Chem.*, **65**, 439–446.

9 Hopfgartner, G., Bean, K., Henion, J. und Henry, R. (1993) *J. Chromatogr. A*, **647**, 51–61.

10 Legido-Quigley, C., Smith, N.W. und Mallet, D. (2002) *J. Chromatogr. A*, **976**, 11–18.

11 Rodriguez-Aller, M., Gurny, R., Veuthey, J.-L. und Guillarme, D. (2013) *J. Chromatogr. A*, **1292**, 2–18.

12 Alexander, A.J., Waeghe, T.J., Himes, K.W., Tomasella, F.P. und Hooker, T.F. (2011) *J. Chromatogr. A*, **1218**, 5456–5469.

13 Fekete, S., Kohler, I., Rudaz, S. und Guillarme, D. (2014) *J. Pharm. Biomed. Anal.*, **87**, 105–119.

14 Gritti, F. und Guiochon, G. (2011) *J. Chromatogr. A*, **1218**, 4632–4648.

15 Gritti, F. und Guiochon, G. (2010) *J. Chromatogr. A*, **1217**, 7677–7689.

16 Gritti, F., Sanchez, C.A., Farkas, T. und Guiochon, G. (2010) *J. Chromatogr. A*, **1217**, 3000–3012.
17 Sanchez, A.C., Anspach, J.A. und Farkas, T. (2012) *J. Chromatogr. A*, **1228**, 338–348.
18 Stankovich, J.J., Gritti, F., Stevenson, P.G. und Guiochon, G. (2013) *J. Sep. Sci.*, **36**, 2709–2717.
19 Majors, E.M. (2014) *LC GC N. Am.*, **12**, 840–853.
20 Heinisch, S., Desmet, G., Clicq, D. und Rocca, J.-L. (2008) *J. Chromatogr. A*, **1203**, 124–136.
21 Wu, N., Bradley, A.C., Welch, C.J. und Zhang, L. (2012) *J. Sep. Sci.*, **35**, 2018–2025.
22 Purnell, J.H. (1960) *J. Chem. Soc.*, 1268–1274.
23 Purnell, J.H. (1959) *Nature*, **184**, 2009.
24 J.J. van Deemter, Zuiderweg, F.J. und Klinkenberg, A. (1956) *Chem. Eng. Sci.*, **5**, 271–289.
25 Gritti, F. und Guiochon, G. (2013) *J. Chromatogr. A*, **1302**, 1–13.
26 Giddings, J.C. (1965) in *Dynamics of Chromatography*, Marcel Dekker Inc., New York, pp. 119–224.
27 Schellinger, A.P. und Carr, P.W. (2005) *J. Chromatogr. A*, **1077**, 110–119.
28 Atwood, J.G. und Golay, M.J.E. (1981) *J. Chromatogr. A*, **218**, 97–122.
29 Fountain, K.J., Neue, U.D., Grumbach, E.S. und Diehl, D.M. (2009) *J. Chromatogr. A*, **1216**, 5979–5988.
30 Kraiczek, K.G., Rozing, G.P. und Zengerle, R. (2013) *Anal. Chem.*, **85**, 4829–4835.
31 Gritti, F., Felinger, A. und Guiochon, G. (2006) *J. Chromatogr. A*, **1136**, 57–72.
32 Spaggiari, D., Fekete, S., Eugster, P.J., Veuthey, J.-L., Geiser, L., Rudaz, S. und Guillarme, D. (2013) *J. Chromatogr. A*, **1310**, 45–55.
33 Buckenmaier, S., Miller, C.A., van de Goor, T. and Dittmann, M.M. (2015) *J. Chromatogr. A*, **1377**, 64–74.
34 O'Mahony, J., Clarke, L., Whelan, M., O'Kennedy, R., Lehotay, S.J. und Danaher, M. (2013) *J. Chromatogr. A*, **1292**, 83–95.
35 Eugster, P.J., Biass, D., Guillarme, D., Favreau, P., Stöcklin, R. und Wolfender, J.-L. (2012) *J. Chromatogr. A*, **1259**, 187–199.
36 Grushka, E., Myers, M.N., Schettler, P.D. und Giddings, J.C. (1969) *Anal. Chem.*, **41**, 889–892.
37 Stevenson, P.G., Gao, H., Gritti, F. und Guiochon, G. (2013) *J. Sep. Sci.*, **36**, 279–287.
38 Lauer, H.H., Rozing, G.P. (1981) *Chromatographia*, **14**, 641–647.
39 Neue, U.D. (2008) *J. Chromatogr. A*, **1184**, 107–130.
40 Neue, U.D. (2005) *J. Chromatogr. A*, **1079**, 153–161.
41 Gritti, F. und Guiochon, G. (2012) *J. Chromatogr. A*, **1238**, 77–90.
42 Sanchez, A.C., Friedlander, G., Fekete, S., Anspach, J.A., Guillarme, D., Chitty, M. und Farkas, T. (2013) *J. Chromatogr. A*, **1311**, 90–97.

4
Der Gradient – Anforderungen, optimaler Einsatz, Tricks und Fallstricke

F. Steiner und M. Heidorn

4.1
Apparative Einflüsse bei der Gradientenelution – ein Überblick

Die Gradientenerzeugung wird von HPLC-Anwendern meist als die apparative Komponente mit dem größten Einfluss auf Retentionszeiten und Stabilität erachtet. Wenngleich andere apparative Einflüsse dafür ebenfalls von Bedeutung sind, ist diese Einschätzung nicht ganz unberechtigt. Unterschiede resultieren einerseits aus den grundsätzlich verschiedenen Arten der Gradientenerzeugung, die als hochdruck- bzw. niederdruckseitig mischende Prinzipien bezeichnet werden, sich aber technisch und physikalisch noch weitgehender unterscheiden als in dieser simplen Lokalisierung des Mischpunktes der Komponenten. Weitere Unterschiede ergeben sich aus der Art und dem Volumen des Mischers und hier ist im Falle des Niederdruckgradienten tatsächlich der Mischer gemeint, der meist hinter dem hochdruckerzeugenden Förderkopf sitzt. Es wird in diesem einleitenden Abschnitt ein Überblick über die wesentlichen Charakteristika und die typischen technischen Implementierungen gegeben sowie ein Abriss der möglichen Einflüsse auf das chromatographische Ergebnis. Der nachfolgende weiterführende Abschnitt erläutert dann die technischen Umsetzungen detaillierter und gibt Hinweise zu Charakterisierungsmöglichkeiten durch den Anwender sowie zu Erwägungen, die bei der Anschaffung einer Apparatur relevant sind.

4.1.1
Gradientenverweilvolumen oder Gradientenverzögerungsvolumen

Die technischen Prinzipien der Gradientenformung sowie aller anderen wesentlichen Bauteile der Apparatur wurden bereits in Abschnitt 2.1 beschrieben, einige Aspekte sollen hier zur Schaffung des entsprechenden Kontextes nochmals kurz wiederholt werden. Unabhängig von der Bauweise einer Gradientenapparatur ist eine Verzögerung zwischen dem programmierten Gradienten und dem

Der HPLC-Experte II, 1. Auflage. Stavros Kromidas (Hrsg).

Zeitpunkt des Eintreffens einer bestimmten Zusammensetzung am Säulenanfang systemimmanent. Dieser zeitliche Versatz entspricht dem Quotienten aus dem vom Mischpunkt der Komponenten bis zum Säuleneingang zu überwindenden Volumen und der eingestellten Flussrate. Das zu überwindende Volumen wird als Gradientenverweilvolumen oder auch Gradientenverzögerungsvolumen bezeichnet, englisch Gradient Delay Volume, und deshalb mit GDV abgekürzt. Es kann in modernen UHPLC-Apparaturen für das gesamte System Werte von weniger als 100 µL betragen, erreicht aber bei klassischen Niederdruckgradientgeräten durchaus mehrere Milliliter. Zum GDV einer Apparatur trägt die Bauweise der Pumpe inklusive ihres Mischers bei, aber auch der Autosampler und die beiden Verbindungskapillaren von der Pumpe zum Autosampler und vom Autosampler zur Säule. Die verbreitete Annahme, dass der Hauptbeitrag zum GDV von der Pumpe rühre, ist nicht immer zutreffend. Besonders bei optimierten Hochdruckmischgradientenpumpen, die zusammen mit Integral-Loop Autosamplern mit einer gewissen Injektionsvolumenflexibilität verwendet werden, kann der Autosampler einflussreichster Faktor in der Apparatur sein. Dies ist insofern von praktischer Relevanz als der Autosampler nach dem vermeintlich vollständigen Ausspülen der Probe aus der Fluidik herausgeschaltet werden kann (Load-Position), sodass sein Einfluss auf das GDV eliminiert wird. Diese Vorgehensweise soll im Abschnitt 4.2.8 nochmals kritisch beleuchtet werden.

In jedem Fall ist es für den Anwender wichtig, das GDV seiner HPLC-Apparatur möglichst genau zu kennen. Dies trägt zu einem besseren Verständnis der erhaltenen Retentionszeiten beim Wechsel von isokratischen zu Gradientenmethoden bei, ist aber vor allem eine entscheidende Voraussetzung für einen erfolgreichen Transfer von Gradientenmethoden zwischen verschiedenen Apparaturen sowie der Anwendung von Methodenoptimierungssoftware. Zwar machen nahezu alle Hersteller Angaben zum GDV ihrer Geräte, es empfiehlt sich dennoch, diese als Anwender nicht unreflektiert zu übernehmen. In jedem Fall sei davor gewarnt, die Werte von verschiedenen Herstellern direkt zu vergleichen, besonders dann, wenn keine Angaben über die Bestimmungsmethode des GDV gemacht werden. Es sollte auch besonders darauf geachtet werden, dass sich der betreffende Wert auf die gesamte funktionsfähige Apparatur und nicht z. B. nur auf das Pumpenmodul bezieht. Es ist keinesfalls ein Ausdruck des Misstrauens gegenüber dem Hersteller, wenn der Anwender das GDV seiner Apparatur selbst bestimmen möchte, sondern letztlich gute Laborpraxis im Sinne einer konsistenten Gerätequalifizierung. So wird vor allem sichergestellt, dass alle Geräte mit der gleichen Methode charakterisiert werden. Dazu kann durchaus eine Methode, die ein bestimmter Gerätehersteller zur Qualifizierung vorschlägt, verwendet werden. Wichtig ist nur, dass diese konsequent für die gesamte HPLC-Ausstattung angewendet wird und nicht zwischen Geräten verschiedener Hersteller gewechselt wird, um den jeweiligen Vorgaben der Hersteller zu folgen. Umgekehrt ist es aber auch nicht sinnvoll, sich beim Hersteller über Abweichungen von seinen spezifizierten Werten zu beschweren, wenn die eigenen mit einer abweichenden Methode bestimmt wurden. Die experimentelle Bestimmung des GDV wird im Abschnitt 4.2.9 behandelt.

Fazit
Das GDV einer Apparatur wird durch alle ihre Bauteile vor der Säule beeinflusst, ist für die Übertragung von Methoden sehr relevant und sollte zum Vergleich verschiedener Anlagen möglichst experimentell durch den Anwender mit einer definierten Methode bestimmt werden.

4.1.2 Rolle des Gradientenmischers

An dieser Stelle muss zunächst klargestellt werden, dass unter dem Mischer in einer Gradientenpumpe stets das meist hinter den Förderköpfen befindliche Bauteil zur Homogenisierung der Zusammensetzung zu verstehen ist und nicht etwa das Proportionierventil bei einer niederdruckseitig mischenden Pumpe. Diese sprachliche Verwirrung ist durchaus verständlich, wenn die Formulierung der niederdruckseitig mischenden Pumpe entsprechend interpretiert wird. Etwas korrekter wäre es von einer nieder- bzw. hochdruckseitigen Komponentenzusammenführung, anstatt Mischung zu sprechen. Um es nochmals klarzustellen: Bei beiden Varianten einer Gradientenpumpe befindet sich der eigentliche Mischer normalerweise im Hochdruckbereich. Es sei hier auch noch der Spezialfall zu erwähnen, dass es sowohl einen (kleinen) Mischer hinter dem Proportionierventil als auch einen zweiten hinter dem Förderkopf geben kann. Auf diese Besonderheiten wird nochmals bei der Diskussion der Spezifika der technischen Umsetzung eingegangen (Abschnitt 4.2.12). Zur Vereinfachung und um widersprüchlich klingende Formulierungen zu vermeiden, werden im weiteren Verlauf des Kapitels konsequent die recht verbreiteten Abkürzungen der englischen Bezeichnungen verwendet: HPG (High Pressure Gradient) für die hochdruckseitig mischende Gradientenpumpe und LPG (Low Pressure Gradient) für die niederdruckseitig mischende. In den Marketingabteilungen der Gerätehersteller erfreuen sich diese Bezeichnungen keiner großen Beliebtheit, weil der LPG-Begriff den Eindruck erwecken könnte, die Pumpe sei im Gegensatz zur HPG nur für niedrigere Drücke geeignet, was aus technischer Sicht gegenstandslos ist. Hersteller bezeichnen entsprechend der maximalen Anzahl an zu mischenden Komponenten HPG-Pumpen normalerweise als binäre Pumpen und LPG-Pumpen als quaternäre. Dies stellt die erhöhte Flexibilität von LPG-Anlagen in den Vordergrund, aus technischer Sicht sind diese Bezeichnungen aber nicht besonders stichhaltig. Grundsätzlich gibt es auch LPGs niedrigerer Ordnung (binär, tertiär) und im Rahmen einer Steuerung von 3–4 isokratischen Pumpen zur Erzeugung eines HPG-Setups muss auch dieses nicht notwendigerweise nur binär sein.

Die beiden Funktionsweisen sind hinreichend in Abschnitt 2.1 beschrieben, werden aber in Abb. 4.1 im Zuge der Beschreibung der Mischungsproblematik nochmals kurz grob gezeigt. Bei der HPG steuert die Software die relativen Flussraten der beiden Pumpenblöcke. Bei der LPG gibt es nur einen Pumpenblock und die Software steuert die Arbeitsweise des vorgeschalteten Proportionierventils zur Erzeugen des Gradienten.

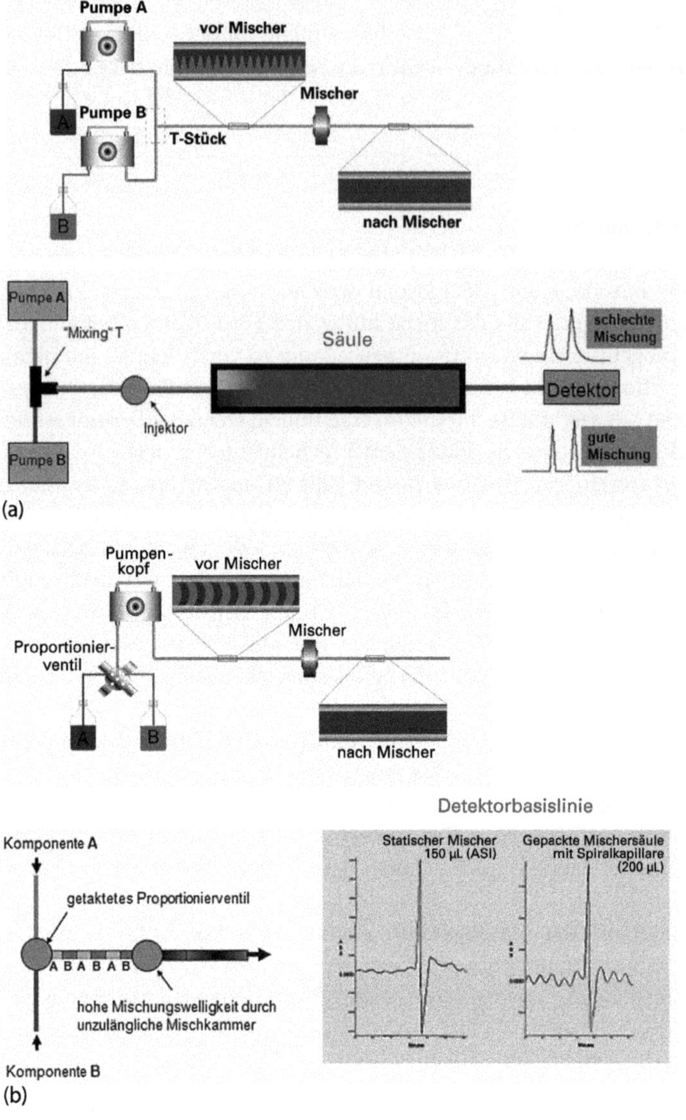

Abb. 4.1 Schematische Ansicht der Bauweise einer Hochdruck- und Niederdruckgradientenapparatur, der jeweiligen Aufgabenstellung des Mischers und der Konsequenzen unzureichender Mischung. (a) HPG-Pumpentyp und radiale Mischung, (b) LPG-Pumpentyp und axiale (longitudinale) Mischung.

Zum Verständnis der Aufgaben eines Gradientenmischers muss grundsätzlich zwischen radialer Mischung und axialer bzw. longitudinaler Mischung unterschieden werden. Die jeweiligen Sachverhalte sind in Abb. 4.1 dargestellt. Radiale Mischung ist relevant, wenn zwei kontinuierlich zusammenfließende Ströme unterschiedlicher Komponenten zu mischen sind, wie dies bei einer HPG der Fall ist. Diese radiale Homogenisierung würde prinzipiell auch recht effektiv im vorderen Teil einer Trennsäule erfolgen, aber dies wäre zu spät. Bei einer radialen Inhomogenität der Eluentenzusammensetzung am Eingang der Trennsäule ist eine entsprechende radiale Inhomogenität der Retention unvermeidlich die Folge, wie in Abb. 4.1 oben rechts zu ersehen. Ein solcher Effekt würde zu einer Peakverzerrung führen, die sich umso stärker bis in den Detektor fortsetzt, je kürzer die Trennsäule ist. Bei der axialen Mischung hingegen besteht das Ziel darin, Inhomogenitäten in Bewegungsrichtung der mobilen Phase auszugleichen, die durch diskontinuierliche Dosierung verschiedener Komponenten entstehen. Dies ist, wie in Abschnitt 2.1 bereits erläutert wurde, in der zeitlich getakteten Proportioniereinheit einer LPG der Fall. Die stetig aufeinanderfolgenden Segmente verschiedener Komponenten werden teilweise bereits durch die Richtungsumkehrung der Bewegung im Pumpenkopf vermischt, wobei die meisten Pumpen heute auf „first-in-first-out“ gebaut sind, sodass die Richtungsumkehr weitgehend unterbleibt. Die Vervollständigung der Homogenisierung erfolgt dann in dem den Pumpenköpfen nachgelagerten eigentlichen Mischer.

Es könnte der Eindruck entstehen, dass eine HPG ausschließlich radiale Mischung brauche und eine LPG nur axiale. Bei der LPG kann auch etwas radiale Mischung am Übergang der Segmente erforderlich sein, werden doch die verschiedenen Komponenten von verschiedenen Seiten eingespeist. Bei der HPG entstehen axiale Diskontinuitäten durch die individuelle Restpulsation der beiden Blöcke, wie grob schematisch in Abb. 4.1 mittels der welligen Grenzlinie zwischen beiden Komponenten illustriert ist. Diese sind somit zwar wesentlich schwächer ausgeprägt als bei einer LPG, können sich aber über sehr lange Volumenzyklen erstrecken. Dies ist der Fall, wenn einer der beiden Blöcke sehr langsam läuft, weil die Randzusammensetzungen (z. B. $< 5\,\%$ oder $> 95\,\%$) erzeugt werden. Während radiale Mischung mit einem guten Mischerkonzept bereits in Volumina von deutlich weniger als 50 μL bewerkstelligt werden kann, braucht man für eine vollständige axiale Mischung besonders langphasiger Diskontinuität deutlich größere Mischervolumina. Es ist eine verbreitete Annahme, das Mischervolumen müsse dabei stets größer sein als das mögliche Volumen eines Pulsationszyklus (dieser kann im Randbereich der Zusammensetzung bis zu 10 mL betragen). Tatsächlich hängt das erforderliche Mischervolumen für eine HPG in komplizierter Weise von der konzeptbedingten Effektivität des Mischers, dem Ausmaß der Restpulsation, der Mischbarkeit der Komponenten und zuletzt vom besagten Zyklusvolumen ab, das seinerseits wieder eine Funktion des Hubvolumens der Pumpenblöcke ist. Probleme in der chromatographischen Praxis sind fast ausschließlich auf unzulängliche axiale Mischung zurückzuführen.

4.1.3 Auf physikalisch-chemischen Phänomenen beruhende Unterschiede zwischen Gradientenpumpentypen

In einer idealen Welt könnte der Anwender von seiner Gradientenpumpe erwarten, dass sie eine gewünschte Zusammensetzung der mobilen Phasen gemäß Programmierung stets richtig, präzise und konstant erzeugt, dabei die eingestellte Flussrate wahrt und bei einem Gradientenprogramm die jeweilige Zusammensetzung zu einer definierten Zeit (mit der GDV-bedingten Verzögerung) in die Säule fördert. In der Praxis wird diese ideale Welt von technischen Unzulänglichkeiten (auf die in Abschnitt 4.2 nochmals näher eingegangen wird), vor allem aber von physikalisch-chemischen Phänomenen beeinflusst, die sich aus Mischungsvolumina und Löslichkeitsgrenzen von Additiven ergeben. Die meist sehr polaren oder auch ionischen Additive (wie z. B. Puffersalze) sind in der organischen Komponente wesentlich schlechter löslich als in der wässrigen. Sind sie nur der wässrigen Komponente zugesetzt, erfolgt hier eine gewisse automatische Korrektur durch die Verdünnung beim Zumischen des organischen Lösungsmittels. Grundsätzlich muss die sich jeweils ergebende Konzentration in der entsprechenden Zusammensetzung gut löslich sein. Dies kann der Anwender durch Stichproben im Becherglas experimentell verifizieren. Allerdings ergeben sich in der Gradientenpumpe am Ort der Zusammenführung der beiden Komponenten temporär und lokal Bedingungen, die bezüglich Organikanteil und Additivkonzentration von der vollständig gemischten Phase deutlich abweichen können und meist recht unkontrolliert auftauchen. In solchen Situationen kann es zu unvorhergesehenen Ausfällungen kommen. Diese erfolgen in einer LPG dann im Proportionierventil, bei einer HPG im zusammenführenden T-Stück.

Die Auswirkungen sind bei einer LPG normalerweise wesentlich dramatischer. Die Fällung kann zu Verstopfungen im Proportionierventil und im gesamten Ansaugbereich des Pumpenkopfes führen und sich gegebenenfalls in Fluss- bzw. Druckeinbrüchen äußern, die aber in jedem Fall sofort bemerkt werden könnten. Tückischer ist der Fall, dass dadurch partielle Verstopfungen im Proportionierventil erfolgen, die den jeweiligen Komponenten nicht mehr den gewünschten öffnungszeitproportionalen Zulauf ermöglichen. Wenn dabei keine Druckeinbrüche erfolgen, wird der Anwender dies kaum bemerken, aber die Eluentenzusammensetzung und damit die Chromatographie werden dennoch beeinflusst. In zahlreichen Fällen wirkt sich der Zusatz von Additiven je nach Wellenlänge auf den Verlauf der Basislinie im Detektor aus. Diese sollte man sich immer sehr sorgfältig bezüglich solcher Anomalien, wie Sprünge und Ausbeulungen, ansehen. Diese können ein Hinweis auf entsprechende Störungen sein, denen man nachgehen sollte, wenn sie sich nicht aus dem Verlauf des Gradienten erklären lassen. Die erste Maßnahme wäre dann ein Verdünnen der Additivkonzentration bzw. die Verringerung der Konzentration der organischen Komponente am Ende des Gradienten. Verschwinden danach die Anomalien, so ist bei der ursprünglichen Konzentration von einer Störung durch Ausfällung auszugehen und die Methode kann mit ihren Originalbedingungen nicht auf dieser Apparatur angewendet werden. HPG-Pumpen sind bezüglich solcher lokaler Ausfällungen deutlich weniger anfällig, weil sie keinen Einfluss auf die Dosierung der Komponenten nehmen können. Die Ausfällungen werden meist durch den Druck der Pumpe weitertransportiert, bis sie sich wieder auflösen.

Fazit
Werden bei Gradientenmethoden andere Lösemittelkombinationen als die für Reversed Phase typischen Methanol- und Acetonitril-basierten (ggf. mit üblichen Puffern versehen) verwendet bzw. beträgt die Puffer- oder Additivkonzentration mehr als 20 mmol/L, so sollte man sich sorgfältig die Basislinie des Blindgradienten bei verschiedenen Wellenlängen und auch die Druckspur im Hinblick auf jegliche Unregelmäßigkeiten anschauen. Manche HPG-Methoden lassen sich auf einigen LPG-Anlagen nicht so einfach durchführen. Verdünnen der Puffer/Additive kann eine mögliche Lösung sein.

Ein notorisches physikochemisches Phänomen bei Gradientenpumpen beruht aber auf den Mischungsvolumina, also der Tatsache, dass das Gesamtvolumen sich nicht additiv aus den Einzelvolumina verschiedener Lösemittel ergibt. Besonders beim Mischen von Wasser mit organischen Lösemitteln gibt es eine Volumenkontraktion, die z. B. bei Wasser/Methanol Ausmaße bis zu 4 % haben kann. Die Auswirkung des Mischungsvolumens auf die Chromatographie ist zwischen einer HPG und einer LPG sehr unterschiedlich und wird bei LPGs auch noch sehr stark vom jeweiligen exakten Design abhängen. Gut vorhersagbar, einheitlich und auch einfach zu erklären sind die Auswirkungen bei einer HPG, wenngleich diese für den chromatographischen Prozess erheblich und nicht allen Anwendern bekannt sind. Eine HPG ist nämlich bei einem Lösungsmittelgradienten nicht flusskonstant. Der Fluss folgt vielmehr den für jede Zusammensetzung spezifischen Mischungsvolumina, wie sie in Abb. 4.2 für Mischungen über

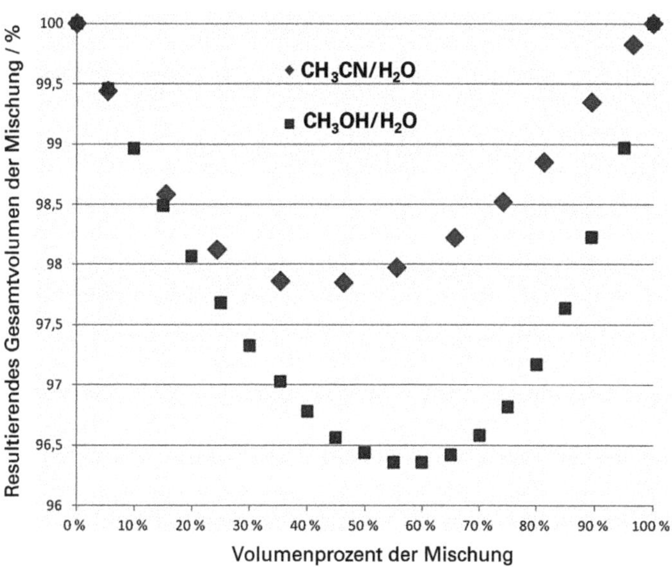

Abb. 4.2 Kurven der Volumenkontraktion bei der Mischung von Wasser mit Acetonitril und Wasser mit Methanol, dargestellt als Prozentsatz der Summe der Einzelvolumina beider Komponenten.

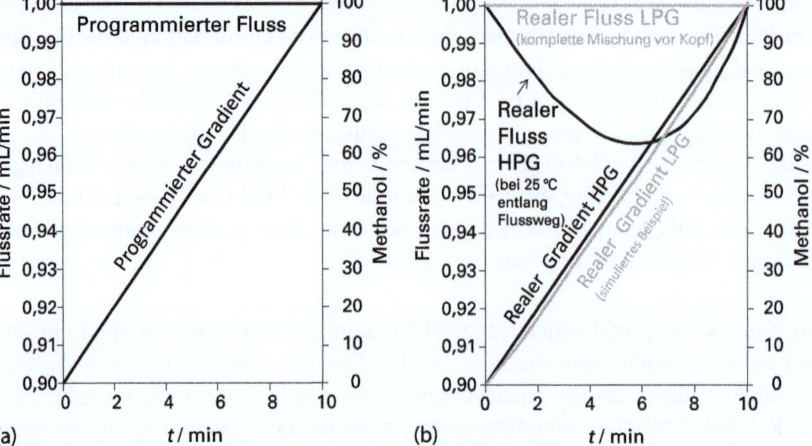

Abb. 4.3 Im Diagramm (a) sind die für eine Gradientenmethode programmierten Pumpenparameter aufgetragen, im Diagramm (b) das reale Verhalten für eine HPG und eine LPG (bei der LPG ist die Abweichung von der Zusammensetzung nur beispielhaft und sehr drastisch dargestellt).

den gesamten Bereich dargestellt sind. Diese Darstellung ist aber noch immer vereinfacht, denn sie berücksichtigt noch nicht die Einflüsse der jeweiligen Mischungswärmen und damit verbundenen Temperaturänderungen. Meist findet man in der technischen und thermodynamischen Literatur Tabellen zum molaren Mischungsvolumen in Abhängigkeit vom Molenbruch der Mischung. Solche Angaben sind für die HPLC nicht besonders praktisch, weshalb sie von den Autoren umgerechnet in die prozentuale Volumenänderung gegen Volumenprozent der Mischung aufgetragen wurden (Abb. 4.2). Es lässt sich deutlich erkennen, dass die Volumenänderung bei Wasser/Acetonitril schwächer ausgeprägt ist und die Kurve symmetrischer ist als bei Wasser/Methanol. Aufgrund dieser physikochemischen Gegebenheiten resultiert für Wasser-Methanol-Gradienten mit einer HPG-Pumpe über den gesamten Bereich das in Abb. 4.3 dargestellte Flussprofil zu dem entsprechenden linearen Gradienten, obwohl der Fluss fest auf 1 mL min^{-1} eingestellt ist. Die Summe der Flüsse der beiden Pumpenblöcke A und B entspricht dabei sehr wohl jeweils 1 mL min^{-1}, aber durch die Mischung auf der Hochdruckseite verschwindet ein Teil des Volumens und dies führt zu einer Reduktion der Flussrate. Der Vorteil einer HPG ist, dass sie bei einwandfreier Arbeitsweise absolut zusammensetzungstreu ist, wie Abb. 4.3 dies zeigt. Grundsätzlich könnten die Mischungsvolumina bei der Steuerung einer HPG von der Software berücksichtigt werden, um eine Korrektur zur Flusskonstanz vorzunehmen. Das setzt aber voraus, dass die verwendeten Lösungsmittel in der Software korrekt hinterlegt sind. Bei manchen Herstellern muss das jeweilige Solvens in die Software eingegeben werden, damit die Pumpensteuerung die Kompressibilität richtig berücksichtigen kann. Ein solcher Ansatz ist natürlich grundsätzlich unpraktisch und auch fehleranfälliger als eine automatische

Kompressibilitätskontrolle, aber er würde prinzipiell die Möglichkeit zur Flusskompensation bieten. Die eindeutige automatische Erkennung eines bestimmten Solvens zu diesem Zweck ist hingegen sehr schwierig. Nach bestem Wissen der Autoren gibt es zum Zeitpunkt der Texterstellung keine kommerziell erhältliche flusstreue HPG-Pumpe.

Bei einer LPG-Pumpe liegen die Verhältnisse wesentlich anders. Grundsätzlich kontrolliert hier nur ein Förderkopf den Fluss aller bereits dosierten und kombinierten Komponenten. Liegen diese zum Zeitpunkt der Förderung vollständig gemischt vor, so kann davon ausgegangen werden, dass die eingestellte Flussrate über den gesamten Gradienten konstant bleibt. Somit ist eine LPG-Pumpe von ihrem Konzept her also flusstreu. Voraussetzung dafür ist aber, dass die vollständige Durchmischung der Komponenten spätestens bis zum Abschluss des Ansaugtaktes abgeschlossen ist und sich während des Fördertaktes bzw. im Mischer hinter dem Förderkopf keine weitere Volumenkontraktion mehr ergibt. Da beim LPG-Prinzip die nacheinander angesaugten Segmente der verschiedenen Komponenten gemischt werden müssen, ist hier das schwierigere axiale Mischungsproblem zu lösen, idealerweise von einem Mischer vor dem Förderkopf. Es ist aber nicht trivial, einen effektiv arbeitenden Axialmischer bereitzustellen, der das Ansaugen der Pumpe nicht störend beeinflusst. Die meisten passiven Mischer stellen eine nennenswerte Flussrestriktion dar und können deshalb nur im Hochdruckbereich der Pumpe und nicht im Ansaugbereich betrieben werden, wo nur der atmosphärische Druck und der hydrostatische Druck der erhöhten Eluentengefäße genutzt werden können. Aus diesem Grund haben alle Hersteller von LPG-Pumpen den Mischer, der für die bestmögliche Glättung von Welligkeiten in der Zusammensetzung verantwortlich ist, hinter dem Förderkopf platziert. Auf einen echten Mischer im Ansaugbereich wird meistens ganz verzichtet und man vertraut auf eine ausreichende Mischung der Segmente im Proportionierventil und bis zum vollständigen Ansaugen in den Förderkopf, wenngleich einige LPG-Pumpen tatsächlich einen solchen Mischer im Ansaugbereich verwenden. Grundsätzlich kann davon ausgegangen werden, dass diese Mischung bis zur Förderphase bei allen LPG-Pumpen ausreicht, um Flussabweichungen von > 1 % zu vermeiden. Dennoch sollte dieser Effekt dem Anwender bewusst sein, denn er führt dazu, dass die meisten LPG-Systeme von der idealen Flusskonstanz abweichen und zwar abhängig vom exakten Design in jeweils unterschiedlich starker Ausprägung.

Die für die Chromatographie aber wesentlich relevanteren Effekte einer LPG-Pumpe haben ihre Ursache genau in jener Tatsache, dass im Proportionierventil bereits eine partielle Durchmischung der Komponenten erfolgt. Wie in Abb. 4.2 dargestellt erfolgt beim Mischen von Wasser und organischen Lösungsmitteln eine nicht unerhebliche Volumenkontraktion und diese ist, wie in Abb. 4.2 für Methanol deutlich wird, nicht einmal durch eine symmetrische Kurve zu beschreiben. Wir wollen nun die Auswirkung auf die Dosierung der Komponenten beim LPG-Prinzip betrachten. Beginnt ein Gradient mit reinem Wasser, dann wird vor dem Start am Proportionierventil permanent nur dieser Kanal offen gehalten. Damit wird das allen Lösungsmittelkanälen gemeinsame Volumen der Vorrichtung stets nur mit Wasser gefüllt sein. Ab dem Gradientenstart wird über den Verlauf des Gradienten für stetig verändernde Zeitintervalle regelmäßig das Ventil umgeschaltet und es werden somit Segmente des organischen Lösungsmittels zwischen die Wasserzonen dosiert. Um eine exakte schaltzeitproportionale Kontrolle der Zusammensetzung zu gewährleisten, dürfte es an den Grenzen der Segmente zu keiner Durchmischung kommen, was aber nicht der Realität entspricht. Sobald das Ventil die organische Komponente in Kontakt mit der wässrigen Komponente bringt, wird eine partielle Durchmischung mit Volumenkontraktion erfolgen, die dazu führt, dass mehr organische Komponente eingelassen wird, als dem Zeitintervall entsprechen würde. Es verschwindet quasi ein Teil des Volumens von Acetonitril oder Methanol in der gemischten Phase. Sobald das Ventil wieder von Organikeinlass auf Wassereinlass umschaltet, wird es ebenfalls zu einer partiellen Durchmischung kommen, und es verschwindet jetzt ein Teil des Wassers durch Volumenkontraktion in der organikreichen gemischten Phase. Wäre dieser Effekt an beiden Grenzflächen exakt gleich, so würde er auch ohne Auswirkung bleiben. Dies ist aber aus mehreren Gründen nicht der Fall. Wegen der unterschiedlichen physikochemischen Eigenschaften der beiden Lösungsmittel, werden die wässrige und organische Phase einander unterschiedlich stark durchdringen. Dies gilt sowohl für die Durchmischung basierend auf Diffusion (spielt in Flüssigkeiten die untergeordnete Rolle) als auch für jene basierend auf Konvektion. Zu diesem Effekt kommt hinzu, wie bereits erwähnt, dass die Charakteristik des Mischungsvolumens über die Zusammensetzung nicht symmetrisch ist, vergleicht man z. B. die Dosierung von 10 % Methanol zu 90 % Wasser mit dem genau umgekehrten Fall, erkennt man, dass das 1,8-fache Volumen an Methanol durch die Kontraktion in Wasser verschwindet, wie im umgekehrten Fall (Abb. 4.2). Weiterhin kommt es beim Vermischen noch zu thermischen Effekten. Die Erwärmung oder Abkühlung bei der Mischung (Methanol vs. Acetonitril) führt zu geometrisch schlecht zu kontrollierenden Volumenveränderungen im Proportionierventil. Aus all diesen Gründen sind LPG-Pumpen im Gegensatz zu HPG-Pumpen über den Gradient hinweg nicht zusammensetzungstreu. Anders als bei der Flussabweichung einer HPG, lässt sich dieser Effekt aber nicht einfach quantifizieren und sein Ausmaß variiert mit dem exakten technischen Design verschiedener Hersteller und auch innerhalb der Herstellerfamilien. Weiterhin kann das Ausmaß der Durchdringung der Segmente sowie dessen Unterschied zwischen den beiden Grenzflächen auch noch von der Flussrate abhängen. Da die Flussrate bei einer Methode normalerweise festgeschrieben ist, spielt dieser Punkt für die exakte Methodenübertragung keine Rolle. Der Anwender sollte sich aber bewusst sein, dass Flussänderungen bei LPG-Systemen die relativen Retentionszeiten verändern können, was bei HPG-Systemen nicht der Fall sein wird. Zuletzt sei an dieser Stelle noch darauf hingewiesen, dass der Effekt auch davon abhängig sein kann, welche Kanäle der meist quaternären LPG-Pumpe (z. B. A, B, C, D) für die Erzeugung des Gradienten verwendet werden. Unterschiede können besonders dann entstehen, wenn beim Wechsel der verwendeten Kanäle die Einlässe am Proportionierventil einerseits benachbart sind und andererseits einander gegenüberliegen.

Um eine zu große Verunsicherung der Anwender durch diese Erkenntnisse zu vermeiden, sei darauf hingewiesen, dass sich die oben beschriebenen Abweichungen von der erwarteten Zusammensetzung bei den meisten LPG-Systemen in der Praxis bei Werten von < 1 % bewegen. Die Abweichungen bei der LPG sind in Abb. 4.3 zur Verdeutlichung sehr drastisch dargestellt. Weiterhin muss festgehalten werden, dass die Pumpen ihre Fehldosierung mit einer guten bis sehr guten Wiederholpräzision ausführen. Somit sind keine negativen Einflüsse auf die Anwendung bei ein und derselben Apparatur zu erwarten, wohl aber bei der Übertragung von Methoden zwischen verschiedenen Apparaturen.

Fazit

Für einen einfachen linearen Gradienten, bei dem keine zu quantifizierende Substanz außerhalb des Gradienten oder nahe an dessen Rand eluiert, gelten für die Übertragung zwischen verschiedenen Geräten mit identischen tatsächlichen GDV-Werten folgende Regeln:

- Zwischen HPG-Systemen, selbst von verschiedenen Herstellern, gibt es normalerweise keine nennenswerten Unterschiede in den Retentionszeiten.
- Zwischen LPG-Systemen verschiedener Hersteller sind durchaus Unterschiede zu erwarten, es besteht aber eine gewisse Chance, dass die Methode sogar unverändert übertragen werden kann. Bei nominell identischen Apparaturen bitte niemals die Verwendung der Kanäle A, B, C, D vertauschen – zwischen verschiedenen Herstellern kann man dies aber zur besseren Methodenübertragung ausprobieren.
- Zwischen HPG- und LPG-Systemen, selbst bei gleichem Hersteller und gleicher Gerätefamilie, sind immer eklatante Unterschiede im chromatographischen Ergebnis zu erwarten und Methoden können fast nie ohne größere Anpassungen übertragen werden, in vielen Fällen mag die Anpassung gar nicht gelingen.

Es sei bei diesen Regeln nochmals auf die oben genannten Voraussetzungen hingewiesen. GDV-Werte verschiedener Anlagen auf weniger als 5 % Unterschied anzugleichen, wird in der Praxis oft schwierig sein. Handelt es sich um einen anspruchsvolleren Multisegmentgradienten, dann spielt auch die Charakteristik des jeweiligen Mischers eine Rolle. Zu guter Letzt beziehen sich diese Aussagen auch lediglich auf die Vergleichbarkeit der Retentionszeiten, wohingegen sich Basislinien von TFA-Methoden (wird in Abschnitt 4.2.14 behandelt) zwischen verschiedenen Anlagen meist deutlich unterscheiden werden. Bei der Übertragung anspruchsvoller Gradientenmethoden zwischen verschiedenen Anlagen ist also stets Vorsicht geboten, selbst zwischen zwei HPGs mit vermeintlich perfekt übereinstimmendem GDV.

4.1.4 Apparative Einflüsse außerhalb der Pumpe

Hier werden kurz jene Aspekte diskutiert, die sich auf das erhaltene Chromatogramm bei Anwendung der Gradientenelution auswirken, welche aber nicht von der Pumpe herrühren. Die Voraussetzung sei dabei, dass die jeweiligen Effekte spezifisch für die Gradientenelution sind, also bei isokratischer Arbeitsweise nicht oder in wesentlich schwächerem Maße auftreten würden. Der Säulenthermostat bleibt hier somit unerwähnt, denn sein Einfluss ist diesbezüglich weitgehend unspezifisch. Von Bedeutung sind aber die Fluidik des Autosamplers, die Kapillarverbindungen, besonders vor der Trennsäule einschließlich eines etwaigen Vorsäulenfilters, und das Volumen der Flusszelle sowie die Einstellungen des Detektors.

Es wurde bereits erwähnt, dass das Volumen der gesamten Fluidik vor der Trennsäule zum GDV beiträgt. Dieses sind die effektiven Volumina der Verbindungskapillaren Pumpe-Autosampler und Autosampler-Trennsäule, die Probenschleife des Autosamplers, interne Volumina des Injektionsventils und des Nadelsitzes einschließlich seines Schaltventilanschlusses (nur bei Integral Loop Autosamplern) sowie ein optionaler Säulenvorfilter (auch Inline-Filter genannt). Das mit Abstand größte Volumen nimmt hier normalerweise die Probenschleife ein. Dabei ist zu bedenken, dass Probenschleifen meist nach dem maximalen Injektionsvolumen benannt sind, für welches sie vorgesehen sind. Wegen der Ausbildung eines parabolischen Strömungsprofils beim Aufziehen der Probe in die Schleife muss diese ein deutlich größeres tatsächliches Volumen als das maximale Injektionsvolumen haben. Dieser Volumenfaktor beträgt abhängig von Hersteller und Autosamplertyp 30–100 %.

Ein wesentlich weniger offensichtlicher Aspekt ist die fluidikabhängige Durchmischung der Probezone mit der Fließmittelzusammensetzung nach dem Injizieren in die Startbedingungen des Gradienten. Dies spielt im (relativ seltenen) Fall einer Übereinstimmung des Probelösemittels mit der Eluentenzusammensetzung beim Gradientenstart keine Rolle. Weichen aber beide voneinander ab, ist diese Durchmischung bei gegebenem Injektionsvolumen abhängig von der Fluidik des Autosamplers und aller weiteren Elemente vor der Trennsäule. Ist das Probelösemittel von schwächerer Elutionskraft als der Eluent beim Gradientenstart, kann eine schlechte Durchmischung vorteilhaft sein, denn die Probezone wird am Säulenkopf dabei eher aufkonzentriert und geschärft (Abb. 4.4a). Liegt der umgekehrte Fall bezüglich der Elutionskraft vor, besteht bei einer schlechten Durchmischung die Gefahr eines partiellen Mitschleppens der Probe am Säulenanfang und dies kann zu einer erheblich verschlechterten Peakform führen, das Ergebnis ist Fronting (Abb. 4.4b).

Es sei darauf hingewiesen, dass moderne auf minimale Bandenverbreiterung optimierte UHPLC-Apparaturen die Probezone schlechter mit dem sie umgebenden Fließmittel vermischen. Weiterhin beginnt ein Gradient immer mit einem schwach eluierenden Lösemittel, also ist die Variante mit der nachteiligen Auswirkung stets die wahrscheinlichere. Zudem kann sich das Ausmaß dieser Effekte verändern, wenn das Gradientenprogramm verändert wird. Der Anwender kann die Abwesenheit dieses Effektes testen, indem er einen Standard einerseits in den Startbedingungen des Gradienten löst, andererseits in dem Lösemittel, in welchem die Probe üblicherweise injiziert wird. Sind Peakform und Auflösung in beiden Fällen gleich, liegt kein solcher Effekt vor. Ist die Peakform aber beim Probelösemittel schlechter, muss entweder für eine bessere Durchmi-

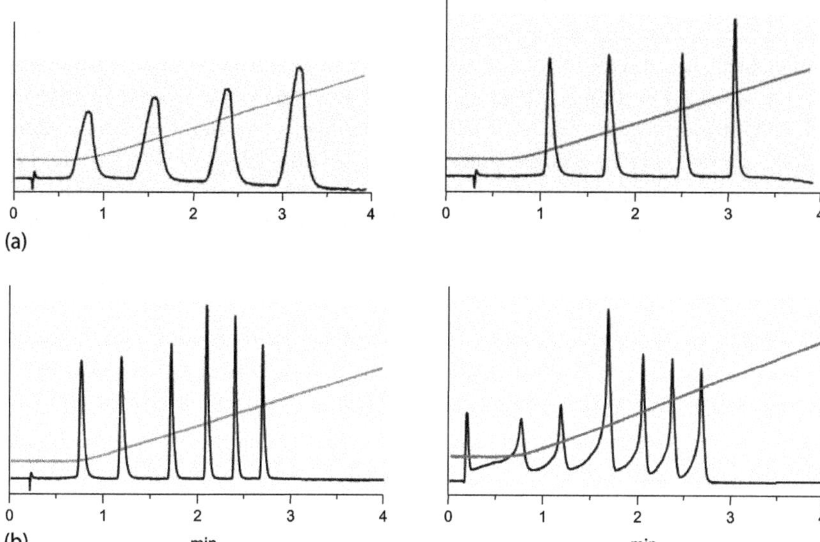

Abb. 4.4 Chromatographische Effekte beim Eindringen der Probezone in die Säule, die aus unterschiedlich starker Elutionskraft der mobilen Phase und des Probenlösemittels rühren, (a) zeigt eine Fokussierung bei schwach eluierendem Probelösemittel, die eine Volumenüberladung kompensiert, (b) zeigt die erhebliche Peakverzerrung durch ein zu stark eluierendes Probelösemittel.

schung vor der Säule gesorgt werden oder man verringert das Injektionsvolumen. Diese Durchmischung kann durch Einfügen eines kleinen axialen Mischers oder durch eine kleine retentionsfreie Säule (z. B. Silica bei RP-Methode), bevorzugt mit schlechter Trennleistung, bewerkstelligt werden. Gute moderne Vorsäulenfilter sind von geringem Volumen und so sehr auf minimale Bandenverbreiterung optimiert, dass sie kaum axiale Mischung erzeugen und zu diesem Zweck leider nicht sehr hilfreich sind. Trotzdem kann ein solcher Filter aber bereits einen Unterschied machen. Alternativ kann, sofern die Nachweisstärke dann noch ausreichend ist, ein verkleinertes Injektionsvolumen der deutlich einfachere Weg sein. Der Grund, warum die schlechte Durchmischung bei optimierten UHPLC-Apparaturen oft nicht auffällt, ist das typischerweise geringe Injektionsvolumen von UHPLC-Methoden. Kritisch kann es aber werden, wenn auf solch einer hoch optimierten Apparatur eine konventionelle HPLC-Methode mit relativ großem Injektionsvolumen von 20 µL oder mehr injiziert wird.

Zuletzt ist noch auf der Detektorseite zu berücksichtigen, dass das gewählte Gradientenprogramm (besonders die Steilheit des Gradienten) einen erheblichen Einfluss auf das Peakvolumen und somit auch die zeitliche Basisbreite des Peaks hat. Wird also durch steile Gradienten ein schärferer Peak erzeugt (kleineres Peakvolumen), könnte das Flusszellenvolumen zu groß sein, um diesen korrekt abzubilden, bzw. die Datenrate des Detektors zu klein und vor allem dessen Zeitkonstante zu groß. Tückisch ist dabei, dass man dies womöglich nicht erkennt und die Ursache für die schlechtere Auflösung und Peakform an der falschen Stelle sucht (z. B. Säule). Deshalb sollte bei der Entwicklung der Gradientenmethode tendenziell die kleinste Flusszelle gewählt und bei einer recht hohen Datenrate und niedrigen Zeitkonstante gearbeitet werden. Steht die Gradientenmethode schließlich, so optimiert man die Detektionsbedingungen dann in einem zweiten Schritt. Hierfür sollten zunächst das Peakvolumen und die zeitliche Basisbreite des schmalsten zu quantifizierenden Peaks bestimmt werden (kleine Zelle und kleine Zeitkonstante!). Dann geht man nach den Faustregeln für Flusszellenvolumen, Datenrate und Zeitkonstante vor.

Fazit

Bei effizienzoptimierten Apparaturen kann es bei Injektion größerer Volumina zu Problemen aufgrund mangelnder Durchmischung der Probe mit mobiler Phase beim Gradientenstart kommen, die sich in starken Peakverzerrungen äußert. Dann muss entweder die Probe mit schwach eluierendem Lösemittel verdünnt oder das Injektionsvolumen reduziert werden. Bei Problemen mit der Nachweis- oder Bestimmungsgrenze hilft nur der Einbau eines mischenden Elementes vor der Säule. Weiterhin müssen bei Veränderung der Gradientensteigung ggf. die Detektionsparameter auf das sich ergebende verringerte Peakvolumen angepasst werden.

4.1.5
Belastung und Abnutzung von Säulen bei Gradientenmethoden

Mit der Anwendung von Lösemittelgradienten geht stets eine Veränderung der Viskosität der mobilen Phase einher. Bei der üblichen flusskonstanten Arbeitsweise wirkt sich das aber auch direkt in einer Veränderung des Säulendruckes und damit in den auf der stationären Phase lastenden Kräften aus. Besonders steile Gradienten führen hier zu einer schnellen Wechselbelastung, und wenn diese noch mit Druckunterschieden von mehr als Faktor zwei und Maximaldrücken von mehr als 1000 bar einhergehen, bedeutet dies für die Säule erheblichen mechanischen Stress. Dabei können sowohl die Partikel der stationären Phase als auch die Struktur der Packung mit der Zeit Schaden nehmen. Von welchen Ausmaß dieser ist, hängt ganz wesentlich von der jeweiligen Säule ab. Zahlreiche moderne UHPLC-Säulen weisen sehr akzeptable Standzeiten unter solchen Bedingungen auf. Es wäre grundsätzlich auch ein druckkonstanter Modus der Gradientenelution denkbar, bei dem der Fluss und die Gradientensteigung permanent der sich verändernden Viskosität angepasst werden [1, 2]. Die wesentliche Motivation dafür ist die Lineargeschwindigkeit ständig maximal halten zu können und sie auch stets dem sich ändernden Diffusionskoeffizienten anzupassen, was für eine optimale Trennleistung sinnvoll ist. Gleichzeitig umgeht man mit diesem Modus die Wechselbelastung der Säule, hält sie dafür aber ständig bei entsprechend hohem Druck. Die Nachteile des druckkonstanten Modus sind die aufwendige Steuerung, vor allem aber die sich mit verändernder Permeabilität der Säule im Dauerbetrieb ändernden Retentionszeiten. Aus diesem Grund wird dieser Modus in der Routine nicht eingesetzt und es gibt entsprechend kaum Erfahrung, ob es für die Standzeit der Säule wirklich günstiger ist, sie ständig bei hohem Druck zu halten, anstatt sie einer Wechselbelastung auszusetzen. Weiterhin ist es bekannt, dass besonders harte Druckstöße und starke Druckeinbrüche die Säulen schädigen. Sie ereignen sich besonders unter hohem Arbeitsdruck zum Zeitpunkt der Ventilschaltung bei der Injektion. Das Ausmaß ist bei verschiedenen Autosamplern unterschiedlich, aber es ist technisch sehr schwierig diesen Druckstoß komplett zu eliminieren. Bei den meisten Apparaturen ist dieser säulenschädigende Einfluss der absolut dominante und man kann zeigen, dass die Säule ohne Injektion auch unter harschen (Blind-) Gradienten nahezu keinen Schaden nimmt.

In jedem Fall ist die Schädigung von Säulen im Dauerbetrieb umso größer, je höher der maximale Arbeitsdruck ist, dem sie in einer Methode ausgesetzt werden. Würde man den druckkonstanten Modus hier nicht zum absoluten Geschwindigkeitsmaximum einsetzen, sondern die Methode bei einem mittleren Druck des originären klassischen Gradienten konstant halten (idealerweise im Van-Deemter-Minimum), dann würde das der Säule die Belastung mit den sehr hohen Drücken bei den wasserreichen Zusammensetzungen bzw. im Viskositätsmaximum von Wasser-Methanol ersparen, ohne dass dadurch die Chromatographie langsamer wäre. Um solche Methoden schnell und möglichst automatisiert erarbeiten zu können, wäre aber eine Softwareunterstützung wünschenswert, die zur Zeit der Erstellung des Kapitels von keinem Hersteller angeboten wird.

Zuletzt sei in diesem Zusammenhang noch angemerkt, dass der Maximaldruck einer Gradientenmethode prinzipiell immer über dem konstanten Druck einer für die entsprechende Applikation möglichen isokratischen Methode liegt und somit schädigen Gradientenmethoden Säulen rein mechanisch grundsätzlich mehr als isokratische. Gradienten reinigen aber andererseits auch permanent die Oberfläche der stationären Phase, was vorteilhaft für die Standzeit der Säule ist. Bei isokratischen Methoden ist es deshalb nicht unüblich nach der Elution aller Analyte noch einen Spülgradienten zu fahren. Im RP-Modus ist dieser stets mit einer Druckverringerung verbunden und sollte die Säule nicht zusätzlich mechanisch belasten. Ein solcher Spülschritt ist somit für die meisten isokratischen Applikationen durchaus zu empfehlen.

4.2 Technische Umsetzung und Charakterisierung von Gradienten-HPLC

In diesem großen Abschnitt soll auf die genaue technische Implementierung von Gradientensystemen, ihre Steuerung und die technische Bewerkstelligung der Mischung der Komponenten näher eingegangen werden. Aufgrund der Firmenzugehörigkeit der Autoren werden vergleichende und bewertende Diskussionen zwischen den Produkten verschiedener Hersteller hier unterbleiben, diese waren eher der Gegenstand vom Abschnitt 2.1. Es sollen hier vielmehr die verfügbaren Techniken erläutert und teilweise (aber nicht erschöpfend) durch Beispiele anhand von Produkten verschiedener Hersteller illustriert werden. Das wesentliche Augenmerk liegt darauf, dem Anwender Grundlagen zu vermitteln, um die Phänomene seiner Apparatur besser zu verstehen und diese kompetent charakterisieren sowie Probleme mit der Anwendung effektiver beheben zu können.

4.2.1 Wissenswertes und Grundlegendes zum Einfluss der bei Gradientenpumpen angewandten Förder- und Dosierungstechniken

Das erklärte Ziel ist dabei stets dasselbe: Die Gradientenapparatur soll präzise und richtig zu einem bestimmten Zeitpunkt eine definierte Zusammensetzung anliefern, die Flussrate präzise kontrollieren und dies mit allen typischen mobilen Phasen über weite Flussraten- und Druckbereiche hinweg ohne sichtbare Mischungswelligkeiten und bei einem möglichst geringen Verschleiß ihrer Bauteile. Dies ist keineswegs eine einfache Aufgabe und es gibt recht verschiedene technische Ansätze dafür, deren Vor- und Nachteile von den jeweiligen Anforderungen abhängen und die sich ggf. auch eklatant auf die Herstellungskosten von Gradientenpumpen auswirken können. Grundsätzlich unterscheiden sich die Anforderungen teilweise zwischen dem LPG- und HPG-Prinzip recht deutlich. Dieser Tatsache wird in diesem Kapitel dann jeweils Rechnung getragen, indem bei unterschiedlichen Anforderungen an bestimmte technische Bauteile stets zuerst die HPG-Situation und dann die LPG-Situation behandelt wird, dies ggf. in getrennten Abschnitten.

Bevor auf die technischen Umsetzungen eingegangen wird, sollen einige physikalische bzw. physikochemische Grundlagen, die für die Eluentenförderung bei der UHPLC eine Rolle spielen, sehr kurz behandelt werden. Zunächst sei an dieser Stelle die Kompressibilität von Flüssigkeiten erwähnt, die besonders bei organischen Lösemitteln für Drücke von 1000 bar und mehr durchaus relevant ist. Vorab soll eine sehr wichtige Klarstellung getroffen werden:

Die eingestellte Flussrate einer UHPLC-Pumpe bezieht sich stets auf das geförderte Volumen an Eluenten unter Atmosphärendruck.

Die Flussrate wird über das Ansaugen der Pumpe unter Atmosphärendruck von der Pumpensteuerung kontrolliert und kann hinter der Säule (bzw. dem Detektor) ebenfalls unter Atmosphärendruck zur Kontrolle durch den Anwender gemessen werden. Deshalb spielen die Kompressibilität bzw. mit ihr einhergehende Effekte für die Flusskontrolle (zeitlich gemittelte Flussrate) der Pumpe keine Rolle. Die Kompressibilität spielt hingegen eine große Rolle für die Steuerung des Kolbenvortriebs mit dem Ziel einer möglichst pulsationsarmen Förderung. Diese überträgt sich, wie bereits diskutiert, bei HPG-Pumpen auch direkt in Mischungswelligkeiten und ist deshalb dort sehr relevant für die Chromatographie. Abbildung 4.5 zeigt die Volumenänderungen von Wasser, Acetonitril und Methanol, wenn man sie bei einer Temperatur von 298 K isotherm komprimiert. Während Wasser bei 1000 bar ca. 4 % seines Volumens verliert, ist dieser Wert für Acetonitril doppelt so groß und für Methanol gar noch ausgeprägter. Wegen des nicht linearen Zusammenhangs verdoppeln sich diese Werte zwar nicht bei der Kom-

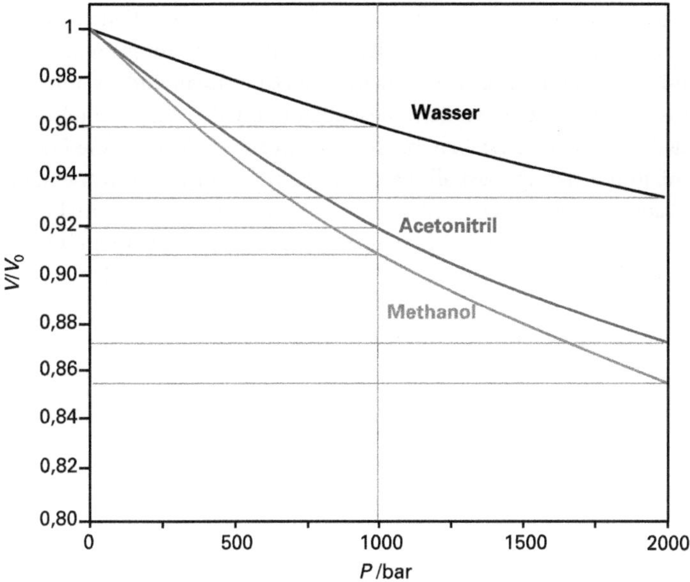

Abb. 4.5 Relative Volumenänderung aufgrund der unterschiedlichen Kompressibilitäten von Wasser, Acetonitril und Methanol bei Raumtemperatur und für Drücke bis zu 2000 bar.

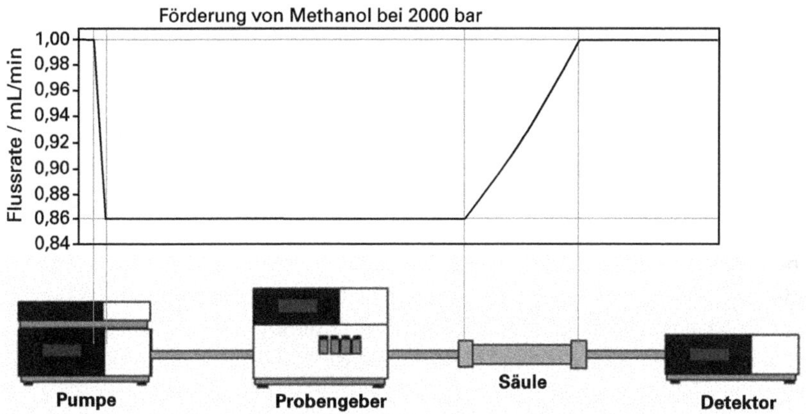

Abb. 4.6 Flussratenprofil entlang einer UHPLC-Apparatur für eine Methode, die isokratisch Methanol bei 2000 bar Pumpendruck fördert. (Der Effekt aus dem Druckabfall in allen Bauteilen außer der Säule ist hier vernachlässigbar.)

pression auf 2000 bar, immerhin beträgt die Volumenkontraktion dann für Methanol aber gut 14 %. Um den Einfluss auf die Flussrate entlang der Apparatur zu verdeutlichen, ist in Abb. 4.6 ein Szenario der Förderung von reinem Methanol bei 2000 bar illustriert. Zur Vereinfachung wurde der Druckabfall entlang der Kapillaren vernachlässigt, der allerdings bei einem Fluss von 1 mL min^{-1} in einer UHPLC-Apparatur für übliche Viskositäten nicht unbedingt vernachlässigbar ist.

Die Pumpe saugt zwar einen Fluss von 1 mL min^{-1} an, es ist aber offensichtlich, dass nach der Kompression des Methanols der Fluss durch den Autosampler nur noch ca. 0,86 mL min^{-1} beträgt. Der entscheidende Druckabfall findet dann auf der Säule statt und mit ihm die deutliche Beschleunigung der Flussrate und Lineargeschwindigkeit entlang derselben, bis schließlich am Säulenende die Flussrate wieder 1 mL min^{-1} beträgt. Bei all diesen Betrachtungen wurde von einem isothermen Fall ausgegangen. Diese und die damit einhergehenden hier nicht erwähnten thermischen Effekte haben durchaus Einfluss auf Selektivitäten und Effizienzen in der UHPLC im Vergleich zu HPLC-Methoden bei wesentlich geringerem Arbeitsdruck. Wegen der außerordentlichen Komplexität, besonders aber auch aufgrund der Tatsache, dass sie nicht direkt gradientenspezifisch sind, sollen die diesbezüglichen Effekte in der Säule hier nicht weiter behandelt werden. Zur weiteren Vertiefung sei ein Artikel von Martin und Guichon [3] empfohlen, aus welchem auch die hier präsentierten Daten entnommen wurden. Alle hier vermittelten Grundlagen dienen lediglich dem Verständnis der weiter zu behandelnden Phänomene, die in Gradientenapparaturen zu Mischungswelligkeit führen können.

Ein letzter physikochemischer Effekt sei an dieser Stelle noch erwähnt, nämlich die Möglichkeit der flüssig/fest Phasenumwandlung unter extrem hohem Druck. In Abb. 4.7 sind die druckabhängigen Schmelzkurven für Wasser und einige organische Lösemittel bis 2000 bar dargestellt, die Daten dazu sind ebenfalls dem Artikel von Martin und Guiochon entnommen [3]. Die Grafik zeigt einmal mehr die Anomalie von Wasser unter isothermer Druckerhöhung zu schmelzen, bei allen organischen Lösemitteln hat die Kurve hingegen eine positive Steigung. Lediglich dieser Umstand erlaubt das Schlittschuhlaufen auf Eis, was z. B. auf gefrorenem Methanol nicht möglich wäre, weil dieses nicht unter dem Druck der Kufe schmelzen und den zum Gleiten erforderlichen Flüssigkeitsfilm bilden würde. Aus Abb. 4.7 ist klar zu ersehen, dass Cyclohexan nicht für den HPLC-Betrieb geeignet ist, da es schon unterhalb von 200 bar bei Raumtemperatur erstarrt, sein Schmelzpunkt bei Normaldruck liegt bei 6,5 °C. *n*-Hexan, mit seinem Schmelzpunkt von −95 °C, verhält sich gänzlich anders und ist deshalb ja auch ein für die Normalphasenchromatographie zugängliches Lösemittel, obwohl *n*-Heptan wegen seiner geringeren Toxizität gebräuchlicher ist. Extrapoliert man die Actetonitrilkurve zu höheren Drücken, so lässt sich schließen, dass dieses bei ca. 3650 bar ebenfalls bei ca. 20 °C zum Feststoff erstarrt. Damit ist der UHPLC letztlich auch aus diesem Grund eine Druckbegrenzung auferlegt, es sei denn man thermostatisiert die Fluidik der Pumpe entsprechend, um das Erstarren zu verhindern.

4.2.2 Notwendigkeit der Entgasung der Laufmittelkomponenten

Bei allen bisherigen Betrachtungen wurden reine Lösemittel angenommen und die Löslichkeit von Sauerstoff und Stickstoff darin vernachlässigt. Die Löslichkeit von Stickstoff und Sauerstoff ist allerdings in den bei der HPLC angewendeten mobilen Phasen nicht unerheblich [4]. Gut entgaste Eluenten sind für

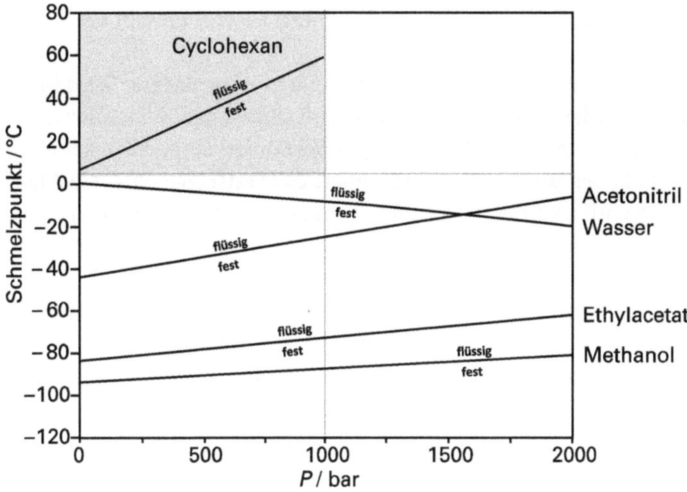

Abb. 4.7 Druckabhängige Schmelzpunktkurven für Wasser und verschiedene Lösemittel im Bereich bis zu 2000 bar.

eine robuste und fehlerfreie Arbeitsweise von HPLC-Pumpen grundsätzlich unerlässlich. Auch bei isokratischen Pumpen und HPG-Pumpen, wo keine Mischung vor den Förderköpfen erfolgt, können Restgasgehalte zum Ausgasen während des Ansaugtaktes führen. Dies ist auch abhängig von der Flussrate, je höher diese ist, umso eher führt dies zum Ausgasen. Es wird sich dann also eine Gasblase im Förderkopf befinden, wenn dieser in die Förderphase wechselt. Unter dem entstehenden Druck löst diese Blase sich zwar normalerweise schnell wieder auf, aber die extrem abweichende Kompressibiliät des Zweiphasengemisches im Förderkopf wird zu Pulsationen und Flussabweichungen führen, die auch eine Pumpe mit automatischer Kompressibilitätsanpassung meist nicht kompensieren kann. Da dieser Effekt bei einer HPG-Pumpe normalerweise nicht gleichmäßig in beiden Förderköpfen auftreten wird, ist damit auch automatisch eine fehlerhafte Zusammensetzung der mobilen Phase verbunden. Es kann auch vorkommen, dass sich eine Gasblase im Auslassventil festsetzt und dessen Funktion so stört, dass keine Flussförderung mehr möglich ist. Dies war bei den heute nicht mehr üblichen Tellerventilen oft der Fall, konnte aber zumindest stets sofort vom Anwender bemerkt werden. Gelingt es der Pumpe das Gas unter Druck schnell aufzulösen und den Eluenten entsprechend zu fördern, wird es hinter der Säule bei der Entspannung auf Normaldruck dann meist wieder zu einem Ausgasen kommen, was sich durch erhebliche Störungen in der Detektorbasislinie ausdrückt. Man sollte dann durch Beobachten in einer transparenten Detektorauslasskapillare verifizieren, dass Gasblasen die Ursache für die Störung im Detektor sind. Im Hinblick auf das Detektionsproblem kann eine Restriktionskapillare hinter dem Detektor Abhilfe durch Druckerhöhung in der Flusszelle schaffen, wobei der maximal zulässige Druck der Flusszelle beachtet werden muss. Zumindest bei einer Gradientenapparatur ist es aber nicht empfehlenswert, sich auf diese Möglichkeit zu verlassen, sondern das Problem sollte prinzipiell durch Behebung der Ursache auf der Seite des Entgasers gelöst werden.

Bei einer Pumpe vom LPG-Typ liegen die Verhältnisse etwas anders. Wird hier über die Zuleitung eines der Lösungsmittelkanäle Luft eingesogen, dann führt diese sofort zu einer eklatanten Fehldosierung im Proportionierventil, die in keinem Fall später wieder behoben werden kann. Besonders das Festsetzen einer Gasblase im Proportionierventil wird dessen korrekte Funktion erheblich stören und somit die Eluentenzusammensetzung stark verfälschen. Gelingt es dann durch eine leistungsfähige Kompressibilitätsanpassung im Förderkopf eine solche Gasblase zu kompensieren oder löst sich diese in der geänderten gemischten Zusammensetzung wieder auf, dann wird der Anwender keine Druckeinbrüche bemerken, aber das Gradientenprofil kann doch erheblich gestört sein.

Fazit

Bei LPG-Systemen ist eine möglichst perfekte Entgasung der Laufmittelkomponenten unabdingbar, bei HPG-Systemen ist sie ebenfalls sehr empfehlenswert.

Abschließend sei an dieser Stelle noch erwähnt, dass auch die Kompressibilität von Flüssigkeiten eine Funktion des gelösten Anteils an Gasen ist. Sie spielt im Sinne einer möglichst pulsationsarmen Förderung auch für die zeitliche Steuerung der Vorkompression eine Rolle, welche später noch ausführlicher behandelt wird.

4.2.3
Verschiedene Pumpentypen (seriell, parallel, Nockenantrieb, Spindelantrieb) und ihre Spezifika

Sieht man einmal von Geräten ab, welche extrem niedrige Flussraten für die nano-HPLC produzieren, so arbeiten alle kommerziell erhältlichen HPLC-Pumpen nach einem diskontinuierlichen Prinzip. Dabei wechseln sich also im Pumpenkopf kontinuierlich Lade- und Förderphasen ab. Einkopfpumpen, welche die Förderung kurz unterbrechen, um den Eluenten sehr schnell zum Befüllen des Kolbens anzusaugen, sind zwar technisch möglich, in der modernen HPLC sind sie aber nicht mehr zu finden. Selbst mit aufwendigem Pulsdämpfer entspricht ihre Leistung nicht den heutigen Erwartungen und für den Gradientenbetrieb wären sie sehr schlecht geeignet. Damit reduziert sich das Angebot auf die seriell arbeitenden 1 1/2-Kopfpumpen und die parallelen 2-Kopfpumpen. Beide Varianten existieren auch bei modernen UHPLC-Geräten. Die verschiedenen Prinzipien werden nun schrittweise erläutert.

Zunächst soll kurz und mithilfe von Abb. 4.8 das Funktionsprinzip einer seriellen 1 1/2-Kopfpumpe mit Nockenantrieb erläutert werden. Dies ist ein recht kostengünstiges Bauprinzip, das zugleich auch relativ wenige kritische Verschleißteile benötigt. Der antreibende Motor bewegt normalerweise über einen Riemen die Antriebswelle, welche dann fest zueinander gekoppelt sowohl die Nocke für den Arbeitskopf als auch jene für den Ausgleichskopf bewegt. Aus den Positionen von

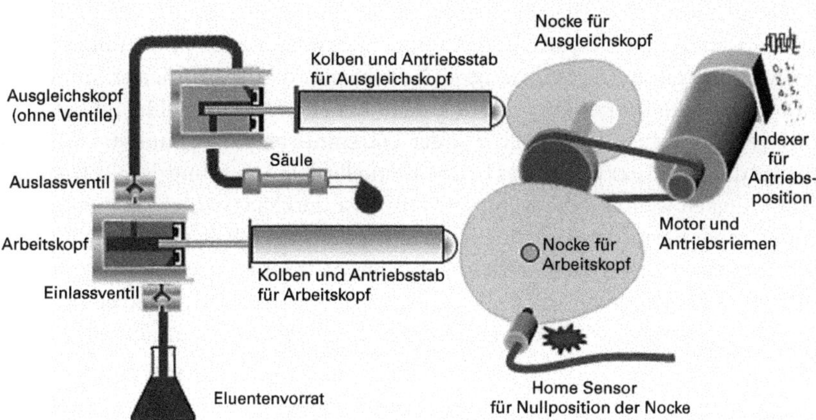

Abb. 4.8 Schematischer technischer Aufbau einer nockengetriebenen seriellen 1 1/2-Kopf HPLC-Pumpe. Dieses Förderprinzip kann sowohl für HPG-Pumpen (unter Ergänzung einer zweiten Pumpe und der Steuerung beider Pumpen) als auch LPG-Pumpen (unter Ergänzung eines Proportionierventils und dessen Steuerung) eingesetzt werden.

Einlass und Auslass für den Eluenten am Arbeitskopf erkennt man das „first-in-first-out" Prinzip. Es fällt weiter auf, dass die Nocke für den Arbeitskopf wesentlich größer ist, denn dieser muss über das nahezu doppelte Hubvolumen wie der Ausgleichskopf verfügen. Das Grundprinzip der seriellen Pumpe ist nämlich, dass der Arbeitskopf in seiner Förderphase (Kolben bewegt sich nach links) einen Teil seiner Förderleistung für das Füllen des Ausgleichkopfes verwendet, den anderen Teil für den Fluss der mobilen Phase durch die Säule. Während der Arbeitskopf sich in der Ladephase (Kolben bewegt sich nach rechts) befindet, übernimmt der Ausgleichskopf die Eluentenförderung zur Säule. Bei diesem Prinzip benötigt nur der Arbeitskopf Ventile. In seiner Ladephase muss sein Einlassventil öffnen und sein Auslassventil schließen, damit der Ausgleichskopf den komprimierten Eluenten bei entsprechendem Druck in Richtung Säule fördern kann. In der Förderphase des Arbeitskopfes ist das Einlassventil dann geschlossen und dichtet gegen den das Laufmittel komprimierenden Kolben ab. Sobald das Laufmittel im Arbeitskolben bis zu dem anliegenden Säuleneingangsdruck komprimiert ist, öffnet das Auslassventil und die Förderphase beginnt, die zugleich die Ladephase für den Ausgleichskopf ist. Der Ausgleichskopf benötigt keine Ventile. Als Einlassventil des Ausgleichskopfes, das während seiner Förderphase schließt, fungiert das Auslassventil des Arbeitskopfes. Ein Auslassventil wird beim Ausgleichskopf nicht gebraucht, da an seinem Auslass quasi kontinuierlich Eluent entlanggefördert wird. Dementgegen fördern aber die beiden Köpfe alternierend diskontinuierlich. Für eine pulsationsarme Förderung ist es entscheidend, dass die Bewegung beider Köpfe perfekt abgestimmt ist und der Übergabepunkt zwischen den beiden Köpfen möglichst ohne Flusseinbruch erfolgt. Dabei ist auch zu berücksichtigen, dass zwischen der Ansaug- und Förderphase des Arbeitskopfes noch eine kurze Vorkompressionsphase liegen muss. Während dieser bewegt sich der Kolben in den Kopf hinein, die Bewegung dient aber nur der Kompression des Eluenten, bis der notwendige Druck zum Öffnen des Auslassventils erreicht ist, und erzeugt noch keinen Fluss. Die Schwierigkeit besteht nun darin, dass der erforderliche Hubweg für die Vorkompression von der Art des Lösemittels abhängt sowie in geringerem Ausmaß auch noch von der Lösemitteltemperatur und der Art und Menge darin gelöster Gase. Dies kann eine intelligente Steuerung der Vortriebsgeschwindigkeit während der Kompressionsphase durchaus berücksichtigen. Dazu müssen aber normalerweise die Lösemitteleigenschaften bekannt sein und in die Steuersoftware eingegeben werden, wobei durchaus Anwenderfehler vorkommen können. Bei bestimmten HPLC-Pumpen (z. B. die binären ThermoScientific UltiMate 3000 Pumpen) wird hingegen die aktuelle Kompressibilität aus dem Druckanstieg infolge der Kolbenbewegung stets berücksichtigt und der so berechnete Kompressibilitätsfaktor direkt für die Steuerung verwendet. Auf diese Art und Weise können Anwenderfehler vermieden werden, es ist dadurch aber auch die stetige Anpassung an eine sich ändernde Kompressibilität gegeben. Diese ist bei einer LPG-Pumpe immanent, da sich hier während des Gradienten die Zusammensetzung in dem einzigen Pumpenblock kontinuierlich verändert.

In Abb. 4.9 sind die grundsätzlichen Varianten für den Antrieb von HPLC-Pumpen, Nocke und Spindel schematisch einander gegenübergestellt sowie die beiden Varianten des Förderprinzips seriell und parallel dargestellt. Die Vorteile des seriellen Förderprinzips liegen vor allem in der halbierten Anzahl an Ventilen, beim Parallelantrieb hingegen brauchen die beiden gleichberechtigten Köpfe sowohl Einlass- als auch Auslassventile. Vorteil der Parallelpumpe ist neben einigen Spezifika zur Erzielung einer pulsationsfreien Förderung vor allem ein geringerer Dichtungsverschleiß, weil die Arbeitsleistung auf zwei Köpfe aufgeteilt wird. Die Vorteile des gekoppelten Nockenantriebs mit nur einem Motor liegen in der einfacheren feinmechanischen Fertigung des Antriebs, vor allem aber in der Kostenersparnis durch den fehlenden weiteren Antriebsmotor. Alles in allem bringt diese recht einfache Bauweise einer Pumpe im Vergleich zur aufwendigsten Variante, der spindelgetriebenen Parallelpumpe mit unabhängigen Motoren, eine ganz erhebliche Reduktion der Herstellungs- und Wartungskosten um einen Faktor 2–3 mit sich. Die Nachteile liegen aber in den starken gegenseitigen Abhängigkeiten der Vorgänge in beiden Köpfen. So ist es zwar möglich den Kolbenvortrieb z. B. in der Kompressionsphase intelligent zu steuern, um sich der jeweiligen Kompressibilität anzupassen, jegliche Änderung der Vortriebsgeschwindigkeit erfolgt jedoch simultan auch beim Ausgleichskolben, wenngleich mit einer anderen Auswirkung entsprechend der lokalen Steigung der Nocke in der entsprechenden Phase. Somit kann eine Pumpe dieses Bauprinzips bei intelligenter Steuerung zwar einer pulsationsarmen Förderung nahekommen, sie wird die diesbezügliche Leistung einer hoch präzisen Spindelpumpe mit unabhängigen Antriebsmotoren aber niemals erreichen können. Bei Spindelpumpen muss andererseits durch mechanisches Vorspannen das individuelle Umkehrspiel berücksichtigt werden. Demgegenüber wird bei Nockenpumpen ggf. auf die individuelle Charakteristik der Nocke kalibriert, um die Genauigkeit und Pulsationsfreiheit der Förderung weiter zu optimieren. Bei all diesen Belangen gibt es natürlich

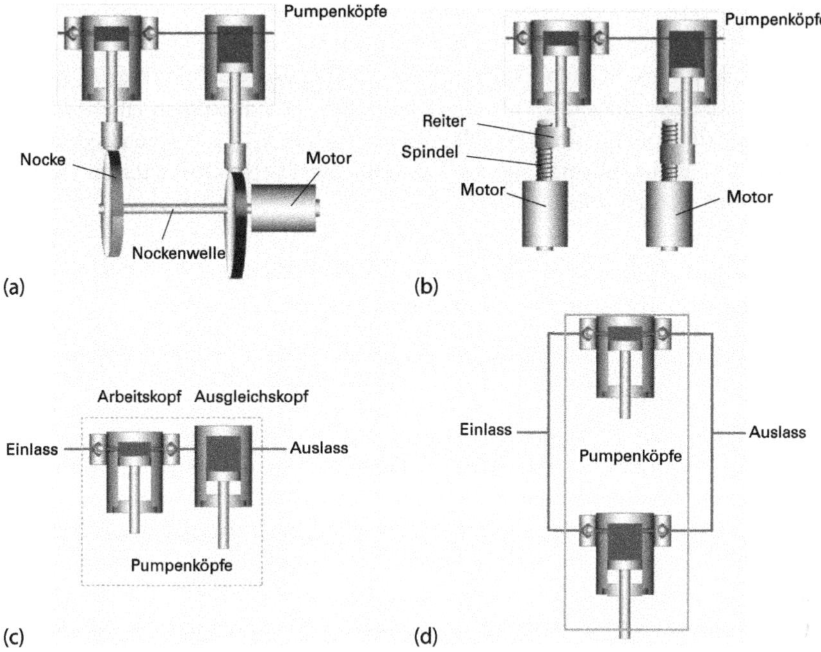

Abb. 4.9 Schematische Darstellung der beiden gängigen Antriebskonzepte gekoppelt angetriebene Nocke (a) und unabhängig angetriebene Spindel (b) sowie der beiden modernen Förderprinzipien seriell (c) und parallel (d) von HPLC-Pumpen. Pumpen mit Nockenantrieb müssen nicht zwingend gekoppelt sein, meist haben sie aber nur einen Antriebsmotor.

von Hersteller zu Hersteller Unterschiede und diese wirken sich dann selbst bei identischem Funktionsprinzip wiederum auf die Qualität und Gleichmäßigkeit der Förderung aus.

Weiterhin ist bei der üblichen Bauweise einer Nockenpumpe (konstante Bewegungsrichtung ohne Umkehr) das Hubvolumen fest vorgegeben und kann z. B. nicht in Abhängigkeit von der eingestellten Flussrate variiert werden, was ggf. vorteilhaft sein kann. Das Hubvolumen bestimmt, wie viele Pumpenzyklen zur Erzeugung einer bestimmten Flussrate erforderlich sind. Beträgt es z. B. 50 μL, so durchläuft die Pumpe 20 Zyklen min^{-1} für einen Fluss von 1 mL min^{-1}. Diese vereinfachte Betrachtung gilt zumindest für die Köpfe einer seriellen LPG-Pumpe. Für eine möglichst verschleißarme und pulsationsarme Förderung und im Hinblick auf die Mischungsproblematik ist es sinnvoll den Kolbenhub der erforderlichen Flussrate anzupassen, die Pumpe also nie extrem schnell oder langsam laufen zu lassen, sondern den Hub der Flussrate anzupassen, was nur mit einer Spindelpumpe möglich ist.

Fazit

Es gilt grundsätzlich auch für die Bauprinzipien von HPLC-Pumpen: Man bekommt das, wofür man zu bezahlen bereit ist. Die entscheidende Frage ist stets, wie hoch die Ansprüche des Anwenders bezüglich der Basislinienwelligkeit und Retentionszeitpräzision sind, vor allem aber auch welche Analysenmethoden bezüglich Gradientenformen, Eluentadditiven und Detektionstechniken damit durchgeführt werden sollen.

4.2.4
Auswirkungen der Pumpenbauart auf die Anwendung im Gradienten

Die diskontinuierliche Arbeitsweise von HPLC-Pumpen, die im vorangegangenen Abschnitt erläutert wurde, kann ganz wesentlichen Einfluss auf die Qualität der Basislinie im Detektor haben, aber nicht nur das. Es ist eine logische Konsequenz aus einer zeitlichen Inkonstanz der Eluentenzusammensetzung, dass auch die Bewegung der Analyte durch die Säule keiner konstanten Geschwindigkeit unterliegt. Vielmehr wird der Transport des Analyten beschleunigt, wenn die Elutionsstärke zunimmt, und verzögert, wenn sie anschließend wieder abnimmt. Die Basislinienproblematik äußert sich besonders bei Methoden mit Trifluoressigsäure (TFA) als Eluentadditiv. Dem TFA-Problem ist der eigene Abschnitt 4.2.14 gewidmet. Auch setzt die Diskussion ein besseres Verständnis der Funktionsweise von Mischern voraus, welches ebenfalls in dem eigenen Abschnitt 4.2.12 vermittelt werden soll.

Deshalb soll hier zunächst einmal auf die weniger bekannten Auswirkungen der Fördertechnik auf die Retentionszeitpräzision eingegangen werden. Die geringfügig diskontinuierliche Bewegung des Analyten durch die Säule aufgrund der axialen Inhomogenität der Elutionsstärke bei Mischungswelligkeit wirkt sich bei der Chromatographie kleiner Moleküle normalerweise nicht sichtbar auf Peakformen aus. Bei Proteinen liegen die Verhältnisse anders, aber davon später (Abschnitt 4.2.15). Grundsätzlich wird die Retentionszeit von der mittleren Bewegungsgeschwindigkeit der Substanzen durch die Säule bestimmt. Wenn die Anzahl der diskontinuierlichen Zyklen bis zum Zeitpunkt der Elution eines Analyten groß genug ist, wirkt sich dies meist gar nicht aus. Abhängig ist das bei gegebener Retentionszeit in erster Linie vom Verhältnis des Hubvolumens der Pumpe zur verwendeten Flussrate. Bei konventionellen HPLC-Säulen mit Innendurchmessern von 4 mm und mehr und den normalerweise angewandten Flussraten von 1 mL min^{-1} (oder darüber) und einem angenommenen Hubvolumen von 50 µL, errechnen sich bis zur Elution eines Peaks mit 2,5 min Retentionszeit (mindestens) 50 Pumpenzyklen. Überträgt man aber eine solche Methode von einer 4,6 mm-Säule unter sonst gleichen Bedingungen, also auch gleiche Lineargeschwindigkeit, auf eine 2,1 mm-Säule, so muss die Flussrate um den Faktor 4,8 auf nur 0,21 mL min^{-1} reduziert werden. Um denselben Faktor reduziert sich auch die Anzahl der Pumpenhübe und beträgt jetzt nur noch gut 10. Bei modernen HPLC-Methoden werden zwar die 2- bis 4-fachen Flussraten auf solchen Microbore-Säulen verwendet, diese werden aber durch die sehr niedrigen Retentionszeiten auf den entsprechend kurzen Säulen meist weit überkompensiert. Eluiert also bei einer UHPLC-Methode ein früher Peak bereits nach 0,3 min, so entspricht dies selbst bei einem Fluss von 0,8 mL min^{-1} nicht einmal 5 Hüben eines 50 µL-Kolbens. Bei einer einstelligen Anzahl von Kolbenhüben sind die Auswirkungen der Diskontinuität auf die Retentionspräzision keineswegs mehr zu vernachlässigen und es müssen bestimmte Maßnahmen getroffen werden bzw. es werden bestimmte Anforderungen an die Pumpe gestellt. Grundsätzlich ist die Diskontinuität ohne Auswirkung auf die Retentionszeitpräzision, solange sie von Lauf zu Lauf exakt reproduzierbar erfolgt, also die einzelnen Zyklen an genau derselben Stelle in jedem Lauf liegen. Dies kann nur erreicht werden, wenn es bestimmte Abstimmungen zwischen der Probeninjektion und den Arbeitstakten der Pumpe gibt. Diese Problematik soll in den folgenden Abschnitten unabhängig für das HPG- und LPG-Prinzip diskutiert werden.

4.2.5
Auswirkungen der Arbeitszyklen auf die Chromatographie und notwendige Abstimmungen bei HPG-Anlagen

Bei dieser Art der Gradientenerzeugung, die durchaus im Hinblick auf ihre Leistungsfähigkeit entscheidende Vorteile hat, liegen die Verhältnisse bezüglich der Hubzyklen besonders kompliziert. Der technische Umgang damit unterliegt zudem durch eine komplizierte Situation bestehender Patente weiteren Einschränkungen der Möglichkeiten. Darauf kann hier nicht eingegangen werden. Ziel ist es dem Leser das Verständnis für die Problematik zu vermitteln und Möglichkeiten zur Minimierung negativer Effekte aufzuzeigen.

Zunächst einmal soll erläutert werden, wie bei einer HPG-Pumpe die Verhältnisse bezüglich der Hubzyklen sich genau gestalten. Da beide Komponenten durch voneinander unabhängige Pumpen gefördert werden, gibt es auch bei gegebenem Hubvolumen keinen festen Zusammenhang zwischen Flussrate und Hubfrequenz. Diese ist vielmehr vom programmierten Mischungsverhältnis abhängig. Werden 100 % einer Komponente gefördert, so arbeitet nur ein Block und dieser benötigt bei 50 µL Hubvolumen 20 Zyklen min^{-1} für eine Flussrate von 1 mL min^{-1}. Für eine 50/50-Mischung fördern beide Blöcke gleichermaßen 0,5 mL min^{-1} und arbeiten gleichmäßig, aber normalerweise nicht gleichphasig mit 10 Zyklen min^{-1}. Betrachten wir nun aber den extremen Fall der Förderung von 1 % der Komponente B, so dauert der Zyklus des B-Blockes, der bei 1 mL min^{-1} Gesamtfluss jetzt nur 10 µL min^{-1} fördert, nun ganze 5 min. Wird der Fluss verringert, so erhöht sich die Dauer eines Zyklus entsprechend weiter und beträgt bei 0,2 mL min^{-1} Gesamtfluss sogar 25 min. Dieser Umstand, zusammen mit der Tatsache, dass beide Blöcke einer HPG normalerweise unabhängig voneinander arbeiten, macht es äußerst schwierig, die beiden Pumpenblöcke in zwei unabhängigen chromatographischen Läufen am Beginn der Methode aus genau derselben Position zu starten. Wollte man z. B. die Injektion der Probe auf eine bestimmte Position des B-Blockes abstimmen und dieser läuft beim Start der Methode entsprechend langsam, würde sich die Analyse im oben beschriebenen Fall ggf. bis zu 25 min verzögern. Davon abgesehen bewegt sich der A-Block mit relativ hoher Geschwindigkeit unabhängig weiter und würde sich ohne eine momentane Veränderung der Gesamtflussrate nicht in eine fixe Position relativ zum B-Block bringen lassen. Aussichtslos wäre die Situation schließlich, wenn die Methode gar mit 0 % Komponente B starten soll, denn der ruhende B-Block kann nicht in eine bestimmte Position gefahren werden. Der einzige Ausweg wäre eine intelligente Steuerung der Pumpe während der Rückführung von der Spülphase auf die Reäquilibrierphase. Dies kann aber nur dann funktionieren, wenn der entsprechende Algorithmus auch die Dauer des Injektionszyklus der nachfolgenden Analyse exakt berücksichtigt. Dabei ist zu bedenken, dass das Aufziehen der Probe normalerweise nicht im Rahmen des Zeitprogrammes einer Methode läuft, welches erst mit dem Umschalten des Injektionsventils überhaupt beginnt. Aus all diesen Gründen sind solche Synchronisationen bei HPG-Pumpen eher unüblich, wobei noch hinzukommt, dass die Firma Hitachi hierzu ein Patent hält.

Der Lösungsansatz, um bei einer HPG für alle Gradientenmethoden entsprechend gute Retentionspräzision zu erreichen, ist schlichtweg auf eine Pumpe zu setzen, die so arbeitet, dass die Synchronisation erst gar nicht erforderlich ist, weil die Diskontinuität ihrer Eluentenzusammensetzung vernachlässigbar ist. Dies kann einerseits durch eine entsprechend intelligente Antriebssteuerung und aufwendige Antriebstechnik erreicht werden, was nahezu zwangsläufig das Bauprinzip mit Spindelantrieb und unabhängigen Motoren bedingt, um die Pulsation der einzelnen Blöcke entsprechend niedrig zu halten. Ist die Fördertechnik der Blöcke nicht auf diesem Niveau, so kann über entsprechend effiziente Mischer ebenfalls die Diskontinuität verringert werden. Damit ist allerdings unweigerlich auch ein entsprechendes Mischervolumen von meist mehreren 100 µL verbunden und damit wird einer der Vorteile einer HPG, nämlich das geringere GDV, wiederum eingeschränkt oder gar zunichte gemacht.

Fazit

Wenn bei einer HPG und bestimmten Gradientenmethoden die Retentionszeitpräzision nicht den Anforderungen genügt, kann es sein, dass die Pumpe aufgrund ihres Bau- und Steuerungsprinzips an die Grenzen ihrer Leistung kommt. Hier geht es um die Diskontinuität der Zusammensetzung und wie das entsprechende Muster relativ zum Injektionspunkt liegt. Verbesserung kann nur durch einen größeren bzw. effektiveren Mischer geschaffen werden, oftmals auf Kosten des GDV.

Bei Pumpen mit einer automatischen Steuerung der Vorkompression darf hingegen auf keinen Fall ein Pulsationsdämpfer zur vermeintlichen Verringerung der Diskontinuität eingebaut werden, denn dieser stört stark deren Steuerungsalgorithmen, die darauf angewiesen sind, dass die gemessene Elastizität weit überwiegend vom kompressiblen Lösemittel rührt und nicht von der Apparatur. Wird aber ein Pulsationsdämpfer eingebaut, liegen die Verhältnisse genau umgekehrt und die Steuerung schlägt fehl, sodass die Förderung sogar komplett aus dem Tritt geraten kann.

Abschließend sollen noch zwei HPG-spezifische Effekte diskutiert werden, die dem Anwender möglicherweise weniger bewusst sind, weil sie im Gegensatz zu Diskontinuitäten in der Förderung sich nicht in der Detektorbasislinie äußern. Der erste tritt ausschließlich dann auf, wenn Gradienten, die bei 0 % B beginnen, abgearbeitet werden. Hier steht der B-Block am Beginn des Gradienten noch still und der Kolben beginnt seine Bewegung erst mit dem Zeitpunkt der Probeninjektion, und dies mit einer sehr langsamen, wenngleich stetig zunehmenden Geschwindigkeit. Die Förderung beginnt aber erst, sobald der Eluent soweit komprimiert ist, dass der Säulendruck im Pumpenkopf erreicht wird und das Auslassventil öffnet. Nehmen wir den Fall an, der Kopf habe wieder 50 μL Hubvolumen, der Kolben (die Rede ist vom Kolben im aktiven Kopf bei einer Parallelpumpe bzw. vom Arbeitskopf bei einer seriellen) stünde zufällig am Umkehrpunkt nach der Ansaugphase und es ginge um die Förderung von reinem Methanol gegen einen Druck von 1000 bar und einen linearen 10-minütigen Gradienten von 0 auf 100 % bei einem Fluss von 500 $\mu L\,min^{-1}$. Wir haben vorher festgestellt, dass aufgrund der Kompressibilität von Methanol das Volumen auf 96 % komprimiert werden muss, bis dieser Druck erreicht ist und dies entspricht bei 50 μL einem Kolbenvortrieb von 2 μL. Das klingt zwar wenig, aber die oben beschriebene Methode hat eine Beschleunigungsrate für den B-Block von 50 $\mu L\,min^{-12}$, der Kolben verdrängt also in der ersten Minute des Programms gerade 25 μL. Bis er aus dem Start bei Stillstand heraus 2 μL gefördert hat, verstreichen 2/25 min. Es dauert also immerhin fast 5 s, bis eine Förderung von Methanol überhaupt einsetzt. Steht der Kolben des B-Blocks hingegen kurz vor dem Umkehrpunkt am Ende der Förderphase, so können die 4 % des zu komprimierenden Volumens auch nur wenigen Nanolitern entsprechen und innerhalb weniger Millisekunden beginnt die Förderung von Methanol. Es ist offensichtlich, dass im ersten Fall besonders die früh eluierenden Substanzen sich in ihrer Retentionszeit um ca. 5 s nach hinten verschieben werden, beginnt doch hier der Gradient quasi 5 s später als im zweiten Fall. Über diesen Bereich werden durch den beschriebenen Effekt Retentionszeiten aufgrund der willkürlichen Startposition des Kolbens im B-Block schwanken und 5 s entsprechen bei einer Retentionszeit von z. B. 1 min schon mehr als 8 %. Besteht der Anwender auf eine Methode, die bei 0 % startet, so ist das Problem nur auf Geräteherstellerseite durch intelligente Steuerung der Pumpe zu lösen. Die Möglichkeiten sind vielschichtig (dynamisches Hubvolumen bei Spindelpumpen, B-Block wird in Vorkompression gehalten, spezielles Kompressionsprogramm unter Berücksichtigung des vorherigen Stillstands der Pumpe etc.), aber durchweg nicht einfach und sollen hier auch nicht weiter diskutiert werden. Der Anwender kann leicht identifizieren, ob dieser Effekt die Ursache schlechter Präzision von Gradientenmethoden mit 0 %-Start ist. Alternativ zum 0 %-Start wird eine Methode mit 0,1 %-Start (oder dem kleinsten Anfangsgehalt, den die Steuersoftware erlaubt) programmiert. Erstreckt sich der gesamte Gradient über 30 % oder mehr, hat dies auf das gesamte Peakelutionsmuster nahezu keinen Einfluss, aber der B-Block ist bei Gradientenstart stets schon vorkomprimiert, der beschriebene Effekt verschwindet und die Präzision der Retentionszeiten ist wieder hergestellt. Zumindest ist damit die Ursache des Problems klar identifiziert.

Der zweite Effekt kann bei jeder Gradientenmethode eine Rolle spielen und sich sogar auch bei isokratischen Methoden äußern, bei denen die Eluentenzusammensetzung durch die Gradientenpumpe abgemischt wird. Es geht hier um die Entspannung der komprimierten Flüssigkeit in die noch auf Normaldruck befindliche Probenschleife hinein, was zum Zeitpunkt des Umschaltens des Injektionsventils geschieht. Zum Druckausgleich strömt hier der eine Teil rückwärts aus der Säule heraus, der andere aber kommt aus der Pumpe. Bei einer HPG hängen nun die „Vorräte" an komprimiertem starkem Eluenten (z. B. Acetonitril) zu jenen an komprimiertem schwachem Eluenten (Wasser) von der relativen Position der Kolben in beiden Blöcken ab. Nur wenn dieses zufällig so wäre, dass die komprimierten Volumina genau der programmierten Zusammensetzung entsprächen, würde eine Störung der Zusammensetzung beim Einströmen in die Probenschleife unterbleiben. In der Praxis haben die Kolben aber eine zufällige relative Position und es erfolgt bei Druckausgleich eine Störung der Zusammensetzung von einem bestimmten Ausmaß, welche sich über das gesamte GDV der Anlage auswirken kann. Die Folge ist auch hier eine Verschlechterung der Retentionszeitpräzision. Das Ausmaß des Effektes ist umso größer, je höher die Unterschiede im Hubvolumen der Pumpenblöcke sein können, je kompressibler die organische Komponente ist, je höher der Druck zum Zeitpunkt der Injektion und je größer das Volumen der Probenschleife. Eine mögliche und sehr elegante Lösung wäre eine Vorkompression der Probenschleife vor dem Umschalten des Injektionsventils. Dies würde auch den Druckeinbruch zu diesem Zeitpunkt verhindern, welcher nicht unbedingt der Langlebigkeit von Säulen zuträglich ist. Allerdings ist diese Vorkompression technisch nicht einfach zu bewerkstelligen, aber prinzipiell arbeiten alle namhaften Hersteller an Lösungen dafür. Der Anwender kann lediglich versuchen, das Volumen der Probenschleife soweit wie möglich zu verringern, möchte er auch bei extrem hohen Arbeitsdrücken mit einer HPG exzellente Retentionszeitpräzision erzielen. In dieser Beziehung ist ein Fixed Loop Autosampler einem Integral Loop Autosampler klar überlegen, aber er hat andere Nachteile, die in Kapitel 2 und 9 behandelt werden.

Fazit

Bei Gradienten, die mit 0 % B auf einer HPG starten, ist Vorsicht geboten. Eine Lösung wäre die Methode auf einen Start bei 0,1 % B abzuändern. Weiterhin können bei einer HPG besonders bei hohen Arbeitsdrücken Probleme aus dem Einschalten der nicht komprimierten Probenschleife bei der Injektion resultieren. Diese können nur durch Verringerung des Probenschleifenvolumens abgeschwächt werden, es sei denn der Hersteller bietet die Möglichkeit einer Vorkompression im Autosampler an.

4.2.6 Auswirkungen der Arbeitszyklen auf die Chromatographie und notwendige Abstimmungen bei LPG-Anlagen – eine gänzlich verschiedene Problematik

Während eine ideal fördernde und somit pulsationsfreie HPG-Pumpe keine longitudinale Diskontinuität der Eluentenzusammensetzung erzeugt, ist eine erhebliche Diskontinuität bei der LPG-Pumpe durch die getaktete Arbeitsweise des Proportionierventils systemimmanent. Dies bringt immer die Notwendigkeit eines effektiv longitudinal mischenden Elementes mit sich. Andererseits ist hier die Phase dieser Diskontinuitäten an die maximale Ausdehnung der vom Proportionierventil erzeugten Flüssigkeitssegmente gebunden und damit bei Kenntnis von dessen Volumen gut in Abhängigkeit von der eingestellten Flussrate vorhersagbar. Die genaue Steuerung des Proportionierventils und die etwaige Abstimmung von dessen Arbeitsweise auf den Kolbenhub des Förderkopfes sind wiederum in Grenzen herstellerspezifisch. Häufig findet man die Arbeitsweise, einen kompletten Abmischungszyklus für eine bestimmte Zusammensetzung vom Volumen her genau auf das Hubvolumen des Arbeitskopfes der Pumpe abzustimmen. Nehmen wir an, die Pumpe habe wiederum ein Hubvolumen von 50 µL, solle eine Flussrate von 500 µL min^{-1} und dabei ein Mischungsverhältnis von 50 % Komponente A, 25 % Komponente B, 25 % Komponente C und 0 % Komponente D erzeugen. Ein Kolbenhub wird bei dieser Flussrate 6 s dauern und in diese Periode muss der komplette Dosierungszyklus passen. Um dies zu bewerkstelligen, wird das Ventil für den Einlass der A-Komponente 3 s lang geöffnet, anschließend das für die B-Komponente 1,5 s und schließlich das für die C-Komponente ebenfalls 1,5 s lang. Um Effekte der Dekompression zu kompensieren, wird bei bestimmten LPG-Pumpen zur Erzeugung dieser Zusammensetzung auch wie folgt angesaugt: 1,5 s A, 1,5 s B, 1,5 s C und 1,5 s A. Unabhängig vom jeweiligen Mischungsverhältnis der 2–4 Komponenten, welches in diesem Beispiel insgesamt 25 µL A (z. B. Wasser), 12,5 µL B (z. B. Methanol) und ebenfalls 12,5 µL C (z. B. Acetonitril) beträgt, wird die Phase der Diskontinuität bei festem Hubvolumen aber immer die entsprechenden 50 µL betragen und bei einer Flussrate von 500 µL min^{-1} sich dann entsprechend über nur 6 s erstrecken. Dies bedeutet, dass der longitudinale Mischprozess zwar sehr effektiv sein muss, allerdings lediglich Volumenpakete von maximal 50 µL vermischen können muss, unabhängig vom jeweiligen Mischungsverhältnis.

Alternativ zur Dosierung über einen Hubzyklus wird bei Pumpen mit sehr kleinen Hubvolumina auch über mehrere Zyklen hinweg proportioniert. Kleine Hubvolumina haben bei einer LPG-Pumpe Nachteile, weil die Proportionierventile nicht schnell genug geschaltet werden können, um ausreichend genau dosieren zu können.

Andere LPG-Pumpen (z. B. die der Firma Knauer) basieren auf dem Konzept, dass das Ventilschalten nicht mit dem Kolbenhub synchronisiert, sondern davon entkoppelt ist. Dabei wird die Ventilschaltzeit über die berechnete (oder extrapolierte) Flussförderung in dem gegebenen Zeitintervall gesteuert. Dies hat zur Folge, dass das Volumen der Eluentenpakete abhängig von der eingestellten Flussrate ist. Allerdings ist dieses Konzept dadurch auch weniger präzise bezüglich der Eluentenzusammensetzung. Es impliziert aber, dass bei dem nicht synchronisierten Ventilschalten die benötigte Mischergröße abhängig von der eingestellten Flussrate ist. Kleine Flussraten bedürfen auch nur eines kleinen Mischers, was von Vorteil sein kann.

Bei einer Pumpe mit variablem Hubvolumen sind die gesamten Verhältnisse etwas komplizierter, aber auch diese hat, definiert durch das maximale Verdrängungsvolumen des Kolbens im Pumpenkopf, ein maximales Zyklusvolumen, das bei analytischen Pumpen nicht weit über 100 μL liegen wird. Bei einer HPG-Pumpe hingegen ist das Zyklusvolumen z. B. bei einem Mischungsverhältnis von 99 : 1 ganze 100-mal so groß wie das Hubvolumen des Kopfes und kann somit selbst bei kleinen Hubvolumina leicht 10 mL oder mehr betragen.

Da bei einer LPG-Pumpe die longitudinale Diskontinuität unvermeidlich ist und selbst mit sehr effektiven Mischern kaum restlos beseitigt werden kann, ist es für eine gute Retentionszeitpräzision besonders wichtig, dass die Zyklen der Diskontinuität in jedem chromatographischen Lauf an derselben Stelle liegen. Dies kann sehr einfach erreicht werden, indem der Injektionszeitpunkt exakt auf den Mischungszyklus synchronisiert wird, normalerweise genau zu Anfang eines solchen erfolgt. Im oben angegebenen Beispiel einer bei 50 μL Hubvolumen 500 μL min^{-1} fördernden LPG-Pumpe wäre damit maximal eine Wartezeit für die Injektion von 6 s verbunden, was normalerweise vertretbar ist. Für sehr schnelle Analysenzyklen von deutlich weniger als 1 min können 6 s aber schon recht viel sein. Aus diesem und aus anderen Gründen ist für solch schnelle Analysen eine HPG-Anlage stets vorzuziehen. Wie bereits erwähnt gehen die verschiedenen Hersteller unterschiedlich mit der Abstimmung zwischen Proportionierzyklus und Kolbenhub einer LPG um und dies gilt auch für die Synchronisation mit der Injektion. Grundsätzlich ist es aber wichtig diese Abstimmungen vornehmen zu können, wenn ein entsprechend präzises chromatographisches Ergebnis erzielt werden soll. Manche Hersteller bieten auch die Möglichkeit, diese Synchronisation zwischen Injektionspunkt und Pumpenzyklus abzuschalten, weil der Anwender möglicherweise mehr Nachteile als Vorteile dabei sieht, was auch sehr von der speziellen Applikation abhängen wird. Der Leser sei ermutigt hier selbst zu experimentieren bzw. mit Beratern seines Herstellers dies zu diskutieren, aber er sollte sich vorher die oben beschriebenen Zusammenhänge sehr gut vor Augen führen.

Fazit

Die Synchronisation zwischen Injektionspunkt und Arbeitszyklus ist bei LPG-Pumpen zur Erreichung einer bestmöglichen Präzision der Retention eine sehr sinnvolle Einrichtung und sollte vom Anwender genutzt werden. Wenn diese Prozesse gut abgestimmt sind, können moderne LPG-Anlagen für moderate Analysengeschwindigkeiten (aber dennoch Zykluszeiten < 5 min) und einfache Gradienten eine ähnlich gute Präzision liefern wie HPG-Anlagen.

4.2.7
Thermische Effekte in einer Gradientenpumpe und ihre Auswirkungen

Es wurde im Abschnitt 4.2.1 schon ausführlich auf die Kompressibilität von Flüssigkeiten eingegangen. Neben der Volumenänderung sind hier auch thermische Effekte zu berücksichtigen. In der Praxis erfolgt die Kompression des Laufmittels nämlich nicht isotherm, sondern eher adiabatisch, weil nicht genügend Zeit für die Ableitung der entsprechenden Kompressionswärme während der notwendigerweise sehr schnellen Vorkompressionsphase zur Verfügung steht. Die sich ergebende Änderung der Temperatur bei der Kompression hängt in nicht einfacher Weise vom molaren Volumen, dem thermischen Expansionskoeffizienten und der Wärmekapazität des Laufmittels ab, die alle ihrerseits eine Funktion des Druckes sind [3, 5]. Es würde den Rahmen dieses Kapitels sprengen näher auf die thermodynamischen Grundlagen einzugehen. Wichtig ist, dass der Anwender sich über die Ausmaße und auch stoffabhängigen Unterschiede im Klaren ist. Bei Wasser sind die Aufheizeffekte bei einer Kompression auf 1000 bar mit 2–3 °C ausgehend von Raumtemperatur recht moderat, während sich Methanol dabei bereits um fast 14 °C erwärmt [5]. Was ist aber nun die Auswirkung auf die Chromatographie? In jedem Fall wird diese Kompressionswärme mit der Zeit auch wieder abgeführt werden, denn die Fluidik der Pumpe ist ja nicht thermisch isoliert. Mit dieser Abkühlung ist dann wiederum eine Kontraktion der Flüssigkeit verbunden, die mit einer Druckabnahme einhergeht. Sofern dieser Effekt nicht weiter in der Steuerung der Pumpe berücksichtigt wird, führt er unweigerlich zu einer Druckpulsation. Es wurde vorher ausführlich diskutiert, wie eine intelligente Steuerung der Vorkompression den Druckeinbruch am Übergabepunkt zwischen beiden Köpfen minimieren kann. Sie kann aber den nachgelagerten thermischen Effekt nicht berücksichtigen. Bei den in der konventionellen HPLC üblichen Drücken sind die Auswirkungen dieser thermischen Effekte für die gesamte Druckpulsation konventioneller Pumpen vernachlässigbar. Bei Drücken von 1000 bar und mehr und den ansonsten sehr ausgefeilten Steuerungstechniken moderner UHPLC-Pumpen ist die Sachlage gänzlich anders. Hier muss der thermische Effekt bei der Steuerung des Kolbens in der Förderphase berücksichtigt werden und es kann auch sehr hilfreich sein, die Abgabe der Kompressionswärme gut kontrolliert und effizient zu gestalten. Wie ausgeprägt der Einfluss einer solchen Steuerung sein kann, zeigt Abb. 4.10, wo durch eine intelligente Kompensation des thermischen Effektes die Druckpulsation bei der Förderung von Acetonitril/Wasser 95/5 unter den Bedingungen von 2 mL min^{-1} Flussrate bei 600 bar Druck auf 1/4 des Wertes ohne intelligente Steuerung reduziert werden kann. Bei einer LPG ist eine solche Steuerung, die auf der Messung des Druckverhaltens im Pumpenkopf und der direkten Anpassung des Vortriebs beruht, eine besondere Herausforderung, da sich über den Gradienten mit der Veränderung der Zusammensetzung auch das Ausmaß dieser thermischen Effekte stark verändert. Wie wir bereits gesehen haben, kann dies leicht einen Faktor von fünf ausmachen (vergleiche H_2O und CH_3OH). Andererseits überträgt sich bei einer LPG-Pumpe die Druckpulsation aber nicht in eine Diskontinuität der

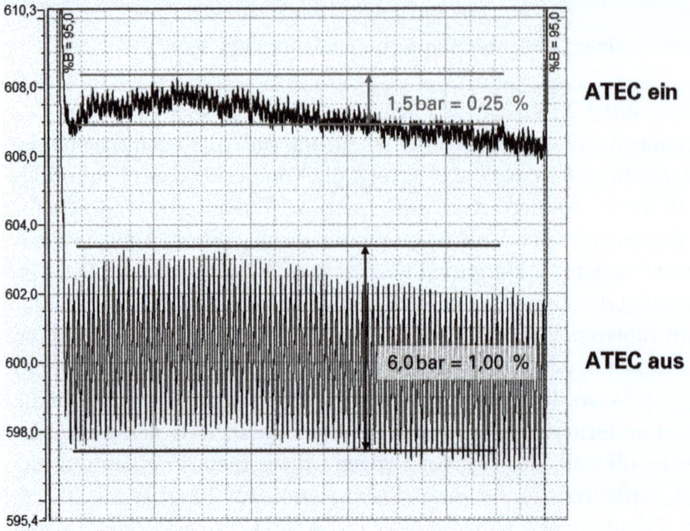

Abb. 4.10 Dämpfung der aus thermischen Effekten resultierenden Restpulsation durch die Automated Thermal Effect Control (ATEC). Pumpe: Vanquish H Pump (ThermoScientific), Mobile Phase: CH_3CN/H_2O 95/5 v/v, Flussrate: 2,0 mL min^{-1} gefördert gegen Restriktionskapillare bei ca. 600 bar.

Zusammensetzung bei der Gradientenformung, wie das bei einer HPG-Pumpe sehr wohl der Fall ist. Bei HPG-Anlagen, die auch unter extremen Bedingungen mit einer geringen Diskontinuität der Zusammensetzung fördern sollen, müssen diese thermischen Effekte entsprechend berücksichtigt werden.

Fazit

Die Erwärmung der Laufmittel bei der Kompression auf Drücke von 1000 bar und mehr führt im Zuge der Kontraktion bei der anschließenden Abkühlung auf Raumtemperatur zu nicht unerheblichen Druckpulsationen. Hersteller müssen diesem Effekt Aufmerksamkeit schenken, besonders wenn HPG-Pumpen unter diesen Bedingungen mit einer minimalen Diskontinuität der Zusammensetzung arbeiten sollen.

4.2.8
Methoden mit besonders steilen (ballistischen) Gradienten

Besonders schnelle Analysenzyklen bis zu deutlich weniger als 1 min sind eines der Anwendungsgebiete moderner UHPLC-Anlagen. Wenn solche Methoden mit Gradiententechnik ausgeführt werden sollen, sind damit auch besondere Anforderungen an die Pumpentechnik verbunden, welche in einer sehr kurzen Zeit die Eluentenzusammensetzung präzise kontrolliert verändern können muss. Man spricht hier auch von ballistischen Gradienten, ein Begriff über dessen Sinnhaftigkeit gestritten werden kann. In jedem Fall muss die Pumpe ggf. in wenigen Sekunden die Zusammensetzung über einen sehr weiten Bereich ändern. Hier ist das HPG-Prinzip, bei dem für diesen Zweck der Fluss der einzelnen Pumpenblöcke entsprechend schnell angepasst werden muss, ganz klar im Vorteil. Die einzige technische Limitation aufseiten der Pumpe ist deren maximale Beschleunigungs- und Verzögerungsrate. Das setzt in erster Linie eine Steuerung mit entsprechend hoher zeitlicher Auflösung voraus, könnte also Treiber- und Firmware- bzw. Elektronik- limitiert sein, während die mechanische Umsetzung in der Pumpe dabei kein Problem darstellen sollte. Um einen stufenfreien Gradienten zu erzeugen, sollte die Steuerung mindestens für jede Prozentstufe – besser gar für jedes Zehntel einer Prozentstufe – einen neuen Kontrollpunkt für die Geschwindigkeit der einzelnen Pumpenblöcke setzen können. Moderne UHPLC-Anlage steuern die Pumpe üblicherweise mit einer Datenfrequenz von 100 Hz oder mehr. Bei 100 Hz Steuerung könnte ein Gradient von 0–100 % über nur 10 s Dauer in tausend 0,1 %-Schritte aufgelöst werden. Damit sind die Anforderungen für solche extrem steilen Gradienten mit einer modernen HPG perfekt gegeben.

Bei einer LPG-Anlage muss einmal mehr aufgrund der sehr unterschiedlichen Technik der Gradientenerzeugung eine gänzlich andere Problematik betrachtet werden. Eine LPG-Pumpe verändert die Eluentenzusammensetzung aufgrund ihrer Arbeitsweise prinzipiell diskontinuierlich, unabhängig von der Frequenz, mit welcher sie gesteuert werden kann. Vereinfacht kann man sich vorstellen, dass pro Kolbenhub des Arbeitskopfes ein Paket einer bestimmten Zusammensetzung mobiler Phase erzeugt wird. Somit stellt jeder Kolbenhub eine neue Stufe eines „Stufengradienten" dar, während innerhalb eines Hubs kein Gradient erzeugt werden kann. Dabei muss berücksichtigt werden, dass es sich zunächst nicht um die kleinstmöglichen Zeitpakete für jede neue Stufe handelt, sondern um Volumenpakete in der Größe des Hubvolumens. Somit ist die größtmögliche Steilheit des Gradienten einer LPG auch sehr stark von der Flussrate abhängig. Die Anzahl an Stufen und die prozentuale Änderung pro Stufe ergibt sich aus den folgenden beiden Gleichungen:

$$n_{\text{Gradientenstufen}} = \frac{t_{\text{G}} \cdot F}{V_{\text{Hub}}} ,$$

$$\Delta\%_{\text{Stufe}} = \frac{\Delta\%_{\text{G}} \cdot V_{\text{Hub}}}{t_{\text{G}} \cdot F} .$$

Die zweite Gleichung erlaubt nach Einsetzen typischer Werte, wie einem Gradientenfester $\Delta\%_{\text{G}}$ von 50 %, dem bekannten beispielhaften Hubvolumen V_{Hub} von 50 µL, einer für UHPLC-Läufe auf einer 2,1 mm-Säule angebrachten Flussrate von 600 µL min^{-1} und einer Gradientendauer von 1 min die Berechnung der Stufenhöhe $\Delta\%_{\text{Stufe}}$ zu 4,2 %. Sollte der Gradient über den kompletten Bereich von 100 % gefahren werden, errechnen sich entsprechend 8,4 % pro Stufe. Damit wird klar ersichtlich, dass die im Kontext der HPG geäußerte Forderung von 1 % oder weniger pro Stufe für steile Gradienten auf einer LPG-Pumpe bei entsprechenden Flussraten für UHPLC-Säulen nicht realistisch ist. Die Auflösung der zweiten Gleichung nach der Gradientendauer t_{G} liefert für diese nach Einsetzen der oben verwendeten Werte für Flussrate, Hubvolumen und einem Gradientenfenster von 50 % bei der Stufenhöhe von 1 % den Wert 4,2 min, was nicht unbedingt als sehr steiler Gradient gelten dürfte.

Betrachten wir zur Verdeutlichung das Beispiel in Abb. 4.11 für die Variation der Gradientensteilheit mit den oben genannten Werten für Hubvolumen (50 µL), Flussrate (600 µL min^{-1}) und Gradientenfenster (50–100 %). Die Abbildung illustriert die Form des Gradienten für 64, 32, 16 und 6 Stufen und zeigt die sich errechnende Stufenhöhe und Gradientendauer. Aufgrund der Größe der Darstellung erscheint der Gradient mit 64 schon perfekt linear, während bei allen weiteren Gradienten die Welligkeit mehr oder weniger deutlich sichtbar wird. Die Wiederholpräzision von Retentionszeiten sollte unter der Voraussetzung der Synchronisation des Gradienten mit der Probeninjektion zwar auch bei der größten Welligkeit gegeben sein, die Gestalt des Chromatogramms wird sich aber entsprechend verändern, denn die Abweichungen der Zusammensetzung zu einer gegebenen Zeit sind spätestens bei nur 16 Stufen nicht mehr akzeptabel. Es wird sehr stark von der Applikation abhängen, wie weit sich diese Effekte negativ auf die Auflösungen von Peaks auswirken, aber in jedem Fall wird sich das Chromatogramm von dem mit einer entsprechenden Methode auf einer HPG-Anlage deutlich unterscheiden. Erfahrungsgemäß stellt eine maximale Stufenhöhe von 2 % eine kritische Grenze für typische Applikationen dar. Daraus ergibt sich entsprechend der Umkehrschluss, dass für typische UHPLC-Flussraten von 0,5–0,8 mL min^{-1} und Pumpenhubvolumina in der Größenordnung von 50 µL Gradienten über einen weiteren Bereich wie 50 % oder mehr nicht sinnvoll in kürzerer Zeit als 2 min gefahren werden können. Da die minimale Gradientendauer mit dem Hubvolumen abnimmt, wären kleinere Hubvolumina ein Weg steilere Gradienten auf einer LPG-Pumpe zu ermöglichen. Bei nockengetriebenen Pumpen besteht dieser Freiheitsgrad nicht, bei spindelgetriebenen prinzipiell schon. Damit ergibt sich aber eine neue Problematik, nämlich die präzise Steuerung der Takte des Proportionierungsventils. Im Beispiel von 600 µL min^{-1} mit einer Pumpe mit 50 µL Hub dauert ein Takt 5 s, was für eine Dosierung von 1 % einer bestimmten Komponente das Ventil genau 50 ms öffnen müsste, was rein mechanisch bereits eine Herausforderung darstellt. Ein kürzerer Hub würde diese Zeit entsprechend weiter herabsetzen. Man könnte sich zwar vorstellen, dass ein geringeres Hubvolumen die Lösung sein könnte, um eine LPG kompatibel zu machen mit steilen Gradienten bei sehr kleinen Flüssen (z. B. 100 µL min^{-1} für 1 mm-Säulen). Hier ist aber zu berücksichtigen, dass selbst moderne LPG-Anlagen Gradientenverzögerungsvolumen (GDV) von 250 µL und mehr haben können und es würde bei einem Fluss von 100 µL min^{-1} dann schon mehr als 2 min dauern, bis der Gradient auf der Säule ankommt. Aus diesem Grund ist eine LPG-Anlage für schnelle Gradienten nicht sinnvoll unter 500 µL min^{-1} Flussrate zu betreiben und steilere Gradienten als 2–3 min sind damit grundsätzlich nicht sinnvoll durchzuführen.

Somit ist bereits die Problematik des GDV im Zusammenhang mit sehr schnellen Methoden und entsprechend steilen Gradienten angesprochen. Bevor wir im folgenden Anschnitt nochmals näher auf die exakte Bestimmung des GDV eingehen, sollen hier kurz dieses Problem und mögliche Lösungen angesprochen wer-

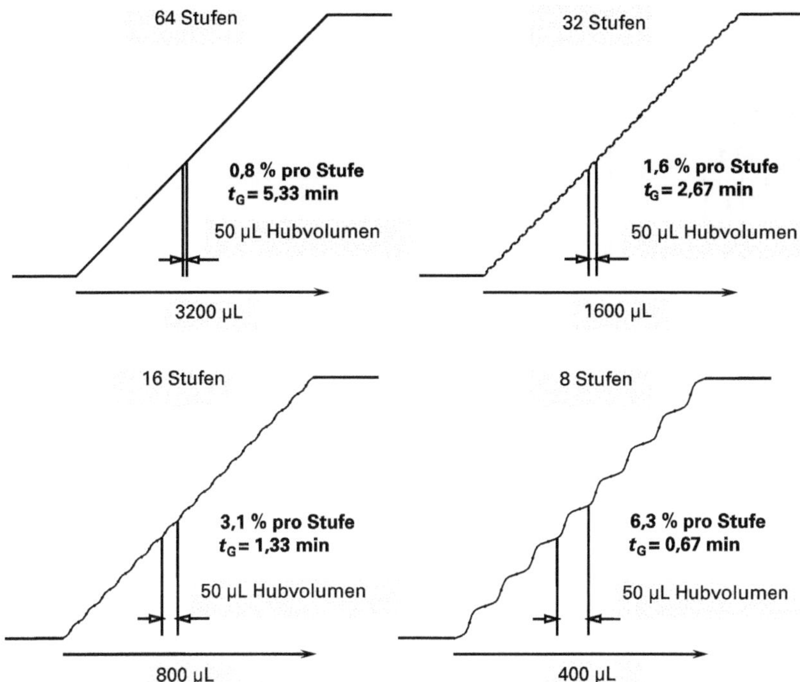

Abb. 4.11 Zusammenhang zwischen Welligkeit der Lösemittelzusammensetzung im Gradienten bei einer LPG-Pumpe und dem für die erreichbare Gradientensteilheit bei einer bestimmten Flussrate ausschlaggebenden Gradientenvolumen. Bedingungen: Flussrate von 600 µL min^{-1}, Hubvolumen von 50 µL und darauf synchronisiertes Proportionierventil, Gradientenvolumina/Gradientendauer von 3200 µL/5,3 min, 1600 µL/2,67 min, 800 µL/1,33 min und 400 µL/0,67 min.

den. Wenn nämlich bei einer Methodenübertragung sich das Verhältnis aus GDV und Gradientenvolumen verändert, kann dies zu einer Veränderung der relativen Retentionszeiten bis hin zur Elutionsumkehr führen. In extremen Fällen kann es auch vorkommen, dass bei einem relativ niedrigen Retentionsvermögen der Trennsäule, selbst bei einer schwachen Elutionskraft, am Anfang des Gradienten einige Substanzen bereits eluieren, bevor der Gradient an der Säule ankommt. Dazu ist ein recht extremes Beispiel in Abb. 4.12 dargestellt. Die Säule hat wegen des unporösen Materials für kleine Moleküle wie Parabene relativ wenig Retentionskraft und der Gradient kommt mit 0,3 min Verzögerung hier viel zu spät an, sodass lediglich Butylparaben wirklich im Gradienten eluiert wird, was auch klar an den Peakformen zu erkennen ist. Wenn das GDV einer Apparatur für eine schnelle Applikation mit steilen Gradienten zu groß ist oder sogar der in Abb. 4.12 dargestellte extreme Fall auftritt, gibt es für den Anwender prinzipiell drei mögliche Gegenmaßnahmen:

- Verringerung des tatsächlichen GDV der Apparatur durch Einbau eines kleineren Mischers

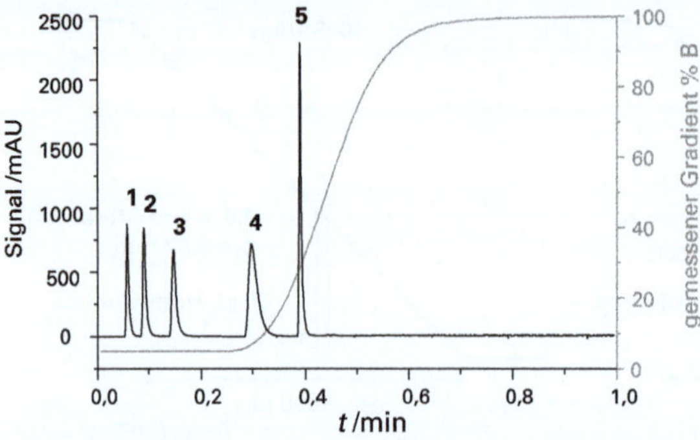

Abb. 4.12 Beispiel für die Elution der meisten Probekomponenten vor Ankunft des Gradienten auf der Säule aufgrund von zu großem GDV. Säule: MICRA NPS 1,5 µm ODS 1; 33 × 4,6 mm, Flussrate: 4,0 mL min^{-1}, Gradient: H_2O/CH_3CN 5–100 % linear in 0,3 min, GDV: 1200 µL, Peaks: Thioharnstoff (1), Methylparaben (2), Ethylparaben (3), Propylparaben (4), Butylparaben (5).

- Verringerung des effektiven GDV durch Herausschalten des Autosamplers kurz nach dem Ausspülen der Probenschleife
- Verzögerte Injektion der Probe relativ zum Start des Gradienten

Die Verringerung des GDV durch Austausch oder gar Entfernung eines Gradientenmischers muss mit entsprechender Vorsicht umgesetzt werden. Es wurde in den vorhergehenden Abschnitten ausführlich diskutiert, wie wichtig der Mischer für eine gute Kontinuität der Eluentenzusammensetzung ist. Zudem ist es nur für sehr wenige Applikationen und auch nur bei HPG-Anlagen mit entsprechend guter Steuerung der Eluentenförderung überhaupt möglich, den Mischer komplett zu entfernen und dennoch sinnvolle chromatographische Ergebnisse zu erzielen. Demgegenüber kann der Einbau eines kleineren Mischers durchaus eine Option sein, sofern ein solcher vorhanden ist bzw. vom Hersteller optional angeboten wird. Nach Austausch des Mischers sollte der Anwender nochmals kritisch die Qualität der Basislinie, die Auflösung der Peaks und die Retentionszeitpräzision prüfen. Entsprechen alle diese Parameter den Anforderungen, so kann erfolgreich mit dem kleineren Mischer gearbeitet werden.

Das Herausschalten des Autosamplers kann besonders bei Anlagen mit sehr gut optimierten HPG-Pumpen und Integral-Loop Samplern für eine größere Injektionsvolumenflexibiliät (z. B. bis zu 100 µL Injektionsvolumen) eine sehr effektive Reduktion des GDV mit sich bringen. Bei einer solchen Apparatur kann der Sampler durchaus das 2- bis 3-fache Volumen wie die Pumpe zum GDV der Apparatur beitragen. Allerdings ist auch hier Vorsicht geboten. Voraussetzung für eine erfolgreiche Chromatographie ist nämlich, dass die Probenschleife vor dem Herausschalten des Autosamplers hinreichend ausgespült wurde, während gleichzeitig der Gradient noch nicht im Autosampler angekommen ist. Wurde zu früh geschaltet und ist die Probe nicht vollständig ausgespült, so wird es zu einer schlechten Präzision der Peakflächen, vor allem aber zu erheblicher Probenverschleppung kommen. Wird demgegenüber zu spät geschaltet und ist der Gradient bereits im Autosampler angekommen, so wird der Anfangsteil des Gradienten ausgeblendet und die Elutionskraft steigt direkt sprunghaft an. Zusätzlich wird beim Zurückschalten des Injektionsventils dieser Anfangsteil des Gradienten, der in der Autosamplerfluidik parkt, dann auf die Säule geschaltet, was in der Äquilibrierungsphase ebenfalls sehr störend sein kann. Es wird empfohlen möglichst das 3-fache Injektionsvolumen durchzuspülen, bevor umgeschaltet wird. Damit ist die Grundvoraussetzung, dass das Injektionsvolumen maximal 1/3 des GDV-Beitrages der verwendeten Pumpe ausmachen darf. Moderne HPG-Pumpen können GDV-Beiträge von nur ca. 30 µL haben und somit beträgt das maximale Injektionsvolumen in diesem Fall 10 µL, weil sonst entweder die Probe unzulänglich ausgespült wird oder der Gradient bereits im Autosampler angekommen ist. Für moderne UHPLC-Methoden ist dies aufgrund der kleinen Injektionsvolumina meist kein Problem, aber diese Limitation sollte vom Anwender stets berücksichtigt werden. Weiterhin ist es sinnvoll, den Autosampler am Ende der Rückspülphase des Gradienten, also vor der Reäquilibrierung der Säule, wieder in den Fluss zu schalten und nicht etwa erst nach der Equilibrierung vor der nachfolgenden Injektion. Auch ist zu beachten, dass das Schalten des Autosamplers zu einer Störung der Basislinie am Beginn des Chromatogramms führen kann. Bevor der Anwender sich für eine Methode mit einem solchen Schritt entschließt, sollten sorgfältig die Basislinie, die Retentionszeitpräzision und die Probenverschleppung charakterisiert werden. Weiterhin ist Voraussetzung, dass die Steuersoftware ein solches Umschalten des Injektionsventils an bestimmten Stellen des Programmes überhaupt zulässt. Idealerweise wird von der Software ein Assistent bereitgestellt, der dem Anwender hilft, die entsprechenden Schaltzeiten zu optimieren. Dazu muss dieser aber auch gute Kenntnisse über die einzelnen GDV-Beiträge der Komponenten der Anlage haben bzw. diese müssen der Software bekannt sein. Sollte die Anlage dies alles automatisch machen, ist ein kritisches Hinterfragen, was, wann, wie geschaltet wird, empfehlenswert. Ausschlaggebend ist letztlich zwar das chromatographische Ergebnis, aber es ist immer nützlich zu wissen, wie dieses zustande kommt. Außerdem müssen in vielen Labors, besonders solchen, die einer Regulierung unterliegen, alle Methodenschritte klar dokumentiert sein.

Als letzte Variante soll noch die verzögerte Injektion kurz diskutiert werden. In diesem Fall muss das zeitgesteuerte Programm der Methode vor der Injektion und dem Start der Datenakquisition anlaufen. Der Gradient wird dabei ganz normal der Methode entsprechend programmiert, der Injektionspunkt wird aber um den Zeitfaktor, um welchen die effektive Gradientenverzögerungszeit zu groß ist, nach hinten verschoben. Dies setzt voraus, dass das Aufziehen der Probe bereits vor dem Eintreffen des Injektionsbefehls erfolgt ist und dieser dann lediglich durch Schalten des Injektionsventils ohne weitere Verzögerungen ausgeführt werden kann. Dabei sollte die Probe aber gleichzeitig auch nicht schon minutenlang in der Probenschleife stehen, weil sich die Probenzone dann bereits vor der Analyse durch Diffusion verbreitern kann. Dies kann sich bei der auf Außersäuleneffekte (Extra Column Volume, siehe Kapitel 3) extrem empfindlichen UHPLC-Methode und sehr kleinen Probenvolumina (≤ 1 µL) nachteilig auf die Peakeffizienz auswirken (Volumenüberladung). Weitere Voraussetzung ist selbstverständlich, dass die Software das Abarbeiten einer solchen Methode entsprechend unterstützt. Dies ist nicht selbstverständlich, weil die verschiedenen Schritte des Aufziehens der Probe und Schaltens des Injektionsventils in beide Richtungen hier einzeln koordiniert während des Zeitprogrammes abgearbeitet werden müssen. Dabei ist auch zu berücksichtigen, dass der Autosampler einerseits nach Injektion der vorhergehenden Probe gut ausgespült wird, andererseits darf er aber nicht erst in die Load-Position geschaltet werden, nachdem der Gradient dort angekommen ist. Ist die Anwendung sehr kleiner Flussraten die Motivation zur Anwendung der verzögerten Injektion, könnte man in diese Verlegenheit kommen, denn moderne Autosampler brauchen je nach Aufziehparametern dafür nicht mehr als 10 s. Umgekehrt muss natürlich die Zeit zwischen den beiden Ventilschaltungen für das Aufziehen der Probe ausreichend sein und das ist einer der schwierigen Aspekte seitens der Softwaresteuerung. Bei sehr schnellen Methoden und kleinem GDV der Pumpe (im Vergleich zum Autosampler) muss die Probe meist schon vor dem Start des Gradienten aufgezogen werden. Sofern das verzögerte Injizieren von der verwendeten Software unterstützt wird und alle oben genannten Punkte berücksichtigt werden, ist es durchaus ein probates Mittel, um bei zu großem GDV die verfrühte Elution von Peaks zu verhindern. Im Gegensatz zu den beiden oben beschriebenen Vorgehensweisen (Verringerung des GDV und Herausschalten des Autosamplers) hat es aber immer eher einen Notlösungscharakter, der für den Anwender nicht offensichtlich wird, schaut er sich nur das Chromatogramm an, das eine entsprechend schnelle Analyse zeigt. Für den Probendurchsatz zählt jedoch die gesamte Zykluszeit und diese ist zumindest nicht wesentlich kürzer als ohne die verzögerte Injektion, weil das eigentliche Gradientenprogramm in beiden Fällen gleich lang ist und das Aufziehen der Probe nicht immer sinnvoll in dieser Phase ausgeführt werden kann. Demgegenüber bringen die beiden anderen Vorgehensweisen einen echten Vorteil für den Probendurchsatz, er steigt proportional zur Verkürzung der Analysenzeit.

Geht es bei einer Apparatur mit zu großem GDV für eine bestimmte Methode hingegen nur um die Steigerung des Probendurchsatzes und zu frühe Elution von Peaks oder ist generell die Chromatographie bei großem GDV nicht das Problem, sei hier noch ein anderer Hinweis gegeben: Generell wird bei Methodenübertragung empfohlen, die Reäquilibrierung der Säule nach dem Gradienten entsprechend einer längeren Gradientenverzögerungszeit länger zu programmieren. Das ist zunächst auch sinnvoll, denn durch das größere GDV kommen die Anfangsbedingungen des Gradienten ja verzögert an der Säule an und die effektive Equilibrierzeit in diesem Teil des Zyklus ist kürzer. Andererseits führt eine Apparatur mit größerem GDV automatisch dazu, dass die Anfangsbedingungen des Gradienten bei der eigentlichen Analyse länger über die Säule spülen und sie auch in dieser Phase länger equilibrieren. Dabei wurde die Probe natürlich vorher bereits auf die noch nicht ganz equilibrierte Säule injiziert (außer man wendet verzögerte Injektion an). Dies kann auf die Qualität der Chromatographie (Peakform, Retentionszeitstabilität etc.) negative Auswirkungen haben und dies muss sorgfältige vom Anwender durch Experimente mit einer kürzeren Equilibrierzeit ausgeschlossen werden. Prinzipiell wird ja die Equilibrierung der Säule bei Methoden mit von den Anfangsbedingungen des Gradienten abweichendem Lösemittel immer gestört, was aber nicht notwendigerweise die Chromatographie negativ beeinflusst. Also, Mut zum Experiment mit verkürzten Equilibrierzeiten am Ende des alten Laufs, sofern demonstriert werden konnte, dass es damit keine nachteiligen Auswirkungen gibt.

Fazit

Für sehr schnelle Methoden, die steile Gradienten verwenden und auf ein kleines GDV angewiesen sind, ist prinzipiell eine HPG-Anlage vorzuziehen. Gute LPG-Anlagen können zwar schnelle Gradienten bis hinunter zu 2–3 min umsetzen, aber dann ist ihre Grenze erreicht. Auch ist das prinzipiell größere GDV der LPG-Anlage eine Herausforderung. Hier kann durch Optimierung der Apparatur (z. B. kleinerer Mischer) oder der Methode (z. B. Zurückschalten des Autosamplers, Verkürzung der Equilibrierphase etc.) gegengesteuert werden. Solche Veränderungen der Methode müssen bzgl. ihrer Auswirkung auf die Chromatographie aber sehr sorgfältig charakterisiert werden. Auflösung, Peakform, Retentionszeit- und Peakflächenpräzision sowie Probenverschleppung sind erneut zu prüfen.

4.2.9 Grundsätzliches zur Bestimmung des Gradientenverweilvolumens einer Apparatur

Bevor wir zwei mögliche Methoden der Bestimmung genauer betrachten, sollen hier einige grundsätzliche Klarstellungen vorgenommen werden. Diese sollen helfen mögliche Fehler bei der Durchführung zu vermeiden, aber auch die Abhängigkeiten der Ergebnisse von Bestimmungsmethoden besser zu verstehen. Zu berücksichtigen ist, dass zur Messung fast immer UV-aktive Substanzen (Markersubstanzen) in einer der beiden Eluentenkomponenten gelöst werden. Für die Möglichkeiten bei der Bestimmung hat deren chromatographisches und spektrales Verhalten in Lösung durchaus Einflüsse. Es muss Folgendes grundsätzlich beachtet werden:

- GDV-Bestimmungen müssen stets ohne Säule durchgeführt werden, denn eine solche könnte das Resultat aufgrund von Retention der Markersubstanz verfälschen.
- Die Säule sollte durch eine Restriktionskapillare ersetzt werden und es muss sichergestellt sein, dass die Pumpe über den gesamten Gradienten den für ihre einwandfreie Arbeitsweise vom Hersteller spezifizierten Mindestdruck erreicht.
- Es muss entgegen der üblichen Arbeitsweise in allen Kanälen der Pumpe Wasser oder zumindest das gleiche Lösemittel vorhanden sein, denn die Markersubstanz zeigt spektrale Verschiebungen bei Veränderung des Lösemittels, die zumindest bei den typischen Dolan-Tests das Ergebnis verfälschen.
- Alle fluidischen Verbindungen hinter dem Säulenanschluss und die Detektorflusszelle zählen nicht zum GDV und ihre Volumina müssten subtrahiert wer-

den. Es wird dabei auch leicht übersehen, dass viele Flusszellen einen integrierten Wärmetauscher haben, in dem auch leicht einige Mikroliter verborgen sein können.

- Die Lösung mit der Markersubstanz kann sich im Vakuumdegasser vor der Pumpe durch partielle Verdampfung verändern, was besonders bei kleinen Flussraten und bei längerem Stehen dieser Komponente das Ergebnis verfälschen kann. In der Praxis stellt man dann eine Abhängigkeit des Ergebnisses von der Flussrate fest.
- Besonders derjenige, der seine UHPLC-Apparatur mit einem entsprechenden Restriktor bei den üblichen Arbeitsdrücken charakterisieren möchte, sollte sich darüber im Klaren sein, dass das GDV aufgrund der Kompressibilität von Flüssigkeiten auch eine Funktion des Druckes und des Fließmittels ist. Selbstverständlich ergibt sich eine sehr stark ausgeprägte Abhängigkeit des GDV vom Arbeitsdruck, wenn die Pumpe einen (kompressiblen) Pulsationsdämpfer enthält.

Diese Punkte sollte jeder Anwender verinnerlicht haben, bevor er GDV-Bestimmungen durchführt und Ergebnisse interpretiert. Auf manche dieser Aspekte werden wir bei der Beschreibung der Bestimmung nochmals näher eingehen.

Fazit dieser Einleitung

Es gibt in der Praxis kaum eine Bestimmungsmethode für das GDV, die uneingeschränkt robust und präzise sowie frei von jeglichem systematischen Fehler ist. Besonders deshalb sind die genaue Beschreibung der Methode und die Einhaltung dieser Vorschriften so wichtig.

4.2.10
Die Markerpulsmethode als eine quick-and-dirty Lösung

Bei dieser Methode wird der übliche Aufbau mit Restriktor, aber ohne Säule gewählt und normalerweise werden beide Kanäle mit Wasser gefüllt, wobei das Wasser im B-Kanal mit einer UV-Markersubstanz (Aceton, Koffein, Benzylalkohol) versehen wird. Dann lässt man eine Methode mit einem eher niedrigen Fluss laufen (100–250 µL min^{-1} je nach erwartetem GDV), die kurz nach dem Start der Datenakquisition für wenige Sekunden sprungartig eine (abhängig vom Pumpentyp) bis zu 100 %-ige Erhöhung des B-Anteils dosiert und dann wieder direkt zur Ausgangszusammensetzung zurückgeht. Dieser Puls wandert durch die Apparatur und verändert sich dabei in der Regel durch Dispersion zu einem quasi peakförmigen Profil, das der Detektor wie einen normalen Peak erfasst, der dann automatisch integriert und mit einer Retentionszeit versehen werden kann. Diese Retentionszeit ergibt nach Multiplikation mit der Flussrate dann direkt das Gradientenverweilvolumen. Zur Korrektur sollte aber von der Retentionszeit noch die Zeit bis zur Mitte des Markerpulses (siehe Abb. 4.13) subtrahiert werden und vom erhaltenen GDV könnte noch das unabhängig zu bestimmende Volumen der Apparatur hinter der Säule abgezogen werden. Die relativ niedrige Flussrate wird

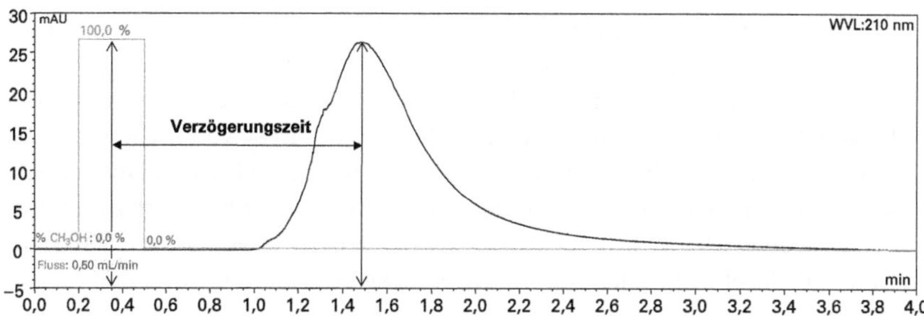

Abb. 4.13 Anwendung der Markerpulsmethode zur GDV-Bestimmung mit direkter Detektion der reinen Komponente B (Methanol). Apparatur: UltiMate 3000 Quaternary SD System (ThermoScientific), Puls von 0 auf 100 % zwischen 0,2 und 0,5 min (Wasser zu Methanol), Flussrate 0,5 mL min^{-1}, Detektion: UV bei 210 nm.

gewählt, um den Einfluss einer etwaigen zeitlichen Ungenauigkeit des Pulses zu minimieren. Trotz der Verwendung niedriger Flussraten ist die Durchführung dieser Methode um ein Vielfaches schneller als die üblichen Dolan-Tests (siehe Abschnitt 4.2.11) und sie besticht besonders durch die einfache und sogar automatisierbare Auswertung. Es gilt dabei aber einige Herausforderungen zu meistern und diese bringen meist wieder zusätzlichen experimentellen Aufwand mit sich. Will man die Methode also weniger „dirty", ist sie automatisch auch weniger „quick". Im Wesentlichen gilt es folgende Punkte zu beachten:

- Es muss sichergestellt sein, dass der UV-Marker nicht an den benetzten Oberflächen der Apparatur retardiert wird; diese Oberflächen können sehr verschieden sein (siehe dazu Kapitel 7). Dies lässt sich nicht ganz so leicht überprüfen, aber eine Möglichkeit ist zu testen, ob die drei Markersubstanzen Aceton, Koffein und Benzylalkohol alle bei der gleichen Zeit eluieren. Ist dies der Fall, kann man den Wert beruhigt annehmen. Sind die Werte verschieden, sollte man den niedrigsten nehmen, aber gewarnt sein, dass auch hier noch Retention vorliegen kann.
- Die Dauer des Pulses muss so kurz sein, dass die Bande im Detektor mit einem recht scharfen Maximum ankommt, sie muss aber auch lange genug sein, damit die Pumpe diesen Puls kontrolliert applizieren kann bzw. die niedrige Dauer muss sich in der Kontrollsoftware überhaupt einstellen lassen. In der Praxis bewähren sich Werte zwischen 0,1–0,3 min oder eben die kleinste einstellbare Dauer. Sieht der Peak oben stark abgeflacht aus und das Maximum lässt sich schlecht bestimmen, sollte die Zeit verkürzt werden. Ist die Peakhöhe zu gering (unwahrscheinlich) oder die Präzision der gemessenen Zeit schlecht (RSD > 3 %), sollte man die Zeit etwas verlängern.
- Bei einer hochdruckseitig mischenden Pumpe, und besonders wenn diese einen niedrigen Fluss fördert, sollte man auf keinen Fall zwischen 0 und 100 % B-Komponente den Puls schalten. Insbesondere das Anlaufen des B-Blockes aus dem Stillstand mit anfänglicher Kompression des Fließmittels wird hier stets Schwierigkeiten bereiten, aber auch das plötzliche Abschalten

des A-Blockes mit komprimiertem Fließmittel ist schlecht zu kontrollieren. Zu empfehlen ist ein Schalten zwischen 20 und 80 % oder noch weniger.

- Bei einer niederdruckseitig mischenden Pumpe liegen die Verhältnisse völlig anders. Hier ist es prinzipiell empfehlenswert direkt von 0 auf 100 % zu schalten, sodass das Proportionierventil nur A oder B einlässt und nicht noch kompliziertere Muster erzeugen muss. Allerdings muss man wissen, dass die Schaltfrequenz des Ventils normalerweise mit dem Pumpenhub synchronisiert ist. Deshalb sollte die Flussrate hier nicht zu klein gewählt werden, denn sonst dürfte der Puls ungewollt länger werden (auch da sollte man etwas variieren). Vor allem aber muss die Synchronisation zwischen Autosampler und Pumpe eingeschaltet sein und diese ist nur dann sinnvoll, wenn auch ein kleines Volumen (< 1 µL) Wasser beim Methodenstart injiziert wird. Von der meist dadurch auftretenden Störung der Basislinie lasse man sich nicht irritieren, sie wird deutlich kleiner ausfallen als der Peak des Markerpulses.
- Zu erwähnen sei hier auch der Einfluss des Mischers. Gerade bei modernen Mischern, die longitudinale Durchmischung mittels definierter mikrofluidischer Kanäle unterschiedlicher Länge erzeugen (z. B. Agilent JetWeaver) kann man bei dieser Methode mehr als einen Peak finden. Die Ermittlung des GDV ist dann in diesen Fällen nicht immer hinreichend präzise möglich.

Berücksichtigt man oben genannte Punkte, ist die Markerpulsmethode zwar nicht mehr ganz so schnell und simpel, sie liefert aber normalerweise sehr brauchbare Werte. Dennoch ist sie kaum in der Literatur beschrieben und wird normalerweise nicht als verlässliche Methode zur GDV-Bestimmung akzeptiert. Zum Abschluss sei noch eine bestimmte Variante angesprochen, die auch in Abb. 4.13 gezeigt wird: Anstelle eines UV-Markers in der B-Komponente, kann die Methode auch mit (bitte sehr reinem) Wasser in A und (ebenso reinem) Methanol in B bei einer möglichst niedrigen Detektionswellenlänge (195–210 nm) durchgeführt werden. Dies erspart nicht nur das Ansetzen einer Lösung mit Marker und das anschließende Ausspülen der Apparatur von diesem, es hat auch einen entscheidenden weiteren Vorteil. Es ist nämlich eher unwahrscheinlich, dass das Methanol bei dieser Methode eine Retention in der Apparatur erfährt und so wird der erste der oben genannten kritischen Punkte quasi aufgehoben. Weiterhin sei noch ein anderer wichtiger Vorteil der Markerpulsmethode erwähnt. Diese funktioniert nämlich auch gut mit anderen Detektoren als dem UV-Detektor, wie allen verneblungsbasierten Detektoren (MS, ELSD, CAD etc.).

4.2.11
Die Dolan-Methode – ein Klassiker und seine Varianten

Die Dolan-Methode [6] verwendet grundsätzlich den gleichen apparativen Aufbau wie die Markerpulsmethode. Das Prinzip ist gut in der Literatur beschrieben und auch einfach zur erklären. Wenngleich diese Methodik auch im Kapitel 9 dargestellt wird, gehen die Ausführungen hier in einigen Belangen deutlich weiter. Um dem nicht mit diesem Test vertrauten Leser den Einstieg zu vereinfachen, sei

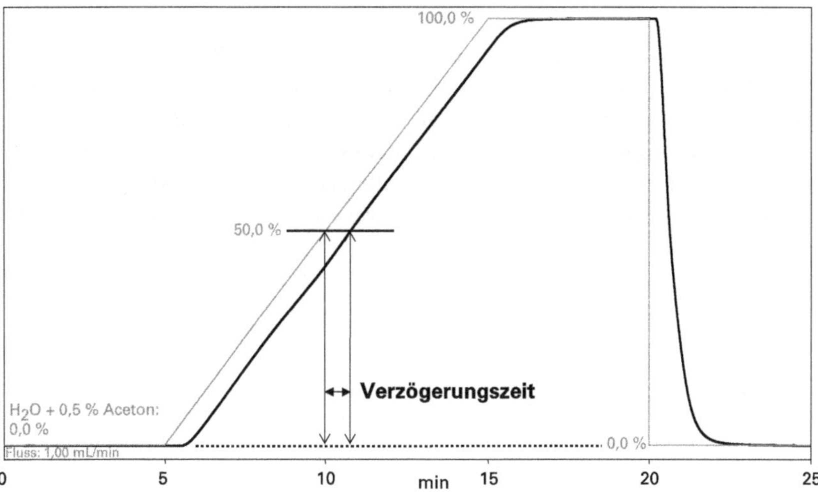

Abb. 4.14 Beispiel für die Anwendung des klassischen Dolan-Tests zur GDV-Bestimmung.

das Prinzip auch hier nochmals kurz umrissen. Es wird ein Gradient über den gesamten Bereich 0–100 % programmiert, mit einer Steigung 10–20 Δ % min^{-1} und einer mittleren Flussrate (0,5–1 mL min^{-1}). Dieser Gradient wird von Wasser zu Wasser mit Aceton versetzt gefahren und das Profil mit dem UV-Detektor aufgezeichnet. Die Auswertung erfolgt meist grafisch und manuell. Es wird durch den gut linearen Teil des Anstiegs eine Linie gezogen und der Zeitversatz zur Linie des programmierten Gradienten als Parallele zur Zeitachse in der Mitte des linearen Bereichs bestimmt (Abb. 4.14). Dieser Zeitversatz ergibt dann durch Multiplikation mit der Flussrate das Gradientenverweilvolumen der Apparatur, wobei auch hier eine Korrektur durch Abzug des Apparaturvolumens hinter der Säule sinnvoll wäre.

Der wesentliche Vorteil der Dolan-Methode ist ihre große Verbreitung und die gute Repräsentation in der Literatur, wie auch aktuelle Beiträge in Laborzeitschriften. Weiterhin erlaubt sie das komplette Profil eines linearen Gradienten über den gesamten Bereich abzubilden, allerdings lediglich für die Proportionierung zweier gleichartiger Lösemittel, denn bei realen Gradienten würde die spektrale Verschiebung den Gradienten verfälscht abbilden. Der wesentliche Nachteil des Dolan-Tests ist der Zeitaufwand für die Messung und besonders für die manuelle Auswertung. Die Messzeit kann verkürzt werden, indem der Gradient steiler gefahren wird (30–50 Δ % min^{-1}). Hier ist es aber entscheidend, dass die Apparatur solche Gradienten bei der entsprechenden Flussrate zuverlässig formen kann, sonst sind die Ergebnisse in jedem Fall infrage zu stellen. Indikation ist die Qualität der Ausprägung des linearen Bereichs und die Wiederholpräzision der Ergebnisse. Die extreme Variante eines Stufengradienten von 0 auf 100 % ist wegen der üblicherweise auftretenden Ausspüleffekte schwierig auszuwerten und keinesfalls zu empfehlen. Da wäre die Markerpulsmethode die bessere Alternative.

Auch wenn ein Dolan-Test vorschriftsmäßig ausgeführt wird, können Verfälschungen der Ergebnisse durch Verdunstung im Entgaser erfolgen. Bei dem meist als Marker verwendeten recht flüchtigen Aceton kann je nach Vakuumleistung des Entgasers und Standzeit des B-Kanals vor der Messung die Acetonkonzentration in einem kompletten Volumen der Entgaserkartusche (0,5 bis mehrere mL) vernachlässigbar sein. Damit beginnt der gemessene Anstieg der Absorption später, der Gradient wird verfälscht dargestellt, was die Auswertung des linearen Bereichs erschwert und auch das Ergebnis verändern kann. Besonders bei steileren Gradienten, wo das Entgaservolumen einen wesentlichen Anteil am Gradientenvolumen hat. Besteht der begründete Verdacht, dass Entgasereffekte das Ergebnis beeinflussen, gibt es prinzipiell drei Möglichkeiten den Dolan-Test zu variieren:

1. Anstelle von Aceton als Marker eine weniger flüchtige Substanz (Koffein, Benzylalkohol) verwenden. Die Konzentration und Detektionswellenlänge müssen ggf. angepasst werden, damit die Endabsorption bei 100 % sicher im linearen Bereich des Detektors liegt. Auch hier kann es bei sehr effektiven Entgasern auch zu Verdampfung des Wassers und Anreicherung des Markers kommen, was ebenfalls die Abbildung des Gradienten in die entgegengesetzte Richtung verfälschen kann.
2. Der Gradient wird nicht von 0 % gestartet, sondern von 10 % oder mehr, sodass die Flüssigkeit im B-Kanal auch vor Start der Messung schon bewegt wird.
3. Der Gradient wird umgekehrt gefahren, also von 100 zu 0 % B. In diesem Fall wird der B-Kanal vor dem Start der Messung auf vollem Fluss gefahren.

Jede dieser drei Maßnahmen stellt eine Abweichung von der Dolan-Vorschrift dar und damit ist die allgemeine Akzeptanz infrage zu stellen. Variante 2 bildet zudem nicht den kompletten Gradienten ab, Variante 3 zeigt den Gradienten in einer Richtung, die nicht der üblichen Anwendungsweise entspricht. Besonders in diesem Fall ist mit Akzeptanzschwierigkeiten zu rechnen.

Fazit

Wer einen gut beschriebenen und sehr weitläufig akzeptierten Test anwenden möchte, ist mit dem unmodifizierten Dolan-Test am besten bedient. Besteht der Verdacht eines Einflusses durch den Entgaser, ließe sich dieser auch durch eine höhere Flussrate und damit schnelleres Ausspülen der Kartusche minimieren. Auch dies ist aber mit einer Abweichung von der Standardvorschrift verbunden.

4.2.12
Wie eine effektive Mischung bei einem angemessenen GDV technisch erreicht werden kann

Die grundsätzlichen Anforderungen an Mischer und die Problematik radialer und longitudinaler Mischung wurden in Abschnitt 4.2.1 bereits beschrieben, hier sollen nun die technischen Konzepte verschiedener Mischer erklärt und bezüglich ihrer Effizienz und Charakteristiken kurz diskutiert werden.

Prinzipiell lassen sie sich in die beiden großen Kategorien statischer und dynamischer Mischer untergliedern. Bei dynamischen Mischern wird die Flüssigkeit aktiv durch ein sich bewegendes Element vermischt. Dies ist also eine Vorrichtung zum Rühren, normalerweise ein Magnetrührer, mit dem entsprechenden Rührwerkzeug innerhalb der Mischkammer. Dynamische Mischer können sowohl radial als auch longitudinal sehr effektiv sein, sofern ihre Geometrie, Größe und die Rührgeschwindigkeit entsprechend auf die Anforderungen abgestimmt sind. Allerdings lassen sie sich kaum unter ein Mischvolumen von 200–300 µL miniaturisieren. Bei einer sehr kleinen Rührmaus reichen die Magnetkräfte für eine zuverlässige Ankopplung nicht mehr aus und kleine Dimensionen führen auch je nach Flussrate zu hohen Strömungsgeschwindigkeiten, welche die Bewegung der Rührmaus stören können. Die Rührgeschwindigkeit ist prinzipiell ein Freiheitsgrad bei dynamischen Mischern, um ihre Effektivität zu optimieren. Dabei hängt bei gegebener Geometrie die optimale Rührgeschwindigkeit von der Flussrate und von der Viskosität der mobilen Phase ab und Letztere verändert sich noch während des Gradienten. Somit ist dieser Freiheitsgrad nicht unbedingt nur ein Vorteil für den Anwender, sondern ggf. auch eine Bürde, weshalb bei einigen (besonders bei in Pumpen fest integrierten) dynamischen Mischern die Rührfrequenz fest eingestellt ist. Weiterhin lässt sich ein gewisser Abrieb des Rührwerkzeugs nicht vollständig vermeiden. Bei UHPLC-Anlagen und -Säulen mit engen Kapillarquerschnitten und feinmaschigen Fritten und Siebchen stellt dies ein echtes Problem dar. Aus diesem Grund findet man dynamische Mischer in solchen Anlagen nicht mehr und von ihrem Gebrauch ist dort auch prinzipiell abzuraten.

Statische Mischer sind wesentlich verbreiteter, in UHPLC-Anlagen ausschließlich vorhanden und können von ihrem Design und ihrer Funktionsweise her sehr verschiedenartig sein. Der klassische statische Mischer ist die sogenannte Mischsäule, bei der meist unporöse Glaskügelchen mit Durchmessern von 100 µm und mehr als Packungsmaterial verwendet werden. Es ist dabei vor allem wichtig, dass diese Mischsäule kein Rückhaltevermögen für bestimmte Komponenten des Laufmittels hat und so den Gradienten störend beeinflussen könnte. Deshalb verwendet man unporöses Material mit relativ kleiner Oberfläche, was neben Glas auch z. B. Edelstahl sein kann. Das Packungsmaterial muss möglichst groß sein, um einen geringen Rückdruck zu erzeugen. Weiterhin soll das Material aber auch im Sinne der Van-Deemter-Theorie einen möglichst großen A-Term erzeugen, denn nur dann kann es eine gewisse longitudinale Mischfunktion übernehmen. Prinzipiell ist die Effektivität der Mischung im Verhältnis zum Mischervolumen bei gepackten Mischsäulen nicht besonders gut, vor allem im Hinblick auf die longitudinale Mischung. Auch ist die Miniaturisierung schwierig. Verringert man den Innendurchmesser auf ca. 2 mm, so ist das reproduzierbare Befüllen mit den recht grobkörnigen Materialien schwierig und in jedem Fall aufwendig. Reduziert man hingegen ihre Länge auf wenige Millimeter, so ist die longitudinale Mischleistung unzureichend. Für die moderne UHPLC sind solche Mischer deshalb ungeeignet.

Eine recht große Verbreitung und auch noch Anwendung in der UHPLC haben Frittenmischer von meist zylindrischer Geometrie. Diese können in Edelstahl, aber auch anderen ggf. eisenfreien Legierungen hergestellt werden und sind in ihrer Größe von wenigen Mikrolitern bis zu mehr als 1000 µL Volumen sehr gut skalierbar. Sofern ihre Morphologie entsprechend optimiert ist, haben sie sowohl recht gute radiale als auch longitudinale Mischungseigenschaften. Eine wirklich effektive Mischleistung, besonders longitudinal, erzielt man allerdings nur mit Frittenvolumina von $\geq$ 100 µL.

Für die radiale Mischung in HPG-Pumpen ist bereits das simple T-Stück zur Zusammenführung beider Komponenten effektiver als man erwarten könnte, zumindest wenn die beiden eingespeisten Flussraten in der gleichen Größenordnung liegen, was im Randbereich des Gradienten natürlich nicht der Fall ist. Allerdings stellt man unter bestimmten Bedingungen auch genau in der Nähe der 50 %-Stufe Resonanzeffekte in T-Stücken fest, die eher das Gegenteil als eine gute radiale Mischung bewirken. Ein klassischer und heute noch weit verbreiteter Radialmischer ist der ViscoJet (Fa. Lee Scientific), bei dem in einem Array feiner Kammern Wirbel erzeugt werden. Ein ähnlicher Ansatz, über die Erzeugung eines solchen Spins die einzumischende Komponente in ein strömendes Medium zu verwirbeln, stellen spezielle T-Stücke dar, bei denen eine Kapillare so in ein Gewinde gesteckt wird, dass die Gewindegänge auf der Außenwand der Kapillare dicht abschließen. Dann wird der erste Zustrom durch das Innere der Kapillare geführt, der zweite wird außen durch die Gewindegänge geleitet und so in eine schnelle zirkulierende Bewegung versetzt. Am Ende der geraden Kapillaren werden beide Ströme in einer Kammer zusammengeführt und der Spin der von außen beiströmenden Komponente sorgt für die Durchmischung. Exzellente radiale Mischung bei relativ geringem Mischervolumen erzielt man auch in Mischkapillaren, in denen eine radiale Strömung erzwungen wird. Dies kann z. B. durch das Einarbeiten einer Mischerspindel in die Kapillare erfolgen oder durch eine andere spezielle interne Geometrie. Für eine HPG-Pumpe, deren einzelne Blöcke nahezu pulsationsfrei arbeiten können, ist eine solche radiale Mischerkapillare hinter dem T-Stück die ideale Mischvorrichtung, denn longitudinale Mischung wird bei einem solchen Pumpentyp kaum gebraucht. Wird zusätzlich auch eine longitudinale Mischung benötigt, ist es auch möglich die radiale Mischerkapillare mit einem nachgeschalteten Frittenmischer zur kombinieren. Das Konzept eines solchen Zweistufenmischers ist schematisch in Abb. 4.15 dargestellt. In der ersten Stufe vermischt eine interne Spindel die beiden Komponenten radial, bevor dann ein zylindrischer Frittenmischer mit einem optimierten Verhältnis aus Durchmesser und Länge die longitudinale Vermischung übernimmt.

Für eine effektive longitudinale Mischung ist es besonders wichtig, dass die Flüssigkeit verschieden lange Wege durch den Mischer nehmen muss, während sie ihn passiert. Je geringer der Durchmesser des Mischzylinders, umso ähnlicher werden die möglichen Wege sein. Gestaltet man aber den Durchmesser zu groß, so werden die äußeren Bereiche kaum durchspült und die Ausspülcharakteristik wird nachteilig beeinflusst.

Der Ansatz, für eine effektive longitudinale Mischung definiert verschieden lange Wege zum Durchströmen bereitzustellen, führte zu den mikrofluidischen Mischern. Im Gegensatz zu den statistisch verteilten unkoordinierten Kanälen in

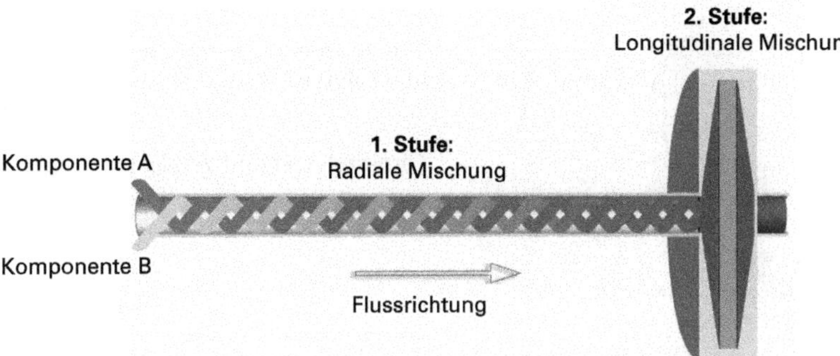

Abb. 4.15 Schematische Darstellung des technischen Konzeptes der SpinFlow Mischer (ThermoScientific). Es handelt sich um einen zweistufigen Mischer, bei dem eine Mischkapillare mit einer internen Spindelgeometrie zur radialen Mischung (1. Stufe) mit einem Frittenmischer zur axialen Mischung (2. Stufe) kombiniert ist.

einer Fritte, stellen diese Mischer der bewegten Flüssigkeit klar definierte Kapillarkanäle zur Verfügung. Eine recht einfache und frühe Variante mikrofluidischer Mischer ist der von der Fa. Knauer entwickelte SmartMix Mischer, der je nach Betriebsweise sowohl im HPG- als auch LPG-System eingesetzt werden kann. Weiterentwicklungen sind die Jet Weaver Mischer der Fa. Agilent. Mikrofluidische Mischer wie der Jet Weaver verfügen über eine sehr gute Mischeffizienz im Verhältnis zu ihrem Volumen und können bereits mit Volumina < 100 μL exzellente longitudinale Mischleistung erzeugen. Durch den mikrofluidischen Ansatz sind diese aber empfindlicher gegen Partikeleinträge, da hier leicht Mikrokanäle verstopfen können. Es sollte deshalb immer darauf geachtet werden, dass ein Inline-Filter vorgeschaltet ist. Weiterhin sind mikrofluidische Mischer in ihrer Herstellung recht aufwendig und kostspielig und es ist nicht einfach, sie auf verschiedene Volumina zu skalieren. Letzteres ist ein klarer Vorteil der Frittenmischer, weshalb es Herstellern leicht möglich ist, auf deren Basis eine weite Palette verschiedener Mischungsvolumina anzubieten.

Gerade im Hinblick auf den letzten Punkt ist es auch von Belang, wie die Mischvorrichtung in einer Apparatur genau angeordnet ist und ob es prinzipiell überhaupt möglich ist, sie zu entfernen oder auszutauschen. Auch wenn diese Möglichkeit besteht, ist es wichtig, wie gut der Mischer für einen normalen Anwender zugänglich ist. Was die prinzipielle Lokalisierung anbelangt, muss auch wieder zwischen LPG-Pumpen und HPG-Pumpen unterschieden werden. Es wurde in Abschnitt 4.1.2 bereits ausgeführt, wie wichtig bei einer LPG eine gute Mischung der Segmente spätestens im Förderkopf ist. Ist diese Mischung unvollständig, kommt es bei ihrer Vervollständigung nach dem Kopf zur Volumenkontraktion und auch diese LPG-Pumpe wird nicht flusskonstant fördern können. Es hängt sehr vom genauen Design des Proportionierventils, des Förderkopfes und der fluidischen Verbindung zwischen beiden ab, wie gut diese Mischung erfolgen kann. Auch spielen jeweils die Lösemittel und Flussraten eine gewisse Rolle und sogar die Labortemperatur. Soll eine möglichst vollständige Mischung bis zur För-

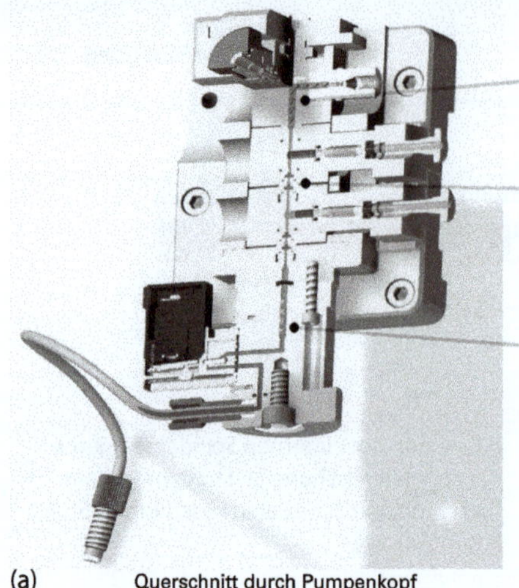

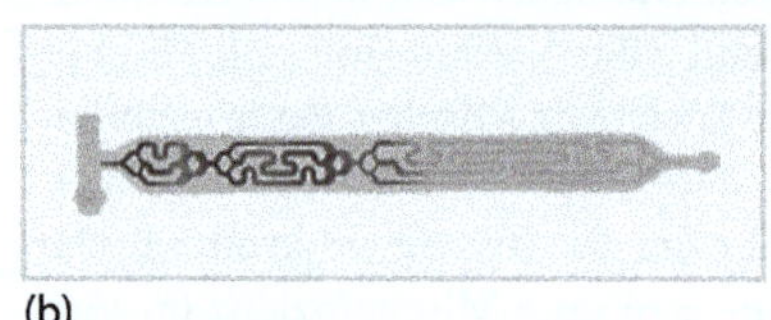

Abb. 4.16 (a) Technischer Aufbau einer GDV-optimierten LPG-Pumpe mit Mischeinrichtung vor und hinter dem Förderkopf (UltiMate LPG-3000 XRS, ThermoScientific), (b) Schema einer mikrofluidischen Vorrichtung optimiert für die Mischung vor dem Förderkopf einer LPG (LPG 1290 Inlet Weaver, Agilent Technologies).

derphase zuverlässig erreicht werden, dann ist ein effektiv mischendes Element vor dem Förderkopf unerlässlich. Einige Hersteller gehen auch bei bestimmten LPG-Pumpen genau diesen Weg. In Abb. 4.16a ist der technische Aufbau einer stark GDV-optimierten LPG-Pumpe mit relativ kleinem Hubvolumen skizziert. Diese hat sowohl vor dem Förderkopf als auch danach eine Mischeinrichtung mit ca. 70 µL Volumen. Abbildung 4.16b zeigt eine mikrofluidische Mischeinrichtung (Inlet Weaver), die speziell für die Mischung vor dem LPG-Förderkopf entwickelt wurde. Mit solch einem Design kann eine absolut flusskonstante Förderung bei einer LPG problemlos sichergestellt werden. Es könnte nun die Frage gestellt werden, warum es bei vollständiger Mischung vor dem Förderkopf überhaupt notwendig ist noch einen zweiten Mischer nachzuschalten. Dazu muss unterschieden werden zwischen einer Mischungsqualität, die ausreicht, um das finale Mischungsvolumen hinreichend genau zu erzielen und einer Mischungsqualität, die die Kriterien für eine perfekte Kontinuität der Zusammensetzung erfüllt. Für die Flusskonstanz ist dabei eine deutlich weniger perfekte Durchmischung erforderlich als für eine akzeptable Detektorbasislinie mit einer anspruchsvollen TFA-Methode. Grundsätzlich kann der zweite Mischer hinter dem Förderkopf wegfallen, wenn davor für die gegebene Applikation ausreichend

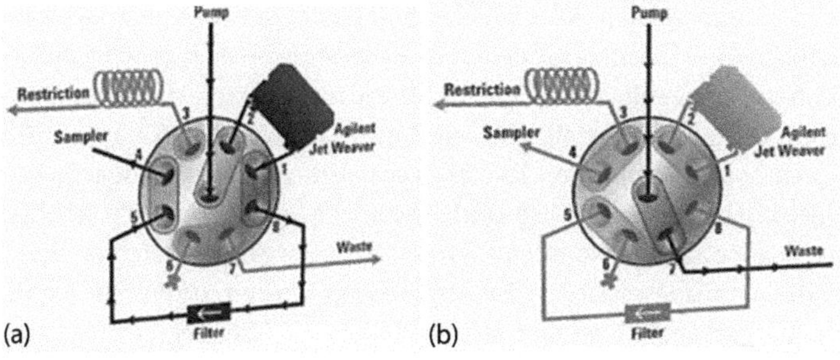

Abb. 4.17 Spezielle Ventilschaltung zur automatisierten Variation des Mischervolumens, speziell zum Zuschalten von Filterfritte oder Mischer hinter dem Kopf einer LPG-Pumpe (Agilent Technologies). (a) Position für optimale Mischung, (b) Position zum Purgen.

gemischt wurde, man müsste also nur diesen ersten Mischer entsprechend effektiv gestalten. Dabei ist aber ein ganz wesentlicher Umstand zu beachten. Die Durchspülung des Mischers vor dem Kopf kann nur durch den beim Ansaugen entstehenden Unterdruck angetrieben werden. Dieser Druckgradient ist dabei maximal 1,1 bar, wenn bei 1000 mbar Luftdruck der Spiegel der Eluentenflasche 1 m über der Pumpe steht und sonst im Ansaugtrakt nirgendwo Druck abfällt. In der Praxis kann und darf die Pumpe bei Ansaugen aber den Kopf nicht unter einige 100 mbar evakuieren, weil ansonsten schwerwiegende Probleme mit Kavitäten und selektiver Verdampfung auftreten würden. Andererseits ist es technisch kaum lösbar, einen sehr effektiven Mischer mit gleichzeitig kleinem GDV-Beitrag zu konstruieren, ohne entsprechend enge fluidische Kanäle zu verwenden. Diese führen dann zu einer geringen Permeabilität und ein solcher Mischer kann im Ansaugtrakt nicht verwendet werden. Bei Mischern hinter dem Förderkopf spielt es hingegen keine Rolle, ob diese bei den gegebenen Flussraten und Viskositäten einen Rückdruck von mehreren bar erzeugen. Besonders bei einer UHPLC-Apparatur trägt dies eher vernachlässigbar zum Gesamtsystemrückdruck (ohne Säule) bei. Diese Umstände bewegen die Hersteller zu dem Konzept der Kombination zweier Mischer bei einer LPG, einem vor dem Förderkopf und einem dahinter, welcher dann auch beliebig variiert oder gar weggelassen werden kann, je nach Bedarf an longitudinaler Mischung.

Abbildung 4.17 zeigt in diesem Zusammenhang auch eine Möglichkeit, wie durch ein spezielles Schaltventil der aktive Mischer bzw. Filter hinter dem Förderkopf ohne Umbau variiert werden kann.

Bei HPG-Anlagen ist ausschließlich Mischung hinter den Förderköpfen notwendig, davor bewegt sich ja entweder eine reine oder perfekt vorgemischte Komponente. Das Problem der Permeabilität besteht damit schon einmal nicht. Wie der Mischer bei einer HPG angeordnet ist, hängt auch maßgeblich davon ab, ob es sich um ein integriertes Modul handelt oder um die Kombination von zwei unabhängigen isokratischen Pumpen. Im letzten Falle haben beide Pumpen ein individuelles Purgeventil und der Mischer ist ein eigenständiges Bauteil, der einen Ausgang hat und normalerweise zwei Eingänge. Er stellt also die Kombination aus T-Stück und dem eigentlichen Mischer dar. Soll das Mischvolumen oder besonders die longitudinale Mischungseffektivität verbessert werden, so wird meist ein weiterer Mischer hinzugefügt. Bei in einem Modul integrierten HPG-Pumpen ist der Mischer ein fester Bestandteil. Hier sind normalerweise das Purgeventil und das T-Stück in einem fluidischen Bauteil integriert, manchmal sogar noch der eigentliche Mischer. Normalerweise ist der Mischer (egal in welcher technischen Ausprägung) aber als eigenständiges Bauteil dem Purgeblock nachgeschaltet und kann bei Bedarf ausgewechselt oder weggelassen werden, zumindest wenn er für den Anwender zugänglich ist und mit normalen Werkzeugen an- und abgeschraubt werden kann. Hierbei sollte man aber immer die Hinweise des Herstellers befolgen. Bevor ein solcher Mischer komplett entfernt wird, müssen mehr Voraussetzungen bestehen als eine gute Basislinie und Retentionszeitstabilität bei der Anwendungsmethode. Frittenmischer übernehmen nämlich sehr oft auch eine essenzielle Filterfunktion hinter den mechanisch stark beanspruchten Bauteilen der Pumpe. Entfernt man sie, dann kann es mit der Zeit zu massiven Problemen mit Abriebteilchen kommen, die die Autosamplerfluidik verstopfen und das Injektionsventil beschädigen. Dieses Problem kann nicht auftreten, wenn der Purgeblock bereits einen Filter enthält, was aber meist nicht der Fall ist. Dann muss anstelle eines echten Mischers ein solcher Filter hinter den Purgeblock geschaltet werden, der normalerweise in Volumina von 10 µL seine Funktion gut erfüllt und auch noch etwas Mischfunktion übernimmt.

Fazit

Moderne UHPLC-Anlagen verwenden nur statische Mischer, weil dynamische Mischer zu große GDV-Beiträge und Probleme mit Abrieb mit sich bringen. Statische Mischer sind heute meist Frittenmischer oder die sehr effektiven, aber kostspieligeren mikrofluidischen Mischer. Bei einer LPG ist es für die Flusskonstanz wichtig auch vor dem Förderkopf ausreichend zu mischen, wozu manche Pumpen dort einen dedizierten Mischer integriert haben. Grundsätzlich ist es wünschenswert den eigentlichen Mischer im Hochdruckbereich der Pumpe variieren zu können, um zwischen Mischungsbedarf und GDV den besten Kompromiss zu finden. Bevor ein Mischer aber komplett ausgebaut wird, muss stets sichergestellt werden, dass die Anlage vor dem Autosampler noch einen Filter gegen Abrieb aus der Pumpe aufweist. Oft wird der eigentliche Mischer auch für diesen Zweck genutzt und er muss dann zumindest durch einen kleinen Filter ersetzt werden.

4.2.13
Charakterisierung der Mischungseffizienz und Gradientenformung einer Apparatur

Selbst mit einem nicht besonders effektiven technischen Konzept eines Mischers lässt sich meist durch Vergrößerung seines Volumens oder das Zusammenschalten mehrerer Elemente ein akzeptables Ergebnis erzielen. Dies geht einerseits zulasten eines größeren GDV, andererseits bringt es meist auch eine deutlich veränderte Ausspülcharakteristik des Mischers mit sich. Das Ausspülverhalten führt zu abgerundeten Übergängen bei jeder Änderung der Gradientensteigung, besonders stark bei deutlichen Änderungen der Steigung. Wird z. B. ein linearer Gradient mit anschließendem kurzen Halten der Maximalzusammensetzung und prompter Rückkehr zu der Ausgangszusammensetzung programmiert, so ergeben sich durch den Ausspüleffekt Rundungen bei Start und Ende des linearen Anstiegs. Besonders sichtbar werden diese aber bei der sehr steilen Rückkehr. Dies kann experimentell auch in Dolan-Tests erkannt werden und ist demnach in Abb. 4.14 bereits zu sehen. Das Ausmaß dieser Ausspüleffekte hängt vom jeweiligen Mischerdesign, vor allem aber von dessen Volumen ab. Dennoch können Mischer mit nominell (und experimentell) gleichem Volumen verschiedene Ausspülkurven zeigen, wenn sie sich fluidisch sehr deutlich unterscheiden. Für das chromatographische Ergebnis sind diese gerundeten Übergänge nicht unerheblich, denn von ihrem Ausmaß hängt die Elutionsstärke zu einer bestimmten Zeit ab und damit auch die Retentionszeit von Substanzen, die zu der Zeit eluieren, bei der die entsprechenden Stellen des Gradienten aktiv sind. Auch hier ist festzuhalten, dass eine intakte Gradientenapparatur diese Rundungen und die damit verbundene Elutionscharakteristik bei einer gegebenen Methode mit einer hinreichenden Wiederholpräzision erzeugen kann. Somit wird der Anwender von Lauf zu Lauf nichts davon bemerken, sobald eine für die gegebene Applikation geeignete Methode feststeht. Schwierigkeiten können aber auftreten, wenn die Methode auf eine Apparatur mit unterschiedlicher Ausspülcharakteristik übertragen werden soll. Hier kann es zumindest an bestimmten Stellen des Chromatogramms zu Abweichungen des Elutionsmusters kommen und ggf. ist die chromatographische Auflösung dann unzureichend. Bei der Übertragung einer Methode von einer Apparatur mit starken Ausspüleffekten auf eine solche, die relativ scharfe Übergangskanten erzeugt, ist es grundsätzlich möglich, durch eine gezielte Steuerung der Pumpe solche Ausspülkurven zu simulieren. Die Intelligent System Emulation Technology (ISET) der Firma Agilent Technologies verfolgt diesen Ansatz. Dabei müssen zur Anpassung des Gradienten allerdings intern Methodenparameter abgeändert werden, was aus regulatorischer Sicht zumindest diskussionswürdig ist. Alternativ dazu kann der Anwender durch Austausch des Mischers bei der Zielanlage versuchen dem Verhalten der Ausgangsapparatur nahezukommen, ohne dabei Steuerungsparameter der Pumpenmethode verändern zu müssen. Es sei in diesem Zusammenhang noch auf einen weiteren Fallstrick bei der Methodenübertragung hingewiesen, der eigentlich bereits aus dem oben Beschriebenen hervorgeht: Wird eine einfache lineare Gradientenmethode auf eine Apparatur ähnlichen Bauprinzips, aber mit einem kleineren Mischervolumen übertragen, so wird sich zunächst augenscheinlich das GDV in Richtung eines kleineren Wertes verändern. Dem könnte man entgegenwirken, indem bei der neuen Apparatur ein isokratischer Halteschritt bei den Anfangsbedingungen programmiert wird, welcher dafür sorgt, dass der Gradient mit der entsprechenden Verzögerung ankommt. Die Dauer würde sich aus dem Quotienten der GDV-Differenz und der Flussrate berechnen lassen. Mit dieser Maßnahme lassen sich in der Tat die Retentionszeiten meist hinreichend gut auf die Werte der alten Anlage angleichen. Was durch diesen Halteschritt aber nicht erzeugt wird, ist die entsprechende Ausspülkurve der Apparatur mit dem größeren Mischer. Bei bestimmten Methoden und vor allen für Substanzen, die bereits am Anfang des Gradienten eluieren, wird dies einen Einfluss haben. Sofern eine Anpassung der Methode zulässig ist und es die Steuerungssoftware erlaubt, kann hier das Verhalten der ursprünglichen Apparatur durch einen Kurvengradienten entsprechender Dauer bis zur Zusammensetzung, wo der faktisch nach der Mischerausspülung lineare Teil bei der alten Apparatur einsetzte, nachgestellt werden. Für solche Anpassungen ist es aber unerlässlich, die sich ergebende Charakteristik der Gradientenformung bei beiden Apparaturen exakt bestimmen zu können, sodass optisch beurteilt werden kann, ob sich beide Anlagen entsprechend ähnlich verhalten.

Es wurde bereits erwähnt, dass ein Dolan-Test nicht nur die GDV-Bestimmung erlaubt, sondern auch eine rudimentäre Charakterisierung des Ausspülverhaltens. Kritisch ist dieser Parameter besonders bei der Methodenübertragung komplizierter Gradienten mit mehreren Segmenten unterschiedlicher Steigung oder mehrfachen Stufengradienten. In solchen Fällen können Abweichungen des Elutionsmusters an zahlreichen Stellen des Chromatogramms entstehen. Unter Berücksichtigung aller anderen in Abschnitt 4.2.11 zum Dolan-Test genannten Regeln zur Vorgehensweise, kann anstelle eines einfachen linearen Gradienten hier zur Charakterisierung der Apparatur auch ein komplexer Stufengradient programmiert werden. Ein Beispiel dafür wird in Abb. 4.18 gezeigt, wobei hier auch teilweise sehr kleine Änderungen der Stufen von nur 1 % vollzogen werden. Diese erlauben es, zusätzlich auch die Dosierungsgenauigkeit bei verschiedenen Zusammensetzungen zu charakterisieren. An den Kanten der Stufen sieht man das Ausspülverhalten, das bei der gezeigten Apparatur nahezu vernachlässigbar ist. Es wird dabei von einem hohen Prozentsatz der mit dem Marker versetzten Komponente gestartet, um die in Abschnitt 4.2.9 erläuterten Entgasereffekte zu eliminieren (also umgekehrte Richtung wie beim normalen Dolan-Test). Durch Variation der Flussrate und Stufendauer, sowie durch den Einsatz verschiedener Restriktionskapillaren, kann man damit eine Apparatur auch über einen weiten Bereich von Flussraten und Drücken charakterisieren. Es muss dabei aber bedacht werden, dass hier stets reine Komponenten abgemischt werden (Wasser gegen Wasser mit Marker, Methanol gegen Methanol mit Marker etc.) Ob die Pumpe und ihr Mischer diese Charakteristik und Genauigkeit auch unter dem Einfluss aller realen Effekte beim Mischen verschiedener Lösemittel (Viskositätsänderung, Kompressibilitätsänderung, partielle Mischungsvolumina etc.) zeigen würden, ist damit keinesfalls bewiesen. Andererseits ist eine einfache Übertragung dieser experimentellen Vorgehensweise auf reale Mischungen nicht möglich, weil sich das spektrale Verhalten und damit die UV-Absorption des Markers bei gegebener Wellenlänge als Funktion der Lösemittelzusammensetzung verändert. Dies würde die einfache Auswertung der Messung erheblich stören. Natürlich gibt es Markersubstanzen die z. B. für Acetonitril-Wasser-Mischungen und eine bestimmte Detektionswellenlänge diesen Effekt schwächer ausgeprägt zeigen als andere Kombinationen. Dies soll hier nicht weiter im Detail ausgeführt werden, aber die Autoren raten grundsätzlich dazu, solchen „Patentlösungen“ mit entsprechender Skepsis zu begegnen.

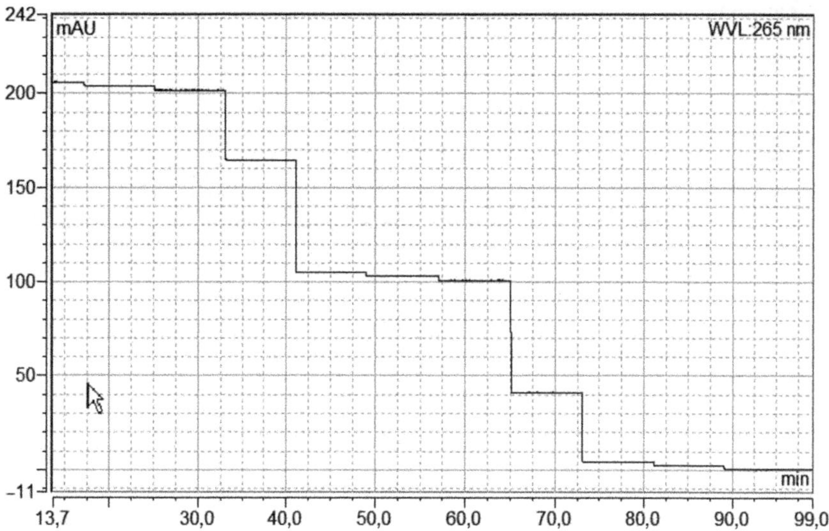

Abb. 4.18 Charakterisierung der Mischungsgenauigkeit und des Ausspülverhaltens einer Gradientenpumpe.

Mithilfe des für den Dolan-Test verwendeten apparativen Aufbaus kann grundsätzlich auch die Mischungseffizienz und -charakteristik einer Apparatur experimentell bestimmt werden. Dazu sollte ein möglichst klar definiertes sinoidales Muster der Zusammensetzung von der Pumpe selbst erzeugt werden. Dann kann die nach dem Mischer und Autosampler resultierende Welligkeit mittels UV-Detektion bestimmt werden.

Aus der Dämpfung der Amplitude (man charakterisiert vorher die Pumpe ohne den longitudinalen Mischer und Autosampler) kann die Qualität der Mischung nun quantitativ charakterisiert werden. Ein solches auf die Pumpe programmiertes Muster einer sinusähnlichen Schwingung der Zusammensetzung wird in seiner Auswirkung auf das Detektorsignal in Abb. 4.19 gezeigt. Es ist deutlich zu sehen, wie der verwendete Mischer (100 µL) hier die Welligkeit nahezu vollständig glätten kann. Dabei resultiert lediglich ein langphasiges Muster mit einer um mehr als Faktor 10 kleineren Amplitude, wie es bei Übertragung in die Basislinie eines Chromatogramms die Integration auch kleiner Peaks nur unmaßgeblich störend beeinflussen würde. Für dieses Experiment mit speziellem Schwingungsmuster der Gradientensteuerung der Pumpe wurde diese von Entwicklungsingenieuren programmiert, weil sich damit durch eine entsprechende mathematische Auswertung eine besonders gute Charakterisierung durchführen lässt. Mittels eines einfachen zyklischen Veränderns der Zusammensetzung, z. B. im Sinne einer Zickzacklinie, kann aber jeder Anwender ein ähnliches Experiment in einfacher Weise durchführen.

Es wurde bereits darauf hingewiesen, dass die Volumenperioden der Welligkeit entscheidend für die Ansprüche an den Mischer und dessen Volumen sind. Diese Volumenperioden lassen sich mit der beschriebenen Vorgehensweise nun

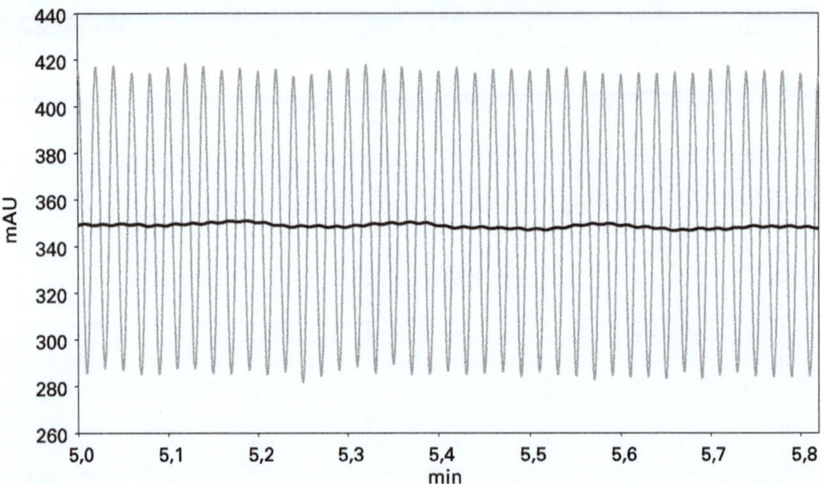

Abb. 4.19 Programmierte wellenförmige Veränderung der Eluentenzusammensetzung einer Gradientenpumpe mit definierter Phase zur Charakterisierung der Mischungseffektivität mittels UV-Detektion (große Amplitude ohne Mischer, kleine Amplitude mit 100 µL Mischer).

sehr definiert steuern und verändern. Abbildung 4.20 zeigt die Variation der Volumenperiode einer solchen Schwingung über den weiten Bereich von 2000 bis 20 µL. Solch weite Bereiche haben für eine HPG bekanntlich auch ihre Relevanz, sofern eine nennenswerte Restpulsation der Köpfe vorhanden ist. Es ist gut zu erkennen, wie die Trägheit der Fluidik auch ohne Mischer bei kleineren Perioden, besonders unterhalb von 100 µL die erhaltene Amplitude bereits deutlich dämpft. Für die Auswertung ist dies aber nur bedingt von Belang, denn die resultierende Pulsation hinter dem Mischer wird stets auf den Ausgangswert bei einer bestimmten Periode bezogen. Sehr kurze Perioden dürften bei üblichen Flussraten bei den meisten Steuersoftwares durch den Anwender nicht mehr programmierbar sein. So entsprechen bei 1 mL min^{-1} Fluss z. B. 20 µL Periodenvolumen einer Periodendauer von nur 0,02 min und solch feine Gradientenschritte werden von den meisten Softwares nicht unterstützt. Die sehr kurzen Perioden sind andererseits nicht die Szenarien, welche große Anforderungen an Mischer stellen, und deshalb bei der Charakterisierung auch weniger relevant.

Diese Tatsache kann Abb. 4.21 eindrucksvoll demonstrieren. Hierbei wurden mit der oben beschriebenen Methode Mischer gleichen Bauprinzips, aber deutlich verschiedener Volumina zwischen 35 und 1550 µL, charakterisiert. Aufgetragen ist die resultierende Welligkeit im Detektor gegen das experimentell bestimmte Mischervolumen. Der Einfachheit halber sind die Kurven für nur zwei Volumenperioden dargestellt: 200 und 20 µL. Bereits ein Mischervolumen von weniger als 100 µL erlaubt es, die Welligkeit mit der sehr kurzen Periode von 20 µL komplett zu eliminieren. Die Welligkeit mit der Periode von 200 µL wird zwar erst bei Mischervolumina größer 500 µL vollständig beseitigt, es ist allerdings deutlich zu erkennen, dass bereits der Mischer mit weniger als 100 µL hier einen maßgeb-

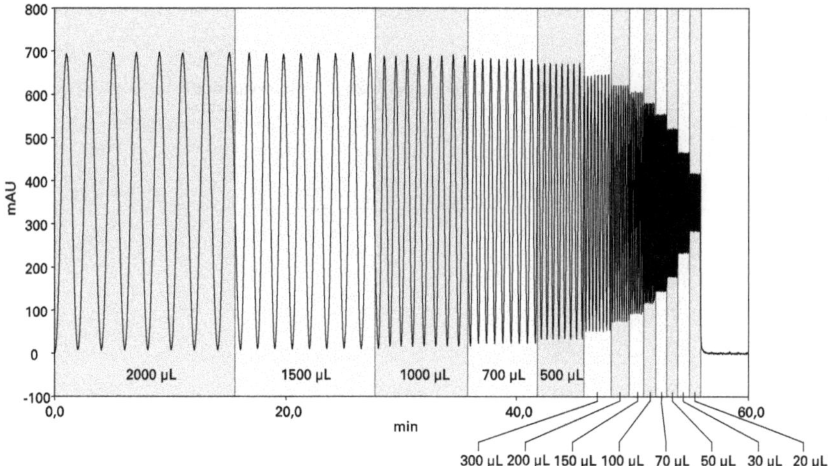

Abb. 4.20 Programmierte Wellenmuster einer HPG-Pumpe mit 13 verschiedenen Volumenperioden zwischen 2000 und 20 µL und Detektion der resultierenden Welligkeit in Abwesenheit eines Mischers (siehe auch Abb. 4.19).

lichen Dämpfungseffekt zeigt. Grundsätzlich wurde bei diesen Experimenten ein exponentieller Abfall der Restwelligkeit mit steigendem Mischervolumen beobachtet. So reicht also auch schon ein relativ kleiner Mischer, um einen deutlichen Effekt zu erzielen. Soll die Welligkeit aber restlos beseitigt werden, muss mit einem relativ hohen Preis in der Währung des Mischervolumens bezahlt werden. Im Falle des charakterisierten Mischerdesigns konnte mit einem Mischervolumen in der Größe der Welligkeitsperiode (200 µL) bereits mehr als 50 % der Welligkeit beseitigt werden. Um aber unter 5 % der ursprünglichen Welligkeit zu kommen, musste fast das 3-fache Volumen der Periode eingesetzt werden.

Das beschriebene Experiment ermöglicht es objektiv die Effektivität verschiedener Mischer (auch bei unterschiedlichem Design) in Abhängigkeit von einer gegebenen Periode der Welligkeit zu charakterisieren. Über das tatsächliche Verhalten einer Gradientenapparatur bei realen Mischungen unterschiedlicher Lösemittel gibt es aber nur bedingt Auskunft. Dennoch kann es hilfreich sein, bei der Entscheidung welchen Mischertyp man im Spannungsfeld zwischen Basislinienwelligkeit und GDV für eine bestimmte Applikation heranziehen sollte. Die absolute Welligkeit kann nur mit der Applikation selbst bestimmt werden, deren relative Änderung mit einer Veränderung des Mischers kann aber hinreichend gut mit Hilfe der oben beschriebenen Daten vorhergesagt werden.

Fazit

Der apparative Aufbau und das Konzept des Dolan-Tests erlauben es, auch weitere Charakterisierungen bezüglich Dosierungsgenauigkeit einer Gradientenpumpe und Ausspülcharakteristik des Mischers und Autosamplers einer Apparatur vorzunehmen. Wird mit der Gradientenpumpe eine zyklische Veränderung der Zusammensetzung mit definierter Periode programmiert, so erlaubt dies wei-

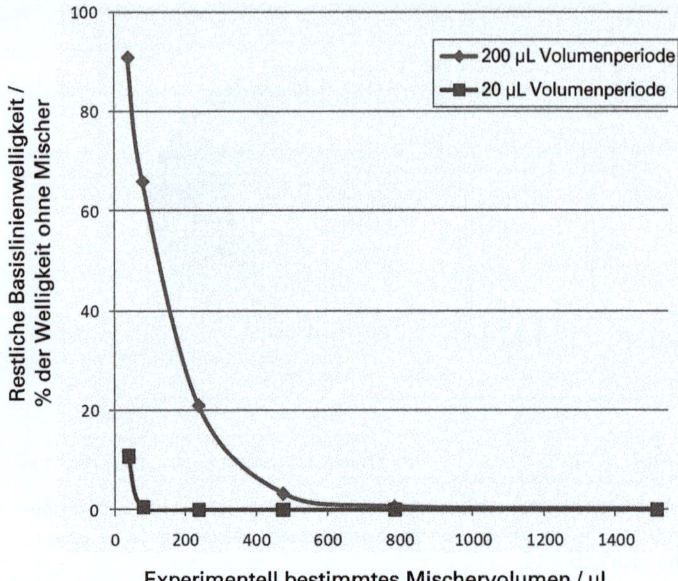

Abb. 4.21 Resultierende prozentuale Mischungswelligkeit als Funktion des Mischervolumens (SpinFlow Mischer, ThermoScientific) für zwei definierte Volumenperioden der Ausgangswelligkeit der Pumpe (200 und 20 µL).

terhin die quantitative Charakterisierung der Mischungseffizienz. Solche Daten sind beim Vergleich verschiedener Apparaturen sehr hilfreich. Bei der Methodenübertragung geben sie zumindest wichtige Hinweise worauf zu achten ist, damit auf der neuen Apparatur vergleichbare Retentionszeiten und Basislinienqualitäten bei der Anwendung bestimmter Gradienten erreicht werden können. Der Anwender kann zur Korrektur einerseits die verwendeten Mischer austauschen, andererseits auch durch gezielte Programmierung des Gradientenprofils Abhilfe schaffen. Bei Letzterem ist eine gute Unterstützung durch die entsprechende HPLC-Software äußerst hilfreich.

4.2.14
Richtiges Mischervolumen in Abhängigkeit von Pumpentyp, Flussrate und Applikation am Beispiel von TFA-Gradienten

Es wurde bereits ausdrücklich darauf hingewiesen, dass die eigentliche Applikation entscheidend für die Ansprüche an die Qualität der longitudinalen Kontinuität der Zusammensetzung ist. Diese recht komplizierte Formulierung wurde bewusst gewählt, denn die umgangssprachlich an dieser Stelle meist zitierte Qualität des Gradientenmischers ist nur einer der relevanten Aspekte. Die Charakteristik der Pumpe bestimmt den Anspruch an den Mischer ganz entscheidend und für den Anwender ist letztlich nur die resultierende Basislinie bei gegebenem GDV relevant, egal wie diese zustande kommt. Um die zugrunde liegenden Zusammenhänge zu verdeutlichen, soll ein praxisrelevanter Fall herangezogen werden, der gleichzeitig außerordentlich hohe Ansprüche an die Kontinuität der Förderung einer Gradientenpumpe stellt. Dies ist die Applikation von Gradienten mit Trifluoressigsäure (TFA) als Eluentenadditiv, deren Besonderheit zunächst erläutert werden soll. TFA-Lösungen in Wasser-Acetontril-Mischungen haben charakteristische UV-Absorptionsspektren, die ihrerseits von der Lösemittelzusammensetzung abhängen. Daraus ergibt sich in Abhängigkeit von der Wellenlänge auch eine erhebliche Drift der Basislinie während des Gradienten. Bei 215 nm ist diese Drift am wenigsten ausgeprägt, zumindest wenn die spektrale Bandweite der Detektion sehr eng gehalten werden kann (8 nm oder besser kleiner). Bezüglich der Drift zeigen Methoden mit ca. 0,1 Vol.-% TFA Zusatz in der wässrigen und der organischen Komponente bei dieser Wellenlänge akzeptable Basisliniendrift, für Detektion bei etwas größerer Wellenlänge kann der TFA-Gehalt im Acetonitril auf 0,09 % oder 0,08 % verringert werden, um die Drift wieder zu korrigieren. Die Eigenabsorption des TFA in Wasser-Acetonitril stellt aber im Hinblick auf die Kontinuität der Eluentenzusammensetzung die eigentliche Herausforderung dar. Um dies besser zu verstehen, ist es sinnvoll zu beleuchten, warum ausgerechnet TFA als Additiv so interessant ist. TFA ist einerseits eine sehr starke und in diesen Lösemitteln nahezu vollständig dissoziierte Säure, andererseits geht sie eine recht starke hydrophobe Wechselwirkung mit Umkehrphasen ein. Auf diese Art und Weise können einerseits sehr hydrophile, aber andererseits protonierbare Substanzen (z. B. Peptide) in einem solchen System gut retardiert und mit akzeptabler Peakform chromatographiert werden. Ob man den zugrunde liegenden Mechanismus als eine Ionenpaarretention oder dynamischen Kationenaustausch erklärt, ist für die hier diskutierte Problematik unerheblich. In jedem Fall erfolgt eine Retention der TFA an der Umkehrphase. Das Ausmaß dieser Retention hängt aber recht empfindlich vom örtlichen Gehalt an Acetonitril in der Trennsäule ab. Ist die Kontinuität der Förderung unzulänglich, so resultiert eine Welligkeit der Wasser-Acetontril-Zusammensetzung entlang der Säule mit einer bestimmten Periode. Genau mit dieser Periode wird nun die TFA zyklisch adsorbiert und wieder desorbiert, also in angereicherten Paketen in den Detektor gespült. Man kann sich das wie einen TFA-Zebrastreifen, der über die Säule getrieben wird, vorstellen. Aufgrund der Eigenabsorption der TFA ergibt sich dann im Detektor eine ggf. erhebliche Welligkeit der Basislinie. Dies ist selbst bei 215 nm der Fall, denn es ist hier nicht der spektrale Effekt der Lösemittelzusammensetzung maßgeblich, sondern die starke zyklische Veränderung der TFA-Konzentration im Eluat der Säule, die diese Welligkeit erzeugt.

Das relativ chaotische Welligkeitsmuster, das sich beim Abmischen von 5 % Acetonitril gegen 95 % Wasser mit jeweils 0,1 % TFA ergibt, ist in Abb. 4.22 gezeigt. Es wurde dazu eine nockengetriebene, serielle HPG-Pumpe mit kleinem Mischer und deshalb bekanntermaßen eingeschränkter Kontinuität der Zusammensetzung verwendet. Die Abbildung zeigt das Wellenmuster mit einer C18-Säule und die in der gleichen Skalierung fast nicht sichtbare Welligkeit, wenn die Säule durch eine Restriktionskapillare ersetzt wurde. Dieses Ergebnis zeigt sehr deutlich, dass der zugrunde liegende Effekt ausschließlich auf der Wechselwir-

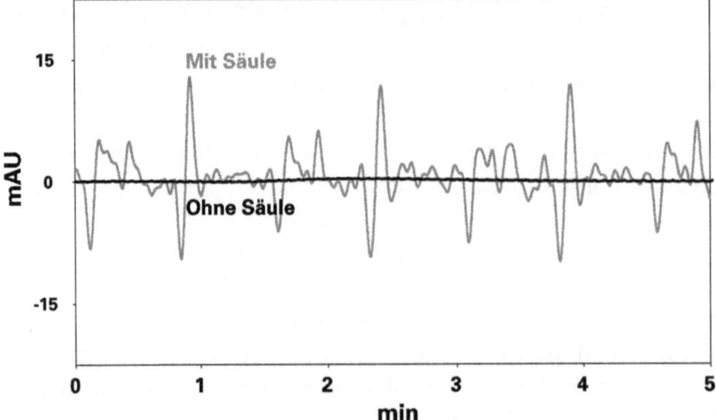

Abb. 4.22 Basislinienwelligkeit bei einer realen TFA-Applikation bei konstanter Eluentenzusammensetzung von 5 % Acetonitril, Bedingungen: Wasser/Acetonitril 99 : 1 v/v mit 0,1 % TFA (Eluent A), Acetonitril mit 0,1 % TFA (Eluent B), 1 mL min^{-1} Flussrate, 35 °C Säulentemperatur, Acclaim C18, 3 μm, 250 × 3,0 mm-Trennsäule.

kung der TFA mit der Trennsäule beruht und ohne eine solche Säule nicht charakterisiert werden kann. Gleichzeitig ist die Retentionscharakteristik der Säule auch entscheidend. Je stärker diese TFA retardiert, desto größer ist die resultierende Welligkeit. Bei einem Vergleich zwischen zwei Anlagen bezüglich der TFA-Performance ist es deshalb entscheidend, dass exakt alle Methodenparameter einschließlich der Säule selbst konstant gehalten werden. Im besten Fall werden beide Apparaturen aus den gleichen Eluentengefäßen gespeist und im Rahmen der Untersuchung die beiden Trennsäulen noch kreuzgetauscht. Selbst kleinste Unterschiede in der TFA-Konzentration und Reinheit sowie der Säulencharakteristik können sich zu merklichen Unterschieden in der Mischungswelligkeit verstärken.

Für die praktische Charakterisierung der Eignung einer Apparatur für eine bestimmte TFA-Methode sollte genau diese Methode im Sinne eines Blindgradienten auf der Apparatur ausgeführt werden. Die Ergebnisse solcher Blindgradienten sind in Abb. 4.23 für zwei verschiedene Mischer in einer bestimmten Apparatur einander gegenübergestellt. Die Methoden wenden mit 0,1 % TFA in beiden Komponenten, einem linearen Gradienten von 0–30 % und einer Detektionswellenlänge von 220 nm relativ übliche, aber durchaus kritische Bedingungen an. Die Apparatur ist wiederum eine nockengetriebene HPG mit zwei sehr unterschiedlich großen Mischern (400 und 1550 μL) vom gleichen technischen Konzept. Mithilfe des um fast Faktor 4 größeren Mischers konnte die Amplitude der Welligkeit um einen Faktor von fast 9 gesenkt werden und gleichzeitig wurde die Periode der Welligkeit deutlich herabgesetzt, sodass mit dieser Basislinie auch kleinere Konzentrationen quantitativ ausgewertet werden könnten.

Mit dem entsprechenden Aufbau wurden alle verfügbaren Mischer, deren Ergebnisse bereits in Abb. 4.21 gezeigt wurden, auch mit der TFA-Methode getestet. Das Ergebnis der Dämpfung ist hierfür in gleicher Weise gegen das experimentell

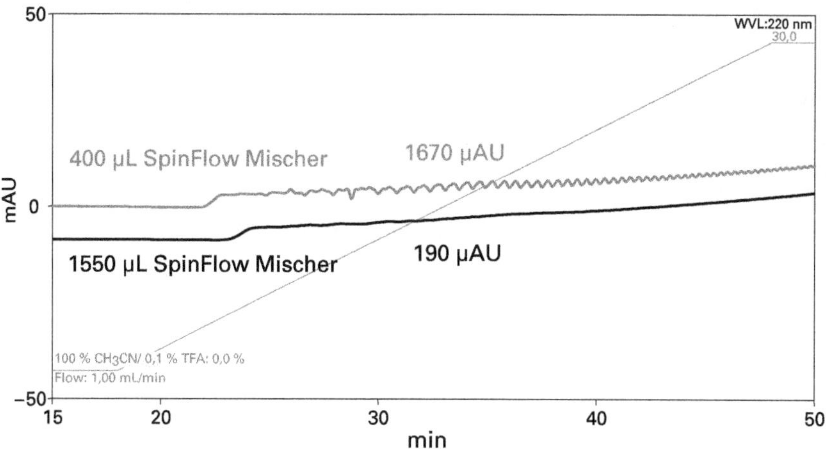

Abb. 4.23 Basislinien eines typischen TFA-Gradienten bei zwei verschiedenen Mischervolumina des gleichen Mischertyps.

bestimmte Mischervolumen aufgetragen (Abb. 4.24) und man erkennt wieder die exponentielle Charakteristik. Dies beweist, dass der prinzipielle Zusammenhang zwischen Mischervolumen und Basislinienwelligkeit, wie er vorher mit der programmierten Schwingung der Pumpe (Abb. 4.21) gefunden wurde, sich auch auf eine reale und anspruchsvolle Applikation (TFA-Gradient) gut übertragen lässt. Auch die mit sehr unregelmäßiger Periode und auf komplizierte Weise zustande gekommene Welligkeit wird über eine Vergrößerung des Mischervolumens mit sehr ähnlicher Charakteristik gedämpft. Abbildung 4.24 zeigt zusätzlich die Mischungsamplitude für die gleiche Methode, aber mit Restriktionskapillare anstatt Säule. Verschwindet die Säule, so verschwindet auch das Problem der TFA-Mischungswelligkeit.

Alle Experimente zu den Abb. 4.22– 4.24 wurden mit einer HPG durchgeführt, die bauartbedingt eine gewisse Restpulsation der beiden Blöcke aufweist und bei TFA-Methoden zu einer entsprechenden Welligkeit führt. Mit einem angemessen großen Mischervolumen kann die Basislinie dann aber sehr effektiv geglättet werden. Es wurde bei der Beschreibung der Pumpentechnik (Abschnitt 4.2.3) schon darauf hingewiesen, dass eine nahezu pulsationsfreie Arbeitsweise der Blöcke einer HPG auch unter anspruchsvollen UHPLC-Bedingungen ebenfalls möglich ist. Dazu muss aber sowohl vom Antriebskonzept der beiden Blöcke als auch von der Intelligenz der Steuerung her ein relativ großer Aufwand betrieben werden, der sich in den Investitionskosten für die Apparatur und ihre Unterhaltung deutlich niederschlagen wird. Betrachten wir dazu eine mit vier unabhängigen Motoren spindelgetriebene, parallele HPG mit entsprechend ausgefeilter Steuerung und automatischer Kompensation der Kompressionswärme. Das Besondere an diesem Experiment ist, dass hinter diesem Fördermechanismus zwei identische Mischer, wie bei der nockengetriebenen seriellen HPG, verwendet wurden. Unter identischen experimentellen Bedingungen wurden nun die beiden Pumpen mit

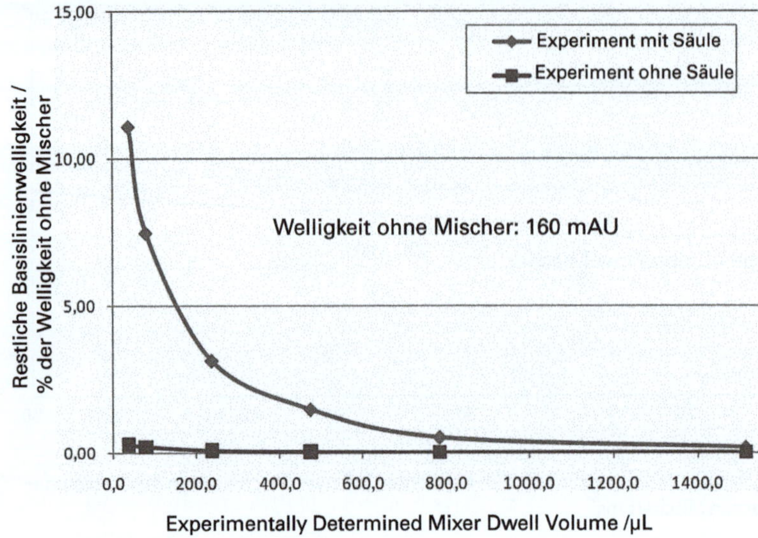

Abb. 4.24 Prozentuale Restwelligkeit bei einer TFA-Methode als Funktion des Mischervolumens analog zum Experiment in Abb. 4.21.

technisch absolut vergleichbaren Mischern der beiden Volumina 35 und 200 µL für eine TFA-Mischung charakterisiert. In diesem Fall wurde der Mischungspunkt bei 15 % wässriger Komponente betrachtet. Abbildung 4.25 zeigt in blau die Basislinie der einfacheren Pumpe und in rot die der aufwendigeren Pumpe, jeweils mit dem kleineren, aber gleichen Mischer. Rein durch das ausgefeilte Förderkonzept der Pumpe konnte die Welligkeit um einen Faktor 9 gesenkt werden. Die gleiche Abbildung zeigt auch die Auftragung der Amplitude mit beiden Pumpen und beiden Mischern gegen das Mischervolumen sowie die Extrapolation auf andere verfügbare Mischervolumina des gleichen Typs. Die beiden Kurven veranschaulichen, dass die spindelgetriebene Parallelpumpe bereits mit dem kleineren Mischer weniger als die halbe Welligkeit erzeugt wie die nockengetriebene serielle Pumpe mit dem fast um Faktor 6 größeren Mischer. Damit ist klar gezeigt, dass die Fördertechnik das ausschlaggebende Kriterium für die Mischungswelligkeit einer HPG ist, der Mischer selbst hat nur eine nachgeschaltete korrigierende Funktion. Je besser die Kontinuität der Förderung, umso weniger Mischereffekt braucht eine Pumpe und umso geringer kann bei gleicher TFA-Tauglichkeit das GDV gehalten werden. Stellt man den hohen Anspruch eine glatte TFA-Basislinie für schnelle Trennungen mit einem GDV in der Größenordnung von 100 µL verbinden zu können, dann muss man als Anwender die Kosten für eine entsprechende Pumpe schlichtweg akzeptieren.

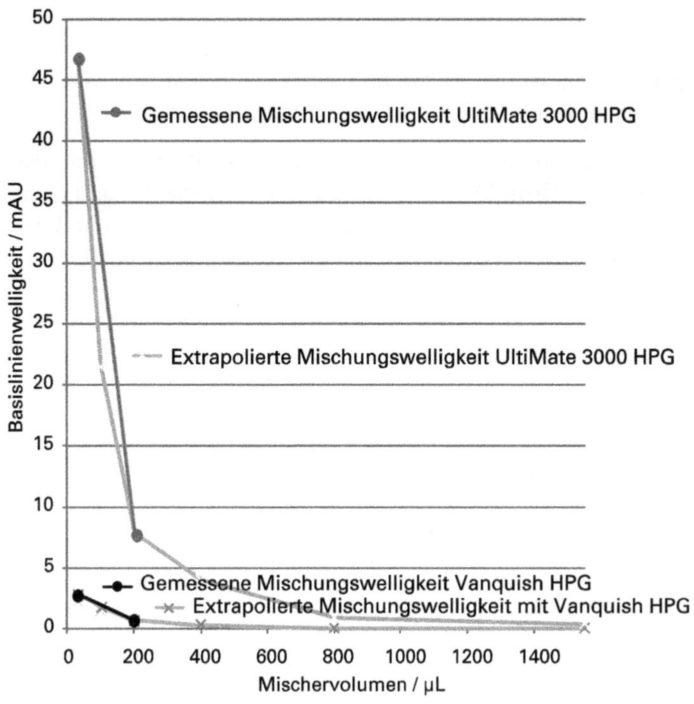

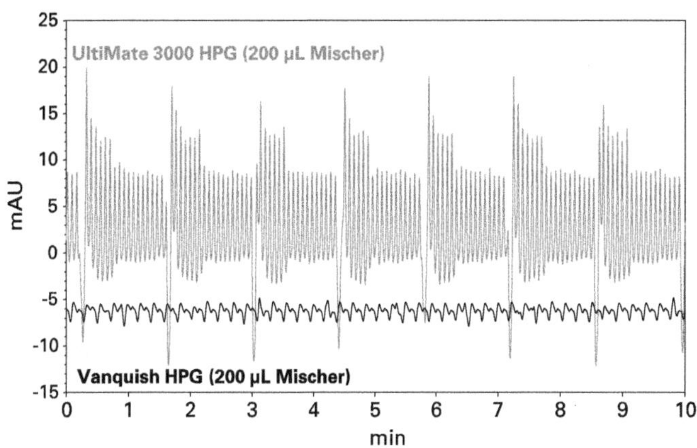

Abb. 4.25 Vergleich der Basislinienwelligkeit in TFA-Methoden zwischen zwei unterschiedlich arbeitenden, aber mit gleichem Mischer versehenen HPG-Pumpen.

Fazit

Die im Rahmen der systematischen Untersuchungen, besonders aber auf der Basis der TFA-Experimente gesammelten Erfahrungen lassen sich in zwei wesentlichen, aber oft kontrovers diskutierten Punkten zusammenfassen:

1. Der Bedarf an (axialer) Mischungsperfektion im Hinblick auf die Basislinie des Detektors ist in erheblichem Maße applikationsabhängig. Die Art und Qualität der Lösemittel, der Additive (Puffer, TFA etc.), der Bodenzahl und des Volumens der Trennsäule sowie der Detektionsart und ggf. der Detektionsparameter sind dabei entscheidend.
2. Wird bei einer HPG in einer bestimmten Applikation eine wellige Basislinie festgestellt, so ist der erste Rückschluss meist, diese Pumpe müsse einen besonders unzulänglichen Mischer haben, viel schlechter in jedem Fall als bei einer HPG-Apparatur, auf der die gleiche Anwendung mit einer entsprechend glatten Basislinie läuft. Tatsächlich unterscheiden sich HPGs verschiedener Qualitätsstufen und Hersteller aber noch deutlich stärker in der Restpulsation beider Blöcke als in der Effektivität ihrer Mischer. Die ideale restpulsationsfrei arbeitende HPG bräuchte überhaupt keinen axialen Mischer. Sie erfordert dafür aber eine sehr aufwendige und kostspielige Flusserzeugung im Vergleich zur recht simplen Arbeitsweise eines guten Mischers. Mittels einer Vergrößerung des Mischervolumens lässt sich prinzipiell die Basislinienwelligkeit bei einer bestimmten Pumpe und für eine bestimmte Methode erheblich verringern, aber unter Inkaufnahme eines entsprechend größeren GDV.

Als rein praktischer Tipp zum Abschluss sei noch erwähnt, dass für Gradientenmethoden, die nicht bei 0 % B beginnen, auch ein Vormischen der beiden Komponenten in Block A auf die Anfangszusammensetzung für die Vollständigkeit der Mischung immer vorteilhaft ist, besonders für Wasser-Acetonitril. Allerdings muss hierbei beachtet werden, dass die Konzentrationen der Additive (z. B. TFA) wegen der Volumenkonzentration dabei größer sein werden als bei der Dosierung in das reine Wasser in Block A. Weiterhin kauft man sich auf diese Weise wieder alle Probleme ein, die mit einem Anlaufen des B-Blocks aus dem Stillstand verbunden sind. Idealerweise rechnet man also so um, dass der Block mit ca. 1 % B startet und trotzdem schon richtig vorgemischt ist und berücksichtigt zudem die Volumenkontraktion für eine Konzentrationskorrektur. Betrachtet man den Laboralltag, so ist diese Vorgehensweise wohl eher realitätsfern. In der Praxis bezahlt man beim Vormischen von z. B. 5 % Acetonitril in A (bedenke auch, dass viele Umkehrphasen gar nicht mit weniger Organik betrieben werden sollten) die bessere Basislinie mit schlechterer Retentionszeitstabilität. Eine ausgefeilte, moderne, aber auch recht teure HPG-Pumpe braucht dies alles nicht.

4.2.15
Gradientenmischung und die Besonderheiten bei der Elution von Proteinen

In diesem letzten Abschnitt soll noch ein Effekt unzureichender Kontinuität der Eluentenzusammensetzung angesprochen werden, der bei der Flüssigchromatographie kleiner Moleküle nicht in Erscheinung tritt. Bisher konnten wir die Aussage machen, dass sich longitudinale Diskontinuitäten nur auf die Qualität der Basislinie und auf die Stabilität von Retentionszeiten auswirken, Letzteres besonders in Abwesenheit einer entsprechenden Synchronisation des Zyklus der Diskontinuität und des Zeitpunkts der Probeninjektion. Auf die Peakform von kleinen Molekülen haben diese Diskontinuitäten keinen messbaren Einfluss. Der Elutionsmechanismus eines Proteins in der RP-Chromatographie ist hingegen spezieller und dies ist besonders ausgeprägt bei größeren Proteinen, wie z. B. Lysozym. Im Gegensatz zu kleinen Molekülen zeigt bei Proteinen die Auftragung ln *k* gegen % B eine sehr große, fast unendliche Steigung. Dies hat zur Folge, dass jedes Protein in einem RP-Gradienten ein sehr scharfes Elutionsfenster hat. Unterhalb der Elutionszusammensetzung bleibt es am Säulenkopf immobilisiert, wird diese im Gradienten erreicht, so bewegt es sich nahezu unretardiert durch die Säule. Deshalb spielt in der RP-Chromatographie von Proteinen die Säulenlänge lediglich für die Beladbarkeit eine Rolle. Ist diese gegeben, kann durch eine Verlängerung der Trennstrecke kaum die Auflösung verbessert werden.

Wenn nun aber eine longitudinale Diskontinuität der Zusammensetzung im Gradientenbetrieb gegeben ist, dann werden je nach Ausmaß zumindest auch

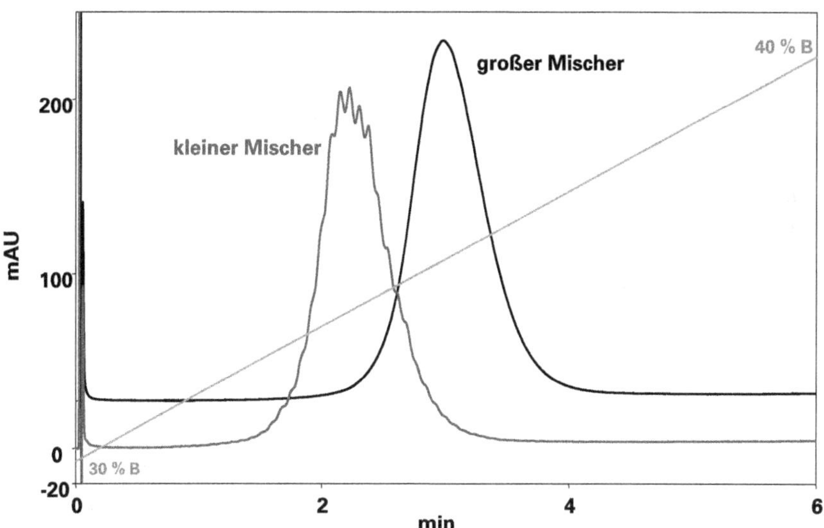

Abb. 4.26 „Zerhackter" Proteinpeak aufgrund radialer Diskontinuität der mobilen Phase. Probe: Lysozym, Apparatur: ThermoScientific UltiMate 3000 Binary RS System, kleiner Mischer: 35 µL, großer Mischer: 400 µL, Flussrate: 1 mL min^{-1}, Temperatur: 30 °C, „Säule": Phenomenex Security Guard C 18,4 × 3,0 mm.

beim Erreichen der Elutionszusammensetzung immer wieder Zusammensetzungen ankommen, die für die Elution des Proteins zu schwach sind. Der Grund ist, dass selbst kleine Unterschiede von weit weniger als 1 % hier ausschlaggebend sind. Liegen diese Diskontinuitäten mit ihrer Periode innerhalb der Substanzzone, dann wird ein Streifen (also ein Teilstück) dieser immer wieder gebremst und der nachfolgende wird beschleunigt. Dies kann, wie in Abb. 4.26 gezeigt, dazu führen, dass der Peak eines Proteins durch diesen Elutionseffekt zerhackt wird. Der Anwender könnte aus dem Chromatogramm den Schluss ziehen, dass er hier sogar Isoformen auftrennen kann (was bei der denaturierenden Wirkung der mobilen Phase in der RP-Chromatographie ohnehin kaum möglich ist). In der Tat wird aber lediglich die Zone des reinen Proteins durch die Mischungswelligkeit zerhackt. Beobachtet man bei der RP-Chromatographie eines Proteins ein solches Muster, so sollte man als nächsten Schritt die Effizienz der Mischung, z. B. durch einen größeren Gradientenmischer verbessern. Wie Abb. 4.26 deutlich zeigt, wird sich damit das Problem meist lösen und sich der Peak in eine normale und unimodale Verteilung umwandeln.

Literatur

1 Broeckhoven, K., Verstraeten, M., Choiket, K., Dittmann, M., Witt, K. und Desmet, G. (2011) *J. Chromatogr. A*, **1218**, 1153–1169.

2 Gritti, F., Stankovich, J.J. und Guiochon, G. (2012) *J. Chromatogr. A*, **1263**, 51–60.

3 Martin, M. und Guiochon, G. (2005) *J. Chromatogr. A*, **1090**, 16–38.

4 Battino, R., Rettich, T.R. und Tominaga, T. (1984), *J. Phys. Chem. Ref. Data*, **13**, 563–600.

5 Gilpin, R.K. und Zhou, W. (2008) *J. Chromatogr. Sci.*, **46**, 248–253.

6 Dolan, J.W. und Snyder, L.R. (1998) *J. Chromatogr. A*, **799**, 21–24.

5
Anforderungen bei der (U)HPLC-Kopplung mit unterschiedlichen Massenspektrometern

T. Teutenberg, T. Hetzel, C. Portner und J. Türk

5.1
Einleitung

Die Massenspektrometrie gewinnt im Bereich der Routineanalytik zunehmend an Bedeutung. Insbesondere als Detektionsverfahren in Kombination mit einem HPLC-bzw. UHPLC-System scheinen sich die Vorteile einer massenbezogenen Detektion immer mehr durchzusetzen. Dabei entwickelt sich der Trend in Richtung einer immer umfassenderen Analyse bei immer komplexeren Proben in möglichst kurzer Zeit. Besonders bei der Analyse sehr komplexer Proben erscheint die Massenspektrometrie spektroskopischen Verfahren überlegen. Dennoch soll in diesem Kapitel nicht weiter auf die Vorzüge der Massenspektrometrie eingegangen werden. Vielmehr soll hier die Praktikabilität und Kompatibilität von UHPLC-Systemen mit alten und neuen MS-Systemen betrachtet werden. Von tragender Bedeutung ist dabei, inwieweit die Leistungen neuester Massenspektrometer z. B. in Bezug auf die Datenaufnahmerate überhaupt umsetzbar sind oder ob diese gegenwärtig nur einen theoretischen Ansatz darstellen. Dem einen oder anderen mag an dieser Stelle auf Anhieb nicht ganz klar sein, welche Probleme und Besonderheiten eine solche Kopplung mit sich bringen kann.

Wir, die Autoren, wollen Ihnen in dem folgenden Kapitel ausdrücklich Besonderheiten darstellen, die sich auf die praktische Anwendung beziehen. Den theoretischen Hintergrund zur Massenspektrometrie können Sie in einer Vielzahl an Fachbüchern nachlesen, wohingegen Sie bei der Umsetzung im Labor – spätestens nach Abzug des Technikers – auf sich alleine gestellt sind und sich oftmals mittels der Trial-and-Error-Methode Ihrer Problemlösung annähern. Und das kostet Zeit. Hierbei kann ein Erfahrungsaustausch mit anderen „Leidensgenossen“ aus dem analytischen Bereich oftmals zu praktischen Lösungen führen und viel Zeit sparen. Aus diesem Grund möchten wir unsere Erfahrungen in Bezug auf die Kopplung von UHPLC und Massenspektrometern mit dem Leser teilen, um ihn auf Schwierigkeiten und Besonderheiten aufmerksam zu machen und ihn für die Thematik als solche zu sensibilisieren.

Der HPLC-Experte II, 1. Auflage. Stavros Kromidas (Hrsg).

Neben den bereits angesprochenen Merkmalen, die bei der Kopplung von UHPLC-Systemen und Massenspektrometern beachtet werden müssen, sollen in diesem Kapitel vor allem auch die verschiedenen Screeningmethoden, die mit modernen Massenspektrometern möglich sind, erläutert werden. Gerade in unserem Bereich, der Umweltanalytik, stellt die Suche nach unbekannten Verbindungen und die Identifizierung von Abbauprodukten eine tägliche Herausforderung dar, der nur mit den vielfältigen Scan-Modi eines Massenspektrometers begegnet werden kann.

Das Kapitel endet mit einem Ausblick, welche technischen Möglichkeiten in Bezug auf die Miniaturisierung in Kombination mit einem Massenspektrometer gegeben sind.

5.2
Von der Target-Analytik zu Screeninguntersuchungen

5.2.1
Target-Analytik

Heutzutage wird im Wesentlichen zwischen Target-Analytik und Screeninguntersuchungen differenziert. Bei der Target-Analytik existiert i. d. R. eine feste Liste an Substanzen, die in einer Probe nachgewiesen und deren Konzentration bestimmt werden sollen. Im Vorfeld der Methodenentwicklung werden Referenzstandards verwendet, um eine möglichst sensitive Methode mit niedrigen Nachweisgrenzen zu entwickeln. Praktisch erfolgt dies mithilfe von Spritzenpumpenexperimenten, mit denen Quellenparameter wie z. B. die Temperatur oder die Gasströme optimiert werden können. Diese Quellenparameter, an der Schnittstelle zwischen UHPLC und Massenspektrometer, beeinflussen die Ionisierung der Analyten und sind als maßgebliche Faktoren für die Signalintensität auszumachen. Die Auflistung und Erläuterung weiterer Faktoren ist allerdings nicht Inhalt dieses Kapitels, weshalb an dieser Stelle auf die entsprechende Fachliteratur verwiesen wird [1–4].

5.2.2
Suspected-Target Screening

Beim Suspected-Target Screening wird ein Screening auf erwartete Substanzen durchgeführt. Diese Definition erscheint zunächst widersprüchlich, weil es sich auf der einen Seite um einen Screeningansatz, auf der anderen Seite um die Detektion bekannter bzw. erwarteter Substanzen handelt. Im Gegensatz zur Target-Analytik, die im Wesentlichen auf die Quantifizierung der in einer Probe zu bestimmenden Substanzen abzielt, erfolgt beim Suspected-Target Screening ein Abgleich mit einem Referenzstandard lediglich zur Erstellung einer Liste von Identifikationskriterien wie z. B. der Retentionszeit, dem Vorläufer-Ion bzw. der Summenformel oder der MS/MS-Spektren. Diese Informationen können sowohl in einer eigenen wie auch freien oder kommerziellen Datenbanken hinterlegt sein.

Danach werden die Proben immer gegen die Referenzdatenbank gemessen und verglichen. Je größer die Anzahl der Identifizierungskriterien ist, desto größer ist auch die Wahrscheinlichkeit, dass es sich bei der detektierten Verbindung um die erwartete Komponente handelt. Ein Abgleich mit einer Referenzstandardlösung kann final zur Bestätigung der identifizierten Substanz herangezogen werden.

5.2.3 Non-Target Screening

Bei einem Non-Target Screening gibt es im Prinzip keine *a priori* Informationen über die in der Probe befindlichen Substanzen. Anhand einer statistischen Auswertung durch multivariate Datenanalyse (Principal Component Analysis, PCA) ist eine Identifizierung von Unterschieden in den Proben möglich. Hierdurch können z. B. Probenahmestellen bei einem Gewässermonitoring verglichen werden, um neue Mikroschadstoffe im Wasser zu entdecken. Das erste Indiz für die Substanzidentifizierung ist hierbei die akkurate Masse. Über diese als auch das Isotopenverhältnis wird die Elementzusammensetzung bzw. Summenformel eindeutig bestimmt. Der nächste Schritt, die Zuordnung einer Summenformel zu einer Strukturformel, ist als extrem anspruchsvoll zu bewerten. Für diesen Ansatz ist es deshalb unabdingbar, dass neben der akkuraten Masse auch Fragmentierungsspektren der detektierten Verbindungen gemessen werden. Vor diesem Hintergrund haben sich verschiedene hochauflösende Massenspektrometer (High Resolution Mass Spectrometer, HRMS) wie das Quadrupol-Flugzeitmassenspektrometer (QqTOF-MS) oder Orbitraps etabliert, die neben der reinen hochauflösenden MS-Full Scan Funktionalität auch die Möglichkeit der MS/MS-Fragmentierung bieten. Dabei wird das Vorläufer-Ion ausgewählt, gezielt fragmentiert und die gebildeten Produkt-Ionen detektiert. Die MS/MS-Spektren ermöglichen dann Rückschlüsse auf die Struktur der Substanz. Die Einbindung von Meta-Informationen, wie z. B. exakte Masse, Summenformel, Name, Löslichkeit, REACH-Daten, Literaturangaben etc., aus Datenbanken unterstützen den Prozess zu einer eindeutigen Zuordnung der akkuraten Masse bzw. Summenformel zur Strukturformel. Es muss an dieser Stelle klar darauf hingewiesen werden, dass das Non-Target Screening extrem aufwendig und in Bezug auf die sichere Identifikation einer unbekannten Verbindung sehr fehleranfällig ist. Der interessierte Leser findet auch hier eine gute Übersicht in der aktuellen Fachliteratur [5–7].

Die wichtigsten und in der Literatur vermehrt diskutierten Messmodi sind abschließend in Tab. 5.1 zusammengefasst. Wir möchten an dieser Stelle darauf hinweisen, dass es sich bei den in der zweiten Spalte aufgeführten Datenbanken nicht ausschließlich um reine MS/MS-Spektrendatenbanken handelt. Die Nutzung von z. B. Chemspider™ erleichtert jedoch das Zusammenführen vieler Einzelinformationen, die für die Charakterisierung einer unbekannten Verbindung wichtig sind. Darüber hinaus sind die hier aufgeführten Datenbanken vielen Anwendern nicht bekannt, weshalb wir den Leser auffordern möchten, sich anhand der Internetlinks über die in den Datenbanken enthaltenen Informationen einen Überblick zu verschaffen.

Tab. 5.1 Übersicht der verschieden LC-MS-Messstrategien und Arbeitsabläufe.

Target-Analytik	Suspected-Target Screening	Non-Target Screening
• direkter Vergleich mit Referenzsubstanz • Identifizierung mittels Retentionszeit, Vorläufer-Ion und/oder Fragmentierungsmuster • Quantifizierung	• erwartete Substanzen • bekannte Summenformel und/oder Fragmentierungsmuster • Verifizierung durch Abgleich des Vorläufer-Ions bzw. der Summenformel und/oder MS/MS-Spektren mit eigenen, kommerziellen oder freien Datenbanken wie z. B. Chemspider, DAIOS, mzCloud™, Norman MassBank, Metfusion, Metlin, Stoff-Ident [8–14]	• nicht erwartete Substanzen • keine *a priori* Information der Elementzusammensetzung • Bestimmung der Summenformel • Eingrenzung der möglichen chemischen Struktur durch Auswertung des Fragmentierungsmusters • weitere Verifizierung mithilfe von *in silico* Fragmentierung[a)] und/oder Transformation/ Metabolismus durch spezielle Computersoftware [15] • statistische Auswertung mittels multivariater Datenanalyse (PCA)

a) Die experimentell ermittelten Summenformeln und die Strukturhinweise aus dem gemessenen Fragmentierungsmuster werden mit den simulierten Produkt-Ionenspektren zur weiteren Identifizierung unbekannter Substanzen verglichen.

5.3 Was ist bei der Kopplung von UHPLC und MS zu beachten?

5.3.1 Das Interface und die optimale Flussrate

Obwohl im Prinzip eine Vielzahl unterschiedlicher Ionisationstechniken kommerziell zur Verfügung steht, wird in der Praxis im überwiegenden Maße die Elektrosprayionisation (ESI) genutzt. Ein wesentlich geringerer Teil der Applikationen basiert auf der chemischen Ionisation bei Atmosphärendruck (Atmospheric Pressure Chemical Ionisation, APCI), sodass im Folgenden kurz auf die sich daraus ergebenden Besonderheiten hinsichtlich der optimalen Flussrate eingegangen wird. Obwohl die MS-Gerätehersteller Flussraten von bis zu 3 mL min^{-1} in ihren Produktkatalogen spezifizieren, sollte bei der LC-MS-Kopplung nach Möglichkeit eine niedrigere Flussrate eingestellt werden. Dies gilt insbesondere für die Elektrosprayionisation. Die Ionisierungseffizienz ist hier i. d. R. in einem Bereich zwischen 50 und 300 μL min^{-1} am höchsten. Der optimale Bereich für die chemische Ionisierung bei Atmosphärendruck liegt demgegenüber zwischen 300 und 1000 μL min^{-1}. An dieser Stelle sei darauf hingewiesen, dass der Bereich für die optimale Flussrate nicht eindeutig eingegrenzt werden kann, da es herstellerbedingt einige Besonderheiten im Aufbau und Design der Ionenquellen gibt. Entscheidend aber ist, dass sehr große und sehr kleine Flussraten, die nahe an der

Grenze der Spezifikationen liegen, i. d. R. ungünstig sind. Die o. g. Einschränkungen sind aber wichtige Kenngrößen für die Auswahl der optimalen Säulengeometrie.

5.3.2 Optimierung der massenspektrometrischen Parameter

Als erster Schritt bei einer LC-MS Methodenentwicklung müssen die massenspektrometrischen Quellenparameter optimiert werden. Bei der Untersuchung von großen Molekülen (z. B. in der Bioanalytik) werden mehrfach geladene Quasimolekül-Ionen ($[M + nH]^{n+}$) gebildet, wohingegen bei den im Folgenden eingehend betrachteten kleinen Molekülen ($< 1000\,g\,mol^{-1}$) i. d. R. einfach geladene, protonierte bzw. deprotonierte Quasimolekül-Ionen ($[M + H]^+$ bzw. $[M - H]^-$) oder Addukt-Ionen ($[M + Na]^+$, $[M + K]^+$, $[M + NH_4]^+$, $[M + HCOO]^-$, $[M + CH_3COO]^-$) entstehen. Insbesondere die Adduktbildung ist stark von der Reinheit der verwendeten Lösemittel, der Konzentration der Puffer bzw. der Ionisationshilfsmittel, der zu analysierenden Probenmatrix, aber auch von der verwendeten Ionenquelle abhängig. Die optimalen Einstellungen werden über sogenannte Spritzenpumpenexperimente bzw. eine Fließinjektionsanalyse ermittelt. Innerhalb kurzer Zeit kann u. a. der Einfluss von Ionisationshilfsmitteln wie z. B. Ameisensäure und Ammoniumformiat auf die Signalintensität oder Adduktbildung untersucht werden, sodass eine empfindliche Messung des Quasimolekül-Ions möglich ist. Auf die Herleitung und Diskussion dieser Optimierung wird an dieser Stelle aus Gründen der Übersichtlichkeit verzichtet. Der interessierte Leser möchte hier die verfügbare Spezialliteratur konsultieren [1–4, 16].

5.3.3 Optimierung der chromatographischen Parameter

Da das Massenspektrometer in der Lage ist, auch co-eluierende Verbindungen anhand ihres unterschiedlichen Masse-zu-Ladungs-Verhältnisses voneinander zu trennen, sollte bei einer LC-MS-Methodenentwicklung kritisch hinterfragt werden, ob eine chromatographische Basislinientrennung der Zielanalyten wirklich notwendig und sinnvoll ist. Bei mehr als 20 Verbindungen, die in einer Methode bzw. in einem Analysenlauf chromatographisch getrennt werden sollen, ist dies u. U. schon eine enorme Herausforderung. Enthält die Methode 100 und mehr Komponenten, ist dies i. d. R. unmöglich. Selbst bei Anwendung zweidimensionaler chromatographischer Verfahren wird es Bereiche geben, in denen eine vollständige Auftrennung nicht zu realisieren ist. Eine chromatographische Trennung ist prinzipiell nur bei isomeren oder isobaren Substanzen mit sehr ähnlichem Fragmentierungsmuster bzw. identischen Massenübergängen erforderlich. Komplexe Gradientenverläufe mit mehreren Stufen zur optimalen Auftrennung kritischer Peakpaare sind demzufolge nicht notwendig, wenn eine Auftrennung über das Masse-zu-Ladungs-Verhältnis möglich ist.

Ein anderer wichtiger chromatographischer Parameter ist der pH-Wert der mobilen Phase. Der pH-Wert sollte nach Möglichkeit so eingestellt werden, dass die Präzision der Retentionszeiten innerhalb der definierten Spezifikationen der Methode liegt. Für einzelne Verbindungen bedeutet dies, dass nicht unbedingt optimale chromatographische Bedingungen erhalten werden. Dies kann in Multianalytmethoden bei der Vielzahl der zu analysierenden Verbindungen leider nicht berücksichtigt werden. Bei der pH-Wert-Einstellung sollten vielmehr die Flüchtigkeit der zugesetzten Additive bzw. Puffer sowie eine gute Ionisierbarkeit der Analyten im Vordergrund stehen. Deshalb hat es sich bewährt, 0,1 % Ameisensäure als Zusatz zu verwenden.

Ein wichtiges Kriterium bei der Entwicklung einer Multianalytmethode für die LC-MS ist die Abtrennung der Substanzen von der Durchflusszeit (Totzeit). Insbesondere für sehr polare Analyten, die keine oder nur eine sehr geringe Wechselwirkung mit einer klassischen RP-Phase eingehen, stellt dies ein großes Problem dar, da zur Durchflusszeit häufig eine vollständige Signalunterdrückung über alle Massenspuren beobachtet wird. Dieses Phänomen ist in dem in Abb. 5.1 dargestellten Chromatogramm sichtbar. Es handelt sich hierbei um ein sogenanntes Matrixeffektchromatogramm, bei dem die Matrix, in diesem Fall ein Hausstaubextrakt, injiziert wird und die Analyten nach der Trennsäule über ein T-Stück zum Eluentenstrom gegeben werden. Über den gesamten chromatographischen Lauf werden dann die spezifischen Massenübergänge der Zielanalyten registriert. Unter optimalen Bedingungen sollte die Intensität für jeden Massenübergang konstant sein. Insbesondere zur Durchflusszeit bricht jedoch das Signal für alle Massenübergänge nahezu komplett zusammen, da zu diesem Zeitpunkt vorwiegend die in der Matrix befindlichen Salze eluieren. Vor diesem Hintergrund ist es bei der LC/MS-Methodenentwicklung ein wichtiges Zielkriterium, die polaren Verbindungen mit einem Retentionsfaktor > 2 zu eluieren.

Wie anhand des Matrixeffektchromatogramms in Abb. 5.1 deutlich wird, kommt es insbesondere bei der mit einem Stern markierten Massenspur bei einer Retentionszeit von etwa 7 min zu einem Signal. Hierbei handelt es sich um eine „Störkomponente“ aus der Matrix, die einen identischen Massenübergang mit der Zielverbindung, in diesem Fall Aflatoxin B1, aufweist. Eluiert die Zielverbindung nun zu einer ähnlichen Retentionszeit, kann dies unter ungünstigen Umständen zu einem falsch-positiven Ergebnis führen. In diesem Fall ist eine chromatographische Trennung also zwingend erforderlich. Um die Selektivität zu erhöhen und das Ergebnis abzusichern, sollten deshalb mindestens zwei spezifische Massenübergänge pro Substanz erfasst werden.

Des Weiteren ist anzustreben, dass eine möglichst gleichmäßige Verteilung der zu analysierenden Komponenten über den gesamten Lauf gegeben ist. Extrem steile Gradienten können dazu führen, dass die Peakdichte an bestimmten Stellen des Chromatogramms sehr hoch ist und nur eine unzureichende Anzahl an Datenpunkten pro Peak erhalten wird. Die hiermit verbundene Problematik wird ausführlich in den Abschnitten 5.4 und 5.5 diskutiert.

Abschließend kann festgehalten werden, dass nach Möglichkeit einfache lineare Gradienten mit einer moderaten bzw. auf das Trennproblem angepassten Gradi-

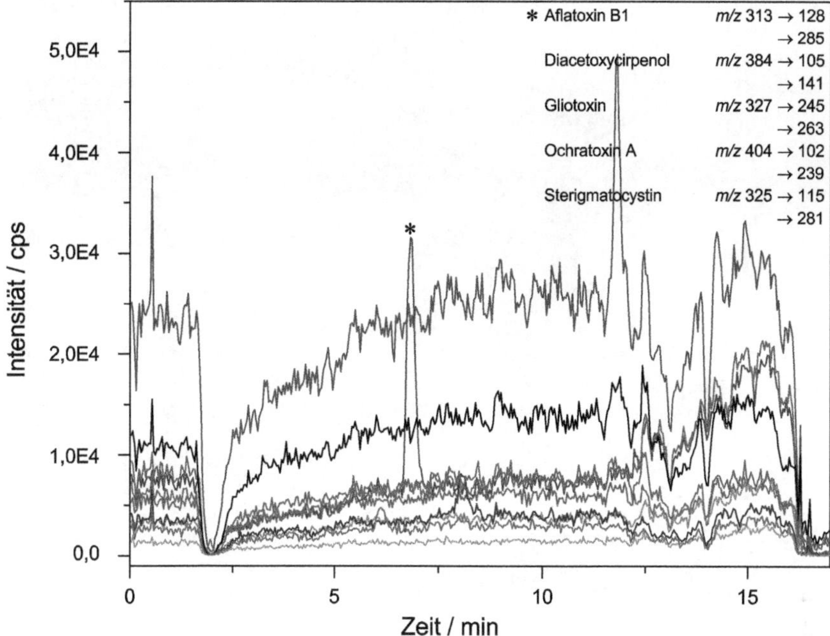

Abb. 5.1 Matrixeffektchromatogramm eines Hausstaubextraktes. Dargestellt sind ausgewählte Massenübergänge verschiedener Mykotoxine (ungeglättete Rohdaten). Für weitere Erläuterungen siehe Text.

entensteigung zu nutzen sind. Die Einstellung des pH-Wertes sollte sich in diesem Zusammenhang an den für die massenspektrometrische Detektion resultierenden Vorgaben bzw. Notwendigkeiten orientieren.

5.3.4 Auswahl der geeigneten Säule und Säulengeometrie

Zurzeit können drei Klassen stationärer Phasen unterschieden werden: vollporöse Teilchen mit einem Partikeldurchmesser zwischen 1,5 und 5 µm, Core Shell Teilchen, bei denen eine dünne poröse Schicht auf einen unporösen Kern aufgebracht ist, mit einem Partikeldurchmesser zwischen 1,3 und 5 µm sowie monolithische Phasen. Es stellt sich nun die Frage, welche Partikeltechnologie für welchen Anwendungszweck im Kontext der LC-MS-Kopplung geeignet ist.

Ebenso wie bei der schnellen Chromatographie mit kurzen Säulen ist bei der LC-MS-Kopplung auf kurze Wege, totvolumenfreie Verschraubungen und möglichst geringe Innendurchmesser der Kapillaren zu achten. Eine zu lange Transferkapillare zwischen dem Säulenauslass und der Einlassquelle des Massenspektrometers führt zu Peakverbreiterung und neben dem Verlust der Trennleistung auch zu einem Intensitätsverlust bei der massenspektrometrischen Detektion. Oftmals ist es bei der Kopplung von UHPLC und MS aus gerätetechnischen Gründen nicht

Abb. 5.2 Typischer Systemaufbau bei der LC-MS-Kopplung.

möglich, die für die Chromatographie optimalen Bedingungen zu wählen. Beispielsweise sind in vielen Einlassquellen spezielle Kapillaren verbaut, deren Länge und Innendurchmesser nicht angepasst werden können. Darüber hinaus können die einzelnen Module des UHPLC-Systems sowie das Massenspektrometer nicht immer ideal zueinander ausgerichtet werden. Abbildung 5.2 zeigt einen typischen Aufbau, wie er in vielen Labors anzutreffen ist.

Es ist deutlich zu erkennen, dass je nach Positionierung des UHPLC-Systems vor der Einlassquelle des Massenspektrometers ein mehr oder weniger ausgeprägtes Systemvolumen resultiert. In sehr ungünstigen Fällen muss bis zu 1 m einer Transferkapillare nach der Säule verbaut werden. In dem hier vorliegenden Fall befindet sich die Ionenquelle an der rechten Seite. Wird nun das HPLC-System auf der linken Seite aufgebaut, ist ein relativ langer Weg vom Auslass der Säule (Ausgang HPLC A) zum Einlass in die Ionenquelle zurückzulegen. Wird das HPLC-System auf der rechten Seite aufgebaut (HPLC B), können die Wege minimiert werden. Eine ungünstige Positionierung der Säule im HPLC-Ofen kann trotzdem dazu führen, dass eine lange Transferkapillare verwendet werden muss.

Um die Bandenverbreiterung nach der Trennsäule zu minimieren, kann der Innendurchmesser der Kapillare angepasst werden. Ein kleinerer Innendurchmesser führt aber zwangsläufig zu einem hohen Druckabfall und kann bei sehr langen und dünnen Kapillaren für einen erheblichen Teil des Gesamtdrucks verantwortlich sein. Für eine theoretische Betrachtung sei an dieser Stelle auf die Ausführungen in Kapitel 3 verwiesen. Je nach Design der Ionenquelle gibt es weitere Systemvolumina, die nicht weiter reduziert werden können. Wie den

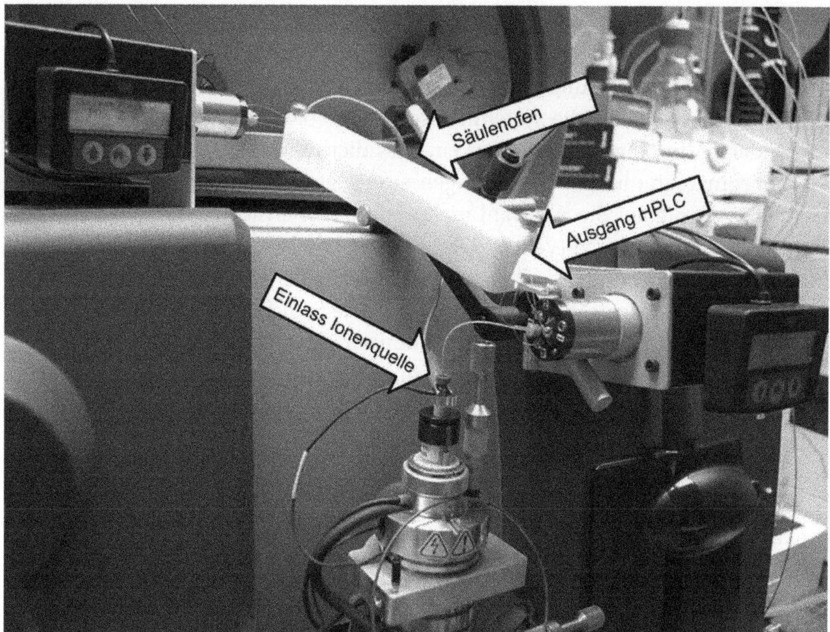

Abb. 5.3 Optimierter Systemaufbau bei Kopplung eines flexiblen HPLC-Systems mit dem Massenspektrometer.

Ausführungen im Kapitel 3 entnommen werden kann, spielt der Einfluss dieser Systemvolumina eine entscheidende Rolle, wenn die volle Trennleistung einer hoch effizienten UHPLC-Säule ausgenutzt werden soll. In vielen Fällen führt eine lange Transferkapillare, deren Innendurchmesser z. B. 130 µm oder mehr beträgt, zu einem deutlichen Verlust an Trennleistung. Die auf der Säule erzeugten schmalen Banden laufen dann beim Verlassen der Trennsäule teilweise oder ganz zusammen. Vor diesem Hintergrund ist genau zu überlegen, ob stationäre Phasen mit einem Partikeldurchmesser < 2 µm wirklich für die im Labor vorhandene Gerätekonfiguration geeignet sind. Dies betrifft auch die Frage nach dem geeigneten Innendurchmesser der Trennsäule. Wird eine Trennsäule mit einem größeren Innendurchmesser, z. B. 4,6 mm, verwendet, so ist der Einfluss der Systemvolumina auf die chromatographische Effizienz bzw. Auflösung deutlich geringer ausgeprägt. Werden demgegenüber Säulen mit einem Innendurchmesser von 2,1 mm verwendet, kann insbesondere das nach der Trennsäule vorhandene Dispersionsvolumen zu einer geringeren chromatographischen Trenneffizienz führen.

Anders sieht es aus, wenn eine Verbindung von Säule und MS auf direktem Wege möglich ist. In Abb. 5.3 ist ein Systemaufbau gezeigt, bei dem durch die flexible Anordnung des HPLC-Systems eine nahezu totvolumenfreie Verbindung der Trennsäule mit der Einlassquelle des Massenspektrometers hergestellt werden kann.

In diesem Fall übernimmt der Säulenofen die Funktion der Transferkapillare. Viele Hersteller haben auf dieses Problem mittlerweile reagiert und bieten „intelligente" Systemlösungen an. Durch einen separaten oder ausklappbaren HPLC-Ofen lassen sich die systemkritischen Totvolumina nach der Trennsäule vermeiden. Allerdings ist anzumerken, dass diejenigen Lösungen, die auf optimale chromatographische Bedingungen ausgelegt sind, wiederum weniger Flexibilität in Bezug auf die Auswahl mehrerer Säulen ermöglichen. Nach wie vor erfreuen sich Säulenschaltventile sehr großer Beliebtheit, weil z. B. bei langen Messsequenzen über das Wochenende unterschiedliche Säulen für unterschiedliche Methoden ausgewählt werden können. Die Säulenschaltventile sind i. d. R. direkt in den HPLC-Ofen integriert, wodurch es wiederum schwieriger wird, eine möglichst totvolumenarme Verbindung herzustellen. Auch hier ist deshalb wieder ein Kompromiss zwischen der geforderten Flexibilität und den optimalen chromatographischen Bedingungen einzugehen.

Als Faustregel lässt sich jedoch verallgemeinern, dass immer dann, wenn ein wie in Abb. 5.3 gezeigter Systemaufbau möglich ist und zusätzlich ein Massenspektrometer mit schnellen Scan- und Umschaltzeiten verwendet wird, die volle Effizienz voll- oder teilporöser sub 2 µm-Teilchen ausgenutzt werden kann. Ist dies nicht der Fall, stellen z. B. monolithische Phasen eine hervorragende Alternative dar. Die im Vergleich zu den vollporösen Teilchen immer noch geringere theoretische Effizienz macht sich in der Praxis dann nicht bemerkbar. Darüber hinaus resultiert im Vergleich zu den partikulären Phasen ein deutlich geringerer Gesamtdruck aufgrund der Permeabilität bei ansonsten identischen chromatographischen Bedingungen. Im Gegensatz zu den klassischen Edelstahlsäulen sind monolithische Säulen nur in einer Hardware aus PEEK verfügbar. Darüber hinaus wird das Drucklimit dieser Phasen vom Hersteller mit 200 bar spezifiziert. Werden Säulen mit einer Länge < 15 cm verwendet, wird das Drucklimit jedoch auch bei Flussraten von bis zu 1 mL min^{-1} und mit Methanol als organischem Co-Solvenz in der mobilen Phase nicht überschritten.

5.4
Target-Analytik mittels Triple-Quadrupol-Massenspektrometrie

In den letzten Jahren hat sich gezeigt, dass für den Bereich der Target-Analytik nicht mehr nur Triple-Quadrupol-, sondern auch hochauflösende Flugzeitmassenspektrometer oder Orbitraps (High Resolution Mass Spectrometry, HRMS) verwendet werden, da die Robustheit, der lineare Arbeitsbereich und die Nachweisempfindlichkeit stark verbessert wurden. Nichtsdestotrotz ist der Anteil der hochauflösenden Massenspektrometer für diesen Einsatzzweck immer noch gering, weshalb die generellen Probleme, die bei der Erstellung und Anwendung einer Multimethode für die Target-Analytik auftreten, am Beispiel der Triple-Quadrupolgeräte diskutiert werden.

Triple-Quadrupol-Massenspektrometer (QqQ) haben sich deshalb als die „Arbeitspferde" in der Rückstands- und Spurenanalytik etabliert, weil eine selektive

Erfassung der Zielanalyten bei gleichzeitigem Ausblenden der Matrix möglich ist. Dies bedeutet allerdings nicht, dass die in der Matrix enthaltenen Verbindungen keinen Einfluss auf die Signalintensität ausüben. Jedoch können Verbindungen, die z. B. einen identischen Massenübergang mit der Zielverbindung gemeinsam haben, ausgeblendet werden, wenn der zweite Massenübergang unterschiedlich ist. Der zugrunde liegende Messmodus wird als „Multiple Reaction Monitoring" (MRM) Modus bezeichnet und bedeutet, dass mehrere Massenübergänge aufgenommen werden. Da der MRM-Modus der wichtigste Messmodus für die Quantifizierung mit Tandemmassenspektrometern ist, wird dieser nachfolgend erläutert.

Nach der Ionisierung und Überführung aller gebildeten Ionen in den Hochvakuumteil des Massenspektrometers findet i. d. R. noch eine Fokussierung in einem Quadrupol, Hexapol oder Oktapol (Q0) statt. Das eigentliche massenspektrometrische Experiment erfolgt in drei nacheinander angeordneten Quadrupolen. Dabei werden nur der erste (Q1) und dritte Quadrupol (Q3) zur Trennung der Ionen nach ihrem Masse-zu-Ladungs-Verhältnis (m/z-Verhältnis) verwendet. Im zweiten Quadrupol (q2) werden durch Stoßaktivierung mit einem Neutralgas (Stickstoff oder Argon) und Anlegen einer Kollisionsenergie strukturspezifische Produkt-Ionen erzeugt. Beim MRM erfolgt in Q1 die Selektion des Quasimolekül-Ions (oder Addukt-Ions), in q2 die Fragmentierung und in Q3 die Selektion des Produkt-Ions. Diese Technik erlaubt deshalb die sehr selektive Erfassung der Zielanalyten auch in komplexen Matrices, in denen mit vielen Störkomponenten zu rechnen ist. Um zu einer hohen Absicherung der Quantifizierungsergebnisse zu kommen, sind mindestens zwei MRM-Übergänge je Substanz aufzunehmen, wobei der nachweisstärkere Massenübergang zur Quantifizierung und der andere zur Substanzverifizierung verwendet wird. Die Akquisition der Massenübergänge erfordert jedoch Zeit, weshalb die Anzahl an Substanzen, die in einem Analysenlauf erfasst werden können, beschränkt ist. Zusätzlich zu der Akquisitionszeit für einen Massenübergang, die in der Fachliteratur als Dwell Time bzw. Verweilzeit bezeichnet wird, muss eine Umschaltzeit (Pause Time) berücksichtigt werden. Erst im Anschluss an die Pause Time kann der nächste Massenübergang gemessen werden. Die Addition aller Zeitwerte ergibt dann die sogenannte Zykluszeit (Cycle Time), die benötigt wird, um für jeden Massenübergang einen Datenpunkt zu erzeugen.

Des Weiteren ist es bei einer Vielzahl von Geräten möglich, bei der Ionisierung zwischen den Polaritäten zu wechseln. In der Regel wird bei ESI häufig im positiven Ionisationsmodus (ESI positiv) gearbeitet, einige Analyten sind jedoch im negativen Ionisationsmodus (ESI negativ) selektiver bzw. nachweisstärker zu erfassen. Ob ein sogenannter Polaritätswechsel in einem Analysenlauf sinnvoll erscheint, ist zum einen von der Anzahl der zu detektierenden Verbindungen als auch von der Zeit zwischen zwei Peaks, zwischen denen ein Polaritätswechsel erfolgen soll, abhängig. Außerdem spielt die benötigte Umschaltzeit des Massenspektrometers zwischen den Polaritäten eine entscheidende Rolle. Für die nachfolgenden Beispielrechnungen wird ein Polaritätswechsel nicht berücksichtigt, da sich dieser noch ungünstiger auf die Anzahl an Datenpunkten pro Peak auswirkt.

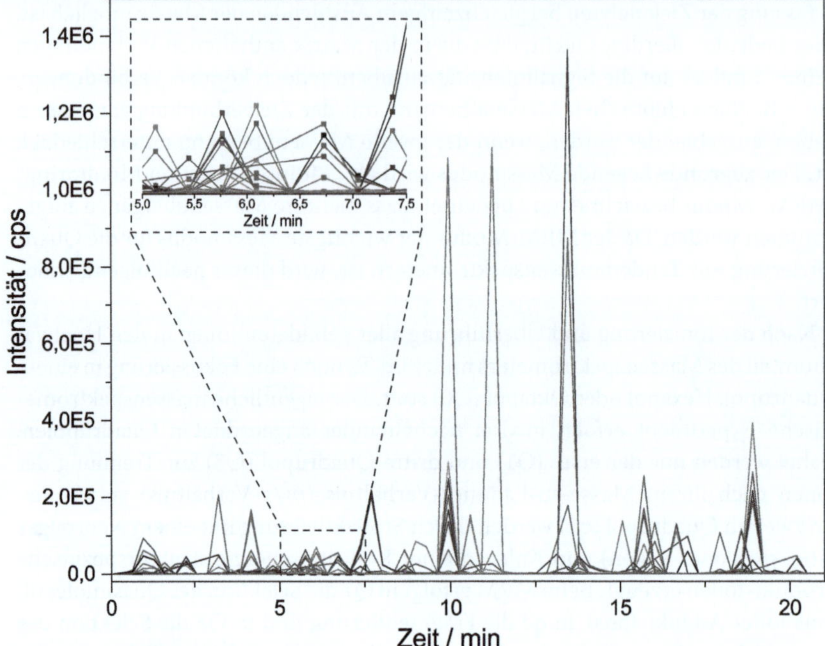

Abb. 5.4 LC-MS/MS-Chromatogramm von 182 MRM auf einer 50 × 2 mm Chromolith FastGradient RP18 HPLC-Säule. Chromatographische Parameter: Temperatur: 40 °C; Injektionsvolumen: 20 μL; mobile Phase: A = Wasser + 0,1 % Ameisensäure, B = Methanol + 0,1 % Ameisensäure; Gradient: 5–95 % B in 20 min; Flussrate: 400 μL min^{-1}; massenspektrometrische Parameter: Pause Time: 5 ms; Dwell Time: 100 ms (ungeglättete Rohdaten).

Im Gegensatz dazu kann ein Polaritätswechsel bei Methoden, die nur wenige Zielanalyten umfassen, durchaus sinnvoll sein, wenn z. B. im negativen Ionisationsmodus eine bessere Detektion als im positiven Ionisationsmodus möglich ist.

Der erste Schritt bei der Entwicklung einer LC-MS-Multianalytmethode besteht in der Optimierung der massenspektrometrischen Parameter. Wie den Anmerkungen in Abschnitt 5.3.2 entnommen werden kann, ist die Optimierung der Parameter, die die Ionisationseffizienz für einen spezifischen Massenübergang beeinflussen, sehr aufwendig. Im Anschluss daran müssen die Retentionszeiten für alle Analyten, die in einer Multianalytmethode gemessen werden sollen, ermittelt werden. Dies kann entweder durch Injektion der Einzelstandards oder des Standardmix, der alle Komponenten enthält, erfolgen. Sind nun alle Retentionszeiten bekannt, kann eine Kalibrationsreihe gemessen und der lineare Arbeitsbereich bestimmt werden. Hierbei kann es jedoch zu ersten „bösen" Überraschungen kommen. Abbildung 5.4 zeigt das resultierende Chromatogramm eines Multianalytstandards mit 91 Substanzen.

Bei der Betrachtung des Chromatogramms wird ersichtlich, dass dreieckige Peakformen resultierten. Offenbar wurden ungünstige Einstellungen der MS-

Akquisitionsparameter gewählt. Aus der Vergrößerung des Chromatogramms wird deutlich, dass lediglich ein Datenpunkt pro Peak generiert wurde. Hinsichtlich der massenspektrometrischen Akquisitionsparameter wurden allerdings die in einer „Standardmethode" hinterlegten Werte verwendet. Was ist hier schief gelaufen?

Bei der in Abb. 5.4 dargestellten Methode wurden insgesamt 182 Massenübergänge kontinuierlich über den gesamten chromatographischen Lauf gemessen, wobei für jede Verbindung zwei charakteristische MRM-Übergänge ausgewählt wurden. Dieser sogenannte retentionszeitunabhängige MRM-Modus hat den großen Vorteil, dass es keiner Festlegung bedarf, zu welcher Zeit oder in welchem Zeitfenster die Erfassung eines in der MS-Methode hinterlegten Massenübergangs erfolgen muss. Kleine Schwankungen in der Retentionszeit sowie die Änderung des Lösemittelgradienten bedingen somit keine weiteren Anpassungen hinsichtlich der MS-Methode. Der Nachteil ist jedoch, dass zu jeder Zeit immer die volle Anzahl der ausgewählten MRM-Übergänge gemessen wird. Anhand des folgenden Rechenbeispiels wird deutlich, dass die für die MS-Methode genutzten Parameter nicht in einem optimalen Verhältnis zur Anzahl der simultan zu erfassenden Komponenten stehen. Für das in Abb. 5.4 angegebene Beispiel betrug die Verweilzeit (Dwell Time) 100 ms und die Umschaltzeit (Pause Time) 5 ms. Bei diesen Einstellungen handelt es sich um „Standardwerte", die z. B. vom Gerätehersteller empfohlen werden. Diese Einstellungen haben durchaus ihre Berechtigung, da eine große Dwell Time von 100 ms gewährleistet, dass die Signalintensität erhöht sowie das Rauschen minimiert wird. Enthält die Methode nur wenige Analyten, die quantifiziert werden sollen, ist die Gefahr einer unzureichenden Anzahl an Datenpunkten pro Peak deutlich geringer. Für das hier gewählte Beispiel resultiert allerdings eine Zykluszeit (Cycle Time) von 19,1 s, über deren Auswirkungen sich der Anwender zunächst keine Gedanken gemacht hat. Es dauert also unter den gewählten Bedingungen 19,1 s, bis alle 182 MRM-Übergänge einmal gemessen wurden und somit für jede Substanz ein Datenpunkt erhalten wird. Dies entspricht einer Datenaufnahmerate von 0,05 Hz und verdeutlicht, dass die als „Standardwerte" hinterlegten Parameter kritisch hinterfragt werden müssen. Im Prinzip ist es also Zufall, an welcher Stelle ein Datenpunkt für eine Substanz registriert wird. Eine korrekte Darstellung des Peakprofils, wie es für die Quantifizierung gefordert wird, ist nicht möglich. Es gibt in der Fachliteratur unterschiedliche Meinungen, wie groß die Anzahl an Datenpunkten pro Peak sein muss. Klar ist aber: Weniger als 10 Datenpunkte pro Peak reichen für eine sichere Quantifizierung nicht aus. Einige Autoren gehen sogar so weit und fordern 25–30 Datenpunkte [1]. Was ist also der Ausweg aus diesem Dilemma?

Es könnte nun versucht werden, die Peakbreite für jeden Analyten zu erhöhen. Solche Vorschläge wurden tatsächlich ernsthaft auf Anwenderseminaren diskutiert, als die modernen UHPLC-Systeme Einzug in die Routinelabors fanden. Ein solcher Vorschlag ist jedoch nicht seriös, da nicht nur eine wesentlich geringere chromatographische Trenneffizienz und damit einhergehend auch ein Intensitätsverlust resultiert, sondern auch die Laufzeit der Methode verlängert wird.

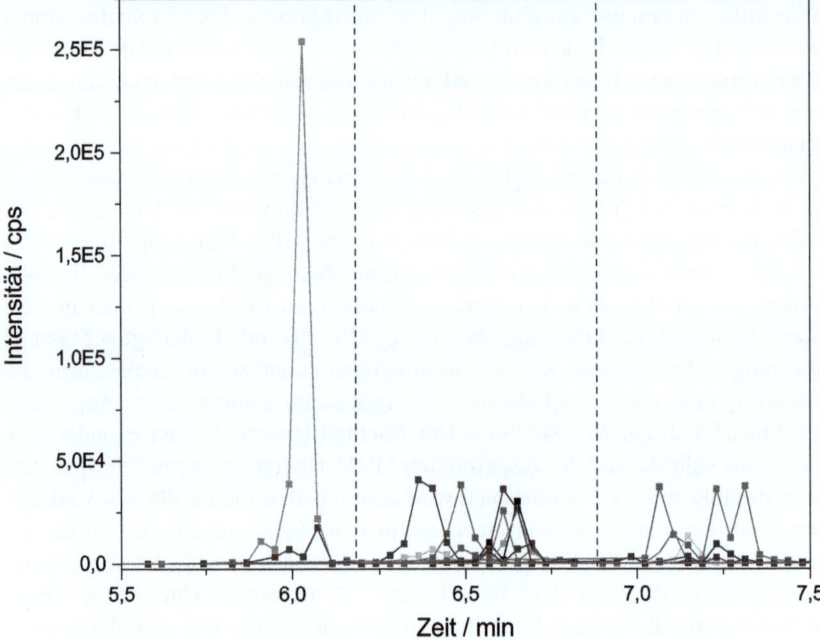

Abb. 5.5 Ausschnitt eines LC-MS/MS-Chromatogramms von 182 MRM auf einer 50 × 2 mm Chromolith FastGradient RP18 HPLC-Säule. Chromatographische Parameter: Temperatur: 40 °C; Injektionsvolumen: 20 μL; mobile Phase: A = Wasser + 0,1 % Ameisensäure, B = Methanol + 0,1 % Ameisensäure; Gradient: 5–95 % B in 20 min; Flussrate: 400 μL min^{-1}; massenspektrometrische Parameter: Pause Time: 5 ms, Dwell Time: 10 ms (ungeglättete Rohdaten).

Dies steht in klarem Widerspruch zur Erhöhung des Probendurchsatzes. Eine bessere Alternative ist, die in der MS-Methode hinterlegten bzw. ausgewählten Parameter für die Verweilzeit und Umschaltzeit anzupassen. Werden die Werte nun auf 10 ms für die Dwell Time und 5 ms für die Pause Time gesetzt, resultiert eine Zykluszeit von 2,73 s, was einer Datenaufnahmerate von 0,37 Hz entspricht. Das korrespondierende Chromatogramm mit Hervorhebung der einzelnen Datenpunkte für alle extrahierten Massenübergänge ist in Abb. 5.5 dargestellt.

Obwohl es nun gelungen ist, die Anzahl an Datenpunkten über einen Peak zu erhöhen, sind wir immer noch weit von der Forderung, zehn oder mehr Datenpunkte für jeden Peak zu erhalten, entfernt. Eine weitere Reduzierung der Cycle Time ist mit dem hier genutzten Massenspektrometer zwar möglich, allerdings steigt dann auch das Rauschen, sodass die Methode nicht mehr für die Erfassung sehr kleiner Konzentrationen geeignet ist. Eine Alternative ist, das Chromatogramm in Perioden einzuteilen, die durch die gestrichelten Linien im Chromatogrammausschnitt von Abb. 5.5 gekennzeichnet sind. In einer Periode können dann nur diejenigen MRM-Übergänge derjenigen Analyten gemessen werden, die innerhalb dieses Zeitfensters eluieren.

Wenngleich es durch die Aufteilung des Chromatogramms in einzelne Perioden gelingt, die Anzahl simultan zu messender MRM-Übergänge pro Zeiteinheit zu reduzieren, gibt es aus praktischer Sicht noch ein paar Fallstricke, die es zu beachten gilt. Um das Chromatogramm sinnvoll in Perioden zu unterteilen, müssen Bereiche identifiziert werden, in denen kein Zielanalyt eluiert. Dies ist für das in Abb. 5.5 dargestellte Beispiel zwar gegeben, jedoch können kleine Schwankungen in der Retentionszeit dazu führen, dass ein Peak nicht innerhalb des vorgegebenen Retentionszeitfensters erfasst wird. Des Weiteren sinkt mit zunehmender Komplexität der Probe die Wahrscheinlichkeit, überhaupt Regionen im Chromatogramm zu identifizieren, in denen kein relevanter Peak eluiert. Je kleiner die chromatographische Auflösung zwischen benachbarten Peaks ist, desto schwieriger ist die Unterteilung des Chromatogramms in einzelne Perioden.

Die technischen Fortschritte der letzten Jahre haben schließlich dazu geführt, eine schnellere Elektronik und neue Messalgorithmen zu nutzen, um die gestellte Forderung nach einer simultanen Erfassung vieler Substanzen in einem chromatographischen Lauf zu ermöglichen. Als Lösung für dieses Problem haben die MS-Gerätehersteller hierfür den sogenannten retentionszeitabhängigen MRM-Modus entwickelt. Dieser ist unter den Bezeichnungen timed, targeted oder scheduled MRM bekannt. Mit diesem MRM-Modus ist es möglich, Messzeitfenster für einen spezifischen MRM-Übergang frei zu definieren. Der große Vorteil liegt hierbei darin, die MRM-Übergänge nicht mehr über den gesamten chromatographischen Lauf zu messen, sondern nur innerhalb des Zeitraums, in dem die betreffende Komponente tatsächlich von der Säule eluiert. Dabei sollten substanztypische Schwankungen in der Retentionszeit berücksichtigt werden. Beispielsweise wirken sich kleine Änderungen des pH-Wertes der mobilen Phase stärker auf diejenigen Substanzen aus, bei denen der eingestellte pH-Wert näher am pK_s-Wert liegt. Es ist also davon auszugehen, dass geringe Änderungen des pH-Wertes, die z. B. durch unsauberes Arbeiten beim Ansetzen der mobilen Phase oder durch eine großvolumige Probeninjektion vorkommen können, zu ausgeprägten Verschiebungen der ursprünglich ermittelten Retentionszeit führen. Insbesondere die früh eluierenden Verbindungen sind bei einer sogenannten Large Volume Injektion am stärksten von Retentionszeitschwankungen betroffen, weshalb hier sehr genau auf die Festlegung des Detektionsfensters (Detection Window) für jeden MRM-Übergang geachtet werden sollte. Sehr ausgeklügelte Algorithmen erlauben sogar, die Akquisitionszeit für jeden MRM-Übergang individuell zu definieren. Auf diese Weise wird die zu einer gegebenen Zeit resultierende Anzahl an gemessenen MRM-Übergängen drastisch reduziert. Im retentionszeitabhängigen MRM Modus muss die sogenannte Target Scan Time angegeben werden. Anders als im klassischen MRM-Modus wird hierbei die Zykluszeit, die erreicht werden soll, durch diese Einstellung vorgegeben. In Abhängigkeit der Anzahl der simultan gemessenen Massenübergänge wird die Dwell Time automatisch so angepasst, dass in Summe mit der Pause Time die Target Scan Time erreicht wird. Abbildung 5.6 zeigt einen Ausschnitt des unter den optimierten Bedingungen resultierenden Chromatogramms mit Hervorhebung der einzelnen Datenpunkte.

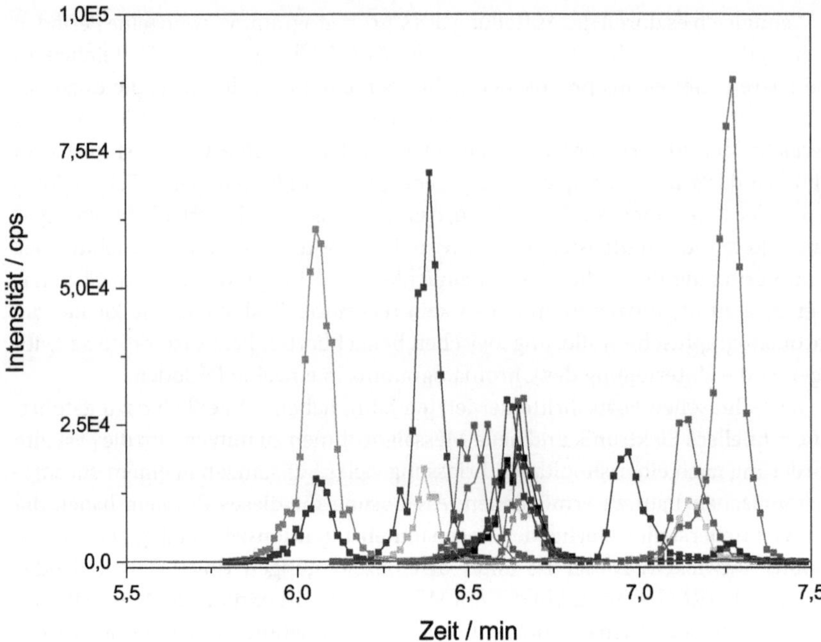

Abb. 5.6 Ausschnitt eines LC-MS/MS-Chromatogramms von 182 MRM auf einer 50 × 2 mm Chromolith FastGradient RP18 HPLC-Säule. Chromatographische Parameter: Temperatur: 40 °C; Injektionsvolumen: 20 µL; mobile Phase: A = Wasser + 0,1 % Ameisensäure, B = Methanol + 0,1 % Ameisensäure; Gradient: 5–95 % B in 20 min; Flussrate: 400 µL min^{-1}; massenspektrometrische Parameter: Pause Time: 5 ms, MRM Detection Window: 60 s, Target Scan Time: 2 s (ungeglättete Rohdaten).

Nach Festlegung der spezifischen Retentionszeitfenster sollte dann die Region des Chromatogramms inspiziert werden, die die größte Peakdichte aufweist, was gleichzeitig der größten Anzahl simultan gemessener MRM-Übergänge entspricht. Anhand der durchschnittlichen Peakbreiten, die einfach aus dem Chromatogramm abgelesen werden können, kann nun die Einstellung der Target Scan Time erfolgen, um eine ausreichende Datenpunktanzahl für eine erfolgreiche Quantifizierung zu erreichen.

Die folgende Beispielrechnung, die nun von dem in Abb. 5.6 dargestellten Chromatogramm entkoppelt ist, soll diesen Sachverhalt verdeutlichen. Dabei gehen wir von zwei Fällen aus. Im ersten Fall wird angenommen, dass ein UHPLC-System zur Verfügung steht und alle kritischen System- und Totvolumina vor und hinter der Säule sehr gering sind. Wir rechnen nun mit einer mittleren Peakbreite von 1 s. Im zweiten Fall betrachten wir den für eine LC-MS-Kopplung typischen Fall, dass die Wege vom Auslass der Säule zum Einlass in die Ionenquelle ungünstig sind. In diesem Fall rechnen wir mit einer mittleren Peakbreite von 10 s. Als Peakbreite seien hier der Beginn und das Ende des Peaks durch die von der Software gesetzten Integrationspunkte definiert. Breitere Peaks werden in dieser Übersicht nicht diskutiert, da somit eine noch größere Anzahl an Datenpunkten erhalten wird. Gleichzeitig muss aber kritisch angemerkt werden, dass sich breitere Peaks negativ auf die erzielbaren Nachweisgrenzen auswirken. Gehen wir weiterhin davon aus, dass trotz Nutzung des retentionszeitabhängigen MRM-Modus immer noch Bereiche im Chromatogramm existieren, bei denen 20 Substanzen – und somit 40 MRM-Übergänge! – gleichzeitig erfasst werden müssen. Bei älteren MS-Geräten ist die minimale Dwell Time mit etwa 5 ms zu veranschlagen, bei modernen Geräten kann diese auf bis zu 0,8 ms reduziert werden. Es ist aber dringend davon abzuraten, den kleinsten einstellbaren Wert zu nutzen, insbesondere dann, wenn die Methode zur Bestimmung kleiner Konzentrationen ausgelegt ist. In der Regel erhöht sich lediglich das Rauschen und die Nachweisgrenzen verschlechtern sich. Rechnen wir also mit einer gut anwendbaren Dwell Time von 20 ms für ältere Geräte und 2,5 ms für moderne Systeme. Bei 40 MRM-Übergängen bedeutet dies, dass bereits 800 bzw. 100 ms für die Messung von 40 MRM-Übergängen veranschlagt werden müssen. Zusätzlich muss die Pause Time berücksichtigt werden. Nehmen wir auch hier wieder „vernünftige" Werte von 5 ms für ältere und 1 ms für moderne Geräte an, so ergibt sich eine Gesamtumschaltzeit von 200 bzw. 40 ms. Es resultiert demzufolge eine Zykluszeit von exakt 1 s für ältere bzw. 140 ms für moderne Geräte, was einer Datenaufnahmerate von 1 bzw. 7,14 Hz entspricht. Bei einer Peakbreite von 1 s wird also bei älteren Massenspektrometern trotz eines ausgeklügelten retentionszeitabhängigen MRM-Modus nur ein Datenpunkt pro Peak erhalten. Im Gegensatz dazu sind es bei den modernen Massenspektrometern immerhin schon sieben Datenpunkte. Bei einer Peakbreite von 10 s resultieren im ersten Fall 10 Datenpunkte, im zweiten Fall 71 Datenpunkte.

Als Zwischenfazit ist somit festzuhalten, dass eine hoch effiziente UHPLC-Trennung mit sehr schmalen Peaks von 1 s in Verbindung mit älteren Massenspektrometern und einer hohen Anzahl zu erfassender Zielanalyten keine geeignete Kombination darstellt. Die auf der Trennsäule generierten Peaks sind einfach zu schmal. Diese Schlussfolgerung bedeutet jedoch nicht, dass die Kombination eines UHPLC-Systems mit einem älteren Massenspektrometer nicht sinnvoll ist. Ein großer Vorteil moderner UHPLC-Systeme liegt in der konsequenten Reduzierung aller Systemvolumina. Um schnelle Analysenzyklen zu realisieren, ist ein geringes Gradientenverweilvolumen deshalb eine zwingende Voraussetzung. Insbesondere dann, wenn eine relativ geringe Gesamtflussrate von 300–500 $\mu L\,min^{-1}$ eingestellt wird, können sich bei älteren HPLC-Systemen mit einem Gradientenverweilvolumen von 1 mL lange Zykluszeiten ergeben, die sich nachteilig auf den Probendurchsatz auswirken. Ein Beispiel für diesen Sachverhalt findet sich jeweils in den Abschnitten 2.1.2.2 und 9.2.

Der Anwender sollte nun anhand der Spezifikationen des eigenen Gerätes für die eigene Methode die Anzahl der resultierenden Datenpunkte pro Peak ermitteln. Dabei ist einfach nur die mittlere Peakbreite aus dem Chromatogramm als Grundlage zu nehmen. Diese Annahme ist gerechtfertigt, weil aufgrund der Bandenkompression im Lösemittelgradientenmodus i. d. R. eine konstante Peakbreite resultiert. Eluieren Peaks jedoch auf einem isokratischen Plateau, z. B. zu Beginn oder am Ende des Gradienten, sollte natürlich eine entsprechende Anpassung der

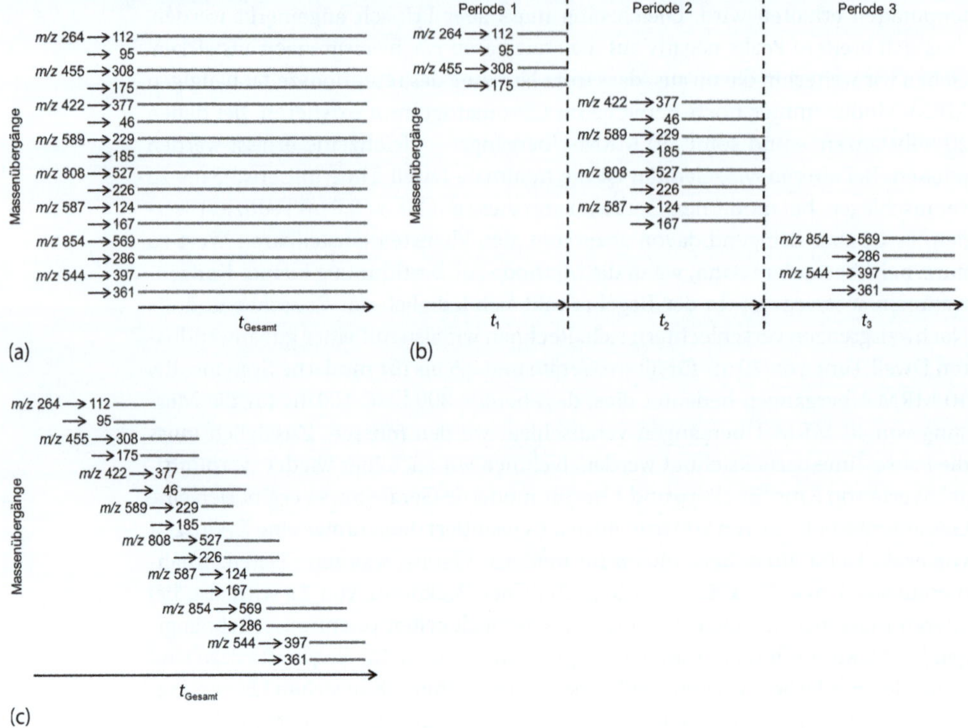

Abb. 5.7 Vergleichende Darstellung des Prinzips des Multiple Reaction Monitoring. (a) Retentionszeitunabhängiger MRM-Modus; (b) retentionszeitunabhängiger MRM-Modus mit Einteilung des Chromatogramms in Perioden; (c) retentionszeitabhängiger MRM-Modus mit variablen Detektionsfenstern.

Peakbreiten für diese Elutionszeitfenster berücksichtigt werden. In Abb. 5.7 sind nochmals die im Text erläuterten Modi zur Messung eines spezifischen Massenübergangs vergleichend gegenübergestellt.

5.5 Screening mittels LC-MS

In diesem Abschnitt soll kurz auf die Anforderungen bei Suspected- und Non-Target Screeninganalysen mittels Massenspektrometrie eingegangen werden. Entgegen der weitläufigen Meinung, dass für solche Screeninganalysen nur hochauflösende Systeme wie Flugzeitmassenspektrometer oder Orbitraps eingesetzt werden können, muss klargestellt werden, dass auch mit anderen Massenspektrometertypen wie Ionenfallen, Triple-Quadrupol-Massenspektrometern oder „QTRAPs“ (Quadrupol Linear Ion Trap, QqLIT) die Charakterisierung von Substanzen mit „messdaten-informationsabhängigen MS und MS/MS-Experimenten“ möglich ist. Diese kombinierten Messalgorithmen werden auch als All Ion

Fragmentation (AIF), Data-Dependent Acquisition (DDA), Data-Independent Acquisition (DIA) oder Information-Dependent Acquisition (IDA) bezeichnet. Ein Beispiel für Screeninguntersuchungen auf erwartete Substanzen (Suspected-Target Screening) ist das Pestizidscreening in der Lebensmittelüberwachung oder das Drogenscreening im Bereich der forensischen und klinischen Toxikologie [17–20].

Generell gelten alle in Abschnitt 5.3 getroffenen Aussagen in Bezug auf die LC-MS-Kopplung auch für den Ansatz der Screeninganalyse. Dies bedeutet, dass sich die Auswahl der stationären Phase ebenfalls an den Möglichkeiten, die das Massenspektrometer bereitstellt, orientieren sollte. Das Gleiche gilt für die mobile Phase sowie den Gradientenverlauf. Die in Abschnitt 5.3 getroffenen Aussagen werden deshalb an dieser Stelle nicht wiederholt. Wichtige Unterschiede, die aber trotzdem diskutiert werden sollen, sind die Auswahl der Ionisierungstechnik und die passenden Einstellungen. Bei Screeninganalysen gibt es keine oder nur eine geringe Vorinformation bezüglich der erwarteten Analyten (siehe hierzu auch die Erläuterungen in den Abschnitten 5.2.2 und 5.2.3). Insofern müssen generische Parameter definiert werden, um eine möglichst große Anzahl an Substanzen zu erfassen, denn eine Identifizierung ist nur für die ausreichend gut ionisierbaren Substanzen möglich. Dies betrifft im Wesentlichen die Einstellungen zur Ionisierung der Analyten, wie z. B. Ionisierungsspannung, Gaseinstellungen, Ionisationstemperatur für die Verdampfung des Lösemittels usw.

Beim Screening mit HRMS-Geräten muss zwischen reinen MS-Full Scan Analysen und kombinierten MS- und MS/MS-Experimenten unterschieden werden. Die vom Hersteller angegebene maximale Empfindlichkeit und Massenauflösung lässt sich generell nicht bei der maximalen Datenaufnahmerate erreichen. Hier muss ein Kompromiss gefunden und an die analytische Fragestellung angepasst werden. Es macht einen entscheidenden Unterschied, ob in einem chromatographischen Lauf möglichst viele Substanzen anhand der Summenformel durch einen Datenbankabgleich oder einzelne Substanzen, die in sehr geringen Konzentrationen im Vergleich zu den Matrixbestandteilen vorliegen, identifiziert werden sollen. Bezogen auf den für kleine Moleküle relevanten Massenbereich von m/z 50 bis m/z 1000 kann bei einer Anpassung der Massenauflösung des Gerätes i. d. R. mit einer ausreichend hohen Scanrate (> 10 Datenpunkte pro Peak) mit Orbitraps, Flugzeitmassenspektrometern (TOF, Time-of-Flight) oder auch Quadrupol-Flugzeitmassenspektrometern (QqTOF) aufgenommen werden. Prinzipiell ergeben sich also bezüglich der schnellen Chromatographie keine Einschränkungen.

Allerdings ist die bloße Bestimmung der Summenformel bei vielen Screeningansätzen kein ausreichendes Kriterium, um Substanzen aus komplexen Matrices sicher zu identifizieren. Vor diesem Hintergrund haben sich hochauflösende Massenspektrometer mit der Option, Produkt-Ionenspektren aus Vorläufer-Ionen zu generieren, etabliert (sogenannte QqTOF-Systeme oder Orbitraps). Hierbei gilt die Regel: Die Ableitung zusätzlicher Informationen über z. B. MS/MS-Spektren benötigt Zeit. Dies bedeutet auch, dass die Herstellerspezifikationen in Bezug auf die Scanrate im reinen MS-Full Scan Modus kritisch hinterfragt bzw. korrigiert

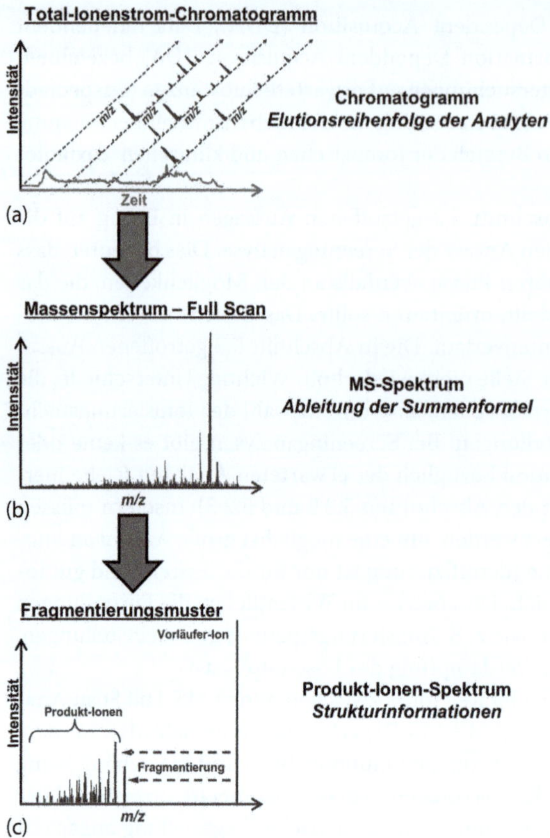

Abb. 5.8 Allgemeiner Ablauf einer LC-MS- und MS/MS-Screeninganalyse.

werden müssen. Allgemein gültige Regeln in Bezug auf die Festsetzung dieser Parameter können nicht abgeleitet werden, da es häufig dem Anwender überlassen bleibt, wie er die aus seiner Einschätzung „richtigen" Screeningparameter setzt. Dieser abstrakte Sachverhalt soll daher durch ein Beispiel näher erläutert werden. Abbildung 5.8 verdeutlicht den allgemeinen Ablauf einer Screeninganalyse.

In Abb. 5.8a ist das sogenannte Total-Ionenstrom-Chromatogramm (TIC) dargestellt. Dieses ergibt sich aus der Summe aller am Detektor registrierten Ionen. Das TIC-Chromatogramm besitzt i. d. R. nur eine geringe Aussagekraft. Entsprechend der eingestellten Scanrate befindet sich zu jedem Datenpunkt ein vollständiges Full Scan Spektrum, das exemplarisch in Abb. 5.8b gezeigt ist. Dieses Full Scan Spektrum gibt das zu einem gegebenen Zeitpunkt registrierte Massenspektrum über den ausgewählten Masse-zu-Ladungs-Bereich an. Anhand des m/z-Verhältnisses und des Isotopenverhältnisses wird auf die Summenformel einer unbekannten Verbindung geschlossen. Allerdings ist die alleinige Bestimmung der Summenformel noch kein Garant dafür, dass es sich auch tatsächlich um die vermutete Verbindung handelt. Anders als in der GC/MS mit der Elektronenstoßionisierung sind die bei der LC-MS generierten Massenspektren stark von den eingestellten Parametern abhängig. Mittlerweile sind die in Datenbanken hinterlegten MS/MS-Spektren auch von verschiedenen Geräteherstellern sowie für unterschiedliche MS-Gerätetypen vergleichbar, wenn diese nach einem standardisierten Protokoll (einheitliche Kollisionsenergie) aufgenommen wurden [19]. Neben einer eigenen Referenzdatenbank sind kommerzielle oder freie Bibliotheken eine sinnvolle Alternative für einen Datenabgleich. Zunehmend an Bedeutung gewinnen frei zugängliche Datenbanken wie u. a. Chemspider, DAIOS, mzCloud™, Norman MassBank, Metfusion, Metlin oder Stoff-Ident. Diese unterscheiden sich im Umfang der Substanzen, der Anzahl der MS/MS-Spektren, den Meta-Informationen (exakte Masse, Summenformel, Löslichkeit, REACH-Daten, Literaturverweise) und den Suchmöglichkeiten [8–14].

Um nun die Identität der vermuteten Verbindung weiter abzusichern, bietet sich die Aufnahme von Produkt-Ionenspektren an. In Abb. 5.8c ist dieses Vorgehen schematisch dargestellt. Bei sogenannten „informationsabhängigen" Experimenten wird z. B. das Vorläufer-Ion aus dem Massenspektrum mit der höchsten Intensität ausgewählt und fragmentiert. Hieraus leitet sich ein Produkt-Ionenspektrum ab, das zusätzliche Informationen liefert, die dann gezielt Rückschlüsse auf die Struktur der Verbindung zulassen. Ein Beispiel, das diesen Sachverhalt untermauert, findet sich in Abschnitt 6.7.

Bei den kombinierten MS- und MS/MS-Experimenten ist nun die Anzahl der Zyklen festzulegen, bevor ein neues Full Scan Massenspektrum aufgenommen wird. Beispielsweise ist es sinnvoll, wenn nicht nach jedem Full Scan nur ein einziges, sondern mehrere informationsabhängige Experimente durchgeführt werden. Abbildung 5.9 verdeutlicht den Messzyklus für die Akquisition von vier bzw. acht „messdateninformationsabhängigen" MS- und MS/MS-Experimenten. Die Anzahl möglicher MS/MS-Experimente ist wiederum von der Peakbreite abhängig.

Im ersten Fall wurden neben dem Full Scan vier „messdateninformationsabhängige" Experimente durchgeführt. Die Akquisitionszeit für den Full Scan betrug 20 ms, die Akquisitionszeiten für die Aufnahme der Produkt-Ionenspektren jeweils 20 ms und die Pause Time jeweils 10 ms. Werden alle Schritte addiert, resultiert eine Zykluszeit von 150 ms. Das hier vorgestellte Applikationsbeispiel entspricht exakt dem in Abschnitt 6.5 beschriebenen Versuchsaufbau, bei dem ein 2D-LC-System mit einem Hybridmassenspektrometer gekoppelt wurde. Aufgrund der Minimierung sämtlicher Totvolumina und der Nutzung einer Core Shell Säule betrug die Peakweite ca. 1–1,5 s. Wie anhand des Peakprofils in Abb. 5.9a ersichtlich ist, konnten ca. 7–8 Datenpunkte erhalten werden. Dieser Aufbau steht stellvertretend für alle Systeme, mit denen hoch effiziente chromatographische Trennungen in Verbindung mit der Massenspektrometrie durchgeführt werden können.

Im zweiten Fall wurden demgegenüber acht MS/MS-Experimente nach einem Full Scan durchgeführt. Dies war möglich, weil die Peaks in diesem Fall eine Breite von etwa 10–12 s aufwiesen. Die Akquisitionszeit für den Full Scan betrug 250 ms, die Akquisitionszeiten für die Aufnahme der Produkt-Ionenspektren

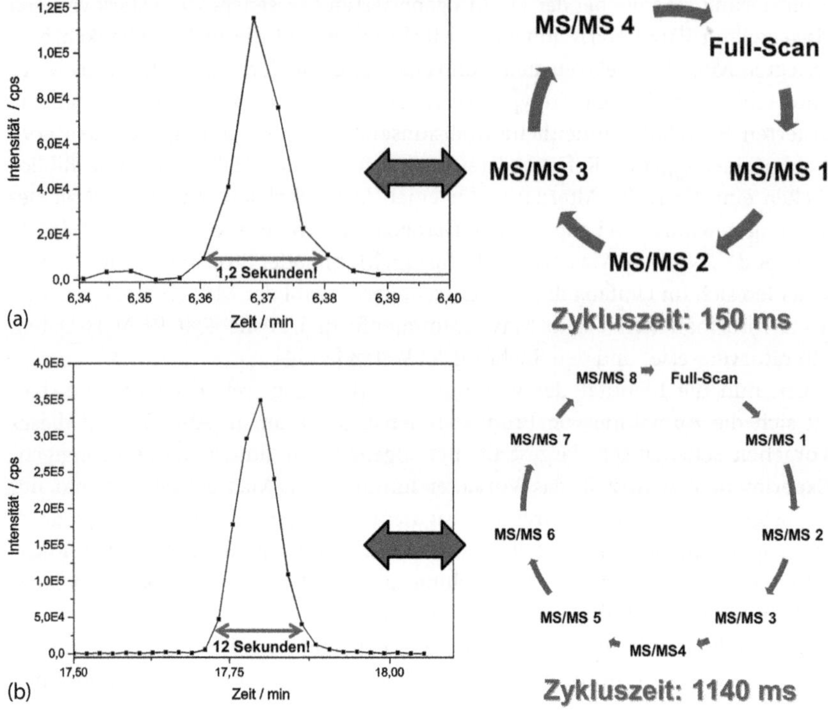

Abb. 5.9 Übersicht der Messzykluszeiten kombinierter Messdaten für vier (a) bzw. acht (b) informationsabhängige MS- und MS/MS-Messläufe.

jeweils 100 ms und die Pause Time jeweils 10 ms. Werden alle Schritte addiert, resultiert eine Zykluszeit von 1140 ms. Die einzelnen Peaks wurden auf diese Weise mit ca. 9–10 Datenpunkten abgebildet. Im Gegensatz zur Target-Analytik, die eine valide Quantifizierung der Substanzen ermöglicht, ist es bei Screeninguntersuchungen nicht unbedingt erforderlich, einen Peak mit 10 oder mehr Datenpunkten abzubilden. Soll die Methode jedoch auch genutzt werden, um eine Quantifizierung auf bekannte Analyten zu ermöglichen, müssten die MS-Parameter dementsprechend angepasst werden. Dies bleibt jedoch im Wesentlichen dem Anwender selbst überlassen.

Anhand der oben vorgestellten Beispielrechnungen wird deutlich, dass bei informationsabhängigen MS- und MS/MS-Experimenten eine entsprechende additive Messzeit erforderlich ist, sodass sich die Anzahl an Datenpunkten pro Peak gegenüber dem reinen MS-Modus deutlich reduziert. Anhand der Spezifikationen des eigenen Gerätes kann jeder Anwender auf Grundlage der Peakbreite und der spezifischen Akquisitionsparameter für die eigene Methode abschätzen, wie viele Datenpunkte pro Peak erzielt werden.

5.6 Miniaturisierung – LC-MS quo vadis?

Das Kapitel schließt mit einem Ausblick in Richtung Miniaturisierung, da dieses Thema mittlerweile auch außerhalb des rein akademischen Umfeldes immer mehr an Bedeutung gewinnt. In Bezug auf die LC-MS-Kopplung ist zu sagen, dass anstelle der „klassischen" 4,6 mm Säulen mittlerweile überwiegend Säulen mit einem Innendurchmesser von 2,1 mm verwendet werden. Hinsichtlich der Restriktionen in Bezug auf die Flussrate im Elektrospraymodus sollte an dieser Stelle erwähnt werden, dass aus theoretischen Ableitungen die Reduzierung des Innendurchmessers auf 1,0 mm wünschenswert ist. Allerdings herrscht immer noch die Meinung vor, dass diese Säulen nicht entsprechend gut gepackt werden können und somit eine deutlich niedrigere Trenneffizienz aufweisen, als theoretisch zu erwarten wäre. Wie den Ausführungen im Kapitel 3 entnommen werden kann, ist ein zentraler Aspekt bei der Minimierung des Totvolumens die konsequente Reduzierung aller Volumina der Verbindungskapillaren. Häufig ist es sehr frustrierend, dass trotz aller Anstrengungen, die ein versierter HPLC-Experte vornimmt, der volle Nutzen hoch effizienter Trennsäulen nicht praktisch umgesetzt werden kann. Dies ist immer dann der Fall, wenn z. B. eine möglichst direkte Kopplung zwischen zwei Modulen, wie dem Säulenofen und dem Einlass in die Ionenquelle, nicht machbar ist (siehe hierzu auch den in Abb. 5.2 dargestellten Systemaufbau). Ist eine entsprechend optimierte Anordnung, wie in Abb. 5.3 gezeigt, gegeben, so können ungünstige Innendurchmesser des verwendeten Emitter Tips immer noch zu einer merklichen Bandenverbreiterung führen. Dies kann dann auch den Einsatz von Säulen mit einem Innendurchmesser kleiner als 1 mm illusorisch oder visionär erscheinen lassen.

Mit dem im Folgenden beschriebenen Versuchsaufbau sollte deshalb der Frage nachgegangen werden, ob es möglich ist, nano-HPLC-Säulen in Verbindung mit einem Mikro-LC-System und einem konventionellen Massenspektrometer zu nutzen. Als Trennsäule wurde eine monolithische Säule von Millipore-Merck mit einem Innendurchmesser von 100 µm verwendet. Diese wurde über einen Filter mit dem Injektor des Mikro-LC-Systems sowie dem Emitter Tip des Massenspektrometers verbunden. Als Massenspektrometer wurde ein älteres Gerät von AB Sciex (Q TRAP 3200) verwendet. Um die Bandenverbreiterung nach der Trennsäule zu minimieren, wurde anstelle des konventionellen Emitter Tips mit einem Innendurchmesser von 100 µm ein Tip mit einem Innendurchmesser von 25 µm eingesetzt. In Abb. 5.10 sind beide Varianten des Emitter Tips gezeigt. Während das klassische Tip aus Edelstahl gefertigt ist, besteht das modifizierte Tip aus einer PEEKSil-Kapillare. Um die Ionisierung zu gewährleisten, wird am Ende der PEEKSil-Kapillare eine Spitze aus Metall mit dem jeweiligen Innendurchmesser verarbeitet. In Bezug auf die Anschlusstechnik ist anzumerken, dass die PEEKSil Tips auf 1/32″-Verschraubungen ausgelegt sind. Dabei werden hochdruckstabile Fittings in einen 1/32″-Verbinder verschraubt. Dieser Verbinder (Union) bietet darüber hinaus den Vorteil, dass er als Erdungspunkt genutzt werden kann.

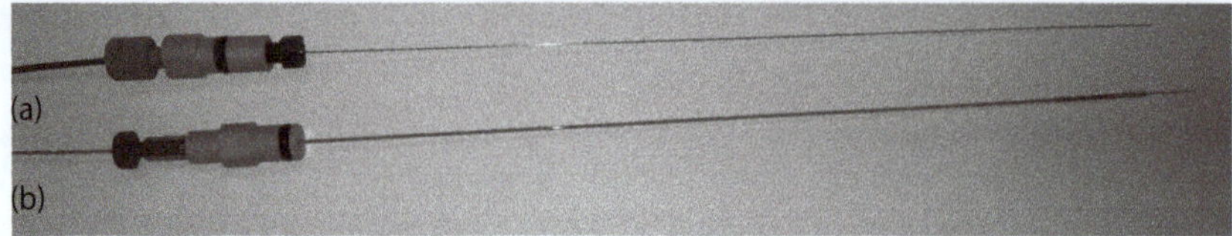

Abb. 5.10 Vergleich kommerziell verfügbarer Emitter Tips. (a) Klassisches Emitter Tip mit einem Innendurchmesser von 100 µm, ausgelegt auf 1/16″-Verschraubungen; (b) miniaturisiertes Emitter Tip mit einem Innendurchmesser von 25 µm, ausgelegt auf 1/32″-Verschraubungen.

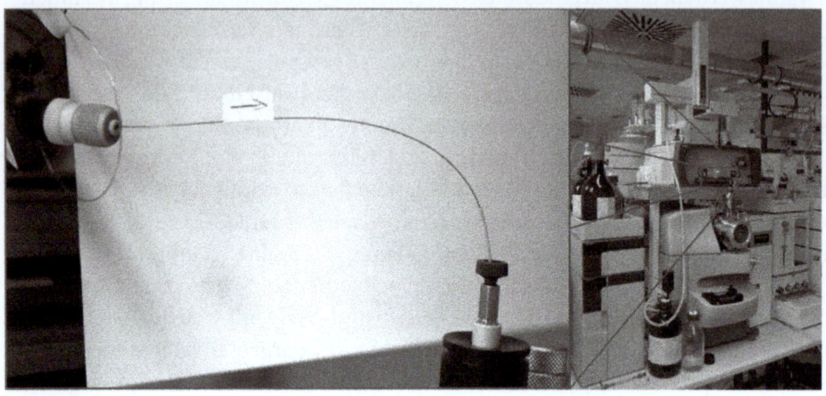

Abb. 5.11 Versuchsaufbau für die Trennung von Arzneistoffen mit einer monolithischen nano-HPLC-Säule (Merck CapROD 150 × 0,1 mm).

Der Wechsel des Tips ist ohne großen Aufwand innerhalb weniger Minuten möglich. Wie anhand des Systemaufbaus in Abb. 5.11 deutlich wird, kann die Säule wie eine Transferkapillare zwischen Injektor und Ionenquelle des Massenspektrometers eingespannt werden.

Laut Empfehlungen des Säulenherstellers sollte ein Druck von 200 bar nicht überschritten werden, sodass die Flussrate unter den gegebenen Bedingungen auf 5 µL min^{-1} eingestellt wurde. Abbildung 5.12 zeigt die Chromatogramme der Trennung von ca. 50 Arzneistoffen.

▶ **Abb. 5.12** LC-MS/MS-Chromatogramm einer Trennung von 50 Arzneistoffen auf (a) einer 50 × 2 mm Chromolith FastGradient RP18 HPLC-Säule. Chromatographische Parameter: Temperatur: 40 °C Injektionsvolumen: 10 µL; mobile Phase: A = Wasser + 0,1 % Ameisensäure, B = Acetonitril + 0,1 % Ameisensäure; Flussrate: 500 µL min^{-1}; massenspektrometrische Parameter: Pause Time: 5 ms; Dwell Time: 20 ms; (b) einer 150 × 0,1 mm Chromolith CapROD C18; HPLC-Säule. Chromatographische Parameter: Temperatur: Raumtemperatur; Injektionsvolumen: 100 nL; mobile Phase: A = Wasser + 0,1 % Ameisensäure, B = Acetonitril + 0,1 % Ameisensäure; Flussrate: 5 µL min^{-1}; massenspektrometrische Parameter: Pause Time: 5 ms; Dwell Time: 20 ms.

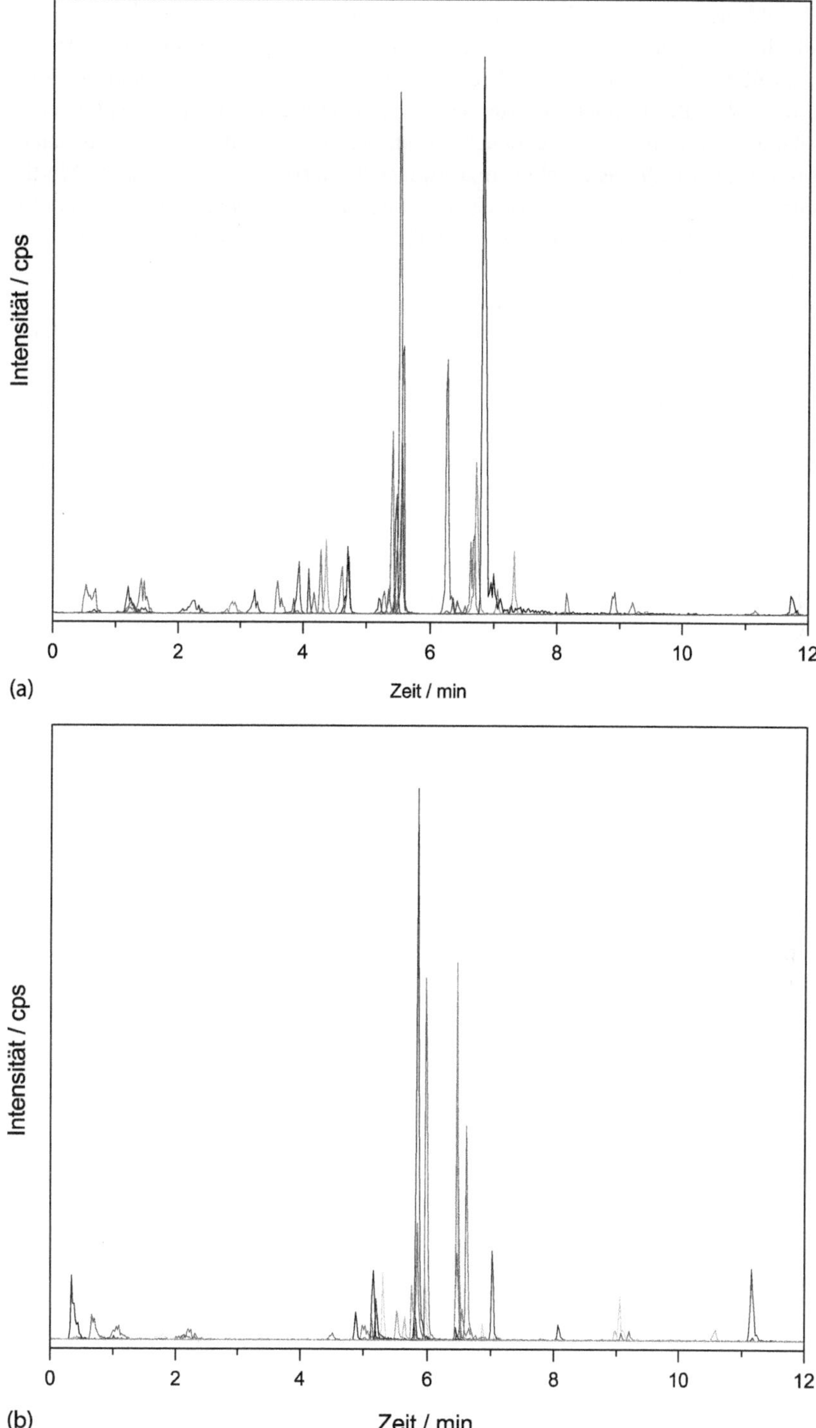
Intensität / cps
0
2
4
6
8
10
12
(a)
Zeit / min
Intensität / cps
0
2
4
6
8
10
12
(b)
Zeit / min

Abbildung 5.12a zeigt die Trennung mit einem konventionellen HPLC-System und einer monolithischen Phase mit einem Innendurchmesser von 2,0 mm. Im zweiten Fall wurde der in Abb. 5.11 dargestellte Versuchsaufbau gewählt (Abb. 5.12b). Bei Betrachtung der Peakbreiten fällt auf, dass keine signifikante Bandenverbreiterung zu beobachten ist, wenn eine nano-HPLC-Trennsäule verwendet wird. Dieses Ergebnis mag zunächst überraschen, zumal keine Modifikationen an der Ionenquelle des Massenspektrometers vorgenommen werden müssen, um diese in einem niedrigen Flussbereich einsetzen zu können. Des Weiteren sei an dieser Stelle erwähnt, dass für die Messung mit einer nano-HPLC-Trennsäule (Abb. 5.12b) keine optimierten massenspektrometrischen Bedingungen eingestellt wurden, wodurch kein „fairer" Vergleich bezüglich der Sensitivität gegenüber der Anwendung mit der konventionellen HPLC-Trennsäule (Abb. 5.12a) erfolgen kann. Der hier dargestellte Vergleich soll lediglich das herausragende Potenzial der beschriebenen Kopplung aufzeigen.

Ein weiterer deutlicher Vorteil des miniaturisierten Ansatzes ist der Lösemittelverbrauch. Im Vergleich zur konventionellen Trennung beträgt dieser gerade einmal 1 %. Allerdings muss betont werden, dass eine Reduzierung des Innendurchmessers der Trennsäule bis 100 µm nur mit speziellen für die Mikro- oder nano-HPLC ausgelegten Systemen möglich ist. Diese sind allerdings seit mehreren Jahren von einer Vielzahl an Anbietern kommerziell verfügbar. Des Weiteren ist es zwingend erforderlich, die Dispersion nach der Trennsäule zu minimieren. Ohne die Anpassung des Innendurchmessers des Emitter Tips auf 25 µm ist die Nutzung von nano-HPLC-Säulen mit dem gewählten Aufbau nicht möglich.

In Bezug auf die Miniaturisierung ist festzustellen, dass konventionelle ESI-Quellen ohne Modifikation auch im unteren µL min^{-1} zuverlässig und robust arbeiten. Ein möglicherweise viel wichtigerer Aspekt in Bezug auf die LC-MS-Kopplung ist jedoch, dass weniger „Dreck" in das Massenspektrometer gelangt. Dies ist ein ganz wichtiger Punkt, da die Abtrennung der Matrix von den Zielanalyten eine große Herausforderung darstellt. In der Praxis wird häufig beobachtet, dass sehr niedrige Nachweisgrenzen erzielt werden können, wenn ein in einem hoch reinen Lösemittel angesetzter Referenzstandard gemessen wird. Durch die in jeder Realprobe enthaltenen Verunreinigungen kommt es zu mehr oder weniger stark ausgeprägten Matrixeffekten, die zur Ionensuppression führen. Insofern stellt die Miniaturisierung, insbesondere bei der Messung stark matrixbelasteter Realproben, einen Vorteil dar, da auch die Injektionsvolumina reduziert werden müssen. Dies wiederum führt auch dazu, dass sich die Intervalle zum Reinigen der Quelle deutlich verlängern.

Die Präsentationen auf den Tagungen der letzten Jahre deuten jedoch darauf hin, dass sich alle Hersteller mit der Frage der Miniaturisierung beschäftigen und sich dieser Trend weiter fortsetzen wird.

Literatur

1. Kromidas, S. (Hrsg.) (2014) *Der HPLC-Experte*, Wiley-VCH Verlag GmbH.
2. Cole, R.B. (2010) *Electrospray and MALDI Mass Spectrometry: Fundamentals, Instrumentation, Practicalities, and Biological Applications: Fundamentals, Instrumentation, and Applications*, John Wiley & Sons, Inc., Hoboken.
3. Dass, C. (2007) *Fundamentals Of Contemporary Mass Spectrometry*, Wiley-Interscience.
4. de Hoffmann, E. und Stroobant, V. (2007) *Mass Spectrometry – Principles and Applications*, John Wiley & Sons Ltd., Chichester.
5. Krauss, M., Singer, H. und Hollender, J. (2010) *Anal. Bioanal. Chem.*, **397**, 943.
6. Schymanski, E.L., Jeon, J., Gulde, R., Fenner, K., Ruff, M., Singer, H.P. und Hollender, J. (2014) *Environ. Sci. Technol.*, **48**, 2097.
7. Zedda, M. und Zwiener, C. (2012) *Anal. Bioanal. Chem.*, **403**, 2493–2502.
8. BB-X Stoffident, http://bb-x-stoffident.hswt.de/app, (letzter Zugriff am 19.01.2015).
9. Chemspider, http://www.chemspider.com/, (letzter Zugriff am 19.01.2015).
10. Daios Online, http://www.daios-online.de/, (letzter Zugriff am 19.01.2015).
11. MassBank, http://www.massbank.eu/MassBank/, (letzter Zugriff am 19.01.2015).
12. Metlin Scripps, http://metlin.scripps.edu/index.php, 19.01.2015.
13. MetFusion, http://msbi.ipb-halle.de/MetFusion/, (letzter Zugriff am 19.01.2015).
14. MzCloud, www.mzcloud.org/, (letzter Zugriff am 19.01.2015).
15. Wolf, S., Schmidt, S., Müller-Hannemann, M. und Neumann, S. (2010) *BMC Bioinformatics*, **11** 148.
16. Gross, J.H. und Beifuss, K. (2013) *Massenspektrometrie: Ein Lehrbuch*, Springer Spektrum.
17. Alder, L., Greulich, K., Kempe, G. und Vieth, B. (2006) *Mass Spectrom. Rev.*, **25**, 838.
18. Dresen, S., Gergov, M., Politi, L., Halter, C. und Weinmann, W. (2009) *Anal. Bioanal. Chem.*, **395**, 2521.
19. Oberacher, H., Pitterl, F., Siapi, E., Steele, B.R., Letzel, T., Grosse, S., Poschner, B., Tagliaro, F., Gottardo, R., Chacko, S.A. und Josephs, J.L. (2012) *J. Mass Spectrom.*, **47**, 263.
20. Oberacher, H., Weinmann, W. und Dresen, S. (2011) *Anal. Bioanal. Chem.*, **400**, 2641.

6
2D-Chromatographie – Möglichkeiten und Grenzen

T. Teutenberg

6.1
Einführung – warum zweidimensionale HPLC?

Die stetig wachsenden Anforderungen an chromatographische und massenspektrometrische Trenn- und Detektionsverfahren machen es erforderlich, immer komplexere Mischungen, die Hunderte von Komponenten enthalten, zu analysieren [1]. Dabei geht es nicht immer darum, jede einzelne Komponente innerhalb eines Gemisches zu identifizieren oder zu quantifizieren, sondern einen Überblick über die Zusammensetzung der Probe anhand eines Screenings zu erhalten. Generell muss hierbei zwischen Target- und Non-Target-Methoden unterschieden werden [2]. Bei Target-Methoden werden i. d. R. nur bekannte Substanzen anhand eines definierten Referenzstandards analysiert, wohingegen bei Non-Target-Methoden nach unbekannten Substanzen, für die zum Teil keine Referenzstandards verfügbar sind, gesucht wird. Ein Überblick über die verschiedenen Techniken findet sich in Kapitel 5.

Im Bereich der Target-Analytik haben sich Triple-Quadrupolmassenspektrometer etabliert. Der am häufigsten angewendete Messmodus ist das sogenannte Multiple Reaction Monitoring (MRM). Hierbei werden häufig zwei spezifische Massenübergänge eines Analyten gemessen. In diesem Modus ist eine empfindliche und selektive Bestimmung bekannter Verbindungen möglich. Obwohl auf diese Weise koeluierende Verbindungen ausgeblendet werden können, kann sich die sogenannte Matrix störend auf die Analyse der Target-Komponenten auswirken. Ein Beispiel hierzu ist in Abb. 6.1 wiedergegeben. Dargestellt ist ein sogenanntes Matrixeffektchromatogramm.

Dieses wird erhalten, wenn die Matrix, in diesem Fall ein Kamillentee-Extrakt, über den Autosampler auf die chromatographische Säule injiziert und mit dem Lösemittelgradienten eluiert wird. Gleichzeitig wird über ein T-Stück zwischen der Säule und dem Detektor kontinuierlich eine Lösung des bzw. der Analyten in bekannter Konzentration infundiert. Der Detektor registriert über den gesamten chromatographischen Lauf die jeweiligen Massenübergänge der Substanzen.

Der HPLC-Experte II, 1. Auflage. Stavros Kromidas (Hrsg).

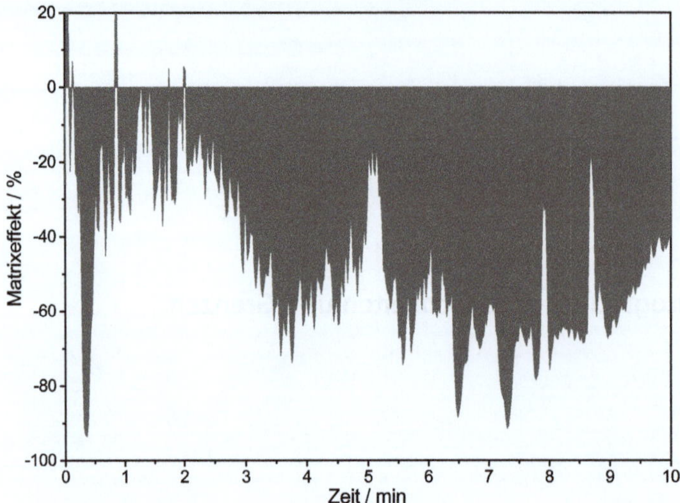

Abb. 6.1 Matrixeffektchromatogramm eines Tee-Extraktes. Für weitere Details siehe Text.

Im Optimalfall bleibt das Analytsignal über den gesamten Lauf der Matrixelution konstant und die Signalunterdrückung beträgt 0 %. In der Praxis wird jedoch beobachtet, dass es zu mehr oder weniger stark ausgeprägten Signaleinbrüchen kommt. Diese Signaleinbrüche sind auf Mechanismen zurückzuführen, die eine unterschiedlich stark ausgeprägte Ionisation des betrachteten Analyten in Abhängigkeit der Matrix bewirken und als Ionensuppression bezeichnet werden [3]. Während es bei der Quantifizierung von Targetsubstanzen Strategien gibt, die Ionensuppression zu kompensieren, muss bei Screeningverfahren versucht werden, hoch effiziente chromatographische Methoden anzuwenden, um möglichst viele Verbindungen zu detektieren. Letztendlich muss also die Peakkapazität, das heißt die bei gegebener chromatographischer Auflösung resultierende Anzahl von getrennten Peaks, erhöht werden [4]. Die Grenzen dieses Ansatzes bei Anwendung der eindimensionalen HPLC werden bei der Betrachtung des Chromatogrammausschnitts in Abb. 6.2 ersichtlich.

Dargestellt ist ein Chromatogrammausschnitt der Trennung eines Pestizidstandards mittels 1D-UHPLC-TOF-Kopplung. Dieser Mix enthält mehrere Hundert Komponenten. Obwohl die Software des Massenspektrometers in der Lage ist, eine automatisierte Peakerkennung durchzuführen und die Komponenten anhand ihres Masse-zu-Ladungs-Verhältnisses (m/z) zu detektieren, ist an jeder Stelle des Chromatogramms eine Koelution mehrerer Verbindungen zu beobachten. Analyte mit geringer Ionisationseffizienz und kleiner Konzentration können somit bei Koelution von Verbindungen, die in höherer Konzentration vorliegen und eine deutlich bessere Ionisationseffizienz aufweisen, unter Umständen nicht detektiert werden, wenn eine komplette Signalunterdrückung stattfindet. Wie anhand des Chromatogrammausschnitts in Abb. 6.2 deutlich wird, ist eine vollständige chromatographische Auftrennung aller im angegebenen Retentionszeit-

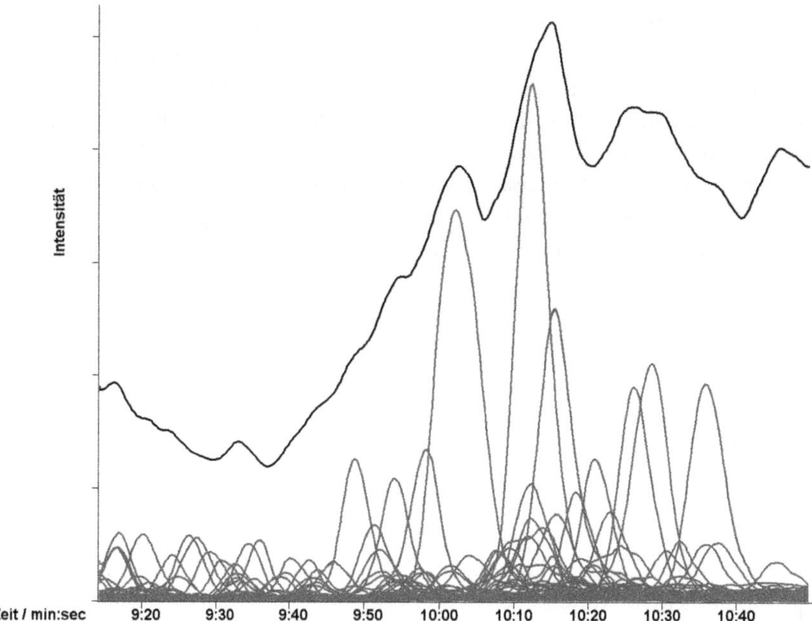

Abb. 6.2 Chromatogrammausschnitt eines Pestizidstandards. Dargestellt sind die durch Dekonvolution hervorgehobenen extrahierten Ionenspuren. Die überlagerte Linie repräsentiert das Total-Ionenstrom-Chromatogramm.

fenster eluierenden Verbindungen weder durch die Änderung der Selektivität des Phasensystems noch durch die Erhöhung der Trenneffizienz möglich. Der einzige Ausweg aus diesem Dilemma besteht in der Anwendung zweidimensionaler chromatographischer Verfahren.

6.2 Peakkapazität ein- und zweidimensionaler HPLC-Verfahren

6.2.1 Peakkapazität eindimensionaler Trennverfahren

Die Peakkapazität ist die Anzahl an Peaks, die in ein Elutionszeitfenster mit konstanter Auflösung integriert werden können. Vereinfacht kann die Peakkapazität mit Gl. (6.1) beschrieben werden:

$$P_c = 1 + \frac{t_g}{\bar{w}} \tag{6.1}$$

Hierbei bedeuten P_c die theoretische Peakkapazität des Systems, t_g die Gradientenzeit und $\bar{w}$ die mittlere Peakbreite. Obwohl es in der Literatur deutlich komplexere Formeln zur Berechnung der Peakkapazität gibt [5], ist diese einfache Gleichung für die praktischen Anwendungen sehr gut geeignet, die

Peakkapazität direkt aus dem Chromatogramm abzuschätzen. Gleichung (6.1) liegt die Annahme zugrunde, dass die mittlere Peakbreite über das gesamte Elutionszeitfenster konstant ist. Diese Annahme ist gerechtfertigt, weil bei der Lösemittelgradientenelution mit konstanter Gradientensteigung aufgrund der Bandenkompression keine bzw. eine zu vernachlässigende Peakverbreiterung zu beobachten ist [6]. Im Gegensatz dazu kommt es bei isokratischer Elution mit zunehmender Elutionszeit zu einer deutlichen Verbreiterung der chromatographischen Banden. Die isokratische Elution scheidet jedoch bei sehr komplexen Trennproblemen aus, da für spät eluierende Verbindungen extrem lange Laufzeiten resultieren bzw. diese im ungünstigsten Fall nicht von der Säule eluiert werden.

6.2.2 Peakkapazität zweidimensionaler Trennverfahren

6.2.2.1 Heart-Cut 2D LC (LC-LC)

Bei der Heart-Cut 2D LC, abgekürzt LC-LC, wird in der Regel eine Fraktion aus dem Chromatogramm der Trennsäule in der ersten Dimension „ausgeschnitten" und auf eine zweite Trennsäule transferiert. Dieser Vorgang ist schematisch an dem Chromatogrammausschnitt in Abb. 6.3 dargestellt.

Die Heart-Cut Technologie erlaubt es, die ausgeschnittene Fraktion auf einer Trennsäule mit unterschiedlicher Selektivität zu analysieren. Im Optimalfall ist dann eine Auftrennung aller koeluierenden Verbindungen in dieser Fraktion mög-

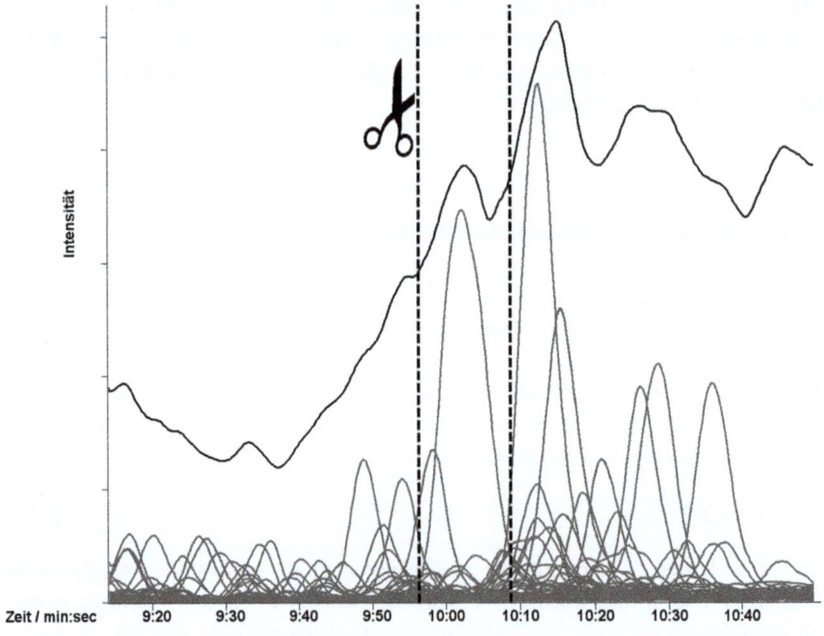

Abb. 6.3 Prinzip der Heart-Cut 2D LC. Für weitere Details siehe Text.

lich. Bei der Heart-Cut Technik wird neben einer entsprechenden Ventilschaltung ein zweiter Detektor benötigt, wenn die Methode flexibel auf unterschiedliche Fragestellungen angewendet werden soll. Eine umfassende Analyse des gesamten Chromatogramms der ersten Trenndimension wird i. d. R. nicht angestrebt.

Die Peakkapazitäten beider Trenndimensionen verhalten sich bei Anwendung der LC-LC-Technik additiv. Weisen beide Trennsäulen eine Einzelpeakkapazität von z. B. 100 auf, ergibt sich eine Gesamtpeakkapazität von 200. Anwendungsbereiche der Heart-Cut 2D LC sind immer dann gegeben, wenn es um die Absicherung der Peakreinheit eines pharmazeutischen Wirkstoffes in Verbindung mit der UV-Detektion geht. Solche Trennprobleme weisen eine geringe Gesamtkomplexität auf, die Überprüfung der Peakreinheit ist jedoch vor dem Kontext der Arzneimittelforschung und der damit verbundenen Zulassung der Wirkstoffe durch die autorisierten Behörden von großer Wichtigkeit. Der interessierte Leser findet in [7] eine ausführliche Beschreibung eines allgemeinen Workflows für die Bestimmung der Peakreinheit einer chiralen pharmazeutischen Verbindung.

6.2.2.2 **Umfassende 2D LC (LC × LC)**

Anwendungsbereiche der umfassenden 2D LC (LC × LC, sprich: LC mal LC) sind immer dann gegeben, wenn extrem komplexe Gemische analysiert werden sollen. Solche komplexen Proben finden sich im Bereich der Umwelt- bzw. Rückstandsanalytik (Non-Target Screening auf Metabolite bzw. Transformationsprodukte in Abwasser [8], Pestizidscreening in Lebensmitteln [9]), der Lebensmitteltechnik (Analyse der Zusammensetzung komplexer Formulierungen) sowie der Bioanalytik (Identifizierung von Biomarkern aus Naturstoffextrakten [10]).

Im Gegensatz zur Heart-Cut 2D LC wird bei der umfassenden oder comprehensive 2D LC in der Regel das komplette Chromatogramm der ersten Trenndimension fraktioniert auf eine zweite Trennsäule übertragen. Dieser Vorgang wird durch das Adjektiv „umfassend“ bzw. „comprehensive“ charakterisiert. In diesem Fall ist das Zeichen für die Multiplikation „ד zu verwenden. Der Chromatogrammausschnitt in Abb. 6.4 verdeutlicht diesen Sachverhalt.

Von entscheidender Bedeutung ist, dass ein Peak, der von der ersten Trennsäule eluiert, drei- bis viermal geschnitten werden sollte (Sampling). Diese Forderung geht auf eine zwar ältere, aber bis heute gültige und immer noch zitierte Publikation der Autoren Murphy, Schure und Foley zurück und wird kurz als „M-S-F-Kriterium“ bezeichnet [11]. Wird das M-S-F-Kriterium nicht erfüllt, kann das Chromatogramm der ersten Trenndimension nicht mehr aus den Retentionsdaten der zweiten Trenndimension rekonstruiert werden. Darüber hinaus wird eine geringere Gesamtpeakkapazität erhalten, als es theoretisch möglich ist. Vereinfacht gesprochen verhalten sich die Peakkapazitäten beider Trenndimensionen multiplikativ, wenn beide Trennsysteme orthogonal sind und der Verlust an Peakkapazität durch das Sampling vernachlässigt werden kann. Weist die erste Säule eine Peakkapazität von 100 und die zweite Säule eine Peakkapazität von 10 auf, so ergibt sich theoretisch eine Gesamtpeakkapazität von 1000. An dieser simplen Rechnung wird das enorme Potenzial zweidimensionaler chromatographischer Verfahren deutlich. Es muss allerdings sehr kritisch angemerkt werden, dass die Orthogonalität der Trennsysteme in der Praxis nie vollständig erfüllt wird.

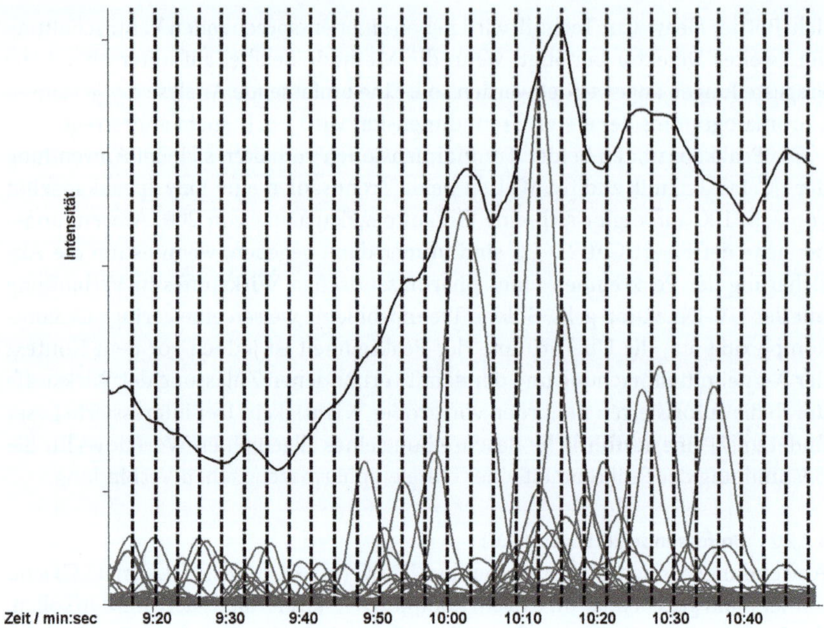

Abb. 6.4 Prinzip der umfassenden (comprehensive) 2D LC. Für weitere Details siehe Text.

Orthogonalität ist immer dann gegeben, wenn die Retentionsmechanismen beider Dimensionen statistisch unabhängig sind [12]. Als Beispiel kann hier die Trennung nach Größe über die Größenausschlusschromatographie (GPC/SEC) in Kombination mit der Trennung nach Hydrophobizität über die Umkehrphasenchromatographie (RP) genannt werden. Auch die Kopplung einer Normalphase mit einer Umkehrphase führt häufig zu orthogonalen Trennungen. Im Optimalfall verteilen sich die in der Probe befindlichen Analyte gleichmäßig über die zweidimensionale chromatographische Fläche. Dieser Fall entspricht dem in Abb. 6.5a dargestellten Szenario. Die Punkte repräsentieren die Peakmaxima der getrennten Substanzen in der ersten und zweiten Dimension. Es ist zu erkennen, dass sich die Peaks über die zur Verfügung stehende chromatographische Fläche verteilen. Im Gegensatz dazu nehmen die in Abb. 6.5b dargestellten Punkte nur einen sehr kleinen Teil der insgesamt zur Verfügung stehenden Fläche ein, was bedeutet, dass sich die Trennmechanismen beider Dimensionen nicht sehr stark voneinander unterscheiden.

In der Praxis ist die Entkopplung der Retentionsmechanismen für die LC × LC nur in Spezialfällen gegeben, da die Wechselwirkungen des Analyten mit der mobilen und stationären Phase häufig nicht auf einen Mechanismus reduziert werden können. Dies wird insbesondere an dem in Abb. 6.5b wiedergegebenen fiktiven Trennsystem deutlich. Zwischen der ersten und zweiten Dimension besteht in diesem Fall eine geringe Orthogonalität, weil sich die Peaks nicht über die zur Verfügung stehende Fläche verteilen, sodass insgesamt eine geringe Gesamtpeakkapazität resultiert. Vor diesem Hintergrund werden zur Berechnung der Peakka-

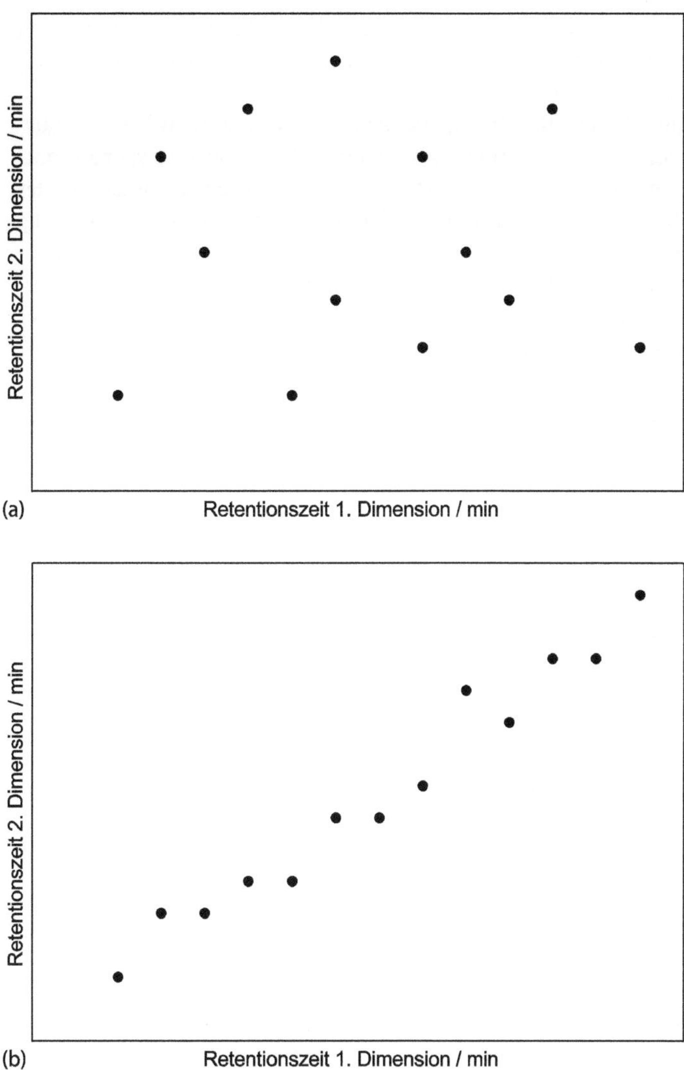

Abb. 6.5 Darstellung der Abhängigkeit der Wechselwirkungsmechanismen für den Fall einer (a) hohen Orthogonalität und (b) geringen Orthogonalität in der ersten und zweiten Trenndimension. Für weitere Details siehe Text.

pazität Faktoren einbezogen, mit deren Hilfe eine Abschätzung der Peakkapazität für die umfassende zweidimensionale HPLC vorgenommen werden kann [13]. Auf eine ausführliche Diskussion dieser Faktoren wird in diesem Kapitel verzichtet, da die theoretischen Ableitungen häufig keinen direkten praktischen Nutzen haben. Darüber hinaus wird die Debatte über Peakkapazitäten in der wissenschaftlichen Literatur bis heute sehr kontrovers geführt. Auch gibt es kein allgemein anerkanntes Verfahren, die tatsächliche Peakkapazität eines zweidimensionalen Systems zu berechnen. Vielmehr sollte in diesem Zusammenhang das Auflösungsvermögen des Gesamtverfahrens, das auch den Detektor einschließt, angegeben werden.

Ein interessanter Ansatz, die Orthogonalität des Gesamtsystems bzw. die Ausnutzung des theoretisch zur Verfügung stehenden Retentionsraumes zu ermitteln, ist in [14] beschrieben. Dieses Verfahren basiert auf einer Simulation der virtuellen Kombination eindimensionaler Trennläufe. Hierzu ist es notwendig, mindestens 30 Zielanalyte zu definieren, die für das betrachtete Trennproblem repräsentativ sind. Nach Durchführung der eindimensionalen Trennläufe auf unterschiedlichen stationären Phasen lassen sich die Einzelchromatogramme in jeder beliebigen Kombination zu einem virtuellen 2D-Plot durch die Software zusammenführen. Anhand dieser Auswertung ist somit eine Aussage über das potenziell beste Trennsystem möglich, ohne dass eine reale Auftrennung über ein 2D-LC-System erfolgt ist. Tatsächliche 2D-LC-Experimente werden dann erst mit den *in silico* entwickelten und geeignetsten Kombinationen durchgeführt. Hierzu ist anzumerken, dass eine solche Software gestützte Methodenentwicklung eine echte Vereinfachung für den Anwender darstellt, da z. B. Effekte, die auf ein ungünstiges Transfervolumen während der Modulation zurückzuführen sind, zunächst ausgeklammert werden können. Nachteilig an diesem Ansatz ist, dass in Bezug auf die Realprobe keine Aussage möglich ist, ob die zuvor ausgewählten Zielanalyte tatsächlich repräsentativ sind und auch die prinzipiell „unbekannten" Verbindungen abdecken.

Zwischenfazit

Vereinfacht dargestellt gelten die in den Gln. (6.2) und (6.3) angegebenen Beziehungen zur Berechnung der Peakkapazitäten für den Fall der Heart-Cut 2D LC (Gl. (6.2)) bzw. umfassenden 2D LC (Gl. (6.3)):

$$n_{c,2D} = n_{c1} + n_{c2} \, , \tag{6.2}$$

$$n_{c,2D} = n_{c1} \times n_{c2} \, . \tag{6.3}$$

Während die Bestimmung der Einzelpeakkapazität für den Fall der LC-LC leicht aus den Chromatogrammen der ersten und zweiten Trenndimension vorgenommen werden kann, ist Gl. (6.3) nur als grobe Näherungsformel zu betrachten.

6.3 Modulation

6.3.1 Online Heart-Cut 2D LC

Bei der Heart-Cut 2D LC erfolgt die Modulation, das heißt die Übertragung einer Peakfraktion aus der ersten auf die zweite Trennsäule, mithilfe einer Ventilschaltung und einer Probenschlaufe (Loop). Nach Möglichkeit wird das komplette Elutionsvolumen eines Peaks, dessen Reinheit überprüft werden soll, in einer Fraktion auf die zweite Trennsäule transferiert. Bei einer Peakbreite von z. B. 15 s und einer Flussrate von 1 mL min^{-1} bedeutet dies, dass ein Volumen von 250 μL auf die zweite Trennsäule zu übertragen ist. An diesem Beispiel wird ersichtlich, dass der Innendurchmesser der Trennsäule in der ersten Dimension an die Flussrate der zweiten Dimension bzw. das Elutionsvolumen des Peaks angepasst werden muss, um eine Volumenüberladung der Trennsäule in der zweiten Dimension zu vermeiden. Durch ein Triggersignal eines Detektors hinter der ersten Trennsäule kann dann das Ventil geschaltet und das Eluat in die Transfer-Loop geleitet werden. Das Volumen der Transfer-Loop wird anschließend auf die Säule der zweiten Trenndimension übertragen. Der hier beschriebene Workflow ist auf die Online LC-LC ausgerichtet. Demgegenüber kann der Übertrag der Fraktion auch offline erfolgen. In diesem Fall ist es möglich, auch wesentlich größere Transfervolumina zu sammeln, da vor der nachfolgenden Analyse ein Lösemittelwechsel vorgenommen werden kann.

6.3.2
Umfassende Online 2D LC

Bei der umfassenden Online 2D LC ist die Modulation wesentlich komplexer und häufig schwieriger zu verstehen als bei dem Übertrag einer einzelnen Fraktion auf eine zweite Trennsäule. Vor diesem Hintergrund wird eine etwas ausführlichere Darstellung der einzelnen Modulationsschritte vorgenommen.

Prinzipiell erfolgt die Modulation mithilfe der „Zwei-Schlaufen"-Technik. Hierbei sind zwei identische Transfer-Loops mit einem 10-port-2-Wege-Ventil verbunden. Abbildung 6.6 verdeutlicht den generellen systemischen Aufbau einer LC × LC-Kopplung.

Nach der Injektion der Probe auf die erste Trenndimension wird das Eluat alternierend in eine der beiden Transfer-Loops geleitet. Wie bereits weiter oben erwähnt, sollte ein Peak aus der ersten Dimension mindestens drei- bis viermal geschnitten werden. Weist ein Peak eine Breite von 15 s auf und soll dieser dreimal geschnitten werden, müsste also alle 5 s ein kompletter Analysenzyklus in der zweiten Dimension durchlaufen werden. Solche schnellen Zykluszeiten, die die Re-Equilibrierung nach einem Lösemittelgradienten beinhalten, sind im Bereich der LC × LC – im Gegensatz zur GC × GC – bislang nicht zu realisieren. Typische Zykluszeiten in der zweiten Dimension belaufen sich auf ca. 30–60 s. Dies bedeutet im Umkehrschluss, dass ein Peak in der ersten Trenndimension eine Breite von 90–180 s aufweisen muss, um dreimal geschnitten zu werden. Auf den ersten Blick erscheint diese Tatsache „verheerend", da im Zeitalter der UHPLC Peakbreiten von 1 s keine Seltenheit sind. Im weiteren Verlauf der Ausführungen wird sich jedoch herausstellen, dass eine auf den ersten Blick „furchtbare" Trennleistung in der ersten Dimension kein Kriterium für die vermeintliche Unzulänglichkeit umfassender zweidimensionaler Trennverfahren ist. Um die Nachvollziehbarkeit der folgenden Schritte anhand von einfachen Beispielrechnungen zu gewährleisten,

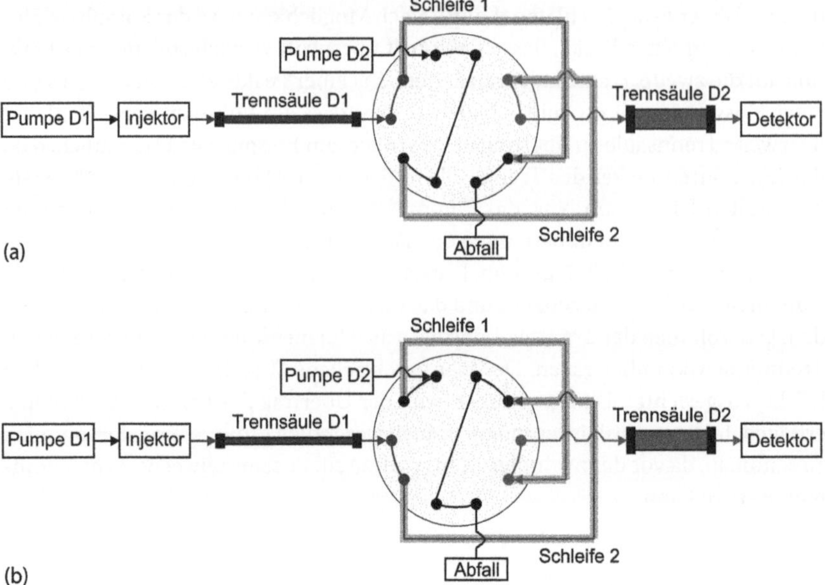

Abb. 6.6 Prinzipskizze des Systemaufbaus für die umfassende 2D LC. Für weitere Details siehe Text.

wird die Zykluszeit in der zweiten Dimension auf 1 min gesetzt. Dies bedeutet, dass alle Schritte inklusive der Re-Equilibrierung nach Abschluss des Gradienten enthalten sind, bevor der nächste Zyklus startet.

Wenn davon ausgegangen wird, dass ein Peak auf der ersten Trennsäule eine Breite von 3 min aufweist und dreimal geschnitten wird, ist das M-S-F-Kriterium erfüllt. Im Prinzip erfolgt nun die Fraktionierung über den kompletten Elutionsbereich der ersten Dimension. Im Takt von 60 s wird das Ventil geschaltet, sodass immer eine Schlaufe mit der Trennsäule der zweiten Dimension verbunden ist, während in der anderen Schlaufe das Eluat aus der ersten Trennsäule gesammelt wird. Dieser Vorgang wird über die gesamte Laufzeit der Trennung in der ersten Dimension wiederholt.

Ist die Trenneffizienz in der ersten Dimension zu hoch, das heißt, würden die Peaks unter den gewählten Bedingungen nur eine Breite von 15 s oder weniger aufweisen, so würde die bereits auf der ersten Trenndimension erzielte Trennung wieder in der Transfer-Loop zusammenlaufen. Laut den von vielen Autoren aufgestellten Definitionen wäre die Trennung dann nicht mehr umfassend.

Anhand des in Abb. 6.6 dargestellten Systemaufbaus wird ebenfalls deutlich, dass in der zweiten Dimension eine im Vergleich zur ersten Dimension kürzere Säule mit einem größeren Innendurchmesser verwendet werden sollte. Der Grund hierfür ist, dass aufgrund der bereits erläuterten Modulation eine sehr schnelle Zykluszeit von ca. 1 min in der zweiten Dimension erreicht werden muss. Wird der Innendurchmesser der in der ersten Dimension eingesetzten Säule zu groß gewählt, resultiert ein entsprechend großes Transfervolumen, was eine Volumenüberladung beim Übertrag des Eluats von der ersten auf die zweite Trenndimension nach sich ziehen kann.

Anhand konkreter Zahlenbeispiele soll auch dieser zunächst abstrakt wirkende Zusammenhang erläutert werden. Wird die Flussrate in der ersten Dimension beispielsweise auf 1 mL min^{-1} eingestellt und beträgt die Modulationszeit 1 min, so würde ein Transfervolumen von 1 mL resultieren, das jeweils auf die zweite Trennsäule überführt wird. Um eine Volumenüberladung der Trennsäule zu vermeiden, sollte jedoch nicht mehr als 10 % des verfügbaren Säulenvolumens mit der Injektionslösung belegt werden. Andernfalls resultieren Doppelpeaks, die eine Integration des Chromatogramms erschweren und die Trenneffizienz des Gesamtsystems deutlich herabsetzen. Vor diesem Hintergrund besteht die Strategie, ein optimales Verhältnis zwischen Innendurchmesser zu Flussrate in der ersten und zweiten Trenndimension zu ermitteln. Dies ist auch gleichzeitig der schwierigste Schritt im Rahmen der Systemoptimierung.

Ein weiterer wichtiger Aspekt bei der LC × LC ist, dass das gesamte Eluat aus der ersten Trenndimension auch der zweiten Trenndimension zugeführt werden muss. Das Volumen der Transfer-Loops muss demzufolge an die Flussrate der ersten Trenndimension und die Zyklus- bzw. Modulationszeit der zweiten Trenndimension angepasst sein. Wird das Volumen der Loop zu klein gewählt, würde ein Teil des Eluats aus der ersten Trenndimension in Richtung Lösemittelabfall geleitet. Eine umfassende Analyse der Probe gemäß Definition wäre somit nicht möglich.

6.3.3 Stop-Flow und Offline LC × LC

Bei der Stop-Flow und Offline LC × LC unterliegt die Modulation nicht der Regel, dass die Sammlung des Eluats und die Trennung in der zweiten Dimension zeitlich gekoppelt sind. Bei der Stop-Flow Technik wird der Fluss in der ersten Dimension für die Dauer der Trennung auf der zweiten Säule ausgeschaltet. Bei der Offline LC × LC wird das Eluat aus der ersten Trenndimension z. B. über einen Fraktionssammler gesammelt und in entsprechende Probengläschen gefüllt. Dies hat den entscheidenden Vorteil, dass auch großvolumige Fraktionen gesammelt und ein Lösemittelwechsel vorgenommen werden kann. Somit können auch Phasensysteme ausgewählt werden, die bei einer Online-Kopplung nicht oder nur eingeschränkt zueinander kompatibel sind. Aufgrund der Tatsache, dass die Online LC × LC die größten Herausforderungen an die Modulation und den technischen Systemaufbau stellt, gleichzeitig aber im Vergleich zu den anderen Techniken den höchsten Probendurchsatz aufweist, wird im Folgenden näher auf die praktischen Probleme der Online-Technik eingegangen.

6.4 Praktische Probleme der online LC × LC

6.4.1 Kompatibilität der Lösemittelsysteme

Wie bereits in Abschnitt 6.2 diskutiert, sollten sich die verwendeten Phasensysteme deutlich in ihrer Selektivität unterscheiden. Nur so kann das Ziel erreicht werden, die zur Verfügung stehende zweidimensionale chromatographische Fläche möglichst in vollem Umfang auszunutzen. Vor diesem Hintergrund wäre eine Kombination aus einer Normalphase und einer Umkehrphase als ideal anzusehen, was auch anhand vieler in der Literatur publizierter Beispiele untermauert wird [15]. Leider sind die für beide Trenndimensionen verwendeten Lösemittelsysteme häufig nicht miteinander kompatibel, da z. B. Wasser das stärkste Elutionsmittel auf einer Normalphase ist, jedoch das schwächste Elutionsmittel auf einer Umkehrphase. Der Übertrag eines organischen Injektionspfropfens auf die zweite Trenndimension in einer NP × RP-Kopplung kann deshalb zu drastischen Verlusten an Trenneffizienz aufgrund von Doppelpeaks führen [16]. Darüber hinaus ist zu berücksichtigen, dass einige in der NP-LC gebräuchlichen Lösemittel nicht oder nur teilweise mit den in der RP-LC verwendeten mobilen Phasen mischbar sind.

6.4.2 Verdünnung

Die Modulation bringt es mit sich, dass ein Peak aus der ersten Trenndimension dreimal oder sogar häufiger geschnitten wird (Sampling). Dies und die Tatsache, dass der Innendurchmesser der Säule in der zweiten Trenndimension größer ist als der Innendurchmesser der Säule in der ersten Trenndimension, bewirken, dass eine starke Verdünnung der Elutionsbande aus der ersten Trenndimension resultiert. Dies wiederum bedeutet, dass eine Strategie zum Auftrag großer Volumina auf die erste Trenndimension entwickelt werden muss, um dem Verdünnungsschritt bei der Modulation entgegenzuwirken.

6.4.3 Hohe Flussraten

Um eine möglichst kleine Zykluszeit von 1 min oder geringer in der zweiten Dimension zu realisieren, muss die Flussrate in der zweiten Dimension entsprechend groß gewählt werden. Häufig werden Flussraten zwischen 2 und 5 mL min^{-1} eingestellt, um entsprechend hohe lineare Fließgeschwindigkeiten zu erreichen und die Verzögerungszeit des Gradienten zu reduzieren [17]. Neben dem hohen Verbrauch an Lösemittel ist auch die Kompatibilität mit dem Massenspektrometer eingeschränkt.

6.4.4
Kompatibilität mit Massenspektrometrie

Die Anwendung der online LC × LC macht i. d. R. die Verwendung eines Massenspektrometers notwendig, wenn z. B. komplexe Naturstoffextrakte analysiert und Informationen über die Zusammensetzung der Probe erhalten werden sollen. Flugzeitmassenspektrometer mit integrierter MS/MS-Funktionalität (Q-TOF) sind dafür gut geeignet. Prinzipiell ist es möglich, Elektrospray-Ionisation, (ESI) oder chemische Ionisation unter Atmosphärendruck (APCI, Atmospheric Pressure Chemical Ionisation) als Ionisationsmodus zu verwenden, wobei in der Regel Elektrosprayionisation genutzt wird (siehe hierzu auch die Ausführungen in Kapitel 5). Hierbei ist zu beachten, dass im ESI-Modus bei kleineren Flussraten eine höhere Ionenausbeute erzielt wird, wohingegen die APCI auch bei Flussraten zwischen 1 und 2 mL min^{-1} angewendet werden kann. Vor diesem Hintergrund sollte daher die Flussrate in der zweiten Trenndimension so angepasst werden, dass eine optimale Kopplung zwischen LC und ESI-MS möglich ist.

Zwischenfazit
Um die in den vorangegangenen Abschnitten dargelegten Probleme zu lösen, sollte nach Möglichkeit immer ein Innendurchmesser kleiner als 1,0 mm für die Trennsäule in der ersten Dimension genutzt und eine geringe Flussrate von weniger als 50 μL min^{-1} eingestellt werden. Der Innendurchmesser der Säule in der zweiten Dimension sollte nicht größer als 2,1 mm sein. Ansonsten resultieren sehr hohe Flussraten von über 2 mL min^{-1} in der zweiten Dimension, um schnelle Zykluszeiten von weniger als 1 min zu realisieren. Die Miniaturisierung bietet hier eine Möglichkeit, die Kompatibilität mit der Massenspektrometrie zu verbessern.

6.5
Realisierung eines miniaturisierten LC × LC-Systemaufbaus

In diesem Abschnitt wird zunächst anhand eigener Entwicklungsarbeiten das Konzept eines miniaturisierten LC × LC-Systemaufbaus beschrieben, bevor weitere Systeme vorgestellt und diskutiert werden. An dieser Stelle sei bereits darauf hingewiesen, dass die im Folgenden dargestellten Ergebnisse auf der Publikation von Haun *et al.* [18] basieren. Der interessierte Leser kann dort zusätzliche Informationen finden, die in diesem Kapitel nicht aufgeführt werden.

6.5.1
Technische Plattform

Um die in Abschnitt 6.4 aufgeführten Nachteile weitgehend zu kompensieren, wurde eine technische Plattform genutzt, die ursprünglich für die Aufreinigung von Proben mit bioanalytischem Hintergrund konzipiert wurde. Hierbei handelt es sich um das von Eksigent entwickelte nanoLC Ultra 2D System. Dieses Gerät verfügt über zwei separat steuerbare pneumatische Spritzenpumpen, die eine splitlose Förderung des Eluenten zwischen 50 nL min^{-1} und 200 µL min^{-1} erlauben. Das temperierbare Kompartiment an der Frontseite beinhaltet zwei 10-Port-2-Wege-Ventile, wobei nur ein Ventil für die Modulation entsprechend der Darstellung in Abb. 6.6 genutzt wurde. Durch die sehr kompakte Anordnung aller Bauteile resultiert ein äußerst geringes Totvolumen. Die Temperatur des Kompartiments kann zwischen Raumtemperatur +5 und 80 °C eingestellt werden. Dabei muss jedoch die Auslegung bzw. Temperaturstabilität der eingebauten Ventile berücksichtigt werden.

6.5.2
Auswahl der stationären Phasen

Die Auswahl der stationären Phasen richtete sich an die Vorgabe, eine Methode zum Screening von Wasser- und Abwasserproben im Bereich der Umweltanalytik zu entwickeln. Wie bereits erwähnt, kommt es aufgrund der Modulation zu einer Verdünnung, sodass eine Säulenkombination gewählt wurde, die die Aufgabe großer wässriger Probevolumina auf die Trennsäule der ersten Dimension erlaubt. Die Wahl fiel hier auf ein Material der Firma ThermoScientific, das unter dem Namen Hypercarb bekannt ist und aus porösem, graphitisiertem Kohlenstoff (PGC, Porous Graphitic Carbon) besteht. Die Phase wird bereits erfolgreich bei der Analytik kleiner polarer Moleküle, wie z. B. Acrylamid, eingesetzt. Im Vergleich zu kieselgelbasierten Umkehrphasen zeichnet sich PGC generell durch eine stärkere Hydrophobizität aus [19]. Vor diesem Hintergrund sollte über eine großvolumige Probenaufgabe (LVI, Large Volume Injection) ein entsprechend hoher Anreicherungsfaktor erzielt werden. Ein anschauliches Beispiel auf Grundlage „konventioneller" analytischer Säulen mit einem Innendurchmesser von 2,1 mm ist in Kapitel 9 gegeben.

In der zweiten Trenndimension wurde ein Core Shell Material mit einem Partikeldurchmesser von 2,6 µm verwendet, um möglichst hohe lineare Fließgeschwindigkeiten zu erzielen, da teilporöse Materialien gegenüber vollporösen sub 2 µm-Partikeln ein besseres Druck-zu-Flussrate-Verhältnis aufweisen. Die Wahl fiel hier auf ein Material der Firma ChromaNik Technologies, das unter dem Namen SunShell vertrieben wird. Laut Herstellerinformation ist die Beladbarkeit gegenüber vergleichbaren Core Shell Materialien höher.

Aufgrund der aus der Literatur bekannten Unterschiede in Bezug auf die Wechselwirkungsmechanismen von PGC und Kieselgel-RP-C18 konnte davon ausgegangen werden, dass ein hinreichend großer Unterschied in der Selektivität der stationären Phasen erreicht wird.

6.5.3
Auswahl der mobilen Phase und Temperatur

Um eine weitere Optimierung der Selektivität zu erzielen, sollten in der ersten und zweiten Dimension unterschiedliche mobile Phasen genutzt werden. Vor diesem Hintergrund wurde Methanol als protisches in der ersten und Acetonitril als aprotisches Lösemittel in der zweiten Dimension als Kosolvenz verwendet. Der Grund für die in diesem Beispiel angegebene Festlegung der Lösemittelsysteme besteht in der unterschiedlich hohen Viskosität der Lösemittelgemische. Während des Lösemittelgradienten wird ein Druck- bzw. Viskositätsmaximum durchlaufen, das für Mischungen aus Wasser-Methanol deutlich ausgeprägter ist als für Mischungen aus Wasser-Acetonitril [20]. Die druckkritische Trennung ist eindeutig in der zweiten Dimension, sodass Methanol in der ersten Dimension eingesetzt wurde. Die Temperatur kann hier als weiterer Parameter zur Optimierung der Selektivität sowie zur Reduzierung des Druck- bzw. Viskositätsmaximums genutzt werden und wurde auf 60 °C eingestellt.

6.5.4
Säulengeometrie und Modulation

Um das weiter oben beschriebene Problem der Inkompatibilität zwischen der Flussrate in der zweiten Dimension und der Massenspektrometrie zu umgehen, wurde in der ersten Dimension ein Innendurchmesser von 0,1 mm für die PGC-Säule gewählt. Das Injektionsvolumen betrug 1,57 µL, was in Bezug auf das Säulenvolumen als „Extra Large Volume Injection“ gewertet werden kann. Typischerweise wird ein Injektionsvolumen zwischen 50 und 100 nL gewählt, wenn der Innendurchmesser der Trennsäule 100 µm beträgt. Die Flussrate in der ersten Dimension wurde auf 200 nL min^{-1} eingestellt. Bei einer Modulations- bzw. Sammelzeit von 1 min ergibt sich deshalb ein Transfervolumen von exakt 200 nL, das auf die Core Shell Säule in der zweiten Dimension übertragen wird. Um eine schnelle Zykluszeit inklusive der Re-Equilibrierung zu erzielen, wurde die Flussrate in der zweiten Dimension auf 40 µL min^{-1} eingestellt. Auf den ersten Blick erscheint diese Flussrate viel zu gering, um eine schnelle Zykluszeit zu gewährleisten. Unter Berücksichtigung der genannten Säulendimension resultiert jedoch eine extrem hohe lineare Fließgeschwindigkeit, sodass das Säulenbett nach weniger als 2 s von der mobilen Phase komplett durchströmt wird. In diesem Zusammenhang ist auch das Gradientenverweilvolumen ein wichtiger Parameter für die Erzielung schneller Zykluszeiten. Für das hier verwendete System wurde ein Verweilvolumen von 0,9 µL bestimmt. Bei einer Flussrate von 40 µL min^{-1} resultiert deshalb eine Verzögerungszeit von 1,4 s, bis der programmierte Gradient den Säulenkopf erreicht.

In diesem Zusammenhang spielt auch die Länge der Säule eine wichtige Rolle. Ganz allgemein gilt, dass in der zweiten Dimension eine Länge von 5 cm nicht überschritten werden sollte. Andernfalls ist es unter der Voraussetzung der Aufweitung des Innendurchmessers problematisch, schnelle Zykluszeiten zu erreichen. Weitergehende Ausführungen in Bezug auf die bei einer gegebenen Flussrate und gegebenem Gradientenverweilvolumen resultierende Verzögerungszeit können dem Abschnitt 2.1 entnommen werden.

6.5.5 Gradientenprogrammierung und Gesamtanalysenzeit

Die Gradientenprogrammierung folgte einem einfachen Schema. In der ersten Trenndimension wurde ein linearer Gradient mit einem isokratischen Plateau am Ende des Gradienten programmiert. Insgesamt ergibt sich eine Gesamtanalysenzeit von ca. 110 min. In der zweiten Trenndimension beträgt die Zykluszeit 1 min. Hierbei ist anzumerken, dass die Gesamtanalysenzeit, die durch die Laufzeit in der ersten Dimension vorgegeben wird, ohne Weiteres auf 30 oder 60 min verkürzt werden kann, indem einfach die Gradientensteigung bei konstanter Flussrate der ersten Dimension angepasst wird. Allerdings ist zu berücksichtigen, dass ein mehrmaliges Schneiden eines Peaks der ersten Dimension aufgrund der stärker ausgeprägten Bandenkompression erschwert werden kann.

6.5.6 Kopplung mit Massenspektrometer

Um eine Bandenverbreiterung zwischen dem Auslass der Trennsäule in der zweiten Dimension und dem Einlass in das Massenspektrometer zu vermeiden, wurde ein Emitter Tip mit einem Innendurchmesser von 50 µm verwendet. Der Wechsel des Tips ist ohne großen Aufwand innerhalb weniger Minuten möglich. Darüber hinaus sind keine Modifikationen an der ESI-Quelle des Massenspektrometers erforderlich. Der Wechsel des Tips zur Reduzierung des Innendurchmessers bildet allerdings die Grundvoraussetzung, um eine signifikante Bandenverbreiterung nach der Trennsäule zu vermeiden. Laut Informationen des Autors sind die Geräte von AB Sciex zurzeit die einzige Plattform, bei der ein schneller Wechsel des Emitter Tips möglich ist, ohne dass z. B. die komplette Quelle ausgetauscht werden muss. An dieser Stelle sei eindrücklich darauf verwiesen, dass es sich bei dieser Anordnung nicht um ein sogenanntes Nano-Elektrospray handelt, bei dem die Position des Tips aufwendig mithilfe von Kameras oder Mikromanipulatoren eingestellt werden muss.

Wie bereits angedeutet, ist die Kopplung mit einem Flugzeitmassenspektrometer mit integrierter MS/MS-Funktionalität eine zu bevorzugende Detektionsmöglichkeit, wenn anhand eines Screenings Informationen über die Zusammensetzung komplexer Proben, die Hunderte von Komponenten enthalten können, erhalten werden sollen. In diesem Fall wurde deshalb ein Q-TOF-Massenspektrometer verwendet, das neben der Ermittlung der exakten Masse auch die Aufnahme von Produkt-Ionenspektren der Substanzen erlaubt. Auf diese Weise werden zusätzliche Informationen erhalten, die neben der Bestimmung der Summenformel auch Rückschlüsse auf die Struktur der Analyten zulassen. Weitere Informationen in Bezug auf die unterschiedlichen Messmodi und die da-

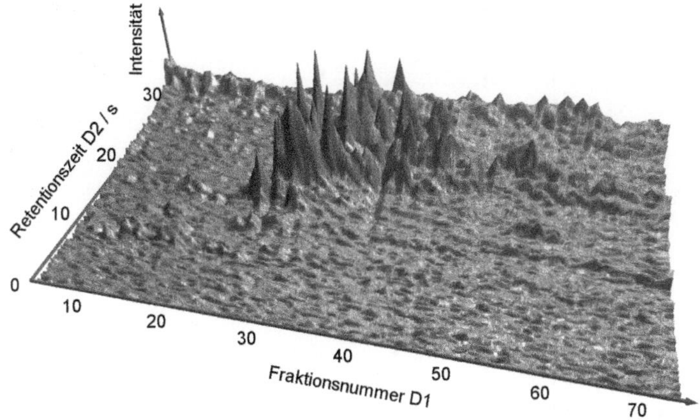

Abb. 6.7 Total-Ionenstrom-Chromatogramm der zweidimensionalen Trennung eines Referenzstandards. Für weitere Details siehe Text.

mit einhergehenden Limitierungen bezüglich der Anzahl an Datenpunkten über einen chromatographischen Peak können dem Kapitel 5 entnommen werden.

6.6 Applikationsbeispiel

6.6.1 Messung eines Referenzstandards

Um die Leistungsfähigkeit des miniaturisierten LC × LC-Systems zu demonstrieren, wurde zunächst ein Referenzstandard, der mehr als 100 umweltrelevante Verbindungen enthielt, mit dem in Abschnitt 6.5 beschriebenen Systemaufbau gemessen. Abbildung 6.7 zeigt das Total-Ionenstrom-Chromatogramm dieses Standards in einer dreidimensionalen Ansicht.

Anhand des Total-Ionenstrom-Chromatogramms lassen sich keine weitergehenden Aussagen über die Qualität der Trennung machen. Da für das hier entwickelte System zum Zeitpunkt der Datenauswertung keine Auswertesoftware des Herstellers verfügbar war, mussten die einzelnen Massenspuren „manuell" extrahiert und prozessiert werden. Um nun zu einer umfassenden Darstellung der im Standard detektierten Verbindungen zu kommen, wurde die in Abb. 6.8 wiedergegebene Analytenmap erstellt.

Jeder Punkt weist auf das Peakmaximum in der ersten und zweiten Trenndimension hin. Es ist deutlich zu erkennen, dass die Säulenkombination aus PGC und RP-C18 eine in Teilbereichen orthogonale Selektivität aufweist, da die Peaks über einen großen Bereich der chromatographisch verfügbaren Fläche verteilt sind. Dies wird insbesondere an den auf der gestrichelten vertikalen Linie liegen-

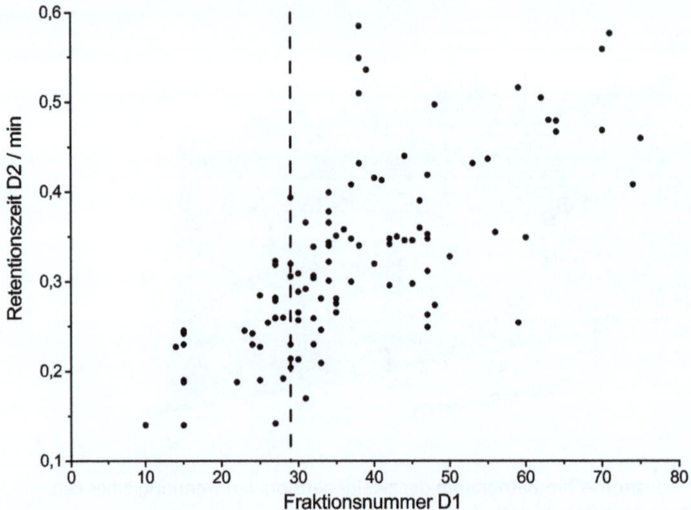

Abb. 6.8 Analytenmap auf Grundlage der extrahierten Ionenspuren der im Referenzstandard detektierten Verbindungen. Für weitere Details siehe Text.

den Punkten deutlich. Diese Substanzen würden auf der Säule der ersten Dimension koeluieren, können jedoch über die zweidimensionale Kopplung der Trennsysteme chromatographisch getrennt werden.

Um die Leistungsfähigkeit der Trenneffizienz in der zweiten Dimension zu visualisieren, ist ein typisches Chromatogramm, wie es für die Mikro-LC-Trennung in der zweiten Dimension erhalten wird, in Abb. 6.9 wiedergegeben. Hierbei handelt es sich um diejenige Fraktion, die in Abb. 6.8 als gestrichelte vertikale Linie eingezeichnet ist.

Es ergeben sich Peakbreiten zwischen 1 und 2 s. Abbildung 6.10 verdeutlicht die Retentionszeitstabilität für eine ausgewählte Komponente in der zweiten Trenndimension von Lauf zu Lauf.

Die selektierte Verbindung wurde fünfmal geschnitten. Dies bedeutet, dass aufgrund der Zykluszeit von 1 min in jeder der dargestellten Fraktionen ein Signal des Analyten zur quasi identischen Retentionszeit erfolgt. In Abb. 6.10 wurde zum besseren Verständnis eine gestrichelte Linie integriert, die die Einhüllende des Peaks repräsentiert. Zusätzlich sind die Fraktionsnummern an den vertikal gestrichelten Linien angegeben. Anhand der Retentionszeiten wird ersichtlich, dass die Abweichungen in der Retentionszeit von Lauf zu Lauf erst in der dritten Nachkommastelle sichtbar werden. Dies verdeutlicht die extrem hohe Reproduzierbarkeit der Gradientenmischung für den Bereich der Mikro-LC und widerlegt den bis heute immer noch hochgehaltenen Mythos, dass Mikro-LC-Systeme eine geringe Robustheit aufweisen.

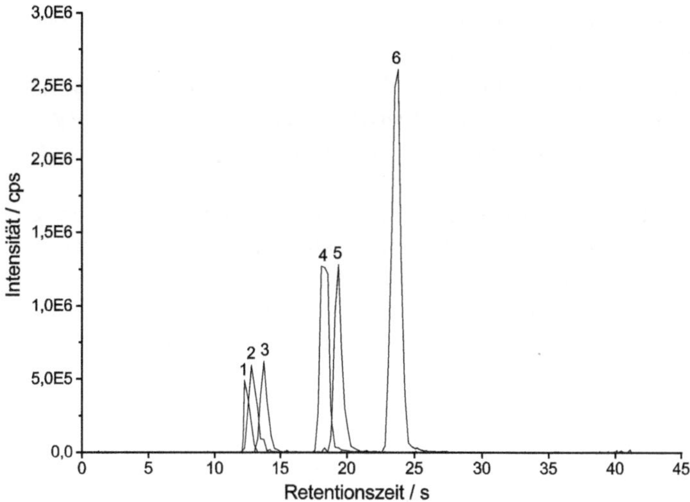

Abb. 6.9 Einzelchromatogramm der Mikro-LC-Trennung in der zweiten Dimension. Dargestellt sind verschiedene extrahierte Ionenspuren aus der 29. Fraktion. Für weitere Details siehe Text.

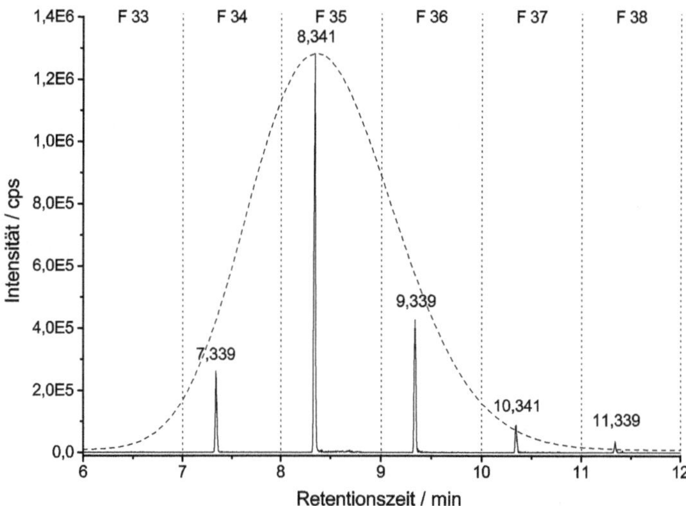

Abb. 6.10 Typischer Peakverlauf einer einzelnen extrahierten Ionenspur über fünf Fraktionen. Dargestellt ist das nicht modulierte Signal, so wie es vom Detektor kontinuierlich aufgezeichnet wird. Für weitere Details siehe Text.

6.6.2 Messung einer Realprobe

Um die Übertragbarkeit des Verfahrens auf reale Proben zu zeigen, wurde eine Abwasserprobe nach Anreicherung mittels Festphasenextraktion gemessen. Vor diesem Hintergrund war davon auszugehen, dass eine hohe Matrixbelastung vorlag. Abbildung 6.11 zeigt das Total-Ionenstrom-Chromatogramm der Abwasserprobe. Im Vergleich zum Referenzstandard ist deutlich zu erkennen, dass mit einer höheren Belastung des Systems durch die Matrix zu rechnen ist. Dies wird insbesondere an den teilweise stark überlagerten Signalen ersichtlich. Im Gegensatz zum Referenzstandard sind nun kaum noch einzeln aufgelöste Peaks zu erkennen.

Basierend auf einer manuellen Auswertung wurde anhand eines Suspected-Target Screening nach den im Referenzstandard enthaltenen Komponenten gesucht. Abbildung 6.12 zeigt die korrespondierende Analytenmap.

Anhand dieser Auftragung wird ersichtlich, dass ca. 60 Komponenten identifiziert werden konnten. Als Identifikationskriterium wird hierbei die exakte Masse einer Verbindung zugrunde gelegt, wobei die Abweichung nicht mehr als 5 ppm betragen sollte. Dies ist ein im Rahmen von Screeninguntersuchungen allgemein akzeptierter Fehler, obwohl eine eindeutige Identifizierung allein auf Grundlage der exakten Masse oftmals auch zu falsch positiven Befunden führen kann. Auf eine vertiefte Diskussion dieser Problematik wird an dieser Stelle verzichtet, dem interessierten Leser sei hier die Spezialliteratur empfohlen [2].

6.7 Vorteile der MS/MS-Funktionalität

Als letztes Beispiel soll auf die Möglichkeit der Fragmentierung im Bereich der hochauflösenden Massenspektrometrie eingegangen werden. Abbildung 6.13a zeigt eine Chromatogrammspur der extrahierten Masse m/z 261,0323. Im Gegensatz zum Peakverlauf in Abb. 6.10, in dem nur ein Peakmaximum sichtbar ist, weist der hier dargestellte Peakverlauf zwei Maxima auf. Dies deutet auf den ersten Blick auf ungünstige chromatographische Bedingungen für diese Substanz

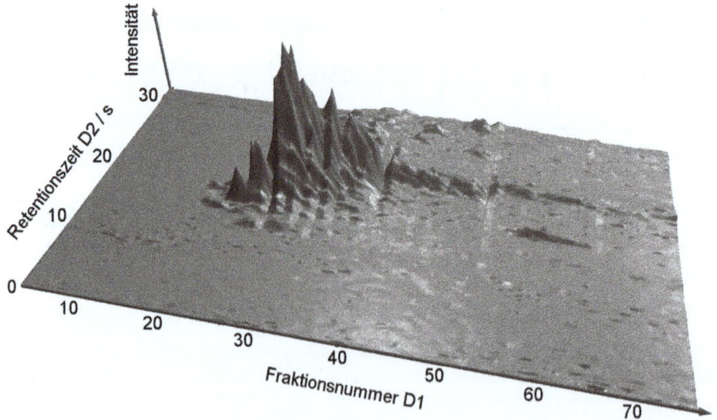

Abb. 6.11 Total-Ionenstrom-Chromatogramm der zweidimensionalen Trennung einer Abwasserprobe. Für weitere Details siehe Text.

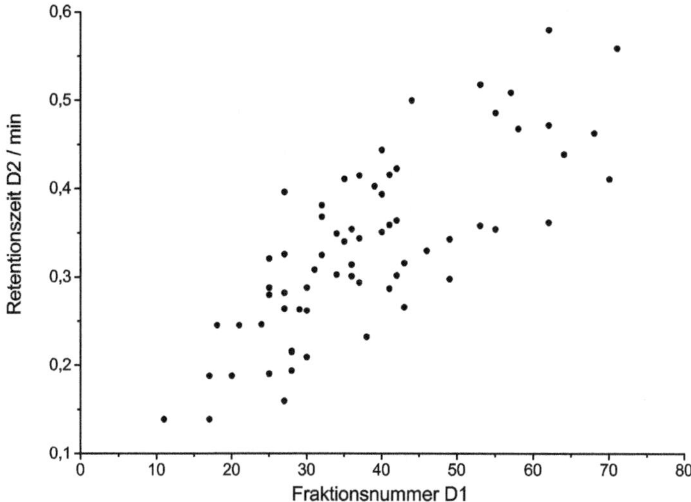

Abb. 6.12 Analytenmap auf Grundlage der extrahierten Ionenspuren der in der Realprobe anhand eines Suspected-Target Screening detektierten Verbindungen. Für weitere Details siehe Text.

in der ersten Trenndimension hin. Um diese Hypothese zu überprüfen, können die MS/MS-Produkt-Ionenspektren zurate gezogen werden. In Abb. 6.13b und c sind daher die Spektren für das Vorläuferion zu den in Abb. 6.13a markierten Maxima wiedergegeben.

Die Unterschiede der zu den angegebenen Retentionszeiten aufgenommenen Produkt-Ionenspektren sind klar erkennbar. Anhand der Information aus der Messung des Referenzstandards können den Massenspektren nun die entsprechenden Verbindungen, in diesem Fall Cyclophosphamid und Ifosfamid, zugeordnet werden. Bei diesen Komponenten handelt es sich um Strukturisomere, die allein anhand der Bestimmung der exakten Masse nicht unterschieden werden können. Aufgrund der in der ersten Trenndimension erhaltenen Antrennung der beiden Komponenten werden zu den entsprechenden Peakmaxima relativ reine und für die Verbindungen charakteristische Produkt-Ionenspektren erhalten.

6.8 Offline LC × LC versus Online LC × LC

Die kritische Variable zur Optimierung eines Online LC × LC-Systems besteht eindeutig in der Festlegung der Modulationsparameter. Es muss das Problem gelöst werden, die Innendurchmesser und Flussraten beider Trenndimensionen so aufeinander abzustimmen, dass das Transfervolumen von der ersten auf die zweite Dimension nicht zu einem Verlust an Trenneffizienz in der zweiten Trenndimension führt, da diese mit dem Detektor verbunden ist.

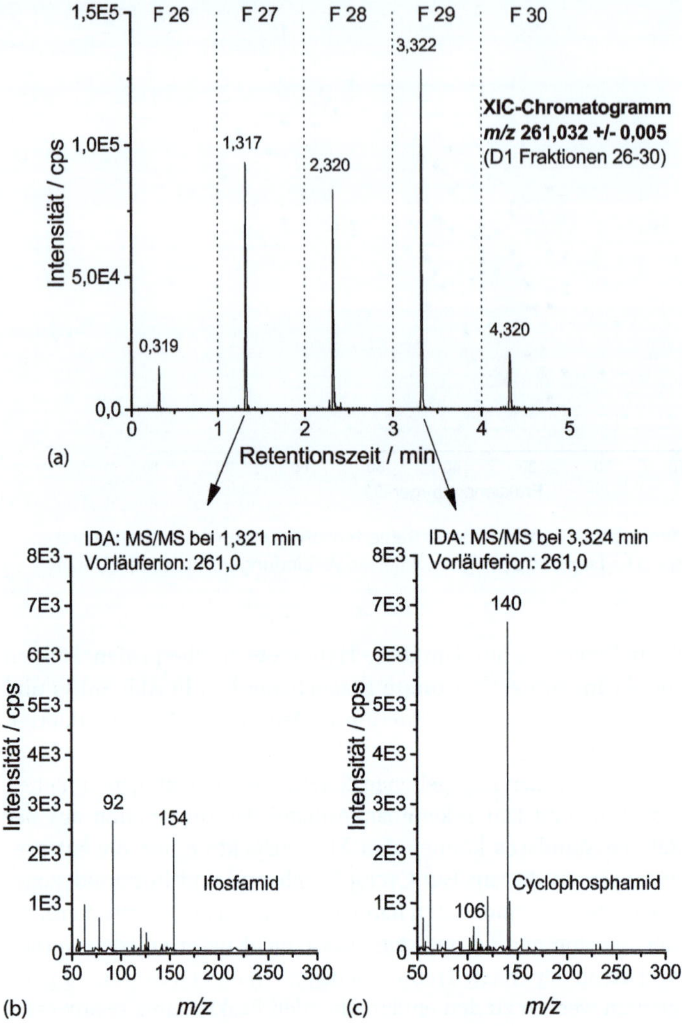

Abb. 6.13 (a) Peakverlauf der extrahierten Ionenspur mit einem Masse-zu-Ladungs-Verhältnis von m/z 261,0323 über fünf Fraktionen. Dargestellt ist das nicht modulierte Signal, so wie es vom Detektor kontinuierlich aufgezeichnet wird. Für weitere Details siehe Text. (b, c) Produkt-Ionenspektren für das Vorläuferion mit dem Masse-zu-Ladungs-Verhältnis m/z 261,0. Für weitere Details siehe Text.

Ein anderer Ansatz, um diese Problematik zu umgehen, besteht in der Anwendung der Offline LC × LC. Hierbei werden die Fraktionen z. B. mit einem Fraktionssammler gesammelt oder auf eine Vielzahl von Trappingsäulen geleitet. Jede Fraktion kann dann ohne eine zeitliche Limitierung bezüglich der Zykluszeit in der zweiten Dimension analysiert werden. Auf diese Weise kann eine extrem hohe Peakkapazität erzielt werden, da die volle Leistungsfähigkeit der Trennsäulen in der ersten und zweiten Trenndimension aufrechterhalten wird. Dies geht allerdings auf Kosten der Gesamtanalysenzeit. Darüber hinaus müssen entsprechende Kapazitäten geschaffen werden, um die einzelnen Fraktionen einer Probe aufzubewahren.

Anhand einer aktuellen Arbeit von Schiesel *et al.* sollen die einzelnen Schritte für ein reales System auf Basis der Offline LC × LC nachvollzogen werden [21]. In der zitierten Arbeit wird die Anwendung der Offline LC × LC am Beispiel der umfassenden „Reinheitskontrolle nahrungsergänzender Infusionslösungen" beschrieben. Die Autoren nutzen ein System auf der Basis der RP × HILIC-Chromatographie mit Ionenfallenmassenspektrometrie und Charged Aerosol Detektion. Insgesamt besteht das Verfahren aus drei Schritten, die zeitlich voneinander entkoppelt sind. Zunächst erfolgt die Analyse der Probe auf einer kieselgelbasierten Hybrid-Umkehrphase (Gemini C-18). Die sogenannte „hydrophobe" Fraktion wird ohne weitere Fraktionierung auf dieser Säule analysiert. Die polare Fraktion, die zwischen 0 und 8 min eluiert, wird für die nachfolgenden Schritte gesammelt und dann einer weiteren Analyse zugänglich gemacht. Hierzu wird das Lösemittel zunächst bis zur Trockne eingedampft und der Rückstand in 100 µL Wasser, das mit 0,1 % Trifluoressigsäure versetzt wurde, aufgenommen. Es folgt eine Auftrennung der Probe mittels zweier seriell gekoppelter Umkehrphasen (Gemini C-18 und Synergi Fusion RP). Das Eluat wird anschließend in 30 Fraktionen gesammelt. Für die nachfolgende HILIC-Trennung ist erneut ein Lösemittelwechsel notwendig, in dem das Lösemittel für jede der gesammelten Proben bis zur Trockne eingedampft wird und diese in einem Gemisch aus 50/50 (v/v) Acetonitril/Wasser aufgenommen werden. Somit wird die Kompatibilität mit der HILIC-Säule erreicht, da Wasser das stärkste Lösemittel im HILIC-Modus ist. Die einzelnen Fraktionen werden dann nacheinander auf die HILIC-Säule injiziert und mittels Ionenfallenmassenspektrometrie und Charged Aerosol Detektion analysiert.

Anhand der Beschreibung des hier vorgestellten „Workflows" wird ersichtlich, dass es sich in der Tat um eine umfassende Analyse der Probe handelt. Es stellt sich nun die Frage, ob der hier beschriebene Aufwand zur umfassenden Analyse einer einzelnen Probe gerechtfertigt ist. Die Autoren begründen die Wahl ihres Workflows damit, dass der Offlineansatz leichter zu implementieren ist als eine Analyse über die Online-LC × LC. Der Vorteil liegt in der Möglichkeit zur Aufkonzentrierung der polaren Fraktion aus den Trennläufen der Schritte 1 und 2. Dies ist ein wichtiges Argument, da auf diese Weise der unumgänglichen Verdünnung innerhalb des Modulationsschrittes bei der Online LC × LC entgegengewirkt wird. Darüber hinaus ist es möglich, einen Lösemittelwechsel vorzunehmen und somit die Kompatibilität zwischen den beiden Phasensystemen RP und HILIC herzustellen. Eine Kombination dieser Trennsysteme weist i. d. R. eine hohe Selektivität auf und ist deshalb auch von anderen Autoren genutzt und beschrieben worden. Allerdings muss kritisch angemerkt werden, dass ein Lösemittelwechsel auch immer mit der Gefahr verbunden ist, leichtflüchtige Verbindungen zu diskriminieren. In der hier vorgestellten Applikation ist insbesondere die polare Fraktion von Interesse, da die Probe einem Stresstest unterzogen wurde, um Informationen über Abbauprodukte zu erhalten. Es kann also davon ausgegangen werden, dass die Flüchtigkeit der hier im Fokus stehenden Verbindungen eher gering und die Anwendung des Lösemittelwechsels unkritisch ist. Darüber hinaus kann es allerdings bei der Lagerung der einzelnen Fraktionen zu unerwünschten Effekten kommen, insbesondere die Anlagerung von Komponenten an Glasoberflächen stellt ein nicht zu unterschätzendes Problem dar.

Obwohl bei der Offline LC × LC also ein hoher manueller Aufwand notwendig ist, können einige Probleme des Online LC × LC-Ansatzes elegant umgangen werden. Insbesondere für die Charakterisierung sehr „wertvoller" Proben, in denen Verunreinigungen möglichst umfassend aufgeklärt werden müssen, stellt die Offline LC × LC eine instrumentell einfachere Variante dar, das volle Potenzial hoch effizienter eindimensionaler Trennungen in beiden Dimensionen auszunutzen. Es ist aber eher unwahrscheinlich, dass ein solcher Ansatz z. B. in der Umweltanalytik Anwendung finden würde, wenn Proben im Sinne eines Suspected-Target Screenings untersucht werden sollen. Vor diesem Hintergrund stellt die Stop-Flow LC × LC möglicherweise einen guten Kompromiss dar, die aufwendige Fraktionierung und die damit einhergehenden Probleme bei der Offline LC × LC zu umgehen und gleichzeitig nicht der Limitierung extrem schneller Zykluszeiten in der zweiten Dimension bzw. der Verdünnung zu unterliegen, wie es für den Online LC × LC-Modus der Fall ist.

Bei der Stop-Flow LC × LC wird nach jedem Modulationszyklus der Fluss in der ersten Dimension gestoppt, sodass die Laufzeit in der zweiten Dimension prinzipiell keiner Limitierung unterliegt. Zu berücksichtigen ist, dass durch Longitudinaldiffusion natürlich eine Verbreiterung der Elutionsbanden auf der Säule der ersten Trenndimension erfolgt. Mit der Stop-Flow Technik lassen sich somit ähnlich hohe Peakkapazitäten wie mit der Offline LC × LC bei gleichzeitig einfacherem Systemaufbau erreichen. Allerdings gelten dieselben Aussagen in Bezug auf die Datenauswertung und Gesamtanalysenzeit wie für die Offline LC × LC.

6.9 Lösungen der Gerätehersteller (in alphabetischer Reihenfolge)

Obwohl das Potenzial für zweidimensionale chromatographische Verfahren enorm ist, stellen diese Systeme bis zum jetzigen Zeitpunkt Spezialsysteme dar, die eine entsprechend hohe Qualifikation des Personals voraussetzen. Hierbei ist anzumerken, dass die Kopplung eines zweidimensionalen chromatographischen Systems aus Sicht des Autors nur in Verbindung mit hochauflösenden Massenspektrometern sinnvoll ist. Auch hier ist ein Trend zu immer komplexeren „Workflows" festzustellen, der nur noch von Spezialisten zu bewerkstelligen ist. Um die Anwendbarkeit des Verfahrens zu gewährleisten, sind die Gerätehersteller in der Verantwortung, dem Kunden entsprechend robuste und vorkonfektionierte Systeme zur Verfügung zu stellen. Das Kapitel schließt deshalb mit einem kleinen Ausblick auf die kommerziell verfügbaren Systemlösungen im Bereich der zweidimensionalen Chromatographie. Dieser Abschnitt erhebt keinen Anspruch auf Vollständigkeit. Es ist eher damit zu rechnen, dass die Liste der Anbieter von zweidimensionalen chromatographischen Systemen in der Zukunft noch größer wird. Darüber hinaus sind die Informationen zu den Spezifikationen der Systeme sehr allgemein und oberflächlich gehalten. Der interessierte Leser sollte sich deshalb direkt mit den Herstellern in Verbindung setzen und ausführliche Produktinformationen anfordern.

6.9.1 Kommerziell verfügbare Gesamtlösungen für die LC × LC

6.9.1.1 Agilent

Agilent bietet ein für die umfassende LC × LC ausgelegtes, zweidimensionales HPLC-System an, das auf der Infinity 1290 Pumpentechnologie basiert. Die Steuerung ist über die Chemstation Software von Agilent möglich, die Datenauswertung erfolgt über eine Softwareimplementierung von GC Image (GC Image, LLC., Lincoln, NE, USA). Das System erlaubt die Anwendung komplexer Gradientenprofile in der ersten und zweiten Dimension. Mit dieser Funktion ist es möglich, eine bessere Verteilung der Peaks über die zur Verfügung stehende zweidimensionale chromatographische Fläche zu erzielen. Weitergehende Informationen können sowohl wissenschaftlichen Publikationen als auch zahlreichen Application Notes von Agilent entnommen werden [22, 23], siehe auch Abschnitt 12.1.

6.9.1.2 Shimadzu

Shimadzu bietet ein für die umfassende LC × LC ausgelegtes, zweidimensionales HPLC-System an, das auf der aktuellen Nexera-Pumpentechnologie basiert. Das System ist in der Standardkonfiguration ebenfalls für die Nutzung von Säulen mit einem Innendurchmesser von 1 mm in der ersten Dimension und mit einem Innendurchmesser von 2,1 oder 4,6 mm in der zweiten Dimension ausgelegt. Die Steuerung erfolgt über die LabSolutions-Software von Shimadzu, die Datenauswertung über die Software ChromSquare, s. auch Abschnitt 12.2.

6.9.1.3 ThermoScientific/Dionex

Umfassende Online LC × LC-Lösungen für die nano-HPLC wurden von Dionex mit dem UltiMate Switchos II im Jahr 2000 eingeführt. Die Instrumentensteuerung und Datenauswertung erfolgt mit der Chromeleon-Software. ThermoScientific bietet hierzu heute Lösungen auf der Dionex UltiMate 3000 Plattform an. Diese bedienen sowohl nano-UHPLC als auch UHPLC im üblichen Flussbereich für Online Modi, aber auch die sogenannte automatisierte Offline 2D-LC [24]. Dabei werden die Pumpen für beide Dimensionen in einem Gehäuse integriert bereitgestellt. Ein flexibler Autosampler übernimmt die automatische Fraktionierung aus der ersten Dimension und die Injektion in die zweite chromatographische Dimension. Vorteil dieser Technik ist die nachhaltige Bereitstellung der Fraktionen aus der ersten Dimension sowie die freie Wahl des Injektionsvolumens für die zweite Dimension, unabhängig vom Fraktioniervolumen. Weiterhin besteht die Möglichkeit, das Lösemittel der zu transferierenden Fraktion automatisiert anzupassen. Auch eine chemische Derivatisierung der Fraktionen wird grundsätzlich unterstützt. ThermoScientific bietet auch mit der neueren UHPLC-Plattform Vanquish Online LC × LC-Lösungen an, s. dazu Abschnitt 12.3.

6.9.2
Weitere Systemlösungen

6.9.2.1 AB Sciex

Zum Zeitpunkt der Drucklegung dieses Beitrages verfügt die Firma AB Sciex über kein kommerzielles LC × LC-System. Prinzipiell sind alle Systemkomponenten kommerziell verfügbar, wobei eine entsprechende Steuer- und Auswertesoftware fehlt. Wie bereits erwähnt findet der interessierte Leser ausführliche Informationen in der Publikation von Haun *et al.* [18]. Im Rahmen einer Kooperation mit der US-amerikanischen Firma GC Image (GC Image, LLC., Lincoln, NE, USA) wurde ein erster Testdatensatz mit der von GC Image verfügbaren Softwareplattform nachprozessiert. Hierbei zeigte sich, dass die Integration hochauflösender massenspektrometrischer Daten als auch die Darstellung der Daten in einem 2D- oder 3D-Plot möglich ist.

6.9.2.2 Waters

Waters bietet kein für die umfassende LC × LC ausgelegtes, zweidimensionales System an, obwohl dies prinzipiell möglich ist. Der von Waters beschriebene Hauptanwendungszweck besteht im Wesentlichen in der Möglichkeit einer Heart-Cut Analyse, um z. B. die Reinheit eines auf einer Trennsäule chromatographisch getrennten Peaks zu verifizieren.

6.10
2D-LC – quo vadis?

In diesem Abschnitt werden die wichtigsten Argumente für eine Etablierung der zweidimensionalen Flüssigkeitschromatographie in Forschungseinrichtungen und Industrielaboratore diskutiert. Wie anhand der Ausführungen aus den vorhergehenden Abschnitten deutlich wurde, sind kommerziell verfügbare Systeme bereits seit mehreren Jahren auf dem Markt. Trotzdem ist die Anzahl der Anwender dieser Technologie weltweit immer noch recht überschaubar. Neben einer komplexeren Methodenentwicklung muss hier insbesondere die Verfügbarkeit spezieller Auswertesoftware genannt werden, obwohl es auch hier bereits Lösungen gibt, die im Prinzip aus dem Bereich der GC × GC auf die LC × LC übertragen werden können.

6.10.1
Software

Eine Grundvoraussetzung für die Nutzung der LC × LC-Technologie ist die Verfügbarkeit ausgereifter Steuer- und Auswertesoftware. Während davon ausgegangen werden kann, dass alle Hersteller von LC × LC-Systemen mittlerweile eine Steuersoftware haben, die alle Module einer LC × LC-Einheit umfasst, sind in Bezug auf die Auswertesoftware noch Lücken zu verzeichnen. Es ist immer noch festzustellen, dass häufig UV-Detektion eingesetzt wird, obwohl die Analyse komplexer Proben mittels zweidimensionaler Flüssigkeitschromatographie nur in Verbindung mit der Massenspektrometrie wirklich sinnvoll ist. Nichtsdestotrotz ist die Einbeziehung zusätzlicher Detektoren wie UV- oder Verdampfungslichtstreudetektion natürlich als nützlich anzusehen. In den meisten Fällen steht jedoch die Identifizierung bekannter oder unbekannter Verbindungen im Vordergrund. Insofern muss eine Auswertesoftware für die LC × LC-MS-Kopplung in der Lage sein, alle Strategien, die auch für die eindimensionale LC-MS-Kopplung zur Verfügung stehen, zu integrieren. In Bezug auf ein Suspected- oder Non-Target Screening beinhaltet dies die Möglichkeit, einen Abgleich über die exakte Masse, das Isotopenmuster, MS/MS-Spektren und über vom Hersteller bereitgestellte oder vom Anwender selbst angelegte Substanzdatenbanken vorzunehmen. Da solche Strategien selbst für die eindimensionale HPLC-MS-Kopplung noch nicht zur vollständigen Zufriedenheit gelöst sind, ist hier ebenfalls noch großes Potenzial für die Verbesserung der 2D-Auswertesoftware vorhanden. Es bleibt deshalb zu hoffen, dass die Gerätehersteller valide Lösungen für die Anwender bereitstellen. Auf dem Gebiet der Softwareentwicklung sind insbesondere die Firmen GC Image (Spinoff der University Nebraska) als auch Chromeleon (Spinoff der Universität Messina) zu nennen, die sich bereits seit mehreren Jahren intensiv mit der Weiterentwicklung von Auswertesoftware für die GC × GC, aber auch LC × LC auseinandersetzen. Hier sind im Wesentlichen die Gerätehersteller in der Pflicht, den Anwender mit ausgereiften Softwarelösungen zu unterstützen. Selbst geschriebene Programme, Excel-Makros oder Routinen zur Steuerung und Datenauswertung sind für einen Einsatz im industriellen Umfeld nicht hilfreich.

6.10.2 Systemkonfektionierung

Ein zentraler Punkt, der gelöst werden muss, ist die „Vorkonfektionierung“ eines LC × LC-Systems. Die Möglichkeiten in Bezug auf die Auslegung eines LC × LC-Systems sind schier unbegrenzt. Insbesondere die Abstimmung der Innendurchmesser und Selektivitäten der Trennsäulen als auch die sich daraus ergebenden Flussraten erfordert ein hohes Maß an technischem Verständnis und methodischem Know-how. Hier sind sowohl akademische Arbeitsgruppen als auch die Gerätehersteller gefordert, Lösungen zu erarbeiten, die für spezielle Fragestellungen aus der Industrie optimal ausgelegt sind.

6.10.3 Peakkapazität versus Realprobe

Ein Kritikpunkt ist die Frage nach dem tatsächlichen Vorteil zweidimensionaler gegenüber eindimensionalen Verfahren in Bezug auf die Analyse komplexer Proben. Mit Fug und Recht kann behauptet werden, dass die zweidimensionale Chromatographie zurzeit ihren zweiten oder dritten „Hype“ erfährt, wenn Vortragssessions auf wissenschaftlichen Tagungen und Kongressen als Maßstab genommen werden. Dabei ist zu betonen, dass die Weiterentwicklung dieser Techniken von einer überschaubaren Anzahl sehr renommierter Arbeitsgruppen mit einer langjährigen Expertise auf diesem Gebiet vorgenommen wird. Die Argumente, die von diesen Gruppen hinsichtlich der Überlegenheit zweidimensionaler Verfahren im Vergleich zu eindimensionalen Trenntechniken vorgetragen werden, können die Vielzahl der Anwender nicht vollends überzeugen. Aus Sicht des Autors hängt dies in entscheidendem Maße an zwei Punkten, die bei der Diskussion nicht berücksichtigt bzw. außer Acht gelassen werden. Dies betrifft zum einen das Detektionsverfahren und zum anderen die ausschließlich theoretisch-akademische Betrachtungsweise der höheren Peakkapazität zweidimensionaler chromatographischer Verfahren. Über die Nutzung der massenspektrometrischen Detektion wurde bereits ausführlich diskutiert. In Bezug auf die Peakkapazität ist anzumerken, dass zweidimensionale Verfahren sowohl theoretisch als auch praktisch eine höhere Peakkapazität aufweisen als eindimensionale Verfahren, auch wenn die zugrunde liegenden Berechnungsalgorithmen kritisch hinterfragt werden können. Für den Anwender ist die Erzielung einer höheren Peakkapazität höchstens zweitrangig. Die in der Praxis wichtigere Frage ist, ob die durch ein zweidimensionales chromatographisches Verfahren detektierte Anzahl an Peaks im Vergleich mit einem eindimensionalen Verfahren signifikant größer ist. Grundlage für diese Bewertung sollte also nicht die theoretische oder praktisch erzielbare Peakkapazität sein, sondern die Probe selbst. Insofern wäre also ein Vergleich zwischen einem eindimensionalen und einem zweidimensionalen Verfahren wünschenswert, sodass eine Bewertung hinsichtlich der Leistungsfähigkeit zweidimensionaler chromatographischer Verfahren vorgenommen werden kann. Aus der Diskussion mit Anwendern und Entwicklern von 2D-LC-Verfahren kann abgeleitet werden, dass diese Frage meistens nicht ernst genommen wird, da den zweidimensionalen Verfahren *a priori* eine höhere Leistungsfähigkeit zugesprochen wird. Ein entsprechender „Beweis" bzw. Studien, die dies auch eindeutig belegen, fehlen aber. Insofern wäre für die Zukunft wünschenswert, dass die Diskussion nicht nur über die Peakkapazität, sondern auch über die Probe, gegebenenfalls in einer „schwierigen" Matrix, geführt wird, um daraus den tatsächlichen Vorteil oder Nutzen zweidimensionaler Verfahren abzuleiten.

6.11 Abschließende Bemerkungen

Trotz der nach wie vor immensen Herausforderungen an die Soft- und Hardware zweidimensionaler chromatographischer Verfahren und der damit auch verbundenen Komplexität ist davon auszugehen, dass diese Systeme zukünftig vermehrt auch im industriellen Umfeld Einzug halten werden. Insbesondere die konsequente Miniaturisierung aller Bauteile könnte hier zu einer Reduzierung der Tot- und Systemvolumina sowie zu extrem schnellen Zykluszeiten in der zweiten Trenndimension beitragen. Auf der anderen Seite erfordern diese Systeme ein profundes Know-how in Bezug auf die Bedienung sowie Auswertung der Daten. Gleiches gilt aber auch für eindimensionale Trennverfahren, die in Verbindung mit der Massenspektrometrie für ein umfassendes Screening komplexer Proben eingesetzt werden.

Literatur

1 Di Palma, S., Hennrich, M.L., Heck, A.J.R. und Mohammed, S. (2012) *J. Proteomics*, **75**, 3791.
2 Krauss, M., Singer, H. und Hollender, J. (2010) *Anal. Bioanal. Chem.*, **397**, 943.
3 Stahnke, H., Reemtsma, T. und Alder, L. (2009) *Anal. Chem.*, **81**, 2185.
4 Neue, U.D. (2008) *J. Chromatogr. A*, **1184**, 107.
5 Li, X.P., Stoll, D.R. und Carr, P.W. (2009) *Anal. Chem.*, **81**, 845.
6 Neue, U.D., Marchand, D.H. und Snyder, L.R. (2006) *J. Chromatogr. A*, **1111**, 32.
7 Lee, C., Zang, J., Cuff, J., McGachy, N., Natishan, T., Welch, C., Helmy, R. und Bernardoni, F. (2013) *Chromatographia*, **76**, 5.
8 Kormos, J.L., Schulz, M., Kohler, H.P.E. und Ternes, T.A. (2010) *Environ. Sci. Technol.*, **44**, 4998.
9 Ferrer, I., Garcia-Reyes, J.F., Mezcua, M., Thurman, E.M. und Fernandez-Alba, A.R. (2005) *J. Chromatogr. A*, **1082**, 81.
10 Glauser, G., Guillarme, D., Grata, E., Boccard, J., Thiocone, A., Carrupt, P.A., Veuthey, J.L., Rudaz, S. und Wolfender, J.L. (2008) *J. Chromatogr. A*, **1180**, 90.
11 Murphy, R.E., Schure, M.R. und Foley, J.P. (1998) *Anal. Chem.*, **70**, 1585.
12 Gilar, M., Olivova, P., Daly, A.E. und Gebler, J.C. (2005) *Anal. Chem.*, **77**, 6426.
13 Potts, L.W., Stoll, D.R., Li, X.P. und Carr, P.W. (2010) *J. Chromatogr. A*, **1217**, 5700.
14 Steiner, F., Grübner, M., Dunkel, A. und Hofmann, T. (2014) Thermo Scientific, A Fast and Efficient Method to Assess 2D-HPLC Column and Method Combinations for Food Metabolomics Studies, Application Note, PN71130_E 05/14S.
15 Jandera, P. (2006) *J. Sep. Sci.*, **29**, 1763.
16 Haun, J., Teutenberg, T. und Schmidt, T.C. (2012) *J. Sep. Sci.*, **35**, 1723.
17 Stoll, D.R., Li, X.P., Wang, X.O., Carr, P.W., Porter, S.E.G. und Rutan, S.C. (2007) *J. Chromatogr. A*, **1168**, 3.
18 Haun, J., Leonhardt, J., Portner, C., Hetzel, T., Tuerk, J., Teutenberg, T. und Schmidt, T.C. (2013) *Anal. Chem.*, **85**, 10083.
19 West, C., Elfakir, C. und Lafosse, M. (2010) *J. Chromatogr. A*, **1217**, 3201.
20 Teutenberg, T., Wiese, S., Wagner, P. und Gmehling, J. (2009) *J. Chromatogr. A*, **1216**, 8470.
21 Schiesel, S., Lammerhofer, M. und Lindner, W. (2012) *J. Chromatogr. A*, **1259**, 100.
22 Naegele, E. (2012) Agilent Technologies, Inc., Qualitative and quantitative determination of phenolic antioxidant compounds in red wine and fruit juice with the Agilent 1290 Infinity 2D-LC Solution, Application Note, 5991-0426EN.
23 Agilent Technologies, Inc. (2012) Performance evaluation of the Agilent 1290 Infinity 2D-LC Solution for comprehensive two-dimensional liquid chromatography, Technical Overview, 5991-0138EN.
24 Eeltink, S., Dolman, S., Detobel, F., Desmet, G., Swart, R. und Ursem, M. (2009) *J. Sep. Sci.*, **32**, 2504.

7
Materialien in HPLC und UHPLC – was für welchen Zweck?

Tobias Fehrenbach und Steffen Wiese

7.1
Abkürzungsverzeichnis

BSA	Rinderserumalbumin
cp-Ti	Reintitan (*commercially pure*)
DLC	Diamant-ähnlicher Kohlenstoff (*diamond-like carbon*)
ECTFE	Ethylen-Chlortrifluorethylen
EDTA	Ethylendiamintetraessigsäure
ETFE	Ethylen-Tetrafluorethylen
ESI	Elektrospray-Ionisation
FA	Ameisensäure *(formic acid)*
FEP	Fluoriertes Ethylenpropylen
FFKM	Perfluorkautschuk
GPV	Gradientenportionierungsventil
HSA	Humanserumalbumin
HPLC	*High Performance Liquid Chromatography*
ICP-MS	Massenspektrometrie mit induktiv gekoppeltem Plasma
ID	Innendurchmesser
LC	*Liquid Chromatography*
MES	2-(*N*-Morpholino)ethansulfonsäure
MS	Massenspektrometrie
NP	Normalphase *(normal phase)*
PCTFE	Polychlortrifluorethylen
PAEK	Polyaryletherketon
PEEK	Polyetheretherketon
PBC	Phosphatgepufferte Zitratlösung
PBS	Phosphatgepufferte Salzlösung
PTFE	Polytetrafluorethylen
RP	Umkehrphase *(reversed phase)*
PPS	Polyphenylensulfid

Der HPLC-Experte II, 1. Auflage. Stavros Kromidas (Hrsg).

SiC	Siliciumcarbid
TFA	Trifluoressigsäure
Tris	Tris(hydroxymethyl)-aminomethan
UHMW-PE	Ultrahochmolekulargewichtiges Polyethylen
UHPLC	*Ultra High Performance Liquid Chromatography*

7.2 Überblick

Konventionelle HPLC- und moderne UHPLC-Systeme sind aus einer Vielzahl von unterschiedlichen Komponenten wie Einlasslösemittelschläuchen, Pumpenköpfen, Messzellen, Injektionsventil, Probennadel, Kapillaren und Dichtungen aufgebaut, sodass verschiedenste Materialien, u. a. Metalllegierungen, Kunststoffe und Kompositwerkstoffe, zum Einsatz kommen. Jedes Material hat dabei seine spezifische Aufgabe und muss unterschiedlichen Anforderungen gerecht werden. Es steht stets in Kontakt mit der mobilen Phase, ist meist hohem Druck und hohen Reibungskräften ausgesetzt und muss den Flussweg der mobilen Phase gegenüber der Atmosphäre abdichten. Eine Auswahl von Materialien, die in UHPLC-Systemen Verwendung finden, ist in Tab. 7.1 aufgeführt.

Allerdings können die Materialien nicht allen Anforderungen flüssigchromatographischer Applikationen in Bezug auf ihre mechanische und chemische Beständigkeit gleichermaßen gerecht werden, da sowohl die Methodenparameter wie z. B. Säulentemperatur, Flussrate und Rückdruck als auch die Zusammensetzung der mobilen Phase einer hohen Diversität unterliegen.

In Abschnitt 7.3 werden die allgemeinen Anforderungen an Materialien in UHPLC-Systemen diskutiert, während in den Abschnitten 7.5 und 7.6 auf die Materialien, die in Pumpen, Autosamplern und Kapillaren verbaut werden, genauer eingegangen wird. Da die Materialeigenschaften von Eluentenvorheizern

Tab. 7.1 Auswahl von typischen flüssigkeitsbenetzten Materialien in UHPLC-Systemen.

Modul	Materialien (Auswahl)
Entgaser	PTFE, FEP, PEEK™, ECTFE, amorphes Fluoropolymer (AF), rostfreier Stahl, Titan
Pumpe	rostfreier Stahl, Titan, Zirkoniumoxid, Saphir, Aluminiumoxid, PEEK, PTFE, ECTFE, FEP, Tantal, Gold, UHMW-PE-Komposit, Rubin, Nitronic® 60, PPS
Autosampler	rostfreier Stahl, goldbeschichteter rostfreier Stahl, Vespel® SCP, PEEK-Komposit, DLC, PCTFE, ECTFE, PTFE
Säulenthermostat	rostfreier Stahl, Titan, PEEK, Vespel®, Tefzel®
Detektor	Fused silica, Quarz, rostfreier Stahl, PEEK
Kapillaren	rostfreier Stahl, Titan, MP35N®, PEEK, Fused Silica

und Schaltventilen in Säulenthermostaten und von Messzellen in Detektoren im Wesentlichen in den genannten Abschnitten diskutiert werden (siehe Kapitel 2 und 9), sind diesen Komponenten keine eigenen Abschnitte gewidmet.

Außerdem können Materialien einen Einfluss auf die Detektion und den Analyten ausüben und das Messergebnis beeinflussen. In diesem Zusammenhang spielt das Thema der Inertheit eine sehr wichtige Rolle. Es sind prinzipiell zwei Typen von UHPLC-Systemen auf dem Markt erhältlich. Während UHPLC-Systeme aus rostfreiem Stahl eine breite Vielfalt an Anwendungen abdecken, sind „biokompatible" oder „bioinerte" UHPLC-Systeme speziell für die Trennung von Biomolekülen optimiert. In der Bioanalytik erregt die Wechselwirkung der Biomoleküle mit Eisen bzw. Metall an Stahl- bzw. Metalloberflächen und gelösten Eisen- bzw. Metallionen, die aus einem UHPLC-System stammen können, eine gewisse Besorgnis. Derartige Wechselwirkungen können *per se* mit dem Einsatz eines biokompatiblen UHPLC-Systems nahezu ausgeschlossen werden, zudem sind diese Systeme gegenüber (chloridhaltigen) Pufferlösungen mit hohen pH-Werten und hohen Salzkonzentrationen resistent. Allerdings ist, wie wir in Abschnitt 7.7 sehen werden, das Thema Inertheit weitaus komplexer.

Zum Ende dieses Abschnitts noch ein wichtiger Hinweis. Die in den nachfolgenden Abschnitten aufgeführten Informationen erheben nicht den Anspruch auf Vollständigkeit. Die Informationen bzgl. der Korrosionsbeständigkeit von Metalllegierungen stammen teils aus Kompatibilitätslisten, die öffentlich im Internet zugänglich sind. Die aufgeführten Daten – vor allem die Informationen bzgl. der Natur der Passivschicht und der Biokompatibilität – stammen teils aus wissenschaftlichen Studien, die nicht den realen Betriebsbedingungen eines UHPLC-Gerätes entsprechen, und können nur bedingt auf UHPLC-Systeme übertragen werden. Die zitierten Quellen sind als Referenz für den interessierten Leser zu verstehen, um sich vertieft mit der Thematik auseinanderzusetzen. Darüber hinaus sollte berücksichtigt werden, dass unter Umständen hier nicht genannte physikalische und chemische Effekte in einem UHPLC-System auftreten, welche die mechanische und chemische Beständigkeit und die Analytkompatibilität anders beeinflussen als hier beschrieben. Es gelten stets die Angaben und Empfehlungen der Gerätehersteller, die in Handbüchern wiedergegeben werden bzw. direkt beim Hersteller erfragt werden können.

7.3 Anforderungen an Materialien einer UHPLC

An die in UHPLC-Systemen eingesetzten Materialien werden aufgrund von höheren Systemgegendrücken, Säulentemperaturen und Strömungsgeschwindigkeiten höhere Anforderungen gestellt als an die Materialien in konventionellen HPLC-Systemen. In erster Linie erwartet der Anwender eine gleichbleibend hohe Lebensdauer und zuverlässige Analytik, unabhängig davon, ob es sich um eine HPLC- oder UHPLC-Anlage handelt. Die Materialien müssen im Wesentlichen drei Wesensmerkmalen – der mechanischen und chemischen Beständigkeit als auch der Kompatibilität zum Analyten – gerecht werden. Diese werden nachfolgend detailliert diskutiert.

7.3.1 Mechanische Beständigkeit

Unter der mechanischen Beständigkeit wird die Widerstandsfähigkeit von Materialien gegenüber dem Einwirken von physikalischen Kräften verstanden. Je nachdem an welchem Ort ein Material in einem UHPLC-System eingesetzt wird, muss es andere Anforderungen z. B. bezüglich seiner Härte, Festigkeit, Duktilität (belastungsbedingte plastische Verformung) und Verschleißfestigkeit erfüllen. Die zuletzt genannte Eigenschaft ist dabei ein Merkmal, das in der Tribologie (Wissenschaft von Reibung, Verschleiß und Schmierung gegeneinander bewegter Körper) bestimmt wird. Die mobile Phase und die Probe jedoch wirken bei gegebenem Systemdruck und gegebenen Temperaturen direkt auf die Materialien ein, sodass sie die mechanischen Eigenschaften auf Dauer beeinflussen. Es ist daher wichtig, bei Fragen bzgl. der mechanischen Beständigkeit immer auch die chemische Beständigkeit des Materials und die Applikationsparameter in die Überlegungen mit einzubeziehen. Eine hohe mechanische Beständigkeit eines UHPLC-Systems ist für den Anwender von großer Bedeutung, da sich diese unmittelbar in einer hohen Systemauslastung, einer hohen Systemgesamtlebensdauer und damit in geringen Betriebskosten widerspiegelt.

7.3.2 Chemische Beständigkeit

Unter der chemischen Beständigkeit wird die Widerstandsfähigkeit von Materialien gegenüber dem Kontakt mit Chemikalien verstanden. Idealerweise behält das Material bei Kontakt mit dem Medium über einen möglichst langen Zeitraum seine mechanischen, physikalischen und chemischen Eigenschaften. Im Falle der Flüssigchromatographie ist damit die Beständigkeit der Einzelkomponenten gegenüber dem Einwirken der mobilen Phase und den Bestandteilen der Probe zu verstehen, denn die mobile Phase und die Probe stehen in Kontakt mit den Innenoberflächen der Nieder- bzw. der Hochdruckfluidik eines UHPLC-Systems.

In der Regel kommen in der Hochdruckfluidik eines UHPLC-Systems Metalllegierungen wie rostfreier Stahl und Titan zum Einsatz, die eine korrosionsbeständige Oxidschicht (Passivschicht) ausbilden. In Abschnitt 7.7.2 werden die Eigenschaften der Passivschichten näher erläutert.

Die Passivschicht und das darunterliegende Metall sind je nach Zusammensetzung der mobilen Phase gegenüber verschiedenen Korrosionsarten anfällig. Während allgemeine Korrosion, in der das Metall einheitlich über die gesamte Oberfläche korrodiert (Flächenkorrosion), bei Metallen mit Passivschicht eine untergeordnete Rolle spielt, werden metallische Werkstoffe durch Formen der lokalen Korrosion aufgrund schadhafter Stellen in der Passivschicht deutlich angegriffen. Das Material wird unter Umständen massiv beschädigt. Lokale Korrosionsarten sind u. a. die Lochkorrosion, Spaltkorrosion und die Erosionskorrosion, die auch für UHPLC-Systeme von Relevanz sein können [1–4]. Bei der Lochkorrosion kommt es zur Ausbildung von kleinen Löchern im Metall aufgrund einer lokalen Beschädigung der schützenden Oxidschicht, die auf Fehlstellen im Werkstoff und chemische Einwirkung, z. B. im Fall von rostfreiem Stahl durch die Anwesenheit von halogenidhaltigen Medien, zurückzuführen ist. Die Spaltkorrosion ist der Lochkorrosion sehr ähnlich und kann überall in Spalten entstehen, die z. B. durch Metall-Metall-Überstand, durch Dichtungen oder durch Ablagerungen verursacht werden. Bei der Erosionskorrosion handelt es sich um eine Korrosionsart mit abrasiver Beanspruchung der Passivschicht des Metalls. Durch hohe Strömungsgeschwindigkeiten der korrosiven mobilen Phase kann es so z. B. in Fritten und Kapillaren zu einem Oberflächenabtrag der schützenden Oxidschicht kommen. Aufgrund der höheren Strömungsgeschwindigkeiten in Kapillaren mit kleinerem Innendurchmesser und höheren Temperaturen in der UHPLC ist davon auszugehen, dass die Erosionskorrosion in UHPLC-Systemen eine größere Rolle spielt als in HPLC-Systemen [1].

7.3.3 Kompatibilität zum Analyten/Biokompatibilität

Eine weitere Anforderung an die Materialien in der Flüssigchromatographie ist ihre Verträglichkeit mit der zu analysierenden Spezies (Analytkompatibilität). Jede Art der physikalischen und chemischen Wechselwirkung der Apparatur und ihrer Materialien mit dem Analyten ist unerwünscht, da diese die Analytik empfindlich stört und zu fehlerhaften Ergebnissen führt.

Bei metallischen Werkstoffen sind vor allem die Natur der Passivschicht und die Korrosionsbeständigkeit wichtige Kriterien für die Analytkompatibilität. Es treten unter Umständen Wechselwirkungen des Analyten direkt mit der Passivschicht auf oder es kommt zu Wechselwirkungen auf indirektem Weg über Metallionen, die sich aus der Passivschicht oder der darunterliegenden Metallphase gelöst haben. In diesem Sinne verursacht Korrosion nicht nur Schaden am Werkstoff (Abschnitt 7.3.2), sondern es werden auch – bei Korrosionsprozessen mit geringen Korrosionsraten – Metallionen teils schleichend aus dem Material in die mobile Phase gelöst (Metal Leaching).

Eine besondere Form der Analytkompatibilität von Materialien stellt ihre Verträglichkeit zu Biomolekülen (Biokompatibilität) dar. Biokompatibilität ist ein sehr breit gefasster Begriff und hat besonders in der Medizintechnik, in der Biomaterialien in Form von Implantaten im menschlichen Körper eingesetzt werden, eine herausragende Bedeutung. Das Biomaterial muss vor allem pharmakologisch verträglich sein und eine möglichst hohe biologische Toleranz bzw. Inertheit, die unmittelbar mit seiner chemischen Beständigkeit gegenüber den physiologischen Medien im menschlichen Körper zusammenhängt, aufweisen. Die chemische Beständigkeit hat darüber hinaus direkten Einfluss auf die physikalische und mechanische Integrität und daher auch Auswirkungen auf die Funktion und Lebensdauer des Materials. Das Biomaterial wird stets in Bezug zu seinem Einsatzgebiet und seiner Verweildauer im menschlichen Körper gewählt. In Abschnitt 7.7 wird das Thema Inertheit im Kontext der Analyt- und Biokompatibilität in der UHPLC näher diskutiert.

7.4
Flusswege in einem UHPLC-System

7.4.1
Niederdruck- und Hochdruckflussweg

Für die Diskussion von Materialien und die an sie gestellten Anforderungen ist es sinnvoll, die Fluidik eines UHPLC-Systems nach verschiedenen Aspekten zu gruppieren. Eine gängige Einteilung der Fluidik erfolgt gemäß dem Druck, der in dem jeweiligen Flussweg herrscht – also ein Niederdruck- und ein Hochdruckflussweg, wie in Abb. 7.1 dargestellt. Der Niederdruckflussweg beginnt in den Eluentenflaschen und den Einlassfritten und endet bei den Pumpenblöcken. In diesem Bereich befindet sich die mobile Phase auf niedrigem Druck bzw. im Unterdruck, denn dort wird die mobile Phase über einen Vakuumentgaser von gelösten Gasen befreit und über die Pumpe angesaugt. In den Pumpenblöcken wird die mobile Phase auf Systemdruck komprimiert. Der Hochdruckbereich beginnt daher bei den Pumpenblöcken und endet hinter der Säule, streng genommen am Interface des Detektors (z. B. Massenspektrometer) bzw. hinter der Messzelle des Detektors (z. B. UV-Detektor).

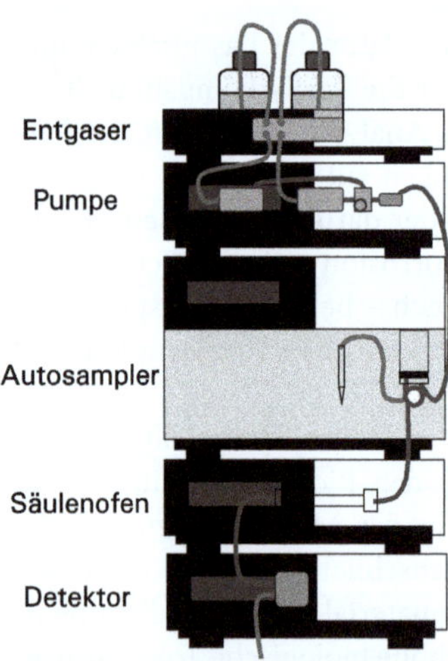

Abb. 7.1 Niederdruck- und Hochdruckflussweg eines (U)HPLC-Systems mit *Fixed Loop* (*Pulled Loop*) Autosampler. Der Niederdruckflussweg ist in grün, der Hochdruckflussweg in blau dargestellt. Wiedergabe mit freundlicher Genehmigung von Thermo Fisher Scientific, Vervielfältigung verboten.

Da im Niederdruckflussweg ein geringerer Druck herrscht, werden dort in der Regel andere Materialien eingesetzt als im Hochdruckflussweg, obgleich beide Flusswege mit der mobilen Phase im Kontakt stehen. Spezielle Niederdruckflusswege sind der Flussweg der Waschflüssigkeit des Autosamplers und der Flussweg der (optionalen) Hinterkolbenspülung der Pumpe.

7.4.2
Flussweg der mobilen Phase und der Probe

Ein anderes Differenzierungsmerkmal als der im Flussweg herrschende Druck ist der Kontakt der mobilen Phase und der Probe zu den flüssigkeitsbenetzten Materialien. In diesem Fall ist die Einteilung der Fluidik in einen Flussweg der mobilen Phase und in einen Probenflussweg sinnvoll, die schematisch in Abb. 7.2 veranschaulicht sind. Der Flussweg der mobilen Phase umfasst den gesamten Niederdruckflussweg von den Einlassfritten bis zur Pumpe und den gesamten Hochdruckflussweg. Der Probenflussweg ist derjenige Flussweg, der von der Probe durchflossen wird. Er beginnt beim Autosampler mit Probennadel, Probenschleife und Ventil, führt über die Säule und endet am Auslass des Detektors.

An dieser Stelle soll darauf hingewiesen werden, dass in UHPLC-Systemen mit Flow-Through Autosamplern der gesamte Probenflussweg inkl. Probennadel und Nadelsitz sowohl Teil des Hochdruckflussweges als auch Teil des Flussweges der mobilen Phase ist. In UHPLC-Systemen mit Fixed Loop Autosamplern ist jedoch nur ein Teil des Probenflussweges – nämlich nur der ab der Probenschleife –

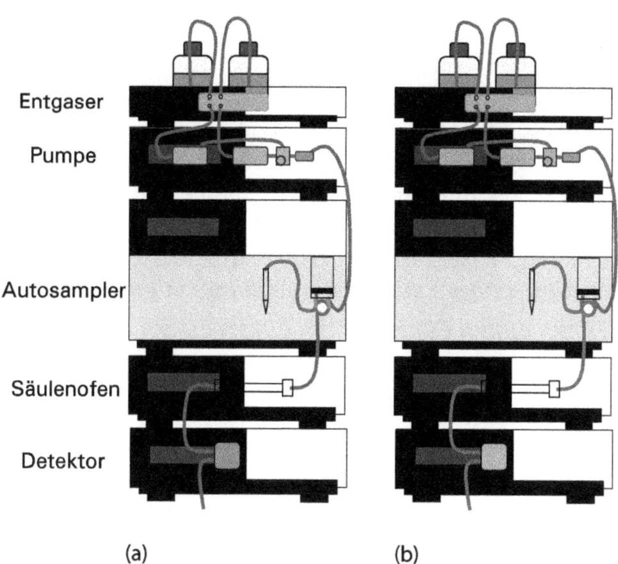

Abb. 7.2 Flussweg der mobilen Phase (a, blau) im Vergleich zum Probenflussweg (b, grün) eines (U)HPLC-Systems mit Fixed Loop (Pulled Loop) Autosampler. Wiedergabe mit freundlicher Genehmigung von Thermo Fisher Scientific, Vervielfältigung verboten.

Bestandteil des Flussweges der mobilen Phase. Nadel und Kapillaren zum Autosamplerventil sind Bestandteil des Niederdruckflussweges (siehe Abschnitt 2.1).

7.5 Niederdruckflussweg

Der Niederdruckflussweg beginnt in der Lösemittelflasche, führt über die Einlasslösemittelfilter und -lösemittelschläuche in den Vakuumentgaser und mündet in der Pumpe entweder im Gradientenproportionierungsventil (GPV) bei Niederdruckmischpumpen bzw. direkt in den optionalen Solventselektoren einer Hochdruckpumpe oder direkt in den Pumpenköpfen. Eine Auswahl der in diesem Bereich des UHPLC-Systems verwendeten Materialien ist in Tab. 7.2 zusammengefasst.

Lösemittelflaschen sollten nach Möglichkeit aus Borosilikatglas gefertigt sein. Borosilikatglas besteht aus einem höheren Anteil an Siliciumdioxid und einem geringeren Anteil von Alkali- und Erdalkalimetallionen als herkömmliches Natron-Kalk-Glas [5]. Das vorhandene Boroxid verleiht dem Glas eine höhere Beständigkeit gegenüber Wasser, Säuren und Laugen als auch Salzlösungen. Insgesamt ist es stabiler gegenüber Hydrolyse als herkömmliches Natron-Kalk-Glas. Bei Verwendung von herkömmlichen Gläsern mit geringer chemischer Resistenz ist mit einem erhöhten Oberflächenabtrag bei Verwendung von alkalischen mobilen Phasen zu rechnen. Dieser Abtrag kann einen höheren Verschleiß an Pumpendichtringen und Kolben sowie Verstopfungen im System zur Folge haben. In diesem Zusammenhang sollte erwähnt werden, dass Borosilikatgläser in starken Basen bei höheren Temperaturen löslich sind.

Einlasslösemittelfilter haben die Aufgabe grobe Partikel aus dem System fernzuhalten. Die Porengröße bestimmt dabei den maximal zulässigen Volumenstrom durch die nachfolgenden Lösemittelschläuche. Bei hohen Volumenströmen und zu kleinen Porengrößen kann es zu einem hohen Unterdruck in den Lösemittelschläuchen und Ausgaseffekten kommen, die schließlich zur Bildung von Gas- bzw. Luftblasen führen. Je nach Größe der Blasen ist der nachfolgende Vakuumentgaser nicht mehr in der Lage, diese vollständig zu entfernen. Bei semipräparativen Analysen sollte daher über eine Anpassung der Filter nach-

Tab. 7.2 Auswahl von typischen flüssigkeitsbenetzten Materialien, die im Niederdruckflussweg von UHPLC-Systemen eingesetzt werden.

Komponente	Materialien (Auswahl)
Lösemittelflasche	Natron-Kalk-Glas, Borosilikatglas
Einlasslösemittelfilter	rostfreier Stahl, Titan, PEEK, PTFE, UHMW-PE
Lösemittelschläuche	PTFE, FEP, PEEK, ECTFE
Vakuumentgaser	amorphes Fluorpolymer, PTFE

gedacht werden. Als Material für die Einlasslösemittelfilter werden rostfreier Edelstahl bzw. biokompatible Materialien wie Titan, PEEK, PTFE oder UHMW-PE verwendet. Bei Verwendung von korrosiv wirkenden Lösemitteln können sich bereits zu Beginn des Flussweges der mobilen Phase Metallionen aus metallhaltigen Einlasslösemittelfiltern in das System lösen. Auf Metalle und ihre Korrosionseigenschaften wird in den Abschnitten 7.6.1.2, 7.6.3.3 und 7.7.2 näher eingegangen. Unter Umständen ist der Einsatz von biokompatiblen Lösemittelfiltern notwendig.

Für den Lösemitteltransport von den Lösemittelflaschen bis zur Pumpe kommen überwiegend kunststoffbasierte Niederdruckschläuche zum Einsatz. Dabei handelt es sich meist um Kunststoffe mit einer breiten chemischen Kompatibilität z. B. fluorpolymerbasierte Materialien wie Polytetrafluorethylen (PTFE), fluoriertes Ethylenpropylen (FEP) und Ethylen-Chlortrifluorethylen (ECTFE). Die verwendeten Fittinge inkl. Schneidkegel (Ferrule) sind meist aus Polyetheretherketon (PEEK).

In den Vakuumentgasereinheiten werden feinporöse Membranen aus PTFE oder amorphem Fluorpolymer eingesetzt. Um sicherzustellen, dass die mobile Phase vor Eintritt in den Hochdruckflussweg effizient entgast wird, ist der maximal zulässige Volumenstrom, welcher durch die Entgaserkartuschen definiert wird, zu beachten. Der maximal zulässige Volumenstrom liegt für analytische Anwendungen oft bei 5 mL min^{-1} und kann in der Regel den Handbüchern entnommen bzw. bei den Geräteherstellern erfragt werden.

Die kunststoffbasierten Komponenten des Niederdruckflussweges und des Vakuumentgasers haben den Vorteil einer breiten Lösemittelkompatibilität. Allerdings können in ihnen enthaltene Weichmacher (oftmals Phthalate) und andere Kontaminanten in der LC-MS-Analytik störend wirken, wie dies in den Abb. 7.3 und 7.4 gezeigt ist.

Weitere gängige Kontaminanten sind Gleitmittel wie z. B. Erucamid, die aus dem Verpackungsmaterial stammen [6].

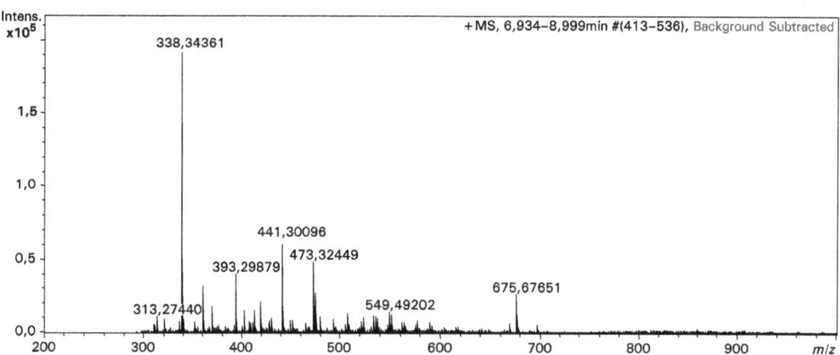

Abb. 7.3 LC-MS-Nachweis von Diisononylphthalat und Erucamid aus einem FEP-Lösemittelschlauch-Extrakt. Der Lösemittelschlauch wurde mit H_2O/ACN 20/80 (v/v) befüllt bei 40 °C für 24 h inkubiert. Erucamid: $m/z = 338{,}34$ $[M + H]^+$ und $675{,}67$ $[2M + H]^+$; Diisononylphthalat: $m/z = 441{,}30$ $[M + Na]^+$. Wiedergabe mit freundlicher Genehmigung von Thermo Fisher Scientific, Vervielfältigung verboten.

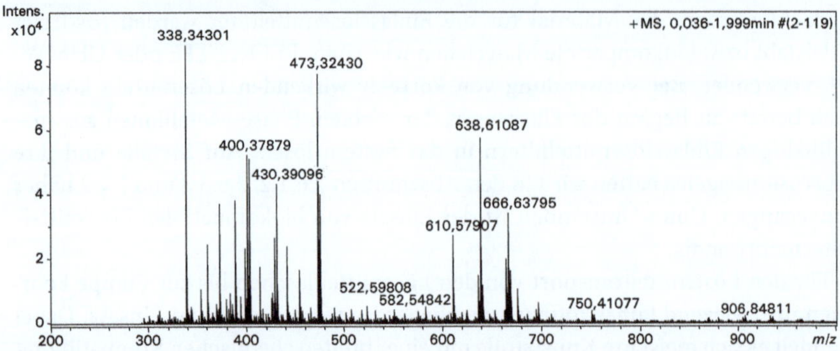

Abb. 7.4 LC-MS-Nachweis von Erucamid aus einem PEEK-Fritten-Extrakt. Die PEEK-Fritte wurde in H_2O/ACN 20/80 (v/v) bei 40 °C für 24 h inkubiert. Erucamid: m/z = 338,34 $[M + H]^+$. Neben Erucamid wurden zahlreiche nicht näher identifizierte Substanzen detektiert. Wiedergabe mit freundlicher Genehmigung von Thermo Fisher Scientific, Vervielfältigung verboten.

7.6 Hochdruckflussweg

7.6.1 Pumpe

Nachdem die mobile Phase den Entgaser passiert hat, erreicht sie die UHPLC-Pumpe. Die mobile Phase wird hier von einem Kolben im Pumpenkopf von Atmosphärendruck auf Systemdruck komprimiert (Abb. 7.5) und schließlich über den Autosampler, die Säule und durch den Detektor mit einer definierten Flussrate gefördert. Bei einer Flussrate von z. B. 1,2 mL min^{-1} und einem Kolbenhub von 60 μL führt eine Niederdruckpumpe 20 Kolbenhübe min^{-1} bzw. insgesamt 28 800 Kolbenhübe innerhalb einer Betriebsdauer von 24 h durch. Das erfordert eine hohe Verschleißfestigkeit der Pumpenkolben, Dichtringe als auch Einlass- und Auslassventile. Im Gegensatz zu konventionellen HPLC-Pumpen wird bei UHPLC-Pumpen aufgrund höherer Drücke eine höhere Kompressionswärme während der Kompressionsphase frei, welche die Materialien zusätzlich belastet und abgeführt werden muss.

Wichtige Pumpenkomponenten bei Niederdruckpumpen sind das Gradientenportionierungsventil (GPV), die Pumpenköpfe, Verschleißteile wie die Einlass- und Auslassventile, Kolben und ihre Dichtungen als auch Kapillaren, die in Pumpen verbaut sind (Abb. 7.5). In Tab. 7.3 sind häufig in UHPLC-Pumpen eingesetzte Materialien aufgelistet.

7.6.1.1 Einlass- und Auslassventile

Einlass- und Auslassventile sind meist Kugelrückschlagventile, die u. a. aus einer Kugel und einem Kugelsitz bestehen [7]. Die Ventile müssen sehr schnell öffnen und schließen können, damit die mobile Phase pulsationsarm aus dem

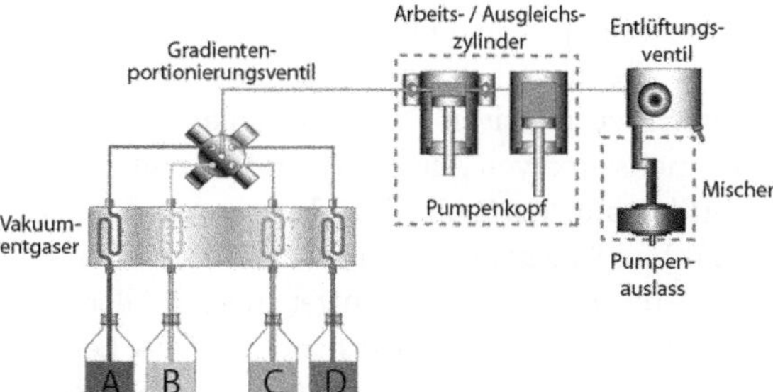

Abb. 7.5 Schematische Darstellung der Einzelkomponenten einer Niederdruckpumpe. Dargestellt sind der Entgaser, das Gradientenportionierungsventil, der Pumpenkopf bestehend aus Arbeitszylinder und Ausgleichszylinder, das Entlüftungsventil und der Mischer. Wiedergabe mit freundlicher Genehmigung von Thermo Fisher Scientific, Vervielfältigung verboten.

Tab. 7.3 Auswahl von typischen flüssigkeitsbenetzten Materialien, die in UHPLC-Pumpen eingesetzt werden.

Modulkomponente	Materialien (Auswahl)
Gradientenportionierungsventil (GPV)	PEEK, Fluorpolymere
Pumpenkopf (Körper)	rostfreier Stahl, Titan
Einlass- und Auslassventil	rostfreier Stahl, Titan, Rubin, Saphir, Zirkoniumoxid, Aluminiumoxid
Kolbendichtung	PTFE, UHMW-PE, rostfreier Stahl, Titan
Kolben	Saphir, Keramik, SiC
Kapillaren	rostfreier Stahl, Titan, MP35N

Niederdruckflussweg vom Pumpenkolben reproduzierbar auf Systemdruck komprimiert und in den Hochdruckflussweg auf die Säule gefördert werden kann. Die Ventile müssen dabei den Hochdruckflussweg gegenüber dem Niederdruckflussweg über den gesamten Druckbereich zuverlässig abdichten. Die Ventile sind hohen mechanischen Belastungen ausgesetzt und haben maßgeblichen Einfluss auf die Leistungsfähigkeit eines UHPLC-Systems. Die Form und die Struktur der Oberfläche von Kugel und Kugelsitz müssen perfekt aufeinander abgestimmt sein, damit ein Rückfluss der mobilen Phase durch das Ventil in Form von kleinsten Undichtigkeiten weitestgehend verhindert wird. Daher sind besonders die tribologischen Werkstoffeigenschaften und die Oberflächenbeschaffenheit von Bedeutung. Edelstahl und andere Metalllegierungen sind mechanisch und chemisch nicht beständig genug, um den Anforderungen für die UHPLC gerecht zu werden. Materialien mit hoher Korrosionsbeständigkeit und Verschleißfestigkeit, die in Einlass- und Auslassventilen für Kugel und Kugelsitz eingesetzt werden, sind daher Rubin, Saphir oder keramische Werkstoffe wie z. B. Aluminiumoxid (Al_2O_3) oder Zirkoniumoxid (ZrO_2) [8, 9]. Rubin und Saphir sind synthetische Al_2O_3-Kristalle, während gesinterte keramische Materialien amorpher Natur sind. Klassische Ventile besitzen eine Kugel aus Rubin und einen Kugelsitz aus Saphir. Rubin-Saphir-Ventile sind allerdings bekannt dafür, dass sie mit Gradienten aus Wasser und Acetonitril zu massiven Druckschwankungen führen können. Grund dafür ist die Polymerisation von Acetonitril und die dadurch bedingte Ausbildung eines Polymerfilms auf dem Saphir-Kugelsitz, sodass die Kugel an dem Kugelsitz anhaftet und das Ventil nicht mehr reproduzierbar arbeitet. Keramische Materialien sind für derartige Polymerfilme weniger anfällig. Allerdings können diese Ventile bei niedrigem Rückdruck unter Umständen höhere Leckraten aufweisen [8]. Neben den Kugelrückschlagventilen greifen einige Hersteller auch auf aktive Einlassventile zurück, in denen die Dichtung über einen Elektromagneten mechanisch erzwungen wird [7]. Diese sind im Vergleich zu den Rückschlagventilen jedoch deutlich kostenintensiver.

7.6.1.2 **Pumpenkopf**

Die zwei wichtigsten Metalllegierungen, die in UHPLC-Pumpen u. a. im Pumpenkopf zum Einsatz kommen, sind rostfreier Stahl und Titan. In Abb. 7.5 ist eine schematische Darstellung eines Pumpenkopfs wiedergegeben. In den folgenden Abschnitten werden die chemische Zusammensetzung und Eigenschaften von rostfreiem Stahl und Titan näher beschrieben.

Rostfreier Stahl

Standardmäßig kommen in UHPLC-Pumpen rost- und säurebeständige Stahllegierungen des Typs 316 (AISI-Bezeichnung) und seine Varianten zum Einsatz [1, 10]. Eine Auswahl verschiedener Typen und ihre chemische Zusammensetzung sind in Tab. 7.4 dargestellt. Bei diesen Stahllegierungen handelt es sich um eine Reihe von Cr-Ni-Mo-Stählen, deren erhöhte Korrosionsbeständigkeit auf den hohen Chromgehalt von 17–20 % und die Ausbildung einer Oxidschicht zurückgeführt wird.

Nickel stabilisiert die kubisch dichteste (austenitische) Struktur dieser Legierungen, fördert die Repassivierung in reduzierenden Medien und erhöht die Stabilität gegenüber der Korrosion durch Mineralsalze. Der Zusatz von Molybdän in der Legierung erhöht die Resistenz der Oxidschicht gegenüber chloridhaltigen Medien. Cr-Mi-Mo-Stähle sind somit stabiler gegenüber Loch- und Spaltkorrosion als Cr-Ni-Stähle ohne Zusatz von Molybdän wie z. B. die gebräuchlichsten rostfreien Stahllegierungen des Typs 304 [2, 3].

Einfluss von salzhaltigen und sauren Eluenten Auch wenn Molybdän als Legierungsbestandteil die Korrosionsbeständigkeit von rostfreiem Stahl erhöht, sind Cr-Ni-Mo-Stähle bei Kontakt mit chloridhaltigen Medien anfällig für Korrosion [2, 4]. Auf die Verwendung von mobilen Phasen, die Halogenide (z. B. Natriumchlorid) oder ihre korrespondierenden Säuren (z. B. Salzsäure) enthalten, sollte in UHPLC-Systemen mit Komponenten aus Edelstahl im Allgemeinen verzichtet werden. Generell ist die Beständigkeit von austenitischem Edelstahl in sauren Salzlösungen geringer als in neutralen Salzlösungen. Viele Systemhersteller empfehlen daher mobile Phasen mit einem pH-Wert von ca. ≤ 2 zu vermeiden, da die-

Tab. 7.4 Chemische Zusammensetzung von rostfreiem Stahl der Typen 304, 316, 316L und 316Ti [2].

Werkstoff/ AISI-Nr.	Fe [%]	Cr [%]	Ni [%]	Mo [%]	C [%]	Mn [%]	Si [%]	P [%]	S [%]	Ti [%]
1.4301/304	Rest	18–20	8,0–10,5	–	0,08	2,0	1,0	0,045	0,03	–
1.4401/316	Rest	16–18	10–14	2–3	0,08	2,0	1,0	0,045	0,03	–
1.4404/316L	Rest	16–18	10–14	2–3	0,03	2,0	1,0	0,045	0,03	–
1.4571/316Ti	Rest	16–18	10–14	2–3	0,08	2,0	1,0	0,045	0,03	0,7

se korrodierend wirken können [11–13]. Schwefelsäure kann bereits in niedrigen Konzentrationen von ≥ 5 % und bei niedrigen Temperaturen ≥ 20 °C Edelstahl signifikant angreifen (Flächenkorrosion). Ebenfalls ist Vorsicht bei Salzen der Schwefelsäure, vor allem den Hydrogensulfaten geboten. Salpetersäure kann in sehr hohen Konzentrationen besonders bei höheren Temperaturen (z. B. 66 % kochend bzw. 99 % bei 20 °C) ebenfalls Flächenkorrosion verursachen, obgleich sie in niedrigeren Konzentrationen zur Passivierung der Edelstahloberfläche eingesetzt wird. Diese Thematik wird ausführlich in Abschnitt 7.7.4 diskutiert. Salzsäure sollte aufgrund der oben genannten chloridinduzierten Lochkorrosion nicht eingesetzt werden. Rostfreier Stahl ist jedoch gegenüber Phosphorsäure über einen breiten Konzentrationsbereich bei Raumtemperatur stabil [2, 4, 14]. Dies gilt auch für Lösungen schwacher organischer Säuren. In wässrigen Lösungen von Ameisensäure, Essigsäure und Zitronensäure zeigt Edelstahl bei Raumtemperatur in der Regel eine gute Korrosionsbeständigkeit [2, 4, 14].

Einfluss von basischen Eluenten Edelstahl ist im Vergleich zu sauren Eluenten stabil gegenüber einer Vielzahl von verdünnten, halogenidfreien anorganischen Salzlösungen mit neutralen und alkalischen pH-Werten wie z. B. Ammoniumnitrat, Ammoniumbikarbonat, Natriumhydrogenkarbonat oder Kaliumkarbonat.

Schwache Basen wie z. B. Ammoniumhydroxid und organische aliphatische Amine greifen austenitische Cr-Ni-Stähle über einen breiten Konzentrations- und Temperaturbereich nicht an. In starken Basen (z. B. NaOH) mit hohen Konzentrationen und Temperaturen werden Korrosionseffekte beobachtet. Vor diesem Hintergrund sollte auf mobile Phasen mit hohen basischen pH-Werten von ≥ 12 verzichtet werden.

Einfluss organischer Lösemittel Acetonitril und Methanol gehören zu den gängigsten organischen Lösemitteln in der Reversed Phase(RP)-Chromatographie. In der alltäglichen Anwendung hat sich gezeigt, dass rostfreier Stahl in UHPLC-Systemen gegenüber diesen Lösemitteln korrosionsbeständig ist. In Untersuchungen von Mowery zur chemischen Beständigkeit von rostfreiem Edelstahl des Typs 316 in einem Sitzventil eines Druckregulators wurden allerdings Formen der lokalen Korrosion, u. a. Erosionskorrosion beim Durchströmen des Sitzventils mit unverdünntem Acetonitril oder Methanol beobachtet [15]. Wie relevant die Ergebnisse dieser Studie für die UHPLC sind, muss kritisch hinterfragt werden. Acetonitril und Methanol werden seit Jahren erfolgreich in der HPLC eingesetzt und werden mit Korrosion nicht unmittelbar in Verbindung gebracht. Eine mögliche Erklärung ist, dass Korrosion, die aufgrund hoher Korrosionsraten zu offensichtlichen Materialschäden führt, nicht auftritt, da Acetonitril und Methanol selten zu 100 % in der Hochdruckfluidik in RP-Anwendungen bzw. meist nur für eine kurze Zeit am Ende einer Gradiententrennung zu 100 % gefördert werden. Die Untersuchung verdeutlicht dennoch, dass lokale Korrosionseffekte unter Umständen vorkommen, wenn Acetonitril oder Methanol mit hohen Strömungsgeschwindigkeiten und schnellen Richtungsänderungen unverdünnt durch Stahlkomponenten gefördert werden [1].

Die von Mowery durchgeführte Studie wird in einigen wissenschaftlichen Artikeln, in denen Wechselwirkungen von Analyten mit der HPLC-Apparatur diskutiert werden, zitiert (Abschnitt 7.7.3.3). Vor diesem Hintergrund kann es sinnvoll sein, ein UHPLC-System auf den beschriebenen Sachverhalt zu überprüfen, wenn im Rahmen einer Applikation Metal Leaching ein Problem darstellen sollte. In diesem Fall kann dem Acetonitril bzw. Methanol zunächst Wasser ($\geq$ 1 %) bzw. Phosphatpuffer (pH 2,5) beigemischt oder im Anschluss eine Passivierung mit 6 M Salpetersäure durchgeführt werden. Das Beimischen der genannten wässrigen Phasen führte gemäß Mowery zu einer Minimierung der Korrosionseffekte und einer deutlichen Erhöhung der Lebensdauer des Ventils. Die Passivierung mit Salpetersäure minimierte einerseits die Lochkorrosion, aber Erosionskorrosionseffekte und das vorzeitige Ausfallen des Ventils konnten nicht verhindert werden. Die Zugabe von Lithiumnitrat als Korrosionsinhibitor führte zu einer deutlichen Reduzierung der Lochkorrosion und auch mit Hydrazin sind Erfolge erzielt worden.

Abschließend soll kurz auf halogenierte organische Lösemittel wie z. B. Chloroform eingegangen werden. Diese neigen unter Umständen dazu Salzsäure zu bilden, die wiederum den rostfreien Stahl angreifen kann.

Titanlegierungen

Titanlegierungen haben sich in zahlreichen Anwendungen der Luft- und Raumfahrttechnik, chemischen Industrie, Meerestechnik und in der Medizintechnik als metallisches Biomaterial aufgrund der hohen spezifischen Festigkeit, der hohen Korrosionsbeständigkeit und Biokompatibilität bewährt [16]. Generell werden Titanlegierungen hinsichtlich ihrer chemischen Zusammensetzung und ihrem Kristallgefüge unterschieden. Das Kristallgefüge bestimmt dabei die mechanischen Eigenschaften des Titanwerkstoffes. Wichtige Titanlegierungen sind z. B. das Reintitan (commercially-pure, cp-Ti) in unterschiedlichen Reinheitsgraden (z. B. Grade 1 und 4) und zahlreiche andere Titanlegierungen, die im Gegensatz zu cp-Ti andere Legierungsbestandteile wie Aluminium, Vanadium, Niob und Zinn in unterschiedlichen Kombinationen und Gewichtsanteilen enthalten. Eine Auswahl wichtiger Titanlegierungen und ihre chemische Zusammensetzung sind in Tab. 7.5 dargestellt. Unter diesen Titanlegierungen ist vor allem der Werkstoff

Tab. 7.5 Beispiele für die chemische Zusammensetzung von Titanlegierungen [17–19].

Werkstoff-Nr./ Kurzform	Ti [%]	Al [%]	V [%]	Fe [%]	O [%]	N [%]	C [%]	H [%]
3.7025/Grade I	Rest	–	–	0,20	0,18	0,03	0,10	0,015
3.7065/Grade IV	Rest	–	–	0,50	0,40	0,05	0,08	0,013
3.7165/Grade V	Rest	5,5–6,75	3,5–4,5	0,40	0,20	0,05	0,08	0,015

Ti-6Al-4V (Titan Grade 5) hervorzuheben, der neben Reintitan eine sehr hohe kommerzielle Bedeutung hat. Ti-6Al-4V ist der am besten charakterisierte und erprobte Titanwerkstoff und zeichnet sich durch eine hohe Festigkeit mit guter Zähigkeit und hoher Korrosionsbeständigkeit aus [16].

Titan wird daher häufig in Bereichen eingesetzt, in denen die Korrosionsbeständigkeit von austenitischem Edelstahl nicht ausreichend ist. Es wird in biokompatiblen UHPLC-Pumpen als Konstruktionsmaterial von verschiedenen Komponenten verwendet. An dieser Stelle wird darauf hingewiesen, dass Titan stets einen geringen Anteil von Eisen enthält, so z. B. Reintitan bis max. 0,5 %. Alle biokompatiblen UHPLC-Systeme, die auf Titan zurückgreifen, sind daher nicht vollständig eisenfrei.

Titan ist im Gegensatz zu den zu Beginn von Abschnitt 7.6.1.2, unter *Rostfreier Stahl,* beschriebenen Cr-Ni-Stählen deutlich korrosionsbeständiger gegenüber zahlreichen neutralen und chloridhaltigen Medien [20, 21].

Generell weist Reintitan auch eine hohe Resistenz gegenüber anderen anorganischen (nicht reduzierenden) Salzlösungen auf, jedoch nimmt die Beständigkeit mit saurem pH-Wert und höheren Temperaturen ab. Salzsäure, Schwefelsäure und Phosphorsäure können bei bestimmten Konzentrationen und Temperaturen zu Korrosionseffekten führen, dennoch lassen sich oxidierende Substanzen, wie z. B. Salpetersäure als Korrosionsinhibitoren einsetzen. Reintitan ist in $\leq 7\,\%$ Salzsäure, $\leq 5\,\%$ Schwefelsäure und $\leq 30\,\%$ Phosphorsäure bei Raumtemperatur sehr korrosionsbeständig (Korrosionsraten $\leq 0{,}13$ mm pro Jahr) [21]. Darüber hinaus erweist es sich bei Raumtemperatur resistent gegenüber organischen Säuren (z. B. Ameisensäure, Zitronensäure und Essigsäure), gegenüber alkalischen Medien (z. B. Natriumhydroxid- und Ammoniumhydroxidlösungen) und gegenüber oxidierenden Medien (z. B. Salpetersäure, Perchlorsäure und Hypochlorsäure).

Bei Verwendung von Methanol kann es in Abhängigkeit der Titanqualität zu Spannungsrisskorrosion kommen. Daher wird bei Verwendung von Methanol in Verbindung mit Reintitan der Zusatz von rund 3 % Wasser empfohlen, dadurch wird die Passivität des Titans gewährleistet [16, 21].

7.6.1.3 **Pumpenkolben und Kolbendichtringe**

Pumpenkolben

Neben den Einlass- und Auslassventilen gehören Pumpenkolben und Dichtringe zu den kritischen Bauteilen einer UHPLC-Pumpe. Im Kolbenraum wird die mobile Phase durch den Kolben auf Systemdruck komprimiert und in den Hoch-

Abb. 7.6 Abbildung einer Gleitringdichtung mit Dichtung und Dichtringfeder. Wiedergabe mit freundlicher Genehmigung von Thermo Fisher Scientific, Vervielfältigung verboten.

druckflussweg gefördert. Der Kolbenraum wird dabei gegenüber dem Pumpenantrieb, der sich hinter dem Kolbenraum befindet, mittels Dichtring abgedichtet. Der Kolben besitzt idealerweise eine hohe Härte und eine geringe Rauheit. Diese Eigenschaften gewährleisten einen geringen Verschleiß und Abrieb des Kolbens als auch des Dichtringmaterials.

Als Kolbenmaterial werden traditionell Saphir und Oxidkeramiken wie z. B. ZrO_2 eingesetzt. Diese zeichnen sich durch ihre hervorragende Abrasions- und Korrosionsbeständigkeit aus.

Im Rahmen der Weiterentwicklung von HPLC- und UHPLC-Pumpen werden auch neue Materialien wie Siliciumcarbid bzw. gesintertes Siliciumcarbid als Kolbenmaterial eingesetzt [22]. Siliciumcarbid besitzt einen geringen Reibungskoeffizienten und eine hohe thermische Leitfähigkeit, wodurch die entstehende Reibungswärme effektiv abgeführt werden kann.

Kolbendichtringe

Die in UHPLC-Kolbenpumpen eingesetzten Dichtringe sind Gleitringdichtungen, die aus dem Dichtmaterial und einer Dichtringfeder bestehen (Abb. 7.6). Die Feder hat die Aufgabe, das Dichtmaterial vorzuspannen, sodass es mit einer konstanten Kraft auf den Kolben gepresst wird.

Die Lebensdauer von Dichtringen ist neben den tribologischen Eigenschaften wie z. B. der Rauigkeit von dem verwendeten Material, der chemischen Zusammensetzung der mobilen Phase, dem Systemdruck und der Flussrate (Anzahl der Kolbenhübe pro Zeiteinheit) abhängig.

Für Dichtringe werden Kunststoffe bzw. kunststoffbasierte Kompositwerkstoffe verwendet. Beim Aufbau von Kompositwerkstoffen wird zwischen einer kontinuierlichen Phase (Matrix bzw. Basismaterial) und einer diskontinuierlichen Phase (Füllstoffe) unterschieden. Gängige Basismaterialien sind u. a. ultrahochmolekulargewichtiges Polyethylen (UHMW-PE) und PTFE oder Polyethylen (PE). In Kompositwerkstoffen verbessern die zugesetzten Füllstoffe wie z. B. Graphit oder Kohlenstofffasern Eigenschaften wie Kriechwiderstand, Verschleißfestigkeit, Härte, thermische Leitfähigkeit und chemische Kompatibilität des Basismaterials. PTFE zeichnet sich im Gegensatz zu anderen Kunststoffen durch eine höhere chemische Kompatibilität gegenüber organischen Normalphaseneluenten aus, allerdings ist es wenig verschleißfest. Daher werden Füllstoffe wie z. B. Graphit zugesetzt, um die tribologischen Eigenschaften bei gleichbleibender chemischer Kompatibilität zu verbessern.

UHMW-PE basierte Dichtringe sind gegenüber den gängigen organischen Lösemitteln, die in der RP-Chromatographie zum Einsatz kommen, beständig. Die Kompatibilität gegenüber Lösemitteln, die in der NP-Chromatographie Verwendung finden, ist jedoch nicht gegeben, sodass ein Betrieb mit derartigen Lösemitteln generell nicht zu empfehlen ist. Vor diesem Hintergrund bieten UHPLC-Hersteller in der Regel Dichtringe sowohl für den RP- als auch den NP-Betrieb an.

7.6.1.4 Praktische Hinweise

Bei einem routinemäßigen Dichtringwechsel sollte berücksichtigt werden, dass ein verschlissener Pumpenkolben zu einem erhöhten Verschleiß des neuen Dichtrings führen kann. Der Kolben sollte daher stets auf Verschleißspuren überprüft und evtl. ein simultaner Wechsel von Dichtring und Kolben durchgeführt werden.

Neben RP- und NP-Dichtringen werden für Anwendungen, welche extreme pH-Werte als auch hohe Salzkonzentrationen erfordern, dedizierte biokompatible Dichtringe angeboten. Die Dichtringfeder sollte in diesen Fällen aus einer biokompatiblen, korrosionsbeständigen Metalllegierung wie z. B. Titan oder einer Nickellegierung, wie z. B. MP35N, Inconel® oder Hastelloy® gefertigt sein.

Allgemein gilt zu beachten, dass einige Hersteller für unterschiedliche Pumpendichtungen einen eingeschränkten Rückdruckbereich spezifizieren, sodass der komplette Druckbereich einer UHPLC-Anlage unter gewissen Umständen nicht voll ausgenutzt werden kann [23, 24].

Um die Reibung zwischen Kolben und Dichtring möglichst gering zu halten, ist stets auf eine Benetzung der Reibungsflächen mit Flüssigkeit zu achten. Das Trockenlaufen einer UHPLC-Anlage kann die Lebensdauer von Pumpendichtungen dramatisch verringern, daher sollte stets die in der Regel vorhandene Kolbenhinterspülung verwendet werden. Die Waschflüssigkeit, die im RP-Betrieb z. B. aus Wasser/Isopropanol (90/10) oder Wasser/Methanol (90/10) bestehen kann, sollte möglichst nicht im Kreislauf gefördert werden, sondern unidirektional. Dadurch wird vermieden, dass sich Puffersalze und Partikel in der Waschflüssigkeit anreichern. Sollte eine unidirektionale Förderung der Waschlösung durch die Bauart der Hinterkolbenspülung nicht unterstützt werden, ist es empfehlenswert die Waschlösung arbeitstäglich zu wechseln.

Hoch konzentrierte Puffer als mobile Phase können die Lebensdauer ebenfalls deutlich verringern, da diese auskristallisieren und den Dichtring beschädigen können. In diesem Fall sind der Einsatz der Kolbenhinterspülung und ein ausreichendes Spülen der Anlage mit Wasser zur Entfernung von Puffersalzen nach der Anwendung obligatorisch.

7.6.2 Autosampler

Nach der Pumpe folgt der Autosampler mit Ventil, Probenschleife und der Probennadel, welche zu den Komponenten des Probenflussweges zählen. In den Autosamplern ist zudem der Flussweg der Waschflüssigkeit als Niederdruckflussweg

Tab. 7.6 Auswahl von typischen flüssigkeitsbenetzten Materialien, die in UHPLC-Autosamplern eingesetzt werden.

Flussweg	Materialien (Auswahl)
Probenflusspfad (Hochdruckflussweg)	rostfreier Stahl, MP35N, Vespel SCP, PEEK, PEEK-Komposit, goldbeschichteter rostfreier Stahl, DLC, Keramik, edelstahlummanteltes PEEK, FFKM
Flussweg der Waschflüssigkeit (Niederdruckflussweg)	PTFE, FEP, PEEK, ECTFE

integriert. Der Waschport wird meist durch Spritzen oder peristaltische Pumpen mit Waschflüssigkeit gefüllt, um die Probennadel von außen zu spülen. Einige Autosamplertypen verwenden die Waschflüssigkeit auch als Probenantriebsflüssigkeit, die dadurch, dass sie das Volumen der Kapillare von der Spritze bis zur Probennadel füllt, das Ansaugen und Ausstoßen der Probe garantiert.

7.6.2.1 Verwendete Materialien

Im Autosampler werden sowohl Metalllegierungen mit und ohne Beschichtung, Kompositwerkstoffe und Kunststoffe verwendet. Eine Auswahl dieser Materialien ist in Tab. 7.6 zusammengefasst.

Da die Materialien des Probenflussweges stets in Kontakt mit der Probe und dem Analyten stehen, ist vor allem die Kompatibilität der verwendeten Werkstoffe im Probenflussweg gegenüber dem Analyten von großer Bedeutung. In Abschnitt 7.7 wird die Analytkompatibilität von Materialien in der UHPLC ausführlich erörtert, sodass auf dieses Thema in diesem Abschnitt nicht weiter eingegangen wird. Da Probenschleifen in Autosamplern ähnlich wie Kapillaren aufgebaut sind, werden in den nachfolgenden Abschnitten nur die Materialien und die Funktionsweise von Probennadel und Injektionsventil diskutiert. Weiterführende Informationen zu den Materialien von Probenschleifen werden in Abschnitt 7.6.3 dargelegt.

7.6.2.2 Probennadeln, Probenfläschchen und Verschlusskappen

Die Probennadel ist die erste Komponente eines Flüssigchromatographiesystems, die mit der Probe in Kontakt kommt. Sie stellt den Beginn des Probenflussweges dar und hat die Aufgabe das Septum eines Probenfläschchens zu durchstoßen und die Probe in das UHPLC-System zu überführen.

Probennadeln werden in verschiedenen Materialien angeboten und bestehen häufig aus rostfreiem Stahl, MP35N, Messing oder keramischen Werkstoffen, aber auch aus Fused Silica und PEEK. Da in Flow-Through Autosamplern die Probennadel Bestandteil des Hochdruckflussweges ist und im Injektionsport gegenüber dem Systemdruck abdichtet, müssen Probennadeln in Flow-Through Autosamplern dem maximal zulässigem Systemdruck ($\geq$ 1000 bar) und hoher mechanischer Beanspruchung standhalten. Dieser Anforderung werden nur Metalle bzw. Metalllegierungen als auch keramische Werkstoffe gerecht. Zur Abdichtung der Probennadel im Injektionsport werden Kunststoffe bzw. kunststoffbasierte Kompositwerkstoffe, wie z. B. PEEK oder Vespel SCP eingesetzt. Die Dichtung wird dabei durch den Kontakt der Außenwand der Nadel mit der passend geformten Innenwand des Nadelsitzes und durch ein Anpressen von Probennadel und Nadelsitz durch einen hohen mechanischen Druck erzeugt [25]. Vor diesem Hintergrund können weder PEEK noch Fused Silica Probennadeln für einen Flow-Through Autosampler genutzt werden. Probennadeln aus Materialien wie z. B. Fused Silica oder PEEK finden meist nur in Fixed Loop Autosamplern Anwendung.

Neben den mechanischen Anforderungen der Druckstabilität müssen Probennadeln in der Lage sein, Septen bzw. Verschlussmatten von Mikrotiterplatten zu durchstechen, ohne dass Material weder in das Vial ausgestochen noch in das System injiziert wird. Die Vielfalt an verfügbaren Verschlüssen ist sehr hoch, sodass nicht jeder Autosampler mit jeder Art von Septum *per se* kompatibel ist. Verschlüsse aus einem bestimmten Material, die zuvor in einem Autosampler zuverlässig eingesetzt wurden, können unter Umständen zu Problemen führen, sobald das Material einer Alterung unterliegt, von einem anderen Hersteller bezogen wird oder aus einer anderen Charge stammt.

Außerdem gilt, dass – je nach Septummaterial – je öfter aus einem Vial injiziert wird, desto wahrscheinlicher ist es, dass Partikel aufgrund der zahlreichen Einstichvorgänge der Probennadel in das Septum die Probe kontaminieren und in das System überführt werden. Die Probleme, die aufgrund von ausgestochenem Septenmaterial während einer HPLC-Analyse auftreten können, sind u. a. Retentionszeit- und Peakflächenschwankungen oder es wird unter Umständen bei einer verstopften Nadel überhaupt keine Probe in das System injiziert, während die Sequenz weiterläuft. Darüber hinaus können ausgestochene Bestandteile des Septums, welche Weichmacher enthalten können, die Probe verunreinigen, wie dies bereits in Abschnitt 7.5 gezeigt wurde.

Bei Verwendung von Vials und Verschlüssen, die nicht den Empfehlungen der Gerätehersteller, die über Betriebshandbücher, Broschüren oder interaktive Vialselektoren im Internet zugänglich sind, entsprechen, ist es ratsam die Auswahl gemäß verfügbarer Kompatibilitätslisten der Hersteller von Vials und Verschlüssen durchzuführen [26–28]. In manchen Fällen kann es sinnvoll sein eigenständig Kompatibilitätstests durchzuführen.

7.6.2.3 **Injektionsventile**

Eine hohe chemische Beständigkeit, geringe Reibung und Bandendispersion als auch schnelle Schaltzeiten sind die wichtigsten Anforderungen, die an Injektionsventile moderner UHPLC-Autosampler gestellt werden.

Gewöhnlich werden 2-Wege-6-Port-Scherventile (Rotary Shear Valve), die neben dem Ventilantrieb aus dem Ventilkörper mit Stator und einem Rotor bestehen, eingesetzt (Abb. 7.7).

Der Stator enthält an der Vorderseite sechs rotationssymmetrisch angeordnete Bohrungen mit Gewinde und Flusspassage zur anderen Seite des Stators. Am

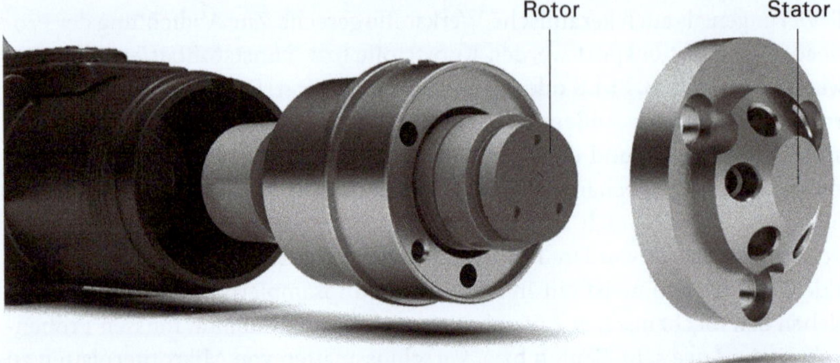

Abb. 7.7 Abbildung eines 2-Wege-6-Port-Scherventils mit Rotor und Stator. Wiedergabe mit freundlicher Genehmigung der IDEX Health & Science GmbH, www.idex-hs.com.

Stator werden die Kapillaren an das Ventil befestigt. Der Rotor besitzt drei bogenförmige Flusspassagen (Grooves), um jeweils zwei benachbarte Statorports fluidisch miteinander zu verbinden. Beim Schaltvorgang gleitet der Rotor auf dem Stator zwischen zwei Positionen A und B bzw. „Inject“ und „Load“. Beide Komponenten, der Stator als auch der Rotor, werden von der mobilen Phase benetzt und sind erheblichen mechanischen Kräften ausgesetzt, denn beide Kontaktpartner werden mithilfe einer Feder im Ventilkörper aufeinandergepresst. Der Anpressdruck von Stator und Rotor ist dabei etwas höher als der maximal zulässige Druck des UHPLC-Systems [29]. Wichtige Merkmale der beschriebenen Scherventile sind das Material von Stator und Rotor, der maximal zulässige Druck und die pH-Wertstabilität der einzelnen Komponenten.

7.7.2.3.1 Materialien für Injektionsventile

Typischerweise besteht der Stator aus einem harten Material, während der Rotor aus einem weicheren Material zusammengesetzt ist. Als Basismaterial für Statoren werden in der Regel Edelstahl oder Titan verwendet, während das Material für Rotoren meist Kunststoffe bzw. kunststoffbasierte Kompositwerkstoffe sind. Kontinuierliche Phasen für Rotoren sind z. B. Polyimid, Polyaryletherketon (PAEK), PTFE, PEEK oder Ethylen-Tetrafluorethylen (ETFE). Die Füllstoffe umfassen zum einen Fluorpolymere wie z. B. PTFE, zum anderen Graphit, Glas- oder Carbonfaser, Titandioxid und Molybdänsulfid. In der Regel handelt es sich um geschützte Kompositwerkstoffe, die unter Handelsnamen wie z. B. Vespel oder Valcon H bekannt sind [25, 30–32]. Um eine robuste, gleitfähige und dichte Verbindung zwischen Rotor und Stator herzustellen, muss mindestens einer der Kontaktpartner (Stator oder Rotor) beschichtet sein. Meistens werden die proprietären Beschichtungen auf dem Stator aufgebracht. Bei diesen Beschichtungen kann es sich z. B. um DLC oder einen Wolframcarbid/Kohlenstoffkomposit handeln. Durch die Beschichtung wird die Lebensdauer des Ventils, im Vergleich zu unbeschichteten Ventilen, deutlich erhöht [29, 33, 34]. Neben den Statoren aus rostfreiem Stahl können in konventionellen HPLC-Systemen mit geringen Druckspezifikationen auch PAEK- oder PEEK-Statoren eingesetzt werden. Der Vorteil von PAEK/PEEK-Ventilen ist, dass diese metallfrei und biokompatibel sind. PAEK/PEEK-Ventile haben allerdings eine Druckspezifikation von rund 345 bar und sind daher für die UHPLC nicht von Bedeutung. Biokompatible UHPLC-Ventile bestehen daher entweder aus einem Titanstator oder einem Stator mit Stahlkörper und einem Statoreinsatz (Stator Face) aus einem biokompatiblen Material wie z. B. Keramik. Der Vorteil von letztgenanntem Ventil ist, dass die flüssigkeitsbenetzten Oberflächen metallfrei sind.

Druckbeständigkeit und pH-Wertstabilität
Die Drucklimitation von Scherventilen mit hartem metallischen Stator und kunststoffbasiertem Rotor wird aufgrund der geringeren Härte und des geringeren Verschleißwiderstands vom Rotormaterial und seiner Druckfestigkeit bestimmt. PEEK-basierte Rotoren halten in der Regel einem geringeren Druck stand als polyimidbasierte Rotoren. Neben dem maximal zulässigen Druck ist auch der pH-Wertbereich von Ventilen von Relevanz. PEEK-basierte Rotoren decken in der Regel einen breiten pH-Wertbereich von 0–14 ab, während polyimidbasierte Rotoren nur in einem pH-Wertbereich von 0–10 kompatibel sind. Informationen über die chemische Beständigkeit von Rotormaterialien können in der Regel den Gerätehandbüchern entnommen werden bzw. sind über Internetseiten der Ventilhersteller zugänglich. Die maximal mögliche Druckbelastung von Scherventilen mit hartem metallischen Stator und kunststoffbasiertem Rotor liegt derzeit bei ungefähr 1250 bar. In der Zukunft ist damit zu rechnen, dass sowohl Stator als auch Rotor aus hartem Material wie z. B. Keramik oder Metall hergestellt werden, um in Kombination mit einer tribologischen Beschichtung, bei gleichbleibender Lebensdauer, höhere Drücke als 1250 bar zu realisieren [35, 36].

7.6.2.4 Praktische Hinweise

Die Lebensdauer von Ventilen wird an der Anzahl der Schaltzyklen gemessen, bis ein Defekt auftritt. Im Fall der genannten Scherventile, die zwei Positionen anfahren können, bezieht sich ein Schaltzyklus auf das Schalten von Position A nach B und anschließend zurück in die Ausgangsposition. Das Kriterium, an dem ein Defekt gemessen wird, ist ein definierter Leckverlust an mobiler Phase bei einem gegebenen Druck. Leckagen bilden sich entweder radial von den Flusspassagen des Rotors nach außen aus oder sie entwickeln sich in Form der Kreuzportleckage konzentrisch zur Rotationsachse des Rotors von Port zu Port (Abb. 7.8) [29].

Defekte am Rotor, die zu Leckagen führen, sind Materialerosion an bestimmten Stellen des Rotors (Abb. 7.9).

Daher werden in UHPLC-Injektionsventilen u. a. auch Rotoren mit modifizierten Grooves und optimiertem Schaltzyklus eingesetzt, um deren Lebensdauer gegenüber unmodifizierten Rotoren zu erhöhen [37]. Die Anzahl der bis zu einem Defekt maximal möglichen Schaltzyklen hängt von zahlreichen Faktoren ab, wie dem Rotormaterial, der Flussrate, dem Systemrückdruck, dem Anpressdruck des Stators und Rotors, der Zusammensetzung der mobilen Phase bzw. der Probe in

Abb. 7.8 Schematische Darstellung eines Rotors zur Veranschaulichung von radialer Leckage (gelb) und Kreuzportleckage (rot). Wiedergabe mit freundlicher Genehmigung von Thermo Fisher Scientific, Vervielfältigung verboten.

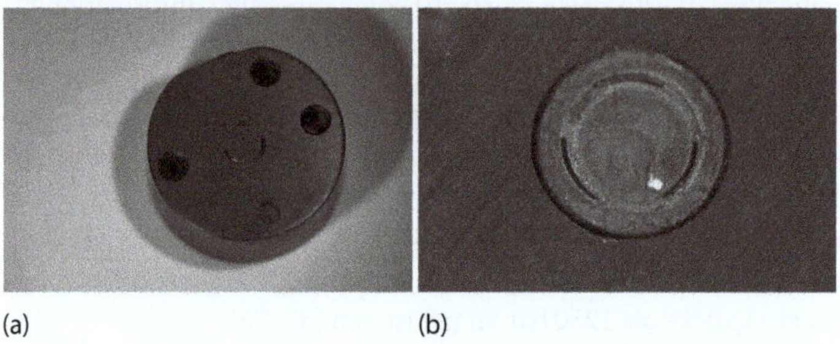

(a) (b)

Abb. 7.9 Abbildung eines neuwertigen Rotors (a) und eines bereits verwendeten Rotors (b) mit Defekten, die zu einer Kreuzportleckage führen.

Bezug auf Lösemittel, Puffersalze und pH-Wert als auch ihren Partikelgehalt. Das Filtrieren von Puffern durch einen 0,1 bzw. 0,2 µm Filter und die Verwendung von kommerziellen und vorgefilterten Lösemitteln mit sehr hohem Reinheitsgrad mit geringer Partikelbelastung (z. B. LC-MS-Qualität) gehören zu einer guten UHPLC-Praxis und erhöhen die Lebensdauer des Ventils. Eine allgemein gültige Aussage bzgl. der Lebensdauer von Ventilkomponenten lässt sich allerdings aufgrund der Vielzahl der genannten Einflussfaktoren nicht treffen. Einige Systemhersteller bieten jedoch softwareintegrierte Drucktests für einzelne UHPLC-Komponenten wie z. B. den Autosampler an, die es dem Anwender ermöglichen, eine über den Druckabfall bestimmte Leckrate zu bestimmen. Daher ist es empfehlenswert einen derartigen Test in regelmäßigen Abständen durchzuführen und die Leckrate zu dokumentieren, sodass ein Defekt frühzeitig erkannt wird und entsprechende Gegenmaßnahmen, wie z. B. ein Wechsel des Rotors oder des gesamten Ventils, eingeleitet werden können.

7.6.3 Kapillaren und Verschraubungen

7.6.3.1 Überblick

Als Komponenten des Probenflusswegs im Hochdruckbereich eines UHPLC-Systems haben Kapillaren und Verschraubungen Kontakt zum Analyten und der mobilen Phase. Im Idealfall sind die fluidischen Verbindungen in physikalischer und chemischer Hinsicht inert gegenüber dem Analyten und der mobilen Phase. Die Analytkompatibilität von Materialien wird in Abschnitt 7.7.3.3 diskutiert.

Kapillaren und ihre Verschraubungen im Probenflussweg tragen zum Extrasäulenvolumen bei und haben daher maßgeblichen Einfluss auf die Peakdispersion und die Trennleistung. Kapillaren sollten daher hinsichtlich ihrer Dimensionen (Innendurchmesser und Länge) sorgfältig auf die Trennsäule und die einzelnen Baugruppen des UHPLC-Systems abgestimmt werden (siehe Abschnitt 2.1.6 und Kapitel 3). Verschraubungen dienen dazu, dass Kapillaren im korrespondierenden Gegenstück z. B. einem Injektionsventil, der Säule oder dem Eingang zur Detektorzelle zuverlässig und möglichst totvolumen- und leckfrei fixiert werden.

In den letzten Jahren sind Hersteller aufgrund der Verwendung von kurzen Trennsäulen (≤ 50 mm) mit kleinen Innendurchmessern (≤ 2,1 mm) und der dadurch erforderlichen Minimierung des Extrasäulenvolumens dazu übergegangen, UHPLC-Systeme standardmäßig mit kurzen Kapillaren mit kleinen Innendurchmessern auszustatten. Während in konventionellen HPLC-Systemen noch Kapillaren mit einem Innendurchmesser von 0,25 mm für Normal-bore Trennsäulen mit einem ID von 4,6 mm genutzt wurden, werden mittlerweile in UHPLC-Systemen standardmäßig Kapillaren mit einem ID von 0,18 verwendet. UHPLC-Systeme, die speziell für Anwendungen auf Narrow- und Micro-bore Trennsäulen mit einem ID von ≥ 1 und < 4 mm vorgesehen sind, werden mit Kapillaren mit einem ID von 0,13 mm bzw. ≤ 0,1 mm betrieben. Außerdem haben sich flexible Kapillaren mit 1/32″ Außendurchmesser, die eine flexible Verbindung der Systemkomponenten miteinander ermöglichen, gegenüber den starren 1/16″ Kapillaren durchgesetzt.

7.6.3.2 Materialien für Kapillaren und Verschraubungen

Materialien für UHPLC-Kapillaren und -Verschraubungen sind rostfreier Stahl, Titan, MP35N, PEEK, edelstahlummanteltes PEEK, Fused Silica und PEEK-ummanteltes Fused Silica, PEEK- und Fused Silica Kapillaren mit kleinem Innendurchmesser werden oft hinter der Säule zum Detektor bzw. als Transferkapillare zum Massenspektrometer eingesetzt. Eine Übersicht der verwendeten Materialien zur Herstellung von UHPLC-Kapillaren ist in Tab. 7.7 zusammengefasst.

7.6.3.3 Kapillaren

Aufgrund der Verwendung von Kapillaren mit kleineren Innendurchmessern ist die Beschaffenheit der Innenoberfläche der Kapillaren immer mehr in den Vordergrund gerückt.

Tab. 7.7 Auswahl von typischen flüssigkeitsbenetzten Materialien, welche zur Herstellung von Kapillaren und Verschraubungen eingesetzt werden.

Material	UHPLC kompatibel	Hinweise zur Biokompatibilität
Rostfreier Stahl	ja	nicht biokompatibel
Titan	nur eingeschränkt, da brüchig, nur in großen Innendurchmessern erhältlich	biokompatibel, da nahezu eisenfrei, aber nicht metallfrei
MP35N	ja	biokompatibel, da nahezu eisenfrei, aber nicht metallfrei
PEEK	nein	metallfrei
Edelstahl-ummanteltes PEEK	ja	metallfrei
Fused Silica	nur eingeschränkt, da brüchig bei mechanischer Beanspruchung von außen	metallfrei, aber Wechselwirkungen mit freien Silanolgruppen möglich, eingeschränkter pH-Wertbereich
PEEK-ummanteltes Fused Silica	ja	metallfrei, aber Wechselwirkungen mit freien Silanolgruppen möglich

Die Textur und Rauigkeit der Innenoberfläche von Kapillaren hängen sowohl von dem Material selber als auch von dem Herstellungs- und dem Veredelungsprozess der Kapillare ab. PEEK-Kapillaren besitzen generell eine niedrigere Rauigkeit als z. B. Edelstahlkapillaren. Eine höhere Rauigkeit sowie Fehlstellen und Rillen in der Innenoberfläche der Kapillaren führen unweigerlich zu einer Dispersion der Probenbande und damit zu Verlusten in der Trennleistung des Gesamtsystems. In Abb. 7.10 ist der Einfluss einer Stahlkapillare mit rauer und mit glatter Oberfläche auf die Trennleistung dargestellt.

Metallbasierte Kapillaren

Rostfreier Stahl ist das gängigste Material, aus dem UHPLC-Kapillaren gefertigt sind. Die Druckstabilität dieser Kapillaren liegt bei weit über 1000 bar (≤ 0,25 mm ID). Ausschlaggebend für die Druckfestigkeit ist die Wandstärke, die sich aus der Kombination von Außendurchmesser und Innendurchmesser ergibt. Eine Kapillare aus rostfreiem Stahl mit einem Innendurchmesser von 0,13 mm und einem Außendurchmesser von 1/16″ besitzt in der Regel eine höhere Druckstabilität als eine flexible 1/32″-Kapillare mit gleichem ID. Die Druckstabilität flexibler 1/32″-Kapillaren ist in der Regel deutlich größer als die Druckstabilität kommerzieller UHPLC-Systeme (≤ 1500 bar). Kapillaren sind in geschweißter bzw. in nahtloser Form erhältlich, die gegenüber einem Rückdruck ≥ 1000 bar stabil sind. Die Handhabung von 1/16″-Kapillaren zur flexiblen Verbindung eines HPLC-Systems gestaltet sich schwieriger als die Verwendung von 1/32″-Kapillaren. Darüber hinaus sollte auf das Schneiden von Kapillaren mit Kapillarschneidern ver-

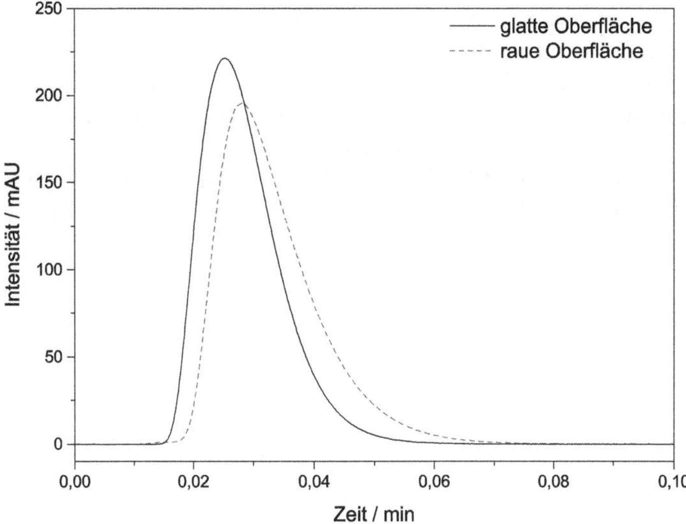

Abb. 7.10 Fließinjektionsanalyse von Koffein (Konzentration 100 mg L^{-1} in Wasser, Fluss 0,5 mL min^{-1}) unter Verwendung einer 75 × 0,18 mm Edelstahlkapillare mit einer glatten und rauen Innenoberfläche. Bei Verwendung der Kapillare mit rauer Oberfläche erhöht sich das Peakvolumen um ca. 13 %. Wiedergabe mit freundlicher Genehmigung von Thermo Fisher Scientific, Vervielfältigung verboten.

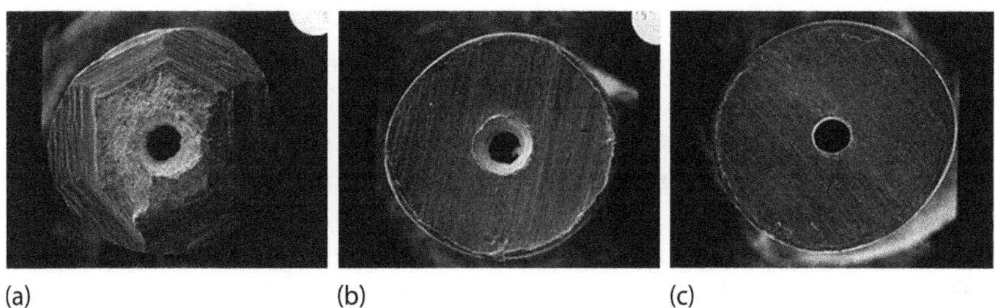

Abb. 7.11 Abbildung der Stirnseite einer mit einer Schleiffeile geschnittenen Edelstahlkapillare (a) im Vergleich zu einer Edelstahlkapillare, die mit einem kommerziell erhältlichen Kapillarschneider (b) geschnitten wurde, bzw. einer bereits ab Werk vorgeschnittenen Edelstahlkapillare (c). Wiedergabe mit freundlicher Genehmigung der IDEX Health & Science GmbH, www.idex-hs.com.

zichtet werden, denn die Folge sind unebene, nicht planare Oberflächen auf der Stirnseite der Kapillaren sowie eine beschädigte Oxidschicht (Abb. 7.11).

Aufgrund der Beschädigung können Partikel in das System freigesetzt werden und somit kann ein zusätzliches, schlecht durchspültes Totvolumen entstehen. Daher sind Kapillaren mit definierten Längen, die elektrolytisch geschnitten und elektropoliert werden, zu empfehlen.

Rostfreier Edelstahl besitzt jedoch die zu Beginn von Abschnitt 7.6.1.2 diskutierte eingeschränkte Korrosionsbeständigkeit gegenüber mobilen Phasen mit hohen Salz- und Chloridionenkonzentrationen als auch extremen pH-Werten.

Titan wird anstelle von rostfreiem Stahl bevorzugt als biokompatibles Material in Pumpen- und Autosamplerkomponenten verbaut. Wird es jedoch zu Kapillaren verarbeitet, erweist es sich als recht brüchig [38]. Titankapillaren setzen unter Umständen Partikel frei, wenn diese stark gebogen werden und sind nur in großen Innendurchmessern (z. B. 0,18 mm) erhältlich.

Neben Titan hat sich in den letzten Jahren die cobaltbasierte Legierung Co-35Ni-20Cr-10Mo (MP35N®) als weiterer metallischer biokompatibler Werkstoff in der Flüssigchromatographie durchgesetzt. MP35N ist eine sogenannte Superlegierung, die Nickel, Kobalt, Chrom und Molybdän enthält. In Tab. 7.8 ist die chemische Zusammensetzung von MP35N aufgeführt.

Ursprünglich wurde dieser Werkstoff für Verbindungselemente für die Luftfahrt entwickelt, er wird aber ebenso aufgrund seiner hohen mechanischen Festigkeit und Biokompatibilität in der Medizintechnik u. a. in kieferorthopädischen Anwendungen und für Hüftprothesen verwendet [40, 41]. Die hohe Korrosionsbeständigkeit wird ebenfalls auf eine Oxidschicht zurückgeführt (Abschnitt 7.7.2.1, *MP35N*). Diese Oxidschicht verleiht MP35N eine sehr gute Resistenz gegenüber Salzwasser und anderen chloridhaltigen Lösungen und anorganischen Säuren (Salpetersäure, Salzsäure und Schwefelsäure). Außerdem ist es standhaft gegenüber Spalt- und Lochkorrosion als auch Spannungsrisskorrosion [40].

Kunststoffbasierte Kapillaren

Polyetheretherketon (PEEK) besitzt im Gegensatz zu rostfreiem Stahl eine hohe chemische Kompatibilität, vor allem gegenüber wässrigen mobilen Phasen mit extremen pH-Werten sowie hohen Salz- und Chloridionenkonzentrationen, und ist metallfrei. Daher wird es als bioinertes Material in der konventionellen Bio- und Ionenchromatographie eingesetzt. PEEK-Kapillaren können je nach Dimension und Hersteller Drücken bis zu 480 bar (OD 1/16″, ID 0,13 mm) standhalten [30, 42]. Die Druckstabilität reduziert sich jedoch auf 345 bar, sobald PEEK-Kapillaren mit 1/32″-Außendurchmesser genutzt werden. Diese Druckspezifikationen beziehen sich meist auf Raumtemperatur und Wasser als mobile Phase. Die Druckkompatibilität von PEEK-Kapillaren sinkt jedoch bei Verwendung von Acetonitril als Kosolvent der mobilen Phase und Temperaturen größer Raumtemperatur auf rund 200 bar [43]. Um dieses Material dennoch im UHPLC-Bereich zu verwenden und die Biokompatibilität von PEEK auszunutzen, werden PEEK-Kapillaren auch mit Ummantelung mit rostfreiem Stahl oder Nickel angeboten. Gemäß Herstellerangaben sind Kapillaren aus edelstahlummanteltem PEEK bis 1200 bar und Kapillaren aus nickelummanteltem PEEK bis zu 2000 bar druckstabil [30, 44]. Allerdings ist in diesem Zusammenhang wichtig, dass die Verschraubung ebenfalls aus einem biokompatiblen Material ist und die Druckspezifikation der Kapillare unterstützt wird.

Fused Silica basierte Kapillaren

Fused Silica Kapillaren reihen sich in Bezug auf ihre Druckstabilität zwischen Stahlkapillaren und PEEK-Kapillaren ein, da sie je nach Hersteller bis $\leq$ 690 bar

Tab. 7.8 Chemische Zusammensetzung von MP35N in Gewichtsprozent [39].

Co [%]	Ni [%]	Cr [%]	Mo [%]	C [%]	Ti [%]	Fe [%]	Mn [%]	Si [%]	P [%]	S [%]
Rest	33–37	19–21	9–10,5	0,025 (max)	1 (max)	1 (max)	0,15 (max)	0,15 (max)	0,015 (max)	0,01 (max)

druckstabil sind. Sie sind im Vergleich zu anderen Kapillaren schwerer zu handhaben, da für die Konnektierung der Kapillaren meist eine PEEK-Hülse (PEEK-Sleeve) und konventionelle zweiteilige Verschraubungen verwendet werden müssen. Fused Silica Kapillaren mit äußerer Polyimidbeschichtung sind aufgrund ihrer Zerbrechlichkeit bei äußerer mechanischer Beanspruchung nur bedingt für die UHPLC geeignet. Sie werden auch in PEEK- bzw. nickelummantelter Form unter Bezeichnungen wie PEEK-sheathed, PEEK-coated oder Nickel-clad Fused-Silica-, nanoViper™- oder PEEKSil™-Kapillaren im Handel angeboten. Die Ummantelung verleiht den Kapillaren eine höhere Widerstandsfähigkeit gegenüber mechanischen Einwirkungen, dadurch erhöht sich je nach Hersteller die Druckstabilität auf $\leq$ 1390 bar (50 µm ID) sowie die Biegsamkeit und Lebensdauer [30]. Aber auch hier ist zu beachten, dass die Druckstabilität von bis zu 1400 bar nur genutzt werden kann, wenn die Verschraubung diesen Druck ebenfalls unterstützt. Fused Silica Kapillaren sind aufgrund der Quarzinnenoberfläche allerdings nur in einem pH-Wertbereich von 0–10 kompatibel.

7.6.3.4 **Verschraubungen**

Neben der Struktur der Innenoberfläche von Kapillaren spielt darüber hinaus die Qualität der Kapillarverbindung direkt zum Gegenstück, z. B. dem Ventil des Autosamplers, der Säule oder dem Detektoreinlass, hinsichtlich Totvolumen und Druckstabilität eine große Rolle. Um das Totvolumen möglichst gering zu halten, sollten der Kanal der Kapillare und die Bohrung des Gegenstückes möglichst konzentrisch ausgerichtet sein.

Die Druckfestigkeit einer fluidischen Verbindung in einem UHPLC-System ist vom Material der Kapillare als auch von der Funktionsweise und dem Material der Verschraubung abhängig. Eine Kapillare z. B. aus rostfreiem Edelstahl ist druckstabil bis weit über 1000 bar. Der volle Druckbereich kann jedoch nur sinnvoll genutzt werden, wenn die Verschraubung ebenfalls bis zu diesem Druck eine robuste Verbindung gewährleistet. Daher sollten Kapillare und Verschraubung stets als Einheit betrachtet werden.

Konventionelle zweiteilige Verschraubungen bestehen aus einer Gewindemutter und einem Schneidkegel. Der Schneidkegel sorgt dafür, dass die Kapillare über einen Kompressionspunkt fixiert wird. Im Abschnitt 2.1 ist die Funktionsweise von zweiteiligen, edelstahlbasierten Verschraubungen genauer erläutert.

In dreiteiligen Verschraubungen (s. Abb. 7.12), die zusätzlich zu Gewindeschraube und Schneidkegel einen Stellring verwenden, wird die Kapillare an zwei Kompressionspunkten gehalten, sodass diese bei gleichem Drehmoment in der

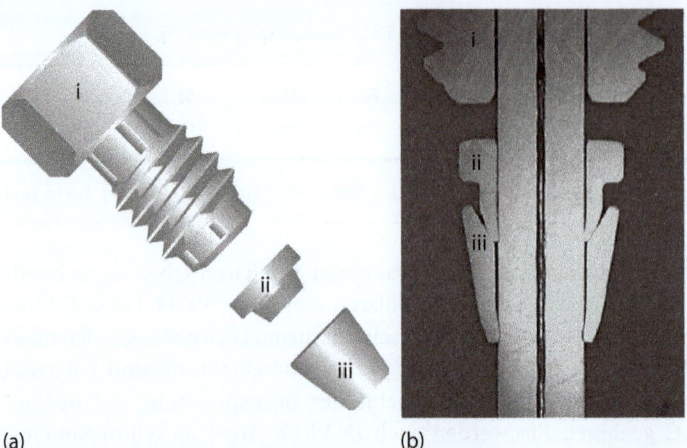

Abb. 7.12 (a) Schematische Darstellung eines dreiteiligen Verschraubungssystems, bestehend aus Gewindeschraube (i), Stellring (ii) und Schneidkegel (ferrule, iii) und (b) Querschnitt durch eine Kapillare, die durch das dreiteilige Verschraubungssystem VHP-200 von Idex gehalten wird. Wiedergabe mit freundlicher Genehmigung der IDEX Health & Science GmbH, www.idex-hs.com.

Regel einem höheren Druck als zweiteilige Verschraubungen standhalten [45]. Zweiteilige Verschraubungen neigen dazu, dass die Kapillare entweder im Betrieb bei hohem Rückdruck evtl. aus dem Schneidkegel rutscht und so ein Totvolumen entsteht, oder aufgrund des höheren Drehmomentes, der nötig ist, im Innenkanal verformt wird [30].

Kunststoffbasierte einteilige Fittinge sind aufgrund ihrer geringen Druckfestigkeit von ≤ 400 bar oftmals nur hinter der Säule einsetzbar. Neben den zwei- oder dreiteiligen Verschraubungen gibt es außerdem Verschraubungen, die direkt an der Kapillare befestigt sind. Der Vorteil dieser Kapillaren (Viper™ und nanoViper) liegt in einer äußerst einfachen Handhabung und einer aufgrund der stirnseitigen Abdichtung nahezu totvolumenfreien Verbindung zum Gegenstück [46, 47].

7.7
Wann und warum kann ein inertes UHPLC-System erforderlich sein?

Inertheit in der Flüssigchromatographie ist stets in Relation zur Applikation zu sehen. Jede Applikation hat ein anderes Anforderungsprofil bzgl. Inertheit, das sich aus den applikationsbezogenen Parametern wie der chemischen Zusammensetzung der mobilen Phase und der Probenlösung, der chemischen Struktur der Analyten, den Matrixbestandteilen der Probe, dem Rückdruck und der Flussrate, dem Säulentyp, der Säulentemperatur als auch der Detektionsmethode ableiten lässt. Die Frage nach der Notwendigkeit eines inerten Systems kann daher nicht pauschal beantwortet werden.

7.7.1 Begriff der Inertheit

Was ist Inertheit? Inertheit kann sehr allgemein als ein Zustand der Abwesenheit von Wechselwirkungen beschrieben werden. Dabei wird stets ein in einem System ablaufender Prozess betrachtet. Da das System als auch der Prozess in Bezug zueinander stehen, bedingen sie sich gegenseitig. Im Idealfall verhält sich das System inert gegenüber dem ablaufenden Prozess, und – bei Umkehrung von Ursache und Wirkung – der Prozess verhält sich ebenfalls gegenüber dem System inert. Im Falle der Flüssigchromatographie folgt daraus, dass die Analyse bzw. Applikation (Prozess) in einer inerten UHPLC-Anlage (System) ungestört ohne systembezogene Einwirkungen abläuft und umgekehrt die Analyse (Prozess) die UHPLC-Anlage (System) nicht beeinflusst. Ist dieser Idealzustand erfüllt, dann enthält das Chromatogramm einer Probenlösung ausschließlich unverfälschte Information der injizierten Probe. Artefakte, die aufgrund der Wechselwirkung von System und Applikation entstehen, sind dann im Chromatogramm nicht enthalten.

In der folgenden Diskussion wird nun zwischen *allgemeiner Inertheit* und *analytspezifischer Inertheit* eines UHPLC-Systems unterschieden.

7.7.1.1 Allgemeine Inertheit

Unter der *allgemeinen Inertheit* einer UHPLC-Anlage wird die chemische Beständigkeit des Systems gegenüber der mobilen Phase, der Probenlösung und der Waschlösung bei gegebenen Methodenparametern verstanden. Um zu beurteilen, ob ein UHPLC-System allgemein inert gegenüber den verwendeten wässrigen Lösungen und organischen Lösemitteln ist, sollten folgende Fragen bedacht werden:

- Welche Materialien kommen im Hochdruck- und Niederdruckflussweg zum Einsatz und sind diese bei gegebener Temperatur und gegebenem Rückdruck chemisch kompatibel mit der mobilen Phase, Probenlösung und Waschlösung?
- Ist mit Korrosion von Metalllegierungen, mit einem Aufquellen von Kunststoffen und/oder einem erhöhten Verschleiß zu rechnen?
- Ist unter Umständen die physikalische und mechanische Integrität des UHPLC-Systems bzw. einzelner Komponenten gefährdet?
- Können schleichende Korrosionsprozesse (Metal Leaching), welche möglicherweise aufgrund der Inkompatibilität von mobiler Phase mit Metalllegierungen auftreten, Einfluss auf die Detektion ausüben?

In diesem Fall wird also der Einfluss des Prozesses (mobile Phase, Temperatur, Rückdruck) auf das System (UHPLC-Anlage und deren Komponenten und Materialien) betrachtet. Die Anforderungen bzgl. allgemeiner Inertheit werden in den Abschnitten 7.7.3.1 und 7.7.3.2 diskutiert.

7.7.1.2 Analytspezifische Inertheit

Bei der *analytspezifischen Inertheit* einer UHPLC-Anlage steht der Einfluss des Systems auf den Analyten (Analytkompatibilität) im Vordergrund.

- Welche Materialien sind Bestandteil des Probenflussweges und stehen in direktem Kontakt mit dem Analyten?
- Sind physikalische oder chemische Wechselwirkungen des Analyten direkt mit den flüssigkeitsbenetzten Oberflächen des UHPLC-Systems zu erwarten?
- Können Metallionen, die evtl. in das UHPLC-System aufgrund von schleichenden Korrosionsprozessen aus dem Hochdruck- und Niederdruckflussweg freigesetzt werden, Wechselwirkungen gegenüber dem Analyten aufweisen?
- Kann es zu einer Anreicherung von Metallionen auf der stationären Phase kommen?
- In welcher Form treten mögliche Wechselwirkungen im Chromatogramm in Erscheinung?

In Abschnitt 7.7.3.3 wird exemplarisch erörtert, welche Wechselwirkungen zwischen Analyt und Komponenten eines UHPLC-Systems möglich sind.

7.7.2 Natur der Passivschicht

Ein wichtiger Aspekt von *allgemeiner* und *analytspezifischer Inertheit* ist das Thema der Korrosionsbeständigkeit und Biokompatibilität von Metalllegierungen. Diese Eigenschaften werden in unterschiedlichem Ausmaß durch die Morphologie, die chemische Zusammensetzung und die Dicke einer Passivschicht (meist eine Oxidschicht), die sich auf der Oberfläche ausbildet, beeinflusst. Die Oberflächenbehandlung von Metalllegierungen ist daher von großer Bedeutung.

Zur Passivierung von Oberflächen werden verschiedene Methoden wie z. B. die thermische Oxidation, das Elektropolieren oder die Passivierung mittels Salpetersäure angewendet. Ziel ist, die an der Luft gebildete uneinheitliche Passivschicht durch eine möglichst glatte, einheitlich definierte als auch kompakte Oberfläche zu ersetzen. Die aus dem Herstellungsprozess stammenden Verunreinigungen sollen von der Metalloberfläche gelöst werden, um eine für die Anwendung möglichst optimal abgestimmte Korrosionsbeständigkeit zu erzeugen [2, 48]. Die Oberflächenbeschaffenheit der Passivschicht hat dabei einen größeren Einfluss auf die Korrosionsbeständigkeit als deren Dicke [48].

Die chemische Zusammensetzung und die Schichtdicke der Passivschicht sind zum einen von der Passivierungsmethode als auch von der Art des Passivierungsmediums, seiner Konzentration und der Dauer der Einwirkung auf die Metalllegierung, der Temperatur und der Vorgeschichte des Werkstücks abhängig. Innerhalb der Passivschicht bilden sich oft zwei Schichten mit unterschiedlichem Sauerstoffgehalt und unterschiedlichen Beständigkeiten aus.

Doch nicht nur die Oxidschicht verändert sich in ihrer Zusammensetzung während der Passivierung, sondern auch die reine Metallphase unterhalb der Passivschicht unterliegt Prozessen, die dazu führen, dass sich die chemische Zusammensetzung unmittelbar unter der Passivschicht verändert und sich von der Metalllegierung im Kern unterscheidet.

Im Verlauf einer Anwendung ist die Passivschicht jedoch Alterungsprozessen unterworfen, in denen es in Abhängigkeit des verwendeten Mediums zu Änderungen in der chemischen Zusammensetzung, der Schichtdicke und zur Freisetzung von Metallionen kommen kann [49–51]. Ausschlaggebend sind dabei oxidierende und reduzierende Eigenschaften, die Konzentration einzelner Komponenten des Mediums und der pH-Wert. Die Passivschicht wird in einem kontinuierlichen Prozess gelöst und neu gebildet. Bei sehr korrosiv wirkenden Medien erfolgt unter Umständen der vollständige Verlust der schützenden Oxidschicht [49].

Alterungsprozesse von Metalllegierungen sind z. B. auch in der Medizintechnik bekannt. Verschiedene Eigenschaften von Edelstahl und Titan in medizinischen Implantaten können sich je nach Ort im menschlichen Körper und Dauer ihres Einsatzes verändern [52]. Wechselwirkungen von Proteinen und Phosphat in Lösung spielen in diesem Fall eine besondere Rolle. Proteine können, wie Experimente in physiologischen Lösungen zeigen, entsprechend ihren strukturellen Eigenschaften auf metallische Biomaterialien korrosionshemmenden oder -beschleunigenden Einfluss haben [53, 54]. Die Adsorption von Rinderalbumin (BSA) beschleunigt z. B. die Korrosion von Edelstahl und löst Metallionen in das umgebende Medium [55]. Serumproteine können unter Umständen die Korrosion von rostfreiem Edelstahl und cp-Ti (Tab. 7.4 und 7.5) erhöhen, im Vergleich dazu üben sie aber keinen Einfluss auf die Titanlegierung Ti-6Al-4V aus [56]. Als Mechanismus für eine beschleunigte Korrosion wird u. a. die Bildung von Organometallkomplexen diskutiert. Proteine sind so in der Lage oxidiertes Metall aus der Passivschicht zu binden und zu entfernen, sodass sich die Passivschicht allmählich auflöst und das Metall für weitere Korrosion zugänglich wird [53–55].

Neben Proteinen neigt auch Phosphat zur Adsorption in die Passivschicht von Metallen. Aus dem Bereich der Bodenkunde ist bekannt, dass anorganisches Phosphat an Metallhydroxide bindet [57]. In orthopädischen Anwendungen von cp-Ti-Implantaten kommt es *in vivo* zur Einlagerung von Phosphat in die Oxidschicht [52]. Aber auch in Experimenten mit Phosphorsäure und in simulierten physiologischen Lösungen konnte gezeigt werden, dass sich Phosphat in die Oxidschicht von cp-Ti und Co-Cr-Mo-Legierungen einlagert [58, 59]. Phosphate können außerdem die Adsorption von Proteinen in die Passivschicht beeinflussen. Ferner ist bekannt, dass Phosphat die Proteinadsorption auf der Oberfläche von Titan verringert [60, 61]. Im Vergleich dazu haben Phosphate in den untersuchten Konzentrationen keinen Einfluss auf die Proteinadsorption auf Co-Cr-Mo-Legierungen [62]. In den nachfolgenden Abschnitten werden die verschiedenen Passivschichten auf unterschiedlichen Metalllegierungen näher beschrieben und diskutiert.

7.7.2.1 Passivschichten auf Metalllegierungen mit hohem Chromgehalt

Die hohe Korrosionsbeständigkeit von Metalllegierungen mit hohem Chromgehalt, wie z. B. rostfreier Stahl und MP35N, wird generell auf eine Anreicherung von Chrom in der Passivschicht gegenüber der Metallphase unterhalb der Passivschicht zurückgeführt.

Rostfreier Stahl

Rostfreier Stahl bildet ab einem Chromlegierungsanteil von rund 10 % eine beständige Chromoxid/-hydroxidschicht aus [63]. Direkt unterhalb der Passivschicht in der Metallphase liegen außerdem Chrom, Nickel und Molybdän angereichert vor, während Eisen in einem geringeren Anteil vorkommt [53, 63]. Es wird angenommen, dass sich Eisen während der Passivierung selektiv aus dem Metall löst.

Je nach Passivierungsmethode und Medium verändern sich die Eigenschaften der Passivschicht. So bildet sich z. B. bei der Passivierung von rostfreiem Stahl des Typs 316L durch Elektropolieren im sauren Milieu und hohem Potenzial eine Passivschicht u. a. bestehend aus Fe_2O_3 aus, während bei geringem Potenzial und unter neutralen bis basischen Bedingungen eine Passivschicht überwiegend aus Chromoxid gebildet wird [48]. Auch Nickel ist zu einem geringen Anteil Bestandteil der Passivschicht [51].

Bei der Passivierung von Edelstahl mit Salpetersäure ist eine klare Abhängigkeit der Chromoxidanreicherung in der Passivschicht und der Schichtdicke von der Säurekonzentration, der Temperatur und der Dauer der Passivierung erkennbar. Dabei haben die genannten Parameter einen größeren Einfluss auf die Schichtdicke als auf den Chromgehalt der Passivschicht [64]. Die Chromanreicherung in der Passivschicht von rostfreiem Stahl des Typs 316 und dessen Lochkorrosionsbeständigkeit in 1 mol L^{-1} NaCl-Lösung erreichen bei Einwirken einer HNO_3-Konzentration von 25 % für 1 h bei Raumtemperatur ein Maximum. Die Erhöhung der Konzentration auf Werte zwischen 25 und 50 % bewirkt eine Reduzierung des Chrom-zu-Eisen-Verhältnisses in der Passivschicht als auch der Korrosionsbeständigkeit. Durch die Passivierung wird eine glatte Metalloberfläche erzeugt, gleichzeitig werden Einschlüsse von Mangansulfid aus der Oberfläche entfernt, welche die Hauptquelle für Lochfraßkorrosion darstellen [65].

Neben Salpetersäure wird auch Zitronensäure zur Passivierung von rostfreiem Stahl verwendet. In einer Studie, in der Salpetersäure, Zitronensäure und Citrisurf®, eine kommerzielle citratbasierte Passivierungslösung, verglichen wurden, zeigte sich, dass in allen drei Lösungen der Gehalt an Eisenoxid innerhalb der ersten 1–2 h der Passivierung in der Passivschicht rapide sinkt, während der Gehalt an Chromoxiden steigt. Bei Verwendung von Salpetersäure erreicht der Eisenoxidgehalt bereits nach ca. 1 h einen Minimalwert, steigt aber danach wieder kontinuierlich bis zum Ende der Messzeit (6 h) an. Der Vergleich mit den Ergebnissen für Zitronensäure und Citrisurf® zeigt, dass die Reaktionen an der Oberfläche mit den citratbasierten Lösungen nach rund 4 bzw. 2 h einen Gleichgewichtszustand erreichen, während mit Salpetersäure die Passivierung in diesem Sinne keinen definierten Endzustand erreicht [66].

In sauren und neutralen chloridhaltigen Lösungen wie z. B. 0,9 % (w/v) isotonischer Natriumchloridlösung, Ringer-Lösung und Hanks-Salzlösung als auch phosphatgepufferter Salzlösung (PBS) bildet sich ebenfalls eine Passivschicht auf orthopädischem Stahl aus. Es handelt sich um Infusionslösungen bzw. Lösungen für Zellkulturanwendungen, die hohe Konzentrationen von Chloridionen (ca. 140–160 mmol L^{-1}) enthalten. Die Untersuchungen haben gezeigt, dass die Passivschicht überwiegend aus Chromoxid und Eisenoxid besteht. Der Zusatz von Komplexbildnern wie z. B. Citrat hat ebenfalls einen Einfluss auf die Oberflächenzusammensetzung des Metalls in der Oxidschicht und der unmittelbar darunterliegenden Metallphase [53]. Die Einwirkung von Citrat führt zu einer Reduzierung der Dicke der Passivschicht und einer Anreicherung von Chromoxid aufgrund der bevorzugten Komplexbildung von Eisen(II)-, Eisen(III)- und Ni(II)-Spezies. Nickel reichert sich vermehrt in der unter der Passivschicht liegenden Metallphase an.

Untersuchungen deuten darauf hin, dass die Passivschicht von Edelstahl in physiologischen Lösungen aus zwei Schichten aufgebaut ist. Die innere Schicht besteht überwiegend aus Cr_2O_3, während die äußere Schicht aus Eisenoxiden und Nickeloxiden unterschiedlicher Zusammensetzung besteht. Die Stöchiometrie in der äußeren Schicht ist abhängig von dem angelegten Potenzial und der Passivierungsdauer [53].

MP35N

Die hohe Korrosionsbeständigkeit von M35N wird auf eine Ni-Cr-Co-Oxidschicht als Passivschicht zurückgeführt. Der Passivfilm, der sich in einem Puffersystem aus Acetat/Essigsäure (1 mol L^{-1}, pH 4,8, 15 ppm As_2O_3) ausbildet, ist rund 1,5 nm dick und enthält Chrom und Molybdän angereichert im Vergleich zur Metallphase [67]. In Untersuchungen zur Korrosionsbeständigkeit von 35N LT, einer Co-36Ni-20Cr-10Mo-Legierung, die sich gegenüber MP35N lediglich durch einen geringeren Titangehalt auszeichnet, konnte mittels Passivierung in 10,5 % Salpetersäure eine Erhöhung der Korrosionsbeständigkeit um den Faktor 4 in PBS-Puffer und eine Erhöhung der Oxidschicht um einen Faktor 2–3 erzielt werden. Der Anteil von Chromoxid in der Passivschicht erhöht sich signifikant, während weder Nickel- noch Molybdänoxid nachgewiesen werden konnten. Der Gehalt an Cobaltoxid in der Passivschicht ist geringer als vor der Passivierung. Cobalt und Nickel lösen sich während der Passivierung aus der Legierung. 35N LT zeigt nach Passivierung eine geringere Löslichkeit von Metallionen aus dem Metall in PBS-Puffer/H_2O_2 [68].

7.7.2.2 **Passivschichten auf Titan**

Die hohe Korrosionsbeständigkeit von Titan ist auf die Ausbildung einer äußerst resistenten, anhaftenden Oxidschicht, die bei Luftkontakt innerhalb von 70 Tagen auf bis zu 50 Å (5 nm) Dicke anwachsen kann, zurückzuführen [49]. Es gibt Hinweise darauf, dass sich ein System aus zwei Schichten ähnlich zu Edelstahl ausbildet [49, 50]. Die Passivschicht, die z. B. auf cp-Ti mittels Anodisierung in luftfreier 0,5 mol L^{-1} Schwefelsäure bei 25 °C entsteht, hat eine geschätzte Schichtdicke von 10–40 nm und besteht aus einer äußeren und einer intermediären Schicht. Die äußere Schicht besteht aus amorphen TiO_2 und ist 10–20 nm dick. Die intermediäre, dichte TiO_x-Schicht, die zwischen der TiO_2-Schicht und der metallischen Oberfläche liegt, enthält Titan und Sauerstoff in nicht stöchiometrischem Verhältnis. Die äußere Schicht ist empfindlich gegenüber ihrer Umgebung und nimmt im Verlaufe von Alterungsprozessen in korrosiven Lösungen in ihrer Dicke ab [50].

Eine weitere Untersuchung, in der cp-Titan mittels PBS-Puffer passiviert wurde, zeigte, dass sich ebenfalls eine Doppelschicht ausbildet. Die innere dichte Schicht besteht aus TiO_2, während die äußere Schicht überwiegend aus Hydroxiden besteht. Die äußere Schicht wächst durch Einwirkung von H_2O_2 in PBS-Lösung [69]. Die Passivschicht, die sich auf Ti-6Al-4V in physiologischen Lösungen bildet, besteht neben Titanoxiden unterschiedlicher Stöchiometrie ebenfalls aus Al_2O_3. In diesem Zusammenhang war überraschend, dass Vanadium in der Passivschicht nicht nachgewiesen werden konnte, obgleich es ein Legierungselement ist [61].

7.7.3 Anforderungen und Wechselwirkungen

7.7.3.1 Mechanische und physikalische Integrität des UHPLC-Systems

Konventionelle HPLC- und UHPLC-Systeme bestehen standardmäßig aus Edelstahl und wurden speziell für Applikationen der Reversed Phase (RP)-Chromatographie entwickelt. Die Materialien sind gegenüber einer breiten Vielfalt von wässrigen und organischen Lösemitteln inert, sodass die gängigen RP-Eluenten wie z. B. wässrige Lösungen aus 0,1 % Trifluoressigsäure, 0,1 % Ameisensäure oder Triethylamin, Phosphat- oder Ammoniumacetatpuffer in Konzentrationen von z. B. 100 mmol L^{-1} und organische Lösemittel wie Acetonitril oder Methanol in der Regel hinsichtlich der chemischen Beständigkeit kein Problem darstellen. Für Applikationen der Normalphasenchromatographie, welche Eluenten wie z. B. Hexan erfordern, müssen jedoch bereits Modifikationen am System vorgenommen werden, ansonsten ist mit einer Beeinträchtigung der Lebensdauer und Funktion einzelner Komponenten des UHPLC-Systems zu rechnen.

Bei Applikationen, welche wässrige Lösungen mit extremen pH-Werten und hohen Salz- und Chloridionenkonzentrationen verwenden, treten in UHPLC-Systemen Korrosionseffekte auf, welche die mechanische und physikalische Integrität beeinträchtigen können. Derartige Eluenten kommen vor allem in der Chromatographie von Biomolekülen, z. B. monoklonalen Antikörpern und Oligonukleotiden, zur Anwendung. In Tab. 7.9 ist eine Auswahl von gebräuchlichen wässrigen Lösungen für die Bioanalytik aufgeführt.

Zur Rekonditionierung von Ionenchromatographiesäulen werden außerdem häufig 1 mol L^{-1} NaCl-Lösungen und zur Reinigung von monolithischen bzw. polymerbasierten Anionenaustauschersäulen wässrige Lösungen bestehend aus 1 mmol L^{-1} HCl mit 50 mmol L^{-1} NaCl ($pH \geq 3$) oder 1 mol L^{-1} NaOH mit 1,25 mol L^{-1} NaCl ($pH = 14$) oder 375 mmol L^{-1} $NaClO_4$-Lösung eingesetzt. Werden überwiegend derartige Eluenten verwendet, ist der Erwerb eines biokompatiblen UHPLC-Systems ratsam.

Tab. 7.9 Exemplarische Auswahl von wässrigen Puffersystemen, die in der Biochromatographie verwendet werden.

Chromatographische Methode	Mobile Phase
Reversed Phase Chromatographie	Wasser/Acetonitril oder Wasser/Methanol mit 0,1 % TFA oder 0,1 % FA
Ionenaustausch-chromatographie	5–150 mmol L^{-1} Phosphat- oder 2-(*N*-Morpholino)ethansulfonsäure (MES)-Puffer, pH-Wert 4–12, mit Zusatz von 20–500 mmol L^{-1} bzw. 1 mol L^{-1} NaCl oder 20 mmol L^{-1} Tris-HCl Puffer + 1 mol L^{-1} NaCl
Hydrophobe Interaktionschromatographie	0,1 mol L^{-1} NaH_2PO_4, 2 mol L^{-1} $(NH_4)_2SO_4$, 7 % 2-Propanol, pH 7,0
Größenausschluss-chromatographie	50 mmol L^{-1} KH_2PO_4, 30 mmol L^{-1} NaCl, pH 6,6

7.7.3.2 Anforderungen der Detektionsmethode

Neben den Aspekten der allgemeinen Korrosionsbeständigkeit eines UHPLC-Systems spielt auch die Frage der Kompatibilität bzgl. der Detektionsmethode eine wesentliche Rolle. Dies soll am Beispiel der elektrochemischen Detektion erläutert werden.

Die Passivschicht von rostfreiem Stahl besteht – wie in Abschnitt 7.7.2.1 beschrieben – aus verschiedenen Metalloxiden, die sich mit der Zeit aufgrund von Korrosionsprozessen in die mobile Phase lösen können. Diese Metalloxide und das darunterliegende ungeschützte Metall, das sich dann ebenfalls in die mobile Phase löst, sind unter Umständen elektrochemisch aktiv und verursachen im elektrochemischen Detektor ein erhöhtes Detektorrauschen und einen Drift der Basislinie. In Abb. 7.13 ist dieser Einfluss auf die Basislinie und das Hintergrund-

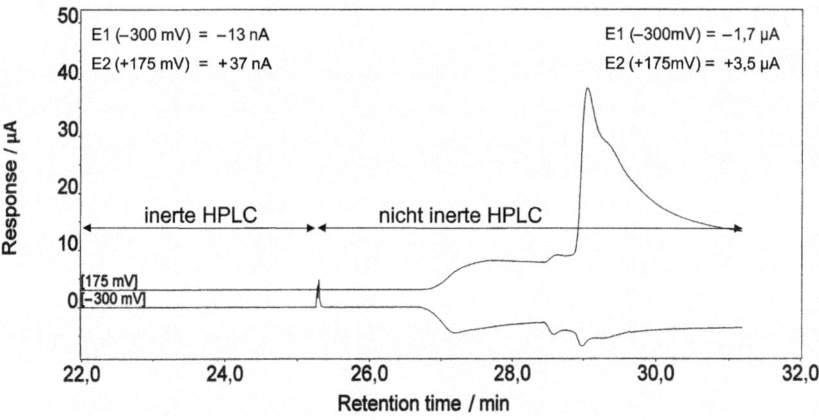

Abb. 7.13 Einfluss eines nicht inerten LC-Systems auf die Basislinie und das Rauschen bei elektrochemischer Detektion. Weitere Informationen siehe Text. Wiedergabe mit freundlicher Genehmigung von Thermo Fisher Scientific, Vervielfältigung verboten.

rauschen dargestellt. Zu Beginn ist zunächst ein inertes HPLC-System mit dem elektrochemischen Detektor verbunden. Dann schaltet ein Ventil bei ca. 25 min ein nicht inertes HPLC-System in den Flussweg des elektrochemischen Detektors. Bereits nach kurzer Zeit sind Basislinienfluktuationen und ein erhöhtes Rauschen zu erkennen.

Die gelösten Metalloxide verkürzen aufgrund ihrer Ablagerung auf den Elektroden die Lebensdauer der elektrochemischen Messzellen. Da jede edelstahlbasierte Komponente in einem UHPLC-System eine Quelle von Korrosion darstellt, sollten sie nach Möglichkeit durch metallfreie Komponenten ersetzt werden. Edelstahlbasierte UHPLC-Systeme für die elektrochemische Detektion sollten außerdem regelmäßig repassiviert werden. Allgemein kann festgehalten werden, dass bei der elektrochemischen Detektion ein biokompatibles UHPLC-System verwendet werden sollte.

7.7.3.3 Wechselwirkungen zwischen Analyt und System

Ein weiterer Aspekt jenseits der reinen chemischen Beständigkeit der Materialien eines Systems gegenüber der mobilen Phase ist der der Analytkompatibilität bzw. Biokompatibilität.

Adsorption von Proteinen auf Metall

Eine mögliche Wechselwirkung ist die Adsorption von Proteinen an den flüssigkeitsbenetzten Innenoberflächen des UHPLC-Systems. Generell ist das Phänomen der Proteinadsorption vor allem in der Biologie, Medizintechnik, Biotechnologie und der Lebensmittelindustrie von Interesse [70]. Sogenannte strukturell harte Proteine wie z. B. α-Chymotrypsin, die eine hohe innere strukturelle Stabilität besitzen, adsorbieren überwiegend auf hydrophoben Oberflächen. Diese Proteine adsorbieren im Gegensatz dazu nur wenig auf hydrophilen Oberflächen, sofern keine anziehenden elektrostatischen Wechselwirkungen auftreten. Strukturell weiche Proteine, wie z. B. BSA und Immunglobuline neigen generell zur Adsorption auf allen Arten von Oberflächen – selbst wenn abstoßende elektrostatische Kräfte zwischen der Oberfläche und dem Protein wirken.

Die Adsorption von Proteinen auf Metalloberflächen ist abhängig von Ladungen auf dem Metall als auch dem Protein. Metalloberflächen mit Oxidschicht besitzen aufgrund ihrer protonierbaren Hydroxylgruppe einen amphoteren Charakter, sodass sie bei einem hohen pH-Wert negativ geladen bzw. bei einem niedrigen pH-Wert positiv geladen sind [70]. Die Adsorptionseigenschaften von z. B. BSA an Edelstahl sind abhängig vom pH-Wert der Lösung und der Temperatur. BSA adsorbiert bevorzugt bei einem pH-Wert von 5, der in etwa seinem isoelektrischen Punkt (pH 4,7) entspricht, an rostfreien Stahl. Aber auch die Ionenstärke der Lösung hat einen deutlichen Einfluss auf die Adsorption. Bei zunehmender Ionenstärke adsorbiert BSA in höherem Ausmaß auf der Oberfläche [71].

Auch Titan kann Proteine adsorbieren. In einer Untersuchung mit Kalbserum konnte nachgewiesen werden, dass Serumproteine adsorptive Eigenschaften in wässrigen Lösungen gegenüber Titan zeigen, während in Phosphatpuffer diese Effekte deutlich minimiert sind [60].

„Bioinerte“ Materialien wie Aluminiumoxid- und Zirkoniumoxidkeramiken zeigen gegenüber Serumproteinen eine geringe Affinität. In Experimenten, durchgeführt in Phosphat-/Citratpuffer konnte gezeigt werden, dass Proteine nur zu einem geringen Anteil die Oberflächen dieser Materialien tatsächlich benetzen. Die untersuchten Aluminiumoxid- und Zirkoniumoxidkeramiken adsorbierten rund 0,2 mg m^{-2} Plasmaprotein (in PBC-Puffer, pH 7,5 bei Raumtemperatur), eine Adsorption von Humanserumalbumin (HSA) konnte nicht nachgewiesen werden [72]. Im Gegensatz dazu adsorbieren 2,1 mg m^{-2} BSA an Edelstahl (in 0,06 mol L^{-1} Kakodylate-Puffer, pH 6,8 bei 4 °C) [70].

Da die Proteinadsorption auf Stahl und anderen Oberflächen unter Umständen irreversibel sein kann, sind zur Desorption der Proteine drastischere Maßnahmen, wie z. B. das Spülen mit NaOH-Lösung notwendig [70].

Zu beachten ist, dass die zitierten Untersuchungen zur Proteinadsorption aus dem Bereich der Oberflächen- und Biomaterialwissenschaften stammen und die Untersuchungen unter Bedingungen durchgeführt wurden, die denen in der Flüssigchromatographie nicht entsprechen. Diese Ergebnisse lassen sich nicht direkt übertragen, sie verdeutlichen aber, dass das Material verschiedener Systemkomponenten, z. B. der Probennadel, der Probenschleife, der Kapillaren und applikative Parameter wie der pH-Wert und die Ionenstärke der mobilen Phase bzw. der Probenlösung aufeinander abgestimmt werden sollten, um Wechselwirkungen zwischen Material und Analyt zu vermeiden bzw. zu minimieren.

Adsorption von phosphorylierten Analyten auf Metall

Phosphorylierte organische Analyten wie z. B. Oligonukleotide, Phosphopeptide, Phospholipide und phosphorylierte Zucker adsorbieren unter sauren Bedingungen (0,1 % Essigsäure) an Elektrospraystahlkapillaren und Injektoren, bestehend aus einem Nitronic 60-Ventil und einer PEEK-Probenschleife [57]. Nitronic 60 zählt zu den austenitischen Chromstählen mit hohem Stickstoffgehalt mit einem im Vergleich höheren Anteil an Silicium und Mangan. Es besitzt eine höhere Beständigkeit gegenüber chloridinduzierter Lochfraßkorrosion als Edelstahl 316 [73]. Für die beobachteten Effekte werden Korrosionsprozesse verantwortlich gemacht, die unter anderem durch den Elektrosprayprozess beschleunigt in Gang gesetzt werden. Die phosphorylierten Verbindungen haften bevorzugt mit zunehmender Anzahl gut zugänglicher Phosphatgruppen an den korrodierten Oberflächen an. Diese Beobachtung steht in Einklang mit einem Bindungsmechanismus der immobilisierten Metallaffinitätschromatographie (Immobilized Metal Affinity Chromatography, kurz: IMAC) mit Eisen(III)-Ionen [57]. Neben Eisen(III)-Ionen werden in der IMAC ebenfalls Metalle wie Nickel, Kupfer, Cobalt und Zink zur Anreicherung von Low Abundance Phosphopeptiden eingesetzt, ähnliche Wechselwirkungen auf korrodierten Oberflächen von metallbasierten, aber eisenfreien UHPLC-Systemen sind daher wahrscheinlich.

Komponenten aus rostfreiem Stahl, die Teil des Probenflussweges sind, können Peak Tailing von phosphorylierten Molekülen verursachen. In einer Flussinjektionsanalyse von Adenin, Adenosin und Adenosin-5′-monophosphat (AMP) mit einer wässrig-methanolischen mobilen Phase (50 : 50, v/v), konnte gezeigt werden, dass die Ursache der Wechselwirkung von AMP mit der Edelstahloberfläche der Kapillare durch die Phosphatgruppe induziert wird. Bei Verwendung von PEEK-Kapillaren wurden keine Adsorptionseffekte beobachtet. Eine Passivierung der Edelstahlkapillare in einer Mischung aus 400 mmol L^{-1} Phosphorsäure in Methanol (50 : 50, v/v) für 2 h bei 0,2 mL min^{-1} bzw. die Durchführung der Flussinjektionsanalyse mit einer mobilen Phase der gleichen Zusammensetzung unterdrücken das Peak Tailing. Nach Passivierung der Edelstahlkapillare in einer Mischung aus 400 mmol L^{-1} Essigsäure oder Salpetersäure in Methanol (50 : 50, v/v) konnte keine Verbesserung der Peakform von AMP erzielt werden [74].

Wechselwirkungen mit Metallionen

Korrosionsprozesse in einem UHPLC-System bzw. Verunreinigungen aus dem Lösemittel begünstigen die Ausbildung von stabilen Metall-Analyt-Komplexen. Metallionen werden aus dem System in die mobile Phase freigesetzt oder als Verunreinigungen in Puffersalzen und organischen Lösemitteln in das System eingebracht. Phosphorylierte Peptide reagieren so z. B. mit Fe(III)- oder Al(III)-Ionen zu Metallkomplexen, die das Signal von metallfreiem protonierten Phosphopeptid in LC-ESI-MS-Spektren verringern. Hoch phosphorylierte Peptide wechselwirken mit an der stationären Phase gebundenen Fe(III)-Ionen. Als Folge der Wechselwirkungen werden breitere Peaks beobachtet. Bei geringen Peptidkonzentrationen kann das sogar zu einer vollständigen Adsorption des Peptides führen, sodass am Detektor kein Signal mehr aufgezeichnet wird. Ob es jedoch zu einer Komplexbildung des phosphorylierten Peptides mit den Eisenionen kommt, hängt zunächst von der Primärsequenz des Peptides ab. Offenbar spielt die Nähe von basischen bzw. sauren Aminosäuren in der Nähe zur Phosphatgruppe eine Rolle. Die Adsorption von phosphorylierten Peptiden kann z. B. durch Zugabe von 25 mmol L^{-1} Ethylendiamintetraessigsäure (EDTA) zur Probe verhindert werden [75].

Neben phosphorylierten Bioanalyten zeigen auch Proteine wie z. B. monoklonale Antikörper Wechselwirkungen mit an Säulen angereichertem Eisen(III). Die Folge ist eine deutlich verringerte Peakhöhe und ein Verlust von Auflösung [76].

Wechselwirkungen mit Fused Silica und PAEK/PEEK

Neben dem Verlust von phosphorylierten Molekülen in chromstahlbasierten LC-MS-Systemen können aber auch Adsorptionseffekte in metallfreien LC-MS-Systemen auftreten. In einer Studie [77] wurden Wechselwirkungen mit der im Probenflussweg angeschlossenen Fused Silica Kapillare, aber auch im Injektor, bestehend aus einem PAEK/PEEK-Injektionsventil und einer PEEK-Probenschleife mit 0,1 % (v/v) Essigsäure in Wasser/Methanol (50 : 50) als mobile Phase beobachtet. Fused Silica Kapillaren von unterschiedlichen Herstellern zeigten dabei unterschiedliche Adsorptionseigenschaften. Bei Injektion der Analyten unter neutralen Bedingungen bzw. nach Silanisierung der eingesetzten Fused Silica Kapillaren mit Dimethyldichlorsilan konnte die Adsorption signifikant reduziert werden. Aber selbst in diesem System mit metallfreien Materialien wurden Aluminium(III)- und Eisen(III)-Analytaddukte nachgewiesen, deren Kation aus anderen Quellen als dem LC-MS-System, möglicherweise aus dem Eluenten bzw. den Probenfläschchen, stammen könnten.

Weiterhin bilden Phosphopeptide mit aktiven Silanolgruppen von Fused Silica Kapillaren und kieselgelbasierten stationären Phasen bei niedrigen pH-Werten Wasserstoffbrückenbindungen aus. Diese Moleküle adsorbieren dann in der Kapillare oder auf der Säule. Durch Zugabe von Phosphorsäure zur Probe kann die Adsorption von Phosphopeptiden auf der Trennsäule signifikant reduziert werden, aber offenbar nicht, wenn der Analyt in sehr geringen Konzentrationen vorliegt [78].

In einer weiteren Studie [79] zur Trennung und Bestimmung von Arsen-, Selen- und Chromspezies mittels Micro-LC-ICP-MS auf einer Anionenaustauschersäule sind sekundäre Wechselwirkungen beobachtet worden, welche auf die partielle Hydrolyse von Fused Silica Kapillaren zurückgeführt werden. Als Hypothese diskutieren die Autoren, dass sich aufgrund der Hydrolyse von Siloxaneinheiten bei pH-Werten $\geq 8{,}5$ (Ammoniumnitratpuffer) Abbauprodukte mit freien Silanolgruppen bilden, die sich auf der Anionenaustauschersäule anreichern und dort mit Analyten, welche Hydroxylgruppen enthalten, wechselwirken und ein starkes Peak Tailing verursachen. In weiterführenden Experimenten mit Ammoniumnitratpuffer mit einem pH-Wert $\leq 8{,}5$ bzw. mit Phosphatpuffer werden diese Wechselwirkungen nicht beobachtet.

Chemische Beständigkeit der Analyte

Eine weitere Wechselwirkung von Materialien mit dem Analyten ist seine chemische Veränderung. Bei der Analyse von sekundären Aminen in basischem NH_4OH-Puffer mit Acetonitril wird die Entstehung von Nitroso-Analytderivaten aufgrund der Korrosion der Säulenfritten beobachtet (s. Abbildung 7.14). Gelöstes NH_3 reagiert in Anwesenheit von Eisenionen und Sauerstoff zu NO bzw. N_2O_3, das als Oxidationsmittel das Amin oxidiert. Wird Methanol als organischer Modifier in der mobilen Phase verwendet, findet diese Reaktion nicht statt. Der Zusatz von $50\,\mu mol\,L^{-1}$ zum Puffersystem führt zu einer deutlichen Reduzierung der Bildung von Nitrosoderivaten [80].

In diesem Fall reagieren also Komponenten der mobilen Phase mit Stahlkomponenten im System zu reaktiven Spezies, die mit dem Analyten reagieren. Organische Moleküle werden unter Umständen aber auch direkt durch die Anwesenheit von Metall chemisch verändert. Chinone werden z. B. aufgrund der Reaktion mit Stahlkomponenten zu ihrem entsprechenden Katecholamin reduziert. Die Reduktion kann z. B. an der Auslassfritte der Säule stattfinden, sodass Koelution des Chinons und des korrespondierenden Katecholamins beobachtet wird. Die gebildete Menge an Katecholamin ist dabei abhängig von der Flussrate und dem Injektionsvolumen [81].

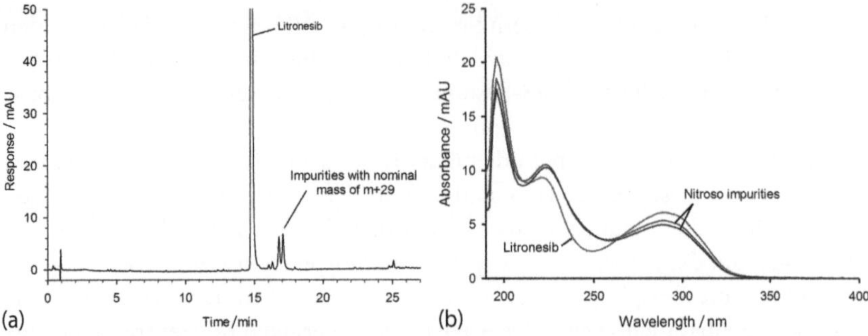

Abb. 7.14 Chromatographie von Litronesib und Nachweis von Nitrosoderivaten. Chromatographische Bedingungen: mobile Phase: A) 0,05 % Ammoniumhydroxid in Wasser, B) Acetonitril; stationäre Phase: Waters XBridge C18, 4,6 mm × 75 mm, 2,5 µm; Flussrate: 1 mL min^{-1}; Gradient: 0–1 min 75 % A, 1–23 min 75–20 % A, 23–25 min 20 % A, 25–28 min 75 % A; Injektionsvolumen: 10 µL; Temperatur: 30 °C; UV-Detektion: 290 nm. (a) LC-UV-Chromatogramm (290 nm), (b) UV/VIS-Spektren von Litronesib und Nitrosoderivaten. Wiedergabe von „Myers *et al.* (2013) On-column nitrosation of amines observed in liquid chromatography impurity separations employing ammonium hydroxide and acetonitrile as mobile phase, *J. Chromatogr. A*, 1319, 57–64", mit freundlicher Genehmigung von Elsevier Press.

7.7.4
Passivierungsstrategien und -methoden

In der Diskussion von Inertheit wird in der Regel der Blick auf die Korrosionsbeständigkeit und Biokompatibilität von Metalllegierungen von UHPLC-Systemen gerichtet. Allerdings bestehen UHPLC-Systeme nicht ausschließlich aus Metalllegierungen, sondern auch aus anderen Materialien wie z. B. Kunststoffe, Kompositwerkstoffe und Fused Silica. Alle Komponenten eines UHPLC-Systems in Kontakt mit der mobilen Phase können wie die oben aufgeführten Beispiele unter gegebenen Umständen einen Einfluss auf die mechanische und physikalische Integrität eines UHPLC-Systems ausüben, die Detektion beeinflussen oder Wechselwirkungen mit den Analyten bewirken. Die Untersuchungen zeigen, dass Wechselwirkungen zwischen System und Analyt direkt mit den Oberflächen in einem UHPLC-System wie z. B. der Oxidschicht von Metalllegierungen oder Oberflächen von Fused Silica Kapillaren und Injektionsventilen aus PAEK und PEEK möglich sind oder aber indirekt über aus der Apparatur gelöste Komponenten wie z. B. Metallionen oder Abbauprodukte von Fused Silica Kapillaren. Die indirekten Wechselwirkungen treten dabei meist flussabwärts in Lösung oder auf der Trennsäule auf. Die Folge ist häufig ein Verlust des Analyten aufgrund von Adsorption oder chemischer Reaktion oder die Veränderung von Retentionsmechanismen auf der Trennsäule. Die chemische Veränderung des Analyten findet entweder direkt an den Oberflächen des Systems statt oder wird indirekt über reaktive chemische Spezies, die durch katalytische Effekte in der mobilen Phase entstehen, vermittelt. Die Auswirkungen auf die Chromatographie sind schließlich Bandenverbreiterung, das Auftreten von Fremd- und Störpeaks, eine niedrige Nachweisempfindlichkeit und mangelhafte Reproduzierbarkeit.

Die Strategien und Maßnahmen, um *allgemeine* und *analytspezifische Inertheit* zu gewährleisten, sind vielfältig. Um die Passivschicht von rostfreiem Stahl zu erneuern und die allgemeine Korrosionsbeständigkeit eines UHPLC-Systems wiederherzustellen, können Salpetersäure oder Zitronensäure zur Repassivierung verwendet werden. Es wird an dieser Stelle aber darauf hingewiesen, dass edelstahlbasierte UHPLC-Geräte bereits in passiviertem Zustand ausgeliefert werden. In der Regel sollte daher eine Repassivierung nicht notwendig sein. In den Fällen, in denen hoch korrosive Medien wie z. B. chloridhaltige Puffer verwendet werden, ist es sinnvoller auf ein biokompatibles UHPLC-System zurückzugreifen.

In erster Linie gilt es, Korrosion zu vermeiden, indem das UHPLC-System mit nicht korrosiver mobiler Phase betrieben wird. Es sollte in regelmäßigen Abständen gereinigt werden, um die Innenoberflächen frei von Rückständen aus der mobilen Phase (Puffersalze) bzw. der Probe zu halten. Als Reinigungslösungen können Mischungen aus Acetonitril, Methanol, 2-Propanol und Wasser, reines 2-Propanol oder je nach Beständigkeit der Materialien mit z. B. $\leq 1\,\text{mol}\,\text{L}^{-1}$ NaOH (4 %, w/w) und $\leq 30\,\%$ Phosphorsäure verwendet werden [6, 12, 14]. Zu beachten ist, dass auf alle Fälle die Kompatibilität der einzelnen Komponenten im UHPLC-System gegenüber diesen Reinigungslösungen gewährleistet ist. Die Säule und der Detektor und alle anderen Systemkomponenten, die auf diese Reinigungslösungen empfindlich reagieren könnten, sollten entfernt und die Hinweise in den Gerätehandbüchern befolgt werden. Eine weitere Möglichkeit besteht darin Korrosionsinhibitoren wie Hydrazin und Nitrate als Additive in der mobilen Phase einzusetzen (Abschnitt 7.6.1.2, Teil *Rostfreier Stahl*, Abschnitt *Einfluss organischer Lösungsmittel*), sofern alle Komponenten im System mit ihnen kompatibel sind und die Chromatographie (Auflösung und Detektion) nicht beeinflusst wird.

Korrosionsprozesse wie z. B. Erosionskorrosion und Lochfraßkorrosion sind jedoch komplexe Vorgänge, die von zahlreichen Faktoren abhängig sind und sich nicht notwendigerweise vollständig kontrollieren lassen. Da Korrosion ein schleichender Prozess ist, kann bereits ein Einfluss von z. B. gelösten Metallionen auf die Analyse stattfinden, ohne dass Korrosion von außen mit dem bloßen Auge zu erkennen ist.

In Fällen, in denen Analyte direkt mit den Oxiden einer intakten Passivschicht oder den Silanolgruppen von Fused Silica Kapillaren in Wechselwirkung treten, wird man in der Regel mit den Strategien zur Herstellung bzw. Aufrechterhaltung der *allgemeinen Inertheit* unter Umständen keinen Erfolg haben. Entsprechend der in Abschnitt 7.7.3.3 dargestellten Studien können z. B. phosphatbasierte Passivierungslösungen sinnvoll sein, um die Kompatibilität von Edelstahl gegenüber empfindlichen Analyten wie z. B. Phosphopeptiden und Proteinen zu erhöhen. Andere Strategien sind das Anpassen von pH-Wert und Ionenstärke der Probenlösung oder der mobilen Phase, die Zugabe von Phosphorsäure zur Probenlösung oder Verwendung von Phosphatpuffer als mobile Phase. Die Zugabe von Ethylendiamintetraessigsäure (EDTA) hilft unter Umständen die Bindung von Analyten

Tab. 7.10 Beispiele für Passivierungsmethoden mit Zitronensäure, Phosphorsäure und Salpetersäure für edelstahlbasierte Kapillaren bzw. UHPLC-Systeme. Vor einer Passivierung sind unbedingt die Angaben der HPLC-Hersteller bzgl. der chemischen Kompatibilität des UHPLC-Systems gegenüber den aufgeführten Passivierungsmitteln zu beachten.

Passivierungsmittel	Prozedur	Referenz
Zitronensäure (30 % v/v)	für selbst geschnittene Kapillaren • über Nacht in Zitronensäure einlegen • 30–60 min in Wasser einlegen • mit Wasser und anschließend mit Methanol spülen	[82]
400 mmol L^{-1} H_3PO_4/CH_3OH (1 : 1)	bei einer Flussrate von 0,2 mL min^{-1} für 2 h	[74]
5 mmol L^{-1} NaH_2PO_4 in Wasser	• 20/80 (v/v) ACN/Wasser mit 1 % Ameisensäure bei 0,4 mL min^{-1}, ≥ 3 h, über Vorsäulenheizer bei 80 °C • Phosphatlösung bei 0,4 mL min^{-1} bei 40 °C, 12–60 h	[83]
30 % Salpetersäure	• Entfernen von organischen Lösemitteln, ausreichendes Spülen mit Wasser • 30 % Salpetersäure, 1 mL min^{-1}, ≥ 250 mL • Spülen mit Wasser bei 1 mL min^{-1}, 1 L, über Nacht • Kolbenhinterspülung nach der Passivierung	[84]
50 % Salpetersäure	keine Angaben	[38]

an gelöste oder an Säulen gebundene Metallionen zu unterbinden. An dieser Stelle sei darauf hingewiesen, dass es bei Verwendung von EDTA in höheren Konzentrationen möglicherweise zu Korrosion von rostfreiem Stahl kommen kann [11, 12].

Dennoch kann die Passivierung bzw. Repassivierung des UHPLC-Systems erforderlich sein, die Hersteller geben dazu oft Empfehlungen bzgl. der Passivierung ihrer Systeme heraus. Diesen Protokollen gilt es unbedingt Folge zu leisten! In Tab. 7.10 sind einige Beispiele für Passivierungsmethoden aufgelistet.

Passivierungsmethoden werden in der Industrie gemäß verschiedener standardisierter Passivierungsprotokolle geregelt. Ein wichtiger Industriestandard ist der ASTM-967-Standard, der verschiedene Passivierungsmethoden für rostfreien Stahl spezifiziert. In diesem Standard kann der interessierte Leser weitere Informationen bzgl. der Passivierung von rostfreiem Stahl erhalten [85].

Literatur

1 Collins, K.E., Collins, C.H. und Bertran, C.A. (2000) Stainless Steel Surfaces in LC Systems, Part I – Corrosion and Erosion, *LC GC N. Am.*, 18 (6), 600–608.

2 Davis, J.R. (1994) *Stainless Steels*, ASM Specialty Handbook, ASM International.

3 Covert, R.A. und Tuthill, A.H. (2000) Stainless steels: An introduction to their metallurgy and corrosion resistance. *Dairy Food Environ. San.*, 20 (7), 506–517.

4 Nickel Institute. Publication No 2828 – Corrosion Resistance of the Austenitic Chromium-Nickel Stainless Steels in Chemical Environments. http://www.nickelinstitute.org/TechnicalLiterature/INCO%20Series/2828_CorrosionResistanceoftheAustenitic Chromium_NickelStainlessSteelsin ChemicalEnvironments.aspx (letzter Zugriff am 22 März 2014).

5 Schmidt, T. (2001) Identifizierung und Untersuchung pharmazeutischer Gläser durch Laser-Ablation-ICP-MS, Dissertation, Berlin.

6 Waters Corporation (2008) Controlling Contamination in UltraPerformance LC/MS and HPLC/MS Systems, 3 März 2008. http://www.waters.com/webassets/cms/support/docs/715001307d_cntrl_cntm.pdf (letzter Zugriff am 7 April 2014).

7 Dolan, J.W. (2006) Check Valve Problems, *LC GC N. Am.*, 24 (2), http://www.chromatographyonline.com/lcgc/article/articleDetail.jsp?id=302242&pageID=1&sk=&date= (letzter Zugriff am 10 Mai 2014).

8 Dolan, J.W. (2008) Check Valves and Acetonitrile, *LC GC N. Am.*, 26 (6), http://www.chromatographyonline.com/lcgc/Articles/Check-Valves-and-Acetonitrile/ArticleStandard/Article/detail/524647 (letzter Zugriff am 10 Mai 2014).

9 Ledtje, M.L. und Long, A.D. (1989) Check Valve, USA Patent US 4862907, 5 September 1989.

10 Waters Corporation (2010) Acquity UPLC H-Class System – Instrument Specifications, 2010, http://www.waters.com/webassets/cms/library/docs/720003294en.pdf (letzter Zugriff am 7 April 2014).

11 Agilent Technologies (2010) Agilent 1260 Infinity Quaternary Pump VL – User Manual, 06/10, Agilent Technologies, Inc.

12 Waters Corporation (2010) Acquity UPLC H-Class System Guide, Revision A, Waters Corporation.

13 Thermo Fisher Scientific (2013) Thermo Scientific Dionex UltiMate 3000 Series SD, RS, BM, and BX Pumps Operating Instructions, Revision 1.7.

14 Häuselmann Metall Gmbh (2005) Tabellen – Chemische Beständigkeit, 19 August 2005, http://www.haeuselmann.ch/content-n9-i9-sD.html (letzter Zugriff am 22 März 2014).

15 Mowery, R.A. (1985) The corrosion of 316 stainless steel in process liquid chromatography with acetonitrile and methanol carriers. *J. Chromatogr. Sci.*, **23**, 22–29.

16 Peters, M. (2002) *Titan und Titanlegierungen*, Leyens, C., Wiley-VCH Verlag GmbH, Weinheim.

17 ThyssenKrupp Materials Schweiz (2013) Titan Grade 1/Titane Grade 1, 28 Januar 2013, http://www.thyssenkrupp.ch/documents/Titan_Grade_1.pdf (letzter Zugriff am 13 Juni 2014).

18 ThyssenKrupp Materials Schweiz (2013) Titan Grade 4/Titane Grade 4, 28 Januar 2013, http://www.thyssenkrupp.ch/documents/Titan_Grade_4_A.pdf (letzter Zugriff am 13 Juni 2014).

19 ThyssenKrupp Materials Schweiz (2013) Titan Grade 5/Titane Grade 5, 28 Januar 2013, http://www.thyssenkrupp.ch/documents/Titan_Grade_5.pdf (letzter Zugriff am 13 Juni 2014).

20 Hoar, T.P. und Maers, D.R. (1966) Corrosion-resistant alloys in chloride solutions: Materials for surgical implants. *Proc. R. Soc. A*, **294** (1439), 486–510.

21 Titanium Metals Corporation (1997) Corrosion Resistance of Titanium, 1997, http://www.parrinst.com/wp-

content/uploads/downloads/2011/07/Parr_Titanium-Corrosion-Info.pdf (letzter Zugriff am 18 August 2014).

22 Haertl, H.G. (2010) HPLC Pumping Apparatus with Silicon Carbide Piston and/or Working Chamber, USA Patent US 2010/0089134 A1, 5 April 2010.

23 Agilent Technologies (2008) *Agilent 1200 Series Quaternary Pump User Manual*, 11/08, Agilent Technologies, Inc.

24 Perkin Elmer Inc. (2014) High Pressure Piston Seal Replacement Parts for Series 200 Pump, http://www.perkinelmer.com/catalog/family/id/high%20pressure%20piston%20seal%20replacement%20parts%20for%20series%20200%20pump (letzter Zugriff am 28 Februar 2014).

25 Lemelin, M.E., Lin, T.A., Moeller, W., Koziol, S. und Usowicz, J.E. (2013) Static and Dynamic Seals, USA Patent US 2013/0049302 A, 28 Februar 2013.

26 Waters Corporation (2014) Waters: Vials Selector, www.waters.com/app/selector/en/vials.html (letzter Zugriff am 13 Juni 2014).

27 Agilent Technologies Inc. (2014) Interactive Vial Selection Tool, Agilent Technologies Inc., http://www.chem.agilent.com/en-US/promotions/Pages/interactive_vial_tool.aspx (letzter Zugriff am 13 Juni 2014).

28 Thermo Fisher Scientific (2014) Vials and Closures Catalog 2014–2015 – Thermo Scientific, http://www.thermoscientific.com/content/dam/tfs/ATG/CMD/CMD%20Documents/Catalogs%20&%20Brochures/Chromatography%20Columns%20and%20Supplies/BR20834-sample-handling-lr.pdf (letzter Zugriff am 13 Juni 2014).

29 Nichols, J.A. und Baron, B.L. (2002) Long Lifetime Fluid Switching Valve. USA Patent US 6453946 B2, 24 September 2002.

30 Idex Health&Science LLC (2013) *Fluidic Products&Information for Laboratory Applications Catalog 2014.*

31 Valco Instruments Co. Inc. (2014) Properties of Rotor Materials, Valco Instruments Co. Inc., http://www.vici.com/ref/mat_rotr.php (letzter Zugriff am 11 Mai 2014).

32 Berndt, M. (2010) Shear Valve With Silicon Carbide Member. USA Patent US 2010/0101989, 29 April 2010.

33 Berndt, M. (2011) Shear Valve With DLC Comprising Multi-Layer Coated Member. USA Patent US 2010/0281959 A1, 11 November 2011.

34 Yasunaga, K. (2009) Flow Channel Switching Valve. Japan Patent WO2009101695 A, 20 August 2009.

35 Tower, C.R. (2011) Rotary Shear Valve Assembly With Hard-On-Hard Seal Surfaces. US Patent US 2011/0006237 A1, 13 Januar 2011.

36 Hochgraeber, H., Wiechers, J. und Satzinger, A. (2013) High-Pressure Control Valve For High-Performance Liquid Chromatography. Deutschland Patent US 2013/0284959 A1, 31 October 2013.

37 Hochgraeber, H. und Ruegenberg, G. (2012) Autosampler for High-Performance Liquid Chromatography. Deutschland Patent US 8196456 B2, 12 Juni 2012.

38 Collins, K.E., Collins, C.H. und Bertran, C.A. (2000) Stainless Steel Surfaces in LC Systems, Part II – Passivation and Practical Recommendations, *LC GC N. Am.*, 18 (7), 688–692.

39 Finetubes (2012) Nickel-Legierung – Legierung MP35N, UNS R30035, Werkstoff-Nr. 2.4999, 2012. http://www.finetubes.de/uploads/attachments/g146_Legierung_MP35N.pdf (letzter Zugriff am 4 Juni 2014).

40 Davis, J.R. (2001) *Nickel, Cobalt, and their Alloys*, ASM Specialty Handbook, ASM International.

41 Park, J. und Lakes, R.S. (2007) *Biomaterials: An Introduction*, Springer.

42 Valco Instruments Co. Inc. (2014) Pre-Cut Natural PEEK Tubing, Valco Instruments Co. Inc., 2014, http://www.vici.com/tube/peek_tubing.php (letzter Zugriff am 21 Mai 2014).

43 Agilent Technologies Inc. (2013) Agilent LC Capillary Supplies Selection Guide – Confidently Build High Performance Connections From Raw Sample to Analytical Result, 16 Januar 2013, https://www.chem.agilent.com/Library/selectionguide/Public/5991-0121EN.pdf (letzter Zugriff am 18 August 2014).

44 Valco Instruments Co. Inc. (2014) Nickel-Clad PEEK Tubing, 2014, http://www.vici.com/tube/ni-clad-peek.php (letzter Zugriff am 8 September 2014).

45 IDEX Health & Science LLC (2014) Permanent VHP Fittings, IDEX Health & Science LLC, http://www.idex-hs.com/products/4330/Permanent-VHP-Fittings.aspx?ProductTypeID=187&ProductFamilyID=3 (letzter Zugriff am 13 Juni 2014).

46 Thermo Fisher Scientific Inc. (2014) Viper Fingertight Fitting, http://www.dionex.com/en-us/products/accessories/reagents-accessories/viper-fingertight/lp-81335.html (letzter Zugriff am 13 Juni 2014).

47 Thermo Fisher Scientific Inc. (2014) nanoViper Fingertight Fitting, Thermo Fisher Scientific Inc., http://www.dionex.com/en-us/products/accessories/reagents-accessories/nano-viper-fingertight/lp-81337.html (letzter Zugriff am 13 Juni 2014).

48 Shih, C.-C., Shih, C.-M., Su, Y.-Y., Su, L.H.J., Chang, M.-S. und Lin, S.-J. (2004) Effect of surface oxide properties on corrosion resistance of 316L stainless steel for biomedical applications. *Corr. Sci.*, **46** (2), 427–441.

49 Andreeva, V.V. (1964) Behavior and nature of thin oxide films on some metals in gaseous media and in electrolyte solutions. *Corrosion*, **20** (2), 35–46.

50 Pouilleaua, J., Devilliersa, D., Durand-Vidala, S. und Mahéa, E. (1997) Structure and composition of passive titanium oxide films. *Mater. Sci. Eng. B*, **47** (3), 235–243.

51 Thierry, B., Tabrazian, T.C., Savadogo, O. und Yahia, L. (2000) Effect of surface treatment and sterilization processes on the corrosion behaviour of NiTi shape memory alloy. *J. Biomed. Mater. Res.*, **51** (4), 685–693.

52 Sundgren, J.-E., Bodö, P. und Lundström, I. (1986) Auger electron spectroscopic studies of the interface between human tissue and implants of titanium and stainless steel. *J. Colloid Interf. Sci.*, **110** (1), 9–20.

53 Milošev, I. und Strehblow, H.-H. (2000) The behavior of stainless steels in physiological solution containing complexing agent studied by X-ray photoelectron spectroscopy. *J. Biomed. Mater. Res.*, **52** (2), 404–412.

54 Clark, G. und Williams, D. (1982) The effects of proteins on metallic corrosion. *J. Biomed. Mater. Res.*, **16** (2), 125–134.

55 Omanovic, S. und Roscoe, S.G. (1999) Electrochemical studies of the adsorption behavior of bovine serum albumin on stainless steel. *Langmuir*, **15** (23), 8315–8321.

56 Williams, R., Brown, S. und Merritt, K. (1988) Electrochemical studies on the influence of proteins on the corrosion of implant alloys. *Biomaterials*, **9** (2), 181–186.

57 Tuytten, R., Lemière, F., Witters, E., Van, W. Dongena, Slegers, H., Newton, R.P., Van Onckelen, H. und Esmansa, E. (2006) Stainless steel electrospray probe: A dead end for phosphorylated organic compounds? *J. Chromatogr. A*, **1104**, 209–221.

58 Frauchiger, L., Taborelli, M., Aronsson, B.-O. und Descouts, P. (1999) Ion adsorption on titanium surfaces exposed to a physiological solution. *Appl. Surf. Sci.*, **143** (1–4), 67–77.

59 Ouerd, A., Alemany-Dumont, C., Normand, B. und Szunerits, S. (2008) Reactivity of CoCrMo alloy in physiological medium: Electrochemical characterization of the metal/protein interface. *Electrochim. Ac.*, **53** (13), 4461–4469.

60 Ouerd, A., Alemany-Dumont, C., Berthomé, G., Normand, B. und Szunerits, S. (2007) Reactivity of titanium in physiological medium – Electrochemical, I. Characterization of the metal/protein interface. *J. Electrochem. Soc.*, **154** (10), C593–C601.

61 Pound, B. (2014) Passive films on metallic biomaterials under simulated physiological conditions. *J. Biomed. Mater. Res. A*, **102**, 1595–1604.

62 Ouerd, A., Alemany-Dumont, C. Normand, B. und Szunerits, S. (2008) Reactivity of CoCrMo alloy in physiological medium: Electrochemical characteri-

zation of the metal/protein interface. *Electrochim. Acta*, **53** (13), 4461–4469.

63 Olefjord, I. (1980) The passive state of stainless steels. *Mater. Sci. Eng.*, **42**, 161–171.

64 Wallinder, D., Pan, J., Leygraf, C. und Delblanc-Bauer, A. (1998) EIS and XPS study of surface modification of 316LVM stainless steel after passivation. *Corr. Sci.*, **41** (2), 275–289.

65 Noh, J., Laycock, N., Gao, W. und Wells, D. (2000) Effects of nitric acid passivation on the pitting resistance of 316 stainless steel. *Corr. Sci.*, **42** (12), 2069–2084.

66 O'Laoire, C., Timmins, B., Kremer, L., Holmes, J. und Morris, M. (2006) Analysis of the acid passivation of stainless steel. *Anal. Lett.*, **39** (11), 2255–2271.

67 Pound, B.G. und Becker, C.H. (1991) Composition of surface films on nickel base superalloys. *J. Electrochem. Soc.*, **138** (3), 696–700.

68 Ornberg, A., Pan, J., Herstedt, M. und Leygraf, C. (2007) Corrosion resistance, chemical passivation, and metal release of 35N LT and MP35N for biomedical material application. *J. Electrochem. Soc.*, **154** (9), C546-C551.

69 Pan, J., Thierry, D. und Leygraf, C. (1994) Electrochemical and XPS studies of titanium for biomaterial applications with respect to the effect of hydrogen peroxide. *J. Biomed. Mater. Res.*, **28** (1), 113–122.

70 Nakanishi, K., Sakiyama, T. und Imamura, K. (2001) On the adsorption of proteins on solid surfaces, a common but very complicated phenomenon. *J. Biosci. Bioeng.*, **91** (3), 233–244.

71 Fukuzaki, S., Urano, H. und Nagata, K. (1995) Adsorption of protein onto stainless-steel surfaces. *J. Ferment. Bioeng.*, **80** (1), 6–11.

72 Rosengren, Å., Pavlovic, E., Oscarsson, S., Krajewski, A., Ravaglioli, A. und Piancastelli, A. (2002) Plasma protein adsorption pattern on characterized ceramic biomaterials. *Biomaterials*, **23** (4), 1237–1247.

73 High Performance Alloys, Inc. (2007) Mfg & Dist of Inconel, Monel, Hestalloy and Nitronic Grades, High Performance Alloys, Inc., 2007, http://www.hpalloy.com/alloys/descriptions/NITRONIC60.html (letzter Zugriff am 24 März 2014).

74 Wakamatsu, A., Morimoto, K., Shimizu, M. und Kudoh, S. (2005) A severe peak tailing of phosphate compounds caused by interaction with stainless steel used for liquid chromatography and electrospray mass spectrometry. *J. Sep. Sci., Spec. Issue*, **28** (14), 1823–1830.

75 Liu, S., Zhang, C., Campbell, J., Zhang, H., Yeung, K., Han, V. und Lajoie, G. (2005) Formation of phosphopeptide-metal ion complexes in liquid chromatography/electrospray mass spectrometry and their influence on phosphopeptide detection. *Rapid Commun. Mass Spectrom.*, **19**, 2747–2756.

76 Rao, S. und Pohl, C. (2011) Reversible interference of Fe^{3+} with monoclonal antibody analysis in cation exchange columns. *Anal. Biochem.*, **409** (2), 293–295.

77 De Vijlder, T., Boschmans, J., Witters, E. und Lemière, F. (2011) Study on the loss of nucleoside mono-, di- and triphosphates and phosphorylated peptides to a metal-free LC-MS hardware. *Int. J. Mass Spectrom.*, **304** (2–3), 83–90.

78 Kim, J., Camp, D.G. und Smith, R.D. (2004) Improved detection of multiphosphorylated peptides in the presence of phosphoric acid in liquid chromatography/mass spectrometry. *J. Mass Spectrom.*, **39** (2), 208–215.

79 Castillo, A., Roig-Navarro, A. und Pozo, O. (2007) Secondary interactions, an unexpected problem emerged between hydroxyl containing analytes and fused silica capillaries in anion-exchange micro-liquid chromatography. *J. Chromatogr. A*, **1172** (2), 179–185.

80 Myers, D.P., Hetrick, E.M., Liang, Z., Hadden, C.E., Bandy, S., Kemp, C.A., Harris, T.M. und Baertschi, S.W. (2013) On-column nitrosation of amines observed in liquid chromatography impurity separations employing ammonium hydroxide and acetonitrile as mobile phase. *J. Chromatogr. A*, **1319**, 57–64.

81 Xu, R., Huang, X.K.K. und Hawle, M. (1995) On-column reduction of catecholamine quinones in stainless steel columns during liquid chromatography. *Anal. Biochem.*, **231** (1), 72–81.

82 IDEX Health & Science LLC (2014) Stainless Steel Tubing, IDEX Health & Science LLC, 2014, http://webstore.idex-hs.com/Products/specsheet.asp?vSpecSheet=450&vPart=U-112 (letzter Zugriff am 9 Juni 2014).

83 Agilent Technologies Inc. (2007) Is there any HPLC passivation procedure available for sensitive applications like e.g. analysis of some proteins, pyrophosphates etc. or for applications using ion exchange columns?, http://www.chem.agilent.com/Library/Support/Documents/Passivation%20for%20ILC.pdf (letzter Zugriff am 4 April 2014).

84 Day, R. (1988) Waters Lab Highlight – Passivating stainless steel in HPLC systems, http://www.waters.com/waters/library.htm?locale=en_US&lid=1524770 (letzter Zugriff am 4 April 2014).

85 ASTM International (2013) ASTM A967/A967M-13 – Standard Specification for Chemical Passivation Treatments for Stainless Steel Parts, ASTM International, 2013, http://www.astm.org/Standards/A967.htm (letzter Zugriff am 9 Juni 2014).

Teil 2
Erfahrungsberichte, Trends

8
Was muss die Software können, damit die Hardware optimal genutzt werden kann?

A. Simon

8.1
Einführung

Die Frage: „Was muss eine Chromatographiesoftware leisten, um die Hardware optimal nutzen zu können", lässt sich im ersten Moment leicht beantworten: *Sie muss die Geräte in allen Funktionen steuern können!*

Fasst man die Frage aber weiter und beschränkt sich nicht auf die reine Verbindung zwischen Software und Hardware, so kommt man schnell zur wesentlichen Frage:

Was muss eine Chromatographiesoftware können, damit der Anwender mit ihr seine Hardware optimal nutzen kann?

Mit der rasenden Entwicklung der Computertechnik haben sich natürlich auch die Anwendungen, die auf diesen Rechnern laufen, in ihren Möglichkeiten immens verändert. Schon heute gibt es nahezu für alle Anwendungen das passende Chromatographiedatensystem (CDS). War früher an jedem Messplatz ein spezieller Computer angeschlossen, so sind heute die Systeme unterschiedlicher Hersteller miteinander vernetzt. Statt dezidierter Programme für ein Messsystem werden nun Chromatographiedatensysteme benötigt, die verschiedenste Aufgaben mit einer Vielzahl von angeschlossenen Geräten erledigen können. Diese Veränderungen haben viele Prozesse im Labor vereinfacht. So findet sich heute in vielen Unternehmen eine global betriebene Installation eines Chromatographiedatensystems. Dadurch sind Abläufe vereinheitlicht und die Anwender müssen weit weniger Softwaresysteme beherrschen.

In diesem Kapitel möchte ich meine Gedanken zu drei Bereichen zu diesem Thema darlegen:

- Funktionalität und Bedienung
- Austausch von Daten
- große Installationen.

Der HPLC-Experte II, 1. Auflage. Stavros Kromidas (Hrsg).

8.2 Funktionalität und Bedienung

Der Markt offeriert eine Vielzahl an Chromatographiedatensystemen für diverse Anwendungsbereiche. Vom einfachen, preiswerten filebasierenden System mit einem überschaubaren Funktionsumfang bis zum globalen, datenbankbasierenden Chromatographienetzwerk als „Alleskönner". In meiner 15-jährigen Arbeit als Berater und Trainer habe ich eine Vielzahl an neuen Softwaresystemen in Labors implementiert. Obwohl keines der Systeme alle von den Anwendern gewünschten Funktionen bieten konnte, arbeitet jedes der Labors inzwischen erfolgreich mit dem jeweiligen CDS. Dies zeigt mir, dass der heute gebotene Funktionsumfang geeignet ist, die gängigen Anforderungen abzubilden, egal ob für ein analytisches Routinelabor oder ein Labor in der Inprozessanalytik.

Trotzdem bleibt natürlich Raum für Wünsche, und mit jeder neuen Version eines CDS werden neue Funktionen nachgereicht – manchmal ein vermisstes Feature wie die Berücksichtigung der Reinheit einer Standardkomponente bei der Kalibrierung – manchmal extrem hilfreiche neue Funktionen wie die Auswertung der Probenreinheit nach ICH – beides neu in Empower 3 von Waters.

Auch ich wünsche mir, dass Hersteller in bestimmten Bereichen in ihre Produkte investieren, und ich bin überzeugt, dass dies auch geschieht.

8.3 Integration

Die letzten neuen Funktionen im Bereich der Integration von Peaks, die mich besonders beeindruckt haben, waren der ApexTrack Integrationsalgorithmus in Empower und die SmartPeaks Integration von Chromeleon.

Der ApexTrack Integrationsalgorithmus in Empower verwendet statt der Steigung des Messsignals die Steigung der zweiten Ableitung des Messsignals zur Erkennung von Peakanfang und -ende. Da in der zweiten Ableitung eine eventuelle Drift des Messsignals entfällt, lassen sich so auf einfache Weise auch kleinste Peaks auf driftenden Basislinien recht sicher integrieren. Außerdem ermöglicht der ApexTrack Integrationsalgorithmus eine einfache Erkennung von Schultern und Doppelpeaks und deren Abtrennung. Verbunden mit der Möglichkeit ApexTrack selbst die Integrationsparameter bestimmen zu lassen, ist eine fast vollständige, automatische Integration auch von anspruchsvollen Chromatogrammen möglich.

Die Chromeleon SmartPeaks Funktion bietet hingegen eine hervorragend umgesetzte Unterstützung bei der Integration von nicht basisliniengetrennten Peaks. Man wählt einfach die SmartPeaks Funktion aus, selektiert dann im Chromatogramm den zu integrierenden Bereich und erhält sofort verschiedene Vorschläge für eine Integration. Nur durch Anklicken der entsprechenden Grafik kann jetzt die gewünschte Integration ausgewählt werden, die Umsetzung in der Methode erledigt Chromeleon allein.

Beide Systeme ermöglichen so eine relativ einfache Integration auch schwieriger Chromatogramme. Eine Hilfe bei der Entscheidung, wie denn nun ein Chromatogramm richtig zu integrieren ist, um die wirklichen Peakflächen zu erhalten, bieten die Softwarepakete allerdings nicht. Da manchmal aber gerade die Integration über gut oder schlecht entscheidet, wie beispielsweise bei Flächenprozentauswertung zur Bestimmung der Reinheit, wäre hier eine Entscheidungshilfe zur fundierten Auswahl der richtigen Integration umso wichtiger.

Es fehlt insbesondere eine Hilfe bei der Integration von nicht basisliniengetrennten Peaks. Der Trend, mit kürzeren Säulen und schnelleren Methoden Trennungen in immer kürzerer Zeit zu erreichen, führt manchmal zu schlechteren Auflösungen. Wenn sich dann, beispielsweise bei Stabilitätsproben mit einer Vielzahl an neuen, unbekannten Peaks, die Auflösungen verschlechtern, werden vermehrt Peaks nicht mehr basisliniengetrennt.

Bei der Festlegung der Integrationsmethode muss nun die Abtrennmethode definiert werden. Doch liefert nun der exponentielle Skim, welcher oftmals optisch am ansprechendsten erscheint, das richtige Ergebnis? Auch hier sind die Hersteller gefordert, entweder eigene Funktionen zur Berechnung der Dekonvolution zu implementieren oder ihre Softwareprodukte weiter für Drittanbieter zu öffnen, um die benötigten Funktionen nachrüsten können.

8.4 Gerätesteuerung

Da heutzutage ein Analysensystem ohne angeschlossene Software eigentlich nicht mehr zu betreiben ist, begründet dies oftmals die Notwendigkeit von „Software-Inseln". Solange nicht jedes Gerät mit jeder Software gesteuert werden kann, muss verschiedene Software zur Steuerung der im Labor vorhandenen Geräte eingesetzt werden. Je mehr Geräte unterschiedlicher Hersteller von einem Chromatographiedatensystem gesteuert werden können, desto weniger verschiedene Softwaresysteme müssen im Labor eingesetzt werden.

Sollte daher nicht jeder Hersteller eines Chromatographiedatensystems das Ziel haben, die Anzahl der unterstützen Geräte möglichst breit zu fächern?

Ja und nein! Unterstützt eine Software eine Vielzahl von Geräten, so hilft das ein CDS in ein Unternehmen zu verkaufen und dort als Standard zu etablieren. Danach möchte der Softwarehersteller sein Chromatographiedatensystem natürlich dazu nutzen seine eigenen Geräte zu verkaufen. Hier ist nun die Kompatibilität zu Geräten anderer Hersteller hinderlich, ermöglicht dies dem Anwender doch eine größere Auswahl, ohne auf den Komfort und die Sicherheit einer Steuerung zu verzichten.

Ein erster Schritt in Richtung eines offenen Systems zur Ansteuerung von Chromatographiegeräten war die Einführung des Instrument Control Frameworks (ICF) durch die Firma Agilent. Das ICF sollte einen Standard bilden, der Gerätetreiber austauschbar für verschiedene Anwendungen macht. Analog dem Drucktreiber, den der Hersteller mit dem Gerät ausliefert, sollte der ICF-Treiber zusammen mit der HPLC oder dem GC geliefert werden. Über ihn wäre das Gerät dann durch jedes Chromatographiedatensystem steuerbar. Die Hersteller der Chromatographiedatensysteme müssen nur einmal das ICF in ihre Software implementieren, um die Anbindung der Geräte kümmert sich dann der Gerätehersteller, der dann auch im Falle von Neuerungen am Gerät oder bei neuen Geräteversionen schnell einen Gerätetreiber nachliefern kann, ohne auf den Hersteller des Chromatographiedatensystems angewiesen zu sein.

Die Firma Agilent verfolgt dieses Konzept bei einigen ihrer Geräte und liefert einen ICF-Treiber, der die Einbindung nicht nur in die eigenen CDS, sondern auch in die Waters Empower und Thermo Chromeleon Software erlaubt. Durch die identische Bedienung ist es für den Anwender einfach von einer auf eine andere Software zu wechseln.

Allerdings können sich hieraus auch unglückliche Bedienungsabläufe ergeben, verfolgen die verschiedenen Chromatographiedatensysteme doch unterschiedliche Konzepte. So lässt sich beispielsweise in Empower ein Injektionsvolumen in die Instrumentenmethode eintragen, obwohl dieses nur in der Probentabelle berücksichtigt wird. Hier sind die nativen Gerätetreiber im Vorteil, da sie auf die speziellen Eigenarten des jeweiligen Chromatographiedatensystems Rücksicht nehmen.

Einen großen Schritt in Richtung eines einheitlichen CDS für das gesamte Labor geht ThermoScientific mit der Chromeleon Version 7.2 (SR1). Als erster Anbieter werden von ThermoScientific Massenspektrometer in eine wirkliche Chromatographienetzwerklösung integriert. Damit gelingt es der Thermo Chromeleon Software das MS aus dem „Expertenlabor" in das normale Labor zu integrieren. Die Einbindung ist vorerst auf Thermo MS-Geräte beschränkt, es bleibt jedoch die Hoffnung, dass ThermoScientific zukünftig auch auf eine Öffnung für andere Anbieter setzt.

In der Zukunft wird sich die Frage stellen, aus welcher Perspektive die Kombination von Messgerät und Software betrachtet wird. Wo früher meistens die Spezifikation des Gerätes ausschlaggebend für eine Kaufentscheidung war, ist es heute oft die Software. Demnach werden Gerätehersteller darauf achten müssen, dass ihre Produkte zu möglichst vielen CDS kompatibel sind, um am Markt erfolgreich zu sein.

8.5 Bedienung

Nahezu jedes moderne Chromatographiesystem wird heute von einer Software kontrolliert und die gewonnenen Daten damit ausgewertet. Waren vor 15 Jahren noch die Menüführung am Gerät sowie die Größe der Anzeige wichtige Parameter bei der Beschaffung eines HPLC-Systems, verfügen die meisten aktuellen HPLC-Systeme weder über eine Tastatur noch über ein Display. Jede Interaktion mit dem Gerät erfolgt vom Computer. Die Software als Schnittstelle von Anwender und System hat manchmal, so scheint es, eine größere Bedeutung als die Chromatographie selbst. Doch ist dies nicht verwunderlich, verbringt ein Mitarbeiter im Labor doch oftmals mehr Zeit an Tastatur und Monitor als am Labortisch.

Weit häufiger als das Fehlen von Funktionen gibt die komplizierte Bedienung und lange Einarbeitungszeit Grund zur Beanstandung.

Ich möchte damit auf keinen Fall sagen, dass eine funktionale Weiterentwicklung der Datensysteme nicht notwendig wäre, sondern darauf hinweisen, dass es ebenso wichtig ist, die Software auch für den „normalen" Anwender im Labor beherrschbar zu machen. Dazu sind neue Konzepte bei der Gestaltung der Bedienoberfläche notwendig.

8.6 Ease of Use

Bei der Gestaltung einer Bedienoberfläche mit den zugrunde liegenden Arbeitsabläufen, hat der Programmierer einer Software im Grunde alle Freiheiten. In den 1980er und frühen 1990er Jahren bot die damals entwickelte Software viele verschiedene Ideen zur Bedienung und Darstellung. Dies ist gewiss den drei großen Neuerungen zu verdanken:

- Wechsel von der Tastatur- zur Mausbedienung
- Entwicklung von Betriebssystemen mit Fenstertechnik
- Steigerung der grafischen Rechenleistung.

Spätestens seit der Einführung von Windows NT, Mitte der 1990er Jahre, ist ein Standard für die Bedienung von Software gesetzt. Betrachtet man nun z. B. die Weiterentwicklung von Microsoft Office über die letzten 20 Jahre, so stellt man fest, dass dort die gleichen Herausforderungen entstanden, denen wir uns heute bei den Chromatographiedatensystemen gegenübersehen:

Die Funktionsvielfalt wächst – die Bedienung wird zu komplex!

Vielleicht erinnert sich noch der eine oder die andere an die ersten Versionen von MS-Word, die unter MS-DOS liefen. Ohne Maus und Fenstertechnik erfolgte die Bedienung ausschließlich über die Tastatur. Die Möglichkeiten Texte zu formatieren wurden z. B. im unteren Bereich des Bildschirms eingeblendet und über Tastenkombinationen wie `Crtl + F` aufgerufen.

Man stelle sich vor, alle Formatierungsfunktionen der aktuellen Version von Word würden am unteren Bildschirmrand eingeblendet!

Wie jeder weiß, änderte Microsoft über die verschiedenen Versionen und Betriebssysteme die Bedienung grundlegend. In Menüs werden dem Anwender die verschiedenen Funktionen, zusammengefasst in logische Gruppen, zur Auswahl angeboten. Zusätzlich entstanden die ersten Toolbars, in denen Funktionen über einen Mausklick aufgerufen werden können. Gerade diese Art der Bedienung erfreut sich bei den meisten Anwendern größter Beliebtheit, sodass die Anzahl dieser Toolbars und damit auch die Menge der zur Verfügung stehenden Tasten immer größer wurde.

Daraus resultierte der letzte Entwicklungsschritt bei Microsoft Office: das Ribbon Design.

Statt die Toolbars aller Funktionen ständig anzuzeigen, werden diese nun selektiv passend zum aktuellen Arbeitsschritt ausgewählt. So sieht der Anwender nur die aktuell benötigten Funktionen.

Eine Software wie Empower von Waters, die nun bereits seit Anfang der 2000er Jahre am Markt ist und einen Entwicklungsstand aus dem Ende des letzten Jahrhunderts hat, verfolgt das Konzept der statischen Toolbars. Zwar hat jeder Anwender die Möglichkeit auszuwählen, welche der Toolbars für ihn angezeigt werden sollen, dies erfolgt aber nicht in Abhängigkeit des jeweiligen Arbeitsschritts.

Im Gegensatz dazu verfolgt die deutlich neuere Chromeleon Software von ThermoScientific in der Version 7 den Ansatz des Ribbon Design. Der Anwender arbeitet meistens in einem Fenster, die Toolbars werden passend dazu angezeigt. Neben einem deutlich „frischeren" Aussehen gewinnt dadurch die Übersichtlichkeit deutlich.

Doch auch das Ribbon Design wird die Anforderungen der Zukunft nicht ausreichend abbilden können. Zwar orientiert es sich am jeweiligen Arbeitsschritt, berücksichtigt aber nicht den Bedarf oder den Ausbildungsstand des Anwenders. In vielen Fällen wäre es sinnvoll, nur die Funktionen anzubieten, mit denen der Anwender auch vertraut ist. Während der Profi routiniert auch selten benötigte oder komplexe Funktionen im Zugriff haben möchte, verwirren oder verunsichern diese Menüeinträge und Toolbars den Einsteiger.

Nicht nur das, es besteht sogar die Gefahr, durch eine Fehlbedienung ein ungültiges Ergebnis zu erzeugen oder zukünftig noch benötigte Daten, wie zum Beispiel eine Kalibrierung, zu verändern oder zu zerstören.

Hier sollte die Chromatographiesoftware der Zukunft mehr Arten der Anpassung erlauben. Die Oberfläche und die zur Verfügung stehenden Funktionen sollten mit dem Ausbildungsstand des Anwenders und seinen Anforderungen an das System mitwachsen können. Von der einfachen, nur mit Grundfunktionen versehenden Starteroberfläche, bis zur Oberfläche mit allen Funktionen für den Anwendungsprofi, sollten hier verschiedene Varianten angeboten werden, die natürlich auch Zwischenstufen berücksichtigen!

8.7
Bedienoberflächen

Chromatographiedatensysteme waren noch vor 20 Jahren Messanlagen für den Chromatographiespezialisten im Labor. Dieser war sowohl mit der Technik der Chromatographie wie auch mit der Technik seiner Messsysteme vertraut.

In Unternehmen arbeiten heute verschiedenste Anwender mit einem Chromatographiedatensystem:

- Spezialisten für HPLC und GC, deren tägliche Arbeit die Anwendung des Chromatographiedatensystems ist

- Mitarbeiter der Routineanalytik, die das Chromatographiedatensystem als Messmittel verwenden
- Mitarbeiter aus dem Produktionslabor ohne Analytikkenntnisse.

Wäre es nicht hilfreich, wenn man ein Chromatographiedatensystem in allen Bereichen verwenden und an die jeweiligen Anforderungen des Nutzers anpassen könnte?

Die meisten Produkte bieten zwar schon heute einige Anpassungsmöglichkeiten, wie bei den Panels zur Gerätesteuerung in Chromeleon, in denen die angezeigten Funktionen der Geräte konfiguriert werden können. Empower bietet die Möglichkeit Tasten und Tabelleninhalte der Fenster zu definieren. Die generelle Komplexität bleibt jedoch erhalten.

Schaut man in den besonders kreativen Bereich der „Open Source Software", so könnten sogenannte Skins, konfigurierbare, grafische Oberflächen, die an die Bedürfnisse verschiedener Anwender angepasst werden, eine interessante Lösung darstellen. Besonders interessant wird diese Technik der Gestaltung der Bedienoberflächen (GUI = Graphical User Interface), wenn sie durch Anwender oder Drittanbieter einfach erstellt und verteilt werden kann. Mit einer solchen Technik kann eine Software von der einfachen Oberfläche mit zwei Tasten für Start und Stopp bis hin zur leistungsfähigen, aber komplexen Oberfläche alle gewünschten Formen gestaltet werden. Idealerweise können die Skins von Dritten erstellt werden, wie z. B. den Anwendern selbst oder Dienstleistern. Damit wäre dann auch denkbar, zwei verschiedene Chromatographiedatensysteme in einem Labor mit derselben Bedienoberfläche zu versehen und den Wechsel zwischen den Systemen für den Anwender zu vereinfachen.

8.8 Multilingual

Bei einer Installation, in der Anwender aus verschiedenen Ländern zusammen in einem Chromatographiedatensystem arbeiten, stellt die Sprache des verwendeten Betriebssystems und der Chromatographiesoftware oftmals eine ernste Hürde dar. Versucht man Standorte in Japan, China, Deutschland, Frankreich und den USA in einem System zusammenzufassen, kommt fast nur Englisch als Systemsprache in Frage. Aber beherrschen wirklich alle Mitarbeiter in den Laboren aller Länder die gewählte Sprache ausreichend? Fühlen sie sich darin sicher?

Die Entscheidung für eine solche Installation und die Festlegung einer Sprache erfolgt oftmals von Mitarbeitern, die in multinationalen Projekten arbeiten und das Kommunizieren in fremden Sprachen gewohnt sind. Für den einzelnen Mitarbeiter im Labor stellt es oftmals eine Herausforderung dar, sich nun in einer fremdsprachigen Umgebung zu bewegen.

Unternehmen wie Waters stellen ihren Anwendern eine Onlinehilfe in verschiedenen Sprachen zur Verfügung, aber nur jeweils eine lässt sich im System einbinden. Hier sollte es zukünftig möglich sein, dem Anwender die Unterstützung in seiner Sprache anzubieten.

Schon heute verfügen die Chromatographiedatensysteme über die Möglichkeit User Accounts zu definieren und mit Rechten zu versehen. Einige Systeme bieten sogar die Möglichkeit unter verschiedenen Bedienoberflächen zu wählen und Bildschirmfarben zu definieren. Warum kann hier nicht auch eine Sprache für das Chromatographiedatensystem ausgewählt werden? Die technischen Möglichkeiten, in einer Software Menüeinträge und Hilfetexte selektiv in einer vom Anwender ausgewählten Sprache anzuzeigen, gibt es schon lange. Softwarepakete wie Office von Microsoft zeigen wie es geht: Sie bieten eine Software, in die Sprachpakete integriert werden können, auch entsprechende Apps sind in der Zwischenzeit eine Selbstverständlichkeit geworden. So wäre eine Grundinstallation, beispielsweise in Englisch möglich, bei der der Anwender anschließend das Sprachpaket seiner Wahl nachinstalliert.

8.9 Austausch von Daten

Die Austauschbarkeit von Daten und die Integration verschiedener Systeme gewinnen seit Jahren an Bedeutung. Speziell die Anforderungen an die pharmazeutische Industrie bei der Übertragung von Werten zwischen verschiedenen Softwaresystemen forcieren die Entwicklung von Austauschformaten und Schnittstellen. Auch die Notwendigkeit, Daten noch nach vielen Jahren oder Jahrzehnten lesen und bearbeiten zu können, macht einen Transfer in eine andere, neuere Software notwendig.

Betrachtet man alle eingesetzten Systeme in einem Labor, so zeigt sich, dass diese sich in Inseln gruppieren, zwischen denen kein ausreichender Austausch von Daten stattfindet. Eine vollständige Verbindung der Informationen, einschließlich aller Metadaten, ist nicht gegeben. Wollen nun Abteilungen in einem Unternehmen oder Unternehmen einer Forschungskooperation gemeinsam Daten nutzen, stellt diese Insellandschaft der Softwaresysteme eine massive Bremse dar.

Ein interessantes Projekt, das diese Hürde zu überwinden sucht, ist die Allotrope Foundation (http://allotrope.org). Hier haben sich führende Unternehmen der Pharmaindustrie zusammengeschlossen, um einen zukünftigen Standard für Laborsoftware zu definieren:

> *The Mission of Allotrope Foundation is to address the root cause of this "disease" instead of just treating the symptoms through an array of helper applications, data conversion projects, local standardization efforts of varying effectiveness, such as is done today. We believe the "cure" to the "disease" is the development of a comprehensive and innovative Framework consisting of metadata dictionaries, data standards, and class libraries for managing analytical data throughout its lifecycle. To accomplish this mission, Allotrope Foundation is working to create an open "ecosystem" through collaboration and consultation with vendors and*

the analytical community" (entnommen der Allotrope Foundation Website). *Die Mission der Allotrop Stiftung ist, sich um die Ursache dieser „Krankheit" zu kümmern und nicht nur die Behandlung der Symptome durch eine Reihe von Hilfsprogrammen, Datenkonvertierungsprojekten und lokalen Standardisierungsbemühungen mit unterschiedlicher Wirksamkeit. Wir glauben, dass die „Heilung" der „Krankheit" über die Entwicklung eines umfassenden und innovativen Framework bestehend aus Metadatenbibliotheken, Datenstandards und Klassenbibliotheken für die Verwaltung von Analysedaten im gesamten Lebenszyklus möglich ist. Um diese Mission zu erfüllen, wird die Allotrop Foundation ein offenes „Ökosystem" in Zusammenarbeit und in Abstimmung mit Lieferanten und der analytischen Gemeinschaft definieren.* (Übersetzt durch den Autor)

So reizvoll der Gedanke ist, einen vollständigen Austausch von Informationen zwischen den verschiedensten IT-Systemen der gängigsten Anbieter zu erreichen, so unwahrscheinlich ist es, dass eine Lösung in naher Zukunft verfügbar ist. Die Entwicklungszeiten einer derart komplexen Software, wie einem CDS, ELN oder LIMS, betragen viele Jahre und die Kosten sind immens. Werden Hersteller ihre Strategien ändern und neue Produkte entwickeln, um die Wünsche ihrer Kunden nach einem besseren Datenaustausch zu verwirklichen?

Die größeren Anbieter von Laborsoftware, wie Agilent mit seinen OpenLAB Produkten, ThermoScientific mit der Chromeleon/Sample Manager Integration und Waters mit der Kombination Empower und NuGenesis haben in den letzten Jahren zumindest die Vernetzung ihrer eigenen Produkte vorangetrieben.

Sollte ein Unternehmen also sein generelles Umfeld der Labor-IT erneuern wollen, so bieten sich bereits heute wertvolle Lösungen. Sollen aber die über die Jahre implementierten Systeme vernetzt werden, so werden vermutlich auch zukünftig Unternehmen ihre eigenen Lösungen entwickeln müssen, um Daten auszutauschen.

8.10 Datenimport und -export

Die einfachste Form der Interaktion zwischen zwei Softwaresystemen wie einem Laborinformations- und Managementsystem (LIMS) und einem Chromatographiedatensystem (CDS) ist der Austausch von Daten über Textfiles. Nahezu alle CDS und LIMS verfügen über die Möglichkeit solche Files zu ex- und importieren. Dieser Austausch geschieht jedoch fast immer durch einen manuellen Arbeitsschritt. Informationen werden in das CDS aus einem Verzeichnis importiert und erzeugte Ergebnisse wieder in ein Verzeichnis exportiert.

Ein weiteres Manko ist das Fehlen eines wirklichen Standards der Fileformate für einen Austausch. Die Erfahrung zeigt, selbst vermeintlich genormte Formate für zweidimensionale Daten, wie der AIA-/CDF-Standard werden von den verschiedenen Datensystem unterschiedlich verarbeitet. Der Austausch wird dadurch kompliziert, unvollständig und fehleranfällig. Eine einheitliche Implementierung wäre hier einfach umzusetzen, würde vermutlich jedoch keine zufriedenstellende Lösung bieten, denn zu wenige der wichtigen Metadaten, wie Messparameter und erweiterte Probeninformationen, werden mit den Rohdaten zusammen übergeben.

8.11
Skalierbarkeit vom PC bis zur globalen Installation

Nahezu alle heute am Markt verfügbaren Chromatographiedatensysteme lassen sich vom einzelnen PC bis hin zu einer globalen Netzwerklösung skalieren. Immer bessere und leistungsfähigere Netzwerkverbindungen rund um den Globus ermöglichen die Anbindung auch entfernter Standorte an einen zentralen Server. So werden Installationen über viele Zeitzonen und Sprachen hinweg betrieben.

Diese neuen Szenarien stellen spezielle Herausforderungen an die Administratoren dieser Systeme, aber auch an den Anwender im Labor.

Lokale Installationen benötigen in den meisten Fällen weniger technischen Support, da sie eher statisch sind. Einmal installiert und konfiguriert, ist ein Betrieb meist bis zum nächsten Update oder der Installation einer Erweiterung ohne Eingreifen eines Administrators möglich. Notwendige Wartungen können einfach mit dem Anwender im Labor abgesprochen und in einem gegebenen Zeitfenster durchgeführt werden.

Werden aber Hunderte von Computern im Labor zu einem Netzwerk verbunden, so erfolgt die Bereitstellung des Chromatographiedatensystems in der Regel durch eine zentrale Gruppe von Administratoren. Die zumeist auch räumliche Trennung von Anwendern und Administration hat zur Folge, dass nun nicht mehr die Möglichkeit besteht, manuell im Labor Aufnahme- und Auswerterechner einzeln zu installieren und zu warten. Die Verteilung der Software muss automatisch erfolgen, angepasst an die Erfordernisse des einzelnen Standorts. Daraus ergibt sich eine Reihe von Anforderungen:

- Alle am Chromatographiedatensystem beteiligten Rechner müssen erfasst und verwaltet werden. Hier ist die Bereitstellung der Anwendung für den Anwender über Terminal- und Citrix-Server problemlos möglich. Die Herausforderung stellen die Datenerfassungsrechner dar. Diese stellen die Verbindung zwischen dem CDS und HPLC mit den GC-Systemen her. So müssen z. B. bei dem CDS Empower von Waters alle Softwarestände identisch sein. Gegebenenfalls ist auch die Installation angepasster Treiber für die Computerhardware (z. B. für zusätzliche Schnittstellenkarten) oder die angeschlossenen Geräte notwendig.
- Konfigurationsinformationen müssen im Falle eines Ausfalls der Rechnerhardware schnell und vollständig wiederhergestellt werden können. Dazu müssen Informationen über den aktuellen Installationsstand sowie Einstellungen und Konfigurationen gespeichert werden und auf Abruf zur Verfügung stehen.

Die einzelnen Hersteller bieten dazu jeweils eigene Lösungen an:

Empower verfügt in der aktuellen Version über die Möglichkeit Gerätetreiber über eine sogenannte Push-Installation direkt an die ins CDS-Netzwerk integrierten Rechner zu übertragen und zu installieren. Dadurch werden Administratoren von der Aufgabe befreit eigene Verteilungsmechanismen zu implementieren. Leider ist diese Lösung derzeit noch auf Gerätetreiber von Waters beschränkt.

Die Software Atlas von Thermo Scientific bietet zumindest für die Datenerfassungsrechner eine interessante Lösung. Beim Booten wird die Software jedes Mal neu von einem zentralen Server geladen und das Betriebssystem selbst wird fest im ROM gespeichert. Um hier ein Update durchzuführen oder andere Änderungen der Installation vorzunehmen, muss nur an zentraler Stelle ein aktualisiertes Installationsimage abgelegt werden. Ein Neustart des Rechners genügt, um die Software zu verteilen. Durch diesen Mechanismus ist neben der einfachen Verteilung der Software jeder Reboot eigentlich eine Neuinstallation des Systems. Bei technischen Problemen mit dem Rechner kann ein Neustart oftmals die Probleme lösen. Eine supportfreundliche Lösung!

Chromeleon, ebenfalls von Thermo Scientific, bietet dahingegen den Vorteil nicht zwingend alle am CDS-Netzwerk beteiligten Rechner auf einem Versionsstand haben zu müssen. Dadurch lässt sich eine Softwareaktualisierung Schritt für Schritt vornehmen. Bei Installationen über mehrere Zeitzonen und für Labors im 24/7-Betrieb entfällt damit die Notwendigkeit einen für alle Anwender geeigneten Zeitpunkt für die Installation zu finden. Insbesondere bei den zur Datenerfassung verwendeten Rechnern ist dies ein enormer Vorteil, da meistens die Softwareinstallation mit einem Reboot des Rechners abgeschlossen werden muss, ein Vorgang der natürlich nur erfolgen kann, wenn keine Datenerfassung läuft.

Trotz aller Vorteile, eine Lösung für wirklich große Installationen bieten diese Funktionen nicht. Keines der Systeme verfügt über eine zentrale Verwaltungskonsole. Der Fokus ist auf das CDS und nicht die vollständige Installation einschließlich des Betriebssystems gerichtet. Hier werden Programme benötigt, die analog den Verwaltungswerkzeugen für Netzwerke (wie z. B. ein Microsoft System Center Server) eine zentrale Verwaltung der Hard- und Software ermöglichen und in das Netzwerk des Kunden integriert werden können. Vielleicht stellt ja gerade dieses Produkt von Microsoft eine Lösung dar, zumindest für die Verteilung von Software.

Wir dürfen gespannt sein, welche Entwicklungen in den nächsten Jahren auf den Markt kommen. Sicher werden die Entwicklungsabteilungen der Unternehmen versuchen den Anforderungen und Wünschen der Anwender entgegenzukommen. Aber auch wirtschaftliche Zwänge, bei Herstellern und Kunden, werden bevorstehende Veränderungen mitbestimmen.

9
Aspekte der modernen HPLC – Erfahrungsbericht eines Anwenders

Steffen Wiese

9.1
Einführung

In diesem Kapitel berichtet der Autor von seinen Erfahrungen mit moderner HPLC-Technik. Dabei liegt der Fokus sowohl auf der applikativen Seite als auch auf dem Umgang mit Modulen einer UHPLC-Anlage. Das Ziel ist es, Hinweise und Tipps für einen möglichst effizienten Einsatz aus Anwendersicht zu geben.

9.2
Bestimmung des Gradientenverweilvolumens

In Abschnitt 2.1 und Kapitel 4 wurde das Gradientenverweilvolumen bereits erläutert und auf die Bedeutung bei der Anwendung von Lösemittelgradienten in der Flüssigchromatographie hingewiesen. An dieser Stelle sei kurz wiederholt, dass das Gradientenverweilvolumen das Volumen vom Punkt der Mischung der mobilen Phase bis zum Erreichen des Kopfes der Trennsäule beschreibt (s. Abb. 2.1 und 2.4) und für die isokratische Stufe am Anfang einer jeden Lösemittelgradiententrennung verantwortlich ist. In diesem Zusammenhang stellt sich die Frage: „Wenn das Gradientenverweilvolumen so wichtig ist, warum wird es dann nicht einfach von den Geräteherstellern angegeben?“ Weil dieses Volumen von der individuellen Konfiguration des UHPLC-Systems abhängig ist und sich ändert, wenn beispielsweise eine längere Kapillare eingebaut, der Innendurchmesser von Kapillaren variiert oder die Probenschleife des Autosamplers verändert wird. Daher ist es schwierig das Gradientenverweilvolumen für ein bestimmtes UHPLC-System pauschal anzugeben.

In diesem Abschnitt soll die Bedeutung des Gradientenverweilvolumens anhand von praktischen Beispielen erläutert werden. Zunächst wird jedoch eine Methode vorgestellt, wie das Gradientenverweilvolumen eines Hochdruckmischsystems ermittelt werden kann (s. Abb. 2.1 und auch Ausführungen in Kapitel 4).

Der HPLC-Experte II, 1. Auflage. Stavros Kromidas (Hrsg).

Dazu wird zunächst die Trennsäule durch einen totvolumenfreien Verbinder ersetzt. Als Lösemittel wird für die Lösemittelkanäle A und B des UHPLC-Systems UHPLC-Grade Wasser verwendet. Zusätzlich wird der Flüssigkeit in einem der Eluentenvorratsgefäße, in der Regel Kanal B, eine UV-absorbierende Substanz zugesetzt. Bewährt haben sich hier Koffein (50 mg L^{-1}), Propylparaben (7,5 mg L^{-1}) oder Benzylalkohol (10 mg L^{-1}). Werden als UV-absorbierende Substanzen Feststoffe verwendet, sollte die mobile Phase nach dem Lösen der Substanzen über einen Membranfilter ($\leq$ 0,2 µm) filtriert werden, um ein Verstopfen des Systems zu vermeiden. Anschließend kann eine chromatographische Methode erstellt werden. Diese könnte wie folgt gestaltet werden: eine isokratische Stufe für die Dauer von 5 min, gefolgt von einem linearen Gradienten von 0 auf 100 % B in 10 min und einer erneuten isokratischen Stufe bei 100 % B ebenfalls für 5 min. Abschließend wird zügig auf die Startbedingungen zurückgespült, zum Beispiel innerhalb von 1 min. Um Fehler bei der anschließenden Auswertung zu minimieren, sollte die Flussrate in Abhängigkeit des zu erwartenden Gradientenverweilvolumens ausgewählt werden. Wird für ein UHPLC-System ein Gradientenverweilvolumen im Bereich von 400–500 µL erwartet, ist eine Flussrate von 0,5 mL min^{-1} sinnvoll. Eine Flussrate von 0,1–0,3 mL min^{-1} sollte angewendet werden, wenn für das UHPLC-System ein Gradientenverweilvolumen von $\leq$ 200 µL erwartet wird. Im vorliegenden Beispiel wurde für das UHPLC-System ein Gradientenverweilvolumen von $\leq$ 200 µL erwartet, sodass eine Flussrate von 0,2 mL min^{-1} angewendet wurde. Hierbei gilt jedoch zu beachten, dass ein ausreichend großer Gegendruck im System erzielt wird. Dies ist besonders bei UHPLC-Systemen wichtig, welche nicht mit aktiven Ein- und Auslassventilen ausgerüstet sind. Bei diesen Anlagen sollte der Gegendruck im System $\geq$ 15 bar sein, um sicherzustellen, dass die Ein- und Auslassventile der Pumpen korrekt arbeiten. Wird der angestrebte Systemdruck von $\geq$ 15 bar nicht erreicht, ist der Druck mithilfe eines Gegendruckregulators oder einer Restriktionskapillare mit einem kleinen Innendurchmesser einzustellen. Darüber hinaus sollte der Regulator bzw. die Restriktionskapillare nach dem UV-Detektor installiert werden. Dabei ist unbedingt die Druckstabilität der UV-Zelle zu beachten! Die Verwendung von Gegendruckregulatoren hat den Vorteil, dass der Druck unabhängig von der Flussrate konstant eingestellt werden kann. Im Vergleich dazu ist der resultierende Druck bei der Verwendung von Restriktionskapillaren von der Flussrate der mobilen Phase abhängig.

Sollte das UHPLC-System eine Leerinjektion unterstützen, ist diese die bevorzugte Injektionsmethode. Bei einer Leerinjektion wird keine Probe aufgezogen und injiziert, sondern der Autosampler führt lediglich die gleichen Schaltvorgänge wie bei der Injektion einer Probe durch. Unterstützt das UHPLC-System keine Leerinjektion, kann zum Beispiel 1 µL deionisiertes Wasser injiziert werden. Weiterhin gilt zu beachten, dass der oben vorgeschlagene Gradient mehrfach gemessen wird, denn häufig ist das erste Chromatogramm des Gradientenprofils nicht zur Bestimmung des Gradientenverweilvolumens geeignet. In Abb. 9.1 ist ein Chromatogramm der Bestimmung des Gradientenverweilvolumens eines UHPLC-Systems mit einem variable Flow-Through Autosampler abgebildet. Der

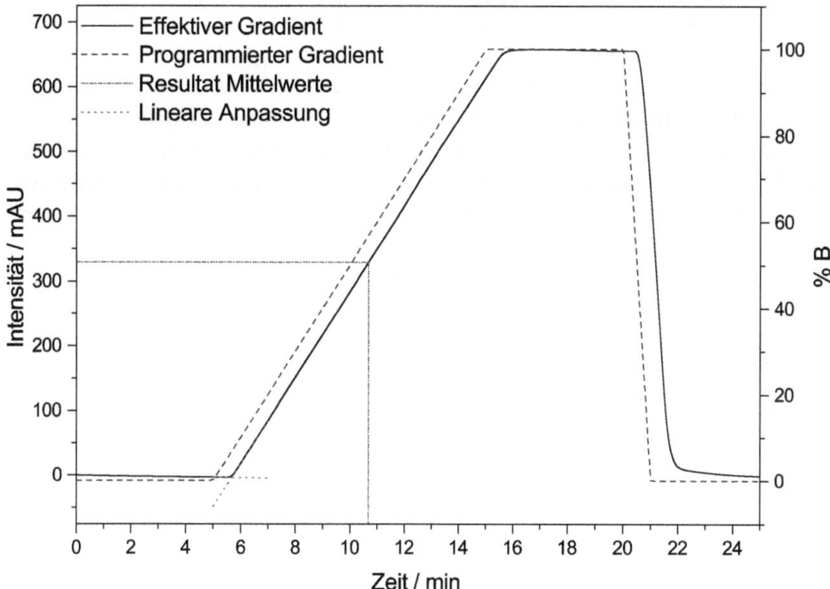

Abb. 9.1 Bestimmung des Gradientenverweilvolumens eines UHPLC-Systems. Chromatographische Bedingungen: stationäre Phase: keine, ersetzt durch einen totvolumenfreien Verbinder; mobile Phase: A) deionisiertes Wasser, B) deionisiertes Wasser mit 50 mg L^{-1} Koffein; Flussrate: 0,2 mL min^{-1}; Gradient: 0–5 min, 0 % B; 5–15 min, von 0 auf 100 % B; 15–20 min, 100 % B; Injektionsvolumen: Leerinjektion, Injektionsnadel und Probenschleife werden in den Flussweg geschaltet; Temperatur: 30 °C; Detektion: UV bei 270 nm.

zeitliche Versatz zwischen dem programmierten (--) und dem experimentell (—) ermittelten Gradientenprofil, der durch das Gradientenverweilvolumen bedingt ist, ist deutlich zu erkennen. Die Auswertung der erhaltenen Gradientenprofile kann sich bei UHPLC-Systemen bisweilen schwieriger gestalten. Für klassische HPLC-Systeme wird eine grafische Auswertung des Gradientenprofils empfohlen. Dazu wird das Chromatogramm auf einem DIN A4 Blatt ausgedruckt und das Gradientenverweilvolumen mithilfe von Lineal, Bleistift und Taschenrechner ermittelt. Eine detaillierte Beschreibung dieser Vorgehensweise ist in folgenden Literaturstellen zu finden [1–3] und gut für die Bestimmung des Gradientenverweilvolumens eines klassischen HPLC-Systems geeignet. Denn bei einem Gradientenverweilvolumen von 1000 μL für ein klassisches HPLC-System ist ein Fehler von zum Beispiel ±50 μL oder auch ±100 μL bei der Bestimmung des Gradientenverweilvolumens unter Umständen noch akzeptabel. Dies gilt nicht für ein modernes UHPLC-System mit einem Gradientenverweilvolumen von ≤ 200 μL. Die grafische Auswertung des Gradientenprofils führt bei UHPLC-Systemen in der Regel zu nicht akzeptablen Fehlern. Daher wird nachfolgend eine andere Methode zur Ermittlung des Gradientenverweilvolumens eines UHPLC-Systems beschrieben.

In der Regel ermöglichen alle Hersteller von Chromatographieauswertesoftware den Export von chromatographischen Daten als „Comma-separated Values“

(CSV). Diese exportierten Dateien können mithilfe eines Tabellenkalkulationsprogramms geöffnet und bearbeitet werden. Die hier vorgeschlagenen Methoden basieren auf der Auswertung dieser exportierten Daten. Daher muss das Chromatogramm mit dem Gradientenprofil zunächst als CSV bzw. Textdatei exportiert werden. Basierend auf den exportierten Werten wird zunächst der Mittelwert der Signalintensität für einen Abschnitt des isokratischen Holds bei 0 % B am Anfang des Chromatogramms berechnet (zum Beispiel, 1–5 min, Abb. 9.1). Anschließend erfolgt die Berechnung des Mittelwerts der gemessenen Signalintensität für einen Teil des isokratischen Abschnitts bei 100 % B (zum Beispiel, 16–20 min, Abb. 9.1). Daraufhin wird die Differenz zwischen der minimalen (bei 0 % B) und maximalen (bei 100 % B) Signalintensität gebildet und durch zwei dividiert, um die Hälfte der Signalintensität zu erhalten. Anschließend werden der Wert der minimalen Signalintensität und der zuvor berechnete Wert der Hälfte der Signalintensität addiert. Das Ergebnis entspricht der Hälfte der Signalintensität des linearen Gradienten und sollte theoretisch nach der Hälfte der Gradientendauer erreicht werden.

Als Nächstes kann mit der Suchfunktion des Tabellenkalkulationsprogramms nach der zuvor berechneten Hälfte der Signalintensität gesucht werden. Dabei ist nicht damit zu rechnen, eine exakte Übereinstimmung der Werte zu finden, dennoch wird in der Regel eine hohe Übereinstimmung mit einem Unterschied in der ersten Nachkommastelle der Signalintensität gefunden. Dieser Intensitätswert ist mit einer Zeit im Chromatogramm verknüpft und sollte theoretisch mit der Hälfte des linearen Gradienten korrelieren. Die zeitliche Differenz zwischen diesen beiden Werten beschreibt die Gradientenverzögerung und nach Multiplikation mit der Flussrate das Gradientenverweilvolumen.

Bezogen auf das Beispiel in Abb. 9.1 sollte die Hälfte der Signalintensität theoretisch nach einer Zeit von 10 min erreicht werden (Annahme $V_D = 0$). Diese 10 min setzen sich aus 5 min isokratischer Hold am Anfang des Chromatogramms plus 5 min (10/2 min) nach der Hälfte des linearen Abschnitts zusammen. Basierend auf den experimentellen Daten wurde jedoch nach einer Zeit von 10,685 min die Hälfte der Signalintensität am Detektor gemessen. Die Differenz von 0,685 min beschreibt die Gradientenverzögerungszeit und ist abhängig von der Flussrate. Dieser Wert besagt, dass bei einer Flussrate von 0,2 mL min^{-1} der effektiv wirkende Gradient den Säulenkopf erst nach ca. 0,7 min erreicht und erklärt die Unterschiede zwischen dem programmierten und dem experimentell gemessenen Gradientenprofil (siehe Abb. 9.1).

Zur Berechnung des Gradientenverweilvolumens wird abschließend die Gradientenverzögerungszeit mit der Flussrate multipliziert. In Bezug auf das in Abb. 9.1 dargestellte Gradientenprofil ergibt sich ein Gradientenverweilvolumen von 137 µL für das betrachtete UHPLC-System.

Das in Abb. 9.1 abgebildete Gradientenprofil ist sehr scharf und die einzelnen Umschaltpunkte (5–6 min sowie 15–16 min) des Gradienten sind gut zu erkennen. Bei einem UHPLC-System mit einem größeren Gradientenverweilvolumen ist das beobachtete Profil an den Umschaltpunkten in der Regel nicht so scharf. Hier werden häufig Gradientenrundungen beobachtet, sodass oft ein S-förmiges

Profil entsteht, welches möglicherweise die Bestimmung des Gradientenverweilvolumens erschwert. In diesem Fall können alternativ zur Mittelwertbildung lineare Regressionen für den isokratischen Abschnitt bei 0 % B sowie für den linear ansteigenden Bereich von zum Beispiel 7–14 min (Abb. 9.1) durchgeführt werden. Anschließend wird der Schnittpunkt beider Geraden berechnet. Die durch die lineare Regression erhaltenen Geraden (--) für diese Bestimmungsmethode des Gradientenverweilvolumens sind ebenfalls in Abb. 9.1 dargestellt. Bezogen auf das oben vorgestellte Beispiel wurde der Schnittpunkt beider Geraden zu einer Zeit von 10,669 min berechnet, sodass sich eine Gradientenverzögerung von 0,668 min ergibt und nach Multiplikation mit der Flussrate ein Gradientenverweilvolumen von 134 μL erhalten wird. Der Vergleich beider Berechnungsmethoden zeigt, dass diese nahezu identische Werte liefern, die sich lediglich um 2 % unterscheiden, obgleich die Methode basierend auf der Bildung der Mittelwerte bei 0 und 100 % B weniger aufwendig ist.

Die beiden zuvor diskutierten Methoden können verwendet werden, um das Gradientenverweilvolumen experimentell zu ermitteln, wenngleich in der Literatur andere Vorgehensweisen beschrieben werden. So wird beispielsweise empfohlen, die Trennsäule durch eine 10 cm lange Fused Silica Kapillare mit einem Innendurchmesser von 50 μm zu ersetzten [4]. Dadurch ist eine Restriktionskapillare oder ein Gegendruckregulator nach dem UV-Detektor nicht mehr erforderlich. Dabei gilt jedoch zu beachten, dass das ermittelte Gradientenverweilvolumen um die Volumina der Fused Silica Kapillare als auch der beiden Verbinder korrigiert werden sollte.

Darüber hinaus wird häufig Aceton mit einer Konzentration von 0,1 % in der mobilen Phase als UV-absorbierende Komponente empfohlen [1–3]. Hier ist jedoch zu beachten, dass die Inline Degasser moderner UHPLC-Systeme in der Lage sind, einen gewissen Anteil des Acetons aus der mobilen Phase zu entfernen. Dadurch kann die Auswertung des Gradientenprofils erschwert werden.

Zusammenfassend ist festzuhalten, dass es eine Vielzahl verschiedener Methoden zur Bestimmung des Gradientenverweilvolumens gibt. In Bezug auf den Transfer von Methoden sollte der Anwender eine Methode zur Bestimmung des Gradientenverweilvolumens auswählen und diese auf beide flüssigchromatographischen Systeme anwenden. Wenn die Bestimmung des Gradientenverweilvolumens nicht selbst durchgeführt wird, sollte der Anwender die experimentelle Vorgehensweise sowie den Aufbau des UHPLC-Systems detailliert kennen. Dies gilt besonders beim Transfer von Methoden zwischen unterschiedlichen Laboratorien.

9.3 Hochdurchsatztrennung (High Throughput Separations)

Moderne UHPLC-Systeme sind dahin gehend optimiert worden, dass sie ideal für die Anwendung von 2,1 mm ID Trennsäulen und sub-2 μm Partikeln geeignet sind. Besonders bei der Kopplung von UHPLC und Massenspektrometrie haben sich Phasen mit 2,1 mm Innendurchmesser und einer Länge von 50 mm als Standarddimension durchgesetzt, obgleich dies nicht in jedem Fall bzw. für jedes Trennproblem die beste Säulendimension darstellt. Bei der ESI-MS werden in der Regel Flussraten zwischen 250 und 500 µL min^{-1} angewendet, daher ist bei dieser Kopplung ein kleines Gradientenverweilvolumen besonders wichtig, um die Elution früh eluierender Analyten mithilfe des Lösemittelgradienten beeinflussen zu können (s. Abschnitt 2.1.2.2).

Im Zusammenhang der Kopplung von Flüssigchromatographie und Massenspektrometrie soll die Bedeutung des Gradientenverweilvolumens anhand von Abb. 9.2 verdeutlicht werden. Abbildung 9.2a zeigt das Chromatogramm einer Routine LC-MS/MS-Methode zur quantitativen Bestimmung verschiedener Zytostatika. Zusätzlich sind der programmierte sowie der effektiv wirkende Lösemittelgradient dargestellt. Bei diesem Beispiel ist eine chromatographische Trennung der einzelnen Analyten erforderlich, da Ifosfamid und Cyclophosphamid Strukturisomere sind und mindestens einen gleichen Massenübergang besitzen. Darüber hinaus kommt es zur Ionensuppression, wenn Paclitaxel und Docetaxel nicht voneinander getrennt sind. Das Chromatogramm in Abb. 9.2a verdeutlicht, dass die Elution von Gemcitabin nicht mithilfe des Lösemittelgradienten beeinflusst werden kann und unter isokratischen Bedingungen von der Trennsäule eluiert. Die isokratische Elution ist bedingt durch das große Gradientenverweilvolumen von ca. 1000 µL des verwendeten HPLC-Systems. Wird das klassische HPLC-System durch ein UHPLC-System mit einem Gradientenverweilvolumen von $\leq$ 100 µL ausgetauscht, ist es möglich, die Elution von Gemcitabin mithilfe des Lösemittelgradienten zu beeinflussen bzw. zu optimieren. Das Chromatogramm der optimierten Trennung der Zytostatika ist in Abb. 9.2b dargestellt. Auch hier sind der programmierte sowie der effektiv wirkende Lösemittelgradient dargestellt. Aufgrund des geringen Gradientenverweilvolumens des UHPLC-Systems gibt es nur einen marginalen Unterschied zwischen dem programmierten und dem effektiv wirkenden Lösemittelgradienten, sodass der programmierte Lösemittelgradient nahezu unmittelbar wirkt.

Die in Abb. 9.2b dargestellte optimierte Trennung der Zytostatika war nur aufgrund des kleinen Gradientenverweilvolumens des UHPLC-Systems möglich. Dadurch konnte die Analysendauer von ca. 13 auf ca. 6,5 min um die Hälfte reduziert werden. Die Analysendauer kann weiter minimiert werden, indem der Innendurchmesser der Trennsäule von 3,0 auf 2,0 mm reduziert wird. Das korrespondierende Chromatogramm ist in Abb. 9.2c dargestellt. Durch die Reduzierung des Innendurchmessers der Trennsäule bei konstanter Flussrate kann nicht nur die Analysenzeit von ca. 6,5 auf ca. 4 min weiter verkürzt werden, sondern es können auch die Nachweis- und Bestimmungsgrenzen der Analyten um den Faktor 3–7 verbessert werden. Um die Analysedauer weiter zu verringern, ist es möglich, die Flussrate zum Beispiel auf 0,6 oder 0,7 mL min^{-1} zu erhöhen, denn der Systemdruck ist mit ca. 170 bar (Abb. 9.2c) nicht der limitierende Faktor. In diesem Fall wurde jedoch eine sinkende Ionisierungseffizienz der Elektrosprayionisierung beobachtet, was zu einer Reduzierung der Nachweisempfindlichkeit führte. Weiterhin muss an dieser Stelle darauf hingewiesen werden, dass die

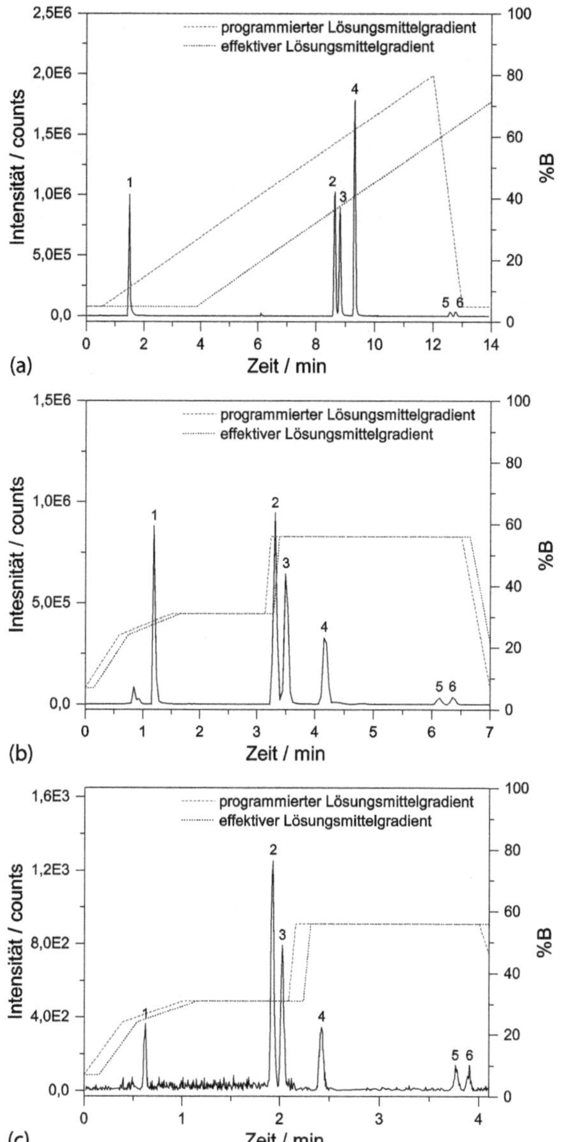

Abb. 9.2 Trennung von sechs Zytostatika. Chromatographische Bedingungen: stationäre Phase: Shimadzu Shim-pack XR-ODS, (a, b) 50 × 3,0 mm, 2,2 µm, (c) 50 × 2,0 mm, 2,2 µm; mobile Phase: A) deionisiertes Wasser mit 0,1 % Ameisensäure, B) Acetonitril mit 0,1 % Ameisensäure; Flussrate: 0,3 mL min^{-1}; Gradient: siehe Abb.; aufgegebene absolute Masse je Analyt: (a) 12,5 ng, (b) 5 ng, (c) 0,002 ng; Temperatur: (a) 35 °C, (b, c) 31,3 °C; Detektion: MS, MRM. Maximaldruck während des Gradienten: (a) 150 bar, (b) 95 bar, (c) 172 bar; Analyten: (1) Gemcitabin, (2) Ifosfamid, (3) Cyclophosphamid, (4) Etoposid, (5) Paclitaxel, (6) Docetaxel. Hinweis zu (c): Unterschiede der Peakhöhenverhältnisse der Analyten sind bedingt durch Anpassungen der Quellparameter des Massenspektrometers.

Peakbreiten der Analyten im unteren Sekundenbereich liegen und die Aufnahmerate des verwendeten Massenspektrometers zu gering ist, um die Peakprofile der Analyten mit einer ausreichenden Genauigkeit abzubilden (s. Abschnitt 2.1.5).

Zusammenfassend ist festzuhalten, dass bezogen auf das vorgestellte Beispiel alleine durch den Austausch eines klassischen HPLC-Systems durch ein UHPLC-System die Analysendauer einer Routine LC-MS/MS-Methode um den Faktor 3 reduziert werden konnte. Damit einhergehend konnte die Nachweis- und Bestimmungsgrenze der Analyten ebenfalls um den Faktor 3–7 verbessert werden. Für den Fall, dass geringere Nachweis- und Bestimmungsgrenzen gefordert sind, wird oftmals über die Anschaffung eines neuen, moderneren Massenspektrometers nachgedacht. Das hier vorgestellte Beispiel belegt, dass durch den Austausch eines HPLC-Systems durch ein UHPLC-System bereits eine deutliche Verbesserung der Nachweis- und Bestimmungsgrenzen erreicht werden kann. Wobei die Anschaffung eines UHPLC-Systems in der Regel günstiger ist als die Anschaffung eines nachweisstärkeren Massenspektrometers.

9.4
Methodentransfer zwischen UHPLC-Systemen unterschiedlicher Hersteller

In Abschnitt 9.2 wurde bereits darauf hingewiesen, dass das Gradientenverweilvolumen eine entscheidende Größe bei der Übertragung von Analysemethoden mit Lösemittelgradienten ist. Die Übertragung von isokratischen Methoden gestaltet sich deutlich einfacher, denn das Gradientenverweilvolumen spielt hierbei keine Rolle. Der Transfer von flüssigchromatographischen Methoden kann zum einen von einem HPLC-System auf ein anderes oder von einem HPLC-System auf eine UHPLC-Anlage erfolgen. Möglich ist aber auch die Übertragung von einem UHPLC-System auf ein anderes. Am einfachsten gestaltet sich in der Regel die Übertragung einer Methode von einem flüssigchromatographischen System mit einem größeren Gradientenverweilvolumen auf ein System mit einem kleineren Gradientenverweilvolumen, wie dies häufig der Fall bei der Übertragung von HPLC-Methoden auf UHPLC-Systeme ist. Dabei kann die Kompensation der unterschiedlichen Gradientenverweilvolumina über eine isokratische Stufe am Anfang einer Gradiententrennung erfolgen. Die erforderlichen Berechnungen zum Transfer von bestehenden HPLC-Methoden auf ein UHPLC-System in Abhängigkeit der Säulendimensionen sowie Partikelgrößen sind in der Fachliteratur gut beschrieben und der interessierte Leser sei darauf verwiesen [5–10]. Weiterhin bieten nahezu alle Hersteller von UHPLC-Systemen kostenlose Umrechnungstools an, welche die Übertragung von Methoden erleichtern. An diese Stelle sei auf die kommerzielle ISET Software der Firma Agilent Technologies hingewiesen, welche die Systemvolumina verschiedener HPLC- sowie UHPLC-Hersteller beinhaltet. Der Anwender muss bei der Methodenübertragung lediglich das Herstellersystem auswählen. Die Software führt dann die erforderlichen Berechnungen im Hintergrund durch und passt die Methodenparameter an. Bei der Übertragung von Methoden auf unterschiedliche Herstellersysteme muss ebenfalls der zulässige Maximaldruck der UHPLC-Systeme in Abhängigkeit der Flussrate beachtet werden. Dies gilt besonders, wenn Flussraten $\geq 1\,\text{mL}\,\text{min}^{-1}$ angewendet werden und zusätzlich in der Nähe des Druckmaximums der UHPLC-Anlagen gearbeitet wird.

Im Folgenden wird die Übertragung einer chromatographischen Methode auf UHPLC-Systeme unterschiedlicher Hersteller beschrieben. Dazu wurde im Vorfeld das Gradientenverweilvolumen beider Systeme entsprechend der in Abschnitt 9.2 beschriebenen Vorgehensweise ermittelt. Da beide Systeme mit einem Integral-Loop Autosampler ausgerüstet sind, besitzen sie ein ähnliches Gradientenverweilvolumen. Für das UHPLC-System von Hersteller A wurde ein Gradientenverweilvolumen von ca. 140 µL ermittelt. Das Gradientenverweilvolumen des UHPLC-Systems von Hersteller B betrug circa 160 µL. Bei der zu übertragenden Methode handelt es sich um die Trennung von 13 Aldehyd- und Keton-2,4-dinitrophenylhydrazonen auf einer 50 mm langen Trennsäule mit einem Innendurchmesser von 2,1 mm, welche mit sub-2 µm Partikeln gepackt ist. Bei einer Flussrate von $1{,}2\,\text{mL}\,\text{min}^{-1}$, wird ein Maximaldruck während des Gradienten von circa 1100 bar erreicht. Das Phasenmaterial als auch die Säulendimensionen werden konstant gehalten und es wird erwartet, dass die etablierte Methode einfach auf das UHPLC-System von Hersteller B übertragen werden kann. In Abb. 9.3a ist die Trennung der Analyten mit dem UHPLC-System von Hersteller A dargestellt. Die Trennung gelingt in 3,5 min mit einer kritischen Auflösung zwischen dem Peakpaar 6/7 von 1,6. Im Vergleich dazu ist in Abb. 9.3b die Trennung der Aldehyd- und Keton-2,4-dinitrophenylhydrazone auf einer baugleichen Trennsäule mit dem UHPLC-System von Hersteller B abgebildet.

Wie erwartet, gelingt die Trennung mit dem UHPLC-System von Hersteller B ebenfalls innerhalb von 3,5 min. Bei dem Methodentransfer haben sich jedoch das kritische Peakpaar sowie die kritische Auflösung geändert. Bei der Trennung mit dem UHPLC-System von Hersteller A liegt die kritische Auflösung von 1,6 zwischen den Peaks 6 und 7, wohingegen die Peaks 7 und 8 mit einer Auflösung von 1,4 das kritische Paar bei der Trennung mit dem UHPLC-System von Hersteller B bilden. Beim Vergleich der beiden Chromatogramme fällt auf, dass bei der Trennung auf dem System von Hersteller B (Abb. 9.3b) die Peaks geringfügig später eluieren als bei der Trennung mithilfe des UHPLC-Systems von Hersteller A (Abb. 9.3a). Aufgrund der etwas geringeren Temperatur und des etwas größeren Gradientenverweilvolumens des UHPLC-Systems von Hersteller B könnte die zeitliche Differenz erklärt werden. Weiterhin ist zu beachten, dass das Dispersionsvolumen nach der Trennsäule bei dem UHPLC-System von Hersteller B etwas größer ist, da sich die Volumina der verwendeten UV-Zellen der beiden UHPLC-Systeme unterscheiden. Der Einfluss des Volumens von Detektorzellen wird in Abschnitt 9.7 ausführlicher diskutiert. Trotz der Tatsache, dass die Methodenübertragung nicht ohne einen geringen Effizienzverlust durchgeführt werden konnte, ist festzuhalten, dass die Methode auf dem UHPLC-System von Hersteller B für die quantitative Bestimmung der Aldehyd- und Keton-2,4-dinitrophenylhydrazone gut geeignet ist.

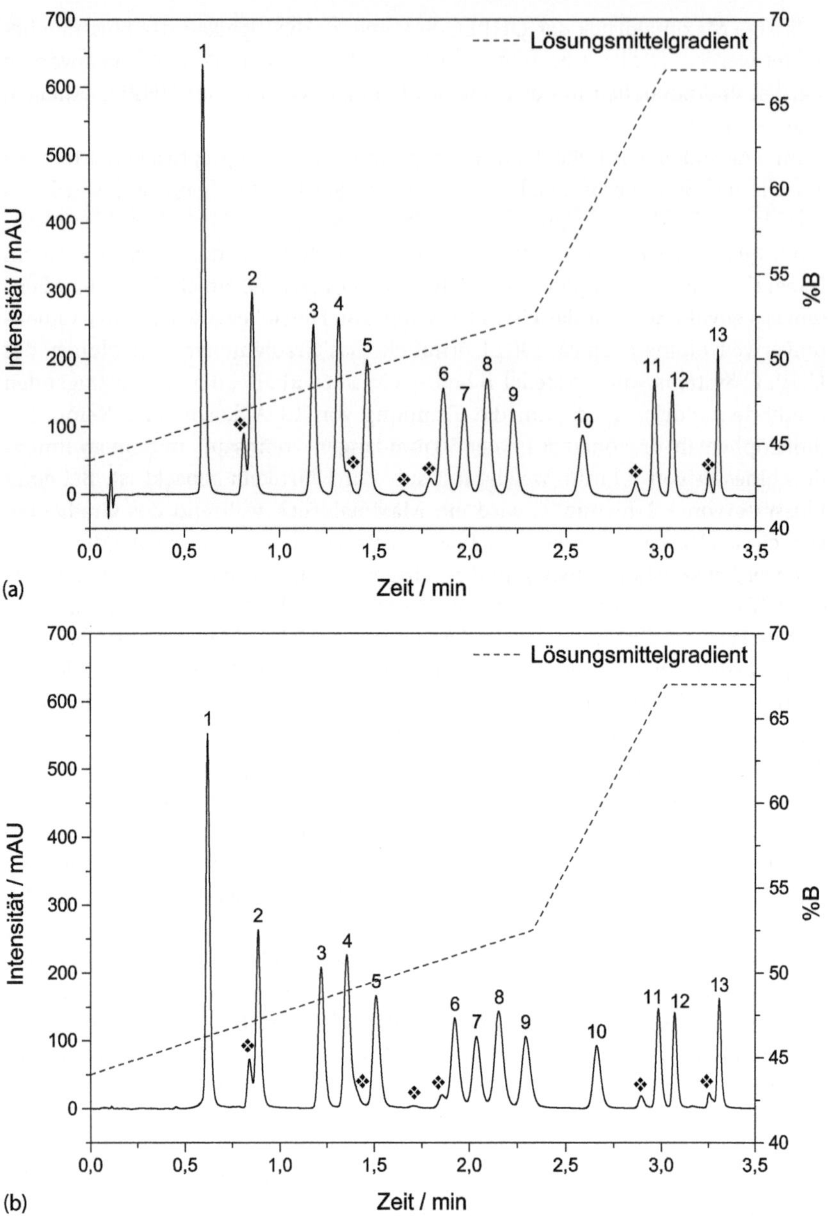

Weiterhin verdeutlicht das Beispiel, dass ein Methodentransfer zwischen unterschiedlichen Geräteherstellern und geringfügig unterschiedlichen Gradientenverweilvolumina nahezu eins-zu-eins gelingt. Dies ist jedoch nicht immer der Fall, denn problematisch ist meist die Methodenübertragung, wenn eine Methode von einem UHPLC-System mit einem kleineren Gradientenverweilvolumen auf ein System mit einem größeren Gradientenverweilvolumen transferiert werden soll

◀ **Abb. 9.3** Chromatogramme der Trennung von 13 Aldehyd- und Keton-2,4-dinitrophenylhydrazonen mit einem (a) UHPLC-System von Hersteller A und (b) einem UHPLC-System von Hersteller B. Chromatographische Bedingungen: stationäre Phase: Agilent Zorbax SB C_{18} (50 × 2,1 mm, 1,8 µm); mobile Phase: (A) deionisiertes Wasser, (B) Aceton; Flussrate: 1,2 mL min^{-1}; Gradient: siehe Abb.; Injektionsvolumen: 1 µL; Temperatur: (a) 33,4 °C, (b) 33,0 °C; Detektion: UV bei 360 nm. Maximaldruck der Methode: (a) 1100 bar, (b) 1080 bar. Analyten: (1) Formaldehyd-2,4-DNPH, (2) Acetaldehyd-2,4-DNPH, (3) Acrolein-2,4-DNPH, (4) Aceton-2,4-DNPH, (5) Propionaldehyd-2,4-DNPH, (6) Crotonaldehyd-2,4-DNPH, (7) Methacrolein-2,4-DNPH, (8) 2-Butanon-2,4-DNPH, (9) Butyraldehyd-2,4-DNPH, (10) Benzaldehyd-2,4-DNPH, (11) Valeraldehyd-2,4-DNPH, (12) *m*-Tolualdehyd-2,4-DNPH, (13) Hexaldehyd-2,4-DNPH, ❖ Verunreinigungen des Standards, welche bei der Methodenentwicklung nicht berücksichtigt wurden.

und sich die Gradientenverweilvolumina beider UHPLC-Systeme deutlich voneinander unterscheiden.

Bei dieser Art des Methodentransfers besteht die Möglichkeit, dass eine Methode nicht übertragen werden kann, was bei der Entwicklung neuer Methoden beachtet werden sollte. Dies gilt besonders, wenn zur Methodenentwicklung ein UHPLC-System mit einem Gradientenverweilvolumen von beispielsweise 200 µL verwendet wird und die neuen Methoden auf ein klassisches HPLC-System mit einem Gradientenverweilvolumen von beispielsweise 1000 µL übertragen werden sollen. Dabei ist es sinnvoll das in der Regel größere Gradientenverweilvolumen des HPLC-Systems bei der Methodenentwicklung mithilfe des UHPLC-Systems zu berücksichtigen, indem beispielsweise eine isokratische Stufe zu Beginn der Trennung programmiert wird. In diesem Fall, kann diese isokratische Stufe genutzt werden, um unterschiedliche Gradientenverweilvolumina zu kompensieren.

9.5 Anwendung höherer Temperaturen

Mit der Einführung der UHPLC hat sich auch eine Akzeptanz zur Anwendung höherer Temperaturen entwickelt, um den Vorteil eines reduzierten Gegendrucks im System auszunutzen. Dies ist besonders bei der Verwendung von hoch viskosen Lösemitteln wie Methanol oder 2-Propanol in Verbindung mit langen Trennsäulen (≥ 10 cm), kleinen Innendurchmessern (≤ 2,1 mm) sowie sub-2 µm Partikeln von Vorteil. Durch die Erhöhung der Temperatur wird der Systemdruck signifikant reduziert, sodass höhere Flussraten angewendet und dadurch Trennungen weiter beschleunigt werden können. Als Beispiel dazu sind in Abb. 9.4 zwei Chromatogramme der Trennung von 13 Aldehyd- und Keton-2,4-dinitrophenylhydrazonen bei 20 °C (Abb. 9.4a) und 50 °C (Abb. 9.4b) dargestellt. Durch die Erhöhung der Temperatur um 30 °C reduziert sich der Systemdruck um ca. 240 bar von 567 bar bei 20 °C auf 320 bar bei 50 °C. Darüber hinaus eluieren die Analyten früher von der Trennsäule und weisen eine schmalere Peakform auf.

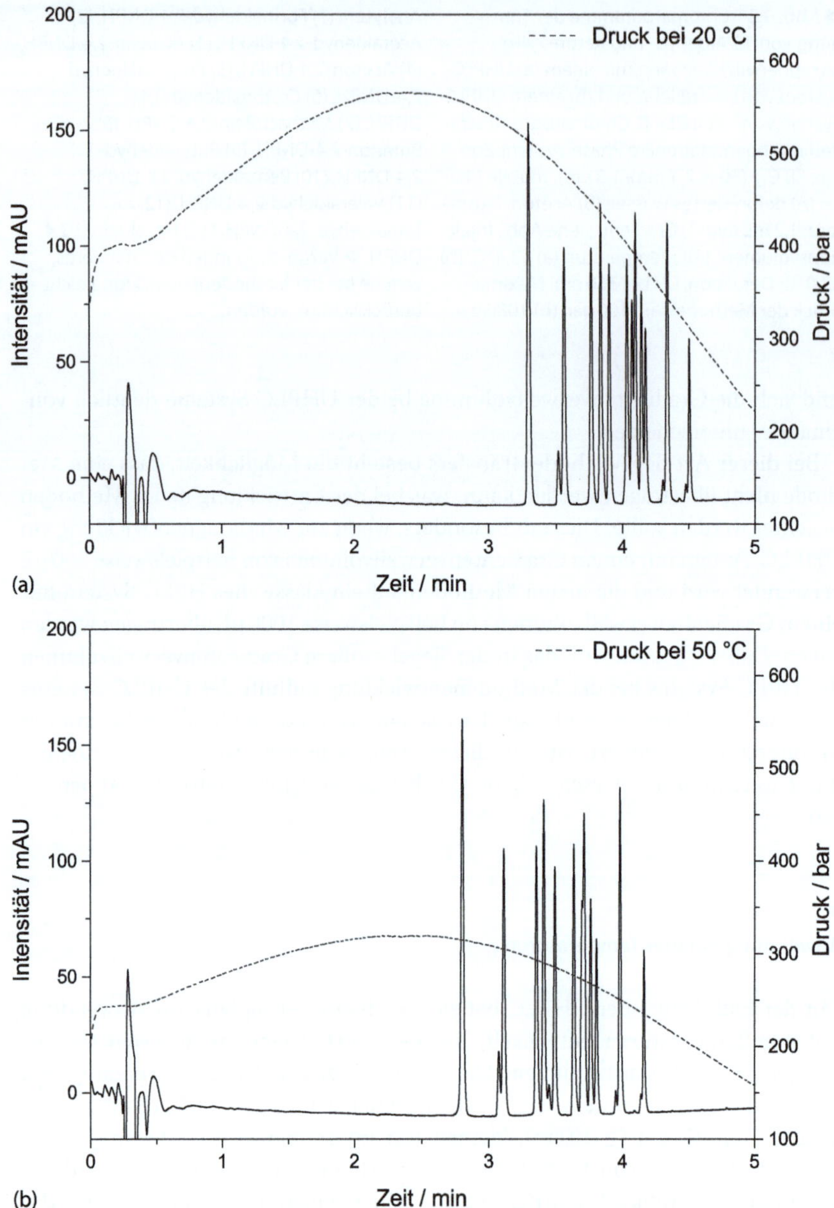

Abb. 9.4 Chromatogramme der Trennung von 13 Aldehyd- und Keton-2,4-dinitrophenylhydrazonen. Chromatographische Bedingungen: mobile Phase: A) Wasser, B) Aceton; stationäre Phase: Agilent Zorbax SB C_{18} (50 × 2,1 mm, 1,8 µm); Flussrate: 0,5 mL min^{-1}; Gradient: 5–95 % B in 5 min; Injektionsvolumen: 1 µL; Temperatur: siehe Abb.; Detektion: UV bei 360 nm; Maximaldruck während des Gradienten: (a) 567 bar, (b) 320 bar.

Das Arbeiten bei höheren Temperaturen in der Flüssigchromatographie setzt voraus, dass die Analyten, aber auch die verwendeten Trennsäulen eine ausreichende Temperaturstabilität besitzen. Eine Liste mit unterschiedlichen Trennphasen verschiedener Hersteller, welche bei höheren Temperaturen genutzt werden können, ist in Referenz [11] zusammengefasst. In der Regel ist es mit jedem modernen UHPLC-System möglich, Temperaturen bis 100 °C anzuwenden. Dabei gilt zu beachten, dass der Gegendruck nach der Trennsäule ausreichend hoch ist, um ein Verdampfen (Phasenübergang) der mobilen Phase in der Trennsäule zu verhindern.

Weiterhin ist darauf zu achten, dass die mobile Phase vor dem Eintritt in die Trennsäule vorgeheizt wird. Da spektroskopische Detektoren sehr sensibel auf kleinste Temperaturänderungen reagieren, sollte die mobile Phase nach Verlassen der Trennsäule auf eine definierte Temperatur temperiert werden. Anderenfalls ist mit Schwankungen der Peakfläche bzw. Peakhöhe der Analyten zu rechnen.

Im Vergleich dazu führt eine unzureichende Vorheizung des Eluenten in der Regel zu weniger effizienten Trennungen, da die Peakform negativ beeinflusst wird [12]. Zur Verdeutlichung dieses Sachverhalts sind in Abb. 9.5 Chromatogramme bei Temperaturen von 60 und 90 °C mit und ohne Vorheizung der mobilen Phase dargestellt. Deutlich ist zu erkennen, dass selbst bei einer relativ niedrigen Temperatur von 60 °C die Analytpeaks breiter werden und später von der Trennsäule eluieren (Abb. 9.5a, b). Dies ist bedingt durch die Ausbildung eines axialen Temperaturgradienten in der Trennsäule. Wird die Temperatur auf 90 °C erhöht (Abb. 9.5c, d), wird der Verlust an chromatographischer Trennleistung noch deutlicher, wenn die mobile Phase vor dem Eintritt in die Trennsäule nicht vorgeheizt wird (s. auch Ausführungen in Abschnitt 2.2).

Zusammenfassend ist festzuhalten, dass die Erhöhung der Temperatur in der UHPLC eine Vielzahl von Vorteilen bietet, unter anderem die Reduzierung des Systemdrucks, was höhere Flussraten ermöglicht, sodass Trennungen weiter beschleunigt werden können. Dies ist jedoch nur möglich, wenn die Analyten sowie die verwendeten Trennsäulen eine ausreichende Temperaturstabilität besitzen und die mobile Phase vor dem Eintritt in die Trennsäule vorgeheizt wird. Anderenfalls ist mit einem deutlichen Verlust an chromatographischer Trennleistung zu rechnen.

9.6 Injektion großer Volumina (Large Volume Injection, LVI)

In der Wasser-und Abwasseranalytik sind im Laufe der letzten Jahre besonders polare Substanzen und Metabolite in den Fokus der Aufmerksamkeit gerückt und es gibt Bestrebungen, die Konzentration bestimmter umweltrelevanter Substanzen zu reglementieren. Dabei sind die untersuchenden Laboratorien mit dem Problem konfrontiert, dass viele dieser polaren Komponenten in sehr kleinen Konzentrationen vorliegen und im Vorfeld der eigentlichen Analytik eine Probenvorbereitung bzw. Probenanreicherung durchgeführt werden muss, um valide

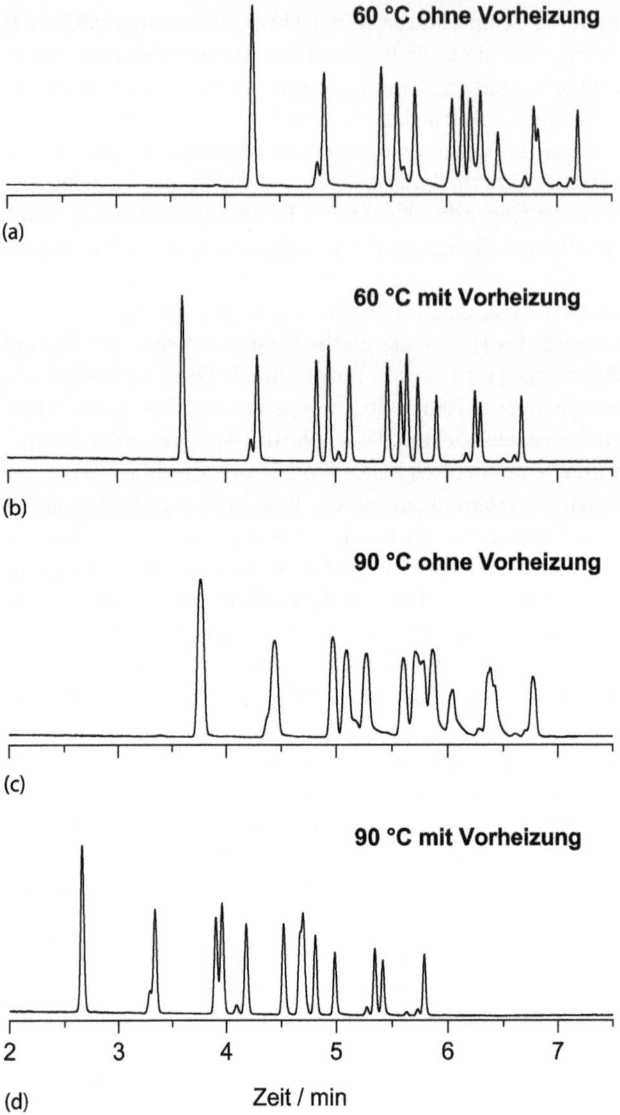

Abb. 9.5 Chromatogramme der Trennung von 13 Aldehyd- und Keton-2,4-dinitrophenylhydrazonen. Chromatographische Bedingungen: mobile Phase: A) Wasser, B) Aceton; stationäre Phase: Agilent Zorbax SB C_{18} (50 × 2,1 mm, 1,8 µm); Flussrate: 0,5 mL min^{-1}; Gradient: 5–95 % B in 10 min; Injektionsvolumen: 1 µ L; Temperatur: (a, b) 60 °C, (c, d) 90 °C; Detektion: UV bei 360 nm. (a, c) keine Vorheizung, (b, d) passive Vorheizung in einem Volumen von 1,6 µL.

Analysenergebnisse im Bereich der jeweiligen Grenzwerte zu erzielen. Eine der am häufigsten angewendeten Techniken ist die Festphasenextraktion (Solid Phase Extraction, SPE), welche online als auch offline durchgeführt werden kann, um eine Anreicherung der Analyten zu erzielen. Bei der SPE ist jedoch problematisch, dass diese in Abhängigkeit des verwendeten Phasenmaterials selektiv für bestimmte Stoffgruppen ist und daher eine Vielzahl polarer Komponenten während der Anreicherung diskriminiert werden können. Weiterhin muss beachtet werden, dass der abschließende Arbeitsschritt der SPE die Elution bzw. Desorption der angereicherten Analyten vom SPE-Material ist, wobei in der Regel mit einem kleinen Volumen eines organischen Lösemittels, oftmals Methanol, eluiert wird. Der erhaltene organische Extrakt stellt gleichzeitig die Injektionslösung dar und der Anwender ist mit dem Problem konfrontiert, dass lediglich ein kleines Volumen dieses Extrakts injiziert werden kann, anderenfalls wird eine nicht akzeptable Peakform der Analyten beobachtet (z. B. Doppelpeaks) [13]. Dies gilt besonders für polare Substanzen, welche nur schlecht mithilfe von klassischen Umkehrphasenmaterialien retardiert werden können. Alternativ zur Umkehrphasenchromatographie könnte für die Injektion von Extrakten mit hohem organischen Anteil auch die hydrophile Interaktionschromatographie (HILIC) eingesetzt werden, obgleich auch hier nicht akzeptable Peakformen erhalten werden, wenn Extrakte mit einer hohen Methanolkonzentration injiziert werden [14].

Eine Alternative zur online oder offline SPE stellt die direkte Injektion großer Volumina auf die Trennsäule dar. Sie wird in der Regel als „Large Volume Injection“ (LVI) bezeichnet. Eine Faustregel der Umkehrphasenflüssigchromatographie empfiehlt, dass das Injektionsvolumen nicht größer als 10 % des Volumens der verwendeten Trennsäule sein sollte [14]. In Bezug auf eine 50 mm lange Säule mit einem Innendurchmesser von 2,1 mm und einer Porosität von 0,7 sollten lediglich $\leq 1{,}2\ \mu L$ injiziert werden. Ist das Injektionsvolumen größer als 10 % des Säulenvolumens, wird im weiteren Verlauf von einer „Large Volume Injection“ gesprochen. Ein entscheidender Vorteil der Injektion großer Volumina ist, dass apolare Analyten bei einer Injektion aus einem wässrigen Standard am Säulenkopf angereichert werden können und erst bei einem bestimmten Anteil des organischen Lösemittels in der mobilen Phase von der Trennsäule eluieren. Für diese Anreicherungstechnik werden in der Regel klassische C_{18}-Umkehrphasen verwendet, welche sehr gut zur Aufkonzentrierung apolarer Substanzen geeignet sind [14, 15]. Im Vergleich dazu gelingt die Anreicherung polarer Analyten nicht mithilfe von C_{18}-Umkehrphasenmaterialien. Hier muss ein anderes Phasenmaterial wie zum Beispiel graphitisierter Kohlenstoff (Porous Graphitic Carbon, PGC), besser bekannt als Hypercarb, eingesetzt werden. Mit diesem Phasenmaterial ist es möglich, auch stark polare Substanzen zu retardieren [16]. Dabei gilt zu berücksichtigen, dass apolare Substanzen ebenfalls stark retardiert werden und die Gefahr besteht, dass diese Komponenten irreversibel gebunden werden bzw. erst sehr spät von der Trennsäule eluieren. Vor diesem Hintergrund wird im Folgenden die Injektion großer Volumina zur Anreicherung von polaren sowie apolaren Substanzen auf ein gekoppeltes Phasensystem beschrieben. Dazu werden eine kurze Hypercarb-Vorsäule (10 × 2,1 mm, 5 μm) sowie eine klassische C_{18}-Umkehrphase (50 × 2,1 mm, 3,5 μm) miteinander gekoppelt. Der Vorteil der Verwendung dieser

Säulenkombination ist, dass mithilfe der Hypercarb-Vorsäule eine ausreichende Retention für stark polare Komponenten erzielt wird und auf der anderen Seite die Retention für apolare Substanzen nicht so stark ausgeprägt ist, dass diese nicht bzw. erst sehr spät eluieren.

Zunächst soll der Einfluss der Hypercarb-Vorsäule auf die Retention polarer, mittel-polarer sowie unpolarer Analyten gezeigt werden. Dazu sind in Abb. 9.6 zwei Chromatogramme der Trennung von vier Pharmaka dargestellt. Abbildung 9.6a zeigt das Chromatogramm der Trennung ohne Hypercarb-Vorsäule, also ohne online Anreicherung, wohingegen in Abb. 9.6b die Trennung mit der Hypercarb-Vorsäule dargestellt ist. Der Vergleich beider Chromatogramme verdeutlicht, dass es für das apolare Fenofibrat als auch die mittelpolaren Komponenten Ifosfamid und Cyclophosphamid keine Unterschiede gibt. Für diese Analyten kann die Injektion eines wässrigen Standards von 1000 μL ohne einen negativen Einfluss auf die Peakform durchgeführt werden. Im Vergleich dazu eluiert Gemcitabin als breite, nicht fokussierte Bande von der C_{18}-Trennsäule, wenn auf die Vorsäule verzichtet wird. Die Retention von Gemcitabin auf dem C_{18}-Material ist so gering, dass eine Anreicherung unter diesen Bedingungen nicht möglich ist. Wird jedoch eine Kombination aus Hypercarb-Vorsäule und C_{18}-Umkehrphase verwendet (Abb. 9.6b), wird deutlich, dass ausschließlich die Retention von Gemcitabin auf der Hypercarb-Vorsäule dafür verantwortlich ist, dass Gemcitabin am Kopf der Vorsäule fokussiert und anschließend mithilfe des Lösemittelgradienten als schmale Bande eluiert werden kann. Bezogen auf das optimale Injektionsvolumen von $\leq$ 10 % des Säulenvolumens ($\leq$ 1,2 μL) ergibt sich ein Anreicherungsfaktor von ca. 830.

Abschließend soll gezeigt werden, dass die Injektion großer Volumina nicht zwangsläufig mit einem erheblichen Verlust an chromatographischer Effizienz verbunden ist. Denn in der Laborpraxis steht eher im Vordergrund, dass eine reglementierte, fest definierte Bestimmungsgrenze sicher gemessen werden muss. Daher ist weniger von Interesse, dass in der UHPLC bei Verwendung gängiger Säulendimensionen (50 × 2,1 mm) empfohlen wird, ein Injektionsvolumen $\leq$ 5 μL zu verwenden, um den Einfluss des Injektionsvolumens auf die Trenneffizienz zu reduzieren [18]. In Abb. 9.7 ist ein Overlay der Trennung der Pharmaka mit einer 5 sowie 1000 μL Injektion dargestellt. Die Unterschiede in den Retentionszeiten beider Chromatogramme sind durch die unterschiedlichen Volumina der verwendeten Probenschleifen zu erklären. Für die Injektion von 5 μL wurde eine Probenschleife mit einem Volumen von 5 μL verwendet, wohingegen für die Injektion von 1000 μL, eine Schleife mit einem Volumen von 1000 μL genutzt wurde. Der zeitliche Versatz von 2 min entspricht der Durchflusszeit durch die 1000 μL Probenschleife bei einer Flussrate von 0,5 mL min^{-1}.

Bei beiden Injektionen wurde die gleiche absolute Stoffmenge von 25 ng pro Analyt auf die Trennsäule gegeben. Der Vergleich der Peakformen und Peakbreite der Analyten zeigt, dass es keine negativen Effekte aufgrund der Injektion von 1000 μL gibt. Eine zusätzliche Peakdispersion bedingt durch das hohe Injektionsvolumen kann visuell nicht beobachtet werden.

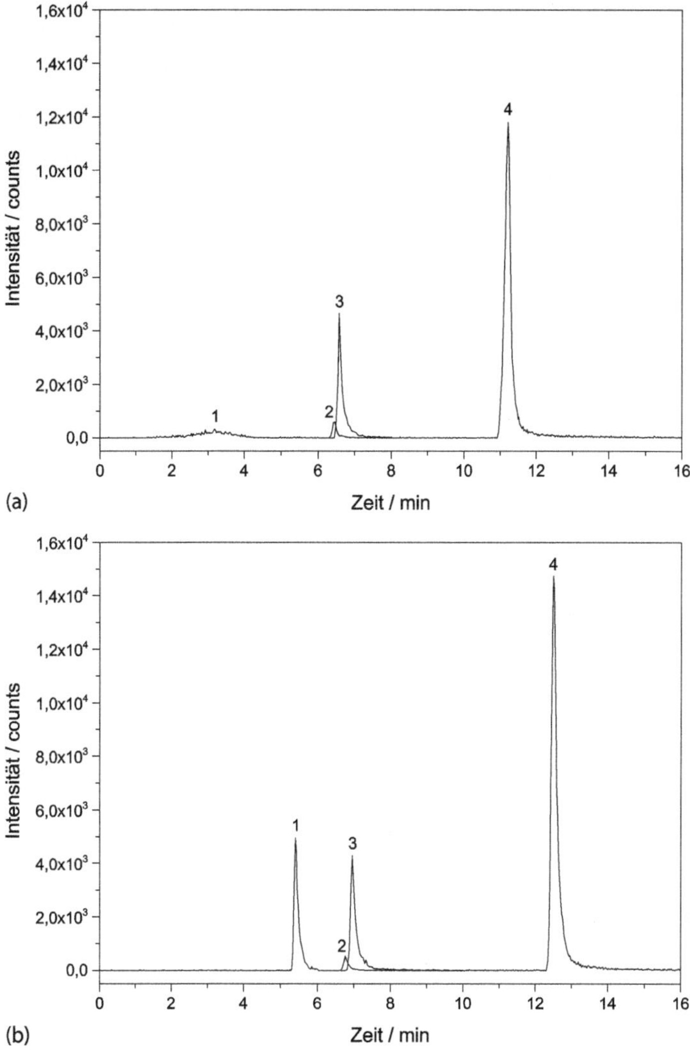

Abb. 9.6 Trennung von vier Zytostatika (a) ohne und (b) mit online Anreicherung [17]. Chromatographische Bedingungen: stationäre Phase: (a) Waters XBridge C_{18} (50 × 2,1 mm, 3,5 µm), (b) Thermo Hypercarb (10 × 2,1 mm, 5 µm) gekoppelt mit einer Waters XBridge C_{18} (50 × 2,1 mm, 3,5 µm); mobile Phase: A) deionisiertes Wasser mit 0,1 % Trifluoressigsäure, B) Acetonitril mit 0,1 % Trifluoressigsäure; Flussrate: 0,5 mL min^{-1}; Gradient: 0–90 % B in 10 min, 10–20 min, 100 % B; Injektionsvolumen: 1000 µL; Temperatur: 35 °C; Detektion: MS. Analyten: (1) Gemcitabin, (2) Ifosfamid, (3) Cyclophosphamid, (4) Fenofibrat.

Zusammenfassend ist festzuhalten, dass bei Anwendung von Lösemittelgradienten und ausreichender Retention der Komponenten auf der ausgewählten Trennsäule die Injektion großer Volumina in der UHPLC in der Regel möglich ist.

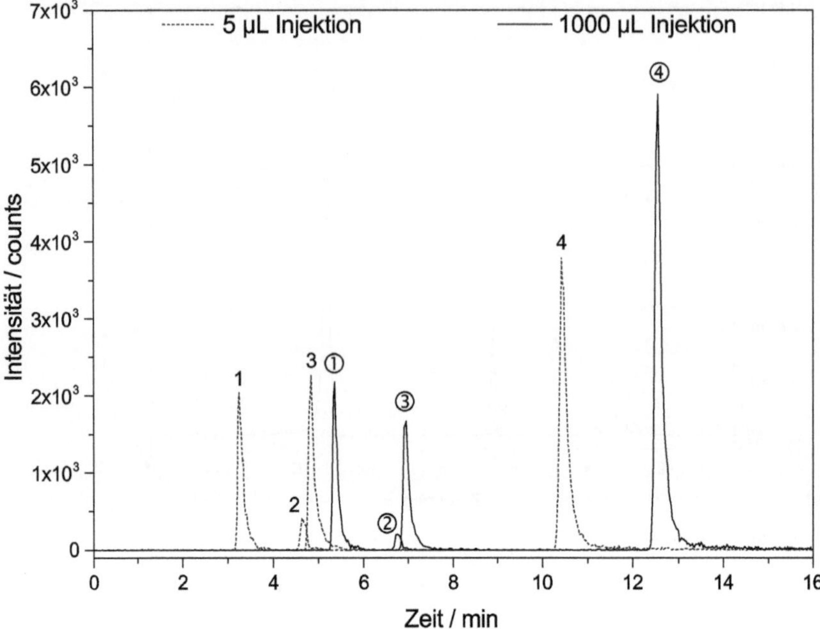

Abb. 9.7 Trennung von vier Zytostatika [17]. Chromatographische Bedingungen: stationäre Phase: Thermo Hypercarb (10 × 2,1 mm, 5 µm) gekoppelt mit einer Waters XBridge C_{18} (50 × 2,1 mm, 3,5 µm); mobile Phase: A) deionisiertes Wasser mit 0,1 % Trifluoressigsäure, B) Acetonitril mit 0,1 % Trifluoressigsäure; Flussrate: 0,5 mL min^{-1}; Gradient: 0–90 % B in 10 min, 10–20 min, 100 % B; Injektionsvolumen: siehe Abb.; Temperatur: 35 °C; Detektion: MS. Aufgegebene absolute Stoffmenge: 25 ng. Analyten: (1) Gemcitabin, (2) Ifosfamid, (3) Cyclophosphamid, (4) Fenofibrat.

9.7 UHPLC-Trennungen mit 1 mm Innendurchmesser Säulen

Seit der Einführung der UHPLC im Jahre 2004 gab und gibt es eine stetige Weiterentwicklung dieser Technologie, wie zum Beispiel die Kommerzialisierung von Trennsäulen mit einem Innendurchmesser von 1 mm. Durch den Wechsel von 2,1 mm ID Trennsäulen auf 1 mm ID Trennsäulen kann, bei konstanter Säulenlänge, der Verbrauch von HPLC-Lösemitteln um den Faktor 4,4 reduziert werden. Darüber hinaus wird die Kompatibilität zur Massenspektrometrie erhöht, wenn 1 mm ID Trennphasen genutzt werden. Jedoch wird die Verwendung von 1 mm ID Trennsäulen in der UHPLC zum jetzigen Zeitpunkt in der wissenschaftlichen Literatur nicht empfohlen bzw. kritisch diskutiert [18–21]. Hintergrund ist, dass in diesen Studien häufig die Effizienz der 1 mm ID Säulen mit der erzielten Effizienz einer 2,1 mm ID Trennsäule verglichen wird. Dabei wird in der Regel festgestellt, dass die chromatographische Trennleistung der 1 mm ID Trennsäulen aufgrund der Peakdispersion, bedingt durch das Extrasäulenvolumen der verwendeten UHPLC-Systeme, deutlich geringer ist als bei Verwendung von Trennsäulen mit einem Innendurchmesser von 2,1 mm. Diese Diskussion ist eher akademischer Natur, da aus einer praktischen Perspektive die Frage im Vordergrund stehen sollte, ob die Effizienz einer 1 mm ID Trennsäule ausreicht, um das individuelle chromatographische Problem zu lösen. Dazu ein Beispiel: Ein chromatographisches Trennproblem erfordert eine theoretische Bodenzahl von 10 000. Zur Lösung dieses Problems steht eine 2,1 mm ID Trennphase zur Verfügung, welche eine theoretische Bodenzahl von 25 000 liefert. Eine korrespondierende 1 mm ID Säule generiert lediglich 15 000 Böden. Warum sollte dann aber nicht die 1 mm ID Trennsäule verwendet werden, obgleich die Trennleistung geringer ist als mit der 2,1 mm ID Trennphase?

Im Folgenden soll gezeigt werden, dass moderne UHPLC-Systeme bei einfachen Trennproblemen und Anwendung eines Lösemittelgradienten problemlos mit 1 mm ID Trennsäulen betrieben werden können. Dazu wird die in Abschnitt 9.4 vorgestellte Methode zur Trennung von 13 Aldehyd- und Keton-2,4-dinitrophenylhydrazonen auf eine Trennsäule mit einem Innendurchmesser von 1 mm übertragen.

Um die in Abb. 9.8a dargestellte Trennung auf einer 50 mm langen Trennsäule mit einem Innendurchmesser von 2,1 mm ohne Effizienzverlust auf die 1 mm ID Trennsäule gleicher Länge zu übertragen, ist es erforderlich, die Systemvolumina des UHPLC-Systems weiter zu reduzieren. Vor diesem Hintergrund wurde die Konfiguration des Autosamplers von einem Flow-Through Konzept auf eine Fixed Loop Injektion geändert (s. Abschnitt 2.1.3). Dadurch werden der von der Probenbande durchströmte Flussweg als auch das Gradientenverweilvolumen reduziert. Da sich die in diesem Beispiel verwendeten Trennsäulen lediglich in ihrem Innendurchmesser unterscheiden, war für den Methodentransfer nur die Reduzierung der Flussrate von 1,2 auf 0,272 mL min^{-1} erforderlich. Das Profil des Lösemittelgradienten musste nicht verändert werden. Ein erstes Resultat des Methodentransfers auf die 1 mm ID Trennsäule zeigt Abb. 9.8b.

Die Trennung der Analyten gelingt wie erwartet innerhalb von 3,5 min bei einem Maximaldruck während des Lösemittelgradienten von 825 bar. Allerdings ist zu beobachten, dass es zu einem deutlichen Verlust an Trennleistung gekommen ist. Dies ist besonders gut an den mit einem Stern gekennzeichneten Verunreinigungen des Standards zu erkennen. Bei Verwendung der 2,1 mm ID Trennsäule (Abb. 9.8a) sind die Verunreinigungen von den Hauptkomponenten angetrennt. Im Vergleich dazu sind bei der 1 mm ID Trennsäule lediglich Peakschultern (Abb. 9.8b) zu erkennen. Die verringerte Trennleistung wird auch beim Vergleich der kritischen Auflösung deutlich. Diese reduziert sich von 1,41 zwischen dem Peakpaar 7/8 bei der 2,1 mm ID Trennsäule auf 1,01 bei Verwendung der 1 mm ID Säule. Es liegt die Vermutung nahe, dass die beobachtete Bandenverbreiterung der Peaks aufgrund eines großen Dispersionsvolumens nach der Trennsäule entsteht. Daher wurde im nächsten Schritt die großvolumige und hoch sensitive Detektorzelle des Diodenarray-Detektors, welche ein Zellvolumen von 9 µL aufweist, durch eine Zelle mit einem Volumen von 1 µL ersetzt und die Messungen wiederholt. Das resultierende Chromatogramm ist in Abb. 9.8c dargestellt. Durch die Reduzierung des Dispersionsvolumens nach der Trenn-

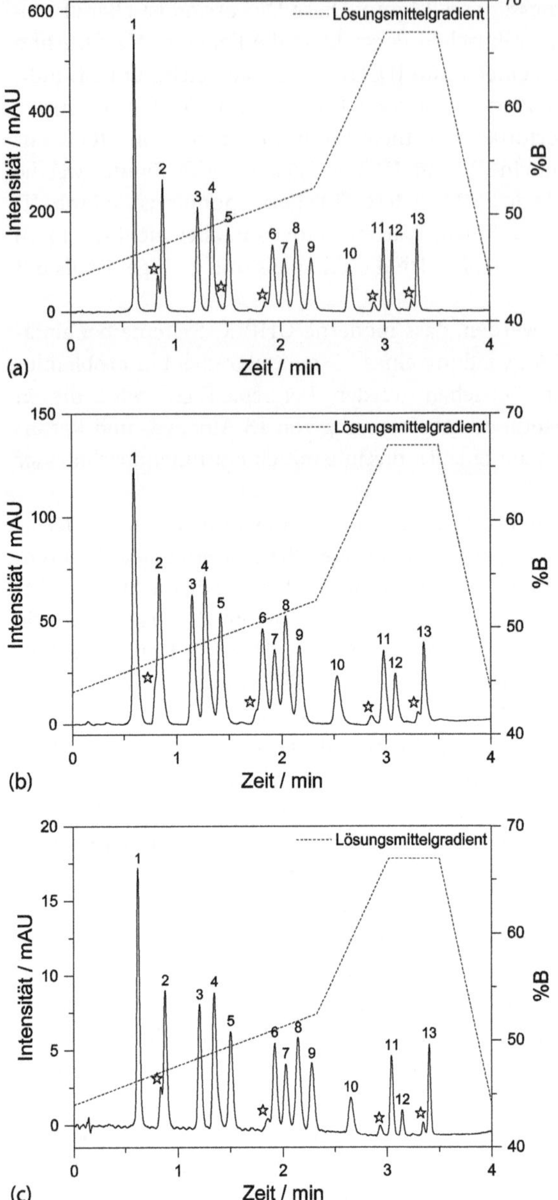

Abb. 9.8 Trennung von 13 Aldehyd- und Keton-2,4-dinitrophenylhydrazonen. Chromatographische Bedingungen: mobile Phase: A: deionisiertes Wasser, B: Aceton; Temperatur: 33 °C; Detektion: UV bei 360 nm, stationäre Phase (a) Agilent Zorbax SB C_{18} (50 × 2,1 mm; 1,8 µm), (b, c) Agilent Zorbax SB C_{18} (50 × 1,0 mm; 1,8 µm), Flussrate: (a) 1,2 mL min^{-1}, (b, c) 0,272 mL min^{-1}; Maximaldruck der Methode (a) 1080 bar, (b, c) 825 bar; Volumen Detektorzelle: (a, b) 9 µL, (c) 1 µL. Analyten: (1) Formaldehyd-2,4-DNPH, (2) Acetaldehyd-2,4-DNPH, (3) Acrolein-2,4-DNPH, (4) Aceton-2,4-DNPH, (5) Propionaldehyd-2,4-DNPH, (6) Crotonaldehyd-2,4-DNPH, (7) Methacrolein-2,4-DNPH, (8) 2-Butanon-2,4-DNPH, (9) Butyraldehyd-2,4-DNPH, (10) Benzaldehyd-2,4-DNPH, (11) Valeraldehyd-2,4-DNPH, (12) *m*-Tolualdehyd-2,4-DNPH, (13) Hexaldehyd-2,4-DNPH. ☆: Verunreinigungen des Standards.

säule konnte eine deutliche Verbesserung der Trennleistung erzielt werden. Die kritische Auflösung für das Peakpaar 7/8 wurde von 1,01 auf 1,43 erhöht. Darüber hinaus werden die mit einem Stern gekennzeichneten Verunreinigungen des Standards wieder von den Hauptkomponenten angetrennt.

Die Verringerung des Volumens der Detektorzelle hat jedoch auch zur Konsequenz, dass die Nachweisgrenze reduziert wird. Die gemessenen Peakflächen der Komponenten sind etwa um den Faktor 9–10 kleiner bei Verwendung der 1 μL Zelle im Vergleich zur Zelle mit einem Volumen von 9 μL.

Die Anwendung von 1 mm ID Trennsäulen in der UHPLC bietet jedoch im Hinblick auf den Lösemittelverbrauch einen erheblichen Vorteil. Bezogen auf das in Abb. 9.8 dargestellte Beispiel, kann der Verbrauch von Aceton um den Faktor 4,4 bei Verwendung der 1 mm ID Trennsäule reduziert werden.

Ein weiterer Vorteil von 1 mm ID Trennsäulen liegt in der Kopplung mit der Massenspektrometrie mit Elektrosprayionisation (ESI-MS). Für eine optimale Ionisierung werden bei LC/ESI-MS in der Regel Flussraten der mobilen Phase zwischen 250 und 500 μL min^{-1} angewendet. Wenn 2,1 mm ID Trennsäulen verwendet werden, resultiert mit 1,2 mL min^{-1} ein um den Faktor 3–5 höherer Fluss (s. Abb. 9.8a). Dies geht jedoch zulasten der Nachweis- und Bestimmungsgrenze. Im Vergleich dazu liegen die Flussraten bei Verwendung von 1 mm ID Trennsäulen im optimalen Bereich der LC/ESI-MS-Kopplung.

Zusammenfassend ist festzuhalten, dass moderne UHPLC-Systeme bei einfachen Trennproblemen und Anwendung eines Lösemittelgradienten problemlos mit 1 mm ID Trennsäulen betrieben werden können. Dadurch reduzieren sich die Kosten für Lösemittel und deren Entsorgung erheblich. Darüber hinaus sind die resultierenden Flussraten bei Verwendung von 1 mm ID Trennsäulen optimal für die Kopplung mit der Elektrospray-Ionisation-Massenspektrometrie geeignet. Dabei gilt jedoch zu berücksichtigen, dass die UHPLC-Systeme in Hinblick auf die Minimierung von Dispersionsvolumina vor als auch nach der Trennsäule optimiert wurden.

Literatur

1 Gilroy, J.J. und Dolan, J.W. (2004) *LC GC Eur.* **17**, 566.

2 Snyder, L.R. und Dolan, J.W. (2007) *High-Performance Gradient Elution: The Practical Application of the Linear-Solvent-Strength Model*, John Wiley & Sons, Inc., Hoboken.

3 Snyder, L.R., Kirkland, J.J. und Dolan, J.W. (2010) *Introduction to modern liquid chromatography*, John Wiley & Sons, Inc., Hoboken.

4 Fountain, K.J. und Iraneta, P.A. (2012) in *UHPLC in Life Sciences* (Hrsg. D. Guillarme, J.L. Veuthey), Royal Society of Chemistry, Cambridge.

5 Ryan, T.W. (1995) *J. Liquid Chromatogr.*, **18**, 51.

6 Swartz, M. und Krull, I. (2006) *LC GC N. Am.*, **24**, 1204.

7 Guillarme, D., Nguyen, D.T.T., Rudaz, S. und Veuthey, J.L. (2007) *Eur. J. Pharm. Biopharm.*, **66**, 475.

8 Guillarme, D., Nguyen, D.T.T., Rudaz, S. und Veuthey, J.L. (2008) *Eur. J. Pharm. Biopharm.*, **68**, 430.

9 Webster, G.K., Cullen, T.F. und Kott, L. (2013) in *Ultra-High Performance Li-*

quid Chromatography and its Applications (Hrsg. Q.A. Xu), John Wiley & Sons, Inc., Hoboken.

10 Debrus, B., Rozet, E., Hubert, P., Veuthey, J.L., Rudaz, S. und Guillarme, D. (2012) in *UHPLC in Life Sciences, Royal Society of Chemistry* (Hrsg. D. Guillarme und J.-L. Veuthey), Royal Society of Chemistry, Cambridge.

11 Teutenberg, T. (2010) *High-Temperature Liquid Chromatography: A User's Guide for Method Development*, RSC Pub., Cambridge.

12 Wolcott, R.G., Dolan, J.W., Snyder, L.R., Bakalyar, S.R., Arnold, M.A. und Nichols, J.A. (2000) *J. Chromatogr. A*, **869**, 211.

13 Kozlowski, E.S. und Dalterlo, R.A. (2007) *J. Sep. Sci.*, **30**, 2286.

14 Busetti, F., Backe, W.J., Bendixen, N., Maier, U., Place, B., Giger, W. und Field, J.A. (2012) *Anal. Bioanal. Chem.*, **402**, 175.

15 Hogendoorn, E.A., Verschraagen, C., Brinkman, U.A.T. und Vanzoonen, P. (1992) *Anal. Chim. Acta*, **268**, 205.

16 West, C., Elfakir, C. und Lafosse, M. (2010) *J. Chromatogr. A*, **1217**, 3201.

17 Reeh, A. (2011) Master Thesis, Fachbereich Chemie, Hochschule Nierderrhein,

18 Wu, N.J., Bradley, A.C., Welch, C.J. und Zhang, L. (2012) *J. Sep. Sci.*, **35**, 2018.

19 Lestremau, F., Wu, D. und Szucs, R. (2010) *J. Chromatogr. A*, **1217**, 4925.

20 Heinisch, S., Desmet, G., Clicq, D. und Rocca, J.L. (2008) *J. Chromatogr. A*, **1203**, 124.

21 Fekete, S., Kohler, I., Rudaz, S. und Guillarme, D. (2014) *J. Pharm. Biomed. Anal.*, **87**, 105.

10
Erfahrungsbericht eines unabhängigen Serviceingenieurs – Tipps und Empfehlungen für einen optimalen Betrieb von Agilent- und Waters-Anlagen im Alltag

S. Chroustovsky

10.1
Einleitung

Dieses Kapitel möchte dem Anwender in kurzer Form verschiedene Methoden der Fehlersuche und die Behebung dieser Fehler vermitteln. Es wird bewusst auf Zeichnungen verzichtet, die man sowieso in den Handbüchern der Hersteller bzw. im Internet findet. Die genaue Erklärung der prinzipiellen Funktionsweisen der HPLC-Komponenten einer Anlage wird als bekannt vorausgesetzt, ebenso die Bedienung der Software der verschiedenen Hersteller.

10.2
Der Degasser, Prinzipien

Alle bei der HPLC zur Anwendung kommenden Laufmittel oder Laufmittelgemische (teils mit zugesetzten anorganischen oder organischen Verbindungen) enthalten mehr oder weniger gelöste Gase. Diese Gase, im Wesentlichen bestehend aus Sauerstoff, Stickstoff und Kohlendioxid haben, wenn sie nicht ausreichend entfernt werden, negative Einflüsse auf die angestrebte Trennung oder erschweren die Auswertung der Chromatogramme. In besonderen Fällen kann es sogar zu Störungen in der Pumpe kommen, wenn über lange Ansaugwege oder verstopfte Ansaugfritten vor der Pumpe ein Vakuum entsteht, durch das benannte Gase frei werden. Diese Gasblasen können aber in der Druckphase der Pumpe nicht wieder in Lösung gebracht werden. Dadurch kann es zum kurzfristigen Aussetzen des Flusses kommen, was Retentionszeitschwankungen, Trennprobleme oder „Error"-Meldungen (bei Waters 2690, 2695 usw.) zur Folge haben kann.

Lange Ansaugwege haben auch fast alle älteren Degasser, bei denen aufgewickelte Teflonschlauchbündel verwendet werden. Um die Gase möglichst vollständig aus den Eluenten zu entfernen, haben sich zwei Methoden bewährt, die auch gemeinsam angewandt werden können. Es sind dies die Heliumbegasung und die

Der HPLC-Experte II, 1. Auflage. Stavros Kromidas (Hrsg).

Gasosmose. Die Erhitzung des Eluenten mit oder ohne Vakuum und die Ultraschallentgasung sollte man nur anwenden, wenn kein ordentlicher Degasser zur Verfügung steht, da diese beiden Methoden recht aufwendig und wenig effektiv sind.

10.2.1 Verschiedene Hersteller, verschiedene Typen

Die meisten Hersteller von HPLC-Anlagen haben sich für die Gasosmose entschieden und das schon seit vielen Jahren. So hat Agilent zuerst einen vierkanaligen Degasser, den G1322, mit vier Schlauchbündeln in einer großen Vakuumkammer herausgebracht, dessen Vakuum über einen Drucksensor, eine Auswerteelektronik und eine Membranpumpe gesteuert wird. Bei einem Defekt in der Vakuumkammer fällt allerdings der gesamte Degasser aus. Der Vorteil dieses Gerätes ist sein großes Kanalvolumen, das auch bei stark gasbelasteten Eluenten sehr effektiv arbeitet. Das Folgemodel, der G1379, arbeitet mit vier einzelnen Kammern, die in je zwei Gehäusen untergebracht sind. Diese beiden Gehäuse sind einzeln austauschbar. In diesen Kammern befindet sich eine Membrane aus gasdurchlässigem Material. Ein Kanal hat somit ein wesentlich geringeres Volumen als das eines Schlauchbündels. Beide Degassertypen können in allen modularen HPLC-Anlagen von Agilent 1100 bis Agilent 1290 eingesetzt werden. Da diese Degasser elektrisch nicht an das System angekoppelt sein müssen, lassen sie sich auch für jede andere HPLC-Anlage verwenden.

Wenn man den Empfehlungen des Herstellers folgt, werden beide Degassertypen über eine SUB-D-Verbindung mit dem Rest der Anlage verbunden, was aber im Falle einer Störung am Degasser während eines Laufs (z. B. über Nacht) den Stillstand der gesamten Anlage zur Folge hat. Man sollte diese Verbindung gar nicht erst benutzen und sie, wenn schon angeschlossen, einfach trennen. Beim Ausfall des Degassers leuchtet ohnehin rechts oben über einen Lichtleiter eine rote LED auf.

Ein anderer bekannte Hersteller von HPLC-Anlagen, die Firma Waters, hat sowohl in den älteren modularen Anlagen als auch in den neueren Kompaktanlagen des Typs 2690, 2695 usw. vier einzelne Degasserkammern eingebaut, die auch einzeln gewechselt werden können. Die älteren modularen Anlagen wurden mit dem sogenannten Inline Degasser betrieben, ein separates Gerät mit vier Kammern.

Um die Funktionalität der Entgasung zu überprüfen, kann man im Ansaugschlauch eines jeden Kanals eine Luftblase, z. B. durch kurzes Anheben der Ansaugfritte, erzeugen. Diese Luftblase wird durch mehrmaliges Drücken des Schlauches zwischen den Fingern in mehrere kleine Blasen zerteilt, weil eine größere Luftblase eine viel längere Verweilzeit im Degasser benötigen würde (kleinere Oberfläche!) als mehrere kleine. Bei einem Fluss von ca.1 mL min^{-1} darf unter diesen Bedingungen hinter dem Degasser, also vor der Pumpe, keine Luftblase mehr sichtbar sein.

Sämtliche Schlauchverbindungen zwischen Eluent und Degasser, wie auch zwischen Degasser und Pumpeneingang sollten von Zeit zu Zeit kontrolliert werden, ob sie porös geworden sind. Auch pufferhaltige Eluenten können, beeinflusst durch den pH-Wert, Schläuche brüchig machen. Sollten sogenannte Modifier verwendet werden, besteht die Möglichkeit, dass diese hier hängen bleiben und folgende Chromatogramme beeinflussen.

10.3 Die Pumpe, Prinzipien

Die Hochdruckpumpe einer HPLC-Anlage ist für das chromatographische Ergebnis von höchster Bedeutung, da die Genauigkeit und die Langzeitstabilität der Förderung eines Eluenten in die Retentionszeit und damit in die Reproduzierbarkeit der Chromatogramme eingehen.

Moderne HPLC-Pumpen sind Kolbenpumpen und bestehen aus einem oder mehreren Pumpenköpfen. Diese Pumpenköpfe enthalten einen oder bei Doppelkopfpumpen zwei Kolben, die aus verschiedenen sehr harten Materialien bestehen. Üblich ist bei den meisten Pumpen die Verwendung von Saphir- bzw. Rubinkolben. Beide Materialien bestehen aus Aluminiumoxid. Wahlweise können bei einigen Pumpenherstellern auch Zirkonoxidkolben verwendet werden. Ein neues Material zur Verwendung in Höchstdruckpumpen ist gesintertes Siliciumcarbid (s. dazu auch Kapitel 7).

Jeder Pumpenkopf ist mit je einem Einlassventil und einem Auslassventil bestückt. Die Einlassventile können elektromagnetisch gesteuert sein, die Auslassventile sind Einfach- oder Doppelkugelventile.

Diese Ventile bestehen je nach Hersteller entweder aus einer Kartusche, die bei einer Fehlfunktion einfach gewechselt wird, wobei der äußere Ventilkörper wiederverwendet wird, oder aus einem kompletten Ventil, welches im Falle einer Fehlfunktion von einem etwas erfahrenen HPLC-Betreiber durchaus zu neuem Leben erweckt werden kann.

Kartuschen und auch Komplettventile können ihre Funktion durch Verschmutzung einbüßen. Bei Auslassventilen kann Kolbenabrieb, bei Einlassventilen Verschmutzung aus dem Eluenten die Ursache für Fehlfunktionen sein. In den meisten Fällen bekommt man solche Ventile und auch Kartuschen wieder „zum Laufen", wenn man sie in ein Bechergläschen mit Aceton stellt und ca. 15 min im warmen Ultraschallbad behandelt. Bevor man mit dieser Prozedur beginnt, sollte man das Ventil oder die Kartusche mit einer Spritze in Durchlassrichtung mit Aceton füllen und aufrecht ins Ultraschallbad stellen, um zu gewährleisten, dass keine Luftblase die Reinigung behindert. Anschließend werden die Ventile oder Kartuschen mit einer Spritzflasche kräftig in Flussrichtung mit Methanol oder Isopropanol durchgespült und können durch Hineinblasen in Durchlass- und in Sperrrichtung getestet werden.

Ist bei einem Agilent Auslassventil (Part No: G1312-60012) Eluent ausgetreten, die Verschraubung der Kapillare aber trocken, so tritt der Eluent durch die Entlastungsbohrung unterhalb des Gewinderinges aus, was gleichbedeutend mit dem Bruch eines Keramikführungsröhrchens im Innern des Ventils ist.

Doch auch hier muss man nicht gleich verzweifeln, denn wenn man von einem früheren Vorfall ähnlicher Art noch ein altes Ventil aufgehoben hat, muss man beide nur vorsichtig öffnen und dem alten Ventil das noch intakte Keramikröhrchen (es sind immer zwei drin!) entnehmen, um das defekte zu ersetzen. Da diese Ventile Doppelventile sind, bricht immer nur eines dieser Bauteile. Das Zerlegen des Ventils geht folgendermaßen:

1. Ventil aus der Anlage ausbauen.
2. Kunststoffring nach oben abziehen.
3. Gewindering abziehen.
4. Golddichtung entfernen.
5. Sieb, falls vorhanden, entfernen.
6. Ventilkörper mit dem Einlass nach unten in einen Schraubstock an den abgeflachten Stellen einspannen. Es wird der übliche zöllige Doppelgabelschlüssel 5/16 benötigt. Mit etwas Kraft und Gefühl die beiden Ventilteile lockern, aber nicht vollständig auseinanderschrauben (sonst fällt der gesamte Inhalt heraus).
7. Das Ventil vorsichtig auf einer geeigneten Unterlage (Suppenteller!) vorsichtig auseinanderschrauben und genau auf die Reihenfolge der Bauteile achten. Defektes Teil ersetzen, alles wieder zusammenbauen, im Schraubstock nicht mit zu starker Kraft anziehen, Sieb und Golddichtung einsetzen, fertig.

Das Ventil wird jetzt in die Anlage eingebaut, jedoch wird die Pumpe noch nicht eingeschaltet, da das Ventil ja nicht ohne Grund defekt geworden ist. Durch Losschrauben der nach dem Ventil folgenden Kapillaren muss jetzt erst die Verstopfung gefunden werden. Nachdem die Pumpe eingeschaltet wurde, wird nun unter Beobachtung des Drucks eine Kapillare nach der anderen, beginnend am Ventil, etwas angezogen. Steigt der Druck nicht an, kann die Kapillare festgezogen werden und man macht so weiter, bis die verstopfte Stelle gefunden ist. Selbstverständlich sollte auch das Rheodyne-Ventil in die Überprüfung einbezogen werden. Falls es sich um eine Kapillare handelt, sollte man diese umgekehrt vorsichtig unter Druck setzen, wobei die Verstopfung meistens mit einem Geräusch wieder frei wird. Dieses Verfahren sollte man auch bei einem Wechsel gegen ein nagelneues Ventil anwenden, da dieses sonst auch gleich wieder defekt werden kann.

Eine andere Methode einen zu hohen Druck zu begrenzen, ist die Eingabe eines Drucklimits (ca. 350 bar). Man muss hierbei allerdings in Kauf nehmen, dass die Pumpe jedes Mal abschaltet.

Inzwischen gibt es ein neues verbessertes Auslassventil für die Agilent-Anlagen 1100, 1200 und 1260 (Part No: G1312-60067). Dieses Auslassventil hat kein Sieb und nicht die übliche Golddichtung. Wegen des stabileren Innenaufbaus konnte man auch auf die oben beschriebene Entlastungsbohrung verzichten.

Bei Agilent kann bei einer Fehlfunktion auch das elektronisch gesteuerte Einlassventil, Active Inlet Valve (Part No: G1312-60025) defekt sein. Wenn das Ventil äußerlich noch gut aussieht, ist wahrscheinlich die AIV-Cartridge defekt oder verstopft. Dieser Fehler macht sich auch durch Druck- und Retentionszeitschwankungen bemerkbar. Da diese AIV-Cartridge sehr teuer ist, sollte man auch hier einen Reinigungsversuch wie oben beschrieben vornehmen, bevor man zu einem Neuteil greift (Part No: 5062-8562). Ausgebaut wird das ganze Ventil unter Zuhilfenahme eines 14er-Flachgabelschlüssels bei abgeschalteter Pumpe und Lösen der grauen Steckverbindung. Die Cartridge kann einfach mit den Fingernägeln herausgezogen werden.

Sollte eine Pumpe, egal welchen Fabrikats, einmal zu wenig fördern oder sich die Förderleistung langsam immer mehr verschlechtern, kann das auch mit Polymeren des Acetonitrils zu tun haben. Hierüber ist schon sehr viel berichtet worden, auch wie man diese Polymerisation verhindern kann, nämlich durch Zugabe von 5 % Wasser. Wie diese Polymerisationsprodukte wirklich aussehen und wie man sie verhindert, kann niemand so genau sagen.

Wenn der oben beschriebene Fall auftritt, sollte man die Anlage einige Stunden mit einer Mischung aus 50 % Methanol und 50 % Aceton im Kreis spülen. Am Ende der Prozedur wird mit frischer Mischung sauber gespült. In den meisten Fällen war diese Reinigung erfolgreich. Sollte man für die Reinigung nur sehr wenig Zeit haben, kann man die Zeit für die Spülung auch verkürzen. Man kann auch zu einem etwas radikaleren Mittel greifen, nämlich zu einer Mischung aus Isopropanol oder Methanol mit Tetrahydrofuran. Vorsicht ist allerdings geboten, da THF ein sehr gutes Lösungsmittel für Kunststoffe ist (speziell PVC). Um also Degassermembranen und Hochdruckdichtungen nicht zu beschädigen, sollten die Einwirkzeit und die Konzentration von THF entsprechend gewählt werden.

Muss man mit Acetonitril und irgendwelchen Puffern Gradienten laufen lassen, so empfiehlt es sich eine solche Reinigung ab und zu vorzunehmen, vielleicht auch nicht erst, wenn gar nichts mehr geht.

10.3.1 Verschiedene Hersteller, verschiedene Typen

Die Hersteller von Pumpen verwenden für den Gradientenbetrieb zwei unterschiedliche Verfahren. Die einen mischen zwei bis vier Eluenten im Niederdruckteil, also vor der Hochdruckpumpe zusammen. Dieses Verfahren wird bei Waters-Geräten und zwar sowohl bei modularen Anlagen (mit der 600er Pumpe) wie auch bei Kompaktanlagen wie 2690, 2695 usw. angewandt. Die anderen mischen erst nach mindestens zwei Hochdruckpumpen beide Eluenten zusammen. Um trotzdem vier Eluenten verarbeiten zu können, wird vor eine oder zwei Hochdruckpumpen eine aus vier Ventilen bestehende Kombination geschaltet. Dennoch werden bei einem Hersteller (Agilent) sogar in einem Anlagentyp wahlweise beide Prinzipien angewandt (zu weiteren Details über Gradientenanlagen, s. Kapitel 4). So kann man eine Agilent 1100er Anlage wahlweise mit einer quarternären Pumpe vom Typ G1311 bestücken, wie auch mit einer binären Pumpe G1312.

Die G1311 Pumpe verfügt über nur einen Pumpenkopf mit vorgeschaltetem Vierfach-Magnetventil, dem MCGV (Part No: G1311-67701). Die G1312 Pumpe hat zwei Pumpenköpfe, kann aber zusätzlich mit einem Vierfach-Magnetventil aufgerüstet werden. Hierbei ist zu beachten, dass je zwei Kanäle nur für einen Pumpenkopf zu benutzen sind.

Eine weitere Variante der Förderung von Eluenten und deren Vermischung wurde in der Hewlett Packard Anlage 1090 verwendet. Hier wurden bis zu drei getrennte Niederdruckpumpen zur Herstellung des Gradientengemisches betrieben. Die fertige Mischung wurde auf eine Hochdruckmembranpumpe gegeben. Da der technische Aufwand sehr hoch war, ergaben sich auch sehr hohe Kosten bei einer Wartung.

Bei den modernen Waters-Anlagen 2690, 2695 und folgende wird ein grundsätzlich anderes Prinzip angewendet: Vor der Hochdruckpumpe ist ein Magnetventilstern (GPV) mit vier Kanälen montiert, dessen Eingänge mit den vier Ausgängen der vier Degasserkammern verbunden sind. Der gemeinsame Ausgang des GPV geht auf das Einlassventil (Kartusche) der Hochdruckpumpe, den Primary Piston Drive, der kein Auslassventil besitzt. Von hier aus fließt der Eluent über einen Drucksensor (Primary Transducer) zum Einlassventil (Kartusche) des Accumulator Piston Drive. Der Eluent verlässt den Accumulator über einen weiteren Drucksensor (System Transducer), um über ein Purgeventil und eine Sinterfritte zum Injektor zu gelangen. Die Elektronik detektiert kleinste Druckveränderungen und steuert die beiden Kolbenantriebe getrennt voneinander so präzise, dass praktisch Druckschwankungen ausgeglichen werden.

Um bei verschiedenen Anlagen die Druckstabilität und Dichtigkeit zu überprüfen, bietet die Prüfsoftware der einzelnen Anlagenhersteller viele Möglichkeiten. Es sind dies die Leak- und Pressuretests, die im Allgemeinen von der Software mit Anleitung automatisch ausgeführt werden. Um Drücke zu erzeugen ohne eine alte Säule zu benutzen, sollte man eine Restriktionskapillare verwenden. Diese Kapillare ist bei Agilent unter der Part No: 5022-2159 zu beziehen. Bei Agilent-Anlagen kann die Kapillare direkt benutzt werden, weil Agilent in allen seinen Anlagen Swagelok-Verschraubungen verwendet. Bei Waters muss man sich ein Adapterstück aus einem Waters-Fitting und einer Ferrule auf der einen Seite und einem Swagelok-Fitting mit Ferrule auf der anderen Seite basteln. Wenn man eine Waters-Verschraubung auf eine Swagelok-Aufnahme schraubt, werden beide so schwer beschädigt, dass man die Verbindung möglicherweise gar nicht dicht bekommt und wenn, nur mit großer Gewalt. Beim Versuch eine solche Verbindung wieder zu lösen, kann der Kopf des Waters-Ferrules abreißen. Bei allen solchen Verschraubungen dürfen nur zöllige Gabelschlüssel 1/4 und 5/16 verwendet werden. Werden dennoch metrische Schraubenschlüssel verwendet, verrunden die Köpfe der Fittings und sind danach selbst mit zölligem Werkzeug nicht mehr zu lösen.

10.4 Autosampler, Prinzipien

Um eine Probe in ein HPLC-System einzugeben, wurden früher manuelle Ventile benutzt, die zwischen Pumpe und Säule eingeschleift wurden. Die meisten dieser Ventile wurden von der Firma Rheodyne – seltener von Valco – hergestellt und bestanden im Wesentlichen aus einer drehbaren Einheit, dem Rotor, und einem starren Teil, dem Stator, der meistens sechs Bohrungen enthielt. Der Rotor beinhaltete ein sogenanntes Rotorseal, welches jeweils zwei Bohrungen des Stators miteinander verband. Man konnte also den Flüssigkeitsstrom in jeweils zwei Richtungen lenken, da sich im Rotorseal drei kleine Einfräsungen (Grooves) befanden. Der Stator, auch Lapped Stator genannt, hatte über den Bohrungen, die das Rotorseal berührten, Gewinde eingeschnitten in die spezielle Ferrules und Fittings verschiedener Länge der Firma Rheodyne, passten. Die Ferrules waren für Stahl- oder PEEK-Kapillaren ausgelegt. Ein solches einfaches Ventil vom Typ 7010 war so noch nicht für Injektionen geeignet, konnte aber durch einen Port und eine Probenschleife (ab 5 µL) aufgerüstet werden. Das Modell 7125 konnte direkt zum Injizieren von Proben verwendet werden. Auf zwei Eingängen des Ventils war eine feste Probenschleife (ab 5 µL) installiert, die in der Stellung „Load" mit einer normalen Injektionsspritze, allerdings mit einer speziellen Nadel, gefüllt wurde. Man sollte mindestens fünfmal das Volumen der Schleife durchfließen lassen, um dann das Ventil auf „Injekt" umzuschalten. So wurde der Inhalt der Probeschleife in den Kreislauf, also auf die Säule aufgebracht. Ein zusätzlicher Kontakt (optional!) gab der HPLC-Anlage das Startsignal. Mit dem Rheodyne-Ventil 7125 konnte man, wenn es gut gewartet war, durchaus Injektionsgenauigkeiten von merklich unter 1,0 % erzielen.

Die Entwicklung ging schnell weiter und man baute um das Ventil herum eine Mechanik und Elektronik, die es erlaubten eine größere Anzahl von Proben per Programm zu bearbeiten. Ein solcher recht einfacher, aber sehr zuverlässiger Autosampler ist der von Agilent gebaute G 1313.

Dieser Autosampler ist auch als G 1329 mit einer Temperiereinheit G 1330 zu beziehen. Beide Autosampler haben ein spezielles Rheodyne-Ventil mit einer Probenschleife von 100 µL. Die Probenschleife ist mit einer Injektionsnadel verbunden, die mechanisch auf- und abgefahren werden kann. Ihr Verfahrweg endet in einem Nadelsitz, der wie die Nadel von Zeit zu Zeit erneuert werden muss. Das Vial wird durch eine Transportunit (Roboter) aus der programmierten Stellung unter die hochgefahrene Nadel transportiert, diese fährt in das Vial, wobei eine sogenannte Metering-Pumpe die gewünschte Flüssigkeitsmenge in die Probenschleife hineinzieht. Die Nadel gibt das Vial wieder frei, die Transportunit sorgt für die genaue Rückkehr des Vials an seine alte Position. Die Nadel wird nun in den Nadelsitz gepresst, das Rheodyne-Ventil schaltet um, die Metering-Pumpe, angetrieben durch einen Steppermotor drückt die gewünschte Probenmenge durch den Nadelsitz und dessen Kapillare über das Rheodyne-Ventil in den Eluentenstrom, der die Probe zur Säule transportiert, wo die eigentliche Chromatographie erfolgt (s. auch Abschnitt 2.1).

Durch die Verwendung eines Rheodyne-Ventils gestalten sich die Probennahme und Aufgabe recht einfach und damit übersichtlich. Das System arbeitet bei normaler Wartung sehr genau und zuverlässig.

10.4.1
Verschiedene Hersteller, verschiedene Typen

Andere Hersteller von HPLC-Anlagen verzichten auf dieses Rheodyne-Ventil und steuern den Eluenten mit Ventilen eigener Konstruktion. So wurden in den Autosamplern der Firma Waters vor vielen Jahren Motorventile mit aus mehreren Teilen bestehenden Umschaltköpfen eingebaut. Um die Flüssigkeitsströme zu steuern, benötigte man zwei dieser Ventile. Man bezeichnet diese Ventile als V1 (Sample Inlet Valve) und V2 (Syringe Valve). Eingebaut werden diese in den modularen Anlagen mit den Autosamplern 717 und 717+. Die gleichen Ventile findet man auch in den Kompaktanlagen 2690, 2695 usw. In den letzten Jahren wurde bei diesen Ventilen der Träger der eigentlichen Umschaltung, der aus Spritzguss gefertigt war, durch einen Träger aus Kunststoff ersetzt. Die vier Verschraubungen, die früher als Gewindeschrauben ausgeführt waren, bestehen heute aus dünnen Blechschrauben, die, wenn man bei der Wartung ein wenig zu fest anzieht, durchdrehen können. Damit ist die Dichtigkeit des Ventils nicht mehr gegeben. Diesen Träger kann man nicht kaufen, man muss ein neues Ventil (vielleicht auch refurbished) für sehr viel Geld kaufen.

Eine preiswerte Lösung dieses Problems besteht darin, dass man so ein defektes Gewinde mit wenig UHU-Plus ausgießt, die ganz leicht eingefettete Schraube bis zum Anschlag hineindreht und aushärten lässt. Die Schraube kann wieder herausgeschraubt werden und man kann nun die Überholung des Ventils fortsetzen. Vorsicht ist trotzdem geboten, weil der neue Kunststoff nicht so stabil ist wie das Original. Immerhin hat man viel Geld gespart.

Bei den oben benannten Autosamplern wird zur Dosierung der Probe eine durch einen Steppermotor gesteuerte Glasspritze verwendet, die es für verschiedene Anwendungen in verschiedenen Größen gibt. Um den Inhalt der Spritze auszutauschen, sowohl bei der Reinigungsspülung wie auch bei der Probendosierung ist ein weiteres kleines Magnetventil, das V3 (Waste Valve), nachgeschaltet. Das V3 muss einwandfrei schließen, da sonst ein Teil der abgemessenen Flüssigkeitsmenge in den Abfall läuft, denn dahin öffnet sich V3. Das Gute ist, dass man für jedes Ventil Testmöglichkeiten zur Verfügung hat, die direkt vom Bildschirm aus getätigt werden können. Der Compression Check überprüft beispielsweise das gesamte Injektionssystem.

Die motorisch gesteuerte Nadel des Injektors mit einem seitlichen Loch muss nach jedem Nadel- und Dichtungswechsel mithilfe eines kleinen Programms (Sealpack adjust) genau justiert werden, damit sie bei den einzelnen Injektionsschritten in der richtigen Kammer sitzt, also im Waschbereich, im Injektionsbereich und im Durchfluss. Wenn ein Fehler beim Justieren auftritt, muss an einer Stellschraube am Injektor eine Bereichskorrektur vorgenommen werden.

Um die Injektionsgenauigkeit eines Autosamplers zu überprüfen, füllt man ein Vial mit Wasser und verschließt es mit Septum und Alukäppchen. Nun wird das gesamte Vial auf der Analysenwaage ausgewogen. Das Vial kommt dann in den Autosampler und man macht 50 Injektionen a 10 µL mit einer Laufzeit von 1 min. Bei Waters-Autosamplern kann man mit „Direkt Injektion“ eine solche Tätigkeit am Display des Gerätes direkt eingeben, bei Agilent am besten über das Programm.

Nach Abschluss der Aktion wird das Vial auf der Waage zurückgewogen und es lässt sich aus der Differenz der Wägung gut erkennen, ob der Injektor noch sauber dosiert.

Verschiedene Hersteller fahren nicht das Vial mit der zu untersuchenden Probe unter die Injektionsnadel, sondern mit der Nadel über das Vial, um die Probe zu entnehmen. Dieses Verfahren bedingt eine ständige Mitnahme von elektrischen und flüssigkeitsgefüllten Leitungen, was eine höhere Störanfälligkeit bewirken kann.

Wenn man die gesamte HPLC-Anlage auf ihre Genauigkeit überprüfen will, kann man auch eine Koffeinlösung oder eine Mischung von Ethylbenzoat und Isopropylbenzoat in entsprechender Verdünnung in Methanol oder Wasser mit einer C18-Säule 5 µm, Eluent: Wasser/Methanol 1 : 1 bei 254 nm laufen lassen. Nach 5–8 Injektionen kann die relative Standardabweichung, RSD, bestimmt werden.

10.5 Die UV-Detektoren, Prinzipien

Die am häufigsten verwendeten Detektoren sind die UV-Detektoren. Sie erfassen im Allgemeinen den Bereich von 190–700 nm. Fast alle HPLC-Anlagenhersteller haben auch ihre eigenen Detektoren gebaut. Manchmal finden sich auch Detektoren, die nahezu oder völlig baugleich sind, aber unter einem anderen Firmenlogo vertrieben werden. Detektoren sind immer eigenständige Geräte, die nicht wie andere Funktionsgruppen in Kompaktanlagen integriert sind.

Man kann HPLC-Anlagen auch mit Fremdprodukten mischen. So ist eine beliebte Kombination beispielsweise eine Agilent 1100 Anlage mit einem Waters DAD 996 oder 2996. Das Ausgangssignal des Detektors wird hier über einen SATIN AD-Wandler und über eine LACE unter der Software Empower verwertbar gemacht.

Ein Detektor mit variabler Wellenlänge (VWD) besteht prinzipiell aus der Deuteriumlampe und einer Fokussiereinrichtung, einem Umlenkspiegel mit nachfolgendem elektrisch drehbarem Gitter. Hinter dem Gitter ist ein Beamsplitter installiert, der die Hälfte der Strahlungsenergie auf eine geeignete Photodiode leitet, wo sie als Referenzwert in die Auswerteelektronik eingeht. Die andere Hälfte der Energie wird nun durch eine Durchflusszelle geleitet und trifft wieder auf eine Photodiode, der Samplediode, deren Messwert gegen den Referenzmesswert gerechnet den Wert für das Signal in der Zelle ergibt.

Durch das drehbare Gitter (früher wurden hier Prismen verwendet) kann über die Elektronik die Wellenlänge, bei der gearbeitet werden soll, gewählt werden.

Bei einem Diodenarray-Detektor (DAD) lässt man das gesamte Licht der Deuteriumlampe durch die Durchflusszelle fallen, welches hier an vielen Stellen des Spektrums eine Abschwächung erfährt. Dieses Licht wird im Monochromator in seine einzelnen Wellenlängen zerlegt und bestrahlt nun eine aus mehreren Hundert Dioden bestehende Zeile. Diese Diodenzeile („Array“) wird nun von der Elektronik in rascher Folge abgefragt und liefert so ein Bild von der Intensität jeder Wellenlänge. Die Abfrage muss sehr schnell erfolgen, da der Flüssigkeitsstrom in der Zelle ja auch kurzzeitige Veränderungen beinhaltet. Man kann auch hier eine bestimmte Wellenlänge auswählen und sich deren Werte anzeigen lassen.

Bei Agilent-Detektoren vom Typ DAD (G1315) und MWD (G1365) wird neben der Deuteriumlampe noch eine kleine Taschenlampenbirne verwendet, die durch ein Loch in der Deuteriumlampe hindurchstrahlt, was die Intensität oberhalb 370 nm erhöht.

10.5.1
Verschiedene Hersteller, verschiedene Typen

Detektoren, die mit Deuteriumlampen arbeiten, können im praktischen Betrieb auch manchmal schwer zu erkennende Fehlerquellen sein.

Deshalb sollte man bei einem Lampenwechsel alle notwendigen Eingaben, die vom System verlangt werden, auch wirklich machen. Bei den Agilent-Detektoren ist dies sehr einfach. Man kann in die Controlller, egal ob es ein älterer vom Typ G1323B oder ein neuerer Instant Pilot vom Typ G4208 ist, den Lampenwechsel eingeben und auch gleich verschiedene Tests durchführen. Unabhängig vom Lampenwechsel kann man sich jederzeit den aktuellen Zustand der Lampe über den gesamten Wellenlängenbereich anzeigen lassen, ebenso die Laufzeit der Lampe.

Die Lebensdauer einer Lampe und die Entscheidung sie zu wechseln hängt auch sehr von der Wellenlänge ab, bei der gearbeitet wird. Die kürzeste Lebensdauer liegt im Bereich von 190 bis ca. 230 nm. Die Lampenenergie lässt hier am ehesten nach und erfordert kürzere Wechselzeiten. Lampen, die im oberen Bereich betrieben werden, können schon mal 3000 h erreichen.

Hier ist zu beachten, dass das Rauschen einer Lampe mit sinkender Energie erheblich ansteigen kann.

Wenn eine Lampe zu alt ist, kann das Plasma Sprünge machen, was sich in Sprüngen der Basislinie äußert. Oft wird in diesen Fällen ein Defekt an der Pumpe vermutet, der sich jedoch durch Aufzeichnen des Drucks leicht ausschließen lässt.

Wenn die chromatographischen Peaks beim Arbeiten im Bereich von 190–220 nm immer kleiner geworden sind und der Lampentest in diesem Bereich nicht den deutlich erkennbaren hohen Energiepeak zeigt, ist wahrscheinlich die Zelle weitgehend undurchlässig geworden. Um nicht gleich die Zellfenster wechseln zu müssen, falls herkömmliche Spülmethoden (Isopropanol) versagt haben, gibt es eine bewährte und zugleich etwas ungewöhnliche Methode der Reinigung der Zellfenster:

Man füllt ein kleines Bechergläschen ober einen kleinen Erlenmeyerkolben mit Eisessig, steckt die Ansaugfritte des Kanals A hinein und fixiert das Ganze mit Parafilm, um die Geruchsbelästigung gering zu halten. Die Säule wird entfernt und Säulenein- und ausgang miteinander verbunden.

Nun wird am Detektorausgang die Verschraubung gelöst, sodass Flüssigkeit austreten kann. Die Pumpe wird mit 1,0 mL min^{-1} gestartet und am Detektorausgang so lange mit Fließpapier geprüft, bis der Eisessig austritt (Geruch!). Jetzt zieht man die Verschraubung wieder an. Man lässt die Pumpe 3 min mit Eisessig laufen und hängt die Einlassfritte des Kanals A in eine Literflasche mit Wasser. Von Zeit zu Zeit überprüft man die Zelle, ob im Bereich 190–220 nm die Energie wieder sichtbar wird. Die Spülung mit Wasser kann längere Zeit in Anspruch nehmen und man kann zuschauen, wie die Energie in diesem Bereich wieder zunimmt.

Diese Reinigung wurde häufig bei Detektoren von Agilent und Waters vorgenommen und hat immer sehr gut funktioniert. Bei den Waters DADs war vor der Spülung im Bereich 190–220 nm nur noch eine zur x-Achse parallel verlaufende Linie zu sehen. Sichtbar gemacht wurde der Vorgang mit der Diagnosis Funktion unter Empower.

11
Der Analyt, die Fragestellung und die UHPLC – der Einsatz von UHPLC in der Praxis

S. Lamotte

11.1
Einleitung

Die Anforderungen an flüssigchromatographische Trennungen sind je nach Fragestellung unterschiedlich. So gibt es Applikationen, in denen UHPLC-Methoden die Möglichkeit der Wahl darstellen. Dies ist jedoch nicht immer der Fall. Bei manchen Anwendungen ist es sicherlich besser konventionelle Trennsäulen bei Drücken bis max. 600 bar zu betreiben. Auch die Auswahl der unterschiedlichen Dimensionen (sowohl Länge als auch Durchmesser) der Säulen ist je nach Analyt und Fragestellung jeweils unterschiedlich, will man ideale Bedingungen erreichen. In diesem Kapitel soll klar ausgearbeitet werden wo, welche UHPLC-Trennsysteme am besten eingesetzt werden.

11.2
Wann ist der Einsatz von UHPLC sinnvoll und wann eher nicht?

UHPLC-Trennsäulen sind mit Partikeln $\leq 2\,\mu m$ Partikelgröße gepackt. Im Vergleich zu konventionellen Trennsäulen sind sie kürzer und haben auch geringere Innendurchmesser. Die geringeren Innendurchmesser sind notwendig, um die in der Trennsäule generierte Wärme abführen zu können. Die geringere Säulenlänge ergibt sich aus der Tatsache, dass bereits kürzere Trennsäulen die gleichen Bodenzahlen liefern wie längere Trennsäulen, die mit konventionellen Partikelgrößen gefüllt sind. Die Reduzierung von Länge und Innendurchmesser hat jedoch zur Folge, dass die Volumina der Trennsäulen kleiner werden. Daher müssen die verwendeten UHPLC-Geräte ebenfalls volumenoptimiert werden. Dazu wurde aber in verschiedenen Kapiteln diese Buches Stellung genommen (Abschnitt 2.1, Kapitel 3). Für die Anwendung in der Praxis bedeutet dies aber auch, dass im Allgemeinen besonderes Augenmerk auf Bandenverbreiterungseffekte gerichtet werden muss. Es ist daher unerlässlich die Probe in einem schwächeren oder zu-

Der HPLC-Experte II, 1. Auflage. Stavros Kromidas (Hrsg).

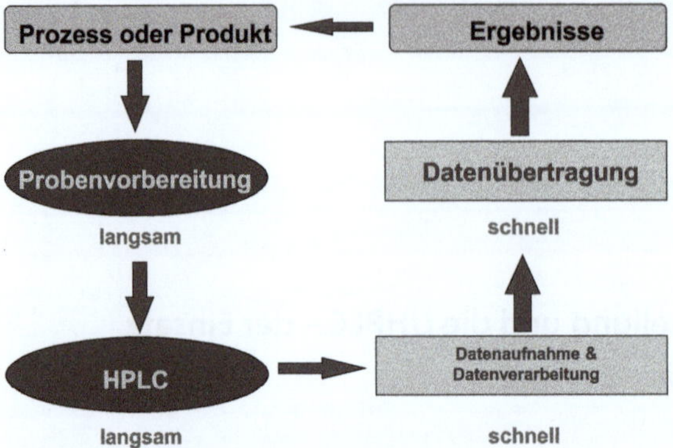

Abb. 11.1 Ablaufschema einer typischen HPLC-Analyse.

mindest gleich starken Lösemittel zu lösen wie das, in dem die Chromatographie läuft. Im Gegensatz zu konventionellen Säulen, bei denen ein stärkeres Probenlösemittel noch über das komplette Volumen der Trennsäule kompensiert werden kann, ist dies bei der Verwendung von UHPLC-Säulen nicht mehr möglich. Daher ist die Umsetzung des UHPLC-Konzeptes für Proben, die einer intensiven Probenvorbereitung (z. B. einer Festphasenextraktion) bedürfen und aus denen die Probe in stärkeren Lösemitteln als in der Chromatographie verwendet gelöst hervorgeht, deutlich schwerer realisierbar und auch manchmal unmöglich. Jedoch bedürfen diese Probenvorbereitungsschritte sowieso längere Zeit, sodass eine schnelle Chromatographie gar keine Vorteile brächte, wäre sie doch nicht der geschwindigkeitsbestimmende Schritt. Überhaupt sollten diese Überlegungen der Entscheidung für UHPLC vorangestellt werden. In Abb. 11.1 ist das Ablaufschema einer typischen HPLC-Analyse dargestellt.

Ist die HPLC-Trennung selbst nicht der geschwindigkeitsbestimmende Schritt, bringt die UHPLC keinen Vorteil, es sei denn die Lösemittelersparnis oder Massenempfindlichkeit wäre für die entsprechende Analyse wichtig.

Der Vorteil der UHPLC liegt also eindeutig in einer deutlichen Beschleunigung der Chromatographie, bei gleichzeitiger Ersparnis von Lösemittel und höherer Massenempfindlichkeit (s. auch Kapitel 1).

Fälschlicherweise wird allerdings häufig behauptet UHPLC wäre gleichzeitig mit höherer Trenneffizienz und einer Steigerung der Nachweisempfindlichkeit verbunden. Das ist falsch, denn genau das Gegenteil ist der Fall. Höhere Trenneffizienz wird immer mit langen Trennsäulen und größeren Partikeln erreicht und eine höhere Massenempfindlichkeit bedeutet lediglich eine höhere Nachweisempfindlichkeit, wenn die Probenmenge (Injektionsmenge) begrenzt ist. An dieser Stelle sei auf das Kapitel 1 sowie auf weiterführende Literatur hingewiesen [1, 2].

Einsatzgebiete für die UHPLC sind überall dort zu sehen, wo für die HPLC typische Bodenzahlen um die 10 000, und diese in möglichst schneller Zeit, benötigt werden. Eine weitere notwendige Voraussetzung ist, dass die Probenmatrix nicht allzu komplex ist und gleichzeitig die notwendige Lösemittelstärke zum Lösen der Probe nicht zu stark ist. Dies ist in sehr vielen Fällen möglich.

Unsinnig wird die Verwendung der UHPLC immer dann, wenn die Chromatographie bei der Gesamtanalytik nicht der geschwindigkeitsbestimmende Schritt ist, oder wenn die Probenvorbereitung so langsam oder komplex ist, dass eine Zykluszeit von 20–30 min hinreichend ist. Auch wenn die Proben sehr komplex sind und zur Trennung eine Peakkapazität von ca. 1000 oder eine Bodenzahl von über 100 000 benötigt wird. Diese kann mittels UHPLC mit Trennsäulen mit Partikelgrößen sub 2 µm nicht erreicht werden. Dennoch ist es in diesen Fällen trotzdem vorteilhaft UHPLC-Apparaturen zur Hand zu haben. Diese ermöglichen das Arbeiten mit langen Trennsäulen mit 5 µm Materialien, die man dann durchaus bei Drücken bis zu 600 bar betreiben kann. Mit diesen Trennsäulen sind dann Trenneffizienzen wie aus der Gaschromatographie bekannt möglich.

Im Folgenden werden nun die entsprechenden Einsatzgebiete für UHPLC genannt und auf deren Spezifika hinsichtlich der zu verwendenden Trennsäulen hingewiesen:

11.3 Freisetzungstests in der pharmazeutischen Industrie

Hier wird die Freisetzungskinetik von Pharmawirkstoffen unter definierten Bedingungen als Simulation für die Freisetzung im oder am menschlichen Körper untersucht. Die Proben sind in der Regel nur wenig komplex. Häufig müssen nur ein oder zwei Komponenten getrennt und ausgewertet werden Da häufig Kinetiken gemessen werden, sind schnelle Trennungen eine Unabdingbarkeit. Daher reichen hier schon sehr kurze Trennsäulen (20–30 mm Länge) aus, müssen doch sehr viele Proben innerhalb kürzester Zeit analysiert werden. In diesen Fällen ist die Verwendung von UHPLC-Säulen nicht unbedingt erforderlich. Kurze Säulen, die mit konventionellen 5 oder 3 µm Materialien gefüllt sind, oder alternativ kurze monolithische Trennsäulen können ebenso verwendet werden. Gerade monolithische Trennsäulen eignen sich in diesen Fällen gut, da sehr häufig die Matrices, in denen sich die Wirkstoffe befinden, Polymere sind, die UHPLC-Säulen stark verschmutzen könnten.

11.4 Methodenentwicklung und -optimierung

Insbesondere bei der Methodenentwicklung in der HPLC müssen (sollten) viele chromatographische Parameter, wie unterschiedlich selektive Trennsäulen, diverse Lösemittelgradienten bei unterschiedlichen pH-Werten sowie unterschiedliche Temperaturen abgeklärt werden, um sicher zu sein, die robustesten Parameter für eine Trennung gefunden zu haben. Dazu sind viele chromatographische Läufe unter unterschiedlichsten Bedingungen notwendig. Die Gleichgewichtseinstellungen der Trennsäulen, besonders bei unterschiedlichen mobilen Phasen und pH-Werten, dauern in der Regel recht lange und sind primär abhängig von den Volumina an mobiler Phase, die durch die Trennsäule gefördert wird. Insbesondere bei Gradientelution hängt die Peakkapazität – und damit die Trenneffizienz – direkt mit dem durchlaufenen Säulenvolumen zusammen. Je mehr Säulenvolumina durchlaufen werden, umso höher ist die Peakkapazität [3]. Sind die Volumina der Trennsäulen klein und können diese Trennsäulen auch noch ohne große Einbußen in der Trennleistung bei hohen Flüssen betrieben werden, liegt der Vorteil der UHPLC vor allem im Zeitgewinn bei der Equilibrierung. Hier werden in der Regel 50 mm lange Trennsäulen, die mit sub 2 µm Partikeln gepackt sind, verwendet. Mit diesen Säulen kann man die typischen Bodenzahlen einer HPLC-Säule (ca. 10 000–20 000 Böden) in kürzester Zeit erreichen. Dieses Anwendungsgebiet bringt erhebliche Zeitvorteile gegenüber der konventionellen Vorgehensweise, verliert man doch in der Regel die meiste Zeit bei der Gleichgewichtseinstellung.

11.5
Klassische flüssigchromatographische Analytik

Auch bei vielen Standardproben bringt die UHPLC gegenüber klassischer HPLC Vorteile. In der Praxis liegt dieser Vorteil nicht, wie man zunächst annehmen könnte, im hohen Durchsatz. Denn meist liegen keine Probenserien mit mehr als 50 Proben vor. Bei einer geringeren Anzahl an Proben ist es dann mehr oder minder egal, ob der vollautomatische Probengeber bereits um 20:00 Uhr abends oder erst am nächsten Morgen um 6:00 Uhr die letzte Probe injiziert. So oder so wird die Probenserie erst morgens ausgewertet. Der eigentliche Praxisvorteil liegt vielmehr darin, dass mit schneller UHPLC deutlich schneller erkannt wird, ob bei der entsprechenden Analytik etwas schiefläuft, z. B. die Verdünnung der Proben außerhalb der Kalibrierkurve liegt oder die Kalibrierkurve außerhalb des linearen Bereiches ist. Liegen die Zykluszeiten der chromatographischen Läufe innerhalb von 10 min, gelingt es noch innerhalb des gleichen Arbeitstages zu reagieren und die Analytik muss nicht am nächsten Tag wiederholt werden. Dies spart Zeit und vor allem Ressourcen, weil die Geräte für eine andere Analytik eingesetzt werden können

11.6
Schnelle (meist zweite) Dimension der multidimensionalen Chromatographie

In der 2D-HPLC muss deutlich zwischen den unterschiedlichen Möglichkeiten der Anwendung unterschieden werden (s. Kapitel 6). Bei einer Heart-Cut 2D-HPLC, bei der lediglich eine Fraktion der ersten Dimension auf eine zweite Trennsäule geschnitten wird, und dort dann die Fraktion mittels möglichst orthogonaler Selektivität in ihre Einzelkomponenten aufgetrennt wird, benötigt man nicht unbedingt eine schnelle HPLC, sondern primär eine hohe Peakkapazität oder Bodenzahl. Dann ist eine konventionelle Trennsäule einer UHPLC-Säule häufig überlegen. Möchte man jedoch ein umfassendes Bild der Probe und diese komplett auftrennen (comprehensive LC), ist eine schnelle Chromatographie in der zweiten Dimension unabdingbar, da hier die gesamte Probe in allen Dimensionen getrennt werden muss und die Probe nur kurzzeitig nach der Elution aus der ersten Dimension „geparkt" werden kann. Hier ist die UHPLC ein „Muss", kommen nicht zuletzt auch die Bedingungen der zweiten Dimension dem Arbeiten mit sub 2 µm Trennsäulen entgegen. Die Fraktion wurde bereits in der ersten Dimension vorgetrennt und liegt somit schon in verdünnter Form und sauber vor, wenn sie auf die Trennsäule der zweiten Dimension gelangt. Die Vorteile hohe Bodenzahl pro Zeiteinheit (Analysengeschwindigkeit) und hohe Massenempfindlichkeit der Trennsäule können hier voll ausgespielt werden. Ferner wird die Fraktion beim Schneiden am Säulenkopf der Säule der zweiten Dimension fokussiert, sodass es nicht zu einer breiten Injektionsbande kommt, die bei eindimensionalen UHPLC-Trennungen schon so manche Trennung zunichtemachte. Weil in der Praxis Proben zunehmend komplexer werden, gewinnt die multidimensionale Chromatographie zunehmend an Bedeutung. Daher wird die Bedeutung der UHPLC zwangsläufig in der Zukunft steigen.

11.7 Trennung von (Bio)polymeren

Die Trennung von Polymeren in der HPLC ist häufig sehr schwierig, treten diese Analyte doch sehr stark mit der stationären Phase in Wechselwirkung. Dies führt dazu, dass, wenn diese Verbindungen überhaupt noch von der Trennsäule eluiert werden können, das Elutionsprofil der Elutionsbanden oft breit und asymmetrisch ist. Im Gegensatz zu kleinen Molekülen ist damit das Elutionsverhalten sehr „digital". Zwischen stop und go liegen häufig nur geringe Unterschiede in der Lösemittelstärke. Daher gilt es hier die Trennsäulen möglichst kurz zu dimensionieren. Jeder Millimeter Säulenlänge mehr trägt lediglich zur Bandenverbreiterung bei. Der Vorteil kleiner Partikel ist bei der Polymer-HPLC noch deutlicher als bei kleinen Molekülen, weil der Diffusionskoeffizient bei großen Molekülen deutlich kleiner wird und insbesondere der Massentransfer bei kleinen Partikeln beschleunigt ist. Jedoch müssen zur Chromatographie von Polymeren weitporige Materialien verwendet werden, da vor allem die Diffusion in und aus den Poren zur Bandenverbreiterung bei der Polymerchromatographie beiträgt. Der Nachteil von weitporigen Trägermaterialien ist eine geringere mechanische Stabilität bei hohen Drücken. Daher werden besonders bei Biopolymeren häufig monolithische Trennsäulen eingesetzt. Optional können auch unporöse sub 2 µm Materialien für die Chromatographie verwendet werden.

11.8 Prozessanalysentechnik (PAT)

Bei der PAT bietet die schnelle Chromatographie neue Möglichkeiten chemische Reaktionen schnell zu beobachten und auf Ergebnisse zu reagieren. Eine Chromatographie bietet in der PAT gegenüber den meist optischen Methoden den Vorteil der höheren Selektivität und somit geringeren Querempfindlichkeit. Das K.o.-Kriterium für die HPLC in der Vergangenheit war vor allem die Analysengeschwindigkeit. Mit der UHPLC und möglichen Zykluszeiten unter 5 min sowie dank der Robustheit der neuen UHPLC-Apparaturen ist man nun in der Lage neue Lösungen für die PAT zu erarbeiten. In einem Produktionsumfeld ist es jedoch schwer, die Methoden so robust zu gestalten, dass diese ohne große Ausfälle arbeiten kann.

Fazit
Die UHPLC bietet viele Lösungen für heutige chromatographische Fragestellungen. Ob sie für spezielle analytische Fragestellungen genutzt werden kann oder soll, hängt jedoch von den jeweiligen Randbedingungen ab.

Literatur

1 Halàsz, I., Endele, R. und Asshauer, J. (1975) Ultimate limits in high-pressure liquid chromatography. *J. Chromatogr.*, **112**, 37–60.

2 Poppe, H. (1997) Some reflections on speed and efficiency of modern chromatographic methods. *J. Chromatogr. A*, **778**, 3–21.

3 Snyder, L.R. und Kirkland, J.J. (2010) *Introduction to Modern Liquid Chromatography*, John Wiley & Sons, Inc., Hoboken.

12
Gerätehersteller berichten

12.1
Agilent Technologies, Waldbronn

Jens Trafkowski

Die letzten Jahre haben der Hochleistungsflüssigkeitschromatographie rasante Entwicklungen beschert, die zur Erweiterung der Bezeichnung HPLC zu UHPLC geführt haben. „Ultra High Performance Liquid Chromatography" wird dabei als neue Klasse in der chromatographischen Analytik geführt. Vielen Anwendern ist dabei vor allem die Tatsache bekannt, dass es sich um HPLC-Systeme handelt, die bei einem sehr hohen Druck arbeiten können und dadurch den Einsatz von Säulen mit kleinen Partikeln (Durchmesser < 2 µm) ermöglichen. Die sich daraus ergebende deutlich erhöhte Effizienz und Bodenzahl resultiert in einer besseren chromatographischen Auflösung auf der gleichen Trennstrecke oder/und einer schnelleren Trennung. Jedoch bieten und fordern moderne UHPLC-Systeme viel mehr:

- Schnellere Trennungen erfordern höhere Datenraten bei den Detektoren. Diese werden von neuen Diodenarray-Detektoren (DAD) erfüllt, die Datenraten von deutlich über 100 Hz liefern. Hier bietet Agilent Technologies Datenraten von bis zu 240 Hz an.
- Durch weitere neue DAD-Techniken stößt man in neue UV-Empfindlichkeitsbereiche vor, die vorher nicht erreichbar waren. Agilent Technologies bietet die Max-Light Cartridge Cell an, eine bis zu 60 mm lange Detektorzelle bei geringem Dispersionsvolumen und höchster Lichttransmission durch Eliminierung refraktorischer und thermischer Effekte.
- Neue Autosamplertechniken erhöhen die Flexibilität und ermöglichen einen höheren Probendurchsatz durch schnellste Injektionszeiten. Der erhöhte Probendurchsatz erfordert auch die Notwendigkeit, eine größere Anzahl an Proben mittels eines intelligenten Autosamplers abarbeiten zu können. Dieser Bedarf kann in Zukunft noch wachsen und so werden auch die Anforderungen

Der HPLC-Experte II, 1. Auflage. Stavros Kromidas (Hrsg).

an die Autosampler wachsen. Agilent Technologies ist mit der Einführung des 1290 Infinity II Multisamplers diesem Bedarf gerecht geworden:

- Unter Beibehaltung der Standardgrundfläche eines Agilent UHPLC-Systems wurde die Probenkapazität und Flexibilität dramatisch erhöht, ohne dass ein zusätzlicher Platzbedarf entsteht und ein platzverbrauchendes und teures Erweiterungsmodul erworben werden muss. In vielen Labors gibt es bereits einen Mangel an Laborfläche, welcher idealerweise nicht weiter erhöht werden sollte.
- Nach Bedarf können gleichzeitig verschiedene Probengefäße von 384er-Mikrotiterplatten bis hin zu 6 mL Vials eingesetzt und innerhalb von gleichen Sequenzen injiziert werden. So können über 6000 Proben gleichzeitig im Autosampler bearbeitet werden – in einem einzigen Systemaufbau mit 40 cm Breite.
- Die neue Multiwash Technologie ermöglicht sowohl das Reinigen der Injektionsnadel von außen in einem separaten Washport als auch das zusätzliche Rückspülen des Nadelsitzes und der Sitzkapillare mit bis zu drei verschiedenen Lösungsmitteln. Zusätzlich werden die Nadel und die Injektionsschleife durch den LC-Gradienten gereinigt. Dadurch kann den stetig wachsenden Anforderungen an die Detektionsempfindlichkeit, insbesondere bei Verwendung von hoch empfindlichen Triple-Quadrupol-Massenspektrometern Rechnung getragen werden, indem Probenverschleppung auf einen bisher nicht erreichten einstelligen ppm-Wert reduziert werden kann, s. Abb. 12.1.

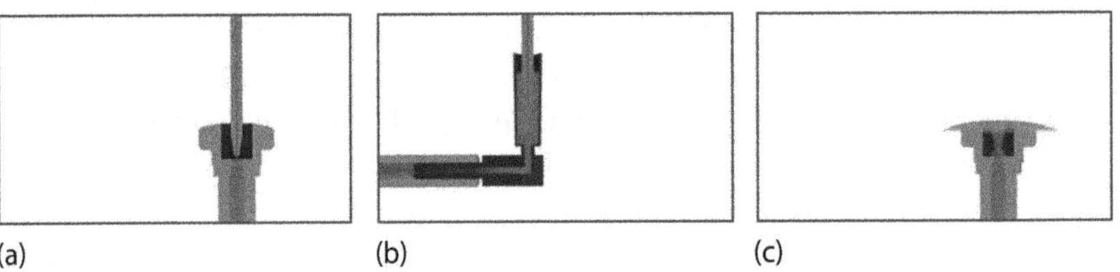

Abb. 12.1 Schematische Darstellung der erweiterten Spülprozedur: 1. Spülen der Nadel mittels Gradienten; 2. Spülen der Nadelaußenfläche (Washport) 3. Rückspülung des Nadelsitzes und der Sitzkapillare.

- Der Einsatz zweier Injektionsnadeln (Dual Needle Technology) kann höchst flexibel gestaltet werden und ermöglicht zwei unterschiedliche Vorteile, je nach Bedarf: Zum einen ist durch die Verwendung von zwei alternierend verwendeten Injektionsnadeln die Minimierung eines Injektionszyklus auf 5 s möglich. Zum anderen können zwei unterschiedliche Probenschleifen gleichzeitig für große und kleine Volumina eingesetzt werden, ohne dass Kompromisse im Bezug auf das Delayvolumen, die Analysezeit und die Probenverschleppung gemacht werden müssen.

• Säulenofen liefern immer stabilere Bedingungen für die Trennung bei gleichzeitiger Erweiterung der möglichen Temperaturbereiche und etablieren sich immer mehr als funktionale Einheiten, die es durch Säulenschaltung erlauben, ohne manuelles Eingreifen immer mehr verschiedene Methoden in einem System zu verwenden. Der 1290 Infinity II Multicolumn Thermostat (s. Abb. 12.2) ermöglicht die gleichzeitige Verwendung von acht Säulen oder 4 Säulen mit einer Länge bis 300 mm, inklusive dispersionsoptimierter Wärmeaustauscher und eines (austauschbaren) Säulenschaltventils für alle acht Säulen. Dadurch können umfangreiche Methodenentwicklungs- und Multimethodenprojekte reibungslos an einem System voll automatisiert ohne manuelle Interaktion ablaufen, sodass die Messzeit des Systems optimal ausgenutzt wird.

Abb. 12.2 Agilent Infinity II Multicolumn Thermostat mit acht eingebauten Säulen, Wärmetauschern und Säulenschaltventil.

- Agilent Technologies bietet neben Ventilen für die automatische Säulenauswahl auch ein großes Portfolio an verschiedenen Ventilen, welche für weitere Anwendungen wie Festphasenextraktion oder automatische Säulenregenerierung eingesetzt werden können. Mit der Einführung der Quick Change Valves wurde dabei die Möglichkeit geschaffen, den Säulenofen oder einen externen Ventilantrieb variabel mit den verschiedenen Ventilen zu bestücken und diese auch sehr einfach und schnell zu wechseln.

Es stellt sich nun die Frage, ob die Entwicklung in Zukunft ausschließlich in die Richtung „höher, schneller, weiter" geht oder ob auch andere Kriterien im Fokus stehen. Analog zu Entwicklungen der Unterhaltungselektronik, wo sich die Kunden nicht mehr nur auf Basis von großen Datenraten oder hohen Kameraauflösungen entscheiden, will der erfahrene Anwender nicht nur gute Systemkennzahlen auf dem Papier oder extravagante Produktbezeichnungen, sondern ein Produkt, welches seine Bedürfnisse bestmöglich erfüllt. Die Bedürfnisse des analytischen Chemikers im HPLC-Labor zielen in verschiedenste Richtungen, die alle das Ziel haben, die Effizienz des Labors zu erhöhen:

- Vergrößerung der analytischen Bandbreite durch alternative und zusätzliche chromatographische Techniken
- Erhöhung der chromatographischen Leistung
- größtmögliche Anwenderfreundlichkeit und dadurch reduzierte Fehlerquellen
- Möglichkeiten, dedizierte Anwendungen auch in speziellen Nischenbereichen durchführen zu können.

Diesen verschiedenen Zielen kann auf unterschiedliche Art begegnet werden, was im Folgenden erläutert wird:

Die Vergrößerung der analytischen Bandbreite kann zu großen Teilen bereits mit vorhandenen Techniken erreicht werden, die lediglich Einzug in die vorhandenen Labore finden müssen. Sie verläuft parallel mit der chromatographischen Leistungssteigerung, die im Anschluss besprochen wird.

Der vorherrschende Standard der HPLC ist die Umkehrphasenchromatographie (RP). Durch Verwendung orthogonaler Trenntechniken kann eine Selektivitätssteigerung erreicht werden, mit der vorher schlecht trennbare Substanzen gut aufgelöst werden können. Neben der Ausschöpfung der gesamten Breite an RP-Säulenmaterialen bieten sich Normalphasenchromatographie (NP), Ionenaustauschchromatographie (IEX), Größenausschlusschromatographie (SEC) oder auch Gelpermeationschromatographie (GPC) an. Noch relativ neu ist der Bereich der Hydrophilic Interaction Liquid Chromatography (HILIC), welcher einen Zwischenbereich zwischen NP und RP darstellt.

SFC (Supercritical Fluid Chromatography) hat in den letzten Jahren einen Aufschwung erlebt und bietet mit überkritischem CO_2 als mobiler Phase eine weitere orthogonale Trenntechnik als Alternative an. Agilent offeriert mit seinem SFC-UHPLC Hybridsystem die Möglichkeit, neben SFC auch Standard-UHPLC verwenden zu können, zudem kann zwischen den beiden Techniken ohne manuelles Eingreifen gewechselt werden. Dies kann den Einstieg in die Technik sowohl in applikativer als auch finanzieller Sicht wesentlich erleichtern, da mit einem bestehenden und bekannten UHPLC gearbeitet werden kann und nur bei Bedarf auf SFC umgestellt werden muss. Wenn dies zudem noch ohne manuelles Eingreifen geschieht, so ist die Hürde für den Anwender noch einfacher zu überwinden.

Anhand der Auflistung ist ersichtlich, dass es bereits sehr viele Alternativen zur herkömmlichen HPLC gibt, die sich alle durch eigene Vor- und Nachteile auszeichnen. Es stellt sich die Frage, ob die Entwicklung weiterer Systeme mit höheren Druckspezifikationen der Weg ist, der die Zukunft der Flüssigkeitschromatographie zeichnet. Immer höhere Drücke in den Systemen können theoretisch die Auflösung der Systeme ein wenig erhöhen, stellen die Systeme jedoch vor weitere Herausforderungen, wie den Umgang mit Materialermüdung und der Wartungsintensität der kritischen Teile des UHPLC-Systems (siehe Kapitel 7). Diese Herausforderungen werden gemeistert, jedoch ist es fraglich, ob der Nutzen (geringfügig verbesserte theoretische Auflösung) im Verhältnis zu den Kosten steht.

Ein weiterer Nachteil ist die Notwendigkeit, manche Analysen mit zwei unterschiedlichen Trenntechniken in zwei separaten Analysenläufen durchführen zu müssen. Die im Kapitel 6 besprochene zweidimensionale HPLC (2D-LC) ermöglicht die Kopplung zweier orthogonaler Techniken in einem einzigen Analysenlauf und bietet damit die einzigartige Möglichkeit, die Peakkapazität in Größenordnungen zu erhöhen, wie es mit eindimensionaler HPLC nicht möglich ist. Dabei können viele der oben genannten Techniken miteinander gekoppelt werden.

Agilent Technologies bietet den Anwendern nicht nur die Möglichkeit, eindimensional den Druck des Systems zu erhöhen, sondern durch intelligente Systeme auch die einfache Einbindung der zweiten chromatographischen Dimension.

Während Heart-Cutting 2D-LC bereits seit längerer Zeit etabliert ist und Anwendung in analytischen Fragestellungen gefunden hat, bei denen die Substanzen üblicherweise zu großen Teilen bekannt (jedoch unvollständig aufgelöst) sind, ist dies bei der deutlich komplexeren Comprehensive 2D-LC noch nicht der Fall. Sie befindet sich derzeit im Wachstum. Um auch hier den Einstieg für einen möglichst breiten Anwenderkreis zu ermöglichen, bietet Agilent Technologies ein System an, welches dem Anwender die größten Schwierigkeiten beim Aufsetzen eines Systems und der Methoden abnimmt:

- Eine Pumpe mit niedrigstem Delayvolumen, höchster Präzision und Richtigkeit, die sowohl bei hohen als auch geringen Flüssen und Drücken und den extrem kurzen Laufzeiten der zweiten Dimension (ca. 30 s und teilweise deutlich weniger [1]) akurate und wiederholbare Ergebnisse liefert.
- Ein speziell entwickeltes 2D-LC-Ventil, welches sich durch absolute Symmetrie auszeichnet und damit zwei identische Flusswege in beiden Schaltpositionen ermöglicht. Dadurch werden typische Schalteffekte, wie sie bei der Verwendung von Standardventilen (typischerweise werden ein 2/10-Ventil oder zwei 2/6-Ventile eingesetzt) entstehen, weitestgehend entfernt.
- Eine intelligente Softwareschnittstelle, welche die einfache Programmierung komplexer und sehr unterschiedlicher Gradientenkombinationen und -variationen ermöglicht und idealerweise Fehler bei der Gradientenprogrammierung minimiert. Die Verwendung von „Shifted Gradients" bietet eine deutliche Erhöhung der möglichen Trennleistung [2], weswegen eine benutzerfreundliche und unterstützende Software einen direkten Einfluss auf die Gesamtleistung des 2D-LC-Systems hat.

Comprehensive 2D-LC gibt einen vollumfänglichen Überblick über eine gesamte Probe, jedoch bringen die vielen ultrakurzen Gradienten auch große Herausforderungen. Eine bessere Trennung auf der zweiten Dimension wird durch die Verwendung längerer Gradienten ermöglicht, wie es im Heart-Cutting 2D-LC-Ansatz erfolgt. Da ein längerer Gradient die zweite Dimension blockiert, bis er zu Ende ist, ist im normalen Modus eine Injektion auf die zweite Dimension erst möglich, wenn der vorherige Lauf dort beendet ist. Für diese Fälle, welche häufig in der Reinheits- und Qualitätskontrolle bei Synthesevorgängen eine Rolle spielen, hat Agilent Technologies ein vollständig automatisiertes und softwareunterstütztes Multiple Heart-Cutting 2D-LC-System vorgestellt. Das 2D-LC-Ventil ist gekoppelt mit zwei Säulenschaltventilen, bei denen jeweils die sechs Säulen durch sechs Probenschleifen ersetzt sind. Sie ermöglichen damit, Peaks aus der ersten Dimension in diesen Schleifen zu „parken", wenn die zweite Dimension noch blockiert ist (Abb. 12.3).

Dies bietet die Möglichkeit, innerhalb von recht kurzer Zeit verschiedene Peaks aus der ersten Dimension auszuschneiden und nacheinander in der zweiten Dimension zu analysieren. Damit werden die beiden chromatographischen Dimensionen zu weiten Teilen entkoppelt und ermöglichen im Heart-Cutting Modus eine 2D-LC „nach Bedarf" (s. Abb. 12.4 und 12.5).

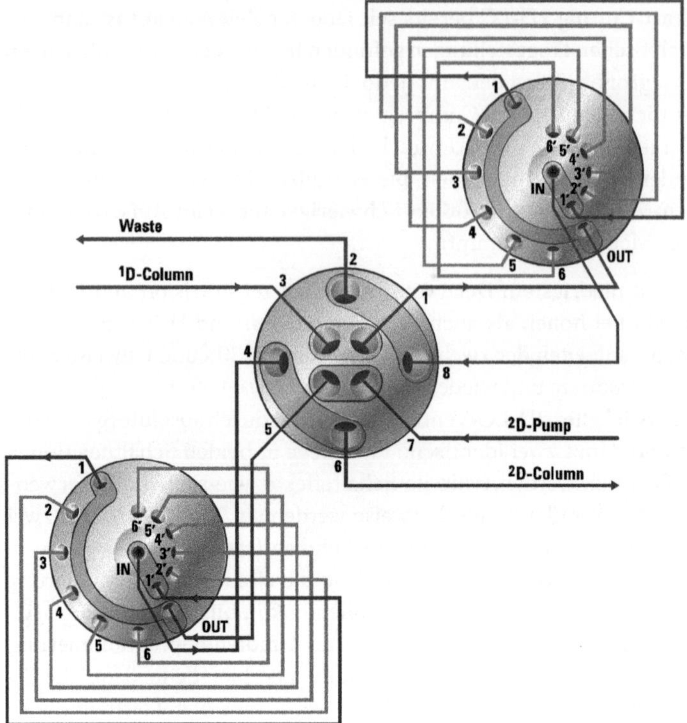

Abb. 12.3 Agilent Multiple Heart-Cutting Ventil Setup. Die zwei Probenschleifen sind durch zwei komplette Säulenschaltventile mit jeweils sechs Probenschleifen ersetzt.

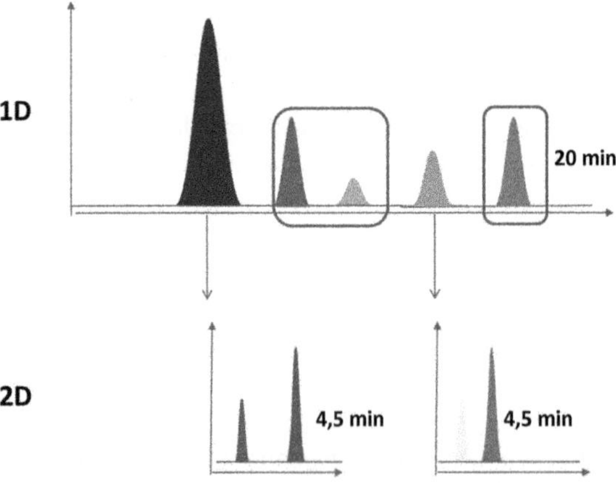

Abb. 12.4 Heart-Cutting 2D-LC ohne „Peak Parking". Die rot umrandeten Peaks können nicht in der zweiten Dimension analysiert werden, da der LC-Lauf noch nicht beendet ist.

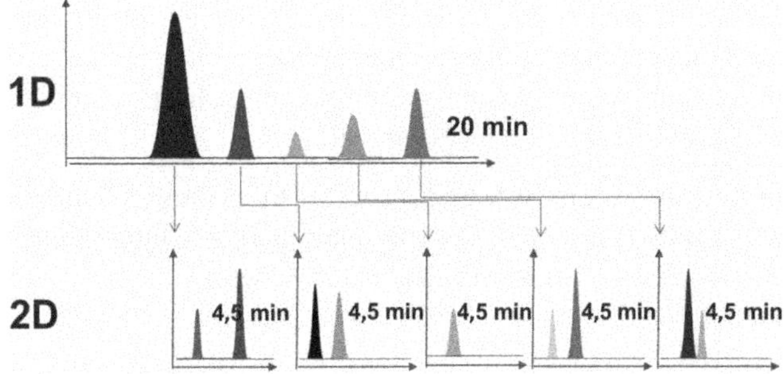

Abb. 12.5 Heart-Cutting 2D-LC mit „Peak Parking". Alle Peaks können in der zweiten Dimension analysiert werden, die Peaks werden nacheinander abgearbeitet.

Neben den rein technischen Aspekten, die das Ziel haben, die chromatographische Auflösung und Datenqualität zu steigern und damit weitere Anwendungsmöglichkeiten zu erschließen, wurde bereits angesprochen, dass eine größtmögliche Anwenderfreundlichkeit die Fehlermöglichkeiten minimieren kann. Dadurch lassen sich analytische Ergebnisse schneller und besser erreichen. Die daraus resultierende Steigerung der Effizienz wünschen sich viele Anwender, die mit stetig wachsenden Probenaufkommen konfrontiert sind.

Die Entwicklung neuer analytischer Methoden mit dem Ziel, die chromatographische Qualität weiter zu verbessern, ist nur ein Teil der analytischen Arbeit. Da die HPLC bereits als einer der wichtigsten Goldstandards im analytischen Labor etabliert ist, ist auch die sichere und wiederholbare Anwendung etablierter Methoden von sehr großer Bedeutung. Diese Wiederholbarkeit soll auch dann gegeben sein, wenn bestehende Systeme, welche über viele Jahre einen guten Dienst in der Routineanalytik geleistet haben, ersetzt werden müssen. Hier erwartet der Anwender einen nahtlosen Übergang von den aktuellen auf die neuen Systeme. Agilents Softwarelösung ISET (Intelligent System Emulation Technology) ermöglicht die Emulation anderer Systeme durch die Agilent 1290 Infinity und Infinity II LC Systeme und damit die Einführung der nächsten Gerätegeneration unter Beibehaltung etablierter Methoden, ohne Gradienten aufwendig manuell neu zu programmieren und zu validieren. Bei der Emulation wird nicht nur der Start des Gradienten anhand des Delay Volumens korrigiert, sondern auch die gerätetypischen Charakteristiken des zu emulierenden Gradienten berücksichtigt. Neben den unzähligen Messungen, die zur Charakterisierung eines anderen HPLC- oder UHPLC-Systems notwendig sind, bedarf es eines intelligenten Softwarealgorithmus und vor allem eines Systems, welches die zu emulierenden Systeme in der Leistung deutlich übertrifft – nur ein besseres System kann ein anderes emulieren, andersherum ist dies nicht möglich. ISET bietet einem Labor die Möglichkeit, HPLC-Anlagen durch UHPLC-Anlagen zu ersetzen und neben den bereits validierten Methoden auch von den Vorteilen der zukunftssicheren UHPLC-Technik zu profitieren. Dabei können nicht nur die LC-Systeme der Serien 1100, 1200, 1220 und 1260 von Agilent emuliert werden, sondern auch die meistverkauften Geräte anderer Hersteller: Waters Alliance, Waters Acquity, Waters Acquity H-Class und Shimadzu Prominence. Diese Liste wird stets erweitert, um dem Anwender den Methodentransfer weiter zu vereinfachen.

Allgemein werden Lösungen, welche die manuelle Arbeit verringern und die Flexibilität erhöhen, in Zukunft an Bedeutung gewinnen:

- Quaternäre Gradientensysteme bieten bereits jetzt die Möglichkeite, binäre Gradienten aus den Stammlösungen der Additive (Säuren, Basen, Puffer) und den Laufmitteln nachzubilden, sodass kein manuelles Ansetzen der fertigen Eluenten mehr notwendig ist. Die Agilent 1290 Infinity Quaternary Pump und 1290 Infinity II Flexible Pump bieten die Voraussetzungen vonseiten der Hardware in Bezug auf Richtigkeit und Wiederholbarkeit von Gradientenzusammensetzung und Gradientenfluss und haben die Softwarelösung BlendAssist bereits implementiert.
- Die Zukunftssicherheit spielt bei vielen Kaufentscheidungen eine wichtige Rolle. UHPLC-Systeme, die nicht auf einen definierten Aufbau festgelegt sind, ermöglichen eine bessere Flexibilität und auch eine spätere Aufrüstung auf Systeme mit höherer Leistung. Das Ziel ist, eine flexible Geräteplattform zu haben. Agilent Technologies hat bereits seit Jahrzehnten nicht nur die Philosophie eines modularen Aufbaus der Systeme, sondern garantiert auch die Möglichkeit, Module unterschiedlicher Systeme miteinander zu kombinieren. Durch diese garantierte Auf- und Abwärtskompatibilität können exisitierende Systeme einfach aufgerüstet werden, um z. B. von neuen Techniken wie automatisierter Methodenentwicklung, Online-Festph asenextraktion oder 2D-LC profitieren zu können.
- Auf der anderen Seite könnten aber auch spezielle UHPLC-Systeme für dedizierte Analysen oder Analysenbereiche entwickelt werden, welche mit höchster Effizienz ihren beschränkten Analysenbereich abdecken. Solche Komplettlösungen können dem Anwender den Einstieg in die Technik erleichtern, vor allem wenn nur ein begrenztes Analytspektrum abgedeckt werden muss. Im Bereich der LC-MS gibt es bereits die Möglichkeit, komplette Sets mitsamt Standards, Säulen und fertigen Methoden zu kaufen, welche sehr einfach und schnell auf einem neuen System implementiert werden können, z. B. in der Umweltanalytik oder der toxikologischen Analytik. Hier wird die Entwicklung sicherlich noch weitergehen, um neuen Anwendern den Einstieg zu erleichtern.
- Auch kleine Verbesserungen in der Handhabbarkeit der mechanischen Teile und Verbindungen, welche den Einsatz von Werkzeugen deutlich reduzieren oder idealerweise gänzlich unnötig machen, können Anwendern helfen, die direkt am Gerät selbst arbeiten. Agilent bietet mit seinen A-Line Quick-Connect Fittings die Möglichkeit, die Kapillaren komplett ohne Werkzeug anzuschließen und neben höchster Dichtigkeit bei Drücken bis 1300 bar auch noch ein Totvolumen von „null" zu erreichen, s. Abb. 12.6.

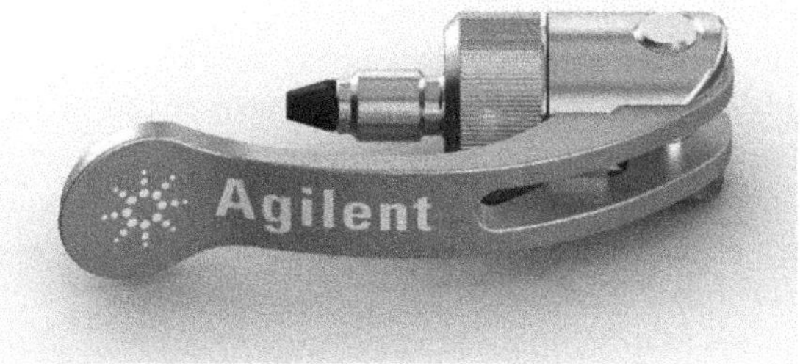

Abb. 12.6 A-Line Quick-Connect Fitting.

- Softwaregesteuerte Gesamtlösungen, welche durch intelligente Ventilschaltungen ganze Arbeitsabläufe, wie die Methodenentwicklung oder die (Online-) Festphasenextraktion durchführen, unterstützen die Labore darin, ihre Präzision, Richtigkeit und Effizienz weiter zu steigern und unproduktive Phasen und Fehler weiter zu minimieren. Agilent Technologies bietet hier neben geeigneten Softwarelösungen mit einem großen Portfolio an speziellen Ventilen für dedizierte Anwendungen (s. o.) auch die notwendige Hardware. Die Möglichkeit, manuell Ventile schnell wechseln und in verschiedenen Modulen verwenden zu können, erhöht die Flexibilität und mögliche Anwendungsbreite.
- Die Gesamteffizienz von Probenmessungen kann durch Erhöhung der Detektorlinearität erreicht werden, wenn Proben trotz großer Unterschiede in den Analytkonzentrationen nur einmal statt zweimal gemessen werden müssen (halbierte Messzeit und Lösemittelverbrauch). Diese Erhöhung der Effizienz wird auch in Zukunft an Bedeutung gewinnen, um die Gesamtzahl der Messungen zu verringern und weiterhin die gleiche analytische Aussage treffen zu können. Agilents High Dynamic Range (HDR) Lösungen ermöglichen die Kopplung zweier unterschiedlich empfindlicher DADs oder ELSDs zu einem Detektor mit größtmöglicher Linearität und Empfindlichkeit.

Eine weitere wichtige Rolle bei der Steigerung der Effizienz werden in Zukunft auch intelligente Softwaresysteme wie OpenLab Laboratory Software Suite spielen, welche die gesamte Verwaltung der Daten übernehmen. Anstatt verschiedene Softwarepakete für Geräteansteuerung, reine Datenaufnahme, Datenauswertung und Archivierung dieser Daten zu verwenden, werden in Zukunft vermehrt dezentrale Gesamtdatensysteme alle Aufgaben übernehmen, um den gesamten Lebenszyklus wichtiger Daten zu begleiten, zu steuern und zu verwalten. Zum Erreichen dieses Ziels müssen verschiedene Hindernisse überwunden werden, und es muss eine Architektur geschaffen werden, die sowohl die Applikationen selbst, aber auch verschiedenste Datensätze und -formate (verschiedene Hersteller, verschiedene Software, verschiedene Systeme etc.) und weitere Informationen über Proben und die aufgenommenen Daten unter ein gemeinsames Dach bringt. Zusätzlich muss die Sicherheit all dieser dezentral gespeicherten Daten gewährleistet sein.

Neben den vielen bereits etablierten Anwendungen (wie z. B. QA/QC in Pharma- und Chemieindustrie, Rückstandsanalytik, Toxikologie, klinische Analytik etc.) wird in Zukunft die Zahl der Biopharma-Applikationen wachsen. Die letzten Jahre haben bereits einen rasanten Aufschwung der Biopharmazeutika erlebt und der Großteil der wichtigen neu zugelassenen Medikamente kommt aus diesem Bereich. Für diesen wichtigen pharmazeutischen Zukunftsbereich werden komplette analytische Lösungen benötigt, die die Anforderungen der Proben an Empfindlichkeit und deren komplexes Matrix- und Analytspektrum erfüllen:

- Bioinerte HPLC-Systeme wurden so entwickelt, dass Proben auf dem gesamten chromatographischen Weg nicht mit Metallen in Berührung kommen und dadurch mögliche Interaktion der empfindlichen (intakten) Proteine mit Metalloberflächen verhindert werden. Die Agilent 1260 Infinity Bio-inert HPLC Solution zeichnet sich durch einen komplett metallfreien Flusspfad aus. Hier besteht auch kein Risiko der Korrosion, welches durch die großen pH-Bereiche der Applikationen und die hohen Pufferkonzentrationen bedingt ist.
- Spezielle Säulen für Biopharma-Applikationen werden die Leistung der gesamten Systeme erweitern.
- Die empfindlichen Proben bedürfen spezieller Probenvorbereitungen, welche durch Automatisierung im Bereich der Extraktion und der aufwendigen Methodenentwicklung das höchste Maß an Reproduzierbarkeit und die geringstmögliche Fehleranfälligkeit bieten (s. o.).
- Aufgrund der Komplexizität der Proben und des Analytspektrums wird die enorme Vergrößerung der chromatographischen Leistung durch 2D-LC viele Fragestellungen direkt adressieren [3–5].
- Auch die Kapillarelektrophorese (CE), häufig mit ToF-Massenspektrometern gekoppelt, wird als orthogonale Trenntechnik für viele Applikationen eine bessere Lösung bieten als sie mit UHPLC erreicht werden kann.

Zusammenfassend lässt sich sagen, dass die HPLC der Zukunft zuallererst die UHPLC sein wird. Sie wird sich durch den Spagat zwischen Vielfältigkeit und Spezialisierung auf einzelne analytische Bereiche auszeichnen, wodurch sowohl die existierende Standardanalytik beibehalten werden kann als auch Nischenanalysen ihren sicheren Platz haben und auch neue chromatographische Herausforderungen gelöst werden können. Für den Anwender werden Innovationen im Bereich der HPLC-Hardware und -Software den Betrieb noch sicherer, reproduzierbarer und einfacher machen und den Status eines Goldstandards der HPLC in der Analytik weiter untermauern.

Literatur

1 Vanhoenacker, G., David, F., Sandra, K. und Sandra, P. (2014) Determination of Taxanes in *Taxus* sp. with the Agilent 1290 Infinity 2D-LC Solution, Application Note, https://www.chem.agilent.com/Library/applications/5991-3576EN.pdf.

2 Li, D. und Schmitz, O.J. (2013) Use of shift gradient in the second dimension to improve the separation space in comprehensive two-dimensional liquid chromatography. *Anal. Bioanal. Chem.*, **405**, 6511–6517.

3 Sandra, K., Moshir, M., D'hondt, F., Tuytten, R., Verleysen, K., Kas, K., François, I. und Sandra, P. (2009) Highly efficient peptide separations in proteomics: Part 2: Bi- and multidimensional liquid-based separation techniques. *J. Chromatogr. B*, **877** (11/12), 1019–1039.

4 Vanhoenacker, G., *et al.* Analysis of monoclonal antibody digests with the Agilent 1290 Infinity 2D-LC Solution, Application Note, https://www.chem.agilent.com/Library/applications/5991-2880EN.pdf.

5 Vanhoenacker, G., Sandra, K., Vandenheede, I., David, F. und Sandra, P. Analysis of Monoclonal Antibody Digests with the Agilent 1290 Infinity 2D-LC Solution Part 2: HILIC × RPLC-MS, Application Note, https://www.chem.agilent.com/Library/applications/5991-3576EN.pdf.

12.2
Shimadzu, Duisburg

Björn-Thoralf Erxleben

Der aktuelle HPLC-Markt reflektiert den Umbruch, der mit der Einführung und Marktreife der Ultra High Performance (Ultra High Pressure) Liquid Chromatographie Systeme begonnen hat: Mehr und mehr sind Systeme für hohe (> 1000 bar) oder mittelhohe Drücke gefragt, selbst wenn mit derzeit eingesetzten Methoden diese nicht unbedingt erforderlich wären. Vielfältigere Einsatzmöglichkeiten und Konfigurationen eines „Allround"systems sind auf der anderen Seite nicht nur gewünscht, sondern werden die Typenbreite auf der Anwenderseite schrumpfen lassen, abgesehen von dem derzeitigen Trend, bestehende HPLC-Systeme mehr und mehr mit UHPLC-Systemen zu ersetzen.

Dies ist bis zu einem gewissen Maße ein Widerspruch, da bestehende Methoden weiter verwendet werden und je nach Branche nur zögerlich UHPLC-Methoden registriert und eingesetzt werden. Das liegt nicht zuletzt daran, dass sich die Routine dem Instrumentenbestand, der sich zumeist aus bewährten konventionellen Systemen präsentiert, anpassen muss, auf der anderen Seite vielerorts noch Zweifel an der Robustheit der Systeme bestehen und eventuell Zeitersparnis oder geringere Betriebskosten in den Hintergrund treten.

Aus Sicht eines Herstellers ist der Trend hin zu UHPLC-fähigen Systemen eindeutig und wird mittelfristig die konventionelle HPLC ersetzen. Daher ist es nicht verwunderlich, wenn künftig Systeme im mittelhohen Druckbereich (~ 600 bar) als „Standard" gesehen werden und sich dementsprechend die Entwicklung auf UHPLC-Systeme fokussiert. Hierbei geht es zum einen um eben diesen Standarddruckbereich, andererseits um Systeme mit Betriebsdrücken von weit als 1000 bar. Die Markteinführung Letzterer wird sicher auch wesentlich von der Entwicklung von Säulentrennmaterialien abhängen, die ihrerseits Ansprüche an Druckfestigkeit unter Routinebedingungen und kleinste Partikelgrößenverteilung nachweisen müssen.

An dieser Stelle sei auch angemerkt, dass den Detektoren solcher Systeme, insbesondere den massenspektrometrischen Detektoren, eine entscheidende Rolle zukommt, wenn es darum geht schnelle, kleine Peaks mit hinreichend vielen Datenpunkten zu erfassen und eine sichere, qualitative und möglichst genaue, quantitative Analyse erfolgen soll. So ist es sicher nicht verwunderlich, dass Scangeschwindigkeit und schnelle Datenerfassung entscheidende Kriterien bei der weiteren Entwicklung von MS- und MS/MS-Systemen sind. Das Shimadzu LCMS-8050 mit einer Scangeschwindigkeit von 30 000 amu s^{-1} in maximal 0,1 μ Schritten, einem schnellen Wechsel zwischen positivem oder negativem Modus und 555 MRM pro s ist aus unserer Sicht eine ideale Ergänzung zu der schnellen Injektion und Trennung eines UHPLC-Systems, s. Abb. 12.7.

Mit entscheidend für die weitere Verbreitung von UHPLC-Systemen wird es sein, dass Robustheit und Standfestigkeit für den Routinebetrieb verbessert werden. Gerade in dieser Hinsicht sind mit im Einsatz befindlichen konventionellen Systemen Maßstäbe gesetzt worden. Daher bedarf es sicher weiterer Verbesse-

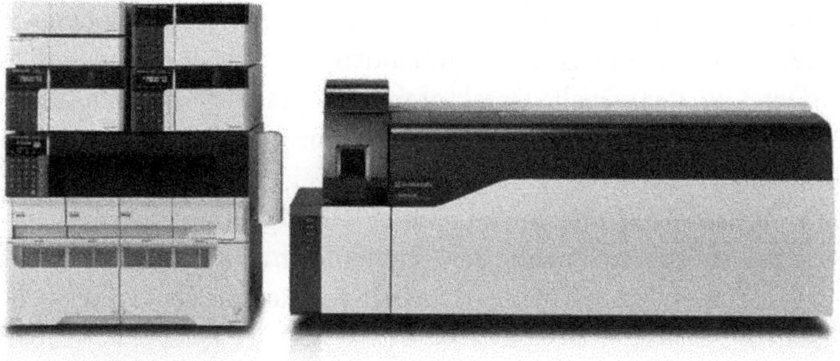

Abb. 12.7 Nexera MP mit LCMS-8050.

rungen, um hier mittelfristig an gute Erfahrungen mit langen Serviceintervallen anknüpfen zu können. Betrachtet man die aktuellen Standzeiten für Kolbendichtungen und Rotoren in Schaltventilen, so sind trotz des Einsatzes neuer Werkstoffe Unterschiede zur konventionellen HPLC zu verzeichnen. Im Gesamtbild und der Betrachtung über Analysen pro Zeit wird die Downtime sicher relativiert, auf der anderen Seite ist es das Ziel UHPLC so robust wie oder robuster als eine konventionelle HPLC zu machen.

Neben dem hohen Systemdruck sind UHPLC-Systeme aber auch zum Vorreiter geworden, wenn wir von kleinem Dwell Volumen, schneller Injektion, Ultralow Carry-over, Pre-Heater oder Post Column Cooler neben der Temperierung des Trennsystems sprechen, und nicht zuletzt, was geringes Detektorzellenvolumen und eine hohe Datenaufzeichnungsrate betrifft. Standards, mit denen auch normale HPLC-Systeme bessere Resultate erzielen können, wenn entsprechendes Tuning am System erfolgt. Denn ohne effizientes Mischen oder mit alten Methoden und Trennsäulen sind auch UHPLC-Detektoren nicht signifikant empfindlicher. Und umgekehrt: Bei allem Tuning an einer konventionellen HPLC hin zu einer UHPLC und einem intelligenten Methodentransfer ist aus unserer Sicht das Zusammenspiel aller Komponenten entscheidend, um beste Resultate mit dem System zu erzielen.

Die klassischen LC-Detektoren, vor allem aber die Photodiodenarray-Detektoren haben vom Trend zur UHPLC am meisten profitiert: neues Zellendesign, geringes Zellvolumen und Hightech im optischen System haben entscheidend dazu beigetragen, die klassische Empfindlichkeitsbarriere zwischen UV und PDA nahezu verschwinden zu lassen, in einigen Fällen sogar umzukehren. Der Einsatz einer Totalreflexionsflusszelle mit langem Lichtweg – im Falle Shimadzu mit 85 mm –, mit kleinem Zellenvolumen und damit einhergehender geringerer Bandenverbreiterung kann die Nachweisempfindlichkeit deutlich erhöhen. Längst sind PDA-basierte Detektoren auch als Multiwellenlängendetektoren im Einsatz, auch in diesem Fall sind sie klassischen UV-Detektoren mehr als ebenbürtig.

Neue universelle HPLC-Detektoren, kürzere Analysenzeit, die Möglichkeit mit nur einer Injektion möglichst viele chemische Strukturen und Substanzklassen abzudecken und dabei Komponenten in unterschiedlichen Konzentrationsbereichen qualitativ und quantitativ zu erfassen – das sind Anforderungen, denen wir uns stellen müssen. Neben dem durch zunehmenden Preisverfall erschwinglich werdenden MS-Detektor, der wie alle Detektoren seine Stärken, wie auch Grenzen hat, wird es neue Ansätze geben. Verschiedenste Entwicklungskonzepte, wie zum Beispiel Ionenmobilität, bieten einerseits neue Möglichkeiten, stellen aber gleichsam neue technische Anforderungen an eine UHPLC. Dass dabei zunehmend auch Betriebskosten und das analytische Umfeld betrachtet werden, macht die Aufgabe nicht einfacher – zumal ebenso Umwelt und Ressourcen berücksichtigt werden müssen.

Vom Standpunkt eines Anwenders wird mehr und mehr unterschieden werden, ob der Einsatzbereich mehr Forschung oder Routineanalytik abdecken muss. Daher ist es das Ziel, neben „High-End"-Analytik auch die Routine eines Labors in der Qualitätskontrolle abzubilden und mit entsprechenden Instrumenten zu bedienen, die beiden Ansprüchen gleichermaßen gerecht werden.

Technisch betrachtet wird es auch hier eine Zweigleisigkeit geben: Das hoch flexible modulare Konzept wird für Routineanwendungen durch kompakte Systeme ergänzt werden, die einen einfacheren Methodentransfer durch feste Spezifikationen, was Systemvolumen und Detektortyp und -zellendesign betrifft, ermöglichen. Betrachtet man die Entwicklung des typischen HPLC-Anwenders über die letzten Jahre hinweg, so muss leider festgestellt werden, dass Grundkenntnisse der Chromatographie und der HPLC in den Hintergrund treten und die HPLC als Standardmethode gesehen wird, die per Knopfdruck funktionieren und im Zweifelsfall Funktionen zur zielgerichteten Fehlersuche und/oder -behebung bieten muss. Letzte Anforderungen sind für modulare Systeme nur sehr aufwendig zu realisieren, daher kommt gerade in der Routine dem kompakten System sicher eine höhere Bedeutung zu. Mehr als bislang werden auch für solche Systeme interne Nutzungsprotokolle und detaillierte Systembedingungen gefragt sein, die dynamische Anpassungen an Wartungsintervalle, wie wir es heute in der Automobilindustrie schon kennen, gestatten.

Aus Entwicklungssicht ist das Kompaktsystem auch eine Plattform, von der sich spezielle Analysensysteme ableiten lassen. Ein optimiertes Systemvolumen und kompakte Bauweise bieten diverse Möglichkeiten, mit nur kleinen technischen Anpassungen „Turn Key" Solutions bereitzustellen. Dabei ist ebenfalls festzustellen, dass gerade, wenn es um Optimierung des Systemvolumens geht, die feste Konfiguration in einem solchen, wie auch die kurzen Verbindungen zwischen den einzelnen Bausteinen, eine interessante Basis bieten.

Spezielle Konfigurationen wie eine umfassende (comprehensive) LC × LC oder andere multidimensionale Systeme haben ihren Platz für spezielle Anwendungen und werden weiter entwickelt werden, aber anders als bei klassischen Produktentwicklungen wird es hier eine viel engere Verzahnung von Anwender und Hersteller/Entwickler geben. Es gilt, die Vorteile dieser Methoden wie mehrstufige Trennung nach nur einer Injektion und die daraus resultierende hohe chromatographische Auflösung für Standardanwendungen zu etablieren und kontinuierlich zu vervollkommnen. Die Stärken dieser Systeme liegen in der Möglichkeit, verschiedenste Moleküle in nur einem System (mit nur einer Injektion) zu analysieren, was gerade bei komplexen Matrices, wie zum Beispiel im Falle von Naturstoffen, Syntheseprodukten und bei Lebensmitteln eine Zeitersparnis bringen kann, vorausgesetzt ein solches System lässt sich in einem Routinelabor einsetzen, hinreichend einfach bedienen und dessen Daten auswerten. Einmal mehr sind allerdings Experten gefragt, wenn solche Daten interpretiert und bewertet werden müssen, was wie auch der chromatographische Prozess selbst sehr komplex ist.

Onlineansätzen wird künftig eine größere Bedeutung zukommen, auf der einen Seite der Onlineanalyse (direkte Probenentnahme aus dem Syntheseprozess und vor Ort eingesetzte LC) oder Onlineprobenvorbereitung mit dem Ziel Fehlerquellen bei manueller Probenvorbereitung einzugrenzen. Eine automatische Verdünnung oder Reagenzienzugabe ist in vielen Fällen bereits mit dem automatischen Probengeber möglich, in anderen Fällen wäre jedoch auch Zentrifugieren oder Filtrieren, Online SPE oder einfache Flüssig-flüssig-Extraktion wünschenswert.

Neben der komplexen Steuerung und Logik eines solchen Systems – es gilt dabei eine möglichst flexible Plattform zu schaffen, um unterschiedlichen Einsatzbereichen gerecht zu werden – sind wie schon bei den UHPLC-Systemen angemerkt, Standzeiten und Robustheit zu garantieren.

Parallel zu den weiteren Produktentwicklungen im Bereich der HPLC/UHPLC gilt es, weitere Chromatographietechniken wie die superkritische Flüssigchromatographie zu etablieren und deren Einsatzgebiete entsprechend deren Stärke mit klassischer HPLC/UHPLC zu kombinieren. Gerade in komplexen Trennsystemen sehen wir Möglichkeiten, die Stärken beider Systeme miteinander zu kombinieren. Für die Onlineprobenvorbereitung wird mit dem SFE-Modul eine neuartige Methode vorgestellt werden, die u. a. für die Analytik im Bereich der Lebensmittelkontrolle manuelle Arbeitsschritte und Zeitaufwand erheblich reduzieren kann.

Neben der klassischen Hardware sind mehr und mehr „Soft"tools gefragt, die in der Routine die Methodenentwicklung und Optimierung unterstützen. Auf Basis einer definierten Anzahl an Scouting Versuchen mit unterschiedlichen Säulen und Systemparametern lassen sich Quality by Design Modelle generieren, die die Trennung und die Robustheit einer Methode modellieren, ohne hierfür eine ganze Vielzahl von Experimenten durchführen zu müssen. Neben der Software ist hier eine Hardwarelösung gefragt, die eine Säulenauswahl und flexible Auswahl an mobiler Phase gestattet und automatisch, quasi über Nacht, die erforderlichen chromatographischen Trennungen durchführt. Das Nexera Method Scouting System bietet hierbei eine Kombination eines binären Hochdruckgradienten aus zwei quaternären Gradientenpumpen, Säulenauswahlventil und wahlweise einem Photodiodenarray oder MS-Detektor. Softwaretools unterstützen die einfache Erstellung der Probentabelle, s. Abb. 12.8.

Ein Peak Tracking über 2D- und 3D-Detektorsignale – hier wird in Zukunft dem Massendetektor noch mehr Bedeutung zukommen –, erweiterte Modellierung der Trennungen und automatisierte Methodenvalidierung runden das Konzept von Säulenauswahl, Methodenentwicklung, Optimierung und Validierung ab. Für solche komplexe und spezielle Softwarelösungen bietet sich aus unserer Sicht eine Zusammenarbeit mit renommierten Partnern wie zum Bespiel dem

Abb. 12.8 Nexera Method Scouting System.

Molnar Institut für Angewandte Chromatographie oder der Firma ICD an, deren Know-how eine wertvolle Ergänzung zu komplexen Hardwaresystemen ist.

Geeignete automatische Prozeduren für die Qualifizierung des Systems und die Reporterstellung werden künftig den dafür notwendigen Zeitaufwand minimieren helfen und dem Anwender wie auch dem Hersteller gestatten die „Downtime" einer HPLC/UHPLC zu reduzieren. Spezielle Software für Systemcheck, automatische Testroutinen, die vor und nach einem Service (Reparatur oder Wartung) die Hardwareleistung testen, sowie intelligentes Feedback für Wartung sind sicher nur Teile eines solchen Konzepts. Der Einsatz von mobilen Endgeräten und eine softwareunabhängige Bedienung des Systems sind seit einigen Jahren besonders in den Fokus gerückt. Die Kontrolle eines HPLC-Gerätes über ein iPad und der aktive Austausch von Methoden und Probentabellen im Netzwerk ist mit der bereits vorgestellten i-Series realisiert. Dabei sind alle Interaktionen auf dem iPad in der Software nachvollziehbar abgebildet, um den Anforderungen im regulierten Umfeld gerecht zu werden, s. Abb. 12.9.

In anderer Richtung ist es eine Forderung unserer Kunden, mit bestehenden CDS (Chromatographiedatensystemen) -Softwarepaketen kompatibel zu sein, so werden neben unserer eigenen Software zum Beispiel Treiber für Empower®, Chromeleon® und OpenLAB® entwickelt und gepflegt.

Abschließend sei angemerkt, dass neben der aktuellen Entwicklung in Europa und Amerika auch berücksichtigt werden muss, dass gerade in wachsenden Märkten noch auf manuelle Systeme und konventionelle HPLC gesetzt wird. Allerdings gibt es hier noch viele Trennprobleme, die sich nicht ohne Weiteres auf eine UHPLC überführen lassen, ohne dass dabei ein drastische Robustheits- oder/und ein signifikanter Empfindlichkeitsverlust zu verzeichnen ist. Daher ist es nicht unangebracht, auch den vorhandenen konventionellen Systemen noch gebührende

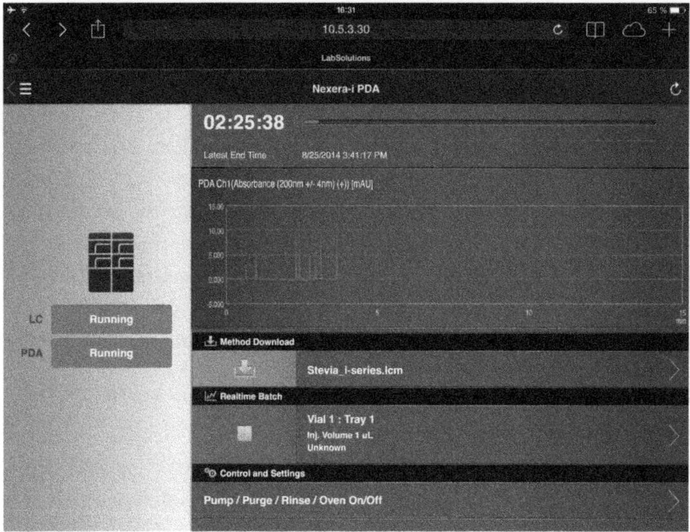

Abb. 12.9 Shimadzu i-Series, i-Pad-Darstellung.

Aufmerksamkeit zu widmen. Wir gehen davon aus, dass HPLC und UHPLC noch einige Jahre gleichberechtigt existieren und einander ergänzen und nicht nur verdrängen.

12.3 Thermo Fisher Scientific, Germering

Frank Steiner

Nachdem die HPLC bereits Ende der 1980er-Jahre zu einer voll automatisierten und hoch robusten Routinetechnik gereift war, lag der Fokus ihrer Weiterentwicklung in den letzten 25 Jahren auf der Effizienzsteigerung, gepaart mit der Verbesserung ihrer Bedienungsfreundlichkeit, selbst für den weniger geschulten Anwender. Im Hinblick auf die Effizienzsteigerung ist dabei die gegenseitige Abhängigkeit zwischen Geräten und Trennsäulen ausschlaggebend, bei der Bedienungsfreundlichkeit ist das Zusammenspiel zwischen Geräten und Software entscheidend. Das Bestreben eine möglichst hohe Trennleistung auf kurzer Strecke in möglichst kurzer Zeit zu erreichen, hat zur Verringerung der Teilchendurchmesser geführt, was zwangsläufig in den entsprechend hohen Arbeitsdrücken mündete. Oberflächlich poröse Packungsmaterialien erreichen solch hohe Trennleistungen bereits bei Teilchengrößen zwischen 2 und 3 µm. Damit ließ sich das Verhältnis von Arbeitsdruck zu Trennleistung deutlich herabsetzen. Ähnliche Möglichkeiten bieten moderne monolithische Materialien, deren Trennleistung bei gleicher Säulenlänge aber noch immer nicht an die der modernen gepackten Säulen heranreicht, die dafür aber einen noch geringeren Rückdruck erzeugen. Eine rigorose Minimierung der Bandenverbreiterung außerhalb der Säule war unabdingbare Notwendigkeit seitens instrumenteller Weiterentwicklungen, um die Verbesserung der Säulentechnik tatsächlich nutzen zu können. Dies hat es auch erst ermöglicht die Säulendurchmesser zu verringern, was sowohl nachteilige thermische Effekte reduzierte, vor allem aber zu einer wesentlichen Reduktion des Verbrauchs an Lösemittel führte und damit auch geringeren Mengen toxischer Abfälle. Vor diesem Hintergrund ist nach wie vor die Verwendung von CO_2 als mobile Phase ein aktuelles Thema, unabhängig davon, ob dieses im überkritischen Zustand gehalten oder einfach als dichtes Gas verwendet wird. Neben der Steigerung der Trennleistung ist auch die Leistungsfähigkeit und Genauigkeit der Quantifizierung und Detektion im Spurenbereich Gegenstand der Weiterentwicklung. Dabei wurde und wird einerseits die UV-Detektion weiter verbessert, andererseits ist die Entwicklung alternativer und besonders auch universeller Detektionstechniken deutlich auf dem Vormarsch, neben der verbesserten Integration der MS-Detektion direkt in die HPLC-Instrumente. In den folgenden Abschnitten sollen alle diese Aspekte näher beleuchtet werden. Dabei werden zunächst Gesichtspunkte des gesamten Systems adressiert, dann jene der einzelnen Komponenten entlang des fluidischen Pfades.

12.3.1 Anforderungen an das gesamte System und wie die Erfahrung gelehrt hat diese zu meistern

Die Ansprüche hängen nicht unerheblich von der jeweiligen Anwendergruppe ab. Dabei muss einerseits zwischen der Verwendung als Frontsystem eines Massenspektrometers im Gegensatz zum alleinigen HPLC-Betrieb unterschieden werden, andererseits zwischen der Anwendung in der Forschung gegenüber jener in der Routineanalytik. Zu guter Letzt sind aber auch die verwendeten Säulendurchmesser und die damit einhergehenden Flussraten von Bedeutung. Eine Sonderstellung nehmen hierbei die Systeme für die nano-HPLC ein, einerseits weil sie nahezu ausschließlich mit MS-Kopplung betrieben werden, andererseits weil sie ganz besondere Anforderungen an die Flusserzeugung und die Minimierung der Bandenverbreiterung im System stellen. Die nano-HPLC soll deshalb hier nur sehr kurz behandelt werden, bevor der Schwerpunkt dann auf die in der modernen UHPLC üblichen Flussbereiche gelegt wird.

12.3.1.1 **NanoLC**

ThermoScientific bietet für die nano-LC zwei Systemlinien an, die UltiMate 3000 RSLCnano und die EASY-nLC. Beide haben eine unabhängige und gleichzeitig nicht unbedeutende Historie. Die UltiMate 3000 Linie hat ihre Wurzeln in dem in den 1990er Jahren von der Fa. LCPackings als erstes nano-System in den Markt eingeführten UltiMate-System. Während dieses noch ein auf einem passiven Fluss-Split beruhendes System war, ist die moderne Variante ein hoch entwickeltes und direkte nano-Flüsse erzeugendes Gerät. Das EASY-nLC-System hat seine Wurzeln in einem von der Fa. Proxeon schon sehr früh auf den Markt gebrachten Direktflusssystem. Beide Systeme zeichnen sich dadurch aus, dass sie Arbeitsdrücke von 800–1000 bar unterstützen und durch die nano-Viper Verbindungstechnologie sehr einfach und robust totvolumenfreie Verbindungen in diesem äußerst anspruchsvollen Systemvolumenbereich ermöglichen. Das EASY-nLC-System grenzt sich von dem UltiMate 3000 System durch eine recht kompakte und voll integrierte Bauweise ab, über einen Touchscreen lassen sich typische Anwendungsroutinen für die Proteomanalytik leicht abrufen. Durch den recht kompakten Aufbau lässt sich das voll integrierte System auch einfach nahe an die Quelle eines Hochleistungsmassenspektrometers heranfahren. Das UltiMate 3000 RSLCnano-System ist ein teilweise integriertes System, das die Flusserzeugung mit einer sehr effektiven Säulenthermostatisierung in einem Modul vereint, der automatische Probengeber ist ein weiteres Modul. Von der EASY-nLC grenzt sich dieses System durch einen erweiterbaren Flussbereich und eine größerer Flexibilität der unterstützten Säulenschalttechniken bis hin zu einer automatisierten offline 2D-LC ab. Grundsätzlich unterstützen aber beide Systeme auch die mehrdimensionale Chromatographie.

12.3.1.2 **HPLC und UHPLC (UltiMate 3000, Vanquish)**

Der weit überwiegende Anteil des HPLC-Marktes verwendet nach wie vor die übliche HPLC bzw. heute UHPLC im Flussbereich von 0,2–2 mL min^{-1}, wobei die UHPLC sich vorwiegend auf den Flussbereich unterhalb von 1 mL min^{-1} beschränkt und weit überwiegend Säulen mit 2,1 mm Innendurchmesser verwendet. Thermo Fisher bietet dafür die UltiMate 3000 Standard (SD) Linie mit 620 bar und die Rapid Separation (RS) mit 1000 bar an, daneben noch das UltiMate 3000

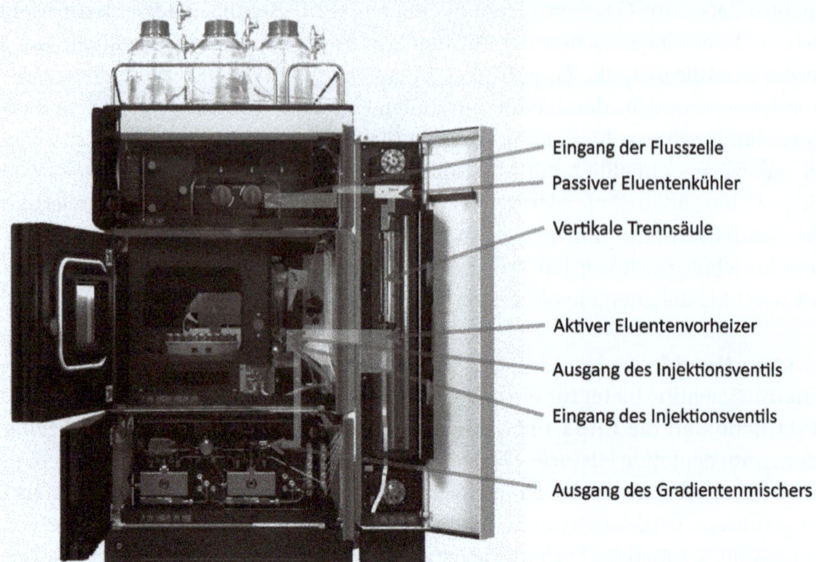

Abb. 12.10 Aufbau des Thermo Scientific Vanquish UHPLC-Systems nach dem Konzept einer modularen Integrität und der optimalen Integration der Trennsäule. Der Verlauf der fluidischen Verbindungen ist zur Nachverfolgung grau unterlegt.

XRS-System, welches mit nur 240 μL Gradientenverzögerung ein höchst optimiertes Niederdruckgradientensystem darstellt und einen Arbeitsdruck von bis zu 1250 bar unterstützt. Mit der Einführung des Vanquish H-Systems wurde eine neue Generation der UHPLC in Thermo Fisher geboren. Dieses System ist in Abb. 12.10 dargestellt und es repräsentiert die neue Oberklasse der Thermo Scientific UHPLC Familie.

Acht Jahre Erfahrung mit der UltiMate 3000 Linie und fast 30 Jahre Erfahrung mit der Entwicklung von HPLC-Systemen am Germeringer Standort sind in dieses System eingeflossen. Das Vanquish-Konzept unterscheidet sich recht grundlegend von jenem der UltiMate 3000 und stellt eine klar zukunftsweisende Weiterentwicklung dar. Dabei war das Leitprinzip ein System, um die Säule als zentrales Element der chromatographischen Trennung und die Bedürfnisse des Anwenders zu designen. Es entstand so das Prinzip der integrierten Modularität. Dies bedeutet, dass das System zwar nach wie vor aus einzelnen Modulen besteht und damit die volle Flexibilität der Kombinations- und Aufbaumöglichkeiten bietet. Gleichzeitig erscheint es aber als ein integriertes System, dessen Module sich beim Aufbau einhaken und auch automatisch eine geschlossene Verbindung der Systemdrainage herstellen. Weiterhin wurde ein spezielles Sockelmodul entwickelt, das die sichere Ableitung der Drainage gewährleistet und zentrale Bauteile der Elektrik und Elektronik beheimatet, dabei auch einen systemweiten Stand-by-Schalter. Der Sockel enthält zudem eine sehr praktische Schublade zur Aufbewahrung von z. B. Trennsäulen oder Verbindungskapillaren. Die in sich verbundene Anordnung der einzelnen Modulgehäuse erlaubt es auch die Module selbst schubladenartig nach Lösen von Schrauben vorzuziehen und so auch spezielle Servicetätigkeiten und den Austausch bestimmter Verschleißteile vorzunehmen, ohne den gesamten Aufbau zu zerlegen. Dank dieser Bauweise könnte z. B. das unten im System stehende Pumpenmodul in wenigen Minuten komplett gegen einen Ersatz getauscht werden. Dabei verbleiben die wesentlichen elektronischen Bauteile im System, denn es war auch ein Designziel diese in einem etwas schmaleren hinteren Anbau sauber getrennt von allen mechanischen, optischen und fluidischen Bauteilen unterzubringen. Es ist ein Markenzeichen des UltiMate 3000 Systems, auf großen Frontdisplays die wesentlichen Betriebsparameter (z. B. Druck, Fluss, Detektorsignal, Retentionszeit etc.) gut lesbar anzuzeigen und über Magnetstift bedienbare Menüs nahezu alle Funktionen zur Einstellung direkt am Gerät zugänglich zu machen. Sowohl von der Robustheit eines Systems mit Elektrik in den Türen als auch von der schnellen Auffindbarkeit bestimmter Bedienungsfunktionen konnte hier ein gewisser Verbesserungsspielraum identifiziert werden. Das Vanquish System hat hingegen keine Elektrik in seinen bei Bedarf auch aushängbaren Türen und bedient sich eines modernen und deutlich anderen Konzeptes der Anzeige von Betriebszuständen und -parametern sowie der direkten Steuerung. Mittels eines Lichtleiterbandes über die gesamte Modulbreite werden vierfarbige LEDs mit zusätzlichen Lauf- und Blinkfunktionen an die Systemfront eingekoppelt, welche die spezifischen Betriebszustände anzeigen. Hinter den Fronttüren befinden sich Schalter, die einen einfachen und direkten Zugriff auf wichtige Funktionen ermöglichen, wie z. B. das Ein- und Ausschalten der UV-Lampe oder das voll automatisierte Purgen der Pumpe. Ein wesentliches Element ist aber die Anzeige und Steuerung über einen optionalen Tablet-PC, der dreh- und abnehmbar an der Reling des Solvent-Racks angebracht ist. Dieser erlaubt entweder über Kabelverbindung oder kabellos die Nutzung einer mobilen Chromeleon App und übernimmt dabei in einem speziellen Panel auch die Funktion der Betriebsparameteranzeige im Sinne der Displays der UltiMate 3000 Linie. Damit stehen dem Anwender mit höchstem Komfort alle Bedienungs- und Anzeigeoptionen in einem modernen Layout offen, direkt am System und ebenso von jedem Ort mit mobilem Internetzugang. Die Steuerung der einzelnen Module der Anlage erfolgt über USB, weil einige Steuerfunktionen, wie z. B. die Anwendung von Triggern (Kommandos, die z. B. von aktuell erfassten Detektorsignalen abhängen), nur so möglich sind. Optional ist diese USB-Steuerung allerdings über einen im Systemsockel eingebetteten Industrial PC möglich, der seinerseits dann über Ethernet-Anschluss mit der Netzwerkinstallation des Kunden verbunden werden kann. Diese Arbeitsweise verbindet die Vorteile der USB-Echtzeitsteuerung mit jenen der Anbindung des Gerätes über Ethernet. Was die Kontrolle des Systems durch die Chromeleon Software betrifft, so wurde mit der Steuerung von Vanquish auch ein erweitertes Konzept verfolgt, nämlich eine einfache Wählbarkeit der Tiefe der Bedienungselemente mittels der Modi „Easy“ und „Advanced“. Chromeleon bietet dem Anwender seit jeher die Möglichkeit über frei gestaltbare „Panels“ die Steuerungsoberfläche bei Bedarf eigenständig zu variieren. Mit dem neuen Konzept steht zudem die Möglichkeit bereit durch einfaches Umschalten entweder nur auf die wichtigsten Grundfunktionen Zugriff zu haben (Easy) oder aber auf alle einstellbaren Parameter (Advanced). Die geführte Methodenerstellung wird je nach Mode entsprechend angepasst. Im Easy Mode werden die nicht zugänglichen Parameter fest auf bestimmten vorgegebenen Werten gehalten oder in sinnvoller Weise automatisch an die gewählten Grundparameter gekoppelt. Ein Beispiel ist die automatische Einstellung der Filterparameter des Detektors in Abhängigkeit von der eingestellten Datenrate im Easy Mode, während im Advanced Mode hier weitere Möglichkeiten bestehen und die Zeitkonstante unabhängig von der Datenrate gewählt werden kann.

Die Bauweise des Systems um die Säule herum manifestiert sich im Wesentlichen im Verlauf des fluidischen Pfades und der Halterung und Thermostatisierung der Säule an sich. Im Gegensatz zum UltiMate 3000 System, befindet sich die Pumpe direkt über dem Systemsockel und beherbergt auch bei der binären Pumpe die Entgasungseinheit. Der Ausgang des Mischers der Pumpe am rechten oberen Ende ist auf einem kurzen Weg mit interner Durchführung direkt mit dem am Boden des auf der Pumpe stehenden Injektionsventils des Probengebers verbunden. Der Säulenthermostat ist beim Vanquish System seitlich vertikal angeordnet und somit verläuft die kurze Verbindung des Injektionsventils horizontal in den frei beweglichen Vorheizer des Thermostaten. Auf diese Weise lässt sich die Ausrichtung der Verbindungskapillare durch Änderung des Winkels gut auf die jeweilige Säulenlänge anpassen, ohne dass dazu ein wesentlicher längerer Weg notwendig ist. Der integrierte Detektor steht seinerseits auf dem Probengeber, die Säule wird daher also mit Flussrichtung von unten nach oben betrieben und befindet sich stets am oberen Ende des Thermostatenraumes. Von dort erfolgt wieder eine horizontale Verbindung des Säulenausgangs zum Detektoreingang, ggf. über einen Nachsäulenkühler oberhalb der Säule. Diese Anordnung der Module gewährleistet einerseits eine in Anbetracht des Leistungsumfangs des Systems sehr niedrige Bauhöhe von 75 cm, andererseits den Betrieb auch von langen Säulen mit möglichst kurzen Kapillarverbindungen.

12.3.1.3 **Viper-Kapillaren**

Alle fluidischen Verbindungen im System und seinen Modulen werden mit den patentierten Viper-Kapillaren hergestellt. Viper ist ein stirnseitig dichtendes Fittingkonzept, das aufgrund der Lokalisierung des Dichtringes genau am fluidischen Kontakt zwischen Kapillare und Trennsäule dem Anwender einen wesentlichen Vorteil gegenüber schneidringbasierten Systemen bietet, siehe Abb. 12.11.

Die mit wenig Kraft und ohne Werkzeug geschlossene Viper-Verbindung ist nämlich damit automatisch und garantiert totvolumenfrei, sobald sie druckdicht ist, was für den erfolgreichen Betrieb von UHPLC-Säulen unerlässlich ist. Weitere Vorteile liegen in dem sehr schmalen Design mit abnehmbarem Rändelkranz und der universellen Anwendbarkeit, auch für alle anderen fluidischen Verbindungen im System, nicht nur jene zur Trennsäule. Die Technik von Viper wurde bereits beim UltiMate 3000 System von Anwendern geschätzt, über die Jahre weiter verbessert und ist heute in der Lage auch bei 1500 bar und mehr dicht zu

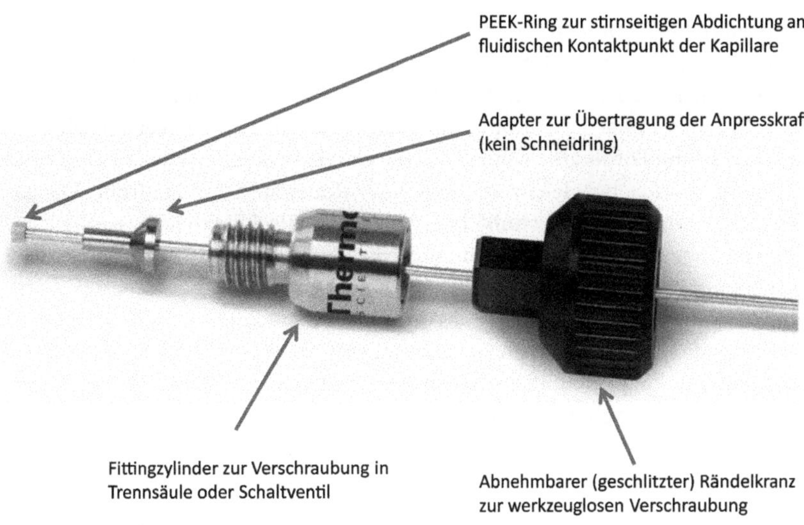

Abb. 12.11 Prinzip des universellen und werkzeugfreien ThermoScientific Viper UHPLC-Fittings. Das Foto zeigt dessen erste Version zum besseren Verständnis seines Aufbaus. Bei der aktuellen Version sind Dichtung, Adapter und Schraubzylinder aus funktionellen Gründen untereinander verbunden.

schließen. Die mechanisch sichere stirnseitige Dichtung erfordert allerdings eine spezielle Verformung des Kapillarendes und eine feste Integration des Dichtringes an dieser Stelle. Damit kann das Viper-Fitting nicht vom Anwender selbst an eine Kapillare angebracht werden und die Kapillardimensionen müssen vorentschieden werden und das Einzelteil entsprechend komplett bestellt werden. Dieser unvermeidbare Nachteil wird von Anwendern in Anbetracht der herausragenden Vorzüge dieser Technologie allerdings akzeptiert. Der Metallzylinder des Viper-Fittings dient beim Vanquish System weiterhin auch dazu, die Säule im Thermostaten in einer definierten, zentrierten Position zu fixieren. Damit vermeidet der Säulenhalter einen ggf. die Thermostatisierung beeinflussenden direkten Kontakt mit der Trennsäule und funktioniert sehr robust und anwendungsfreundlich universell, also unabhängig von der Geometrie des eigentlichen Säulenrohres, welches er gar nicht berührt.

12.3.2 Die Eluentenförderungseinheit, weit mehr als eine Hochdruckpumpe

Die Anforderungen an eine Gradientenpumpe wurden in Kapitel 4 ausführlich behandelt und sie reichen deutlich über die Erzeugung eines konstanten Flusses bei hohem Gegendruck und exakte Erzeugung eines bestimmten Gradientenprofils hinaus. Die UltiMate 3000 Linie bietet neben der isokratischen Variante eine Vielzahl analytischer Gradientenpumpen für die Druckbereiche 620 bar, 1000 bar (jeweils LPG, DGP, HPG) und 1250 bar (LPG) an. Die Abkürzung DGP steht für Dual-Gradient Pump, ein Konzept, welches in einem Modul von Standardgröße zwei ternäre LPG-Pumpen vereint und damit 2D-LC, oder auch andere Automatisierungstechniken erlaubt, für die ansonsten eine zweite Pumpe in das System aufgenommen werden müsste. Alle UltiMate 3000 Pumpen folgen dem technischen Prinzip serieller 1 1/2-Kopfpumpen mit gekoppeltem Nockenantrieb. Diese Antriebs- und Förderart zeichnet sich durch relativ niedrige Herstellungs- und Betriebskosten aus, bei gleichzeitig sehr guter Robustheit und Laufruhe. Die patentierte als „Smart Flow Technik" bekannte isokinetische Arbeitsweise stellt ein leistungsfähiges Prinzip zur Minimierung der Pulsation über eine automatische permanente Messung der tatsächlichen Kompressibilität der geförderten Lösemittel dar. Besonders im Bereich der Förderung relativ kompressibler Lösemittel (z. B. Methanol) bei sehr hohen Gegendrücken (1000 bar und mehr) kommt das gekoppelte Nockenprinzip allerdings an die Grenzen seiner Möglichkeiten zur Erzeugung eines sehr pulsationsarmen Flusses. Dies ist besonders bei HPG-Pumpen kritisch, deren Restpulsation sich in Form von Mischungswelligkeit äußern kann.

Mit der Entwicklung der Vanquish H-Pumpe, einer Ultrahochleistungs-HPG, wurde das technische Prinzip der UltiMate 3000 Pumpen für den Normalflussbereich nicht fortgeführt. Die Vanquish H-Pumpe nutzt einen linearen Antrieb mit unabhängigen Motoren für beide Zylinder beider Blöcke und die beiden Zylinder arbeiten nach dem Parallelprinzip. Die Pumpe kann 5 mL min^{-1} Fluss bis zu einem Gegendruck von 1500 bar fördern und ist dabei auf eine minimale Restpulsation, auch unter extremen Bedingungen optimiert. Damit kann sie bei recht kleinem Mischungsvolumen von 35 µl selbst für anspruchsvolle Gradientenmethoden bis zu höchsten Drücken erfolgreich eingesetzt werden. Besonders die Anwendung des Parallelprinzips entkoppelt die Arbeitsschritte beider Zylinder noch über den unabhängigen Antrieb hinaus. Gleichzeitig verteilt das Parallelprinzip die Arbeitslast auf die beiden alternierend fördernden Zylinder, was die mechanische Beanspruchung beider Kolben und Dichtungen über die Zeit halbiert, die Pumpe sehr robust macht und für eine wesentlich längere Standzeit der Verschleißteile bei gegebener Belastung sorgt. Zur Erhöhung der Flexibilität bietet diese binäre Pumpe ternäre Eluentenauswahlventile, für jeden Block kann also zwischen drei verschiedenen Eluenten gewählt werden. Ein Umschalten ist auch innerhalb einer Methode möglich, womit sich besonders effektive Spülschritte für die Säule und die Apparatur in die Läufe integrieren lassen. Die Anwendungsfreundlichkeit der Pumpe wird durch eine sehr gute Zugänglichkeit zu allen fluidischen Komponenten gewährleistet, die dank der Viper-Technologie komplett ohne Werkzeuge gelöst werden können. Selbst Ventile können ohne Werkzeuge sekundenschnell aus- und eingeschraubt werden.

12.3.3
Der Probengeber für das robuste Ausführen ultrapräziser Analysen, auch im Hochdurchsatz

Die UltiMate 3000 Linie bietet eine Vielzahl verschiedener wellplatekompatibler Probengeber an, welche entsprechend die verschiedenen Druck- und Flussbereiche unterstützen. Sie arbeiten weitgehend nach dem Split-Loop bzw. Flow-

Through Needle Prinzip, manche Varianten auch nach dem Pulled Loop Prinzip. Auf Letzterem beruht z. B. ein Modul, das neben der Probeninjektion auch die voll automatisierte Fraktionierung von der Trennsäule und die Re-Injektion dieser Fraktionen erlaubt. Dieser Autosampler/Fraction Collector hat dabei ebenfalls Standardabmessungen. Ungewöhnlich an der Bauweise der UltiMate 3000 Probengeber ist ihre offene Bauweise, die einen sehr guten Zugang zum Einstellen der Probe oder auch Auswechseln der Injektionsschleife erlaubt. Die Probenkammer selbst ist durch einen Deckel verschlossen, der für die Probenaufnahme vom Injektionsnadelarm automatisch geöffnet und danach wieder verschlossen wird. Somit sind die Probenbehälter während jeder Injektion für einige Sekunden der Laboratmosphäre ausgesetzt. Dies führte in einigen Labors (besonders in Teilen Asiens) immer wieder zu Schwierigkeiten mit Kondenswasserbildung und Verschmutzung der Proben. Als Gegenmaßnahme wird eine abnehmbare transparente Frontblende angeboten.

Bei dem Übergang zum Vanquish Probengeber war somit der auffälligste Designunterschied die geschlossene Bauweise mit entsprechend dicht schließender und trotz guter thermischer Isolierung mit Sichtfenster versehener Tür. Während der UltiMate 3000 Probengeber immerhin schon drei Träger in der Größe einer Mikrotiterplatte aufnehmen konnte, wurde diese Kapazität beim Vanquish Probengeber auf vier erhöht. Beibehalten wurde das Prinzip des Drehtellers. Wer jemals Probenroboter für die Hochdurchsatzautomatisierung beobachtet hat, wird wissen, dass Rotationsbewegungen wesentlicher schneller ausgeführt werden können als Translationsbewegungen, weil einerseits die Rotationsbewegung des Motors nicht noch über eine Mechanik umgewandelt werden muss und sich andererseits bei selbst moderaten Winkelgeschwindigkeiten sehr hohe Bahngeschwindigkeiten in der Peripherie erzeugen lassen. Neben schnellen Injektionszyklen kann mittels ruckartiger Bewegungen des Probenkarussells auch ein Vermischen in den Gefäßen durch Aufschütteln erreicht werden.

Die erforderliche Kompatibilität mit einem Systemdruck von maximal 1500 bar hat die Entwicklung eines Thermo eigenen Injektionsventils und Ventilantriebes beflügelt, welches mit metallfreier Fluidik aus Diamond-Like Carbon (DLC) beschichteter Keramik gefertigt ist. Die Tatsache ein eigenes Injektionsventil zu verwenden ermöglichte z. B. dieses Ventil so zu gestalten, dass es verschleißteilfrei ist. Der Austausch des Rotorseals nach einer gewissen Betriebszeit ist allgemein akzeptiert und wurde so auch ein wesentlicher Bestandteil des Business Models der namhaften Ventilhersteller, welches dann automatisch an den Gerätehersteller weitergegeben wird. Thermo Fisher hat in die Entwicklung eines verschleißfreien Ventils investiert und so diesen Freiheitsgrad bestmöglich zum Vorteil des Anwenders genutzt. Ein wesentlicher Unterschied zwischen dem UltiMate 3000 und dem Vanquish Probengeber liegt auch in dem Dosierungsprinzip. Im Unterschied zur UltiMate 3000 verfügt der Vanquish Probengeber über eine Dosierungsspritze im Hochdruckbereich, die gleichzeitig auch über eine spezielle zusätzliche Position des Injektionsventils die Vorkomprimierung der Probenschleife erlaubt. Dazu enthält die Dosierungsspritze einerseits einen Feinantrieb, der die Dosierung bis hinunter zu einem Volumen von 10 nL erlaubt, andererseits einen Kraftantrieb, der die Vorkompression der Schleife bis zum Druck von 1500 bar ermöglicht. Mit dieser Vorkompression lässt sich der plötzliche Druckeinbruch beim Umschalten des Injektionsventils vermeiden. Dies schont einerseits die Trennsäule, andererseits beseitigt es Diskontinuitäten des Flusses und der Eluentenzusammensetzung beim Expandieren des Inhaltes der Pumpenkammern in die Probeschleife. Letzteres hat auf die Retentionszeitpräzision einen nicht unerheblichen Einfluss und es lassen sich mit dem Vanquish System dank dieser Technik Retentionszeit RSDs bis zu Werten kleiner als 0,01 % erreichen. Andererseits ist auch die Verwendung relativ großer Injektionsvolumina störungsfrei möglich und so unterstützt der Vanquish Probengeber nach Wechsel auf eine entsprechende Probenschleife bis zu 100 µL Probevolumen. Eine intelligente Steuerung der Positionierung der Dosierungsspritze ermöglich es andererseits für kleinere Injektionsvolumenbereiche deren Beitrag zum GDV zu reduzieren. Durch diese Technik lässt sich mit der kleinsten Probenschleife (maximal 10 µL Injektion) das GDV des Probengebers ohne Wechsel der Dosierungsspritze auf 80 µL reduzieren.

Ist eine Erweiterung der Probenkapazität gewünscht, so lässt sich der Probengeber mit dem Charger Modul erweitern, einem Rack-Loader mit der Kapazität von 9 Standardträgern bzw. 20 normalen Mikrotiterplatten. Mit dieser Kapazitätserweiterung kann das System bis zu 23 Mikrotiterplatten beherbergen. Besonders für den Hochdurchsatz ist der sowohl im Charger als auch im Standardprobengeber eingebaute Barcodeleser vorteilhaft. Er kann den Bestand der verschiedenen Formate und die Ausrichtung der Mikrotiterplatten bzw. Vial Racks in beiden Geräten erkennen und so auch die Identität der verschiedenen Behälter sicher nachverfolgen.

12.3.4
Neue Wege der Säulenthermostatisierung für die beste Trennleistung und Methodenübertragbarkeit

Bei allen UltiMate 3000 Säulenthermostaten wurde konsequent das Umluftprinzip angewendet, das für eine effektive Kontrolle der tatsächlichen Temperatur in der Säule und eine sehr schnelle Thermostatisierung beim Equilibrieren einer Methode hilfreich ist. In dieser Hinsicht unterscheiden sich die UltiMate 3000 Thermostaten von jenen, die andere Hersteller in ihren High-End UHPLC-Anlagen verwenden und die allesamt auf dem Ruhluftprinzip beruhen. Beim Ruhluftprinzip erfolgt nur ein geringfügiger Wärmetransport zwischen dem Inneren der Trennsäule und dem Thermostatenraum. UHPLC-Methoden erzeugen oft eine hohe Reibungswärme, die zu einer Temperaturerhöhung in der Säule führt. In einem Umluftthermostaten wird diese teilweise abgeführt, was aber zwangsläufig zu radialen Temperaturgradienten in der Säule führt. Diese verzerren das Peakprofil durch radial inhomogene Wanderungsgeschwindigkeit der Analytzone in der Säule und können bei größeren Säulendurchmessern zu erheblichem Verlust an Trennleistung führen. Beim Ruhluftkonzept verbleibt die Reibungswärme weitgehend in der Säule, die sich somit bis zum Auslass hin um einige Grad aufwärmen kann. Der Vorteil ist, dass somit der radiale Temperaturgradient ausbleibt und die Trennleistung unter Reibungswärme besser sein wird als beim Umluftthermostaten. Der Nachteil ist, dass die Temperatur in der Säule sich relativ unkontrolliert entwickeln kann und dies wird Retentionszeiten und Selektivitäten beeinflussen. In jedem Fall wird sich bei Methoden mit deutlicher Reibungswärme ein Chromatogramm unter Ruhluftthermostatisierung von jenem unter Umluftthermostatisierung deutlich unterscheiden (s. Abschnitt 2.2). Aus diesem Grund wurde der Vanquish TCC für die Unterstützung beider Modi entwickelt. Das gesamte Design erlaubt einerseits einen effektiven Wärmetransport im Umluftmodus zur bestmöglichen Temperaturkontrolle in der Säule, schnellen Equilibrierung und zur einfachen Übertragung von UltiMate 3000 Methoden. Andererseits lassen sich mit dem Ruhluftmodus auch unter Reibungswärme in der Säule die größtmöglichen Effizienzen erreichen. Die Steuerung des Ausmaßes der Umluft erlaubt weiterhin eine gute Simulation des Verhaltens der Thermostaten anderer Hersteller. Damit kann Vanquish eine wichtige Lücke schließen, welche bei den einzig auf die Gradientenerzeugung fokussierten Methodentransferassistenten anderer Hersteller zu bemerken ist.

Ein weiterer Unterschied zum UltiMate 3000 TCC ist der aktive und unabhängig regelbare Eluentenvorheizer im Vanquish TCC. Bei nur 1 µL Fluidikvolumen erlaubt er die effektive Vorheizung bis zur maximalen Temperatur von 120 °C und verfügt über einen eigenen Messregelkreis. So erlaubt er dem Anwender im Advanced Mode auch die Einlasstemperatur der mobilen Phase anders einzustellen als die Temperatur des Thermostatenraumes. Dies kann ein eleganter Weg sein, um selbst bei Ruhluftthermostatisierung mittlere Temperaturen in der Säule zu erzeugen, die auch bei Reibungswärme denen einer Umluftthermostatisierung nahekommen. Auf diese Weise lässt sich die Trennleistung der Ruhluft mit der Retention und Selektivität der Umluft verbinden, indem die Temperatur des Vorheizers so niedrig eingestellt wird, dass dies die Aufheizung durch die viskose Reibung genau kompensiert. Die Möglichkeiten zur Optimierung durch den versierten Anwender gehen somit weit über die eines üblichen Säulenthermostaten hinaus.

12.3.5
Auch eine exzellente ultraschnelle Trennung muss von einem Detektor aufgezeichnet werden

Mit den verschiedenen Varianten der UV-Detektion (VWD, MWD und DAD), der Fluoreszenzdetektion, der elektrochemischen Detektion und der einzigartigen Charged Aerosol Detektion bietet die UltiMate 3000 Linie eine weite Vielfalt an leistungsfähigen Detektionsprinzipien. Grundsätzlich ist aber der DAD der mit Abstand beliebteste Detektor in der High End UHPLC. Daneben gewinnt jedoch die universelle Detektion auf der Basis von Vernebelungsdetektoren zunehmend das Interesse der Anwender. Mit der Charged Aerosol Detektion (CAD) bietet Thermo Fisher hierzu ein patentiertes Detektionsprinzip an, das sowohl von der Einfachheit der Kalibrierfunktion (sie lässt sich sogar bedingt linearisieren) als auch im Hinblick auf eine möglichst einheitliche Response für unterschiedliche Analyten der Verdampfungslichtstreudetektion deutlich überlegen ist.

Als Detektionstechniken für Vanquish wurden daher zunächst ein DAD und ein CAD entwickelt. Mit Einführung von UltiMate 3000 Corona Veo war die CAD-Technologie bereits auf einem ausgereiften Stand, sodass dieses Modell mit nur kleinen Modifizierungen in das Vanquish Systemkonzept übernommen wurde. Der Vanquish H DAD stellt eine Neuentwicklung gegenüber der UltiMate 3000 DAD Linie dar. Während der UltiMate 3000 DAD-3000RS zwei Lichtquellen (D2 und Wolfram) und sehr robuste und kostengünstige, aber weniger leistungsstarke klassische Flusszellen verwendet, ist der Vanquish H-DAD ein für die reine UV-Detektion höchst optimiertes Gerät, das nur noch mit D2-Lampe ausgestattet ist und auf der Lightpipe-Zellentechnologie (Detektionskanal arbeitet nach Lichtleiterprinzip, s. Abschnitt 2.1) basiert. Es hat sich allgemein im High End UHPLC DAD-Markt durchgesetzt auf die Wolframlampe zu verzichten, denn eine optische Bank mit nur einer Lampe bringt entscheidende Vorteile in der Performance und die weit überwiegende Mehrzahl der Methoden beruht auf Detektion im UV-Bereich. Die Lichtleitertechnik wurde prinzipiell von Thermo Fisher vor mehr als 10 Jahren entwickelt und in den Markt eingeführt. Seitdem arbeiteten alle namhaften Hersteller daran die Technik weiterzuentwickeln, sodass sie mittlerweile in verschiedenen Varianten, aber durchaus ausgereiften Produkten auf dem Markt ist. Es gibt zwei Hauptprinzipien der Implementierung der für diese Technik notwendigen Totalreflexion, die Teflon AF- und die Fused Silica Variante. Totalreflexion ist notwendig, um das Licht auch bei langen und relativ engen Detektionsschenkeln quantitativ bis zum Ende des Detektionskanals zu leiten. Physikalisch erfolgt sie immer am Übergang vom optisch dichteren zum optisch dünneren Medium beim Unterschreiten eines bestimmten Grenzwinkels, der eben vom Verhältnis der Brechzahlen beider Medien abhängt. Teflon AF ist ein optisch sehr dünner Stoff mit kleinerer Brechzahl als die der mobilen Phasen, die in der HPLC verwendet werden. Deshalb erfolgt hier die Totalreflexion am Übergang von der mobilen Phase zum sie umgebenden und normalerweise von einem Stahlmantel gestützten Teflon AF. Dieses Prinzip, das im Wesentlichen auch die Grundlage des Thermo-Patentes war, erlaubt es mechanisch sehr robuste Zellen zu fertigen. Allerdings reagiert deren Performance empfindlicher auf Kontaminationen (Ablagerungen an der Teflon AF-Oberfläche, an der genau die Totalreflexion erfolgt) und der Lichtdurchsatz ist auch abhängig vom Brechungsindex der verwendeten mobilen Phasen, weil sich mit deren Wechsel der Grenzwinkel verändert. Beim alternativen Fused Silica Prinzip besteht der Detektionskanal aus einer frei aufgehängten, unbeschichteten Quarzkapillare und es erfolgt die Totalreflexion am Übergang der äußeren Kapillarwand zur diese umgebenden Luft. Grundsätzlich erlaubt das Fused Silica Konzept einen größeren Lichtdurchsatz wegen des günstigeren Grenzwinkels und dieser hängt auch nicht von der mobilen Phase ab. Weiterhin ist die Kontamination hier weniger ein Problem. Diese Vorteile haben die Verwendung des Fused Silica Prinzips beim Vanquish H DAD motiviert, wobei auch ein Nachteil in Kauf genommen werden muss: Aufgrund der begrenzten mechanischen Stabilität des Quarzkanals müssen diese Flusszellen vorsichtiger behandelt werden und dürfen nur einen maximalen Rückdruck von 60 bar erfahren, was beim Verbinden eines weiteren Detektors mit einer englumigen Kapillare berücksichtigt werden muss.

Wegen der Leistungsfähigkeit wurde bewusst dieser Weg beschritten. Zusammen mit einer auf minimales Streulicht optimierten, effektiv thermostatisierten Optik und entsprechender Elektronik konnte ein Gerät entwickelt werden, das neben dem exzellenten Signal-zu-Rauschen-Verhältnis auch einen außerordentlich weiten Linearitätsbereich aufweist, der für einige Applikationen bis über 3000 mAU reicht. Wichtig ist dabei die Filterung mit sehr kurzen Zeitkonstanten für sehr schnelle Signale, wie sie in der geschwindigkeitsoptimierten Variante der UHPLC üblich sind, entsprechend effektiv zu gestalten, denn der Anwender möchte auch ein minimales Basislinienrauschen bei ultraschnellen Trennungen. Da es sich etwas komplexer gestaltet diesen Aspekt zu spezifizieren und die Noise Levels unter solchen Zeitkonstanten $< 0{,}1$ s auch nicht so attraktiv erscheinen, haben sich die Hersteller eher darauf versteift die maximale Datenrate als Indikator für die Kompatibiliät mit schnellen Methoden in den Vordergrund zu stellen und es wird mit Werten von 200 Hz und mehr geworben. Nehmen wir als Beispiel für eine ultraschnelle Methode das Arbeiten auf einer 20 mm langen Säule, welche mit sehr effizienter stationären Phase eine Bodenhöhe von 4 μm erreicht (weniger ist bei solch kurzen Säulen in der Praxis kaum realistisch). Rechnerisch ergibt sich daraus eine 8σ-Länge des Peaks (das sind normalerweise die Integrationsgrenzen) von etwas mehr als 2,5 mm. Bei einer Lineargeschwindigkeit von 10 mm s^{-1}, welche dann Gradienten mit 10 t_G/t_M in nur 20 s (zuzüglich der Zeit zur Überwindung des GDV) ermöglicht, entsprechen diese 2,5 mm etwa 0,25 s Basisbreite des Peaks. Mit einer Datenrate von 100 Hz würden jetzt 40 Datenpunkte pro Peak aufgezeichnet und das gilt normalerweise als absolut hinreichend. Mit einer maximalen Datenrate von 200 Hz bietet der Vanquish H DAD somit die doppelte Reserve und würde sogar Gradienten von 10 s Dauer mit Lineargeschwindigkeiten von 20 mm s^{-1} unterstützen, wobei auch die weitere Erhöhung der Datenrate technisch möglich ist. Wesentlich wichtiger als die Datenrate ist aber die Qualität der Basislinie bei solch schnellen Methode sowie die Fähigkeit sehr kleine Peakvolumina unverfälscht darstellen zu können. In beiden Belangen setzt der Vanquish H-DAD Maßstäbe, das Dispersionsvolumen seiner 10 mm Standardflusszelle beträgt dabei 0,8 μL.

Optional wird eine 60 mm Flusszelle für die Ultraspurendetektion mit dem Vanquish H DAD angeboten. Das Grundprinzip ist, mit einer möglichst geringen Anzahl von Flusszellen und ohne besondere Maßnahmen bei der Kalibrierung (wie Mehrzellen- oder Mehrwellenlängenkalibrierung) einen für moderne Ansprüche hinreichenden Arbeitsbereich bedienen zu können. Dazu sind beim Vanquish H DAD keine besonderen Kalkulationen aus mehreren Datensätzen notwendig, wie sie andere Hersteller zur Erweiterung ihrer Arbeitsbereiche propagieren. Die Innovation steckt in der Technologie des Gerätes selbst und nicht in der Implementierung von alternativen Wegen, mit denen dieses Ziel erreicht werden kann. Die gleichzeitige Anwendung zweier unterschiedlicher Flusszellen oder Wellenlängen kann zwar durchaus einen noch weiteren Arbeitsbereich zugänglich machen, aus der Sicht einer klaren Dokumentation von Methodenparametern ist sie aber durchaus kritisch zu bewerten.

12.3.6
2D-LC zur Steigerung der Peakkapazität und andere Wege zu diesem Ziel sowie zur Steigerung der Produktivität

Die UltiMate 3000 Produktlinie konnte basierend auf ihren dualen Pumpenmodulen (sie vereinen die Eluentenförderung für zwei unabhängige chromatographische Flüsse in einem Modul) in Verbindung mit der Flexibilität und den Möglichkeiten der Chromeleon-Software schon im vergangenen Jahrzehnt schlüsselfertige Lösungen für solche anspruchsvollen Workflows ermöglichen, die über die Jahre – auch mit der Weiterentwicklung von Chromeleon – noch verbessert wurden. Diese reichen von online SPE über 2D-LC in verschiedenen Varianten, bis hin zu verschiedenen Lösungen zur Produktivitätssteigerung. Hierzu seien die mit der Analyse überlappende Säulenäquilibrierung (Tandem), das Umschalten zwischen zwei Methoden, für die beide Säulen equilibriert gehalten werden (Application Swichting), und die parallele Analyse mit zwei Detektoren (Parallel) genannt. Eine besondere Variante der 2D-LC, die automatisierte offline 2D-LC soll hier kurz umrissen werden. Sie basiert auf dem Einsatz eines Probengebers, der gleichzeitig Fraktionen aus einer ersten Dimension sammeln und in eine zweite injizieren kann. Gegenüber der Onlinevariante mit direkter Übertragung der in eine Auffangschleife geschnittenen Fraktion in die zweite Dimension bietet die Technik mit Fraktionierung in Mikrotiterplatten folgende Vorteile:

- Die Fraktionen der ersten Dimension müssen nicht voll injiziert werden und so können sie für mehrere Methoden der zweiten Dimension verwendet werden. Sie bleiben auch erhalten, wenn bei der Trennung in der zweiten Dimension oder der MS-Detektion ein Problem auftrat.
- Das Injektionsvolumen kann für die zweite Dimension auf deren Säulendimension angepasst werden.
- Die Fraktionen können bezüglich des Lösemittels verändert werden, um so eine bessere Kompatibilität mit dem Phasensystem der zweiten Dimension zu erreichen.

Besonders der letzte Punkt kann für den Erfolg in der zweiten Dimension entscheidend sein, weil auf diese Weise auch eine Fokussierung der Zone am Einlass der zweiten Säule möglich ist, als Ersatz der bei der GC × GC üblichen Kryofokussierung. Über die automatisierte offline Methode hinaus unterstützen die Software und das Gerät natürlich auch online 2D-LC und Heart-Cut Methoden.

Wenngleich die Peakkapazitäten von 2D-Methoden in einer Dimension kaum erreicht werden können, muss stets berücksichtigt werden, dass 2D-LC eine schwierige und aufwendige Methodenentwicklung impliziert, sich bezüglich Präzision und Robustheit dabei Fehler potenzieren können und der Zeitaufwand für eine Analyse immer beträchtlich höher sein wird als bei 1D-LC. Beim Vanquish System ist deshalb zunächst die Strategie, in einer Dimension die höchstmögliche Peakkapazität in angemessener Analysenzeit zu erreichen. Neben der optimierten Fluidik und Säulenthermostatierung zur Verbesserung der Effizienz beruht dies besonders auf dem zu 1500 bar erweiterten Druckbereich. Die Verwendung von gekoppelten Säulen (mit z. B. 2,2 µm Acclaim oder 2,6 µm Accucore Materialien) zu Trennstrecken bis zu 50 cm erlaubt es, beim Arbeiten in diesem Druckbereich in weniger als 1 h Peakkapazitäten von bis 800 in nur einer Dimension zu erzielen. Die Verwendung der Accucore Vanquish Säule (basierend auf 1,5 µm Solid Core Material) liefert bei einer Trennstrecke von 10 cm demgegenüber Peakkapazitäten von mehr als 300 in nur 10 min. Dass die Vanquish Pumpe bei 1500 bar volle 5 mL min^{-1} fördern kann, zeigt, dass ihre hydraulische Energie auch ausreichen würde, um bei Flüssen um 2 mL min^{-1} den doppelten Druck erzeugen zu können. Auch die Materialfestigkeiten sind auf mindestens 2000 bar ausgelegt, um hier entsprechende Reserven zu schaffen. Da zum Zeitpunkt der Texterstellung die Säulentechnologie ein Arbeiten in solchen Druckbereichen nicht ermöglicht, wurde das Vanquish System zunächst auf 1500 bar eingerichtet, auch im Sinne einer erweiterten Standzeit aller Verschleißteile. Die Entwicklung, besonders bei den Säulenmaterialien geht aber selbstverständlich weiter, hauptsächlich mit dem Ziel das kinetische Potenzial zur Peakauflösung in einer Dimension noch weiter zu steigern. Dabei werden selbstverständlich nicht nur LC-basierte Techniken berücksichtigt, sondern auch die Einbeziehung dichter Gase oder überkritischer Medien als mobile Phase sowie elektroseparative Techniken. Die Integration der Fa. Life Technologies, Inc. hat in diesem Kontext nicht nur den Zugang zu einer Vielzahl von für ThermoScientific neuen Trennmedien geschaffen, sondern auch die instrumentelle Voraussetzung zur Integration elektrophoretischer Trenntechniken.

Im Zuge der Weiterentwicklung des Vanquish Systems sowie der dazu entwickelten Gesamtlösungen wird aber nicht nur auf eine Verbesserung des kinetischen Potenzials zur Trennung gesetzt. Intelligente und robust implementierte Säulenschalttechniken, wie sie bei den dualen UltiMate 3000 Systemen zur Anwendung kommen, sind eine weitere Möglichkeit zur Produktivitätssteigerung. Dabei geht es nicht darum diese Techniken einfach auf Vanquish zu übertragen, sondern sie weiter zu verbessern bzw. gänzlich auf Säulenschaltungen zu verzichten, mit welchen stets ein relevanter zusätzlicher Methodenentwicklungsaufwand verbunden ist. Erfolgreich alternative Wege zu gehen, erfordert den Einsatz anderer Techniken. Dabei können die vielfältigen Möglichkeiten der in Thermo Fisher vorhandenen Automatisierungstechniken genutzt werden, stets mit dem Ziel die Schritte eines mehrstufigen Prozesses automatisiert zu integrieren. Das Charger Modul wurde bereits in Zusammenarbeit mit den Automatisierungsspezialisten entwickelt und hier gehen die Entwicklungen zur Integration aller verfügbaren Techniken des Liquid Handlings weiter. Dabei werden auch neuartige Techniken zur automatischen Ermittlung von Flüssigkeitsständen und Phasengrenzen untersucht. Neben solchen Erweiterungen im Seitenmodul, geht auch die Entwicklung des integrierten Probengebers selbst weiter. Bei offenen Probengebern wird hierzu oft die Technik zweier unabhängiger und auch fluidisch entkoppelter Injektions- bzw. Fraktionierungsarme genutzt. Solche und daraus abgeleitete Techniken in einen geschlossenen Probengeber von Standardgröße zu implementieren, ist ebenfalls Gegenstand weiterer Entwicklungen, die in zukünftigen Gerätegenerationen Anwendung finden werden.

Über die Autoren

Siegfried Chroustovsky

Siegfried Chroustovsky arbeitete nach der Lehre zum Chemielaboranten und anschließendem Besuch der Chemotechniker-Schule zwanzig Jahre in einem biotechnologischen Betrieb, der Zitronen- und Gluconsäure produzierte. Zur Überwachung des Fermentationsbetriebes entwickelte er einen Großteil der Elektronik und Programmierung für die Datenerfassung. Seit 25 Jahren betreut er als selbstständiger Service-Techniker vorwiegend HP-, Agilent- und Waters-Anlagen.

Monika Dittmann

Nach dem Chemiestudium promovierte Monika Dittmann bei der Bergbau-Forschung in Essen auf dem Gebiet der Phasengleichgewichtsthermodynamik. Im Rahmen eines Humboldt-Stipendiums arbeitete sie danach zwei Jahre als Post-Doc am Department of Chemical Engineering der University of California in Berkeley auf dem Gebiet der statistischen Thermodynamik. Seit 1988 ist Monika Dittmann bei der Firma Agilent Technologies in Waldbronn im Bereich der Entwicklung analytischer Messinstrumente tätig. Hier beschäftigt sie sich mit der Erforschung und Weiterentwicklung flüssigkeitsbasierter Trenntechniken wie HPLC, UHPLC, LC/MS, Kapillar-Elektrophorese und Trennungen in Mikrostrukturen.

Björn-Thoralf Erxleben

Studium der Biochemie und Promotion am Institut für gerichtliche Medizin (Charité) der Humboldt Universität zu Berlin. Seit 1993 in der Vertriebsorganisation von Shimadzu Europa GmbH als Produktspezialist HPLC tätig, seit Ende 1996 Produktmanager HPLC/Dataprocessing.

Der HPLC-Experte II, 1. Auflage. Stavros Kromidas (Hrsg).

Tobias Fehrenbach
Studium der Chemie, Promotion im Bereich der Analyse von Aminosäuren und Proteinen in Feinstaub am Lehrstuhl für Analytische Chemie der TU München. Seit 2006 zunächst als Produktspezialist für LC-Systeme, dann seit 2010 als Produktmanager mit Schwerpunkt LC Probengeber, Säulenöfen und Fittingsysteme bei Thermo Fisher Scientific tätig.

Michael Heidorn
Michael Heidorn arbeitete als Chemielaborant in der Forschung und Entwicklung bei Honeywell Specialty Chemicals in Seelze. Anschließend studierte er Diplom-Chemieingenieurwesen in Lübeck, wobei er ein Semester in der Forschung und Entwicklung für HPLC-Säulen bei der Firma Merck in Darmstadt absolvierte. Im Jahr 2010 folgte seine Abschlussarbeit bei der Firma Dionex-Softron in Germering über den Einfluss der Reibungswärme auf die Säulenperfomance im Hinblick auf die UHPLC. Seit 2010 arbeitet er als Solutions Specialist bei der Dionex Softron GmbH, einem Tochterunternehmen der Thermo Fisher Scientific.

Terence Hetzel
Terence Hetzel hat sein Studium mit der Fachrichtung „Instrumentelle Analytik und Labormanagement" 2012 abgeschlossen. Anschließend begann er seine Promotion am Institut für Energie- und Umwelttechnik e. V. (IUTA) in Duisburg. Sein Forschungsschwerpunkt liegt dabei vor allem im Bereich der Weiterentwicklung und Charakterisierung miniaturisierter flüssigkeitschromatographischer Trenntechniken in Kombination mit der massenspektrometrischen Detektion.

Stavros Kromidas
Studium der Chemie und Promotion an der Universität des Saarlandes in Saarbrücken über die Entwicklung von chiralen Phasen für die HPLC. Verkaufsleiter Norddeutschland bei Waters, 1989 Gründung der NOVIA GmbH und Geschäftsführung bis 2001. Seit 2001 Fachbuchautor und Referent für HPLC und Validierung. Schwerpunktthemen seiner Tätigkeit in den letzten Jahren sind Vergleich und Auswahl von stationären Phasen, Gradientenoptimierung und der Einsatz von moderner HPLC/UHPLC im Alltag.

Stefan Lamotte
Studium der Chemie und Promotion an der Universität des Saarlandes in Saarbrücken über Synthese, Charakterisierung und Anwendung von 1,5 µm-Kieselgel in der schnellen HPLC. Langjährige Tätigkeit als Bereichsleiter für Säulen und stationäre Phasen bei Bischoff Analysentechnik und -Geräte GmbH, Leonberg. Seit 2011 Laborleiter HPLC im Global Competence Center Analytics der BASF SE, Ludwigshafen. Spezialist für Chromatographie, insbesondere HPLC.

Chrisbottomh Portner
Nach der Berufsausbildung zum Chemielaboranten studierte Chrisbottomh Portner Water Science und promovierte an der Carl von Ossietzky Universität in Oldenburg im Bereich der analytischen Chemie über die Entwicklung von LC-MS-Methoden zum Nachweis von Mykotoxinen. Seit 2006 ist er wissenschaftlicher Mitarbeiter am Institut für Energie- und Umwelttechnik e. V. (IUTA) in Duisburg. Seine Tätigkeitsschwerpunkte sind die Identifizierung und Quantifizierung von Spurenstoffen, Transformationsprodukten und Metaboliten mittels LC-MS/MS und LC-HRMS, die wirkungsbezogene Analytik und das Qualitätsmanagement.

Arno Simon
Arno Simon beschäftigt sich als Berater, Trainer und Fachbuchautor seit vielen Jahren intensiv mit Chromatographie-Datensystemen. Als geschäftsführender Gesellschafter der beyontics GmbH ist er mit seinem Unternehmen Partner führender Pharmaunternehmen und unterstützt diese bei der Implementierung und dem Betrieb der CDS Waters Empower und Thermo~Chromeleon. Bis 1997 war er als Mitarbeiter der Waters GmbH in den Bereichen Service, Support und Vertrieb tätig.

Frank Steiner
Frank Steiner koordiniert als Scientific Advisor in der HPLC-Organisation von Thermo Fisher Scientific die wissenschaftliche Zusammenarbeit mit externen Partnern zur grundlegenden Weiterentwicklung der UHPLC-Technologie. Nach Chemiestudium und Promotion in HPLC an der Universität des Saarlandes in Saarbrücken und einem Postdoc-Aufenthalt am Kernforschungszentrum Saclay in Frankreich habilitierte er sich 2003 an der Universität des Saarlandes über elektroseparative Techniken und deren Kopplung mit der MS. 2005 wechselte er zur Dionex Softron GmbH in Germering, die heute zu Thermo Fisher Scientific gehört. Dort arbeitete er im technischen Marketing und begleitete die Entwicklung der UltiMate 3000 HPLC Plattform und des Vanquish UHPLC Systems.

Thorsten Teutenberg
Thorsten Teutenberg hat Chemie an der Ruhr-Universität Bochum studiert und dort zum Thema „Hochtemperatur-HPLC" am Lehrstuhl für Analytische Chemie promoviert. 2004 wechselte er an das Institut für Energie- und Umwelttechnik e. V. in Duisburg als wissenschaftlicher Mitarbeiter. Seit 2012 leitet er den Bereich Forschungsanalytik und beschäftigt sich vorwiegend mit allen Aspekten der Hochtemperatur-HPLC, miniaturisierten Trenn- und Detektionstechniken sowie multidimensionalen chromatographischen Verfahren.

Jens Trafkowski
Jens Trafkowski ist globaler Produktmanager für die analytische HPLC bei Agilent Technologies in Waldbronn, unter anderem verantwortlich für die 1290 Infinity 2D-LC Solution. Vor seinem Wechsel zu Agilent Technologies im Jahr 2011 war er über sechs Jahre Applikationsspezialist für LC-MS, zuständig für Schulungen, technischen Support und Anwendungsentwicklung. Nach dem Studium der Lebensmittelchemie befasste sich Jens Trafkowski mit der Analytik von Drogen und Arzneistoffen in Humanproben und promovierte am Institut für Rechtsmedizin in Bonn über Anwendung der HPLC-MS/MS in der forensischen und klinischen Toxikologie.

Jochen Türk
Jochen Türk hat Chemie studiert und an der Universität Duisburg-Essen auf dem Gebiet der LC-MS/ MS Methodenentwicklung für Arzneimittelwirkstoffe promoviert. Am Institut für Energie- und Umwelttechnik e. V. (IUTA) beschäftigt er sich seit 2001 mit Fragestellungen aus den Bereichen des Arbeitsschutzes, der Umwelt-, Rückstands-, und Pharmaka-Analytik mittels LC-MS, seit 2009 ist er Bereichsleiter am IUTA. Der Schwerpunkt seiner Tätigkeit liegt bei der Spurenanalytik und Substanzidentifizierung mittels LC-MS/MS und LC-HRMS sowie der Entwicklung von oxidativen Verfahren für die kommunale und industrielle Abwasserbehandlung.

Steffen Wiese
Steffen Wiese hat instrumentelle Analytik und Labormanagement studiert und anschließend an der Universität Duisburg-Essen, am Lehrstuhl für Instrumentelle Analytische Chemie, promoviert. Seit 2007 ist er als wissenschaftlicher Mitarbeiter am Institut für Energie- und Umwelttechnik e. V. tätig. Schwerpunkt seiner Tätigkeit ist die computerunterstützte Methodenentwicklung in der Flüssigchromatographie, sowie die Weiterentwicklung chromatographischer Trenn-, Kopplungs-, und Detektionstechniken, wie z. B. Hochtemperatur-HPLC, Kapillar- und Nano-HPLC.

Index

Der HPLC-Experte II, 1. Auflage. Stavros Kromidas (Hrsg).